U0274347

航天科技图书出版基金资助出版

火箭卫星产品试验

徐建强　主编

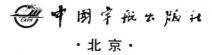

中国宇航出版社

·北京·

图书在版编目（CIP）数据

火箭卫星产品试验／徐建强主编. -- 北京：中国宇航出版社，2012.3

ISBN 978 - 7 - 5159 - 0170 - 1

Ⅰ. ①火… Ⅱ. ①徐… Ⅲ. ①运载火箭 - 试验②人造卫星 - 试验 Ⅳ. ①V475.1 - 33②V423.4 - 33

中国版本图书馆 CIP 数据核字（2012）第 030952 号

责任编辑 阎 列	**责任校对** 祝延萍	**封面设计** 京鲁图文	

出　版
发　行　**中国宇航出版社**

社　址　北京市阜成路 8 号　　　　　　邮　编　100830
　　　　（010）68768548

网　址　www.caphbook.com

经　销　新华书店

发行部　（010）68371900　　　　　　（010）88530478（传真）
　　　　（010）68768541　　　　　　（010）68767294（传真）

零售店　读者服务部　　　　　　　　　北京宇航文苑
　　　　（010）68371105　　　　　　（010）62529336

承　印　北京画中画印刷有限公司

版　次　2012 年 4 月第 1 版　　　　　2012 年 4 月第 1 次印刷

规　格　880×1230　　　　　　　　　开　本　1/32

印　张　10.125　　　　　　　　　　字　数　282 千字

书　号　ISBN 978 - 7 - 5159 - 0170 - 1

定　价　88.00 元

航天科技图书出版基金简介

航天科技图书出版基金是由中国航天科技集团公司于2007年设立的，旨在鼓励航天科技人员著书立说，不断积累和传承航天科技知识，为航天事业提供知识储备和技术支持，繁荣航天科技图书出版工作，促进航天事业又好又快地发展。基金资助项目由航天科技图书出版基金评审委员会审定，由中国宇航出版社出版。

申请出版基金资助的项目包括航天基础理论著作，航天工程技术著作，航天科技工具书，航天型号管理经验与管理思想集萃，世界航天各学科前沿技术发展译著以及有代表性的科研生产、经营管理译著，向社会公众普及航天知识、宣传航天文化的优秀读物等。出版基金每年评审1～2次，资助10～20项。

欢迎广大作者积极申请航天科技图书出版基金。可以登录中国宇航出版社网站，点击"出版基金"专栏查询详情并下载基金申请表；也可以通过电话、信函索取申报指南和基金申请表。

网址：http://www.caphbook.com

电话：（010）68767205，68768904

前　言

本书系统地介绍了运载火箭和卫星发射之前在地面进行的各类环境与可靠性试验的试验技术、试验方法、试验理论、试验可靠性及试验测试技术等，并论述了鉴定试验、验收试验以及试验规范、试验剪裁、空间环境试验预示技术等内容。

全书共分 8 章。第 1 章为概述，介绍了火箭和卫星产品试验的意义、分类、特殊性以及试验设计的基本要素。第 2 章为基础性试验，包括：材料空间环境选用试验，标准件、机械零件试验，电子元器件筛选试验，抗辐射试验等。第 3 章为单机、部件研制试验，包括：环境适应性试验、热真空试验、卫星带电试验、原子氧试验、电磁兼容试验、单机验收交付试验、单机寿命试验、结构与机构试验、单机贮存试验等。第 4 章为运载火箭产品的专项试验，包括：贮箱静压与爆破承压试验，阀门、自动器、导管试验，阀门附件试验，液体火箭发动机热试车，POGO 效应试验，伺服系统动特性试验，运载火箭风洞试验，运载火箭电气系统综合试验等。第 5 章为分系统间匹配试验，包括：发动机与伺服机构联动试车、运载火箭各系统匹配试验、静力试验、卫星电性能试验等。第 6 章为星、箭系统试验，包括：振动试验，热真空试验，热平衡试验，电磁兼容性试验，卫星磁测试试验，全箭模态试验，星、箭合练试验，卫星贮存试验等。第 7 章为可靠性试验，包括：可靠性验证试验，可靠性工程试验等。第 8 章为试验管理，阐述如何将各项环境与可靠性试验纳入产品全寿命周期中，包括试验项目的剪裁，试验计划的制定，风险控制，试验准备以及试验的评估等。

本书由徐建强担任主编，王钦担任副主编，参加各章编写工作的主要人员有：第 1 章，信太林；第 2 章，曹敏、金历群、李强；

第 3 章，马超、沈嵘康、张国升、吴东、韦锡峰；第 4 章，冯鉴清、吴东；第 5 章，冯鉴清、韦锡峰；第 6 章，冯元庆、韦锡峰、吴东；第 7 章，林小艳、谷涛；第 8 章，舒适。此外，中国航天科技集团公司尚超同志、中国运载火箭技术研究院张正平同志、中国空间技术研究院鲍百容同志审阅了本书初稿并提出宝贵意见，上海航天技术研究院可靠性中心为本书的编写做了大量组织联络和最后的文字编排工作，在此一并表示感谢。

　　本书可供从事火箭和卫星产品研制、试验及从事航天产品环境与可靠性试验技术研究的科技人员阅读，也可作为高等院校有关专业的教科书及参考书。

　　由于时间和水平所限，不当之处在所难免，欢迎读者批评、指正。

作　者

2010 年 9 月

目　录

第1章 概述

1.1 火箭和卫星产品试验的目的、意义

产品的固有可靠性首先是由设计赋予的，并在生产制造过程中通过严格的控制和管理使其固有可靠性得到最大程度的实现，然后通过各种试验对产品的设计和制造质量与可靠性进行充分验证。国内外大量的实践经验证明，充分的产品试验是验证产品设计与制造质量、可靠性，暴露产品潜在缺陷，减少产品早期失效的最主要且经济有效的手段之一。

火箭和卫星与一般的地面、海上或空中的武器装备不同，它主要工作在外层空间，需要长期经受特殊的空间环境，发射和回收（为返回式卫星及飞船特有的性质）环境十分恶劣，发射后一旦出现故障几乎不可维修，因而对这种产品的可靠性要求很高。同时，火箭和卫星还具有系统庞大复杂、集中了大量的高新技术、研制成本高、研制数量少等特点。因此，在火箭和卫星的研制过程中，除了必须做到设计可靠、生产严格之外，充分有效的产品试验对保证火箭和卫星实现高可靠性、长寿命和应有的功能性能具有特别重要的意义。

1.2 火箭和卫星产品试验的分类

一般地，人们习惯于按照试验目的的不同，将一般产品的试验划分为功能性试验、环境试验、可靠性试验三大类。

本书根据运载火箭和卫星研制过程的实际情况，对这两类产品

研制过程中主要环境试验的验证项目作了详细介绍。此外，本书还介绍了火箭和卫星产品可靠性试验的基本方法。由于功能性试验根据不同产品的特点，试验方法各不相同，因此本书不作详细介绍。

1.2.1　功能性试验

功能性试验的主要目的是验证产品的机械特性和电气性能是否满足指标要求，包括验证产品与地面保障设备的兼容性，并证明所有用于辅助测试的指令以及数据处理算法软件的有效性。

1.2.2　环境试验

环境试验的主要目的是通过模拟产品所经历的各种环境剖面和相应的环境应力，暴露产品设计和制造工艺中存在的软硬件问题和潜在缺陷，考核产品的环境设计余量，验证产品对各种环境的适应能力（适飞性）。根据环境剖面和环境应力的不同，环境试验分为力学环境模拟试验、热环境模拟试验、空间环境模拟试验、气候试验和综合环境试验。

力学环境模拟试验主要包括正弦振动试验、随机振动试验、噪声试验、冲击试验、加速度试验等。

热环境模拟试验主要包括高温试验、低温试验、高低温循环试验、温度冲击试验等。

空间环境模拟试验主要包括低气压试验、热平衡试验、热真空试验、真空冷焊试验、总剂量效应辐照试验（含电子辐照、质子辐照、γ辐照等）、单粒子效应试验（含重离子加速器模拟试验、锏源模拟试验、激光器模拟试验等）、紫外辐照试验、原子氧辐照试验、空间碎片与微流星体环境模拟试验、空间充放电效应模拟试验（包括表面充电模拟试验、内带电模拟试验、空间静电放电辐射干扰试验、空间静电放电传导干扰试验）等。

气候试验主要包括湿度试验、沙尘试验、淋雨试验、盐雾试验、爆炸大气试验等。

综合环境试验是指同时模拟两种或两种以上环境进行的试验，一般有温度－湿度－振动试验、振动－噪声－温度试验、高低温循环－振动试验、电子－质子－紫外辐照试验、环境贮存试验等。

1.2.3　可靠性试验

可靠性试验的主要目的是发现产品在设计、材料和工艺方面的各种缺陷，验证产品的可靠性是否符合任务要求，识别产品可靠性薄弱环节，为采取改进措施提供依据。可靠性试验分为工程试验与统计试验两大类。工程试验包括环境应力筛选试验及可靠性增长试验。统计试验包括可靠性测定试验和可靠性验证试验，可靠性验证试验又可分为可靠性鉴定试验和可靠性验收试验。

广义而言，一切为了评价和提高产品的可靠性而进行的试验都叫可靠性试验。

1.3　火箭和卫星产品试验的特殊性

鉴于火箭和卫星的小子样、长寿命、高可靠性和基本不可维修等特点，其环境试验和可靠性试验的要求不同于一般的武器装备。美军标《航天器与运载器可靠性大纲要求》（MIL－STD－1543B）工作项目 301 "环境应力筛选（ESS）"指出："对航天器和运载器所用元件、部件和系统的试验要求规定在《航天器与运载器元器件、材料和工艺的标准化、控制和管理大纲》（MIL－STD－1546）、《航天器与运载器元件、材料和工艺的技术要求》（MIL－STD－1547）和《航天器试验要求》（MIL－STD－1540）中。这些军用标准中有一些要求是属于环境应力筛选的，应对它们进行适当剪裁后包含在合同的一个单独部分之内"；而《航天器与运载器可靠性大纲要求》（MIL－STD－1543B）工作项目 302 "可靠性研制与增长试验"指出："可靠性增长试验要与《航天器试验要求》（MIL－STD－1540）所规定的研制试验合为一体"。中国航天工业行业标准《航天产品可靠性保证要求》（QJ 1408A—98）的内容与《航天器与运载器可靠性大纲要求》（MIL—STD—1543B）基本一致，它指出："航天器和运载器的可靠性增长试验要与《航天器运载器试验要求》（GJB 1027）规定的研制试验一起考虑"。

上述两个标准规定的可靠性试验主要是"环境应力筛选"和"可靠性研制增长试验"，即可靠性工程试验。标准中指出，可靠性验收试验对航天器是不适用的，而"可靠性鉴定试验"则改为"可靠性验证"。标准同时指出："可靠性验证主要是用可靠性预测、FMECA（故障模式、影响和危害性分析）、产品故障报告和型号试验数据等，以分析的方式来完成"。

由此可见，对航天器而言，环境试验与可靠性试验二者实际是统一的，可靠性试验已经融合在《运载器、末级飞行器和航天器试验要求》（MIL—STD—1540C）和《运载器、上面级和航天器试验要求》（GJB 1027A—2005）规定的有关试验中。在越来越多的场合，航天器的试验也被统称为环境可靠性试验。最新版本的航天器试验美军标 MIL—STD—1540E 和《运载器、上面级和航天器试验要求》（GJB 1027A—2005）更加强调对设计、元器件、材料、制造工艺和装配等各环节存在的潜在缺陷的暴露和消除效果，并不像早期版本那样只强调对真实环境的模拟。

按照《航天器试验要求》（MIL—STD—1540）和《运载器、上面级和航天器试验要求》（GJB 1027A—2005）的要求，航天器的环境可靠性试验一般分为三个阶段：研制试验、鉴定试验和验收试验。

1）研制试验贯穿在航天器从元器件到系统级的各个装配级别中，通过研制试验对产品设计进行严格和全面的考核，一般采取"试验—分析—改进—再试验"这种模式，反复进行，不断发现问题，改进产品设计，从而提高设计的可靠性。

2）鉴定试验是十分重要的一环，它对评估和提高航天器的可靠性有着重要作用。由于鉴定试验十分严格和全面，产品通过了鉴定试验，可以认为它的设计和采用的制造工艺是能够满足任务要求的，而且具有足够的余量。同时，鉴定试验也是可靠性验证工作的重要组成部分。

　　3）验收试验既是产品的交付验收，也起到了环境应力筛选试验的作用，其目的就是暴露和消除元器件、材料、制造工艺和装配等存在的潜在缺陷，从而减少和排除早期故障，提高产品的工作可靠性。

　　国内外大量火箭和卫星研制的成功经验和实践证明，正是通过研制、鉴定和验收三个阶段的一系列环境试验提高和保证了火箭和卫星的可靠性，这是从火箭和卫星的特点出发在实践中总结出来的。

1.4　火箭和卫星产品试验的设计

1.4.1　产品试验设计的目标

　　火箭和卫星产品试验设计的目标是确定效费比最高的产品试验组合（包括在每个研制阶段、每个产品层次所进行的各种试验的类型、频度、所需资源等），使试验既是充分的，又是经济的。主要目标包括：

　　1）验证设计，即验证产品及有关结构组成层次的性能是否满足所有的规定要求；

　　2）完善设计，即确保飞行软件及硬件在设计、工艺等方面存在的缺陷都已得到有效的纠正；

　　3）确认地面设备和飞行运行所需的工具、程序及人员工作的有效性；

　　4）经过项目寿命周期的特定阶段后，确认产品是否符合系统性能和综合性要求。

　　火箭和卫星在轨道上几乎不可能维修，因此研制过程中的各项试验对确保其在轨可靠运行至关重要。由于试验需要大量的费用，进行科学合理的试验设计是保证得到高效费比试验方案，进而提高产品可靠性和任务成功率的关键。一方面，过分的试验会增加产品研制成本和周期，甚至导致出现不必要的过试验；另一方面，试验不充分或者不合理可能导致产品在设计、工艺等方面存在的缺陷未能被发现，最终导致任务失败或产品使用寿命缩短，产生巨大经济损失、社会影响、政治影响。因此，根据火箭和卫星产品特点，借鉴过去型号的成功经验设计既合理充分又经济有效的试验方案，并确定相应配套的试验保证措施是保证火箭和卫星产品实现高可靠性、高成功率和高效费比的唯一办法。

1.4.2　产品试验设计的原则

火箭和卫星产品试验设计应遵循如下原则：

1）在研制阶段的早期，就应结合产品设计方案的论证及任务要求等开展火箭和卫星产品的试验设计，并确保将所有技术和管理风险及其影响和后果均控制在规定的可接受的范围内；

2）产品试验设计至少应包括所有系统、分系统、设备与组件各结构层次；

3）应按研制程序给出各个研制阶段的试验和验证要求；

4）应将建模和仿真作为试验与评价连续活动的组成部分，以节省试验经费和时间；

5）为最有效地利用试验设施、人力和其他物质资源，应鼓励采用合并的或并行的试验项目、方法和程序，防止重复或漏缺试验；

6）应采用试验、分析和改进闭环可靠性增长方法系统地检测、减少或消除产品设计和制造工艺上的薄弱环节，包括通过试验、分析故障原因，修改设计，以排除产生的原因，完成新的设计，再试验以鉴定故障原因排除的效果；

7）试验的效能应在统计数据的基础上进行评审，以保证达到规定的风险控制要求；

8）试验的严酷程度（如量级、周期等）应根据产品要求、设计途径和验证策略进行适当的剪裁，并且考虑到影响试验效果的各种因素（如容差等）；

9）确保试验容差从最低产品结构层次到系统级呈倒锥形，即组件级试验容差最小，系统级试验容差最大，并在系统规范的性能参数要求范围内。

1.4.3　产品试验设计的内容和要素

1.4.3.1　产品试验设计的内容

产品试验设计的内容包括试验项目、试验目的、环境、试验件的技术状态、数据和报告的要求、进度等。产品试验设计的重要依据是型号研制计划（包括相应的可靠性保证大纲、环境与可靠性试验要求等）、通用标准、相应的试验标准等，如《运载器、上面级和航天器试验要求》（GJB 1027A－2005）、《运载器、上面级和航天器试验要求》（MIL－HDBK－340A）、《航天产品可靠性保证要求》（QJ 1408A－98）等。这些标准通常规定了一系列标准的试验项目，而并未确定适当的综合化要求。

美军标《运载器、上面级和航天器试验要求》（MIL－HDBK－340A）第 1 卷（也即原美军标 MIL－STD－1540C）规定了一组适用于各类运载器、上面级和航天器试验的基本和通用的要求，组合了一组为使航天任务成功当前用于高优先级型号的试验，包括研制、鉴定、验收和发射前合格验证等试验要求，它们是保证获得低风险航天型号所必需满足的要求。《运载器、上面级和航天器试验要求》（MIL－HDBK－340A）第 2 卷为第 1 卷的应用指导，对第 1 卷中的试验原理和试验大纲的制定、试验条件的确定，以及试验方法与技术中一些重要问题作了补充说明，并提供了参考材料。《运载器、上面级和航天器试验要求》（GJB 1027A－2005）是在参考美军标 MIL－STD－1540C 的基础上，结合我国运载器、上面级和航天器的研制特点及我国航天工业基本国情而制定的，是我国航天产品制定试验要求主要依据的标准。然而，在依据上述标准进行特定型号的火箭和卫星试验设计时，应综合考虑实际的产品环境寿命周期、设计复杂性、设计余量、易损性、技术水平、制造过程控制、任务重要性、寿命周期成本、产品投产数量、既往的使用情况、可接受的风险等条件进行合理的剪裁。

1.4.3.2 产品试验设计的要素

产品试验设计的要素包括：试验条件、故障判据、试验剖面、性能检测及监测要求、试验项目矩阵等。

（1）试验条件

制定产品试验条件时既要考虑到受试产品的固有特性，还要考虑到影响产品故障出现的其他因素。一般情况下，施加的试验应力不应超过产品规范（一般设计工艺）规定的应力容许范围。进行加速试验或当试验的主要目的是为了暴露制造工艺缺陷以及元器件早期失效时，试验应力可超过产品规范规定的应力容许范围，但不能超过产品的承受极限或产生新的不应有的失效机理。当试验目的是为了获得产品的极限强度时（即破坏性试验），施加的试验应力可超出产品的承受极限。当进行两种设备的可靠性对比试验时，则往往采用产品承受极限范围内接近极限的应力。

在一个试验剖面内，环境条件有时需要转换，环境条件转换和过渡应有明确规定，以免产生不期望的新的应力。例如，温度循环试验时温度转换过快，会形成热冲击。而进行正弦振动试验时，各频段振动量级的转换应平缓过渡，避免产品受到振动冲击。

在制定产品试验条件时，一般应考虑如下内容：

1）要求进行各项试验的目的以及条件确定的基本依据，为此需要进行基本的环境预示，合理选取鉴定余量和试验条件容差；

2）预期的产品使用条件的变化；

3）产品使用条件中的不同应力因素引起产品出现故障的可能性；

4）不同试验条件下需要的试验费用；

5）可供试验用的试验设备；

6）可供试验用的时间；

7）试验条件的充分性、有效性、对预期环境的覆盖性，以及由此产生的风险；

8）再试验的要求及条件。

（2）故障判据

产品或产品的一部分不能或将不能完成预定功能的时间或状态称为故障，对某些产品如电子元器件、弹药等称为失效。不是由于另一产品故障引起的故障叫独立故障；由于另一产品故障引起的故障叫从属故障。例如某项产品在测试时，产品中一批互补金属氧化物半导体（CMOS）器件受高压冲击而损坏。经分析，故障原因系二次电源的一支晶体管短路，产生高压脉冲而致。因此，晶体管短路是独立故障，而若干只 CMOS 器件被晶体管短路产生的高压脉冲引起的浪涌电流烧毁，则是从属故障。

对于产品的每一个需要监测的参数应规定它的容差限。如果参数值在容差限内，则该参数性能是可靠的；如果参数值在容差限外，则该参数性能是不可靠的。当需要监测的产品的参数值永久地或间断地处于容差限外，就认为产品出现了一个故障。产品参数的容差限与设定的产品功能密切相关。例如在某些精密设备中，金属膜电阻器的阻值超出额定值上、下限 5％的区间就属于失效。但在某些民用电器中，只要不超过额定值上、下限 10％的区间，都不属于失效。

产品试验中由于测量错误或外部测试设备故障而产生的故障现象不能认为是受试产品的故障。除此之外的其他故障都应认为是受试产品的故障。

如果同时有若干个产品参数值超出了容差限，而且不能证明它们是由同一原因引起的，则每一个超出容差限参数都应认为是受试产品的一个故障；但若证明是由同一原因引起的，则认为受试产品只出现了一个故障。如前所示的 CMOS 器件受高压冲击而损坏的案例中，尽管出现了若干只 CMOS 器件损坏，但其原因均是由二次电源的一支晶体管短路引起的，因此认为产品只出现一个故障。

如果出现两个或更多的独立故障原因，则每一个故障原因均应认为是受试产品的一个故障。

对产品施加了超出其规定的承受能力范围的应力而造成的故障叫误用故障。在产品试验期间，误用故障可能是由于非故意的不符合规定的试验条件造成的。例如，试验的严酷度超过了规定范围，产品试验的操作人员操作粗心等。

从属故障、误用故障或已经证实由某项将不采用的设计所引起的故障叫非关联故障，否则叫关联故障。某些故障已经出现，经分析，采取修改设计或其他纠正措施可以消除，但需要时间，投入可靠性试验的产品还来不及进行纠正，这些故障在试验中重复出现时，判为非关联故障。在产品试验方案中，还可对非关联故障作一些补充定义，这些定义必须是明确的、无二义的。

产品试验中判定出现的故障是关联故障还是非关联故障，是一项十分重要的工作，它直接关系到故障归零的彻底性，关系到产品研制流程能否继续进行，甚至会影响产品的接收或拒收。

（3）试验剖面

产品可靠性是产品在规定条件下的规定时间内完成规定功能的能力。产品可靠性的试验与任务剖面及环境剖面密切相关。

任务剖面是对产品在完成规定任务这段时间内所要经历的全部重要事件和状态的一种时序描述。环境剖面是产品在任务剖面中所遇到的各种主要环境参数和时间的关系图，主要根据任务剖面绘制。每个任务剖面对应一个环境剖面。试验剖面是直接供试验用的环境参数与时间的关系图，是按照一定的规则对环境剖面进行处理后获得的。

火箭和卫星从出厂到发射再到在轨运行的全任务过程包括：出厂—公路运输—铁路运输（或飞机运输）—公路运输—技术阵地装配测试—公路转运—发射阵地测试—发射—在轨运行，其任务剖面所对应的环境剖面见表1－1。

表 1-1　火箭和卫星任务剖面对应的环境剖面

任务剖面	环境剖面
公路运输—铁路运输—公路运输	起吊装卸冲击、加速度，运输振动，温度，湿度，静电场
技术阵地装配测试	起吊装配冲击、加速度，温度，湿度，静电场，电应力
公路转运	起吊装卸冲击、加速度，运输振动，温度，湿度，静电场
发射阵地测试	温度，湿度，静电场，电应力
发射	振动，冲击，噪声，加速度，低气压，电应力
在轨运行	动作部件产生的振动、冲击，真空，温度（高温、低温、温度交变、温度场），带电粒子辐射，等离子体，诱发核辐射，太阳辐射（光压、热辐射、紫外辐射、电磁辐射），原子氧，微流星与空间碎片，微重力，地磁场，电应力

　　在将表 1-1 中各任务剖面对应的环境剖面转化为试验剖面时，应根据环境应力及其效应的不同进行综合考虑。对火箭和卫星而言，表 1-1 中有些环境应力的影响是微弱的、可忽略的。有些任务剖面的环境应力相对于其他任务剖面而言是较小的，可以不单独考虑。例如，起吊装配、转运时的振动、冲击、加速度环境相对于发射时的环境是非常小的，在转换为试验剖面的过程中可以结合发射时的力学环境一并考虑；地面测试过程中的温度、湿度等环境一般都有较严格的规定，如果采取的防护措施能在产品寿命过程中将环境控制在相对湿度低于 55%，而且温度变化不会在硬件上形成冷凝，则不需要进行湿度试验。

　　将环境剖面转化成火箭和卫星产品试验剖面时，应尽量模拟产品经历的环境及环境顺序。

　　试验剖面采用单项环境或综合环境，主要应根据不同环境是否会产生协和效应而定。如果几种环境同时存在且有协和效应时，则应进行综合环境试验，例如对火箭和卫星产品而言，热真空试验就是典型的而且是必须进行的一项综合环境试验。如果试验目的是为了加速或更有效地暴露设计、工艺、材料等方面存在的问题，即使几种环境不同时存在，但为了有助于提高试验效率和有效性，也可以采用综合环境试验。若几种环境同时存在且存在协和效应，但现有试验设备不具备进行综合环境试验的能力，则只能进行单项环境试验，但必须考虑试验条件增加一定的严酷度。如果不同的环境之间不存在协和效应，则无须进行综合环境试验。

（4）性能检测及监测要求

产品进行试验前及试验后需对产品进行全面的性能及功能检测。在产品试验过程中，为能及时发现故障，需对受试产品的性能参数进行监测，并根据具体情况对产品进行全面的性能及功能检测。

产品试验过程中监测的性能参数应能反映产品实际的功能及性能状态，且应尽可能全面。监测点的位置选择应合理，并在相应的试验规范、试验大纲及接口文件等技术文件中予以明确。很多情况下，监测点位置选择不合理会严重影响产品试验结果的可信性和有效性。例如，如果产品组件的温度监测点选择在热源位置，则热平衡试验结果会显示组件温度偏高；若热真空试验按此结果进行温度控制，则会出现高温端欠试验，而低温端过试验的现象，甚至最终导致试验无法进行下去。这类问题在过去型号研制过程中曾多次发生。

产品试验过程中的性能参数监测应尽可能采用自动监测设备，这样可以连续获得试验过程中产品的性能参数，一旦产品在试验过程中出现性能变差趋势或故障，可以及时发现、及时处理。

当受试产品较复杂，配备自动监测设备技术上实现难度太大，且受到经费和时间进度等限制，不得不采用人工监测时，必须合理设置监测周期。此时一般应遵循以下原则：

1）要能全面反映试验全过程产品的功能及性能状态；

2）必须监测试验剖面中对产品影响最大的应力条件；

3）在应力条件转换及产品状态转换时必须加大监测密度。

（5）试验项目矩阵

作为型号试验规范和试验计划的附件，应编制一个试验项目矩阵，列出每个组件、每个分系统以及系统将要作的试验项目，其目的之一就是为试验大纲内容提供方便的参考，防止取消其中一部分试验而又没有可替换的手段来达到试验的目的。编制试验项目矩阵的另一个目的是要确保火箭和卫星产品所有的飞行硬件经受的环境载荷足以证明其制造质量是合格的。此外，利用试验项目矩阵应能追溯硬件的鉴定历史，所有飞行硬件、备份及初样产品均应包括在矩阵内。试验项目矩阵应连同初始试验计划一起准备，并随着计划的变更而作适当修改。

制定试验项目矩阵时应根据火箭和卫星具体型号实际的环境、任务要求、寿命周期成本、可接受的风险等，参照《运载器、上面级和航天器试验要求》（GJB 1027A－2005）等标准进行剪裁。《运载器、上面级和航天器试验要求》（GJB 1027A－2005）中规定的一组用于运载器、上面级飞行器和航天器的基本试验要求（见表 1－2、表 1－3、表 1－4、表 1－5）组合了一组当前用于高优先级型号的试验，它们获得低风险航天型号的保证。这些基本试验要求虽然可以针对火箭和卫星产品具体的型号计划进行剪裁，但是只要有可能，还是应尽量满足标准规定的基本要求。原因是与其他产品相比，火箭和卫星产品发射以后出现问题极难修复，因此其地面试验更为重要，而且所花的费用也高得多。大量事实表明，火箭和卫星产品地面试验越充分，发射后出现的问题或故障就越少。然而，火箭和卫星产品试验地面试验所花的费用是十分巨大的。对火箭和卫星产品一个高可靠性型号来说，试验费用可占每个产品研制费用的 35％。但是并不是说，试验作得越多，火箭和卫星产品的可靠性就一定高。关键在于试验计划是否有效与合理。试验作得太多，意味着时间和经费的浪费；而一个未能检测出的缺陷或失效就可能使火箭和卫星发射失败，或在轨运行寿命缩短，甚至可能会造成数亿美元的经济损失。

对低风险的航天计划，《运载器、上面级和航天器试验要求》（GJB 1027A－2005）给出了标准的试验基线，它包括了组件、分系统和飞行器级的鉴定试验和验收试验。对高可靠性的航天器型号，

《运载器、上面级和航天器试验要求》（GJB 1027A－2005）规定了产品从组件到分系统再到飞行器级要求进行的所有鉴定试验与验收试验项目，这样航天器在轨运行出现的故障几率将会大大减少。

表 1－2　飞行器级鉴定试验基线

试验	建议试验顺序	运载器	上面级飞行器	航天器
检查①	1	R	R	R
功能①	2	R	R	R
压力/检漏	3，9，12	R	R	R
电磁兼容	4	R	R	R
冲击	6	ER	R	R
声或随机振动②	7	ER	R	R
正弦振动	8	ER	ER	R
热平衡③	10	—	R	R
热真空	11	ER	R	R
模态观测	5	R	R	R
磁	13	—	—	ER

注：1. "R"表示"要求的"试验，是要求必作的试验，因为试验是有效的而且作的概率很高；

　　2. "ER"表示"经评价要求的"试验，是根据产品的具体研制情况来选择的试验，因为试验一般不是很有效，而且作的概率较低，"经评价要求的"试验应根据产品的具体情况逐项分析作出评估，如果经过评估证明一项"经评估要求的"试验是有效的，那么"经评价要求的"试验就成为"要求的"试验；

　　3. "—"表示"不要求的"试验，是不需要作的试验，因为试验是不起作用的，因此要求作的概率极低。

① 如合适，每次试验前和试验后都要求做的项目，包括特殊试验；

② 对于结构紧凑的、一般质量不超过 450 kg 的质量密集型的飞行器，可以用随机振动试验代替声试验，随机振动和声试验是否相互替代，应在完成飞行器的结构特性评价后确定；

③ 可与热真空试验结合进行。

表 1—3　飞行器级验收试验基线

试验	建议试验顺序	运载器	上面级飞行器	航天器
检查①	1	R	R	R
功能①	2	R	R	R
压力/检漏	3，7，10	R	R	R
电磁兼容	4	ER	ER	ER
冲击	5	ER	R	R
声或随机振动②	6	ER	R	R
正弦振动	8	ER	R	R
热真空	9	ER	R	R
热平衡③	9	—	R	R
磁	11	—	—	ER
贮存	任意	ER	ER	ER

注：1."R"表示"要求的"试验，是要求必作的试验，因为试验是有效的而且作的
　　概率很高；

　　2."ER"表示"经评价要求的"试验，是根据产品的具体研制情况来选择的试
　　验，因为试验一般不是很有效，而且作的概率较低，"经评价要求的"试验应
　　根据产品的具体情况逐项分析作出评估，如果经过评估证明一项"经评估要
　　求的"试验是有效的，那么"经评价要求的"试验就成为"要求的"试验；

　　3."—"表示"不要求的"试验，是不需要作的试验，因为试验是不起作用的，
　　因此要求作的概率极低。

① 如合适，每次试验前后和试验后都要求做的项目，包括特殊试验；

② 对于结构紧凑的、一般质量不超过 450 kg 的质量密集型的飞行器，可以用随
　　机振动试验代替声试验，随机振动和声试验是否相互替代，应完成飞行器的
　　结构特性评价后确定；

③ 可与热真空试验结合进行。

表 1－4　组件鉴定试验基线

试验类型	建议试验顺序	电工电子组件	天线	机械活动部件	太阳电池阵	蓄电池	阀门或推进组件	压力容器	推力器	热学组件	光学组件	结构组件
检查①	1	R	R	R	R	R	R	R	R	R	R	R
功能①	2	R	R	R	R	R	R	R	R	R	R	ER
检漏②	3,6,12	ER	—	R	—	R	R	R	R	R	—	—
冲击	4	R	ER④	ER④	ER④	ER④	ER④	ER	ER④	ER④	ER④	ER
振动	5	R	R⑤	R	R⑤	R	R	R	R	R	R⑤	ER⑦
声	5	ER	R⑤	—	R⑤						R⑤	
加速度	7	ER	ER	ER	ER	ER	—	ER	—	ER	ER	R
热循环	8	R	ER	ER	ER	ER	ER	ER	ER	ER	ER	—
热真空	9	R	R	R	R	R	R	R	R	R	R	
气候	10	ER	ER	ER	ER	ER	ER	ER	ER	ER	ER	—
检验压力③	11	ER				R	ER	R	ER			
电磁兼容	13	R	R	ER	ER	R	R	R	ER	ER	ER	—
寿命	15	ER	ER	—	ER	R	ER	ER⑥	R	ER	ER	ER⑧
爆破压力③	16	ER				R	ER	R	ER	ER		
磁	14	ER	—	—	—	—	—	—	—	—	—	—

注：1．"R"表示"要求的"试验，是要求必作的试验，因为试验是有效的而且作的概率很高；

2．"ER"表示"经评价要求的"试验，是根据产品的具体研制情况来选择的试验，因为试验一般不是很有效，而且作的概率较低，"经评价要求的"试验应根据产品的具体情况逐项分析作出评估，如果经过评估证明一项"经评估要求的"试验是有效的，那么"经评价要求的"试验就成为"要求的"试验；

3．"—"表示"不要求的"试验，是不需作的试验，因为试验是不起作用的，因此要求作的概率极低。

① 如可行，每次试验前后都要求进行，包括需要的特殊试验；

② 对密封或充压组件要求作；

③ 当组件是冲压的，要求作；

④ 当最大期望冲击响应谱用以 g 值表示超过 0.8 倍的频率数值（Hz）时要求作；

⑤ 声或振动要求作一项，另一项任选；

⑥ 对压力部件，除波纹管和其他柔性流体装置或管路，寿命试验是任选的；

⑦ 如结构件有低的疲劳余量，或不作静强度鉴定试验，要求作；

⑧ 对充压结构，要求作压力循环试验。

表 1－5 组件验收试验基线

试验类型	建议试验顺序	电工电子组件	天线	机械活动部件	太阳电池阵	蓄电池	阀门或推进组件	压力容器	推力器	热学组件	光学组件	结构组件
检查①	1	R	R	R	R	R	R	R	R	R	R	R
功能①	3	R	R	R	R	R	R	R	R	R	R	ER
检漏③	4,7,12	ER	—	R	—	R	R	R	R	ER	—	—
冲击	5	ER④	ER	ER	—	ER	ER	—	ER	—	ER	—
振动	6	R	R⑤	R	R⑤	R⑧	R	R	R	R	ER⑥	—
声	6	ER	R⑤	—	R⑤	—	—	—	—	—	—	—
热循环	8	R	ER	ER	ER	ER	ER	—	ER	ER	ER	—
热真空	9	R②	R	R⑦	R	R⑧	R	ER	R	R	R	—
磨合	2	—	—	R	—	—	R	—	R	—	—	—
检验压力③	10	—	—	ER	—	R	R	R	ER	—	—	—
检验载荷	11	—	ER	ER	—	—	ER	ER	ER	ER	ER	ER⑥
电磁兼容	13	ER	ER	—	ER	ER	ER	—	—	—	—	—
磁	14	ER	—	—	—	—	—	—	—	—	—	—

注：1. "R"表示"要求的"试验，是要求必作的试验，因为试验是有效的而且作的概率很高；

2. "ER"表示"经评价要求的"试验，是根据产品的具体研制情况来选择的试验，因为试验一般不是很有效，而且作的概率较低，"经评价要求的"试验应根据产品的具体情况逐项分析作出评估，如果经过评估证明一项"经评估要求的"试验是有效的，那么"经评价要求的"试验就成为"要求的"试验；

3. "—"表示"不要求的"试验，是不需要作的试验，因为试验是不起作用的，因此作的概率极低。

① 如可行，每次试验前后都要求进行，包括需要的特殊试验；

② 对密封或充压组件要求作；

③ 当组件是冲压的，要求作；

④ 当最大期望冲击响应谱用以 g 值表示超过 0.8 倍的频率数值（Hz）时要求作；

⑤ 声或振动要求作一项，另一项任选；

⑥ 对压力部件，除波纹管和其他柔性流体装置或管路，寿命试验是任选的；

⑦ 如结构件有低的疲劳余量，或不作静强度鉴定试验，要求作；

⑧ 对充压结构，要求作压力循环试验。

对允许具有较高风险的火箭和卫星型号，可以将某些或所有的组件级或者分系统级试验集中到飞行器级，这样做虽然会使试验模拟真实些，但是隐含着很大的经济与性能上的风险。例如，如果一个组件含有制造上的缺陷或设计余量极小，没有经过组件级的试验，在较高装配级的试验中就可能出现故障，而为了修理该组件就会延误整个计划，为此所花的代价比通过组件级试验检测并纠正故障的代价甚至可高出一个数量级。因此，对于一个火箭和卫星型号，确定试验项目时必须要对试验彻底性、寿命期费用、风险进行综合权衡。

1.4.4　替代试验策略

如上所述，鉴定试验是用来证明生产出的飞行产品其设计、制造和验收试验符合规范要求。在要求最小风险的火箭和卫星型号计划中，经历鉴定试验的产品硬件本身已不适于继续使用，因为从疲劳和磨损观点来看，不能证明它还有剩余寿命。然而，有限的数量、紧迫的计划和预算限制等火箭和卫星型号研制的现实，不是总能提供专用的鉴定件。为此，发展了尽量减少由于这种情况引起风险的策略。本节论及的三种策略或它们的组合，可用于飞行器级、分系统级和组件级产品。但必须认识到，使用这些策略的产品比使用标准验收试验的产品有较高的风险，因为通过对专用鉴定件的试验证明这些产品是有余量的。这些不同策略导致的较高风险可部分地由加强的研制试验及增大安全系数等方法来降低。

下面这些策略旨在用于数量很有限的火箭和卫星型号。

1.4.4.1　备份策略

备份策略不改变鉴定和验收试验要求。然而，在某些情况下，如果风险能减到最小，可将鉴定硬件用于飞行。在典型的情况下，鉴定试验大纲要求提供鉴定试验用火箭或卫星，它们由经过组件级鉴定试验并达到合格的组件组成。完成鉴定试验后，根据需要，可将关键的组件从火箭或卫星上拆除，并对鉴定用的火箭或卫星重新整修。通常只装入一组新的通过验收试验的关键组件，这一重新组装的鉴定用的火箭或卫星在通过验收试验后，被确认为可以用于飞行。对有冗余组件的火箭或卫星，也许只有一个冗余组件进行了组件级的鉴定试验，因此只要将它拆除并更换。被拆下的鉴定组件会按需要进行整修，一般会将它作为飞行备份。然而，对飞行和安全来说是关键组件的鉴定用组件，决不宜再用于飞行。

1.4.4.2　适飞策略

采用适飞策略，所有飞行件要经受更加严格的验收试验，而且没有鉴定件。适飞策略造成的风险是，不能正式证明飞行件具有剩余寿命。但由于每个飞行件是在略高于正常量级的验收试验下满足要求，风险会在某种程度上有所降低。试验量级绝大多数低于规定的鉴定量级，但决不能低于规定的验收量级。适飞试验策略的持续时间与验收试验的规定相同。可以通过研制试验来验证，产品在经过提高量级的验收试验后，特别是从疲劳或磨损的意义上来说，仍有足够的余量。

（1）飞行器级适飞试验

飞行器级适飞试验应按表1-3进行，但需作如下修改：

1）对第一个正样飞行器要按鉴定试验要求作飞行器冲击试验，对后续的飞行器只要求对剧烈事件激发一次；

2）飞行器的声试验和随机振动试验要按表1-3的要求进行，只是试验量级要高于验收试验环境2～3 dB，对第一个正样飞行器，要在试验时尽可能接通电源；

3）飞行器热真空试验按表1-3的要求进行，只是热端和冷端温度要超出组件验收试验温度5℃，或在热平衡试验最高温度和最低温度基础上至少外扩10℃；

4）要按表1-2的要求对第一个正样飞行器作飞行器热平衡试验；

5）要求第一个正样飞行器鉴定试验进行电磁兼容试验，后续的飞行器按验收试验要求的规定进行电磁兼容试验。

（2）分系统适飞试验

分系统的适飞试验按验收试验进行，但应对结构分系统中的所有黏结和复合材料结构进行载荷试验的检验，加载量要等于最大使用载荷的 1.1 倍。

（3）组件适飞试验

组件适飞试验按表 1－5 的要求进行，但需作如下修改：

1）只对第一个飞行组件按鉴定试验的要求作冲击试验，冲击试验量级比验收试验量级高 3 dB，而且在 3 个正交轴方向上各进行一次，对后续的组件，如要求作，要按验收试验要求进行，只是冲击试验量级要高出验收试验量级 3 dB；

2）振动试验和声试验按验收试验的要求进行，只是试验量级要比验收试验量级高 2 dB；

3）组件热真空试验按验收试验的要求进行，只是热端和冷端温度要超出验收试验温度 5℃；

4）组件热循环试验按验收试验的要求进行，只是热端和冷端温度要超出验收试验温度 5℃；

5）第一个组件要按鉴定试验的要求进行电磁兼容试验；

6）对压力容器、压力部件、低疲劳余量的结构部件和不能重新充电的电池，不允许采用组件的适飞试验方法。

1.4.4.3　原型鉴定策略

采用原型鉴定策略，即在一件产品上进行修改的鉴定（原型鉴定），同时此产品可以用于飞行。所有其他飞行件按常规的验收试验的要求进行试验。

（1）飞行器级原型鉴定试验

飞行器级原型鉴定试验按表 1－2 的要求进行，但作如下修改：

1）冲击试验按鉴定试验的要求进行，但只要求将被激发事件重复两次；

2）声试验或随机振动试验按鉴定试验的要求进行，只是持续时间为 1 min，飞行环境的量值余量取 2 dB（代替通常的 4 dB），如果试验是加速的，则时间压缩系数根据压缩量级的余量选取；

　　3）热真空试验要按鉴定试验的要求进行，只是热端和冷端温度要超出组件验收试验温度 5℃，循环次数要取鉴定试验采用的循环次数的一半；

　　4）如果按鉴定试验的要求进行了替代的热循环试验，则循环次数要取鉴定试验采用的循环次数的一半。

　　（2）分系统原型鉴定试验

　　分系统原型鉴定试验按验收级的要求进行，但应对结构分系统中的所有黏结和复合材料结构进行载荷试验，加载的极限载荷因子为 1.25。试验时不允许有不利的变形。此外，最大的设计安全系数对极限载荷要取为 1.4，对屈服载荷设计安全系数取 1.25。

　　（3）组件原型鉴定试验

　　组件原型鉴定试验要按表 1－4 的要求进行，但作如下修改：

　　1）冲击试验要按鉴定试验的要求进行，但只重复两次，同时只要求其量值相比于飞行环境有 3 dB 的余量（代替通常的 6 dB）；

　　2）随机振动试验或声试验要按鉴定试验的要求进行，只是持续时间取 1 min，对飞行环境的量值余量为 2 dB（代替通常的 4 dB），如果试验是加速的，则时间压缩系数要根据压缩量级的余量来选取；

　　3）热真空试验按鉴定试验的要求进行，只是热端和冷端温度要超出组件验收试验温度 5℃，而循环次数要取鉴定试验采用的循环次数的一半；

　　4）热循环试验按鉴定试验的要求进行，只是热端和冷端温度要超出组件验收试验温度 5℃，而循环次数要取鉴定试验采用的循环次数的一半。

1.4.4.4　试验策略组合

　　根据火箭或卫星不同型号的具体情况和可接受的风险度，可以考虑采用不同的策略组合。例如，组件的原型鉴定策略可与飞行器的适飞策略组合。在某些情况下，可将适飞策略用于专用于某一项任务的组件，而原型鉴定策略可用于多任务的组件。采用组合的试验策略，将相应增大其带来的风险。

1.4.5　再试验

1.4.5.1　鉴定试验或验收试验过程中的再试验

如果在鉴定试验或验收试验过程中发生了试验异常，只要有异常的产品或程序代码不影响试验数据的有效性，则试验可以继续下去而不必采取改正措施。否则应中断试验并检查异常现象，并尽量在不改变试验状态的情况下查找和确认异常发生的原因。如果异常由试验配置、试验软件或试验设备的故障所造成，且该异常不会使被试产品受到过应力，则可在排除故障原因并进行修复以后，继续进行试验。如果异常是由被试产品失效所引起，应进行失效分析，采取适当改正措施，并且正确记录在案，然后恢复试验。

1.4.5.2　鉴定试验或验收试验后的再试验

火箭或卫星产品通过鉴定试验或验收试验后，若发生设计状态更改、使用条件改变或制造过程改变（包括工艺方法和工序的更改，以及生产厂家的更改等）等状态改变时，应考虑进行再鉴定试验，再鉴定试验的项目和条件，应根据状态改变的程度及其对产品已完成的鉴定试验的有效性的影响程度，结合试验周期、费用和可接受的风险度等因素进行综合权衡后确定。只要产品硬件的设计有所更改，就宜按需要对涉及的硬件进行再鉴定试验，并且应针对这些更改修改所有的文件。在对重新设计的产品进行再鉴定试验时，只要足以验证再设计，并能确认再设计不会否定前面的鉴定试验，同时能证明再设计未引入新的问题，则可认为有限的鉴定试验已足够满足要求。然而，使用这种有限鉴定试验的概念时必须谨慎，因为即使一个小的更改也可能会对产品有意想不到的影响。

如果火箭或卫星产品在验收试验后需要修复，应对修复工作的复杂程度、修复难度以及影响的严重程度等作出分析和评估。重大的修复可能使以前的试验无效，需要重复以前所有的验收试验；简单的修复则不会影响已作试验的有效性。火箭或卫星产品出现多次再试验时，应考虑再试验次数对产品疲劳寿命的影响。

如果火箭或卫星产品在验收后或完成所有试验后需要长期贮存，除了定期检查测试产品的健康状态外，在使用之前需要根据产品的具体特点、贮存方式、贮存环境、贮存期的长短等情况重复全部或部分的验收试验。

1.4.6 试验计划

1.4.6.1 试验计划制定原则

试验计划的制定应遵循如下原则：

1）尽量在火箭或卫星产品研制早期暴露和排除问题，不应把问题留到后续阶段解决，原则上，只有当一个阶段的试验目的达到后才能转入下一阶段的研制工作；

2）尽量在尽可能低的装配级暴露和排除问题，即首先应从电子元器件和材料开始，逐级开展检验和试验，不把低装配级的问题带入到高装配级；

3）试验计划应以满足任务要求及所规定的试验要求为依据，并能验证所涉及的产品（包括接口）是否满足设计及规定的要求；

4）制定的试验计划应切实可行，制定的试验进度表应与产品型号的研制进度（包括试验件、试验设备、特殊试验仪器的配套计划）相匹配，既能达到试验目的，又能实现周期、费用、效率最优。

1.4.6.2 试验计划内容

制定的试验计划一般应包括如下内容：

1）试验计划应提供各研制阶段为完成产品性能检验所需要进行的试验项目矩阵；

2）对每项试验项目，应明确装配级别、产品状态、试验目的、试验要求、试验条件、性能监测要求、试验设备、测试设备、安全考虑、污染控制、试验阶段及剖面、要求的功能操作、人员职责等内容；

3）应规定对试验程序、试验数据及试验报告的要求；

4）应明确进行再试验的原则，进行的再试验不应使前面的检验工作无效；

    5）拟定每项试验计划的进度和费用预算。

1.4.7　试验数据积累

    有关的试验数据宜以定量形式保存，以便对火箭或卫星产品在各种规定试验条件下的性能作出评估；但评估仅简单地指出通过或失败可能是不够的，宜就主要的试验序列对试验数据进行比较，以便了解异常现象出现的趋势，或找到异常现象出现的证据。在可行的范围内，宜将有关的试验测量结果及组件的试验条件记录在与计算机兼容的电子介质上，如磁盘和磁带，或用其他适当的方式记录，以利于关键试验参数数据的自动积累和分类。利用这些记录可以积累趋势数据及关键试验参数，以便检查有无超出允差的情况，并找出在瞬态转换及模式转换时产品的性能特征。

1.4.8　试验工作记录及试验报告

    在试验工作记录中要记录下正式试验的进行情况。试验工作记录宜记载参试人员，并注明试验过程对应的时间，以便能重现试验事件，如试验开始时间、中止时间，试验过程中的反常现象，以及任何试验中断的时间。

    对研制试验及鉴定试验，宜在试验报告中概述试验结果。试验报告宜详细说明在多大程度上成功地满足经批准的试验计划所提出的试验目的，还要记载试验结果、不足之处、遇到的问题及其解决办法。

第 2 章　基础性试验

元器件和材料是组成火箭和卫星产品的最小单元，影响其寿命和可靠性的最关键的因素是组成产品的元器件和采用的材料（包括机、电、热）。例如，部分单机产品的失效最终归结为元器件的失效（例如过电应力、结温过高），部分卫星产品因为星外热控涂层在轨受原子氧、紫外线等长期辐射而导致性能退化，最终引起卫星因温度过高而失效。

本章主要针对火箭和卫星产品所使用的元器件和材料所特有的一些基础性试验开展论述，着重讨论产品所使用的元器件和材料的空间环境适应性试验，以及针对产品元器件开展的一系列补充试验，例如二次筛选试验等。一些元器件和材料在研制和生产阶段开展的常规的试验项目，读者可以参照《微电子器件试验方法和程序》（GJB 548B－2005）等相关标准进行了解。

2.1　材料空间环境选用试验

组成火箭和卫星产品的材料从产品研制至投入使用历经地面环境和空间辐射环境。由于产品研制过程的地面环境可以控制，因此对产品所用材料应重点考虑空间辐射环境对其的影响。

空间辐射环境影响产品材料的主要因素是太阳辐射，包括 γ 射线、X 射线、紫外线等。空间辐射环境对产品材料的影响主要表现在：使产品材料发生放气、蒸发，有些挥发物凝结在产品的光学材料表面（特别是低温表面）造成污染；温度交变环境影响产品材料的热变系数；紫外线损伤产品热控材料的热性能（使吸收系数变大）；粒子辐射效应影响卫星产品材料的固有性能；原子氧环境剥蚀卫星产品表面材料，损伤太阳能电池片的银连线，使材料表面导电膜电阻升高，削弱其抗空间静电充放电（SESD）效果。

20 世纪 80 年代以来，以美国航空航天局（NASA）为首的一些航天研究机构，先后利用航天飞机在低地球轨道环境中进行了多次空间材料的验证试验。空间辐射环境效应在地面一般通过冷热交变试验、粒子辐照试验、紫外线辐照试验、原子氧试验、材料真空出气试验等进行验证。由于试验量级与产品寿命、轨道高度密切相关，本节只就卫星用材料空间环境试验的试验目的和试验应考虑的基本条件进行简单介绍。

目前，星用材料的研制试验，基本上在卫星型号研制的初样阶段进行，主要验证星用材料对空间环境的适应性。一般情况下，应根据轨道参数、使用寿命等情况制定试验条件。

2.1.1　冷热交变试验

2.1.1.1　试验目的

冷热交变试验主要考核星用材料在卫星轨运行期间将经历的冷热变化环境的适应能力。

2.1.1.2　试验条件

冷热交变试验的试验条件包括：

1）试验环境的真空度一般不高于 1.33×10^{-3} Pa，达不到此条件时允许在试验室气压下试验；

2）试验时产品的最高温度为最高预示温度（即最高工作温度）加 10℃，最低温度为最低预示温度（即最低工作温度）减 10℃；

3）凡未经过飞行试验考核的材料与工艺，应模拟轨道运行的实际冷热交变次数进行试验，或采用加速方法进行试验，选用经过飞行试验考核的材料与工艺，当已飞行寿命低于设计寿命时，应酌情增加试验次数；

4）试验时温度变化速率在真空条件下至少为 3℃/min，在常压条件下至少为 10℃/min，试验时温度变化速率允许大于此速率；

5）达到规定温度后，即可进行温度转换，用两箱法进行试验时产品不需要在箱外停留；

　　6）可采用小子样产品进行试验；

　　7）试验前、试验后应检测试件的各项性能。

2.1.1.3　试验设备

试验一般采用高低温温度箱或模拟高低温的两箱法进行试验。

2.1.2　粒子辐照试验

2.1.2.1　试验目的

粒子辐照试验主要考核卫星采用的有机和高分子材料（如光学玻璃、太阳电池片、热控涂层、黏结剂、电子线路填充剂）等承受粒子辐照的能力。

2.1.2.2　试验条件

粒子辐照试验的试验条件包括：

　　1）试验中的辐照总剂量由卫星轨道参数、工作寿命、结构、质量分布等因素决定；

　　2）试验样品应具有一定的功能、性能代表性，尺寸应根据辐射源决定；

　　3）太阳电池片的粒子辐照试验采用 1 MeV 电子源进行试验，星外涂层及热控涂层材料采用电子或质子源进行试验，其他材料采用钴－60γ 源进行试验；

　　4）样品进行粒子辐照试验时不加任何屏蔽；

　　5）辐照剂量率一般为 2～10 rad（Si）/s 或 50～300 rad（Si）/s；

　　6）试验温度应保持在产品实际的温度范围内；

　　7）试验期间需监视样品性能的变化趋势，达到规定的辐照剂量后，应在 1 h 内完成原位测试；

　　8）之后间隔一定时间仍需进行测试，观察样品性能的恢复程度，判断损伤类型。

2.1.2.3　试验要求

粒子辐照试验应在具有资质的专门试验室进行，试验前需准确了解辐射源的实际参数。

2.1.3　紫外线辐照试验

2.1.3.1　试验目的

紫外线辐照试验主要考核卫星采用的有机和高分子材料（如光学玻璃、太阳电池片、热控涂层、黏结剂、电子线路填充剂）等承受紫外线辐照的能力。

2.1.3.2　试验条件

紫外线辐照试验的试验条件包括：

1) 试验环境的真空度一般不高于 1.33×10^{-3} Pa；

2) 选择类似于太阳光谱的紫外光；

3) 试验样品应具有一定的功能、性能代表性；

4) 试验温度应保持在产品实际的温度范围内；

5) 辐照过程中对其主要性能参数尽可能进行原位测量，并监视其变化趋势，试验前和试验后应测量材料的特性；

6) 使用高于一个太阳当量紫外强度的光源进行试验，应采取措施将试验样品的温度控制在 50℃以下；

7) 试验期间需监视样品性能的变化趋势，达到规定的辐照剂量后，应在 1 h 内完成原位测试；

8) 之后间隔一定时间仍需进行测试，观察样品性能的恢复程度，判断损伤类型。

2.1.3.3　试验要求

紫外线辐照试验应在具有资质的专门试验室进行。

2.1.4　原子氧试验

2.1.4.1　试验目的

原子氧试验主要检验卫星外表面（一般为星本体表面、合成孔径雷达（SAR）天线表面、太阳电池阵表面）的非金属材料、光学玻璃、太阳电池片、热控涂层、黏结剂等承受原子氧作用后的性能变化。

2.1.4.2　试验条件

原子氧试验的试验条件包括：

1）试验环境的真空度一般不高于 1.33×10^{-3} Pa；

2）针对原子氧能量、束流强度、总通量等参数进行试验，应根据卫星轨道参数、飞行状态、工作寿命等因素决定试验量级；

3）试验样品应具有一定的功能、性能代表性；

4）试验温度应保持在产品实际的温度范围内；

5）辐照过程中对其主要性能参数尽可能进行原位测量，并监视其变化趋势，试验前和试验后测量材料特性参数变化及材料的质量损失；

6）星体背风面材料可不进行此项试验；

7）一般情况下，材料经原子氧剥蚀试验后，可根据不同用途进行性能验证试验。

2.1.4.3　试验要求

原子氧试验应在具有资质的专门试验室进行。

2.1.5　材料真空出气试验

2.1.5.1　试验目的

材料真空出气试验主要是检验试验卫星所用的有机材料、高分子材料在空间环境下的表面出气性能。

2.1.5.2　试验条件

材料真空出气试验的试验条件包括：

1）试验环境的真空度一般不高于 1.33×10^{-3} Pa；

2）试验样品应具有一定的功能、性能代表性；

3）试验样品应在热真空环境下暴露 24 h；

4）试验样品温度应保持在 125℃；

5）可凝物收集温度为 25℃；

6）需测试总质量损失（TML）、水蒸气回收量（WVR）等指标。

2.1.5.3　试验要求

材料真空大气试验应在真空罐内进行，并具有温度控制手段。

2.2　标准件、机械零件试验

　　航天产品的机械零件是指：在产品设计中拟采用的能完成机械、光学、热学、机电（不包括 QJ 3057—1998《航天用电气、电子和机电元器件保证要求》中规定的电气、电子和机电元器件）功能的一个工件（如：螺栓、密封圈等）或多个工件结合为一体而不能被分解（若分解将会被破坏或不能使用）的组合体（如：尼龙自锁螺母、复合材料成品件等）。

　　其中有部分的常用零件，具有很强的互换性、通用性，且规格统一，它们即成为标准件。

　　对于机械零件的试验主要是针对其力学性能的验证，同时兼顾其物理、化学性能的验证。对于标准件，其试验已形成了相应的统一规范；而对于一般非通用机械零件，其试验一般按照其设计要求或实际使用环境安排，通常可在组件级进行。

　　标准件产品类型众多，其试验要求亦有一定的差异，卫星上使用最多的为紧固件，本文即以紧固件为例，简要叙述其试验要求。

　　一般紧固件试验包括 3 方面：化学、物理以及力学性能试验，其项目及试验标准参见表 2—1。另外，对于某些特殊紧固件或有特殊要求的紧固件需补充进行其他试验，详见表 2—2。

表 2—1　紧固件通用试验项目及标准

试验项目	标准代号
化学性能试验	
盐雾	GJB 715.1—89
湿度	GJB 715.10—90
物理性能试验	
硬度	GJB 715.2—89
振动	GJB 715.3—89

续表

金属覆盖层厚度	GJB 715.6—90
密封	GJB 715.11—90
紧固件杆部膨胀特性的测量	GJB 715.25—90

力学性能试验

拉伸	GJB 715.23—90
高温拉伸	GJB 715.17—90
托板紧固件①拉伸	GJB 715.21—90
托板紧固件搭接接头剪切	GJB 715.20—90
搭接接头剪切	GJB 715.19—90
单剪	GJB 715.24—90
双剪	GJB 715.26—90
高温双剪	GJB 775.18—90
复合载荷	GJB 715.22—90
抗剪接头疲劳	GJB 715.9—90
抗拉疲劳	GJB 715.30—90
托板自锁螺母推出	GJB 715.9—90
托板自锁螺母拧脱	GJB 715.5—90
力矩	GJB 715.4—90
力矩——拉力	GJB 715.15—90
旋具槽扭矩	GJB 715.28—90
应力持久性	GJB 715.27—90
应力持久性——内螺纹	GJB 715—27—90
应力断裂	GJB 715.29—90
应力松弛	GJB 715.8—90
应力腐蚀	GJB 715.7—90
托板夹紧力	GJB 715.16—90
托板紧固件的夹紧	GJB 715.31—90
安装成形紧固件的预紧力	GJB 715.13—90

　① 托板紧固件是指自锁螺母和快卸锁等。

表 2—2　特殊紧固件所需试验

名　称	标准代号
托板紧固件类	
托板紧固件拉伸	GJB 715.2—90
托板自锁螺母推出	GJB 715.4—90
托板自锁螺母拧脱	GJB 715.5—90
托板紧固件的夹紧	GJB 715.31—90
托板紧固件搭接接头剪切	GJB 715.20—90
连接接头	
搭接接头剪切	GJB 715.19—90
托板紧固件搭接接头剪切	GJB 715.20—90
抗剪接头疲劳	GJB 715.9—90
试验温度的高温要求	
高温拉伸	GJB 715.17—90
高温双剪	GJB 715.18—90
应力断裂	GJB 715.29—90
应力松弛	GJB 715.8—90

各项试验均需选择一定的试样，其试样需满足如下要求之一：

1）试样为从被检产品中随机抽取的紧固件或紧固件组件；

2）被检紧固件与其连接件组成的连接接头；

3）按特殊规定制成的被检紧固件的替代物。

2.3　电子元器件筛选试验

2.3.1　电子元器件筛选试验目的

电子元器件筛选试验的目的是通过电子元器件的筛选控制，从源头防止、控制引入过应力而损坏电子元器件固有可靠性，避免接收、使用不能满足可靠性要求的电子元器件。

2.3.2　电子元器件筛选试验要求

采用编带包装并采用自动电装设备电装的片式元器件，因筛选后元器件无法恢复到原始编带包装状态等原因，按批允许不合格品百分数 LTPD＝10（C＝0）抽样进行试验性验证。

进口元器件需要进行补充筛选试验；但若无另行规定，满足下列要求的进口元器件的补充筛选试验按以下要求执行。

1）符合 MIL－S－19500 要求、质量证明文件齐全、质量等级为 JANS 的半导体分立器件可免作筛选试验。

2）符合 MIL－PRF－38535（或 MIL－S－38510）要求、质量证明文件齐全、质量等级为 V（S）级的微电路可免作筛选试验。

3）符合 MIL－PRF－38534（或 MIL－S－38510）要求、质量证明文件齐全、质量等级为 K（S）级的混合集成电路可免作筛选试验。

4）可靠性指标（失效率）达到下列等级（有相应元件的 MIL 总规范）、质量证明文件齐全的元件可免作筛选试验。

电阻器：S 级（失效率为八级）；

电容器：S 级；

电感器：S 级；

继电器：R 级（失效率为七级）。

5）符合 MIL－S－19500 要求、质量证明文件齐全、质量等级为 JANTXV 级的半导体分立器件，进行外观检查、常温初测、颗粒碰撞噪声检测、低温测试、高温测试、检漏、常温终测、再次外观检查。

6）电路符合 MIL－PRF－38535（或 MIL－38510）要求、质量证明文件齐全、质量等级为 Q（B）级的微电路进行外观检查、常温初测、颗粒碰撞噪声检测、低温测试、高温测试、检漏、常温终测、再次外观检查。

7）符合 MIL－PRF－38534（或 MIL－38510）要求、质量证明文件齐全、质量等级为 H（B）级的混合集成电路，进行外观检查、常温初测、颗粒碰撞噪声检测、低温测试、高温测试、检漏、常温终测、再次外观检查。

8）凡专用协议元器件，已由生产厂按协议规定进行补充筛选试验和质量控制的，若其筛选项目、应力等不低于上述要求的，可免作筛选试验；如低于上述要求的应补充相应试验。

在补充筛选试验过程中淘汰的电子元器件均应进行失效分析，并根据失效分析结论对该批次的产品提出处理意见。

2.3.3　PDA 值的控制

PDA 值按表 2－3 中相应的补充筛选试验程序的要求进行控制。但筛选淘汰率与筛选批量、缺陷性质和生产厂家是否进行过相关项目的试验等因素有关。

1）当电子元器件筛选淘汰率超过 PDA 规定值但不大于 2 倍时，如经验证属非批次性质量缺陷或可筛选缺陷，当需要使用该批次电子元器件时，由使用单位办理相关手续上报型号总设计师批准；

2）当电子元器件筛选淘汰率大于 PDA 值的 2 倍时，原则上不能装机使用；

3）当电子元器件筛选数量未大于 10 只时，允许有 1 只非批次性缺陷元器件的淘汰。

电子元器件在外观检查、颗粒碰撞噪声检测和检漏试验中剔除的不合格品，经失效分析确定属非批次性缺陷的，可不计入总淘汰率内。

验证性的补充筛选试验项目允许抽样进行，采取零失效方案，当未通过时，该验证性的补充筛选试验项目应进行全检。

进口电子元器件中，确因限于现有试验或检测手段，无法进行电老炼试验或测试的项目，由元器件可靠性中心出具装机老炼证，使用单位在电路板或整机上进行电老炼考核并合格后，由用户单位质量部门出具考核合格的试验证明，由元器件可靠性中心转开装机合格证。

筛选试验温度不得超过被试电子元器件规定的极限温度（包括正极限温度和负极限温度），防止可能因元器件的封装材料、结构等原因，其极限温度达不到试验项目中规定的温度要求而损伤元器件。

表 2—3 电子元器件筛选试验的一般项目表

序号	筛选项目	试验方法	试验条件	备注
1	外观目检	按产品详细规范进行	用 10 倍放大镜或显微镜	
2	初测	按产品详细规范进行	(25±5)℃	
3	高温贮存	按 GJB 128A—97 方法 1031 进行	(125±2)℃，96 h	不得超过极限温度
4	温度循环	按 GJB 360A—96 方法 107 进行	—(55±3)～(125±2)℃ 极限温度保湿 0.5 h 转换时间≤1 min，5 次	
5	终测	按产品详细规范进行	(25±5)℃	
6	外观目检	按产品详细规范进行	用 10 倍放大镜或显微镜	
	总 PDA		5%	

2.4 抗辐射试验

卫星在轨运行期间，要遭遇恶劣的空间辐射环境，包括宇宙射线、太阳耀斑、极光、地球辐射带以及可能的核爆炸等。这些环境严重威胁到卫星运行的长寿命和高可靠性，是导致卫星出现故障的重要原因之一。从 1957 年第一颗人造地球卫星发射成功至今 40 多年来，已经有许多卫星受到空间辐射环境的作用而损坏，人类为此付出了极高的代价。我国航天领域也曾经由于对空间环境认识不足，有过一些经验和教训。

卫星在空间环境里运行，空间环境包括压力（真空）、温度、微重力、原子氧（对于 200～700 km 低地球轨道环境而言）、微流星体和空间垃圾、紫外辐射及粒子辐射环境等方面。

引起卫星辐射损伤的有以下 3 大效应。

（1）累积效应

高能量带电粒子对航天器的影响之一是造成航天器材料、电子器件、生物及航天员的辐射累积损伤。本节只讨论对卫星材料和电子器件造成的辐射累积损伤的有关问题。辐射累积损伤主要有以下两种作用机制。

①电离作用

入射粒子使被照物质的原子电离，其能量被吸收，电子和质子通常产生这种电离作用，即总剂量效应。自然辐射环境下的电离剂量率很低，为 $10^{-4}～10^{-2}$ rad（Si）/s，因此自然环境下辐射损伤是材料和电子器件受到长期辐射造成的。总剂量效应导致的是永久性失效。

②位移作用

入射粒子击中物质晶格中的离子使其脱离原来所处位置，造成晶格缺陷。高能质子和重离子既能产生电离作用又能产生位移作用。这两种作用达到一定的剂量会使材料性能退化，电子元器件参数发生改变甚至丧失功能。

（2）单粒子效应

单粒子效应（Single Event Effect，SEE）是指高能粒子（重离子或质子）与微电子器件相互作用产生器件状态变化的外部表现。迄今已发现五种单粒子效应，它们的名称、符号、现象和主要发生的器件种类如表 2—4 所示。

表 2—4　五种单粒子效应

效应名称	符号	现象和特征	发生该效应的器件种类	分类
单粒子翻转	SEU	"0" → "1" 或 "1" → "0"，不能自动恢复；10^{-9} ~ 10^{-8} s 脉冲干扰	普遍	软错误[①]
单粒子闭锁	SEL	IDD 增大（约 100 mA）	体硅器件	硬错误[②]
单粒子烧毁	SEB	漏极—栅极和漏极—源极短路	功率 MOSFET	硬错误
单粒子栅极击穿	SEGR	栅极或漏极漏电流增大	功率 MOSFET	硬错误
单粒子快速反应	SES	IDD 增大（约 100 mA），但逻辑功能正常；电源电压受限	CMOS 或 NMOS 电路里的 NMOSFET	硬错误

① 软错误以逻辑功能变化为特征，不引起器件发生灾难性损伤，中央处理器 CPU（的寄存器）、随机存取存储器 RAM 和只读存储器 ROM 的单粒子翻转不能自行恢复，称"永久性"单粒子翻转，而有些逻辑电路的单粒子翻转是宽度为 10^{-9} ~ 10^{-8} s 的脉冲，称为瞬时单粒子翻转。

② 硬错误以电流增大为特征，若不采取措施（例如限流或切断电源），器件则会发生灾难性损伤。

在表 2—4 所列的五类单粒子效应中发生概率最高、研究得最多的是单粒子翻转和单粒子闭锁，本书只讨论这两种效应的防护。

（3）空间充放电效应

空间辐射环境会引起卫星表面带电和深层带电（内带电）。表面带电是指卫星表面由于受到能量为几千电子伏~几十千电子伏入射粒子作用而引起的静电荷积累，并由此形成的静电电位。它通常发生在：

1）地球同步轨道卫星处于地磁亚暴或磁暴引起的增强等离子环境中；

2）大尺寸低地球轨道卫星穿越极光活动区域时；

3）小尺寸低地球轨道卫星处于一正穿越极区的大尺寸卫星附近时。

表面带电分为以下两种类型。

1）绝对带电：卫星整体相对于周围等离子体的电位。其充电速率取决于卫星到无穷远处的电容，和卫星线度 R 成正比。

2）相对带电：卫星一部分表面相对于另一部分表面的电位。其充电速率取决于介质层的电容，和介质层厚度 d 成正比。因为 d 通常较 R 小得多，因此发生相对带电的时间比绝对带电要慢很多（约104 倍）。

空间探测表明，卫星绝对带电并不严重，而且为卫星整体带电，犹如电工高压作业中的等电位笼，并没有什么可怕的。而卫星相对带电却会因相邻表面间电位差超过阈值诱发放电，它可能引发以下问题。

1）由快速放电脉冲（通常幅度为数十安培，宽度为纳秒至毫秒）产生的辐射干扰和脉冲在卫星结构中传导在相邻电缆中感生电流脉冲而产生的传导干扰（辐射干扰和传导干扰统称为电磁干扰）造成电子设备中的伪指令事件，使卫星出现异常或故障；

2）卫星材料的潜在损伤或损坏；

3）污染水平增加，使卫星光学器件、热控涂层、二次表面镜等表面性能发生变化。

上述危害中，最显而易见的是电磁干扰，因为它可能即时、直接地和卫星的某次异常直接相关。空间故障分析表明电磁干扰产生的后果确实也是最严重的，因而也应是设计师防护设计的重点。但是对于材料损伤和污染影响，设计师也应知晓，以拓宽防护设计和相关故障分析的思路。

深层带电（内带电）是入射的高能带电粒子（主要是电子）在绝缘体中沉积，积累到一定程度而诱发的放电，其充放电的机制和表面放电不同，对卫星造成的危害与单粒子翻转非常类似（因此现阶段归为单粒子翻转的故障，有些可能就是内放电引起的）。内放电的问题目前还研究得不多，但随着卫星结构的日益复杂及希望采用更少的辐射屏蔽，设计师应关注绝缘材料的内带电和内放电问题。

2.4.1　总剂量辐照试验

2.4.1.1　试验目的

总剂量辐照试验主要考核星上电子元器件、星外材料（如光学玻璃、太阳电池片、热控涂层、黏结剂）等承受总剂量辐照的能力。

2.4.1.2　试验条件

总剂量辐照试验的试验条件包括以下内容。

1）辐照源：太阳电池片的总剂量辐照试验用 1 MeV 电子源进行试验，其他用钴－60γ 源进行试验；星外涂层及热控多层材料用电子或质子源进行试验。

2）剂量率：$2\sim35$ rad（Si）/s。辐照期间，剂量率变化不超过 10%。

3）温度要求：受试元器件在辐射时，从试验箱靠近夹具的位置测得的环境温度应为（24 ± 6）℃。应在（25 ± 5）℃的环境温度下对被试元器件进行测试。如果将元器件放至异地测试位置或其他位置，不允许试验器件的温度比辐射环境温度高 10℃ 以上。

如果元器件达到规定总剂量后各项功能和电参数均正常，可对元器件继续进行辐照，直至元器件失效。当辐照剂量达到指标要求的 2 倍剂量时元器件仍未失效，也可中止试验。

试验中止后，元器件置于 80℃ 的温度场中退火 48 h，或（执行 GJB 548B－2005《微电子器件试验方法和程序》）在已被特性实验证明将会使辐射敏感参数产生相同或更大退化的条件下进行退火。

施加器件试验时的最大偏置，使元器件任意两个引出端之间的漏电流不应超过辐射前器件规范中规定的最小极限值的 10%。

2.4.1.3　试验要求

抗辐照指标（固有指标或验证试验指标）大于卫星总体要求值 3 倍以上的元器件免作辐照试验，其中关键、重要等器件可进行抽样摸底试验；抽样摸底试验按指标的 50% 剂量或按指标的 100% 剂量进行辐照试验。

抗辐照指标为卫星总体要求值的 $1\sim3$ 倍的元器件免作辐照试

验，其中关键、重要器件可进行摸底试验，摸底试验按指标的 80％ 的剂量或按指标的 120％ 的剂量进行辐照试验。

抗辐照指标小于卫星总体要求值的元器件（含没有剂量指标的元器件）原则上均要作辐照试验，试验剂量达到要求值后退火（80℃，48 h）或达到要求值的 1.5 倍以上时停止试验。

2.4.1.4　抽样数

进行总剂量辐照试验时，同型号、同批次卫星产品抽样数为使用数的 10％，但数量不得少于 2 个。

2.4.1.5　认证条件

总剂量辐照试验完成后应将试验报告上报总体所，按照下述原则进行认证，达到要求的批次元器件方可装星使用。

1) 抽样试验结果符合下述条件之一，该批次元器件认证为达到总剂量要求：

· 抽样试件全部达到要求剂量；

· 如果抽样试件失效数不大于抽样数的 1/2，则将抽样加倍再进行试验，直到全部达到要求剂量。

2) 抽样试验结果为下述情况之一，该批次器件认证为达不到总剂量要求：

· 第一次抽样数的全部或 1/2 以上的元器件达不到要求剂量；

· 第二次将抽样加倍试验时有 1 个以上（含 1 个）元器件达不到要求剂量。

2.4.2　单粒子效应试验

2.4.2.1　试验目的

单粒子效应试验主要考核星上大规模和超大规模集成电路抗单粒子效应的能力。

通过加速器模拟试验和锎（^{252}Cf）源试验获得大规模集成电路（如中央处理器、现场可编程门阵列等器件）的单粒子翻转截面和翻转阈值，再结合卫星具体轨道环境和元器件的工艺参数预示元器件在轨单粒子翻转率。

2.4.2.2　单粒子翻转试验的验证方法

单粒子翻转试验的验证方法包括：

1）对中央处理器芯片，采用以下两种方法：

• 根据供货方提供的 σ －LET 曲线，利用软件计算该元器件在卫星轨道的单粒子翻转率；

• 利用地面故障注入仿真技术验证软件加固措施提高系统抗单粒子翻转性能的效果，以考核是否满足"系统单粒子翻转零失效"的指标要求。

2）对其他大规模集成器件，用铜源试验测试其单粒子翻转截面（有此参数的元器件须向总体提供此参数，可不再实测），然后用类比法推算其单粒子翻转率。

3）上述 1）、2）的试验和验证具体方案由元器件选用单位和总体共同商定。

4）抗单粒子闭锁措施应上报总体，并通过评审。

2.4.3　抗静电充放电效应试验

2.4.3.1　试验目的

通过专用电弧放电源产生的电磁辐射对卫星的电子单机干扰进行检测，以检验卫星电子产品对空间环境的静电充放电辐射干扰的适应能力。

2.4.3.2　检测技术状态和方法

抗静电充放电效应试验的检测技术状态和方法包括以下方面。

（1）电子单机状态

需进行抗静电充放电效应检测的卫星电子单机一般是非正样产品，并且其技术状态和接地布局应与装星要求的初样或正样状态一致。

（2）检测设备技术状态

使用专用电弧放电源，在碳电极间隙 7.5 mm，放电电压 10 kV（放电脉冲辐射场参数如表 2－5 和表 2－6 所示）、放电重复频率为 $1s^{-1}$ 状态下进行检测。

表 2—5　电弧源放电脉冲辐射场参数

碳电极间隙为 7.5 mm，10 kV 时数据		说明
放电频谱/MHz	0.1～50	此组数据是按标准
脉冲幅度/V	0.094～4.7	试件离专用电弧放电
放电功率/mW	$1.88 \times 10^{-4} \sim 2.7 \times 10^{-3}$	源 30 cm 处辐射能量
放电能量/J	$6.3 \times 10^{-8} \sim 4.5 \times 10^{-7}$	测试所得

表 2—6　典型的电极间隙和击穿电压关系

电极间隙/mm	击穿电压/kV	近似能量消耗/W
1	1.5	50.5×10^{-6}
2.5	3.5	305×10^{-6}
5	6	900×10^{-6}
7.5	10	$2\,700 \times 10^{-6}$

（3）检测方法

检测时电弧放电源的电极离单机被测面的距离在 10～30 cm 之间（一般取 30 cm，在此距离处，专用电弧放电源辐射的脉冲分布如图 2—1 所示），被测面应是电子产品不被周围部件屏蔽的各个表面。每次检测时间为 30 s。一个产品可选多个被测面来检测；对每个面也可重复检测多次。对正样产品只取一个被测面，检测一次。

2.4.3.3　试验合格判据

抗静电充放电效应试验合格的判据包括：

1）检测中产品工作正常，逻辑电路不出现任何异常，才能认定产品通过该项检测；

2）如果在 10 kV 的放电电压下产品出现异常、故障或损坏，应调节放电间隔，将放电电压降到产品能正常工作的电压，并根据产品的综合性能和可靠性要求判定是否通过检测；或进一步采取防护措施后进行试验判定是否通过检测。

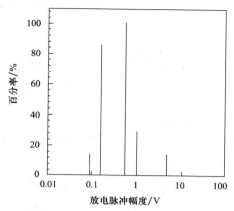

图 2—1　距离专用电弧放电源 30 cm 处辐射的脉冲分布图

第 3 章　单机、部件研制试验

单机、部件在研制阶段开展的各项试验是火箭、卫星产品研制单位开展最多的试验，合理地设计单机、部件的各项试验，对充分暴露单机和部件的早期失效，提高产品的可靠性有举足轻重的作用。如何合理、充分、有效地开展单机和部件的各项试验是航天科技工作者面临的问题，本章重点介绍了能够反映火箭、卫星产品性能的各项试验，这些试验主要针对火箭、卫星产品的任务剖面进行设计的，主要包括环境适应性试验、热真空试验、单机的 SESD 试验、电磁兼容试验、贮存试验和寿命试验等，并简要概述了产品验收交付试验的目的、项目和要求。

3.1　环境适应性试验

火箭、卫星的研制、运行一般要经历 4 个阶段：地面阶段、发射阶段、在轨阶段和返回阶段，其经历的环境堪称复杂，按学科分类，主要可分为：

1）力学环境，主要包括振动、噪声、爆炸、冲击和加速度。力学环境多发生在发射和返回阶段；

2）空间环境，属自然环境，主要包括真空、冷黑、温度交变、太阳辐射、粒子辐射、原子氧、磁场、微重力、微流星和空间碎片，多存在于在轨阶段；

3）地面研制和储存环境，包括温度、湿度、雨淋、沙尘、霉菌等，属于一般机电产品的通用环境。

火箭、卫星所经历的环境除上述的原始环境外，还有引入环境，即由设计、产品特性或星船内部引入的环境，包括电磁干扰或耦合、非金属材料放气、材料应力腐蚀、发动机羽流、密封压力容器气液排放（或泄漏）、星体自旋与加速、星箭结构动力学耦合、星船动力学耦合（结构挠性、液体晃动）等环境。

　　火箭、卫星产品的设计必须（但不限于）考虑原始环境和引入环境，以及环境与卫星内部条件相互作用产生的效应，如低气压电晕、静电放电、空间带电粒子的累积效应和单粒子效应、真空冷焊、水气和可凝聚挥发物对（低温）光学表面的污染、热变形、重力和气压变化对有配准精度要求部件的影响效应等。

　　环境影响效应是火箭、卫星设计研制过程中必须考虑的内容。火箭、卫星研制除了进行环境适应性（防护）设计外，还要检验它们能否在各种环境下正常工作，其最有效的方法是进行环境试验。

　　合理制定环境试验的前提，是必须清楚地了解各种环境产生的效应。

3.1.1　力学环境及其效应

3.1.1.1　力学环境

3.1.1.1.1　正弦振动环境

　　正弦振动是由发射期间或地面运输、装卸期间，在火箭、卫星上所产生的正弦载荷和带随机外力所引起的。正弦振动地面模拟频率为 5～2 000 Hz，地面运输时的频率为 0.3～300 Hz。

3.1.1.1.2　随机振动环境

　　随机振动是由于发射时声、气动力激振通过卫星结构传递引起的。随机振动地面模拟的频率一般为 20～2 000 Hz，以频率分辨率为 1/6 倍频程进行分析所用的功率谱密度表示。

3.1.1.1.3　噪声环境

　　和随机振动产生的原因一致，噪声主要是由在火箭、卫星外表面产生的脉冲压力所引起的。噪声一般在整流罩内可达 146 dB；地面模拟声谱在 31.5～10 kHz 频率范围内。

3.1.1.1.4　爆炸冲击环境

爆炸冲击是由火箭、卫星火工品装置触发时的结构响应造成的，在火工品附近可达 10 000g 以上，在 15～20 ms 内衰减为最大结构响应加速度的百分之几。

3.1.1.1.5　加速度环境

火箭、卫星在动力飞行中，由火箭发动机的推力产生的加速度，类似静载荷。

3.1.1.2　力学环境效应

力学环境效应包括：

1) 激起火箭、卫星主、次结构固有频率的共振响应。严重时结构强度遭到破坏，局部失稳，承力件断裂。

2) 动力响应过大，仪器、精密敏感部件出现故障，甚至失效。

3) 面积/质量比过大的部件，如帆板、蒙皮、机构等在高声强噪声下遭到破坏，出现紧固件松动。

3.1.2　空间环境及其效应

3.1.2.1　真空环境及其效应

（1）真空环境

离地面 100 km 高度处真空度为 4×10^{-2} Pa，200 km 高度处真空度为 10^{-4} Pa，1 000 km 高度处真空度为 10^{-11} Pa，地球同步轨道高度处的真空度更高。

（2）真空环境效应

真空环境产生以下效应：

1) 气体传导和对流传导可忽略，热设计以辐射传热为主；

2) 卫星材料会发生放气、蒸发，有些挥发物凝结在光学器件表面（特别是低温器件表面）从而造成污染；

3) 外部真空使密封件内气体、液体泄漏；

4) $10^{-2} \sim 10^{-3}$ Pa 时产生低气体放电；

5) 真空条件下微放电；

6) 10^{-7} Pa 压力以下的超高真空是冷焊的重要诱发因素。

3.1.2.2　冷黑及温度交变环境及其效应

（1）冷黑及温度交变环境

太空是一个温度为 4 K，吸收系数 $\alpha = 1$ 的冷黑空间。卫星环绕地球运行，主要由太阳辐射构成的外热流和星内电子仪器等内热流的变化，使其处于温度交变环境。太空的"真空"环境，加剧了卫星热冷变化的剧烈程度。

（2）冷黑及温度交变环境效应

在轨温度交变，极端温度远远超过卫星上仪器承受能力，为此卫星要做热设计，温度交变剧烈的材料构件等要进行温度循环试验。

3.1.2.3　太阳辐射环境及其效应

（1）太阳辐射环境

太阳是一个强大辐射源，其辐射包括 γ 射线、X 射线、紫外线、可见光至无线电波段的各种波长的电磁波等。

（2）太阳辐射环境效应

太阳辐射环境效应包括：

1）温度交变环境的外热流源；

2）紫外线损伤热控材料的热性能（使材料吸收系数变大）。

3.1.2.4　粒子辐射环境及其效应

（1）粒子辐射环境

近地轨道存在很复杂的由电子、质子、重离子等构成的粒子辐射环境。

（2）粒子辐射环境效应

粒子辐射环境效应包括：

1）星用材料和电子元器件的总剂量效应；

2）电子器件的单粒子效应和卫星表面的充放电效应。

3.1.2.5　原子氧环境及其效应

（1）原子氧环境

700 km 以下近地轨道残余大气的重要组成构成原子氧环境。

（2）原子氧环境下效应

原子氧环境会造成卫星表面材料剥蚀，损伤太阳电池片的银连线；会使材料表面导电膜电阻升高，削弱其抗空间静电充放电的能力。

3.1.2.6　微流星和空间碎片环境及其效应

（1）微流星和空间碎片环境

微流星直径大小为 $0.1\sim10\mu m$，速度可达 $10\sim70$ km/s，质量为 $10^{-6}\sim1$ g；空间碎片大都为人类航天活动产生的"垃圾"，质量和大小各异。

（2）微流星和空间碎片环境效应

微流星主要是使卫星材料表面出现"沙蚀"。近年实际检测表明，10^{-6} g 级大小的微流星作用不容忽视。1998～2000 年因狮子座流星群的母体彗星处于近日点（每隔 33 年发生一次），造成微流星数量的急剧增加。

空间碎片撞击卫星的概率已超过微流星，撞击会使撞击点附近材料局部熔化，形成凹坑或穿孔，其撞击点的波及区约为撞击粒子尺寸的 50 倍。

3.1.2.7　磁场环境及其效应

（1）磁场环境

地球和近地空间存在的磁场，称为地磁场。在高空的地磁场如同一个放在地球中心的磁偶极子产生的磁场。在太阳风作用下，高空中的地球磁场显著地偏离了偶极磁场，而被局限在一定范围内，这个范围称为磁层。在磁层中，地磁场对带电粒子的运动起主要控制作用。

（2）磁场环境效应

低地球轨道的磁场对卫星的姿态有影响，卫星内存在的铁磁物质和环电流产生的磁矩和地磁场相互作用生成干扰力矩，导致卫星自旋轴发生进动，自旋速率下降。

3.1.2.8 微重力环境及其效应

（1）微重力环境

卫星的微重力环境为 $10^{-4} \sim 10^{-5} g$。

（2）微重力环境效应

微重力作为一种空间资源，目前正处于开发阶段。但微重力环境对航天员形成的是负面效应，它能造成航天员体内脱水，下肢骨骼疏松，肌肉萎缩，生理功能紊乱。

3.1.3 环境适应性试验内容

根据卫星研制及运行所经历的环境及其产生的效应，可制定卫星相关的环境试验。环境试验分为力学环境模拟试验、热环境模拟试验、空间环境模拟试验、气候试验及综合环境试验等。

（1）力学环境模拟试验

力学环境模拟试验主要包括正弦振动试验、随机振动试验、噪声试验、冲击试验、加速度试验等。

（2）热环境模拟试验

热环境模拟试验主要包括高温试验、低温试验、高低温循环试验、温度冲击试验等。

（3）空间环境模拟试验

空间环境模拟试验主要包括低气压试验、热平衡试验、热真空试验、真空冷焊试验、总剂量效应辐照试验（包括电子辐照、质子辐照、γ射线辐照等）、单粒子效应试验（包括重离子加速器模拟试验、锏源模拟试验、激光器模拟试验等）、紫外线辐照试验、原子氧辐照试验、空间碎片和微流星体环境模拟试验、空间充放电效应模拟试验（包括表面充电模拟试验、内带电模拟试验、空间静电放电辐射干扰试验、空间静电放电传导干扰试验）等。

（4）气候试验

气候试验主要包括湿度试验、沙尘试验、淋雨试验、盐雾试验、爆炸大气试验等。

（5）综合环境试验

综合环境试验是指同时模拟两种或两种以上环境进行的试验，一般有温度－湿度－振动试验、振动－噪声－温度试验、高低温循环－振动试验、电子－质子－紫外线辐照试验等。

3.2　热真空试验

3.2.1　热真空试验目的

热真空试验是为了检验仪器设备承受热真空环境的能力。

3.2.2　热真空试验条件

热真空试验的试验条件包括以下方面。

1）环境压力：优于 6.65×10^{-3} Pa。

2）试验温度：一般电子电器设备的鉴定级试验温度范围为 $-35 \sim 70℃$，准鉴定级试验温度范围为 $-30 \sim 65℃$，验收级试验温度范围为 $-25 \sim 60℃$。

3）循环次数：鉴定级试验的循环次数要求至少 9.5 次，准鉴定级试验的循环次数要求至少 3.5 次，验收级试验的循环次数要求至少 3.5 次。

4）停留时间：极端高低温端停留时间至少 6 h。

3.2.3　热真空试验要求

热真空试验的试验要求包括以下方面。

1）温度稳定性：温度变化保持在 3℃，温度变化的速率不小于 1℃/min。

2）测温点：进行热浸试验时，温度系指机壳上或仪器板温度，且此测温点应远离试验设备的热源处；进行冷浸试验时，温度系指机壳上或仪器板的温度。

3）整个试验过程中，产品通电工作并进行设备的性能监测或测试。当温度达到并稳定在极端低温时产品断电，然后作冷启动并作性能测试；当温度达到并稳定在极端高温时产品断电，然后作热启动。试验前后对单机进行全面性能测试并对比。

　　4）射频单机应在设计频率和最大功率下工作；机械运动部件在稳定的高低温端进行力和力矩设计余量的测试。

3.3　卫星带电试验

　　一般地，卫星带电是指卫星在轨运行时与天然空间等离子体环境相互作用而发生的静电荷积累过程。对于卫星带电，空间等离子体环境可视为一个大的充电电源。典型的带电环境对应于现行运用最多的卫星轨道：地球同步轨道，低地球轨道（100～1 000 km 高度）和地球极地轨道。当充电电荷建立的场强超过其周围材料的击穿场强时，将诱发静电放电。卫星带电效应包含了充电和放电两个过程。

　　由于卫星表面由不同几何形状和不同特性的材料组成，其表面不同地方的充电水平也不同，因此卫星表面充电又分为绝对带电和不等量带电两种类型。

　　（1）绝对带电

　　绝对带电有时也称之为框架带电，当卫星作为一个整体相对空间等离子获得一净电荷积累形成的电位时就形成了绝对带电。如果整个卫星表面为金属材料（导体），则卫星相当于一个等电位体。一般地，绝对带电发生的时间极短（几秒钟）。

　　（2）不等量带电

　　众所周知，卫星表面一般是由多种材料构成的，如果其表面使用了多种介质材料，那么卫星表面各部分积累的电荷量将不同，从而形成不同的悬浮电位，这个过程就是不等量带电。

　　不等量带电过程是渐进的，目前卫星表面使用的不同介质材料相当于电荷积累的不良分配器，带电粒子通量的变化使表面形成不同的电位。一般地，最严重的不等量带电发生在卫星光照面和阴影面之间，因为，光照射卫星表面激发的光电子抵消了部分入射电子，从而使光照面相对于阴影面有一较大的正电位。

卫星的表面充放电试验是卫星表面充电保护程序的最后一个步骤。必须进行的试验包括以下 4 种类型：材料特性确定、材料放电响应试验、接地连续性试验和卫星放电不敏感性试验。

3.3.1　材料特性确定

充电速率和所达到的最大电位是卫星表面材料特性的函数。决定表面材料充电响应的材料特性的物理参数有二次电子发射系数、背散射系数、光电子发射系数、电导率、介电常数以及材料的厚度。对于通用的卫星材料，这些特性参数的测试值一般可直接查阅相关文献或材料手册，或由材料的生产厂家提供。

对于新的卫星材料，以上所列材料特性的一种或多种不大可能被直接引用而必须通过测量获得。因为卫星表面材料主要是绝缘体，电导率（或电阻率）的测试技术必须适应于低电导率（或高电阻率）的测试。对于卫星材料的任何必要的材料特性确定的试验必须详细记载在卫星表面充电试验计划中，这个计划应当包括材料特性测试工艺、测试步骤、测试试验装置等内容。

当评价公开发表的卫星材料特性参数数据或评估由新的试验而确定的数据的可靠性时，一个重要的考虑因素是材料特性将随试样的不同、测试位置的不同（由于材料的不均匀性）、测试时间的不同以及试验环境的不同而变化。例如，产品在空间环境中长期暴露后其 Kapton 电导率变大，低高度极轨道空间环境的原子氧能氧化卫星表面材料，使其电导率下降，同时碎片和宇宙尘粒子会剥蚀卫星的防护层。

3.3.2　材料放电响应试验

当测试卫星表面材料和涂层的放电敏感性时，材料的放电响应试验是必须要作的，因为需要了解由材料放电产生的瞬态电流或由放电瞬间产生的辐射场。

放电响应试验装置通常是由提供空间真空环境的真空室、提供电子充电环境的电子枪、测试放电电流的电流探头、设置在试样上的测量电子束流的法拉第筒、测量试样充电电压的高压探头、测量放电辐射场的天线以及测试放电产生的卸放电荷的收集极组成。测试样品通常是所研究的卫星材料的一小部分，它被固定在代表卫星主体的导电座上。导电座被放置在绝缘体上，通常由接地片接地。在某些情况下导电座通过电阻端接地或通过电阻连接于一与电容器同时接地的偏压端。连接天线并用于测量放电辐射场的测试仪器由频谱分析仪或 Leungand Pdamp（1982）所描述的宽带外差探测器组成。

3. 3. 3　接地连续性试验

接地是防止电荷聚集的一个关键设计技术。卫星接地系统的连续性决定于所使用的结构技术和加工过程的精细程度。为了保证接地的连续性和接地电阻不超过所要求的水平而进行的接地连续性试验常常是必要的。接地连续性试验所包括的测试方法、测试装置和测试设备应当在卫星表面充电试验计划中予以描述。

多层隔热材料经常具有薄的导电涂层，例如导电漆和铟锡金属氧化物（ITO）膜。涂层非常脆并且容易在加工中受到损伤。在安装多层隔热材料并对其进行大范围的处理、分布和调整时，都应当通过试验以检验其接地连续性。

每一个接地条在安装时都应当测试其连续性，每一次调整时也要测试。所有联结点都必须通过试验以检验其接地连续性。

除了安装时的测试，接地条、接地点和导电表面在放电试验开始前也要测试其接地连续性。

3. 3. 4　卫星放电不敏感性试验

可信度最高的考核卫星与放电相关的表面充电性能的地面试验

方法，应当是在地面试验时将运行的卫星暴露在真实模拟空间等离子体环境的试验环境中，这种验证技术已应用于很多卫星。然而，这并不是最切合实际的方法，因为在地面不能够重现卫星充放电的空间环境。特别是由于这种验证途径的模拟需要多种实验设备，费用极大，使其很难执行。

通过对各种放电验证试验方法的评价，已确定的最切合实际的卫星表面带电验证试验的技术手段是整星放电不敏感性试验（GDI），其中包括模拟在卫星上表面材料放电诱导电流的直接电流注入法。整星放电不敏感性试验的优点在于它是一个真实的系统试验，可在接近危险的水平模拟由放电产生的许多电磁效应，并且与现有的电磁脉冲（EMP）实际试验操作是一致的。整星放电不敏感性试验是用于验证卫星抗带电及其相关充放电效应的推荐试验技术。

卫星整星放电不敏感性试验的带电试验是通过应用于卫星上选定位置上的一系列电流注入完成的，同时监测这些注入瞬态脉冲对关键系统功能的影响。试验仪器用于监测系统功能和验证安全余量。所选择的电流注入位置、耦合方式和注入脉冲数来自于对卫星的分析或来自于控制文件。

卫星上的脉冲注入是通过导线耦合器或电容耦合器进行的，用于激励候选放电区域的注入方法的选择建立在电磁耦合分析的基础上。耦合分析将决定放电位置产生的期望最大化（EM）能量在敏感电子线路相关的卫星导体或进入点（POES）附近耦合的重要性。如果需要模拟来自大面积电子喷发而导致的数百安培、数百毫秒宽脉冲的表面电流，硬线耦合器是最好的脉冲注入方法。当系统共振或正常电场激励为重要耦合模式时，容性激励更好一些，关键试验点是在卫星带电分析中被怀疑可能放电的卫星的电介质表面。

然而，没有一种电流注入方法能提供卫星表面上电场激励静电放电的均匀的整星模拟，模拟的真实性将随卫星上测试位置和注入方法而变化。因而人们会发现，一种特别选定的注入技术和注入点不一定会提供其他区域正确的模拟结果。因此，建议耦合分析除根据带电分析确定的激励点外，增加注入点以完成模拟试验过程。

电流注入期间，卫星应当工作在具有代表性的在轨飞行模式和在轨配置状态下。对于卫星超出规定动作的行为，必须用卫星上搭载的星务管理系统进行监测。

3.4 原子氧试验

卫星受到的主要环境侵蚀是原子氧对卫星外露材料的腐蚀。因此目前卫星的抗环境侵蚀试验主要是针对卫星表面材料进行抗原子氧腐蚀能力的试验。

3.4.1 概述

原子氧是低地球轨道空间环境中对卫星外露材料危害性最大的环境因素。空间材料的原子氧效应严重影响了低地球轨道卫星的性能和寿命，是近年来国内外空间环境效应研究领域的热点课题之一。

3.4.2 低地球轨道原子氧环境

通常空间站、航天飞机运行的轨道高度在 $200 \sim 600$ km，即处于近地轨道区域。这一区域是当前人类开发、利用空间的重要场所。低地球轨道环境与大气层环境截然不同，其特性主要包括超高真空、高低温热循环、紫外线辐射，存在带电粒子、微陨石、人造轨道碎片和以原子氧（AO）为主的中性原子。这些环境条件都会对空间材料产生各种有害的影响。为确保卫星的正常运行，必须对空间材料在低地球轨道环境下的性能进行系统研究。在低地球轨道，空间气体总压为 $10^{-7} \sim 10^{-8}$ Torr（1 Torr＝133.322 Pa）。大气成分主要有氮分子、氧原子、氦原子和氢原子。各种粒子的密度很小，一般在 $10^7 \sim 10^9$ atoms · cm^{-3}。

原子氧是大气层顶部 $200\sim700$ km 处最普遍存在的物质。在低地球轨道，中性气体基本上由 80％的原子氧和 20％的氮气组成。原子氧是由大气层顶部的氧分子受太阳紫外线外辐射作用而产生的，其产生机制主要有光致解离、氧分子的复合解离和热电子碰撞 3 种。原子氧的静态密度并不高，在 $5\times10^6\sim5\times10^9$ atoms·cm^{-3} 之间变动，仅相当于室温下 $10^{-5}\sim10^{-8}$ Pa 真空中残余气体粒子的密度。原子氧的能量一般为 $0.01\sim0.025$ eV，多数处于 ^{3}P 基态，少数处于 ^{1}D 激发态。在低地球轨道卫星大约以 8 km/s 的速度运行，与其表面碰撞的原子氧通量密度高达 $10^{12}\sim10^{15}$ atoms·cm^{-2}·s^{-1}，而相对碰撞能量也达到 5 eV，其作用等价于 5×10^4 K 的高温，这足以对空间材料产生重大的影响。

由于在低地球轨道环境中气压非常低，氧原子通过相互碰撞结合成氧分子的几率极小，所以原子氧能维持低地球轨道环境中的高浓度。原子氧的浓度随太阳活动周期、地球磁场、轨道高度、时间及季节的变化而变化。原子氧是一种具有高度活性的氧化剂，即使在室温状态下多数材料与原子氧的化学反应只需很小或无须活化能即可发生。高平动能的原子氧使卫星某些构件表面的高聚物薄膜受到冲蚀而发生剥落，或发生化学反应而出现性能退化。

3.4.3　原子氧对空间材料的侵蚀效应

为了评价低地球轨道环境中卫星材料在原子氧环境中的暴露程度，引入原子氧通量与原子氧累积通量两个参数。原子氧通量（AO Flux）指原子氧在单位时间内通过单位面积的数目，单位为 atoms·cm^{-2}·s^{-1}。原子氧累积通量（AO Fluence）是指原子氧通量对时间的积分，指一定时间内单位面积上通过的原子氧总数目，单位为 atoms·cm^{-2}。

通常对原子氧侵蚀的定量表征采用侵蚀速率（或称反应系数），指每个入射原子氧引起材料的体积或质量损失。最常用的是体积反应系数（Re），具体定义为：

Re＝（材料损失体积/总入射原子数目）（cm³·atom⁻¹）

Re 可用下式计算

$$Re=\frac{\Delta m/\rho}{F\cdot t\cdot A}$$

式中　　Δm——质量损失（g）；

　　　　ρ——材料密度（g·cm⁻³）；

　　　　F——入射原子氧通量（atoms·cm⁻²s⁻¹）；

　　　　t——指暴露时间（s）；

　　　　A——暴露表面面积（cm²）。

　　直接暴露在低地球轨道环境中的卫星表面基本上都要受到原子氧效应的影响。表3－1列出了在低地球轨道中卫星材料受原子氧冲击引起的反应系数。

表 3－1　各种空间材料在低地球轨道的原子氧反应系数

材料	反应系数×10⁻²⁴/（cm³·atom⁻¹）	材料	反应系数×10⁻²⁴/（cm³·atom⁻¹）
聚酰亚胺	3.0	硅烷 RTV－560	0.2
聚酯薄膜	2.7～3.9	聚醚	2～4
聚氟乙烯	3.2	白色涂料 A－276	0.3～0.4
聚乙烯	3.3～3.7	黑色涂料 Z302	2.03
聚砜	2.4	碳（各种形状）	0.9～1.7
石墨/环氧	2.6	含氟聚合物	0.01～0.09
环氧树脂	1.7	铜	0.009
聚碳酸酯	6.0	石墨	9
有机硅	0.01～0.09	金、铂	0.0
聚苯乙烯	1.7	银	10.7
聚酯	很大	锇	0.026

3.4.4　原子氧对空间材料的作用机制

在低地球轨道，气体分子的平均热运动速度很低，但由于卫星高速运行，原子氧以约 5 eV 的相对能量撞击卫星表面，造成材料化学和物理性质发生变化。卫星上使用的主要是聚合物类材料。原子氧可能很简单地从表面散射，也可能和氮原子在卫星表面发生化学反应，或者一碰到卫星表面就形成激发态的一氧化氮，然后通过产生辉光而丧失活性；或者可能会被卫星表面上或表面下的势阱俘获形成氧化物；还有可能会从材料的表面迁移到基体内部。原子氧对空间材料的作用机制复杂，是多种效应综合作用的结果，包括原子溅射引起表面物质损失，以及化学反应使材料聚合物结构变化等。总之，原子氧对空间材料的作用机制可更确切地描述为原子轰击增强了表面材料的化学刻蚀。

通常，原子氧的侵蚀作用通过紫外线辐射而加大。材料分子的分子键通过吸收紫外线辐射能量而断裂，从而促进原子氧与材料的作用。Masahito 等人对暴露在紫外线和原子氧下的 Kapton 进行研究时发现，当只有原子氧效应存在时，质量增加；只有紫外线效应存在时，质量减少；而当原子氧和紫外线效应同时存在条件下，得到了与低地球轨道环境几乎同样大小的反应系数。该试验证实了原子氧＋紫外线综合作用的存在。含氟聚合物材料对紫外线辐射产生的降解作用更敏感，原子氧＋紫外线综合作用加速了材料的降解，使其光学、热学、电学、力学性能快速退化。目前，对原子氧与紫外线的综合作用机制还需进一步研究。

3.4.5　原子氧效应试验研究概况

当前主要采用下列 3 种方式开展原子氧与空间材料相互作用的研究工作：空间飞行试验、地面模拟试验及基于以上两种方法的理论模拟研究。

3.4.5.1　空间飞行试验

20 世纪 80 年代以来，以美国航空航天局为首的一些航天研究机构，先后利用航天飞机在低地球轨道环境中进行了多次空间暴露试验，旨在获取低地球轨道环境与航天器相互作用的第一手资料，为长寿命航天器的设计提供参考数据。其中，原子氧与材料的相互作用是这些试验中的一个重要方面。已完成的飞行试验按试样空间暴露时间的长短分为两类：利用航天飞机投放、回收专用试验装置进行的长期在轨空间暴露试验，以及利用航天飞机进行的专项搭载的短期空间暴露试验。

3.4.5.2 地面模拟试验

空间暴露试验有很高的可信度与应用价值，但是限制条件多、周期长、费用高，且只能获得时间积分效应的数据。地面模拟试验则可以弥补上述缺点，能够揭示原子氧单独与材料相互作用的机理，可定性和定量地了解原子氧能量、原子氧通量和原子氧入射角度等因素对材料的侵蚀作用，以及与其他因素（如紫外线、温度循环、空间碎片等）产生的综合作用，完全可以为空间材料的选择和评定提供应用和设计参数。

在低地球轨道环境中发生的原子氧腐蚀效应在地面原子氧暴露系统中模拟的可靠程度可以通过比较表面结构、化学变化和测量能够产生挥发性氧化物的材料的腐蚀速率来判断。部分设备的地面试验结果与空间结果在某些材料上取得了一致性，然而，没有一个设备的地面试验结果与空间结果在所有材料上是近似的。实际上，现有的地面模拟设备都仅能够提供定性的而不是定量的信息。在低地球轨道环境中能被氧化的材料在地面模拟设备试验中也能被氧化，只是各材料的相对氧化速率和在低地球轨道环境中暴露的结果不一致。另外，所有在低地球轨道环境中稳定的材料在地面模拟试验中也是稳定的。长期在轨空间暴露试验的结果表明，在地面模拟试验中被证明抗原子氧侵蚀能力良好的涂层和材料，在近 6 年的低地球轨道环境中运行的确良好。

在研究对材料的原子氧效应时，其他低地球轨道环境因素的综合效应的模拟是很重要的。在低地球轨道环境中能导致材料性能下降的其他环境因素是低能带电粒子（电离层等离子体）、太阳粒子（质子和电子）、微陨石和人造轨道碎片的冲击，以及在卫星上形成的污染物。尽管在模拟这些环境因素中的一个或多个因素影响效应时已经做出了很大努力，但到目前为止还没有建立起一个能够模拟所有主要的低地球轨道环境因素的测试装置。美国航空航天局 Lewis 研究中心的研究人员认为，由地面模拟设备产生能基本反映空间环境状态、含 4～5 MeV 的大通量中性原子氧环境是极其困难的。研制这种地面模拟设备将成为今后原子氧效应研究的一个重要方向。

3.4.5.3　理论模拟研究

　　由于模拟低地球轨道环境的困难性，地面模拟试验一般难以再现低地球轨道的原子氧侵蚀速率。材料的侵蚀速率可能受原子氧通量、原子氧积分通量、γ 射线的综合作用、原子氧冲击能量、冲击角度及材料的温度等多方面因素的影响。由于原子氧的侵蚀效应相当复杂，当前要构造出完善的具有普适性的理论模型尚不现实。国外理论工作者借助对试验结果的唯象认识，主要基于自由基反应、氧化和散射效应建立了一些集高度经验的理论模型，为工程选材和估算原子氧侵蚀效应提供了理论依据。迄今已发展起来的主要的原子氧效应理论模型可归纳为：R・R・拉赫（R. R. Laher）和 L・R・梅吉尔（L. R. Megill）基于空间粒子对表面材料的物理破坏作用而建立的物理溅射模型；B・A・班克斯（B. A. Bankers）等人通过采用 Monte Carlo 方法建立了掏蚀模型；孔茨（Koontz）等人提出了反应性散射模型；比尔克（Birk）提出了结合键方向性模型；陈来文、李椿萱引用 DePristo—Metiu 的分区思想，建立了基于经典散射理论的相互作用分区模型的理论框架；金杜利特（Gindulyte）利用量子力学计算方法来研究原子氧和航天器表面材料之间相互作用的模型。

　　同时，国外研究人员借助对空间试验结果的唯象认识，建立了很大程度依赖于经验的一批预测原子氧侵蚀速率的经验模型，还针对工程应用开发了应用软件，为空间飞行试验或地面模拟试验提供了理论依据。坦尼森（Tennyson）等人通过对在低地球轨道环境中和原子氧束环境中得到的聚合物的侵蚀数据进行综合分析，得出了聚合物结构、成分与抗原子氧侵蚀能力之间的定量关系，并开发了一个计算机程序 PERS，已开始用于评估在低地球轨道环境中原子氧环境下多种聚合物基材料被侵蚀的情况，用于预测聚合物和复杂的聚合物基或碳基复合材料在低地球轨道环境中的抗原子氧侵蚀能力及其寿命。

3.4.6　低地球轨道空间原子氧地面模拟装置

原子氧对各类高速运行的卫星表面的侵蚀作用，会造成材料的质量损失以及性能下降。许多空间飞行试验表明，原子氧是低地球轨道空间最危险的环境因素。需要在低地球轨道服役多年的卫星结构必须应用能够抗高活性原子氧束流的防护性表面材料和涂层。原子氧效应的试验，空间暴露的试验与地面模拟试验相比具有很高的可信度与应用价值，但是限制条件多，且周期长，费用高。因此，有必要在实验室中建立中性原子氧束源以研究原子氧冲击效应，发展对新材料和涂层的加速测试方法，以便在较短的时间里模拟在轨多年的原子氧损伤累积效应。

然而，要获得适当能量的高通量原子氧束源较困难。初期地面暴露试验主要是在带电粒子束和等离子体灰化器中进行，这样试样受到的是离子而不是原子轰击；或者试样虽暴露在原子氧束源中，但粒子并没有达到足够高的能量。美国航空航天局 Johnson 研究中心和 Lewis 研究中心均建造了此类设备。这些试验方法并没有真实再现低地球轨道中性原子氧的冲击效应。另外，由于产生的高通量原子氧束流非常活泼，易使一些放电等离子体装置（如辉光放电、弧光放电）出现电极中毒和热灯丝毁坏，无法长期正常工作。采用微波放电装置效率高，易获得高密度的等离子体，而且不存在放电电极被活性粒子污染的问题。约翰·W·卡思伯森

（John W. Cuthbertson）等人基于低混杂波加热原理，采用轴对称磁镜场约束同轴射频氧等离子体流，使其沿磁场轴向扩散入射至置于磁镜中心且加负偏压的金属铝板上。氧离子（O^+）在铝板上被中性化后被反射形成低能氧原子束流。这种用同轴射频（2.45 GHz）法产生氧等离子体的方法，虽然避免了用热阴极产生氧等离子体带来的一系列问题，但射频功率通过中心导体耦合，仍然会有重杂质随之进入等离子体，而且需要较高的工作气压。另外，与 2.45 GHz 相对应的低混杂共振层磁场较强，达 $0.35\sim0.40$ T，因而产生磁场的线圈尺寸较大，其成本较高而且使用很不方便。

因此，研制成本低廉、操作简单、可靠性高并可满足地面模拟测试的新型原子氧束流装置是十分必要的。

3.5　电磁兼容性试验

卫星上集中了大量电子设备，在 UHF，L，S，C，X，Ku 和 Ka 等频段工作，电磁环境复杂，容易产生电磁兼容问题。同时，卫星所处轨道环境会造成卫星表面充放电，从而产生静电干扰问题。另外，卫星还要面对其他轨道环境干扰的问题。为了确保星上电子设备正常工作，必须针对卫星的电磁兼容特点，提出星上单机、部件的电磁兼容性试验要求，提前进行星上单机、部件的电磁兼容性试验，验证卫星的电磁兼容性。

3.5.1　电磁兼容性试验项目描述

3.5.1.1　国军标电磁兼容性试验项目

为了检验卫星产品的电磁干扰发射及电磁敏感度是否符合要求，根据《军用设备和分系统电磁发射和敏感度要求》（GJB 151A－97）的规定，国军标电磁兼容性试验项目描述如表 3－2 所示。

表 3－2　国军标电磁兼容性试验项目描述

项目代号	项目内容	适用范围	要求
CE101	25 Hz～10 kHz，电源线传导发射	一般设备	必作
CE102	10 kHz～10 MHz，电源线传导发射	一般设备	必作
CE106	10 kHz～40 GHz，天线端子传导发射	发射机、应答机等设备	选作
CE107	电源线尖峰信号（时域）的传导发射	一般设备	选作
CS101	25 Hz～50 kHz，电源线传导敏感度	一般设备	必作
CS103	15 kHz～10 GHz，天线端子互调传导敏感度	一般设备	选作
CS106	电源线尖峰信号的传导敏感度	一般设备	选作
RE101	25 Hz～100 kHz，磁场辐射发射	产生磁场辐射的设备	选作
RE102	10 kHz～18 GHz，电场辐射发射	产生电场辐射的设备	必作
RE103	10 kHz～40 GHz，天线谐波和乱真输出辐射发射	发射机、应答机等设备	必作
RS101	25 Hz～100 kHz，磁场辐射敏感度	一般设备	选作
RS103	10 kHz～40 GHz，电场辐射敏感度	一般设备	必作

3.5.1.2　静电放电试验项目

为了检验卫星产品抗静电放电是否符合要求，根据美国军用标准《航天器系统电磁兼容分析和测试方法》（MIL－STD－1541A）的要求，利用高压脉冲发生器对卫星进行静电放电试验。

试验过程中试验产品加电工作，试验要求如下。

1）放电电压：10 kV；

2）放电频次：1 s^{-1}；

3）放电探头与被试产品距离：30 cm；

4）放电时间：30 s。

3.5.2　电磁兼容性试验原则

依据卫星型号的研制经验，一般在模样（或初样）阶段进行星上鉴定级单机的电磁兼容性试验，正样阶段不进行星上单机的电磁兼容性试验。正样技术状态更改的星上单机，需要对其是否补作试验进行分析。星上单机进行电磁兼容性试验的原则是：

1）重点要求鉴定级单机进行相关电磁兼容性试验；

2）首选按系统级进行相关电磁兼容性试验，也可以按单机级进行电磁兼容性试验。

3.5.3　电磁兼容性试验项目

规定星上单机必作的电磁兼容性试验基本项目矩阵如表 3－3 所示，但卫星总体和各单机研制单位必须根据《卫星产品配套及状态要求》，结合各分系统和单机不同的电磁兼容性要求，按照实际需要选作其他的试验项目。对于继承性较强的 A，B 类产品，可以免作电磁兼容性试验，但需报总体批准。

3.5.4　电磁兼容性试验要求

在卫星的研制过程中，由星上单机的研制单位进行相关的电磁兼容性试验。要求必须在电磁兼容性试验的专门实验室进行试验，并提供正式的电磁兼容性试验报告。

表 3－3　电磁兼容性试验基本项目矩阵表

试验单机类型	试验项目
光学类载荷单机	CS101，RS103，静电放电
微波类载荷单机	CS101，RS103，静电放电
姿轨控系统敏感单机	CS101，RS103，静电放电
姿轨控系统大功率单机	CE101，CE102，静电放电
计算机、数字信号处理单机	CS101，RS103，静电放电
接收机类单机	RS103，静电放电
发射机类单机	RE102，RE103，静电放电
电源类单机	CS101，CE101，CE102，静电放电
电爆类单机	CS101，RS103，静电放电

3.6　单机验收交付试验

3.6.1　单机验收交付试验目的

卫星产品不同于一般的武器装备，用于航天飞行的产品数量极少，上天前也不可能在真实的环境中工作，不可能采用批量产品利用统计试验经过验证的方法去获得经过验证的设备的实际可靠性度量值，因此常规的验收交付试验对卫星产品是不适用的。

卫星产品验收交付试验的目的是通过对产品施加电应力和环境应力的方法暴露产品由于元器件、材料和制造工艺引入的潜在缺陷，排除产品的早期失效。应对每一件飞行产品都进行验收试验，证明产品的性能和质量符合飞行要求。如果卫星产品属于不同的型号，或安装在飞行器的不同部位上，则验收条件应包络这些型号或飞行器部位的条件，但不能引起产品的不真实的故障模式。对一些特殊的产品（如蓄电池、磁带机等），如果验收试验环境会对产品的材料造成物理性损伤，则宜考虑降低验收试验环境条件，但应满足系统工作要求。

3.6.2　验收试验的项目和要求

典型的组件验收试验时间、量级如表 3－4 所示。

表 3－4　典型的组件验收试验验收条件

序号	试验名称	验收条件	备注
1	冲击	在 3 个方向上皆有 1 次达到最高预示谱	
2	声	最高预示声谱和最低谱的包络	
3	振动	最高预示谱和最低谱的包络 3 个轴，随机每轴向 1 min，正弦 4 OCT/min	
4	仅做热真空	最高和最低预示温度或－24～61℃，1 次循环	
5	仅做热循环	最高和最低预示温度或－24～61℃，13.5 次循环	
6	热真空 ＋ 热循环	最高和最低预示温度或－24～61℃ 热真空循环 3 次，热循环 10.5 次	
7	检验载荷	对粘接结构、复合材料制成的结构或夹层结构，1.1 倍最大使用载荷	
8	检验压力	对充压结构，1.1 倍最高预期工作压力	

（1）验收试验的温度范围和热循环次数

验收试验对温度有以下 2 项要求。

1）温度范围有 2 项要求，如图 3－1 所示；

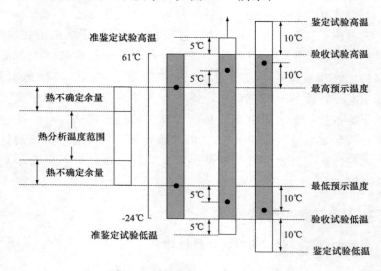

图 3－1　各个级别试验的温度范围

● —满足性能要求的温度限

2）为达到环境应力筛选目的，温度范围应尽可能大，建议取 85℃（－24～61℃）。

如果在 85℃温度范围基础上，将高温端及低温端各扩展 10℃用于鉴定试验会引起不真实的失效模式或导致不实际的设计要求时，则此温度范围可以移动或降至合适的范围。为了弥补温度范围的缩小，需要增加验收试验的次数，对暴露于低温下的组件，验收温度应包括最高温度和最低温度，并加上适当的不确定余量。

（2）验收试验声环境

验收试验声谱应是最高预示声环境，但不能低于如图 3－2 所示的最低声谱。验收声试验的最短持续时间为 1 min。各频率的最低声压值如表 3－5 所示。

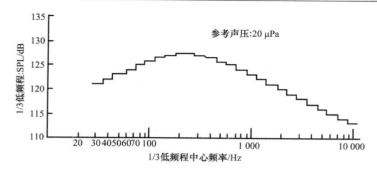

图 3－2　验收试验声谱

表 3－5　各频率的最低声压值

曲线值					
1/3 倍频程中心频率/Hz	最低声压值/dB	1/3 倍频程中心频率/Hz	最低声压值/dB	1/3 倍频程中心频率/Hz	最低声压值/dB
31	121	250	127	2 000	120
40	122	315	126	2 500	119
50	123	400	126.5	3 150	118
63	124	500	125.7	4 000	117
80	125	630	125	5 000	116
100	125.7	800	124	6 300	115
125	126.5	1 000	123	8 000	114
160	126.7	1 250	122	10 000	113
200	127	1 600	121	总声压值	138

（3）验收试验振动环境

验收试验随机振动谱应是最高预示随机振动环境，但对于组件不能低于如图 3－3 所示的最低功率谱密度值；质量超过 23 kg 的组件，其最低功率谱密度值应逐个进行评估。验收正弦振动幅值时，应采用最高预示正弦振动环境幅值。当卫星工作寿命期间的随机振动和正弦振动同时作用的结果比单独作用的结果更严酷时，应将这 2 种类型的振动适当组合来作试验。验收振动试验沿 3 个相互垂直轴进行，随机振动试验持续时间每个轴 1 min，正弦振动 4 COT/min。

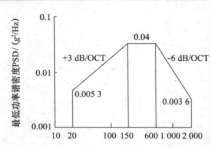

图 3－3　最低功率谱密度

该谱只适用于质量不超过 23 kg 的电子和电工组件

3.6.3　组件验收试验

组件验收试验的基线要求如表 1－5 所示，包括"要求的"、"经评价要求的"和"不要求的"试验。通常组件验收试验应在组件级完成，但是在某些情况下，试验可以部分或全部在分系统级或飞行器级上进行，如相互连接的管路、射频电路和电缆等组件。

对于那些分属表 1－5 中两类或几类的组件，对每一类规定要求作的试验都应进行，如星敏感器可以属于"电工电子组件"，也属于"光学组件"，虽然光学组件不要求作热循环试验，但电工电子组件要求作，因此星敏感器仍应作热循环试验。

3.6.3.1　组件验收功能试验

3.6.3.1.1　试验目的

组件验收功能试验的目的是检验组件的电性能和机械性能是否符合规范规定的要求。

3.6.3.1.2　试验说明

电工和电子组件进行组件验收电功能试验时，应在组件的电接口施加预期的电压、阻抗、频率、脉冲和波形，包括所有冗余电路。施加的这些参数应在要求范围内，并按预期的飞行工作顺序变化，通过测量组件的输出来验证组件是否能正常工作。活动机械组件进行组件验收机械功能试验时，组件的技术状态、通/断电的工作状态应与组件暴露在环境时的状态相对应，应进行扭矩—角度和时间一角度测量，或对线性装置进行等效线性测量；如需要，还应进行包括刚度、阻尼、摩擦和断开特性在内的测量。对包含冗余件的运动机械组件，在试验过程中应在每个冗余工作模式下验证其性能是否满足要求。组件的功能试验还应包括电连续性、稳定性、响应时间、精度、压力、泄漏或其他特殊功能特性的测量。对有其他特殊功能的组件，可能还需进行热学、光学和磁特性方面的功能试验。

3.6.3.1.3　补充要求

在每次环境适应性试验前期、中期和后期都应进行功能试验或密切监视组件功能情况，以发现组件的异常现象。

3.6.3.2　电工和电子组件验收热循环试验

3.6.3.2.1　试验目的

电子和电子组件验收热循环试验的目的是在常压热循环环境中暴露组件的材料和工艺制造质量方面存在的潜在缺陷。

3.6.3.2.2　试验说明

电子和电子组件验收热循环试验应按图 3－4 所示的温度剖面进行试验，试验时组件应通电工作并监测其性能参数（组件进行冷、热启动，断电期间除外）。试验温度控制点选在组件有代表性的位

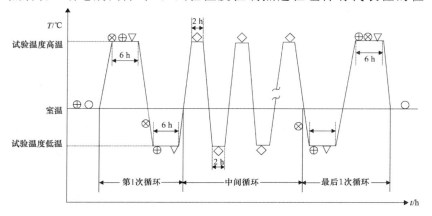

图 3－4　组件验收级热循环试验温度剖面

○—室温性能试验；⊗—断电；⊕—通电；

◇—高、低温简化的性能试验；▽—高、低温性能试验

置，如在基板的安装点处。

　　第 1 次循环试验从室温（正常环境温度）开始，组件通电进行性能试验。试验结束后温度开始升高，当达到验收温度允许偏差范围内时，应控制温度保持稳定状态。然后组件断电，至少 30 min 后进行热启动试验，当温度升高时应控制温度在允许偏差范围内并保持温度稳定，在规定的高温端热浸持续时间内完成性能试验。然后温度开始降低，在达到验收温度允许偏差范围之前组件断电，温度继续降低。当达到验收温度允许偏差范围内时，应控制温度保持稳定。然后进行冷启动试验，当温度升高时应控制温度在允许偏差范围内并保持温度稳定，在规定的低温端热浸持续时间内完成性能试验。然后温度升高到室温，构成 1 次完整的循环。最后 1 次循环和中间循环（冷、热启动除外）的操作过程与第 1 次循环相同。

3.6.3.2.3　试验量级和持续时间

　　电子和电子组件验收热循环试验的试验量级和持续时间有如下要求。

　　1）压力和湿度——试验压力是正常环境大气压力。非密封组件作试验时，应采取措施避免低温时在组件表面和内部产生冷凝水，试验时宜在容器内充满干燥空气或氮气，而且试验的最后半个循环应是高温半循环。

　　2）温度——在热循环的高温端，组件温度应达到验收温度高温值；在冷半循环的低温端，应达到验收温度低温值。温度平均变化速率 3～5℃/min，不能低于 1℃/min。

　　3）持续时间——热循环次数为 13.5 次，需要作热真空试验的组件，循环次数应减去热真空循环次数，其中最后的 2 次循环组件应无故障出现。第 1 次和最后 1 次循环的高温端和低温端的热浸持续时间至少 6 h，中间循环的高温端和低温端的热浸持续时间至少 2 h。热浸持续时间从温度达到试验温度允许偏差范围内并保持稳定算起，组件冷、热启动时的断电时间不包括在内。

　　组件在验收温度的高温端的附加通电工作时间，应与热循环试验时间、热真空试验时间累积在一起，时间总计至少为 200 h，而且最后 100 h 的运行应是无故障运行。如果试验温度范围小于 85℃，则试验时间 t_B 应延长，并按式（3—1）计算。

$$t_B = a \ (b/\Delta T_B) \ 1.4 \tag{3—1}$$

式中　t_B——试验温度范围减小后的试验累积时间（h）；

　　　　a，b——常量，$a = 200$ h，$b = 85℃$；

　　　　ΔT_B——试验温度范围（℃）。

如果组件内部有备份电路，运行时间的分配应保证主份至少 150 h，备份至少 50 h。组件主份和备份工作的最后 50 h 也应是无故障运行。

3.6.3.2.4　补充要求

组件在第 1 次和最后 1 次循环中稳定在高温端和低温端时，应进行功能试验。在试验开始和结束的室温条件下，也应进行功能试验。在中间各次循环中，电子和电工组件（包括全部备份电路或通道在内）应在各种工作模式下工作，并尽最大可能监测组件的性能参数，注意监视故障和间歇现象。

3.6.3.3　组件验收热真空试验

3.6.3.3.1　试验目的

组件验收热真空试验的目的是在真空热循环环境中暴露组件的材料和工艺制造质量方面存在的潜在缺陷。

3.6.3.3.2　试验说明

组件在真空容器内以近似于飞行器上的实际安装方式安装在试验支架上或控温热沉上。组件表面的热控涂层应与飞行组件一样。试验温度控制点位置宜考虑尽量与飞行遥测温度点位置一致。对于用基板安装面散热的组件，控制点选在组件的基板上或热沉上；对于主要靠辐射换热的组件，控制点选在组件外壳上有代表性的部位。组件向热沉的传导传热和对环境的辐射传热的比例关系要控制得与飞行环境情况下的计算结果相同。

对于发射阶段工作的组件，应在试验压力降低过程中观察低气压放电现象，在接近或达到试验压力时，应观察是否出现微放电现象；对于发射阶段不工作的组件，应在达到试验压力后通电工作。达到试验压力后，按图 3—4 所示温度剖面进行试验，组件通/断电、冷/热启动、性能试验和热浸持续时间等程序与热循环试验相同。

3.6.3.3.3 试验量级和持续时间

组件验收热真空试验的试验量级和持续时间有如下要求。

1）压力——试验压力不大于 6.65×10^{-3} Pa。发射阶段工作的组件，试验压力从正常大气压力降到 20 Pa 的时间要求至少为 10 min，压力变化过程应尽可能模拟上升段压力变化率。对于运载器组件，试验压力应与最大工作高度的环境压力相一致。

2）温度——在热循环的高温端，组件温度应达到验收温度高温值；在冷半循环的低温端，应达到验收温度低温值。高温、低温之间温度的平均变化率宜大于 1℃/min。

3）持续时间——不作热循环试验的组件，循环次数为 1 次；作热循环试验的组件，循环次数为 3 次（见表 3—4）。第 1 次和最后 1 次循环的高温端和低温端的冷热浸持续时间至少 6 h，中间循环的高温端和低温端的冷热浸持续时间至少 2 h。热浸持续时间从温度达到试验温度允许偏差范围内并保持稳定算起，组件冷、热启动时的断电时间不包括在内。

3.6.3.3.4 补充要求

电工和电子组件进行验收热真空试验时应通电工作，在第 1 次和最后 1 次循环中稳定在高温端和低温端时，应进行功能试验。在试验开始和结束的室温条件下，也应进行功能试验。在中间各次循环中，电子和电工组件（包括全部备份电路或通道在内）应在各种工作模式下工作，并尽最大可能监测组件的性能参数，注意监视故障和间歇现象。

运动机械组件试验时也应工作，并对其性能参数进行监测，如耗电量、阻力矩或阻力、启动时间、速度或加速度等。

3.6.3.4　组件验收振动试验

3.6.3.4.1　试验目的

组件验收振动试验的目的是在振动环境中暴露组件的材料和工艺制造质量方面存在的潜在缺陷。

3.6.3.4.2　试验说明

组件应安装在与鉴定振动试验所用的同一夹具上，在 3 个相互正交轴的每个轴向进行试验。试验条件输入控制点位于组件与夹具的连接面处，如果试验夹具的状态与鉴定试验时不一致，则应重新对夹具进行评估。进行验收振动试验时，不要求组件与液压或气压管路连接。如果组件在使用中有总装支架，应带支架一同试验，试验量级控制在支架与夹具的连接面处，支架的状态应与飞行状态一致。

装有冲击或振动减震器的组件，试验时一般应在 2 种构型状态下进行验收振动试验。第 1 种构型状态：组件带减震器连接在夹具上，按验收级条件进行验收振动试验，试验条件输入控制点位于减震器与夹具的连接面处。第 2 种构型状态：组件不带减震器硬连接在夹具上，按最低谱条件进行验收振动试验，试验条件输入控制点位于组件与夹具的连接面处。试验用的减震器应使用飞行用的同批次产品。

在上升段需要带压工作的组件，从结构和泄漏的观点看，应充压来模拟飞行环境，并同时监测压力的下降。在上升段工作的组件，如果组件的最高和最低预示温度会超出正常温度范围，则应考虑进行振动与温度的组合试验。进行振动与温度组合试验时，应将组件的温度尽量调到接近于在轨运行时最恶劣的温度，并在振动过程中监测温度。

3.6.3.4.3　试验量级和持续时间

组件验收振动试验的试验量级和持续时间按 3.6.2 节规定，但随机振动谱不能低于图 3—3 所示的最低振动谱。当试验时间不足以试验所有在发射、入轨或再入阶段工作的冗余组件、功能及工况时，应在不低于验收级 4 dB 的试验级延长试验时间来完成功能试验。

3.6.3.4.4　补充要求

试验过程中所有电工和电子组件，包括全部冗余电路在内，除特殊情况外，即使组件在发射阶段不工作，也尽可能通电连续监测若干敏感参数是否有间歇性故障。

质量超过 23 kg 的组件，为了防止出现不真实的力输入或响应，可适当降低试验量级，或在规定的频率处将振动谱下凹，但不能低于组件的最低试验谱值（见图 3—3）。正弦振动试验时，下凹的频率范围和量级应根据振动响应计算值确定，并留有一定余量。

3.6.3.5　组件验收声试验

3.6.3.5.1　试验目的

组件验收声试验的目的是在声环境中暴露组件的材料和工艺制造质量方面存在的潜在缺陷。

3.6.3.5.2　试验说明

组件以发射时的构型安装在飞行型支撑结构或合理的模拟结构上，并置于声场内，声场应具有足够的体积、声能量、声谱成型能力和模态密度，以足以激起组件的声振动响应。在混响声场中试验时，至少需要 4 个位置相距较远的传声器来控制声试验条件，传声器一般应放在组件与最近的混响室壁之间距离 1/2 处，但距组件表面和室壁的距离均不小于 0.5 m。

3.6.3.5.3　试验量级和持续时间

组件验收声试验的试验量级和持续时间按 3.6.2 节规定，但声谱不能低于图 3—2 所示的最低声谱。当试验时间不足以试验所有在发射、入轨或再入阶段工作的冗余组件、功能及工况时，应在不低于验收级 4 dB 的试验级延长试验时间来完成功能试验。

3.6.3.5.4　补充要求

试验过程中所有电工和电子组件，包括全部冗余电路在内，除特殊情况外，即使组件在发射阶段不工作，也尽可能通电连续监测若干敏感参数是否有间歇性故障。

3.6.3.6　组件验收冲击试验

3.6.3.6.1　试验目的

　　组件验收冲击试验的目的是在冲击环境中暴露组件的材料和工艺制造质量方面存在的潜在缺陷。

3.6.3.6.2　试验说明

　　组件应安装在与冲击鉴定试验所用的同一夹具或结构上，在 3 个相互正交轴的每个轴向进行试验。试验量级控制占位于组件与夹具的连接面处。如果组件在使用中带有支架或冲击减震器，应带支架或减震器作验收冲击试验，试验量级控制点位于支架或减震器与夹具的连接面处。组件应通电并进行监测。所用的试验技术应与鉴定试验所用的技术一致，只是量级和重复次数有所不同。冲击试验前和试验后都应进行功能试验。试验时组件应通电，并尽最大可能监测电路的间歇现象。

3.6.3.6.3　试验量级和冲击时间

　　3 个正交轴每个轴向上的冲击响应谱至少应为此方向上的最高预示谱。冲击应进行足够的次数，以保证在 3 个方向中的每个方向都至少有一次符合要求的量级的冲击。

3.6.3.6.4　补充要求

　　如果最高预示冲击谱响应（用 g 值表示）超过频率（Hz）数值的 1.6 倍时（相当于 2.54 m/s 的速度），就要求作验收冲击试验。

3.6.3.7　结构组件验收检验载荷试验

3.6.3.7.1　试验目的

　　结构组件验收检验载荷试验的目的是在验收检验载荷作用下暴露结构组件在材料、加工和制造质量方面存在的缺陷。

3.6.3.7.2　试验说明

　　所有黏结结构、复合材料制成的结构或夹层结构都需作检验载荷试验。如果使用了经考验的非破坏性测试方法，并有明确的接收或拒收判据，则无须作检验载荷试验。

　　检验载荷试验在飞行件结构上进行，试验使用的支承和加载夹具应尽量模拟邻近结构部段的实际边界条件。如果要施加几种检验载荷条件，应确定顺序加载的方法，对每种条件依次地逐步增加到较高的载荷级，并应测量和记录关键部位的应变和变形数据。

3.6.3.7.3　试验量级和持续时间

结构组件验收检验载荷试验的试验量级和持续时间为：

1) 静载荷——除非另有规定，检验载荷等于 1.1 倍最大使用载荷；

2) 持续时间——加载应尽可能接近实际的飞行加载时间，并具有足以记录试验数据的最短停留时间。

3.6.3.8　组件验收检验压力试验

3.6.3.8.1　试验目的

组件验收检验压力试验的目的是在验收检验压力作用下检验充压组件在材料、加工和制造质量方面存在的缺陷。

3.6.3.8.2　试验说明

对充压结构和压力部件这类试件，至少作 1 次检验压力试验。如果出现任何泄漏、超出规定尺寸公差的永久变形或扭曲及其他形式的破坏，都认为组件未通过检验压力试验。

3.6.3.8.3　试验量级和持续时间

组件验收检验压力试验的试验量级和持续时间有如下要求。

1) 温度和湿度——试验温度和湿度应与实际使用时的温度和湿度一致。作为一种替代方法，如果能通过适当调节试验压力来考虑温度和湿度对材料强度及断裂韧性的影响，就可在室温条件下进行试验。

2) 检验压力——除非另有规定，充压结构的最小检验压力至少为最高预期工作压力的 1.1 倍。对压力容器和其他压力部件，如压力管路和接头，最小检验压力应按有关技术规定的要求设置。试验时应将压力保持一段时间，以保证达到规定的压力。除非另有规定，除压力容器外，试验持续时间至少为 5 min。

3.6.3.8.4　补充要求

组件进行验收压力试验时，应执行有关安全标准。

3.6.3.9 组件验收检漏试验

3.6.3.9.1 试验目的

组件验收检漏试验的目的是检验组件是否符合规定的漏率要求。

3.6.3.9.2 试验说明

组件进行验收检漏试验时,漏率检测的方法要与鉴定试验所用的检测方法一致。

3.6.3.9.3 试验量级和持续时间

除非另有规定,组件应在充压到最大工作压下进行检漏试验,如果密封与压力有关,还应在最小工作压差条件下进行试验。试验持续时间应足以检测出有超过最大允许漏率的任何泄漏。

3.6.3.10 组件验收磨合试验

3.6.3.10.1 试验目的

组件验收磨合试验的目的是检测组件寿命初期在材料和制造质量方面存在的缺陷,并使机械组件磨合或跑合,使它们能在平稳、协调和受控状态下运行。

3.6.3.10.2 试验说明

当组件是在典型的工作载荷、速度和环境下运行,并同时监测组件敏感参数时,则组件应在规定的时间周期内运行。对于阀门、推力器和其他产品,确保检测出早期故障的因素是工作循环次数而不是工作时间,因此应在常温下进行功能循环。对推力器而言,一次循环是指包括起动、稳态运行及关机在内的热点火过程。用肼推进剂进行热点火的推力器,在试验点火后应将飞行用阀门内肼的污迹全部清除干净。寿命周期极为有限的装置,如压力推进贮箱,不需要作磨合试验。

3.6.3.10.3 试验量级和持续时间

组件验收磨合试验的试验量级和持续时间有如下要求。

1) 压力——一般采用正常环境大气压力。

2) 温度——如能够达到试验目的,可在常温下运行,否则,应在有代表性的运行环境温度下运行。

3）持续时间——应进行 15 次循环；或是整个寿命期间预期循环次数的 5％值与 15 次循环次数相比，取其大者。

3.6.3.10.4　补充要求

组件在进行验收磨合试验时应监测组件的敏感参数，以发现性能下降的证据。

3.6.3.11　组件验收电磁兼容试验

当组件的发射和敏感特性可能危及飞行器性能时，应进行有限的验收电磁兼容试验，以评价组件的这些关键特性。

3.6.3.12　组件磁试验

3.6.3.12.1　试验目的

组件磁试验的目的是验证组件的磁特性参数是否符合设计要求。

3.6.3.12.2　试验说明

组件磁试验一般应在零磁场中进行，试验时组件置于零磁设备主线圈中心位置处的二轴转台上，在 2 个轴向分别步进改变角度位置，用磁强计测量磁场强度，然后反演组件的磁矩。如需要，可对组件进行退磁试验。退磁试验应先进行充磁试验，然后按照规定的退磁频率和退磁时间进行退磁试验。

3.6.3.12.3　试验要求

组件磁试验有如下要求。

1）初始磁试验——初始磁试验应对组件非工作状态下的剩磁矩和工作状态下的杂散磁矩进行测量。初始磁试验要求磁场均匀性优于 10 nT，稳定性优于±1.5 nT。

2）充退磁试验——退磁试验前应先进行充磁试验，充退磁试验前和试验后都应进行磁矩测量。充磁试验是在直流磁场中进行，退磁试验是在磁场方向交变的磁场中进行。试验前根据测量的火箭、卫星的磁特性参数设置充/退磁场强度、退磁频率和退磁时间。充退磁试验要求磁场均匀性优于 30％，并且磁场均匀区范围应大于组件的最大外廓尺寸。

3.7 单机寿命试验

3.7.1 单机寿命试验目的

随着用户对卫星多功能、多用途方面的需求日益提高，星载仪器对活动部件的使用频率、使用数量也日渐增多，并且这些不同运动模式、不同运动特性（包括转动方式、转速及转速稳定度、寿命期内总运转次数、转动惯量等）的活动部件多数都不能采用备份冗余设计。为了确保活动部件在空间运行的寿命与可靠性，必须从设计、生产、试验以及产品评价等各个方面对活动部件研制提出较为明确的要求，并落实到相应的实施工作中。其中，活动部件寿命试验考核是卫星活动部件研制工作中的一项重要内容，有如下主要的试验目的：

1）验证和评价既定技术状态下产品的寿命与可靠性能否满足任务需求。

2）通过对试验数据的分析和总结，为正样产品的研制提供数据支持，保证其质量和可靠性。

3）以正样产品技术状态为试验条件在地面进行充分的寿命试验考核，获得产品长期运行情况下的基本数据，以验证和评价正样技术状态产品的设计寿命与可靠性能否满足任务需求。

3.7.2 单机寿命试验原则

单机寿命试验的试验条件的制定应遵循以下原则：

1）寿命验证试验要求所有活动部件按照设计寿命要求在地面能达到 1 : 1 以上的寿命考核，其中可以考虑包括热真空试验考核及地面寿命验证试验考核 1 : 1 累计。

2）采用油润滑方式的活动部件在进行地面寿命验证试验时，原则上不进行加速考核。对于采用固体润滑方式和在轨动作较少的部件，可以通过分析论证确定可采用的合适的加速因子进行试验。步进电机驱动的活动部件和部分开关性质的部件在地面寿命验证试验中，可适当缩减电机停转驻留时间。

3）试验过程中应采取适当的措施，避免由于地面环境与轨道空间环境差异（如重力、空气、水汽等）对产品的油膜输运、工作状态等方面产生影响。

3. 7. 3　试件技术状态

进行寿命验证试验考核的试件应为正样产品技术状态，同时可视实际情况，选择整机级或部件级状态的试件进行试验，但在整个寿命验证试验过程中，应保证对该活动部件的电源供应、功能控制和加载方式等情况与整机工作状态时的情况一致。

3. 7. 4　工作模式

对于在轨间断工作或具有不同工作模式的部件，应根据不同工作模式在整个任务剖面中所占的比例进行适当考虑。

对于具有不同工作模式的产品的寿命验证试验，应在试验大纲中明确规定各种工作模式的执行时间和切换要求等。

3. 7. 5　环境条件

单机寿命试验的环境条件主要包括气压和温度条件要求，具体按如下原则确定。

（1）气压条件

试验的气压条件应尽量模拟在轨高真空状态。

由于在空间卫星在高真空条件下运行，因此除有严格密封要求的产品（如飞轮）外，在地面寿命验证试验过程中应尽量模拟使试件处于真空条件下。

考虑到实际操作的困难，建议可以使用简易抽真空设备获得一个低真空环境进行替代，但真空度应优于 20 Pa（当真空设备发生故障，真空度在短期内超标时允许继续试验）。

（2）温度条件

应模拟实际在轨的产品工作温度（包括模拟产品内部的局部温度场的分布情况）。

（3）洁净度及防污染要求

按各单机需要确定。

3.7.6　性能参数测试要求

单机寿命试验前、试验中和试验后，除进行单机本身整体性能测试外，还需对活动部件进行如下参数（但不仅限于此）的测试。

1）电机工作电流（含启动、状态转换电流等）、电压；

2）振动频谱；

3）转速及转速稳定度；

4）电机输出力矩；

5）组件停惯时间；

6）油润滑时的油膜电阻；

7）密封状态检查（针对有密封要求的单机）；

8）润滑状态检查。

对于部分不能直接测量得出的数据应通过测量相关参数加以转换，并通过计算获取。各项数据测试应按试验时间进程和不同工作模式进行实时连续采集，以及时判断产品性能变化。

3.7.7　单机寿命试验前测试

产品在进行地面寿命验证试验前必须确认产品技术状态是否符合设计要求，同时应保证产品的工作状态良好，不存在已有的并且可测的缺陷。试验前除完成单机或部件本身性能参数的测试以外，应测试以下数据（但不仅限于此）：

1）电机工作电流（含启动、状态转换电流等）、电压；

2）振动频谱；

3）转速及转速稳定度；

4) 电机输出力矩；

5) 组件停惯时间；

6) 油润滑时的油膜电阻；

7) 密封状态检查（针对有密封要求的单机）；

8) 润滑状态检查。

3.7.8　单机寿命试验中测试

地面寿命验证试验过程中的测试对于及时判断产品是否出现故障，评估产品的实际可靠性具有决定作用。试验中必须实时连续全程监测各项有关参数，根据各参数随时间、工况的变化而产生的变化，及时判断产品的故障情况，并采取相应的对策措施。

试验中需测试的内容主要有：

1) 电机工作电流（含启动、状态转换电流等）、电压；

2) 转速及转速稳定度；

3) 轴壳温。

3.7.9　单机寿命试验后检查

在完成规定时间的寿命验证试验后，应对产品进行全面的性能检测，然后可以根据具体情况决定是停止试验，还是继续试验直至产品寿命终止。

试验最终结束或试件出现认为无法修复的故障后，除重新测量试验前的各项参数外，还应对活动部件进行解剖分析，对润滑膜的性能变化以及轴承等有相对运动的接触面进行详细分析（包括表面形态分析、油膜或润滑膜基本性能参数测量等）。

试验后检查需测试的内容主要有：

1) 电机工作电流（含启动、状态转换电流等）、电压；

2) 振动频谱；

3) 转速及转速稳定度；

4) 电机输出力矩；

5）组件停惯时间；

6）油润滑时的油膜电阻；

7）密封状态检查（针对有密封要求的单机）；

8）润滑状态检查。

3.7.10　其他

对于进口部件，若供货方能提供该部件的寿命试验信息，原则上无需进行本项试验。

3.7.11　寿命试验总结

针对要求进行活动部件寿命试验的产品，在试验结束后或卫星出厂前应编写寿命试验总结报告（或阶段小结报告），主要内容包括：

1）寿命试验方案；

2）寿命试验试件状态；

3）寿命试验设备状态；

4）寿命试验方法；

5）寿命试验的组织实施；

6）寿命试验参数测试情况（提供必要的数据及典型曲线），主要包括试验过程中测试参数（电压电流、转速及其稳定度、轴壳温等）、非试验过程中测试参数（可能进行的在解剖状态下的润滑膜状态检查、摩擦力矩测量及动平衡状态检查等）；

7）寿命试验过程中暴露的问题及其解决情况；

8）寿命试验结论（或阶段评价结论）。

3.8　结构与机构试验

航天器结构与机构的研制过程包括设计、分析、制造和试验。在航天器结构与机构的研制过程中，试验具有非常重要的作用。为了验证航天器结构设计的合理性和产品质量，地面试验是一个非常可靠的手段。往往有些试验的试验条件决定了结构与机构的设计条件，试验的结果又成为改进设计的依据。因此，结构与机构的设计和试验有着非常密切的关系。

　　航天器结构与机构的试验涉及许多环境试验技术问题，具有较强的专业性。因此，本节仅介绍它们的基本概念和方法，主要是结合试验的特点，指出在设计和分析上应考虑的问题，以便提出合理的试验要求和选择适宜的试验方法，保证试验结果的有效性和准确性。

3.8.1　航天器结构与机构分类

3.8.1.1　航天器结构分类

　　航天器的结构是各个受力和支承构件的总成，其作用是安装、连接各种仪器设备和动力装置，满足它们所需要的环境要求，承受地面操作、发射、轨道飞行和返回地面时的外力作用，并保持航天器的完整性。对航天器结构的基本要求是质量小、可靠性高、成本低等，通常用结构质量比，即结构质量占航天器总重的比例来衡量航天器结构设计和制造的水平，这个比值越小表示水平越高。航天器任务的多样性决定了航天器结构形式的多样性。航天器结构一般分为卫星结构、空间探测器结构、载人飞船结构和航天飞机结构。早期的近地轨道卫星大多为固定式结构。为了扩大航天器的尺寸和增加航天器的功能，现代卫星和空间探测器也采用一些可展开式结构。这种结构在发射时藏在运载火箭有限的容积内，到了空间展开成较大的结构。需要返回地面的航天器，特别是载人飞船，对结构又有新的要求，从而形成与再入防热、着陆、救生、生命保障等要求相适应的许多特殊结构形式。随着航天飞机的诞生，又出现了兼有飞机、火箭和航天器特性的新型结构。

　　（1）卫星结构

　　卫星结构虽然多种多样，但从功能上看大都由承力部件、外壳、安装部件、天线、太阳电池阵结构、防热结构、分离连接装置组成。为了达到卫星多用途和提高经济效益的目的，后又发展出卫星公用平台结构。

①承力部件

承力部件与运载火箭相连接，承受发射过程中推力和弯矩的作用，因而需要有很高的强度和刚度。承力部件有以下几种形式：薄壁圆柱（或截锥）壳和由波纹或蜂窝夹层圆柱（或截锥）壳和由杆件组成的支架等。承力部件采用铝合金、钛合金和碳纤维复合材料等制成。

②外壳

外壳位于卫星的最外层，形成了卫星的外表面，也可兼作承力构件。外壳的形状多种多样，有球形、多面柱形、锥形和各种不规则的多面体等。除维持外形外，外壳还应满足表面积、热控制、卫星内容积、各种表面开孔、空间辐射防护等要求。

外壳的结构形式有以下几种。

1）半硬壳结构：由薄的外蒙皮、桁条、隔框等组装而成。外蒙皮的常用材料是铝合金，根据热控制要求经过必要的表面处理，如抛光、喷漆、镀金等。桁条和隔框常用铝合金型材制成，也有用镁铸件制成的。

2）蜂窝结构和夹层结构：一般由铝合金制成。现代蜂窝结构和夹层结构也采用碳纤维复合材料作为表板材料。

3）整体结构：由机械铣切或化学铣切等整体壁板组装而成，它能减少半硬壳结构所需的铆接工作量，并容易获得良好的刚度。

4）柔性张力表面结构：由张紧的柔性薄膜制成，例如气球式卫星的外表面。

③安装部件

安装部件的结构形式可以是仪器舱、盘式构件或支架。安装部件的功能是保证仪器设备安装的各种要求，如安装精度、密封性、热控制、防振、防磁等。为了保证足够高的刚度，安装部件可采用蜂窝夹层结构、波纹夹层结构、铸造或机械铣削的整体壁板和由型材组装的支架等。仪器安装面积不足时，可采用多层或多面的安装部件。

④太阳电池阵结构

太阳电池阵结构用于安装太阳电池的构件。其结构形式有下列几种。

1）体装结构：在航天器本体表面直接粘贴太阳电池片。这种结构多使用航天器本体的外壳，可以是半硬壳式结构或蜂窝结构、夹层结构，现代已发展为套筒式伸展结构，进入空间轨道后该结构外筒沿导轨伸展，以增加太阳电池阵的面积。

2）可展开式结构：可展开式的太阳电池翼，简称太阳翼。这种结构分为刚性折叠、柔性折叠和柔性卷式三种。刚性折叠式结构由刚性板通过铰链连接而成，以铰链弹簧为动力展开成翼状。刚性板采用蜂窝夹层板制成，也有采用刚性边框和张紧柔性薄膜组合的半刚性板。柔性折叠式结构由薄膜和折臂式（或望远镜镜筒式）的展开机构组成。薄膜用玻璃纤维布或碳纤维布增强的聚酰亚胺制成，为防止电池之间相互接触，在薄膜中间插入一层衬垫。柔性卷式结构由薄膜和支杆组成，可用卷筒卷成很小体积，其支杆类似金属卷尺，靠电机和传动装置展开成具有一定刚度的长直杆。

⑤抛物面天线结构

抛物面形状的天线反射器分为固定式和展开式两种。

1）固定式天线：反射器是一个大面积的薄壁构件，有蜂窝夹层、肋骨网式和薄壳 3 种结构形式，以蜂窝夹层结构用得最多。为了防止热变形影响天线的电性能，通常用膨胀系数很小的石墨纤维或有机纤维的复合材料来制作反射器。

2）展开式天线：有像撑伞一样可展开的伞状天线、类似开放花朵的花瓣天线、鱼网式的张力索天线和桁架式天线。它们都由反射面部件、展开反射面的动力部件和支承反射面的部件组成。反射面部件一般由金属网或非金属网等柔性材料制成。动力部件有弹性元件、可伸缩充气管或马达驱动的传动机构。

⑥分离连接装置

卫星在发射时必须可靠地连接在运载火箭上；入轨后又必须可

靠地与运载火箭分离。为了实现这种功能，采用了专用的分离连接装置。为减少分离时冲击对卫星的影响，卫星与火箭之间多采用包带夹块式分离连接装置，用侧向爆炸螺栓解锁。

（2）空间探测器结构

空间探测器的结构形式多样，具有与卫星相同的组成部分，如承力部件、天线、太阳电池阵结构等；也有一些特殊形式的结构，如探测臂和着陆装置。探测臂往往由可以伸展的杆件组成，它的功能是把有特殊要求的探测仪器伸出探测器本体之外，以免受本体磁场或辐射的干扰，这种探测臂有时也用在卫星上。需要在行星或月球表面着陆的空间探测器采用着陆支架、着陆舱等着陆装置。硬着陆的着陆装置须有良好的缓冲性能。在行星或月球表面上行走的探测器（如自动月球车）则须有挠性轮之类的挠性结构，以适应凹凸不平的表面。

（3）载人飞船结构

载人飞船与卫星和空间探测器的结构形式有较大区别。早期发射的飞船大多为截锥加上圆柱段，最外面都有防热结构。例如阿波罗号飞船由救生塔、指挥舱、服务舱、登月舱等几大部分组成。救生塔是一个桁架式的塔形结构，它的功能是在发射过程出现紧急情况时，使飞船逃离危险区。登月舱是一个极其复杂的特殊结构，供载人登月之用。指挥舱的外形呈圆锥形，是需要返回地面的部分。它的外部由烧蚀材料层和不锈钢蜂窝夹层组成防热外壳；内部是铝蜂窝夹层结构的密封舱体，用多根锻铝纵梁加强。密封舱体用于为航天员提供可靠的工作环境。服务舱的外壳是一个铝蜂窝夹层的圆柱壳体，舱内有铝合金的径向壁板，用以安装主发动机、燃料箱和氧化剂箱等设备。载人飞船和返回式卫星在重返大气层时会遇到极高的温度，必须采用特殊的防热结构。

（4）航天飞机结构

航天飞机一般由轨道器、助推器、外贮箱 3 部分组成。助推器实际上是 2 枚固体火箭。航天飞机的外贮箱与火箭贮箱类似。轨道器是返回部分，它是一个类似于飞机的薄壁结构装置，但在其表面增加了特殊的防热结构。轨道器约 70％的表面上覆以陶瓷防热瓦，它与烧蚀防热结构不同，可以多次重复使用。轨道器分为前机身、中机身、后机身、机翼、尾翼等几部分。前机身又分为头锥和乘员舱两部分。乘员舱是由铝合金蒙皮和加强桁条焊接而成的密封舱。中机身是一个铝合金半硬壳结构的大型货舱，许多部件采用了新型复合材料结构。例如，主框元件采用硼纤维增强铝合金材料，大型货舱的舱门采用以碳纤维复合材料为表板的蜂窝夹层结构。货舱内有机械操作臂，它由三节杆件组成。

　　航天器结构的发展趋势是复合材料结构将更多地替代金属结构，公用舱结构将得到更广泛的应用。随着大型航天器的发展，网络式、柔性、空间装配式等更新型的航天器结构形式正处于研究阶段。

3.8.1.2　航天器机构分类

　　航天器机构是卫星、飞船、空间站上具有相对于本体运动部件的机构。

　　航天器机构的工作环境异于地面环境，通常要更为恶劣。它们要经受发射时的强烈冲击、振动和噪声，在空间高真空、强辐射和大幅度温度变化的条件下要连续工作几个月、几年，甚至十几年。不少航天器机构很难备份，而成为单点故障源，在空间通常又不能进行航天器机构的维修和保养。航天器机构价值昂贵，机构的故障可能给航天器带来灾难性的后果，因此对其可靠性有很高的要求。

　　航天器机构是机电综合部件，涉及众多学科。它们可靠性的研究不同于电子产品的可靠性研究，也不同于机械部件的可靠性研究。航天器机构的可靠性与润滑、摩擦、冷焊、寿命、间隙及工艺的影响等密切相关。

　　航天器机构种类很多，在卫星上出现的有太阳电池阵展开机构、包带锁紧解锁机构、天线展开机构、回收舱分离机构、惯性敏感器运动机构、动量轮/反作用轮运动机构、磁带记录器运动机构、调焦机构、摆镜扫瞄机构、消旋机构、定标机构、快门运动机构、扫瞄线校正机构、红外地平仪扫瞄机构、镜盖展开机构、各种齿轮传动机构、太阳电池阵驱动机构、惯量调整机构等。国外在航天飞机、空间站、空间机器人和登月飞船上所用的航天器机构种类还很多，本书难以一一描述。

从可靠性研究的观点出发，航天器机构可以有 3 种分类方式，即按转速（工作频率）、密封和润滑方式进行分类研究。

（1）按转速（工作频率）分类

①高速旋转机构

高速旋转机构高速旋转所获得的陀螺稳定性或转速变化产生的反作用力矩是卫星姿态控制的重要手段，如陀螺仪转速为每分钟数万转，以提供惯性空间基准；动量轮的转速为每分钟数千转，其转速变化可产生姿态控制力矩。

②低速旋转机构

低速旋转机构可提供对空间的定向或对空间的扫瞄。例如，东方红 2 号卫星的天线消旋机构，以 50 rad/min 的转速使天线相对星体消旋，保持对地定向；东方红 3 号和资源 1 号卫星的太阳电池阵驱动机构以 1 rad/d 的转速保持帆板对日定向，以获取最大功率，红外地平仪以每分钟约 300 周的的摆动对地球扫瞄以获取姿态信号。

③间歇运动机构

间歇运动机构的运动不是经常的，只有当需要时才运动 1 次，以完成某种特定的功能。如 CCD 相机调焦机构，只有当发现散焦影响图像质量时，才进行调焦运动；太阳定标机构只有在需要定际时才动作。间歇运动机构每次间歇运动的长短及间歇的周期可能是完全不同的。

④一次性运动机构

一次性运动机构在整个航天器的寿命中只动作 1 次。绝大部分一次性动作发生在航天器寿命初期，如太阳电池阵展开机构、天线展开机构、包带锁紧解锁机构的动作等；少数发生在航天器寿命末期，如回收舱分离机构等。一次性运动机构尽管只动作 1 次，但它们对航天器的成败至关重要。

从可靠性研究来分析，高速旋转机构中因摩擦引起的寿命问题是关键问题，间歇运动机构中冷焊是最重要的可靠性课题，一次性运动机构中冷焊和可靠性试验则是其关键的可靠性问题。

（2）按密封方式分类

①可密封机构

可密封机构不需要在高真空环境中工作，但要成封闭体系，内部保持有一定的气压。对这类机构可采用技术十分成熟和润滑性能良好的油润滑方式。属于这类机构的有陀螺仪、加速度表、动量轮/反作用轮、磁记录器、惯量调整装置等。

②迷宫式密封机构

迷宫式密封机构不能完全密封，但可采用迷宫式结构。这种结构增大了气阻，减小了油的挥发速度，因此仍有可能采用油润滑方式。但储油、防爬、油的种类及油量都应仔细选择和设计，才能保证良好的润滑，从而提高可靠性。

③不可密封机构

不可密封机构必须暴露在高真空环境中。因为不能被油或油脂挥发出的有机物污染光学表面，通常必须采用固体润滑方式。相对来说固体润滑技术不够成熟，工艺及润滑性能对机构可靠性影响很大。

（3）按润滑方式分类

润滑方式对航天器机构的可靠性有关键性的影响，润滑方式主要有 4 种：

1）油润滑，如陀螺仪，动量轮/反作用轮等。

2）油脂润滑，如磁记录器。

3）固体润滑，如调焦机构、太阳电池阵驱动机构、快门运动机构、太阳定标机构等。

4）挠性轴承支撑，这种方式似乎不是一种润滑，但也可看做是支撑机构内部相对运动而存在的一种特殊的固体润滑。它的可靠性特点是由疲劳及断裂带来的寿命问题。

3.8.2 航天器结构与机构的验证

为了保证航天器设计和产品的质量，在整个研制过程中，需要对设计和产品进行不断的检查和确认，这种工作称为验证。验证是航天器结构与机构研制过程中非常重要的工作，是保证航天器结构与机构质量的重要手段。

3.8.2.1　验证方法

3.8.2.1.1　分析验证

分析验证即采用计算分析的方法对某些设计要求进行验证。由于不需要生产试验用的产品，这种方法比较省钱、省时。在方案阶段，分析验证尤为重要，因为此时还不可能提供具体设计图样或实际产品，只能通过计算分析来证明结构或机构方案是否满足设计要求。

3.8.2.1.2　类比验证

类比是指设法证明一个结构或机构与另一个结构或机构相似，而后者已经按等效的或更严格的准则进行了合格鉴定，或后者已是成功的产品。类比验证包括对产品状态、应用情况以及以前试验数据的评估与审查，也包括将以前试验量级与新的要求进行比较。类比验证对于一个继承性较好的结构或机构而言是一种非常有效的验证方法，既能降低技术风险，又能节省研制费用，同时还能加快研制进度。

3.8.2.1.3　检验验证

检验验证是根据设计图样反映的技术条件对产品进行检查，检查内容可以包括尺寸精度、质量特性、表面状态、物理特性（如导电、绝缘、导热等性能）以及机械和电气接口要求等。检验验证是对产品的直接验证，因此，比较直观、可信，但验证的范围和精确程度受检验设备和技术的限制，并且检验验证只能在产品制造过程中或制造完成后才能进行。

检验验证也可以采用对工艺进行合格鉴定的间接方式。如果对产品的制造工艺进行鉴定后认为是一个受控良好的合格工艺，则可以直接接受该工艺制造的产品而不对产品作检验验证。例如，采用一个合格的钻模和钻头进行钻孔，不需要检验所钻孔的尺寸精度。

3.8.2.1.4　试验验证

试验验证一般用于验证产品在经受有关试验条件期间或之后的

性能和功能。因此，试验验证需要制定能够全面或部分正确模拟或反映环境状态的试验条件，采用相应的通用或专用的试验设备和测量手段，以及制造出专门用于试验的产品或者准备用于飞行的产品（这些准备参加试验的产品以下均称为"试验件"）。

应根据各种因素来合理选择验证的方式，包括：验证方法在技术上是否可行；验证手段是否简单实用；验证是否合理、准确、有效；验证的不充分性所带来的风险是否可以接受；验证的成本、时间进度风险是否可以接受等。另外，对于一项设计或一个产品，往往需要将几种验证方法结合起来进行验证。例如，分析验证与试验验证相结合；检验验证与试验验证相结合等。

一般来说，为了减少费用和加快研制进度，航天器结构的验证应该尽量多采用分析验证或类比验证的方式。对于航天器机构，由于其功能的特殊性，为了保证其可靠性，一般需要进行试验验证。

3.8.2.2　验证计划和验证矩阵

为了对航天器结构和机构进行验证，应该对每个重要的结构（包括整个航天器结构）或机构部件制定一个合理和有效的验证计划。

验证计划至少应该包括以下内容：

1）目的、范围和定义；

2）设计或产品的技术要求；

3）环境条件的简要说明；

4）验证方法；

5）验证准则；

6）参考资料和引用文件。

在验证计划中最重要的内容是确定验证方法。为了明确要求和便于检查，可在验证方法中对每项设计或产品（包括整个航天器结构）建立一个与各项技术要求相对应的验证表格，将其称为验证矩阵。在验证矩阵中，规定了需要采用的不同验证方法。表3-6所示为验证矩阵的简单实例。

表 3－6　验证矩阵实例

产品	技术要求	验证方法				备注
		分析	类比	检验	试验	
航天器整体结构	质量			√		
	固有频率	√			√	
	动态包络	√				
航天器本体结构	质量			√		
	强度	√	√		√	
	机械接口			√		
太阳翼结构与机构	质量			√		
	固有频率	√			√	
	可靠性		√		√	

注："√"表示需要进行的验证方法。

3.8.3　试验的类型

3.8.3.1　根据验证要求分类

航天器结构或机构产品的研制主要分为方案阶段、初样研制阶段和正样阶段，每个阶段的目的和要求不尽相同，因此相应的验证要求也有所不同。在采用试验验证作为验证手段时，可以根据验证的要求把试验分为 3 种类型，如表 3－7 所示。简单地说，如果采用新的结构或机构，或者要应用新的材料或制造工艺，则应该进行研制试验；如果主要验证航天器结构或机构设计的合理性，则应该进行鉴定试验；如果主要验证航天器结构或机构产品的制造工艺质量，则应该进行验收试验。

除了表 3－7 所示的试验类型外，有时对于比较成熟的航天器结构或机构可以不单独制造鉴定件，进行鉴定试验，而在高于验收试验量级，但低于鉴定试验量级下直接对首次制造的飞行件进行试验，这种试验类型称为组合的鉴定和验收试验（CQAT）。飞行件完成组合的鉴定和验收试验后，再对以后的每个飞行件试验到同样量级或验收量级，这种方法称为原型飞行方法，它虽然增加了失败的风险性，但可以节省费用、加快进度。

表 3－7　根据验证要求确定的试验类型

类型	主要目的	说明
研制试验	通过试验来论证设计方案，并获取设计所需的信息	要求根据一个用于试验的研制件，研制件仅需表示研制所需的基本特征，费用应尽量低； 一般在研制的方案阶段进行
鉴定试验	通过试验来验证设计是否满足要求，设计是否合理可行	要求生产一个专门用于试验的鉴定件，其关键的部位均与实际飞行件一致，但不用于飞行； 试验量级一般高于实际使用的环境条件； 通过鉴定试验可以提供设计上实际存在的裕度或寿命； 一般在研制的初样阶段进行
验收试验	通过试验来验证产品质量是否合格可用	一般对每个飞行件均应进行该项试验； 试验量级等于或稍高于实际使用量级； 一般在研制的正样阶段进行

3.8.3.2　根据试验本身特点分类

航天器结构与机构的试验也可以根据试验本身的特点进行分类，分为环境试验、机构功能试验和结构特性试验。

（1）环境试验

在环境试验中，试验件在承受全部或受控的（部分的）环境条件下，验证航天器结构或机构对环境的响应是否满足要求。由于要在地面完全真实地再现环境条件是困难的，因此一般采用模拟的环境条件，即产生作用和效果与真实环境相当的环境条件。表 3－8 列出了航天器结构与机构试验采用的几种主要的环境试验类型。

对于同一试验件需要进行多项环境试验时，一般可按照试验件在实际飞行任务中所经历的环境过程来安排其试验的顺序。例如，先作发射环境的振动、声试验，再作空间环境的热真空试验等。有时，也可根据研制进度和试验准备等实际情况来安排试验顺序。

实际上，有些环境是同时作用的，如振动与声可能同时作用在航天器上，但限于地面试验设备条件的限制，一般只能分别进行。

表 3－8　主要的环境试验类型

试验类型	试验方式和目的	应用	说明
静力	作用和保持一组不变载荷来验证结构的强度，也可以用于验证结构的刚度	航天器主结构；难以进行强度分析的结构或机构部件	可以采用离散加载或离心机加载方式；可以根据静、动载荷以及温度的影响，确定最严重的加载条件
正弦振动	在频率变化作用下循环载荷来激发结构的振动，用于验证结构的强度，也可用于验证结构的固有频率	具有低固有频率的结构或整个航天器；实际承受循环振动载荷的结构	引入约 5～100 Hz 的低频振动载荷条件；需要监测和控制输入激振力，避免试验件所受载荷超过实际设计载荷
随机振动	通过机械接口引入随机振动，验证结构或机构的强度、寿命或其他性能	小型结构；机构或电气部件；对声不敏感的小型航天器	引入达到 2 000 Hz 范围的高频振动条件；可以用于检验试验件的制造工艺，暴露存在的制造缺陷
声（噪声）	通过声压力（振动的空气）引入随机振动，验证结构的强度、寿命和其他性能	大面积的轻型结构；对声敏感的结构或机构；整个航天器	可引入 31 Hz～10 kHz 的很宽频率范围；在整个航天器的声试验中也可以验证各部分的相容性和连接的合理性，以及确认各部件的随机振动条件
冲击	一般通过引爆火工装置产生高频冲击波，验证结构或机构部件的响应和抵抗能力	冲击源附近的结构或机构	可引入极高频率（达到 10 kHz）下的高能量瞬态振动；目前很少有可靠的分析方法来预计冲击效应；冲击仅影响冲击源附近的区域，而且对结构和大多数机构的影响很微小

续表

试验类型	试验方式和目的	应用	说明
热真空	在真空、高温、低温或温度交变条件下验证结构与机构的工作性能或其材料性能	对温度敏感的结构；各种机构；整个航天器	验证结构的温度变形或温度应力；验证热真空条件对机构功能的影响；进行机构的寿命试验
压力	采用水压试验方法验证工作内压条件下密封结构的静强度和密封性能	航天器密封舱或充压设备	需要进行气密验收试验；对于充压设备一般还需要进行强度破坏试验（爆破试验）
气动加热	在模拟再入加热条件下验证防热结构的防热性能	返回舱的防热结构	需要专门的大型加热试验设备，如石英灯辐射加热器、燃气加热风洞和等离子电弧风洞；目前主要考虑用于烧蚀防热结构的试验

表 3-8 中静力试验、正弦振动试验、随机振动试验、噪声试验和冲击试验可统称为力学环境试验，因为它们是在模拟地面和发射环境的载荷条件下对航天器结构的力学性能进行试验验证。作为机械构件的航天器机构，一般也应该进行相应的力学环境试验，或者与航天器结构的力学环境试验一起进行。

表 3-8 中的热真空试验包括了模拟空间轨道的真空条件和（或）冷热环境条件下的试验，这对于在空间工作的航天器机构尤为重要。热真空试验可用于验证航天器结构（包括太阳翼、天线结构）的温度变形、温度应力和结构材料性能，特别是验证真空和低温条件对机构运动性能的影响，如真空冷焊和干摩擦的影响。另外，对于在空间长期工作的航天器机构，还需要在真空条件下进行长期运行的寿命试验。

为了进行热真空试验，需要采用专门的大型热真空试验设备或真空试验设备。另外，为了在上述设备中进行机构试验，还需要采用适应于热真空试验设备的特殊试验装置和测量手段。因此，热真空试验一般是一项技术复杂、费用昂贵的试验，需要认真对待。

表 3—8 中的压力试验实际上并不是真正意义上的环境试验，其载荷条件是设计工作压力与空间真空环境压力之差，因此亦可称为受控载荷试验。静力试验和正弦振动试验也可称为受控载荷试验，因为它们的载荷条件不是直接从实际发射环境条件导出的，而是根据结构对环境载荷条件的响应分析结果，进行综合分析后得到的。

（2）机构功能试验

为了验证航天器机构能够顺利完成各种规定的功能，如释放、展开、分离、指向等功能，需要进行相应的功能试验。由于航天器机构的重要性和特殊性，为了保证机构的可靠性，所有航天器机构均需要进行功能试验。

应该指出的是，机构功能试验与上述环境试验的区分并不是非常严格。显然，在环境试验中也要验证机构的相关功能，而机构功能试验也需要尽量在模拟的空间环境条件下进行。因此，两者的区别仅是强度试验的侧重点不同：机构功能试验主要验证机构功能本身，而环境试验主要验证环境对机构功能的影响。

在机构功能试验中，有时也可能要引入相关的结构共同进行试验。

（3）结构特性试验

航天器结构的特性是指与环境条件无直接关系的结构（包括机构）本身的固有特性，例如结构的刚度（或柔度）和结构的振动模态。理论上说，这些特性可以通过分析获得，但由于各种实际因素的影响和分析技术的局限性，分析结果需要通过试验进行确认，因此也可把这种试验称为分析确认试验。

结构特性试验可以结合其他试验进行，如可以结合静力试验和正弦振动试验进行；也可单独进行，如专门进行星/箭连接的柔度测量、航天器结构（包括机构）的模态试验等，试验通常在低量级的环境或载荷条件下进行，并且不可对试验件造成损伤。

在结构特性试验中，结构振动模态试验具有特别重要的意义，它是航天器结构（包括机构）一项常见的重要的试验。振动模态试验的重要性在于：

1）固有频率是航天器结构（或机构）的一个重要设计指标；

2）模态分析和模态试验结果是航天器载荷分析的基础；

3）模态分析和模态试验结果是结构动态响应分析的基础。

振动模态试验不同于上述的振动环境试验，其原因为：

1）振动模态试验的主要目的是验证航天器结构（或机构）的模态分析，并根据试验结果对分析的数学模型作进一步修正，而振动环境试验是验证航天器结构（或机构）的设计或产品制造质量；

2）振动模态试验的结果是获取航天器结构（或机构）的模态信息（包括各阶固有频率以及相应的各阶振型和阻尼），模态是航天器结构（或机构）的固有性质，与环境的载荷条件没有直接联系（但与初始应力状态有关，如密封舱充压状态比不充压状态的固有频率高），而振动试验是获取航天器结构（或机构）的动态效应信息，其结果与载荷条件密切相关。

3.8.3.3　试验设计

大多数航天器结构与机构的试验属于环境模拟试验，因此严格地说，与在地面工作的产品试验不同，航天器结构与机构的试验都不是完全真实的试验。所以，为了使试验可信和有效，在试验进行之前，需要对试验进行认真设计，即需要确定要进行的试验项目与要求、试验方式、试验设备、试验条件和试验具体方法等，由此编制出相应的"试验大纲"或"试验实施细则"等文件作为试验的依据，以保证所取得的试验结果完整、可靠，真正达到试验验证的目的。

在试验设计中，至少应该考虑以下方面的问题。

（1）试验项目与要求的确定

根据环境试验的一般原理，特别参照国内外有关航天器环境试验的标准和规范，结合航天器结构与机构的研制特点，确定在不同研制阶段（方案阶段、初样阶段、正样阶段）应进行的试验项目和要求，以更有效地发挥环境试验的作用。

（2）试验方式的选择

根据所确定的试验项目和要求，选择最合理可行的试验方式，使得模拟试验的效果与实际环境条件产生的效果尽量一致。例如，发射的动态载荷环境是一个综合的复杂载荷环境，而目前的地面试验只能分别用正弦振动、随机振动或声试验来模拟，因此需要根据试验要求和试验件实际状态来作出试验方式正确的选择。

（3）试验设备的选择

试验需要通过试验设备来实现，因而试验设备直接影响试验的真实性和有效性。例如，采用重力加载和液压加载同样可达到静力试验的目的；采用吊挂方式和气浮方式同样可达到太阳翼地面展开试验的目的。因此需要根据试验要求、实际客观条件以及进度、经费等要求，通过综合分析确定设备类型。另外，由于航天器机构的功能的特殊性，机构功能试验的试验设备往往是非标准的特殊设备，一般需要根据试验要求和试验件状态进行专门设计和制造。

（4）试验条件的确定

例如，对于力学环境试验的试验条件可以包括载荷的大小、方向、作用位置，以及试验的边界条件等，它们往往需要根据环境预示结果，通过分析才能确定。试验条件的合理性直接影响试验结果的真实性，典型的实例是正弦振动试验载荷量级的"下凹"问题，如果处理不当，将造成过试验或欠试验，它们均不能表示试验的真实效果。

（5）试验具体实施方案的确定

试验的具体实施方案包括试验环境条件、试验件状态、试验夹具、试验顺序、试验次数、试验测量项目和方法、测试精度、测点位置等许多细节的规定和安排，这些细节均有可能影响到试验的准确性，甚至影响到试验的真实性，因此不能忽视。例如，应变片所贴的位置和方向的差异，可能造成完全不同的测量结果。试验具体实施方案与航天器结构与机构的设计和分析工作密切相关，应该根据航天器的设计要求和初步的分析结果，结合试验的具体条件，来确定实施的细节。

（6）试验结果的评估

应该预先充分设想到试验中可能发生的各种现象，明确试验"通过"或"不通过"的合理判据。由于试验是非真实的模拟试验，影响试验真实性的因素很多，因此需要对试验结果进行充分分析，才能对试验结果得出正确的结论。

3.9　单机贮存试验

随着卫星公用平台技术的发展，星上设备、部件、分系统逐步实现"三化"，部分星上设备的备份概念已从单颗星的一对一备份改变为一对多或多对多的备份模式。由于卫星组网和发射频率的日益提高，星上产品正逐渐向小批量生产发展。因此将有越来越多的产品面临着长期贮存的问题。

在卫星产品的贮存期间，由于温度、湿度等环境因素的物理和化学作用，将导致元器件、原材料性能下降，甚至失效。例如，高温环境产生的热老化效应会导致金属氧化、结构改变、润滑油黏度下降及蒸发，产生的典型失效模式包括绝缘失效、接触电阻增大、金属材料表面电阻增大、橡胶及塑料出现裂纹与膨胀、元器件失效、低熔点焊锡缝开裂、润滑油丧失润滑特性等。环境因素的影响会导致卫星产品长期贮存后出现产品可靠性的下降。

因此，为使卫星产品因贮存造成的不利影响降至最小，需要在产品的研制设计阶段进行产品的贮存试验，以保证产品贮存的可靠性。

3.9.1　贮存试验目的

单机产品通过贮存试验主要应达到如下目的：

1）验证贮存试验件是否满足使用期或预估贮存期的要求；

2）确定贮存试验件贮存寿命；

3）研究贮存试验环境条件对贮存试验件贮存寿命的影响，获得贮存试验件性能或结构可靠性随时间和环境条件的变化规律，为评定贮存试验件贮存期以及制定和完善产品使用维护保管技术要求提供依据；

4）暴露产品薄弱环节，确定贮存故障模式，为改进发动机及其零部组件设计和工艺，延长贮存寿命提供依据。

3.9.2　贮存试验分类

贮存试验可分为以下几类。

（1）现场贮存试验

产品在实际存放环境下开展的贮存试验称为现场贮存试验。

（2）实验室模拟贮存试验

产品在实验室模拟现场贮存环境和状态的试验称为实验室模拟贮存试验。

（3）加速贮存试验

模拟现场贮存试验中某一个或几个环境因素，并适当提高应力等级，但又不至于改变产品的失效机理，以便在短期内得出与现场长期贮存试验相似结果的过程，称为加速贮存试验。加速贮存试验采用试验箱（室）人工环境进行试验。

3.9.3　贮存试验工作程序和流程

贮存试验工作程序主要包括确定试验方案，编制试验计划，制定试验大纲，进行贮存测试、贮存产品鉴定试验和贮存试验评定等。工作程序和流程如图 3-5 所示。

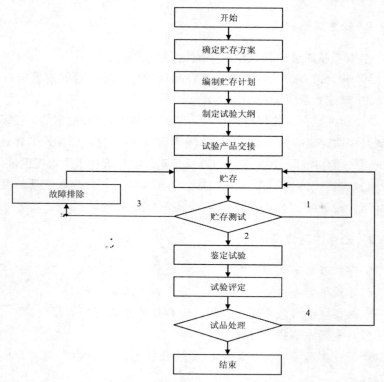

图 3－5　贮存试验工作程序和流程

1—按贮存测试时间进行测试，产品合格，但仍小于贮存要求时间，则继续贮存；
2—贮存达到或超过试验大纲中规定的贮存时间时，产品经测试合格可转入鉴定试验阶段；
3—经测试有故障时，应排除故障并详细记录；
4—需要时，试验的产品继续贮存，进一步延长贮存期试验

3.9.4　贮存试验方案

贮存试验方案应包括试验目的、试验产品级别、种类与数量、试验类型等内容。贮存试验的目的是测定产品在规定的贮存环境下的性能与可靠性，确定或验证产品贮存期。试验产品级别分为整机级、零部件和元器件级。试验产品种类与数量应根据贮存期评定要求、贮存试验类型、贮存测试有无破坏性以及经费等因素综合考虑。

试验类型可分为现场贮存、实验室模拟贮存和加速贮存等类型。

（1）初样研制阶段

初样研制阶段贮存试验主要是要暴露设计中所采用的新元器件、新材料、新工艺的薄弱环节，或者是开展工艺试件的对比试验，以加速贮存试验为主，试验周期按产品贮存期定型要求设定。

在初步设计阶段，整机级贮存试验可以利用初样产品结束其他试验后进行，贮存试验方式以实验室模拟贮存试验为宜。

（2）正样研制阶段

正样研制阶段的贮存试验是以测定产品贮存期为主，开展整机级贮存试验，补充零部件级贮存试验，试验以现场贮存或实验室模拟贮存试验方式进行。零部件级试验仍以加速贮存试验为主，试验周期按产品贮存期（定型）要求设定。

（3）定型设计阶段

定型设计阶段贮存试验是对前两个设计阶段贮存试验的补充，用于验证产品贮存期。试验一般在现场进行，以系统或分系统贮存试验为主，辅以元器件、零部件级、整机级平行贮存试验。试验周期应等于或大于产品贮存期定型要求。

3.9.5　试品要求

3.9.5.1　试品质量

试品应能代表产品的设计、工艺状态，是能够满足试验要求以及质量合格的产品，并必须有承制厂的检验合格证和产品证明书。

3.9.5.2　试品最后处理

贮存试验结束时（不一定是试品的贮存寿命终止），如有条件，可继续存放并进行定期测试，以便继续获得试品的贮存信息。

3.9.6　贮存产品的测试

贮存测试是要确认试品在贮存过程中功能是否良好、性能参数是否超出设计规范，以便确定贮存试验是否继续进行，或决定是否对试品采取修理措施。

1）贮存测试要由训练合格的操作手或设计人员进行，应严格遵守试品测试规程与要求。

2）试验过程中的贮存测试，尽量用同一台测试设备进行，测试设备应在合格的检验期内，并附校验合格证。测试中遇有不正常现象时，首先要鉴别测试设备功能是否正常，仪表是否精确。

3）为尽量消除人为操作造成的测试误差，参数测试在允许范围内要重复 3 次。

4）贮存过程中，一般不对整机进行参数调整；如参数影响系统功能时，在弄清原因前提下再作调整，并详细记录。

5）测试过程中，系统或整机出现故障，须作详细记录后方可进行故障的现场排除。更换下的元器件、零部件要作失效分析，若有故障的产品返厂检修时，应附上产品证明书，并填写故障情况及处理情况。

6）测试结束后，试品应恢复原有贮存状态，不允许随意改变贮存状态。

3.9.7　贮存产品的鉴定试验

3.9.7.1　试验目的

贮存产品的鉴定试验是为了鉴定产品经规定的存放时间后，其性能与可靠性是否满足设计要求而进行的试验。

3.9.7.2　试验形式

3.9.7.2.1　飞行试验

按试验大纲规定，产品的贮存试验贮存到规定的存放期后，在试品测试合格情况下，可以进行飞行试验考核。飞行试验是鉴定产品性能、可靠性最真实的试验，试验前应在地面进行充分的检查，对已老化、损坏的可更换零件予以更换，确认试品质最符合飞行试验条件后，再进行飞行试验考核。

飞行试验考核按产品正常飞行试验规程进行。

3.9.7.2.2　地面试验

产品如不进行飞行试验考核，则应进行地面鉴定试验。地面鉴定试验可分为整机试验以及零部件和元器件试验。

1）整机试验对整机进行可靠性试验，包括按产品技术条件进行各种环境试验和寿命试验；

2）零部件和元器件试验是将经过贮存后的零部件和元器件或从整机上分解下来可以独立检查、测试、试验的零部件和元器件，按其规定的技术条件进行各种环境试验和寿命试验。

第 4 章　运载火箭产品的专项试验

运载火箭产品如阀门及其阀门附件、导管、贮箱等，对强度和密封性有着很高的要求，因此这些产品除进行前面章节介绍的试验外，必须进行强度和密封试验，确保产品装箭后不影响火箭全箭的力学特性。

液体火箭发动机热试车是研制发动机的主要手段，是获得发动机性能指标的唯一方法和最终手段，也是发动机研制过程中最为重要的一个环节。

通过发动机热试车，不仅可以验证设计方案，解决、暴露设计上存在的缺陷，而且可以为仿真计算和理论研究提供大量数据，促进组件和系统的设计、生产工艺水平不断提高。发动机热试车目的在于获取发动机的工作特性，考核发动机工作的可靠性，确定发动机是否达到运载火箭总体所要求的设计性能目标。

运载火箭外形结构细长，因此当火箭的总体性能要求已经确定之后，必须针对其外形，通过气动试验预测火箭的气动特性，通过全箭模态试验（振动试验）确定惯性器件安装位置以及火箭的振动特性，为火箭性能计算和结构设计、控制系统的稳定性设计提供依据。

4.1　贮箱静压与爆破承压试验

4.1.1　概述

对大多数运载火箭而言，贮箱是运载火箭箭体结构的一部分，构成运载火箭的外形，除主要作为贮存推进剂的大型压力容器外，还承受运载火箭的气动力、发动机推力和其他各种载荷的作用。为此，对贮箱结构的强度、稳定性和气密性一般有一定的要求。另外，采用液体推进剂发动机的运载火箭，其贮箱及其相关装置，如涡轮泵、增压输送系统导管和活门附件等一起构成了推进剂输送系统，贮箱又是该系统中的一个重要部件。

4.1.2　贮箱试验内容

对于新设计的贮箱结构，除进行一定的设计计算和复核复算外，还需进行一定的设计验证试验，以确保箱体结构满足总体设计的各项要求，同时确保结构有一定的可靠性和安全性。设计验证试验主要包括以下试验验证项目。

（1）轴压静力试验

在初样研制阶段，需要对贮箱前、后短壳和斜置网格加筋筒段壁板进行静强度试验。

①试验目的

贮箱轴压静力试验的目的包括：

1）确定结构的轴压临界承载能力；

2）测量应变和位移，为校核强度计算方法、修改结构设计提供依据。

②试验方法

全尺寸试验件一般置于试验平台上，用承力梁、加力帽、刚框和液压作动筒等加载系统施加轴压载荷。试验装置必须保证轴压中心线与试验件的对称轴线重合。用电阻式测力计进行轴压载荷的测量，按照试验大纲或者试验任务书要求的测点位置进行应变和位移的测量。

（2）内压强度试验

在贮箱研制过程中，贮箱前、后箱底及整箱需进行内压强度试验，在初样研制阶段可考虑进行内压爆破试验。

①试验目的

贮箱内压强度试验的目的包括：

1）确定贮箱承受内压的极限能力；

2）考核整箱的工艺水平和产品使用可靠性。

②试验方法

选用水作为充压加载介质，根据试验件容量、变形情况以及试验压力大小选用相应的水泵、管路、阀门、压力表等试验设备，根据图纸或者试验任务书要求的压力值加载。高压载荷试验时必须采取安全措施，破坏试验时应有安全网隔离试验件。

（3）内压气密试验

在贮箱研制过程中，贮箱前、后箱底及整箱需进行内压气密试验。

①试验目的

贮箱内压气密试验用于考核贮箱各法兰连接面的密封性能。

②试验方法

根据图纸要求的压力值充压，在充压稳定 1 min 后进行气密性检查，将游离碱含量不大于 0.05％的中性肥皂液或专用检漏剂涂于检查部位，当被检查处出现肥皂泡时，若肥皂泡超过 20 s 不破，则认为被检查处是气密的。气密检查结束后，应将试件擦拭干净。

（4）拉伸试验

在初样研制阶段，对箱体上的各类吊挂接头，防晃板（隔板）与角片的连接处，防爆盒、挡板与壁板的连接处等需进行拉伸试验，以确定这些连接部位的承载能力，为校核强度计算方法、修改结构设计提供依据。

（5）防漩、防塌试验

在初样研制阶段，对贮箱后底上安装的防漩、防塌装置需进行防漩、防塌性能考核试验，考核该类装置能否满足特定的设计要求。

4.2　阀门、自动器、导管试验

4.2.1　概述

液体运载火箭典型的管路系统包含阀门、自动器、导管、补偿器、各种管件、密封件、连接件、支架等。管路系统的基本功能是把指定的介质输送到使用部位。管路有液路和气路之分。液路主要用于输送各种液体推进剂，气路主要用于输送各种高压气体及自生增压气体。

在不同火箭上管路系统的构成是不相同的。管路系统的设置主要取决于推进剂和增压方案，其次取决于特定的使用要求。液体运载火箭必须设置的管路系统有推进剂输送、贮箱增压、加注溢出及安全泄压等，其中最主要的是推进剂输送和贮箱增压系统。此外，根据需要还可设置清洗泄出、阀门控制等管路系统。

直径较大的管路如输送管，一般需专设补偿元件。在布置补偿元件时，对长的管路要根据结构情况进行分段，也就是每段管路单独配置的补偿元件，承担所分配的补偿量。基本补偿结构有补偿器和补偿管两种类型。补偿器由波纹管和法兰组成；补偿管由硬管和波纹管及法兰组焊而成。补偿器和补偿管是管路系统中的重要组件，它可以进行径向、轴向和角位移偏差的补偿，也能对振动和水击能量进行部分吸收和隔离。在火箭上由于空间位置的限制，补偿元件一般采用波纹管加钢丝网套的形式，此类补偿装置质量比较小，结构紧凑，推力能得到部分自生平衡，又能进行轴向、转角的组合补偿。典型的补偿管如图 4—1 所示。

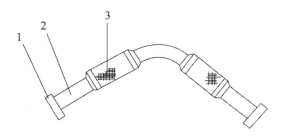

图 4—1 补偿管

1—法兰；2—硬管；3—带钢丝网套的波纹管

4.2.2　管路系统试验

管路系统导管试验一般包括焊缝 X 光检查、气密性试验、液压强度试验、多余物和洁净度检查，所有管路在装箭前都需要按以上项目逐一检查，在导管装箭后需对管路系统进行气密性检查。

除了进行上述试验外，管路系统在研制中最重要的就是强度试验。管路的强度试验项目包括内压破坏试验、振动试验等。如果管路系统水击压力较高而强度裕度不大时，往往还需要进行全管路系统的水击试验；对于高温或低温管路还需进行推力位移试验。

4.2.2.1　焊缝 X 光检查

管路系统由导管连接而成，导管一般是由管子、接头等焊接而成的。为了检查导管焊接质量，需对导管焊缝进行 X 光检查。X 光检查判别标准按图纸和技术条件规定的焊缝等级进行。

运载火箭大多数导管材料为不锈钢或铝合金，一般采用熔焊，部分导管由于特殊要求也采用其他焊接方式，如压焊、钎焊等。对于不同的焊接方式和焊接方法，采用不同的标准对焊缝 X 光检查结果进行判别。

4.2.2.2　气密性试验

进行气密性试验时，给管路充工作压力的气体，将管路放置于水中，检查管路的气密性，管路不允许出现漏气现象。气密性试验的持续时间一般为 3 min。

对装箭后的管路系统进行气密性试验一般采用皂泡法或氦质谱检漏法等。

4.2.2.3　液压强度试验

进行液压强度试验时，给管路充 1.5 倍工作压力的液压，检查管路强度。在 1.5 倍工作压力下，管路不允许出现渗漏和变形。液压强度试验的持续时间一般为 5 min。

4.2.2.4　多余物和洁净度检查

在导管交付前，需对导管的多余物情况和洁净度进行检查。除采用目视法外，对不含有波纹管的导管采用一端塞脱脂纱布，另一端连接气源软管吹气 1 min，然后检查纱布上有无多余物的方法检查导管是否存在多余物。对有波纹管的导管采用内窥镜对波纹管进行多余物检查。

在确认导管无多余物后，导管两端采用牛皮纸进行包扎后入库存放。

4.2.2.5　强度试验

强度试验是管路系统研制过程中的一个重要环节，主要有 3 个方面的作用：

1）是用于验证管路系统设计正确性的必要手段；

2）对管路系统进行强度考核，用于考核管路系统的可靠性，为参加热试车或飞行试验提供依据；

3）进行极限承载能力试验，为日后的载荷变动或超差代料提供依据。

进行强度试验时，要尽量模拟箭上安装状态和边界条件，对需测量的参数及测试方法要仔细研究，避免错失获得各种数据的机会。

（1）内压破坏试验

通过对管路进行液压破坏试验，考核管路的实际承载能力。该试验作为设计鉴定试验，一般在初样阶段进行。

对有波纹管或补偿器的管路进行液压破坏试验，以测定波纹管在管路系统安装条件下的失稳破坏压力。试验中试验压力分级加载，以观察波纹管变形情况。

在补偿器每批投产时先抽取 1 件作为工艺鉴定件进行液压破坏试验，考核通过后按该工艺状态进行批投产；批投产完成后随机抽取 1 件进行液压破坏试验，考核通过后作为整批补偿器交付的依据。

（2）振动试验

振动试验用于考核管路的动强度。按给定的振动环境条件进行试验，如果管路通过振动试验未发生破坏，认为管路设计符合要求。

振动试验作为管路系统设计鉴定试验一般在初样阶段进行，在试样阶段根据需要也可抽取典型管路进行振动试验。

管路系统振动试验是按给定的振动试验条件，模拟管路系统工作边界条件，在 3 个方向上进行振动。振动试验条件一般为正弦扫描，振动频率为 5～300 Hz，振幅按火箭的飞行情况确定。正弦振动时一般先找出共振点，然后在共振频率下进行振动试验，如果存在多个共振点，则将振动时间均分。

目前振动试验条件同时也给出随机振动试验条件，要求进行随机振动试验。

振动试验可根据管路安装情况分段进行。

（3）推力位移试验

对于高温或低温的管路系统，一般要作推力位移试验。根据已计算出的管路全系统温度伸缩量，试验时模拟此变形量，用推力分级使导管产生相当的位移，观察系统导管变形情况，特别要注意弯头部位的变化情况。

当达到预计变形量后，可以继续加大位移，以测得弯头压扁的载荷（推力），用于确定该管路系统的实际承载能力。

（4）水击试验

若管路系统水击压力较高而强度裕度不大时，往往需要进行全管路系统的水击试验。图 4-2 为水击试验原理图。

水击试验可用水进行，但阀门动作一定要仿真。试验是在产生水击的工作流量下进行的。

如果有条件，水击试验可在不同流量下进行，以观察管路系统的变化。

若在工作流量下管路系统无破坏，可用逐次加大流量方式使系统最终破坏。

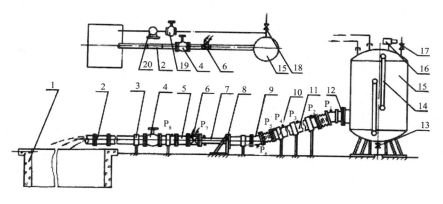

图 4－2　水击试验原理图

1—蓄水池；2—涡轮流量计；3—固定架；4—闸阀；5—启动阀；6—主阀；

7—模拟管；8—止推架；9—过渡弯管；10—活动支架；11—试验导管；12—过渡法兰；

13—放水阀；14—玻璃液位计；15—试验贮箱；16—安全阀；17—充（放）气阀；

18—排水阀；19—加注闸阀；20—水泵组

4.3　阀门附件试验

4.3.1　概述

　　航天器或运载火箭的增压输送系统的主要任务是给推进剂贮箱增压，按照发动机入口的压力、流量要求给发动机输送推进剂，同时还要满足维持贮箱结构完整性所需要的压力。另外，增压输送系统还要适应推进剂管理、产品发射前的地面测试、加注/泄出推进剂等的有关要求。在增压系统中，需要大量多种类型的流体控制器件，来执行流体通路的启闭、流体的定向和换向、流量和压力的调节，以及保护系统的安全。所有这些控制流体流动或调节流体参数的机械（或机电）装置统称为阀门。在运载火箭的增压输送系统中常用的阀门主要有加注、泄出阀，单向阀，安全阀，电磁阀，电爆阀，破裂膜片，压力调节器，压力信号器以及手动开关等。阀门是增压输送系统极为重要的组成部分，任何一个阀门失效都有可能导致严重的后果，甚至导致发射任务失败。

航天器或运载火箭的增压输送系统的阀门种类繁多，大多是在民用工业产品的基础上，为适应航天器或运载火箭严格的工作要求和恶劣的使用环境，通过改进演变来的。

根据航天器或运载火箭的使用环境和工作特点，对阀门的设计提出了很多特殊的要求，如需要耐介质，特别是耐具有强腐蚀性的介质；抗低温，甚至是抗超低温；严密封，尤其对易燃、易爆、剧毒介质的密封要求更为严格；要能够承受严酷的随机振动环境以及需要高的可靠性等。

因此，对于航天器或运载火箭的阀门产品来讲，如何进行充分、可信的试验验证，显得尤为重要。

4.3.2　阀门附件试验分类

根据阀门产品的工作阶段，阀门附件试验可分为组件级试验、单机试验和系统级试验。

根据试验目的，一般可分为验收试验（一致性检查试验）、典型试验（亦称鉴定试验）、设计鉴定试验等。

根据试验的内容，一般可分为密封性能试验、产品功能试验、环境试验、可靠性试验等。

对于某些特殊用途的阀门，也可能还有一些其他类别的试验项目，本书就不一一列举了。

4.3.3　阀门附件试验内容

本节所列的试验内容，主要针对按照试验内容进行划分的试验类型，即针对密封性能试验、产品功能试验、环境试验和可靠性试验。另外，考虑到阀门产品的实际研制情况，重点讨论了阀门装配前的组件级试验，而系统级试验在这里不进行详述。

4.3.3.1　组件级试验

阀门产品的一些零组件，需要在装配前进行一些相关的试验验证，以便确保在装配后能够安全、可靠地使用。一般情况下，阀门产品的组件级试验主要包括如下试验项目。

（1）液压强度试验

阀门产品中的承压结构，一般为壳体，需要进行 100％液压强度试验。试验一般在产品的精加工前进行。

试验方法：承压零件内腔充水或其他液体，用专用试验工装密封，给内腔加压（一般为工作压力的 1.5 倍），保持 5 min，观察被试零件有无渗漏情况。

（2）密封窜气试验

密封窜气试验，主要针对氟塑料－金属复合件产品，如图 4－3 所示。为了确保氟塑料－金属复合件产品不存在窜气现象，必须在阀门产品装配前进行该项试验考核，否则漏气、窜气难以区分，或返工工作量很大。

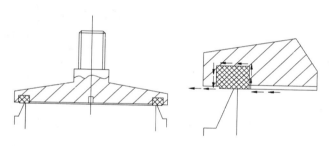

图 4－3　氟塑料－金属复合件结构及密封窜气示意图

试验方法：利用专用试验工装，模拟实际产品的压口部分参数，利用工装使两部分压紧密封保证不漏气，内腔充压，检查氟塑料环部位的窜气情况。

（3）焊接组件检查试验

对阀门产品采用的一些焊接组件，如波纹管、焊接膜盒等，必须在装配前进行焊缝质量的检查试验，以确定是否符合相关的焊接标准要求。

试验方法：在组件状态，对于能够利用 X 光进行焊缝检查的焊接组件一般均须进行 100％的拍片检查；有些组件可以利用荧光法、渗透法进行焊缝质量检查；有些难以进行 100％检查的产品，需要抽取典型产品进行剖切，以及采用低倍放大检查焊缝情况。

4.3.3.2　密封性能试验

4.3.3.2.1　试验目的

航天用阀门产品，作为贮箱及管路中的流体控制装置，其密封性能一直是各方关注的焦点。特别是，航天用阀门的流体介质常常具有强氧化性、强腐蚀性、剧毒、易燃、易爆等特性，一旦泄漏，其失效后果非常严重。因此，一般所有阀门必须进行密封性能试验的检查。

进行阀门密封性能检查试验，主要是为了防止产生如下后果：

1）压力或推进剂损失。通过阀门的流体损失必须限制在能够防止系统由于过早损耗而失效或功能降低的数值范围内。

2）对系统的损害。当工作流体的渗漏会引起严重的腐蚀，甚至着火爆炸时，阀门渗漏必须限制在能防止系统损坏的范围内。

3）对人员的危害。如果流体是有毒的，则应控制泄漏量对工作环境造成的污染在允许范围内。

4.3.3.2.2　试验方法

阀门的密封性能，按介质的泄漏途径分为内泄漏（在流动通道方向上的泄漏）和外泄漏（泄漏的外部环境不是正常的流动方向）2种。按照阀门的密封结构形式，分为静密封、动密封和接触密封（也叫半静密封、启闭密封）3 种。如图 4－4 所示的阀门密封结构中，分别有 4 处静密封（A1～A4），2 处动密封（B1 和 B2）和 1 处接触密封（C）。

进行阀门密封性能试验时，首先要明确相应的密封结构，根据不同的结构形式采用相应的试验方法；其次，要明确阀门使用的各项边界条件（主要是各个过程中的使用压力等），试验的条件要能够覆盖阀门产品的所有使用状态。最后，根据允许的泄漏率指标，选择合适的检测方法。

根据允许的泄漏率指标，阀门密封性能试验可用流量计法、涂

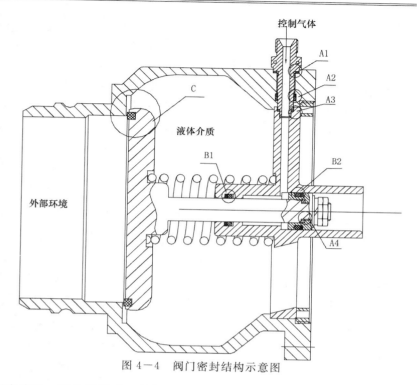

图 4－4　阀门密封结构示意图

肥皂液法、液体浸没法、数气泡法、集气法和氦质谱检漏等方法进行。

（1）流量计法

试验时用流量计对阀门的漏气流量进行测量。该方法目前应用较少。

（2）涂肥皂液法

一般不允许漏气的静密封结构采用涂肥皂液法。检查阀门气密性时，应用游离碱含量不大于 0.05％ 的中性肥皂液或专用检漏剂。试验时，气密性检查应在充压稳定 1 min 后进行，压力偏差值为给定值的 5％，检查持续时间应不少于 1 min。当被检查处出现肥皂泡时，若肥皂泡超过 20 s 不破，则认为被检查处是气密的。阀门气密性检查结束后，应将试件擦拭干净，再用 0.3～0.5 MPa 的压缩空气吹干。

（3）液体浸没法

一般其他方法不方便检测的结构采用液体浸没法。检查阀门气密性时，所用液体一般为蒸馏水或无水酒精。试验时，阀门内腔充一定气压，稳定后，将待检的密封部位浸没在液面以下，观察是否有气泡逸出。对于有些型面较复杂的阀门，在产品刚浸入液面下时可能表面会附着一些空气小泡，需要用毛刷清除后再开始观察试验现象。对不允许漏气的阀门结构，检查持续时间应不少于 1 min。阀门气密性检查结束后，应将试件擦拭干净，再用 0.3～0.5 MPa 的压缩空气吹干。也可将试件进行烘干，温度为 45～50℃，保温时间 2～4 h，烘干时不装保护件。

（4）数气泡法

一般泄漏气体可以收集的密封结构，通常为阀门进口、出口部位采用数气泡法。密封结构一端采用软木塞与阀门塞紧密封；另一端用内径 5 mm，长度不大于 600 mm 的软管引出。测量时，软管的输出端浸入水或酒精中的深度不大于 5 mm，倾斜 45°，并在充压稳定 1 min 后开始检查，不允许将阀门管嘴直接放入水或酒精中测量。检查时，首先挤压软管使出口端出泡，然后提出软管出口端，甩掉软管中的液体，再插入水或酒精中。若被试组件在规定时间内无气泡漏出，为零泡；若有气泡漏出，则从此时开始计时数泡。数气泡法检查的持续时间不少于 1 min。

（5）集气法

一般泄露气体可以收集的密封结构，但是漏气量过大或过小，用数气泡法难以实现的情况时采用集气法。测量时，密封结构一端与阀口密封，另一端用光滑软管或硬管引出。引出端伸进倒扣的充满水的量杯中，测量试验中收集到的漏气气体体积，计算漏气量。试验检查的持续时间根据允许漏气量的多少而定。

（6）氦质谱检漏法

氦质谱检漏法是一种较为精确的检查阀门密封性能的定量检测方法，常采用的检测方法有吸枪法、抽真空检测法等。试验对象一般为漏率要求不大于 10^{-5} （Pa·m³）/s 的密封结构（不同的检漏仪检漏要求有所不同）。由于氦质谱检漏法一般需要专门的试验工装，且操作较为复杂，目前仅在要求较高的密封结构以及一些波纹管、焊接结构等处使用，应用还不很普遍。具体的氦质谱检漏方法可参见相关的专业书籍。

下面，以图 4-4 所示的阀门密封结构为例，简述各种密封结构和以及相应的密封性能试验方法。

图 4-4 中的静密封结构共 4 处，其中 A1 处为软铝垫片静密封结构，A2 处为 O 形橡胶圈径向静密封，两处密封的作用均是防止内腔的液体介质从接管嘴的螺纹连接处泄漏，属于冗余密封。其试验方法为在阀门内腔充一定压力的气体（应分别对应工作的最高压力和最低压力），检查接管嘴螺纹处的密封性。有时，为了考核两道密封结构的独立密封性能，需要在两道密封结构之间再设置一个检漏孔。

静密封结构 A3 和 A4 处，均为软铝垫片密封结构，其作用是防止强制腔气体与阀门内腔液体之间的泄漏所引起的控制腔压力损失。试验时，在压力较高的强制腔充气体，将阀门浸在无水酒精中检查 A3 和 A4 处的气密性。

动密封结构 B1 和 B2 处，均为 O 形橡胶密封圈结构，其作用是在活塞静止或运动过程中，防止强制腔气体的泄漏引起压力损失。试验时，需要将阀门浸没在酒精中，检查该处的气密性。

接触密封结构 C 处，为一种典型的金属止口-非金属密封面的菌阀密封结构。除此之外，接触密封结构还有球阀结构、蝶阀结构等。C 处结构要求工作时打开流通介质，关闭时保证阀门内腔的介质不泄漏，因此也叫做半静密封结构或启闭密封结构。试验时，一般在内腔充一定压力的气体（需覆盖所有工作过程中的最高压力和最低压力），出口处用堵塞堵住，采用数泡法检查气密性。也可以在阀门内腔充一定压力氦气，在出口利用氦质谱检漏仪进行检漏。

4.3.3.3 产品功能试验

阀门，作为运载器贮箱、管路系统中进行流体控制的重要装置，一般具有控制流体通路的启闭、流体的定向和换向、流量和压力的调节以及保护系统的安全等功能，因此，产品的功能试验是所有阀门产品必须要进行的一项试验内容，一般仅指常规条件（常温、常压、常规介质）下的试验。下面，根据不同的阀门类型分别论述其功能、试验内容和方法。

（1）加注阀功能试验

加注阀，有时也叫加泄阀，用于加注和泄出贮箱内推进剂以及中和液等介质。加注阀属断流阀，只有开、关 2 个位置。工作时与加泄连接器相连，利用连接器内顶杆，手动或气动强制打开密封阀瓣，使介质进入贮箱或从贮箱内泄出。当顶杆回位后，阀瓣在弹簧力和箱内压力（气压或液压）的作用下复位关闭，并确保密封，介质不泄漏。

试验时，应尽量模拟实际使用状态进行阀门的动作试验（有时需要专用工装），每组试验动作次数一般不少于 5 次。阀门应能够动作灵活，无卡滞现象；打开状态应能够满足开度或行程要求；关闭后应能够满足密封要求。

（2）单向阀功能试验

单向阀的主要功能是防止流体回流。在单向阀的一个方向可以自由地通过流体；如果压力反向，阀门就很快自动关闭，以防流体反向流动。

单向阀的功能试验主要就是测定其开启压力和回位压力。开启压力就是通过某一规定的最小流量流体所需要的正向压差。回位压力就是使泄漏减小到规定的某一最小数值所需要的反向压差。

试验时，在单向阀正向缓慢加压，直到阀门启闭密封处有连续气泡漏出，记录此时的压力，即为单向阀的开启压力。在单向阀正向缓慢卸压，直到阀门启闭密封处没有连续气泡，记录此时的压力，即为单向阀的回位压力。

（3）安全阀功能试验

安全阀也叫保险阀门，属于一种压力释放装置，能够按预定压力自动启闭并排放多余的介质，以保护系统出现过压。过压主要是由于过度增压、温度变化或阀门泄漏引起的。

　　安全阀的功能试验就是指安全阀打开压力的测试试验。试验时，按一定流量给容器增压，直到安全阀打开，记录此时的压力，即为安全阀的打开压力。然后，给容器卸压，直到安全阀关闭，记录此时的压力，即为安全阀的关闭压力。安全阀是否临界打开（或关闭），一般是以出口是否开始（或停止）有连续气泡漏出来判别。功能试验一般包括压力调节试验、定流量试验和变流量试验。压力调节试验，也简称 $P_{调}$，是以额定流量的 1％～2％ 来试验，测定安全阀打开压力的基准值。定流量试验就是以给定流量为容器增压，测量安全阀的打开压力。变流量试验则是容器增压流量在一定范围内变化时，测定安全阀的打开压力。

　　典型的安全阀试验测试系统如图 4—5 所示。

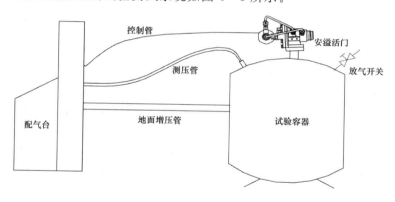

控制管　　　　　安溢活门

测压管　　　　　放气开关

配气台　　　地面增压管　　　　试验容器

图 4—5　安全阀试验测试系统示意图

（4）减压阀功能试验

　　减压阀，有时也称减压器，其功能是使入口压力减压到预定的出口压力，并且当入口压力或出口流量在一定的范围内时，能够维持出口压力，并保持在一定的压力范围内不变。

　　减压阀的功能试验一般包括压力特性试验和流量特性试验 2 种，典型的减压阀试验测试系统如图 4—6 所示。

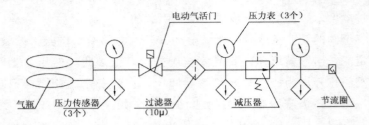

图 4－6　　减压阀试验测试系统示意图

　　减压阀压力特性试验，用于测定减压阀在负载一定的情况下，出口压力随入口压力变化的特性。如图 4－6 所示系统中，气瓶内初始充气较高压力（如 35 MPa）的压缩空气，管路末端安装一定规格的节流圈，即固定一个负载。试验时，启动电动气活门，气瓶气体沿管路放出，气瓶压力逐渐降低。此时，测量在整个放气过程中减压阀出口的压力变化情况。可以通过减压阀出口的压力表进行读数，也可以利用压力传感器进行数据采集，以观察减压阀出口压力全程变化曲线和启动过程的动态响应。

　　减压阀流量特性试验，用于测定减压阀在入口压力一定的情况下，其出口压力随负载变化的情况。如图 4－6 所示系统中，在气瓶的压力分别固定在某几个压力值的情况下，调整节流圈的规格，在不同的流量负载下测定减压阀出口压力的稳态值（试验期间不许调整减压阀），即可测定给定入口压力下的减压阀流量特性。

　　（5）破裂膜片功能试验

　　破裂膜片按其功用又称隔离膜片和安全膜片。前者主要用于火箭结构中，发挥隔离功能，把腐蚀性介质的腐蚀区域限制在尽可能小的范围内；后者主要用于化工和石油工业，发挥安全功能，用来防止系统超压。不管是作隔离用还是作安全用，其工作原理均是利用材料在流体压力或外力作用下使预制一定形状的刻痕作为薄弱环节先破坏进行工作的。当膜片上作用的压力增大到某一数值时，膜片便沿着预制的刻痕破裂，达到其预定功效。该阀门属一次动作装置，具有简单、可靠和压降小的特点。

破裂膜片的功能试验包括反向承压压力试验和正向破裂压差试验。反向承压压力试验时，在破裂膜片的反向通入一定压力气体，保持 1 min 以上，要保证密封不破裂。正向破裂压力试验，是在反面充一定压力的条件下，正向缓慢增压，直到膜片破裂，记录破裂时的正向压力和反向压力，期间的差值即为膜片的破裂压差。该试验属于破坏性试验，一般只能在同批产品中抽取一定数量的典型试验件来进行相关的功能试验。

（6）电磁阀功能试验

电磁阀也叫电动阀门，是一种利用电磁线圈作动器进行操纵的阀门。它可以多次工作，实现流体通路的开启、断流和换向流动。它用于火箭的管路系统中，一般由控制系统按指令操纵而工作。当控制系统发出电信号时，就能打开或关闭电磁阀，高压气体即可向贮箱进行增压或停止增压。另外，电磁阀还经常用来控制气动阀门或其他气动机构，以实现火箭所需要的各种程序动作。

电磁阀的功能试验，主要就是电磁阀的动作试验，即通电后执行开启、关闭或者换向动作的检查试验。试验时，电磁阀的入口通入一定压力，接通电源，检查相应的出口是否有介质流出，从而判定电磁阀是否执行了预定的打开、关闭或换向的功能。每组试验一般至少进行 5 次动作检查。

（7）电爆阀功能试验

电爆阀是利用电爆管爆燃产生的高压燃气来作动的一种阀门，它是利用潜在的化学能突然转变为机械能而实现动作的。电爆阀一般用于贮箱增压系统，在发动机上使用，属于一次性使用的阀门。

电爆阀的功能试验，就是起爆试验。该试验属于破坏性试验，一般只能在同批产品中抽取一定数量的典型试验件来进行。试验时，给电爆管通电，一般输入电压（27±3）V，通入大于 2 A 的直流电，检查电爆管是否起爆正常，是否能够切断凸肩、细径或隔膜等零件实现了活塞杆的动作，从而达到打开或封闭主通道的目的。试验后，要观察活塞杆不能有回弹现象，要检查相关部位的密封性能情况。

（8）压力信号器功能试验

压力信号器又名压力继电器或压力开关，它在气路系统中作为一种接受元件，感受被控制的对象——压力，并在给定值下发出接通或切断电路的电信号，从而达到自动控制或联锁的目的。在运载火箭的增压系统中，压力信号器可与贮箱增压用的电磁阀相联，构成补压回路。当贮箱压力低于压力信号器的设定值时，控制补压电磁阀打开，给贮箱增压，从而确保飞行过程中火箭的贮箱压力始终在要求的范围内。

压力信号器的功能试验，就是接通或断开压力值的测定试验。图4—7所示为典型的压力信号器的试验系统示意图。试验时，给微动开关输入具有一定电压、电流值的直流电，给试验气瓶缓慢增压（或卸压），观察指示灯的变化，当指示灯由亮变灭（或由灭变亮）时，记录此时的压力值，即为压力信号器的接通（或断开）压力值。

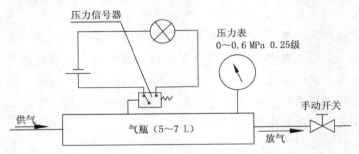

图4—7　压力信号器试验系统示意图

（9）手动开关功能试验

手动开关又名手动截止阀，起接通或切断流体通路的作用。其工作是通过旋转手轮使阀瓣离开或接触阀座，达到接通或切断流体通路的目的。

手动开关的功能试验，就是手动开启或关闭阀门的动作试验。试验时，要能够手动控制，动作灵活。开启后其开度或行程要能够满足要求。关闭后，其密封性能要能够满足要求。

4.3.3.4　环境试验

运载火箭阀门产品的环境试验有很多种，包括高低温试验（或热循环试验）、振动试验、冲击试验、低气压试验、热真空试验、温湿试验、盐雾试验、辐射试验、噪声试验等。试验时，将阀门产品尽量模拟实际使用情况，将其置于相应的环境条件下，然后进行该类型阀门的功能试验（一般包括密封性能试验），测定其功能。

（1）高低温试验

阀门产品进行高低温试验的目的，是为了验证其在高温或低温环境下预定功能的完成情况或预定性能的变化情况。

高低温试验时，一般将阀门产品置于高温或低温环境中，保持一定时间，使产品能够热透或冷透为宜，保温时间视产品的材料、大小和复杂程度而定。在温度保持期间，对阀门产品进行其功能试验检查和密封试验检查。试验方法与常规试验方法基本相同。

高低温试验时，如无特殊规定，一般应先低温，后高温；当用液体作保温条件时，不允许液体进入产品内腔，试验后应立即用压缩空气吹干产品。

（2）热循环试验

对于含有电工、电子组件的阀门产品，一般需要用热循环试验来代替单纯的高温试验和低温试验。图 4-8 所示为典型的热循环剖面示意图。

试验时，阀门产品一般在升温和高温保持阶段通电；在降温和低温保持阶段，试验产品断电。保温后，对产品进行测试，测试时间应保证该产品参与所属系统工作不少于 1 个整循环的时间。

为了防止电工或电子组件内部有湿气凝结，一般第 1 个和最后一个半循环采用高温循环，以便将冷凝降至最小。

（3）振动试验

阀门产品振动试验的目的，是为了考核阀门产品能够承受相应振动条件的能力和在该振动环境条件下完成相应功能的能力。

振动试验时，阀门产品要通过特定的试验夹具使其固定在振动

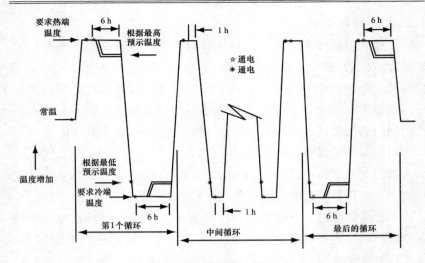

图 4-8　典型的热循环剖面示意图

台上，振动试验的工装和夹具状况应尽量模拟箭上实际状况，避免产生振动工况的放大、缩小及试验工装松动等现象。振动量级的控制点，要位于阀门与试验工装的连接处。在进行验收级试验和鉴定级试验时，应保证使用同一个试验夹具。振动试验时，一般是在相互正交的 3 个轴向分别进行试验考核，即轴向、径向和切向 3 个方向。对于轴对称的阀门产品，可以只进行轴向和径向 2 个方向的试验考核。在振动试验过程中或试验后，应进行阀门功能（包括密封性能）的监测或检查。

　　对于含有电工和电子组件的阀门，需要在接通电源的情况下进行振动试验。对于气体或液体介质的阀门，应尽可能在充满相应压力介质的条件下，进行振动试验。如果介质压力较高，出于安全性考虑，在振动试验过程中，应设置相应的防爆盒或防爆屏障，以保证试验时的人员安全。

　　（4）冲击试验

　　阀门产品冲击试验的目的，是为了考核阀门产品在受到冲击的过程中或冲击后，产品的承受能力和完成预定功能的能力。

冲击试验时，阀门产品要通过特定的试验夹具使其固定，试验的工装和夹具状况应尽量模拟箭上实际状况。在进行冲击试验前，要先对试验装置进行充分的试验研究，以确定所提出的试验方法是否合适。阀门产品冲击试验的环境要符合下列条件：

1）能产生具有预先给定冲击谱的瞬态载荷，并在规定的允差范围内。

2）所加瞬态冲击的各个频率分量不是依次作用而是同时作用，目的是使冲击过程的持续时间近似等于实际冲击环境的持续时间。一般地，用于冲击谱分析的冲击持续时间不要超过 20 ms。

阀门在冲击试验前和试验后，都要进行预定的功能试验。对于含有电工和电子组件的阀门，均需在接通电源的情况下进行试验。

（5）其他试验

阀门产品的其他环境试验，如低气压试验、热真空试验、温湿试验、盐雾试验、辐射试验、噪声试验等，均应在模拟实际系统条件下，将阀门产品置于相应的环境条件下，进行相应的功能试验的考核。由于上述其他环境试验应用不是很广泛，本书暂略。

4.3.3.5　设计鉴定试验

阀门的设计鉴定试验是为了验证阀门的设计结构是否合理、参数是否正确，而在产品研制期间进行的某些特定试验。设计鉴定试验在阀门产品定型后，一般不再进行。设计鉴定试验一般包含了阀门的密封性能试验、常规条件下的功能试验和各项环境试验等，但又不仅限于此。

根据不同的阀门种类、不同的使用条件，不同阀门产品的设计鉴定试验有所不同，一般包括介质相容性试验、真实介质的功能性试验、模拟真实系统的试验等。

4.3.3.6　可靠性试验

（1）可靠性增长试验

可靠性增长试验的目的在于暴露设计与工艺方面存在的缺陷。产品的设计与工艺存在的问题通过纸面上分析、计算、评审是难以发现的，只有通过可靠性增长试验，用"试验—分析—改进—试验"的程序，去暴露产品的薄弱环节，经分析查出产生问题的原因，从设计上或工艺上采取措施，加以彻底纠正；再通过试验证明改进措施能防止问题的再度发生，达到增长产品可靠性的目的。

（2）可靠性环境应力筛选试验

环境应力筛选试验一般选用随机振动和高低温循环。环境应力筛选试验是为了发现和排除不良元器件、零部件的工艺缺陷、剔除早期失效所作的一系列试验。对于交付使用的产品要 100％ 进行可靠性环境应力筛选试验。

（3）可靠性验证试验

可靠性验证试验的目的是验证产品经过设计、制造，其可靠性水平是否达到了可靠性要求。这种试验一般应在设备级上进行。可靠性验证试验分为 2 类：第 1 类是设计的可靠性鉴定试验，它是用有代表性的产品在规定条件下所作的试验，来确定产品与合同要求的一致性，并以此作为批准产品定型的依据。第 2 类是生产的可靠性验收试验，它是对交付的产品在规定条件下所作的试验，以确定产品是否符合设计的要求，考核工艺的稳定性。

4.4　液体火箭发动机热试车

液体火箭发动机热试车是研制发动机的主要手段，是获得发动机性能指标的唯一方法和最终手段，也是发动机研制过程中最为重要的一个环节。

通过发动机热试车，不仅可以验证设计方案，解决、暴露设计缺陷，而且为仿真计算和理论研究提供大量数据，促进组件和系统设计、生产工艺水平不断提高。发动机热试车的目的在于获取发动机的工作特性，考核发动机工作的可靠性，确定发动机是否达到运载火箭总体所要求的设计性能目标。

4.4.1　概述

4.4.1.1　试车原则

　　液体火箭发动机系统复杂，组件工作环境恶劣，出于不同的试车目的和不同的考核重点，试车时可以取消部分组件，以达到简化系统、突出重点、降低研制成本的目的。例如，发动机进行单独研制试验时，取消和火箭总体相关的部分组件，包括自生增压系统、伺服机构供应－回流系统等。产品具体的配套情况和发动机研制计划相关，在研制初始阶段取消对系统影响较小的复杂系统，符合循序渐进的研制思想。

4.4.1.2　试车目的

　　发动机试车主要是为了达到考核系统和组件性能，考核总体结构，暴露薄弱环节，以及优化系统方案的目的。据此，发动机热试车可分为：系统方案研究性试车、发动机起动/关机研究性试车、发动机系统协调性试车、重大组件设计方案研究性试车、发动机故障研究性试车、发动机结构改进试车、工艺检验试车和发动机变工况试车等。一般每次试车都有重点考核要求，但可兼顾多个试车项目。

4.4.1.3　研制试车

　　发动机试车可按不同研制阶段分类，在不同研制阶段试车的重点不同。在发动机预先研究阶段，主要为关键技术攻关研究试车，如发生器－涡轮泵联动试验和半系统试车等；在模样阶段主要是总装结构、系统方案可行性研究试车；在初样阶段主要是发动机性能、结构强度、工艺研究试车；在试样阶段主要是产品交付鉴定性研究试车和产品交付批次性抽检试车。

4.4.1.4　性能试车

　　在发动机研制后期，各系统、总装和组件状态基本稳定后，发动机进入性能试车阶段。性能试车不同于研制试车，主要是为统计发动机性能指标提供样本，可分为：可靠性试车、摇摆试车、极限工况试车（长程、高工况）、校准试车、多次起动试车、不下台再次

试车、鉴定试车和批抽检试车等。对于高空发动机应进行高空性能
试车。

4.4.2　液体火箭发动机热试车的特点

液体火箭发动机热试车具有以下特点。

（1）参数测量充分

发动机试车可以同时采用有线测量、直接测量等多种测量手段，
一次试车可对发动机测量几十甚至几百个参数，而这是飞行试验难
以实现的。此外，多种测量手段可以彼此互相校正和补充。

（2）利于分析发动机工作状况

发动机试车以后，发动机能原封不动地保持试验以后的状态，
可以通过直接观察、分解组件等方法详细了解发动机工作后的状况，
而飞行试验只能利用有限的遥测数据来检验发动机的工作情况和分
析所出现的故障，与之相比发动机试车更为有利。

（3）效率高

发动机试车可以利用 1 台发动机不下台进行多次试车，可以检
验发动机的多次起动性、可靠性等，并以较少的费用可以获得较多
的试验信息。

（4）可检验发动机极限条件适应性

发动机试车可以提高发动机的载荷水平，例如可以进行高工况
试车、极限温度（高温、低温）试车、极限混合比试车、长程试车
等，以检验发动机对这些极限条件的适应性。

4.4.3　液体火箭发动机热试车的内容

液体火箭发动机热试车的内容包括以下几个方面。

（1）产品上台前试车准备

发动机在总装车间完成组装（包括自带传感器的装配），达到交
付状态。在试车厂房内对经长途运输后的发动机进行外观检查、电
器部件性能测试、气密性检查、随机配套件安装等工作，确保产品

满足试车要求。

（2）试车准备

发动机与试车台管路对接后，试车台根据试车任务书的要求完成其余传感器（振动、压力、温度传感器等）的安装，完成各气路、液路、电路、测量线路的连接和测试，完成发动机单元测试、综合测试，完成火工品测试安装，完成推进剂加注，使试车台和产品具备试车条件。

试车前应制定发动机紧急关机预案，若出现下列情况时一般应考虑发动机紧急关机：

1）发动机实时监测参数发生较大突变或连续超过警戒值 $20\sim30$ s 以上时；

2）发动机喷口火焰出现明显回缩或断续喷射时；

3）发动机出现漏火、漏液且危及试车台的安全时；

4）试车台出现漏火、漏液、漏气或其他可能导致试车无法继续的故障时；

5）出现危及试车台安全的其他故障时。

发动机试车前应成立试车现场紧急关机指挥小组，试车过程中是否实施紧急关机由指挥小组决策。

（3）试车技术状态

发动机试车技术状态由发动机试车任务书明确，一般应规定试车工况、试车时间、试车次数、试车过程中是否进行过载模拟（若进行，提供过载程序）、试车过程中是否进行摇摆试车（若进行，提供摇摆试车程序）等。

高空发动机采用的是大膨胀比的高空喷管，在不进行高空性能试车时，为了不使试车台过于复杂，试车时一般不模拟高空条件，但为了避免喷管内气流分离，高空发动机在地面试车时，通常采用小膨胀比的短喷管。

（4）试车参数测量

获取试车时发动机的物理状态和数据是发动机试车的重要任务。

通常应采用普通和高速摄影机或电视摄像机拍摄发动机试车状况。同时，还要测量发动机的工作参数，如推进剂流量、发动机地面推力、贮箱压力、发动机入口压力、氧化剂喷前压力、发动机泵后压力、涡轮转速、典型位置的温度参数、振动参数、冲击参数等。

在发动机试车所测量的参数中，绝大多数参数只需事后进行处理，只有少数用于试车监视和安全控制的参数，需实时处理，如发动机地面推力、发动机入口压力、涡轮转速、氧化剂喷前压力、发动机泵后压力等。

（5）试车过程

发动机按自动程序起动，试车状态、试车工况、试车程序等按试车任务书的要求确定，应满足火箭总体向发动机研制单位提出的发动机可靠性及验收试车技术要求；发动机应按指令关机；关机后按试车台工作程序进行发动机吹除和清洗。

（6）试车结果分析

试车后迅速进行试车数据初判，将发动机拆除下试车台，在试车分解厂房进行组件分解，观察各组件及其零部件是否完好，是否有局部烧蚀、烧穿等异常现象，注意观察是否有多余物。

试车台按试车任务书的要求向发动机设计单位提供试车测量参数的数据处理结果等，设计方进行试车结果分析，并按试车考核标准确定试车是否成功。同时，对于发动机研制过程中的试车，更重要的是通过试车了解发动机的工作品质，找出存在的薄弱环节和缺陷，制定相应的改进措施。

若发动机试车出现故障，应进行故障分析。故障分析的任务是找出故障点和故障产生的原因。在分析故障的过程中，既要作定性分析，也要作定量分析，计算工作十分重要。通过计算不仅可以判断发动机的主要参数是否协调，而且还可以帮助寻找故障的原因。这是因为对于某些故障原因的推测，往往可以通过在故障条件下的工作状态和工作参数的计算来验证其是否正确。

4.4.4　发动机试车考核标准

4.4.4.1　可靠性试车

在发动机设计状态基本定型、工艺生产方法和试验方法基本稳定的前提下，方可进行整机可靠性试车，可靠性试车处于发动机研制阶段后期。

发动机可靠性试车合格标志：发动机在试车全过程中无漏火、漏液及影响性能与可靠性的故障出现，性能参数无异常，关机后各阀门关闭良好，分解后各组件正常。

可靠性试车次数由火箭总体确定，一般为2～5次，发动机必须按要求次数试车连续成功才算可靠性试车成功。

4.4.4.2　产品交付验收批抽检试车

在发动机设计状态基本定型、工艺生产方法和试验方法基本稳定、可靠性试车合格后，同一批总装的发动机要抽1台做交付验收抽检试车。

发动机交付验收批抽检试车合格标志：

1）发动机性能参数与交付飞行的火箭发动机提供的数据相同，整个试车过程中参数无异常；

2）试车过程中发动机工作正常，无漏火、漏液，关机后各阀门关闭良好；

3）分解后各组件正常。

如发动机交付验收批抽检试车失败，必须查清失败原因，采取相应措施，然后由型号总师决定是否补做试车，并对同批生产总装的发动机是否交付提出意见。

4.4.5　发动机试车安全

发动机试车贯穿于发动机研制的整个阶段，在研制的前期，发动机的薄弱环节还没有被充分暴露和克服，容易出现故障；推进剂的使用安全经验不足；试车工作容易产生漏洞和发生事故。因此，发动机试车的安全十分重要，一旦发生事故，往往都是灾难性的。

为此，需要从设计、使用、管理等各方面采取措施，保证发动机试车的安全。

4.4.5.1　安全距离的确定

试车台的控制室和观察间通常设计成地下或半地下式的防爆建筑物。试车台各建筑物抗冲击波的能力，以及它们与居民区、铁路、公路之间的安全距离，应根据发动机试车所使用的推进剂种类和可能的最大用量来确定，试车时人员撤离的安全距离，也以此参照确定。

4.4.5.2　试车发动机及其地面设备的安全设计

试车发动机及其地面设备的安全设计要求包括：

1）在试车台推进剂输送管路上设置能够遥控启闭的阀门，当输送管路、发动机导管、燃烧室或发生器等发生破裂时，可以切断液路，阻止推进剂继续从贮箱内流出。

2）为了便于指挥，通常设置监测系统，将发动机试车的实时电视摄像、发动机的主要参数信号引至控制间，供指挥员决策参考。

3）试车台设置消防系统，如用于发动机关机后立即灭火的氮气消防系统和出现故障时使用的水消防系统。另外，发动机试车时，消防车应在指定位置就位。

4.4.5.3　火工品和推进剂使用安全

发动机上安装有火工品，所用的推进剂大多是易燃、易爆物质，有的还具有很强的毒性和腐蚀性。因此，应十分注意人员、发动机和试车台的安全，妥善解决人员的防护、防毒、防火、防爆和推进剂的安全加注与清洗问题。

4.5　POGO 效应试验

4.5.1　概述

随着火箭技术与振动工程的深入发展，提出了有关液体火箭纵向耦合振动的问题，并且已引起人们的普遍关注。所谓液体火箭纵向耦合振动是指液体火箭的结构纵向振动与推进系统的液体脉动相互作用而产生的一种自激振动。这种自激振动在航天界被称为 PO-GO，其危害性表现在：可导致飞行试验失败；使火箭低频振动环境恶化，导致箭上仪器不能可靠工作；使航天员生理系统失调等。因此，只有很好地解决 POGO，才能保证液体火箭的可靠性和航天员的安全性。

研究 POGO 的技术内容主要包括液体火箭的结构纵向振动频率、振型的理论分析与试验，推进系统液体动特性理论分析与试验，POGO 稳定性分析，以及飞行试验中的 POGO 现象分析等。

从试验目的的角度来讲，POGO 试验主要分为以下 2 类：

1）参数获取试验，用来获取数学建模和抑制器设计中无法准确用理论分析得到的相关参数，包括箭体结构纵向振动特性、管路中的音速、管路流阻系数、蓄压器液阻和液感、发动机泵的气蚀柔度、泵的动态增益等；

2）验证性试验，用来验证理论分析的正确性和抑制器设计的有效性，包括管路系统动态试验、输送系统动态试验、蓄压器变频降压试验、蓄压器搭载热试车试验等。

4.5.2　箭体结构纵向振动特性试验

大型液体火箭属于复杂结构系统，往往是多级并联，其结构动力学模态参数，如固有频率和振型等，可以通过理论分析计算获得。然而，理论计算能否用到工程上，必须经过试验验证。同时，振动阻尼比则只能通过试验获取。此外，通过纵向振动特性试验，可以为判断 POGO 是否发生、进行防 POGO 装置设计等提供重要依据。

液体火箭的纵向振动试验规模较大，包括振动试验塔、模拟火箭自由—自由边界的支撑系统、模拟液体推进剂的加注/泄出系统、激发结构响应的激振系统以及测量和数据处理系统等。相当多的文献中有关于液体火箭纵向振动特性试验的论述，在此不再赘述。

需要注意的一点是，与横向振动特性试验不同，纵向振动特性试验除了需要获取火箭整体结构的纵向振动特性外，从 POGO 振动的特点出发，其还需要获取局部结构的振动特性，主要有两种：一种是推进剂输送管路系统的动响应，另一种是动力装置系统的动特性。

4.5.3　管路中的音速试验

管路中的音速反映了液体的分布柔性。影响管路音速的因素有很多，包括介质的物性和特性、管道几何参数、材料机械性质、结构支撑方式、介质含气量等，单纯的理论分析很难完全考虑上述因素的综合影响，因而必须通过试验获得结论。典型的音速测量方法有以下 2 种。

1) 驻波法：用正弦扰动的蝶型阀（或活塞激励）产生不同频率的正弦激励，在管路中形成驻波，如图 4-9 所示。若相邻 2 个波节（压力脉动为 0）的长度为 l_0，则液路的音速 $a = 2l_0 f$（其中 f 是正弦激励频率）。驻波法测量音速对管路长度有一定要求，对两端为开端的管路，要形成驻波，管路长度应为半波长的整数倍。因此，对于较短的管路，采用驻波法测量较为困难。

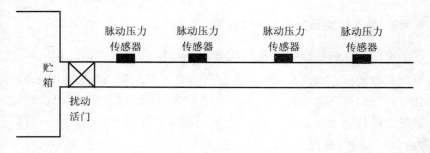

图 4-9　驻波法测音速

2) 水击法：流体管路水击时，液压水击波的传播速度等于液体中的音速。这种方法在液体稳定流动后利用蝶型阀门快速关闭，产生水击波。在各段管路布置脉动压力测点，通过测定第 1 个水击波的波前通过各测点所需的时间，则各段管路的音速为 $a_i = l_i / \Delta t_i$（其中 l_i 是两位置脉动压力测点距离，Δt_i 是第 1 个水击波通过上述两位置脉动压力测点的时间差），如图 4－10 所示，需要注意的是，由于阻尼的作用，水击波的波前通过不同测点的形状是略有不同的，这给确定相位点带来了一定的困难，因而一般采用人为的标准，即取波峰值一半的点作为"同相位"点。

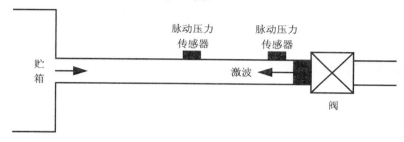

图 4－10　水击法测音速

一般情况下，音速的测量需采用真实推进剂作为工作介质。如果介质在设计流速下产生的气蚀气泡对等效音速有较大影响，则采用真实推进剂在额定流速下测量音速；如果无气蚀问题，且推进剂额定流速小于实际音速的 2%，则可以在静止状态下测量介质音速。

4.5.4　管路流阻系数试验

管路流阻系数表示单位脉动流量所引起的压力损失，主要与液体的流速、黏性、紊流及管路特性有关，可通过稳态流动阻力系数线性化得到

$$R = \frac{2(P_i - P_o)}{G} \tag{4－1}$$

式中　R——管路流阻系数；

　　　P_i——管路进口压力；

　　　P_o——管路出口压力；

　　　G——管路中推进剂的质量流量。

　　管路流阻系数测量试验在专门的试验平台上进行，要求平台能够实现试验介质的流动控制和回收。试验中，把被测元件连接到试验平台上，在元件的两端设置压力传感器，在其中一端安装稳态流量计，待试验介质稳态流速达到要求值并稳定后，测量元件两端的压力值和流量值，按式（4-1）计算流阻系数。

　　试验中，要求管路元件的结构设计与装箭状态一致，推进剂状态与飞行状态一致；设计被测管路元件入口和出口的连接件时，应尽量避免局部流场干扰测量的结果。

4.5.5　蓄压器液阻和液感试验

　　蓄压器的液阻和液感一般通过蓄压器气液隔离膜的自振频率结果进行反推得到。

$$L_a = \frac{1}{C_a \omega_a^2} \qquad (4-2)$$

$$R_a = \frac{2\zeta_a}{C_a \omega_a} \qquad (4-3)$$

式中　L_a，R_a——蓄压器的液感和液阻；

　　　　C_a——蓄压器的气腔柔度；

　　　　ω_a——蓄压器的自振频率；

　　　　ζ_a——蓄压器的阻尼比。

　　蓄压器气液隔离膜的自振频率是指蓄压器的气腔在一定压力的情况下，输送管内推进剂以一定的脉动频率流动时，蓄压器气液隔离膜的耦合频率。利用脉动压力发生器激励管路内液体，使之产生压力脉动响应，通过对输入/输出脉动压力响应信号的传递函数进行分析，从而确定可以蓄压器气液隔离膜的自振频率。

4.5.6　泵的气蚀柔度试验

　　泵的气蚀柔度定义为每单位压力变化所产生的体积变化，其可以直接由测量泵入口处气蚀区的脉动流量和脉动压力来确定。但由于脉动流量测量的问题，往往用间接方法确定，即通过专门的试验

来观察液路共振频率，再用数学模型来推断泵进口气蚀柔度值

$$C_p = \frac{l}{\omega_1 a L \tan(\omega_1 l/a)} - \frac{l_0}{\omega_0 a_0 L_0 \tan(\omega_0 l_0/a_0)} \qquad (4-4)$$

式中　ω_1，ω_0——测定的泵工作和不工作（关闭/启动活门，相当于开/闭管）时的主输送导管液路的一阶频率，即分别为管泵频率和管路频率；

　　　　L，l，a——管泵试验时抽吸管的惯性、长度和音速；

　　　　L_0，l_0，a_0——管路试验时管路的惯性、长度和音速。

4.5.7　泵的动态增益试验

泵的动态增益表示泵前压力扰动值经过泵时增加的倍数。虽然可以从泵的常规液流试验数据得到泵的动态增益，但这种方法得到的增益值接近于1，然而国内外的很多试验表明，动态条件下泵的增益远远大于1，这样泵将对入口的脉动压力起放大作用，因而需通过试验准确地获取泵的动态增益大小。

可根据泵的动力学性能方程导出下式进行泵的动态增益估算

$$m + 1 = \frac{P_2}{P_1}\left(1 + \frac{Z_p}{Z_d}\right) \qquad (4-5)$$

式中　$\dfrac{P_2}{P_1}$——泵出口和进口脉动压力之比，简称泵压比；

　　　　Z_p——泵的阻抗；

　　　　Z_d——泵后排放系统的阻抗。

4.5.8　管路系统动态试验

管路系统动态试验在泵不参加工作的条件下进行，用来验证管路系统数学模型和管路音速大小的正确性。

管路系统动态试验原理如图4—11所示，主要技术问题包括激振技术、试验系统的安装、管路系统频率的确定、测量和数据的处理。

支撑系统：通常，流体系统中的输送管路处于垂直状态，要求支撑刚度值大于或等于箭上实际支撑值。

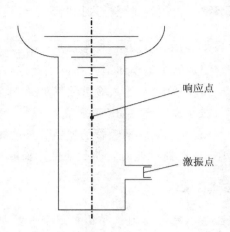

图 4-11 管路系统动态试验原理图

激振系统：由激励三通管（短管，长度一般小于 4% 波长，直管或直管加波纹管）、活塞作动器和电磁振动台组成。实际使用的激振系统需处理并解决好激振的传递途径、激振源及激振部位等问题。在地面试验时，采用直接激励液路引起系统共振比较直观，也易于实现。由活塞直接激励液体介质需要的推力比较小，低频波在介质中也比较容易传递。激振源一般放在输送管路下端处。

用试验方法求管路系统的频率通常有两种方法：一是用正弦扫描激励求共振响应的方法；另一种方法是在随机激励的情况下，用激振点与响应点的传递关系来确定。

4.5.9　输送系统动态试验

输送系统动态试验用来验证输送系统数学模型和涡轮泵动态参数的正确性。

此项试验采用模拟发动机的等效系统来保证冷流试验动态测试结果与热试车结果的一致性，它不采用发动机点火工作，从而可以节省价格昂贵的推进剂。分析表明，在发动机燃烧室不点火的条件下用涡轮泵来传输两种推进剂并将其回收，对回路的动特性影响极小。

输送系统动态试验的试验系统由 4 部分组成，即输送系统、回收系统、激振系统与模拟发动机系统。

箭上系统主导管下面有多条支管和多台泵，而地面试验系统只能接 1 条支管和 1 台泵，因而一般利用相似原理采用缩比管来模拟抽吸导管。

由于发动机不点火工作，因而须对发动机进行模拟：代替燃烧室喷注器的模拟件是多孔板，多孔板的液感、液阻与喷注器相近（液流通过孔板的压力损失等于泵后系统的压力损失）；代替喷管的模拟件是气蚀管，装于多孔板后的管路上，使多孔板后的压力与燃烧室压力相等，并用以控制流量。

需要注意的是，试验前一定要分析飞行中参数变化，使试验尽量接近 POGO 分析阶段的工况。

4.5.10　蓄压器变频降压试验

蓄压器变频降压试验用来验证蓄压器的变频降压效果。

试验方法是确定一个真实的（或模拟的）推进剂输送系统，选择一个非正式的（或原理性的）蓄压器试件，将其连通在靠近泵入口处的管路中，激励液体使其产生波动，测量结构振动加速度与流体压力波动，获得系统的动响应传递函数，并获得安装与不安装蓄压器的流体系统的固有频率、蓄压器的固有频率以及降压效果，如图 4-12 所示。

4.5.11　蓄压器搭载热试车试验

要掌握抑制 POGO 的设计正确与否，能否预示飞行中的实际情况，地面唯一最好的大型试验是搭载发动机试车，至少有一次装有蓄压器，一次不装蓄压器，来验证蓄压器的工作可靠性及其对发动机系统的影响。每次搭载试车都用动态压力传感器测量氧化剂和燃

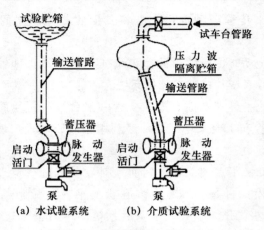

图 4—12　蓄压器变频降压试验

料启动活门前（即泵前）压力，并作出频谱分析。

　　试验系统的核心部分包括由模拟贮箱、输送模拟管路、蓄压器组件和发动机等组成的动力系统；推进剂加注管路和回收系统；系统压力控制系统；动态参数测量系统等。

　　由于试车台与运载火箭不同，因此试车的 POGO 理论预示应与运载火箭不同，而应以试车台系统为对象去预示，看看相同的理论对试车台系统的预示是否正确，由此去推断此理论对火箭飞行情况预示的正确性。

4.6　伺服系统动特性试验

4.6.1　伺服系统动特性试验目的

　　为了姿态控制系统设计需要，必须要得到真实伺服系统的动态特性。最为真实的是进行热试车试验，但是在试验条件限制下，也可进行带负载发动机的冷摆试验。通过对伺服系统的动态特性测试，可以了解伺服系统的动特性，其试验结果主要是供系统设计使用。

4.6.2　伺服系统组成及试验方法

伺服系统组成及试验方法如图 4-13 所示。

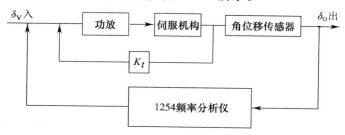

图 4-13　伺服系统组成及试验方法

δ_V—功放输入端不同幅值和不同频率的正弦信号；

δ_O—加角位移传感器产生的一个角度

伺服系统动态特性的测试，也是采用 1254 频率分析仪输入正弦激励，采集伺服机构动态的输出，将得出的输入、输出之比相应频率点的幅值、相位作比较的方法，即在功放输入端加入不同幅值和不同频率的正弦信号，通过伺服机构或者另加的角位移传感器产生一个角度，该角度转化为电压量输入 1254 频率分析仪，与输出 $A\sin\omega t$ 信号进行计算分析 δ/A (s) 得到伺服系统的动态响应值。

4.6.3　伺服系统动特性试验内容

以 $\delta=2°$ 状态为例，测试二级伺服系统动态特性。

系统要求在反馈系数 β 等于 1.88 mA/（°）及使用条件下：

当 $\delta_{输出}=2°$ 时：$\omega=6.28\ s^{-1}$，相位应大于 $-15°$；$\omega=15\ s^{-1}$，相位应大于 $-30°$；当 $\delta_{输出}=10°$ 时：$\omega=6.28\ s^{-1}$，相位应大于 $-12°$；$\omega\geqslant100\ s^{-1}$，谐振峰值 $L\leqslant8$ dB。

根据伺服系统反馈系数 $\beta=1.88$ mA/（°），当摆角为 2°时，取测试输入电压 $A=0.188$ V，测试频率点分别按要求 $\omega=1$，1.5，2，3，7，9，14，16，18，20，26，30，35，60，100，110，130 进行

测试。

最终得到幅值、相位测试结果，满足系统设计要求。

4.7　运载火箭风洞试验

在火箭的总体设计中，气动设计是一个重要的组成部分。气动设计直接影响火箭的弹道特性、结构静动力特性、飞行稳定性以及总体方案和参数。

火箭气动设计需要解决两方面的问题：一是在火箭的总体性能要求已经确定之后，寻找满足这些要求的外形和措施；二是在火箭的外形和其他条件确定后，预测火箭的气动特性，为火箭性能的计算和结构、控制系统的设计提供依据。

在方案论证和方案设计阶段，根据总体性能要求，结合弹道、动力特性、姿态控制等方面进行综合协调分析，对可能采取的气动外形和措施进行大量的分析、计算和风洞试验，最后确定满足总体性能要求的合理气动外形和气动操纵方案。

初样阶段会通过风洞试验确定运载火箭的气动特性。

火箭在大气层中飞行的特点是，其飞行速度从零增加到高超声速，与此同时，飞行高度也从地面上升到外层空间。速度头通常在马赫数为 $1.2 \sim 2.0$ 时达到最大值。飞行雷诺数的变化趋势与速度头相同。根据火箭主动段飞行特点，风洞试验的速度范围为 $Ma \leqslant 8$。

4.7.1　运载火箭风洞试验内容

我国现有的风洞都是在满足一个或两个主要模拟因素前提下建造起来的，得到的试验结果只能是接近真实飞行的数据。为了获得火箭的各种气动数据，往往需要在几个甚至几十个风洞中进行各种试验。

风洞模型试验的关键在于试验模拟和测量。

风洞模型试验是一种模拟试验方法。要得到可靠结果，必须保证风洞试验段流场与飞行流场相似。根据相似理论，两流场完全相似的充分必要条件，一是描写各种相似现象的所有相似准则相等；二是边界条件相似。

　　通过分析得出，一般常规风洞试验，最主要的相似准则是马赫数和雷诺数，尤其是马赫数必须保持与真实飞行相同。在小攻角条件下，雷诺数主要是影响模型阻力系数。风洞试验雷诺数比真实飞行小得多，因此必须对零升阻力系数风洞试验值进行修正。有时为了得到湍流边界层，而采用人工转捩方法。对于非常规试验，例如跨声速脉动压力试验，必须模拟激波与边界层干扰；低速大攻角试验要模拟气流分离影响，这些都要求提高风洞雷诺数，使其达到自准区，雷诺数的影响就不能忽略。级间分离气动试验，除模拟外流场外，还必须模拟喷流流场（多喷管底部流动研究试验和燃气舵风洞模型试验也是如此），即模拟喷管出口气流参数、气流特性和环境压力变化，要求在变密度风洞中进行试验。

　　保证边界条件相似，即保证模型不受洞壁干扰，处于均匀平行气流中，并保证模型与运载火箭之间严格的几何相似。由于风洞尺寸限制，通常模型必须缩小 10 倍至几十倍。因此对模型加工的精度和光洁度有很高要求。凡大于 1 mm（模拟后）的突起物（或台阶）都应模拟，因为突起物（或台阶）相对边界层厚度大小对箭体绕流特性产生影响。模拟突起物尺寸时，必须修正由于风洞试验雷诺数比飞行条件小而导致模型边界层厚的影响。

　　研究喷流对气动特性的影响，简单地保持几何相似并不能模拟真实飞行的边界条件，喷流与运载火箭外部气流之间存在复杂的相互干扰。根据流场分析，为保证流场相似，还必须模拟喷管出口气流的特性、参数和喷流边界参数，这通常可通过调整喷管面积比或改变试验介质等措施达到。常规风洞试验是不模拟喷流的，因此通常须在风洞中进行专门的喷流试验，以研究喷流对运载火箭性能的影响，获取喷流影响量，为风洞试验数据的修正、运载火箭部件的合理布局以及性能的改善提供试验数据。

　　对于运载火箭这样的细长体还要考虑其在流场作用下流场与弹性的耦合作用，通过风洞试验确定流场对运载火箭的作用。

4.7.1.1　全箭模型测力高速风洞试验

4.7.1.1.1　试验目的

　　全箭模型测力试验是运载火箭最基本的试验项目，其试验目的是测量运载火箭气动力特性，通过测力试验可获得准确的运载火箭模型的气动力。

　　通过全箭模型测力试验获得的全箭气动特性，可供弹道、稳定、结构动力学等专业使用。

4.7.1.1.2　风洞选择

　　在选择风洞时，除了考虑风洞速度范围、变姿态角的机构角度变化范围、风洞流场品质、试验数据精准度、测试设备等能否满足试验要求之外，还应尽可能选择较大尺寸的风洞进行试验，这样可获得较大的试验雷诺数，或者实现小的堵塞度，以取得洞壁干扰影响小的试验结果。然而，大风洞的试验费用比较昂贵，一般运载火箭选型试验可在较小风洞中进行，定型试验应在大风洞中进行。在小风洞中模型太小，难以获得可靠的试验结果。

4.7.1.1.3　模型设计

　　风洞模型设计时主要依据风洞模型设计规范的有关规定，结合风洞与装备的具体情况进行设计。一般来说，模型设计有下列过程。

　　1）编写试验任务书或委托设计任务书，提出设计要求。

　　2）根据试验设计任务书的要求，拟定模型设计总体方案，主要包括对模型缩尺比、外形模拟、结构形式、模型最大载荷、材料、加工精度、支撑形式以及所用天平和支杆尺寸等方面的内容。

　　3）根据所拟定的模型总体方案，进行模型结构设计，绘制模型全套图纸，包括模型总图、部件图和零件图等。

　　4）根据模型及其主要部件在所试验马赫数和姿态角下的最大气动载荷估算值，对模型及其支撑杆在一些危险断面处的强度进行校核。

5）根据模型强度校核情况，如果需要的话，对模型的结构和连接以及所用材料等进行局部调整，直到满足强度要求为止。

6）编制模型设计说明书，包括对模型设计目的、用途、结构概况、安装和连接要求、主要几何参数表以及强度校核情况等的说明。

模型设计的一般要求主要有如下几点。

1）应选择合适的模型相对真实运载火箭的缩尺比，模型尺寸能应量大一点，以使试验雷诺数能大一点，模拟更真实些；但模型尺寸又不能过大，以免给试验带来严重的洞壁干扰影响，应使模型的最大尺寸（最大横截面积、总长等）保持在模型设计规范规定的范围内。

2）模型在结构上的分段及其支撑杆的尺寸应合适，以保证整个模型位于试验段流场的均匀区范围内，并使模型参考重心尽量靠近天平的校准中心。

3）模型的结构应力求简单，保证装拆方便和快捷。

4）模型各部件配合面的配合和连接要牢靠，螺钉、销钉等连接件不能凸出或凹于模型表面。

5）模型翼面安装位置和角度要准确，要保证多次安装的重复性。

6）模型要有足够的强度和刚度，质量应尽量小。

7）应严格控制模型的制造公差，应使模型外形精确，外表面保持光滑。

模型的最大尺寸受到一些因素的限制，包括洞壁边界影响、风洞气流壅塞、超声速时模型头部激波在洞壁上引起的反射波、试验段跨声速流场均匀区长度和模型支架支杆的干扰，以及风洞启动、关车时的冲击载荷影响等因素。

模型在风洞中的最大尺寸限制，一般主要指对其最大横截面积、总长等特征尺寸的限制，它们分别受上述因素中某一主要因素的限制。

模型的最大横截面积主要是受风洞模型试验所允许的模型最大

堵塞度的限制。模型在风洞中的堵塞度，在中小迎角下，定义为模型最大横截面积与试验段横截面积之比值。

对于开孔壁或开缝壁风洞（国内外跨声速风洞一般均为此种风洞），在亚声速、跨声速范围，模型试验所允许的模型最大堵塞度，通常是指洞壁对绕模型的流动干扰小，从而对试验段数据无明显影响的模型最大堵塞度。这样确定出的模型最大堵塞度值，要比仅考虑避免风洞壅塞所决定的模型堵塞度小得多。

开孔壁或开缝壁跨声速风洞所允许的模型最大堵塞度值，尚无有效的理论计算方法，主要还是通过大量的风洞对比性试验获得，如用同一个模型在各种大小风洞中（风洞越大，堵塞度越小，洞壁干扰就越小），或在同一个风洞中用一系列缩尺比的相似模型进行试验，然后将结果进行比较和分析确定出最大堵塞度值。模型的最大堵塞度一般不应超过 0.01。

在亚声速、跨声速范围允许的模型最大长度，由风洞试验段流场均匀区长度和模型支架对其前方流场的干扰影响区的范围来限定，整个模型应处于流场均匀区内，即模型头部应处于流场加速区之后，而其最后位置（模型尾部）应避开模型后方的支架干扰影响区，由此来限定模型的最大长度。

进行超声速试验时，模型的最大允许长度由避开模型头部激波在洞壁上反射所产生的反射激波的干扰来决定，即作为最起码的要求，模型必须位于模型头部激波与反射激波形成的菱形区内，才能避免反射激波的直接干扰。

对于一般模型（头部半锥角不超过 15°），为避免头部激波反射干扰，模型所允许的最大长度，除马赫数为 1.50 时不应超过试验段高度的 0.75 倍外，在马赫数等于和大于 1.75 的超声速范围，一般不应超过试验段的高度。对于头部半锥角大于 15°或具有抛物线形头部的模型，其最大长度还应适当缩短些。

完成模型的气动载荷（包括试验时最大气动载荷和超声速开、关车时的冲击载荷）估算以后，选择天平或重新设计天平。一般，模型最大载荷为天平量程的 2/3 左右为宜，对于无冲击载荷的亚声速、跨声速试验，最大载荷也可略超过天平量程（应进行强度校核，以确保安全）。模型与天平的连接应使天平校正中心尽量靠近模型参考重心。确定天平杆的尺寸时，应使天平杆有足够的长度减小支架干扰，还应使模型位于试验段流场均匀区之内、支架影响区之外。天平杆不宜太细，以免试验中模型发生剧烈抖动。对模型和天平杆应进行强度校核（在试验最大载荷及冲击载荷下均要校核）。

4.7.1.1.4　试验天平

试验采用内式应变天平。应变天平本身性能的优劣对风洞测力试验的结果影响很大。影响应变天平性能的因素很多，如天平元件的结构形式、天平的加工质量、应变计的制作与粘贴质量、电桥线路焊接水平以及测量仪表的工作稳定性等。天平设计载荷应与实际测量值接近，这样有利于提高天平的测量精度。天平应有较好的重复性。天平各分量间的相互干扰应越小越好。

应变天平应根据设计任务书的要求，确定模型在风洞中的位置，保证三心（模型参考重心、天平设计中心、迎角机构转心）基本重合或距离很小。典型的六分量天平结构，如图 4-14 所示。

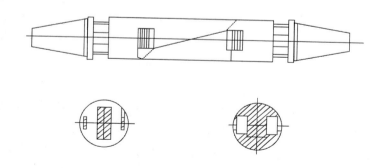

图 4-14　六分量天平结构图

4.7.1.1.5　模型支撑及变姿态角方式

高速风洞全模型测力试验大多采用尾支撑方式，这种方式的支架干扰小。

4.7.1.1.6　模型表面边界层固定转捩

一般情况下，运载火箭模型风洞试验雷诺数远小于真实运载火箭飞行雷诺数，这将使模型表面边界层转捩位置比真实运载火箭的转捩位置靠后。边界层转捩位置的不同会引起气动力的差异。为了模拟转捩位置，风洞试验中常常采用边界层固定转捩技术，即在模型表面适当位置粘贴 $3\sim5$ mm 宽的粗糙带引起边界层转捩。固定转捩情况下，雷诺数对模型阻力系数的影响比较容易修正。将粗糙粒子（金刚砂或小玻璃球）用胶粘贴在厚度为 $0.01\sim0.02$ mm 的薄膜上，即制成粗糙带；也可将粗糙粒子直接粘贴在模型表面形成粗糙带。粗糙带一般应粘贴在与真实运载火箭转捩位置对应的模型表面位置上。因此，应该预先估计真实运载火箭飞行时表面边界层的转捩位置。

4.7.1.1.7　模型制造

为使模型外形与真实运载火箭间保持严格的几何相似，模型应尽可能制造得精确。模型制造的精度和表面粗糙度对模型试验结果的准确性有较大的影响，然而过高的精度和表面粗糙度要求，有时不仅做不到，而且会增加模型制造的周期和费用。因此，正确、合理地确定模型的制造精度和表面粗糙度的要求，有着重要的意义。

表面粗糙度（以前称表面光洁度），是指加工表面具有的较小间距和峰谷组成的微观几何特性，它一般由加工方法和其他因素造成的。表面粗糙度是研究和评定零件表面粗糙状况的一项质量指标，正确选择表面粗糙度具有重要的技术和经济意义。

高速风洞模型的表面，一般要求达到镜面光滑或气动光滑，其目的是不使粗糙度对模型表面湍流边界层的摩擦阻力产生影响，以及避免由于局部激波所引起的附加波阻的影响。此外，模型表面粗糙度情况，对模型表面边界层的稳定性有较大影响，表面粗糙度大，模型表面边界层状态就可能不稳定，从而影响试验结果。

4.7.1.1.8　数据处理

全箭模型测力风洞试验可提供全箭在给定的马赫数和攻角下的法向力系数、俯仰力矩系数，压力中心系数、前部轴向力系数、底部轴向力系数、轴向力系数和滚转力矩系数的数据表，以及随攻角、马赫数变化的曲线。

全箭模型测力风洞试验还可提供法向力系数导数、俯仰力矩系数导数随马赫数变化的曲线。

一般情况下，高速风洞全模型测力试验中，模型水平基准线与天平轴线重合或平行，即模型无安装角。为简化计算公式，数据处理公式中未引入模型安装角。若个别情况下模型有安装角，在模型姿态角计算时应予以考虑。

需要指出的是，数据处理工作采用第 1 套坐标轴系（风轴系、体轴系、天平轴系均为第 1 套）。如果采用的坐标系不同，力和力矩的轴系转换公式可能不同。

天平测值的修正应当扣除模型及天平头自重对天平测值的影响。

提供各马赫数下的 $CN{\sim}a$、$Cd{\sim}M$、$Cm{\sim}a$ 曲线，还应给出各马赫数下的 $xcp{\sim}\alpha$、$Cm0{\sim}M$、$CD0{\sim}M$ 等曲线。

4.7.1.2　全箭高超声速风洞试验

4.7.1.2.1　试验目的

全箭高超声速风洞试验的目的是提供火箭高超声速气动特性，供弹道、稳定等专业使用。

4.7.1.2.2　试验风洞

要获得运载火箭高超声速气动特性需要火箭在高超声速风洞进行试验。高超声速风洞的马赫数变化是靠换用不同喷管来实现的，因此可以获得高超声速固定马赫数下火箭的气动特性数据。

4.7.1.2.3　试验模型

火箭全箭状态模拟采用全金属刚性测力模型，鼓包按实际情况和试验规范模拟。

4.7.1.2.4　试验天平

试验采用内式应变天平。

4.7.1.2.5　技术要求

全箭高超声速风洞试验可提供火箭全箭在给定的马赫数和攻角下的法向力系数、俯仰力矩系数，可提供压力中心系数、前部轴向力系数、底部轴向力系数、轴向力系数和滚转力矩系数的数据表，以及随攻角、马赫数变化的曲线；还可提供法向力系数导数、俯仰力矩系数导数随马赫数变化的曲线。

4.7.1.3　运载火箭测压高速风洞试验

4.7.1.3.1　试验目的

通过运载火箭测压高速风洞试验，可提供压力分布系数，为箭体表面压力及舱内外压差计算提供依据。

4.7.1.3.2　试验方法

火箭模型压力分布测量是研究运载火箭气动特性、获得运载火箭气动载荷的重要手段。

压力分布试验的目的是测量运载火箭模型表面的压力分布，了解绕模型的流动特性（最大和最小压力点位置、分离点及激波位置等），确定模型所受法向力、压差阻力、压力中心位置，为运载火箭结构强度计算提供载荷数据。常规的压力分布试验是在模型表面上开许多测压孔，测压孔处的压力经相连的通气导管传到压力传感器，经数据采集系统采集并经过模数转换获得模型表面的压力分布。近年来，压力分布试验方法不断得到发展，研制成功了诸如压敏涂料测压等技术。本节主要介绍常规测压试验技术。

4.7.1.3.3　测压模型

测压模型是用于测量运载火箭不同部位表面压力分布的模型，它在许多方面比测力模型简单，通常也不需要改变几何外形。

在设计和制造测压模型时，主要考虑以下两方面问题：

1）合理地设计测压点的分布形式；

2）考虑模型结构上实现的可能性。

原则上讲，测压模型上的压力测点越多越好，以便能获得模型表面上更为详细的压力分布。但实际上，所测量的点总是有限的，因为一是由于结构上实现的可能性有限制；二是更多的点也会造成一定的干扰。因此，应合理地设计测压点的分布，在压力变化剧烈的地方应尽量多地布置测压点。测压孔轴线应垂直于当地表面，不垂直度应不大于 3′。

在实际模型设计中，还可利用模型或部件的对称性，合理布置测压点，把一些测压点布置在一个物件一侧的表面上，而把另一些测压点布置在与该部件相对称的部件另一侧的表面上，这样通过对称组合获取整个模型或部件上、下表面的压力分布。

测压模型中各测压管应有良好的通气性和气密性，各测压孔周围应无毛刺，同时孔轴线应与模型表面的法线相一致。

测压模型的特点是在模型的表面上开有一系列的测压小孔，并在表面下埋设许多测压通气管。

模型表面测压孔的布置、孔的加工质量以及测压管的选择和铺设对试验结果至关重要。一般测压孔的数目以足够描绘压力分布曲线为原则来确定。在压力变化大的区域测压点应多布置些，而压力变化平缓的区域，压力孔则可酌情稀疏些。对于机身（或弹身）模型，通常不仅要在沿机身轴向布置测压点，而且还要在沿机身横截面周线上布置测压点，以便测量沿轴向和横截面周线上的压力分布。

测压模型的结构形式如图 4-15 所示，在测压孔所在位置直接开槽沟，把测压管埋入焊好，并用焊料填平，然后垂直表面钻孔使管子钻通而成。

测压孔的孔径一般为 0.5～0.8 mm，最大不超过 1.0 mm。测压孔径太小，试验时传压时间增长；测压孔径太大，则使测量误差增大。测压孔要保证其周边表面质量好，孔周应无毛刺、划伤、倒角和凹凸不平，否则会影响测量结果。同时，孔轴应严格垂直模型表面，偏斜不大于 ±3′。

测压管内径一般不应小于 0.8 mm，可采用 φ1.8 mm×0.4 mm

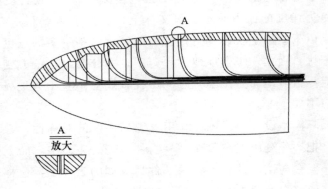

图 4—15 测压模型结构形式

（外径×壁厚）并经退火处理的紫铜管，也可采用 $\varphi 1.6$ mm×0.3 mm 并经退火处理后的不锈钢管。测压管装于模型上后，应保证管路的通气性和气密性。

4.7.1.3.4 风洞选择

具体内容参见 4.7.1.1.2。

4.7.1.3.5 测量设备与试验方法

模型通过支撑装置（尾支杆、腹部支架、侧面洞壁支撑等）安装在风洞中，而模型内的测压管通过支撑装置内腔连接到位于风洞外或风洞内适当位置的压力传感器或压力扫描阀上，从而对压力分布进行测量。若模型内有足够的空间，最好将压力扫描阀装在模型内，这样可以大大缩短测量时间。

压力扫描阀分为机械扫描阀和电子扫描阀。试验时，机械扫描阀分为几组，每组可测量 16 或 32 个点，通过逐点扫描方式，传感器可测得各点不同压力对应的电压输出信号，再通过模数转换、数据采集，计算得出模型表面各点的压力系数值。电子扫描阀直接通过电路控制将压力信号转换为电信号进行测量，其特点是速度快、测点多，可测得几十甚至上百个测点的压力值。目前，大多数运载火箭风洞试验测压系统采用电子扫描阀。

　　国内外风洞测量压力分布大多数都采用阶梯变迎角试验方式，即模型静止到某个迎角位置，待流场稳定、测压管内压力与模型表面测点的压力达到平衡后进行采集和测量。

4.7.1.3.6　数据处理方法

　　压力分布的试验数据以压力系数的形式给出。第 i 测压点的压力系数 C_{pi} 按下式计算

$$C_{pi} = \frac{p_i - p}{q} \qquad (4-6)$$

式中　　p_i——第 i 点压力测值（Pa）；

　　　　p——来流静压（Pa）；

　　　　q——来流动压（Pa）。

　　有时需要将压力系数测量值积分得出气动力系数。通过积分可以得出部件和运载火箭上的法向力系数、轴向压差阻力系数和俯仰力矩系数。

　　需要说明的是，在对压力系数测量值积分之前需要对压力分布进行光滑处理，按误差理论剔除坏点，修正不理想的测压点压力值；积分边界上的压力值也用插值方法或其他方法给出。需要指出的是，因为未计入摩擦阻力，积分得出的压差阻力小于真实阻力。

4.7.1.3.7　影响测压试验数据的主要因素

　　影响测压试验数据精准度的因素很多，例如，模型加工的质量，特别是几何外形尺寸准确度、表面光滑程度、测压管路气密性等直接影响到测压数据的精准度。缩短传压导管长度，从而缩短压力达到平衡的时间对测压试验而言是很重要的。当导管太长时，测得的往往是未达平衡的压力值，从而得到的是错误的试验结果。风洞流场品质和测量系统误差直接影响测压数据的精准度。另外，风洞洞壁干扰、支撑干扰也对测压数据质量有影响。应精心进行模型设计，提高加工质量，选择流场品质较高的、测量系统误差较小的风洞进行测压试验。同时，应选择合适的支撑方式、支撑外形尺寸以及合理的模型尺寸，以保证风洞洞壁干扰和支撑干扰较小。

4.7.1.4　运载火箭脉动压力高速风洞试验

4.7.1.4.1　试验目的

运载火箭在大气层中飞行时，在火箭横截面急剧变化的部位（如锥—柱外形肩部、锤头外形收缩段）会由于出现气流分离、激波振荡和激波—边界层干扰而产生压力脉动，并激起火箭抖振响应和严重的噪声环境。因此，这是设计中必须考虑的问题。

在航空航天发展史上，因脉动压力造成的事故时有发生。例如，1960 年美国发射的 ABLE—Ⅳ 登月火箭在跨声速飞行时由于脉动压力造成火箭头部整流罩破坏；1961 年美国用水星—宇宙号运载火箭发射水星 MA—3 飞船，在跨声速飞行时也因脉动压力引起结构振动，致使滚动与俯仰程序机构的插销出现故障而导致发射失败。因此，运载火箭（特别是大型运载火箭）在设计过程中必须进行脉动压力试验，以便为结构设计提供抖振载荷数据。在运载火箭事故分析中，也往往要进行脉动压力试验，以便确定振源及其特性，为排除故障提供依据。由此可见，脉动压力试验具有很重要的工程应用价值。由于脉动压力产生的机理与非定常流动现象密切相关，目前还难以从理论上进行比较准确的计算，无论型号研制还是课题研究所需要的脉动压力数据仍主要依赖于试验，因此，发展脉动压力试验技术受到各航空、航天大国的高度重视。

运载火箭外形通常不是流线形，而是锥—柱组合体，有时表面还有大小不同、分布不均的鼓包。因此，当运载火箭在大气层内飞行时，在其外形突变的位置往往发生气流分离；在高速飞行时，某些部位还会出现激波。分离流和激波都会产生很强的脉动压力的分布，从图 4—16 上可以清楚地看到火箭整流罩锥—柱肩部在高亚声速时出现了局部激波，从而产生了很强的脉动压力，但其作用范围较窄；整流罩倒锥后面分离区也产生了较强的脉动压力，其作用范围较宽。

图 4—17 为图 4—16 所示的激波和分离流产生的脉动压力的典型无量纲功率谱密度函数。由图 4—17 可见，激波产生的脉动压力

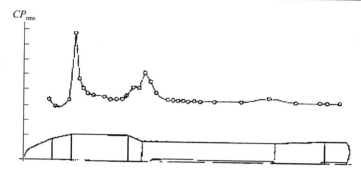

图 4—16　典型运载火箭表面脉动压力沿箭体背风面中心线变化曲线

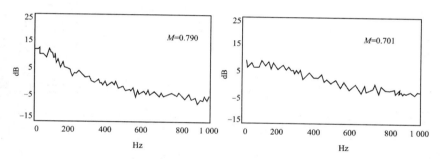

图 4—17　运载火箭表面脉动压力典型功率谱密度函数曲线

能量主要集中在 200 Hz 以下的低频部分，200 Hz 以上的脉动压力能量随频率增高以约每倍频程 5 dB 的斜率下降；而分离流产生的脉动压力能量则分布在相当宽的频率范围内，400 Hz 以下的脉动压力能量都相当高，400 Hz 以上的脉动压力能量随频率增高降低得比较缓慢。激波产生的脉动压力幅值分布比较集中，但偏离正态分布；分离流产生的脉动压力幅值基本上是正态分布。

　　运载火箭在高速飞行时，激波/边界层干扰是一种常见的现象，这种现象也产生很强的脉动压力，因此通过脉动压力试验可以研究这种复杂流动现象的非定常特性。

　　边界层转捩脉动压力和边界层转捩历来是空气动力研究人员关注的问题之一。边界层发生转捩时，必然伴随着速度脉动和压力脉动增大，因此通过脉动压力测量可以判断边界层转捩位置。层流边界层内脉动压力很小，功率谱密度曲线也表明各频率成分的能量很小；边界层转捩时，脉动压力迅速升高，但脉动能量集中于低频；边界层完全发展成湍流后，脉动压力基本上稳定在一个比层流状态高得多的水平上，其脉动能量虽仍以低频较突出，但能量在频率域的分布比转捩时宽得多。

4.7.1.4.2 脉动压力试验

随时间变化的压力称为非定常压力。在空气动力试验中，根据压力随时间变化的规律不同，可将非定常压力大致分为两类：压力随时间发生周期性变化的称为谐振压力，它可以用精确的数学表达式来描述；压力随时间发生随机变化的称为脉动压力，它无法用数学表达式来精确描述，不存在"瞬时"规律性，但具有"统计"规律性。

脉动压力试验的基本原理是在模型上安装传感器，传感器将其感受到的脉动压力信号转换成电信号，电信号经过滤波、放大之后，由数据记录设备（如磁带记录仪）记录，或直接用数据采集设备采样后进行数据处理。为了确保测量数据准确可靠，试验前后需对传感器和测量系统进行校准。

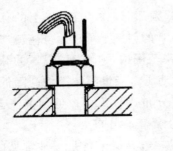

图 4—18　传感器的安装

传感器是整个测量系统的入口，其性能和可靠性在很大程度上决定了整个测量系统的性能和测量结果的精度和准度，其安装如图4—18所示。与定常压力测量相比较，脉动压力测量时，要求传感器的灵敏度和频率响应要高，抗干扰能力强，但其重复性精度通常比测定常压力的传感器低。

脉动压力测量仪器包括信号调节放大器、磁带记录仪、脉动压力信号分析设备。

4.7.1.4.3　试验模型

脉动压力试验模型的设计、加工要求与常规测压试验模型的要求差不多。在测点较多时，模型内腔应尽可能空，以便有足够的空间容纳传感器的信号线、电源线和参考压力管等。为了能测到由于振荡激波、分离流再附所产生的脉动压力峰值，要特别注意测点位置的选取。

4.7.1.4.4　脉动压力数据处理

静态压力测量只需测出压力的大小，即用一个压力值 P 或用无量纲的压力系数 C_P 就可以表示一个测点处在一定条件下的压力。然而，脉动压力是随时间变化的随机信号，不可能用一个压力值来表示其特性，必须从幅值域、时间域和频率域用概率论和统计方法来描述，因此，其数据处理要比常规压力测量复杂得多。

跨声速脉动压力主要参数包括以下几种。

1）模型表面非定常局部压力，表示式为

$$P_{l,u} = P_{l,u}(x, \theta, t) \tag{4-7}$$

2）模型表面局部压力的时间平均值，表示式为

$$P_{l,s} = \frac{1}{T} \int_0^T P_{i,u}(x, \theta, t) \, dt \tag{4-8}$$

从极限的概念来说，T 要取得足够长。

3）脉动压力，表示式为

$$\Delta P = P_{l,u} - P_{l,s} \tag{4-9}$$

4）均方根脉动压力。跨声速气流脉动压力是个随机的振动过程，在随机振动中，考虑起始条件及与相位意义有关的平均能量。这个平均能量用脉动压力的均方根值表示，即求在足够长的时间区间 T 内积分的平均值。

$$\overline{P_{\mathrm{rms}}^{2}} = \lim_{T \to \infty} \frac{1}{T} \int_{0}^{T} \Delta P^{2} \, \mathrm{d}t$$

$$= \lim_{T \to \infty} \frac{1}{T} \int_{0}^{T} (P_{\mathrm{l,u}} - P_{\mathrm{l,s}})^{2} \, \mathrm{d}t \tag{4-10}$$

5）均方根脉动压力系数，表示式为

$$\Delta C_{\mathrm{prms}} = \frac{[\overline{P_{\mathrm{rms}}^{2}}]^{0.5}}{q_{\infty}} = \frac{1}{q_{\infty}} \left[\frac{1}{T} \int_{0}^{T} (p_{\mathrm{l,u}} - p_{\mathrm{l,s}}) \, \mathrm{d}t \right]^{\frac{1}{2}} \tag{4-11}$$

随机振动含有连续分布的多种频率，频率区域广，所以均方根脉动压力系数反映了气流脉动的总能量。

6）功率谱密度。在随机振动中，各种频率所表示的能量是一个很重要的量，所谓功率谱密度即在频率区间 Δf 中的均方根值分量除以 Δf，表示在 f 附近的一个无限小频宽内，脉动功率对时间的平均值。

$$G(f) = \lim_{\Delta f \to 0} \frac{\Delta \overline{P_{\mathrm{rms}}^{2}}}{\Delta f}$$

$$= \lim_{\substack{\Delta f \to 0 \\ T \to \infty}} \frac{1}{\Delta f \cdot T} \int_{0}^{T} (P_{\mathrm{l,u}} - P_{\mathrm{l,s}})^{2} \, \mathrm{d}t \tag{4-12}$$

注意，式（4—12）中的 $P_{\mathrm{l,u}}$ 与前面所讲的非定常局部压力 $P_{\mathrm{l,u}}$ 有差别：前者是后者对所有频率的总和。所以

$$\Delta C_{\mathrm{prms}} = \left[\frac{\overline{P_{\mathrm{rms}}^{2}}}{q_{\infty}^{2}} \int_{0}^{\infty} \overline{G}(f) \, \mathrm{d}f \right]^{0.5} \tag{4-13}$$

7）规一化功率谱密度。通常有两种规一化方法，一种是用 $\overline{P_{\mathrm{rms}}^{2}}$ 来归一化（采用苏联/俄罗斯标准化体系），另一种是采用 q_{∞} 来规一化（采用美国标准化体系）。

$$\overline{G}(f) = \frac{G(f)}{\overline{P_{\mathrm{rms}}^{2}}} \tag{4-14}$$

$$\overline{G}\ (f) = \frac{G\ (f)}{q_\infty^2} \tag{4-15}$$

即

$$G\ (f) = \overline{G}\ (f) \times (\Delta C_{prms} \times q_\infty)^2 \tag{4-16}$$

4.7.1.5 全箭气动弹性高速风洞试验

4.7.1.5.1 试验目的

由于运载火箭整流罩及舱段的表面气流分离，抖振载荷是靠脉动压力风洞试验来提供气动数据。在计算火箭对抖振载荷的响应时，通常都认为气动力对火箭的振动是起阻尼作用的，即气动阻尼为正值，因而将气动阻尼的值取为零进行响应计算，所得的结果是保守的。但是，抖振是在气动力、弹性力和惯性力作用下的一种强迫振动，一旦振动的阻尼系数为负值，火箭对抖振的响应将猛烈剧增。所以，不仅要通过脉动压力试验获取抖振载荷的数据，还必须获取气动阻尼的数据，尤其重要的是判断气动阻尼的值是为正还是为负。

4.7.1.5.2 试验风洞

全箭气动弹性高速风洞试验采用跨声速风洞进行试验。

4.7.1.5.3 试验模型

全箭气动弹性高速风洞试验采用全弹性模型，满足几何外形、质量分布、刚度分布相似。

4.7.1.5.4 测试仪器

全箭气动弹性高速风洞试验采用动态应变仪、激振器等测试仪器。

4.7.1.5.5 技术要求

通过全箭气动弹性高速风洞试验获得各马赫数下气动阻尼值。

4.7.1.6 全箭竖立风载低速风洞试验

4.7.1.6.1 试验目的

由于火箭外形的变化，由地面风作用产生的结构响应计算出的定常和非定常升阻力弯矩系数必然有所变化，影响箭体在地面风作用下的载荷，其作用结果目前只能通过地面风载荷风洞试验来得到。

4.7.1.6.2 承担风洞

中国空气动力研究与发展中心低速所 8 m×6 m 风洞，试验段截面 8 m×6 m，常用风速为 10～85 m/s。

4.7.1.6.3 试验模型

全箭竖立风载低速风洞试验采用部分动力相似模型，基筒为钢质圆筒，头部为铸铝，鼓包和导管为木质结构。

4.7.1.6.4 测试仪器

全箭竖立风载低速风洞试验采用动态应变仪、动态分析仪、拉力应变天平、电阻应变片、螺旋加载器、激励锤等测试仪器。

4.7.1.6.5 技术要求

通过全箭竖立风载低速风洞试验获取运载火箭定常和非定常升力、阻力弯矩系数。

4.7.1.7 喷流试验

4.7.1.7.1 喷流对运载火箭的影响和喷流试验的目的

运载火箭推进系统排气流（简称喷流）与运载火箭外部气流之间存在复杂的相互干扰作用。喷流影响运载火箭有关部件周围的绕流特性，使其升阻特性、稳定性等发生变化。外流也可能影响发动机尾喷管内的流动特性，从而影响推力等特性，最终将影响飞行性能。常规风洞试验是不模拟喷流的，因此通常必须在风洞中进行专门的喷流试验，以研究喷流对运载火箭性能的影响，获取喷流影响量，为风洞试验数据的修正、运载火箭部件的合理布局以及性能的改善提供试验数据。发动机尾喷管/后体区域的绕流情况通常是十分复杂的，后体表面有较厚的边界层，甚至可能存在大面积的分离。

运载火箭的级间分离特性等也都与喷流干扰密切相关。

喷流与外部气流在流动参数上存在很大的差异，喷流对外流场存在如下干扰效应。

1) 引射效应：由于高速喷流与外流的速度间存在差异，致使外流被加速，外部流体被抽吸牵引而进入喷流之中产生混合，通常使外流场速度增大，压力降低，阻力增大，这就是所谓的引射效应。

外流场马赫数较低时这一效应较为突出。

2）位移效应（形状效应）：喷流出口膨胀，其喷流边界对外流场产生堵塞，使外流线向外弯曲，排开外部流体，气流减速，局部流场受到压缩，压力提高，阻力下降，这就是所谓的位移效应。由于该效应是喷流形状堵塞造成的，又称为形状效应。

火箭在飞行时，会受到发动机喷流的加热作用。喷流加热的严重程度取决于火箭飞行高度和速度、推进剂种类、发动机燃气参数、喷管几何形状等。

4.7.1.7.2 喷流模拟

要使风洞模型喷流与运载火箭喷流流动完全相似，必须遵循以下相似准则。

1）几何相似，模拟尾部外形及尾喷管几何尺寸，包括尾喷管形状、喷管收缩角、喷口与尾部的相对位置等。

2）来流马赫数相等，$(M_\infty)m = (M_\infty)s$

3）喷流出口马赫数相等，$(M_j)m = (M_j)s$

4）喷流出口落压比（喷流出口总压/自由流静压）相等，$(p_{oj}/p_\infty)m = (p_{oj}/p_\infty)s$

5）喷流介质比热比相等或近似相等。

4.7.1.7.3 喷流试验原理和方法

一般来说，喷流对附近流场的干扰属弱干扰，其影响量可以线性叠加。在相同试验状态下进行有、无喷流的对比试验，求其喷流影响量（有喷流结果减无喷流相应结果），将该影响量与相应常规风洞试验结果线性叠加，获得带喷流情况下的气动特性。

喷流试验之所以一般只求取喷流影响量，即有、无喷流之间的相对量，而不直接使用带喷流条件下的绝对量，其原因包括以下几点。

1）为支撑喷流模型和提供喷流介质，需采用特殊的支架，在绝对量中不可避免地存在支架干扰量。

2）为减小试验难度，同一风洞中的喷流模型，其尺寸通常较其常规模型大，在绝对量中可能引入堵塞干扰影响。

3）考虑成本及经济性，喷流试验一般只在基本状态下进行，应用有、无喷流相对量可以拓宽应用范围。

4.7.2　风洞试验数据误差分析

风洞试验模型是与真实运载火箭几何相似的缩尺模型，模型设计的正确与否，对保证风洞试验的质量、安全和获得准确可靠的气动数据至关重要。为此，设计的模型不仅要保证其外形与真实运载火箭有很好的相似性，而且在尺寸上要适合风洞，要有足够强度和刚度，在结构上还要合适和便于进行有关试验。此外，在模型的制作上，要符合误差小，表面质量高等要求。

正确评价风洞试验误差，给出风洞试验数据的不确定度，对于减少运载火箭设计风险，是十分重要的课题。对风洞试验误差的评价，以往常常都是用相同几次试验（通常为 7 次）的重复性来表示（均方根差或极限误差）。由于试验费用昂贵，这种重复性试验常常被忽视。如果能对风洞试验各种误差源进行全面的考虑和分析，估算出试验结果的不确定度，则对数据结果和试验质量的评价不但成本低廉、快速，而且将更加科学可靠。

由于风洞试验环节多、技术复杂、要求高，因此涉及到的误差源很多，其中包括以下几种。

1）风洞设备和试验环境方面的影响。风洞试验是对运载火箭在大气中飞行的模拟，但两者之间存在明显的差异，主要表现为洞壁干扰、支撑干扰、静态及动态流场品质、流场控制精度、模型姿态的控制精度等方面。

2）试验技术方面的误差。例如，试验装置、边界层模拟、模型弹性变形、选用的天平及支撑系统等都会带来误差。其中最突出的问题是如何减小支撑干扰、洞壁干扰、弹性变形的影响，以及对边界层转捩的模拟。

3）模型设计和加工方面的误差。例如存在尺寸偏差、角度偏差、外形失真度、表面台阶及粗糙度、测压孔的表面质量及垂直度偏差等误差。

4）测示仪器方面的误差。在仪器校准中还会涉及校准标准的误差、校准装置的误差及校准与使用环境、数据采集和处理方面的误差等。

5）试验操作方面的误差。例如，试验流场的控制、模型及天平的安装、模型姿态的控制、试验装置的调整、测压管路的安装及某些尺寸的测量和人工读数的偏差等造成的误差。

6）数据采集与处理方面的误差。例如，数据采集系统的误差、数据处理中近似公式的误差、数据修正的误差、数据插值与曲线拟合的误差及数据截断误差等。

以上所列举的误差源并不详尽，对于不同的试验项目或不同的试验方法误差源也不尽相同，这就需要根据具体情况去识别误差源，判断它们的相对重要性，并对它们进行定量的分析和估算。上面所列举的风洞试验中的各种误差源在风洞试验结果中有的表现为随机误差，有的表现为系统误差。随机误差反映风洞试验的精度，也可以用风洞试验的重复性误差来描述，是风洞数据不确定度的重要组成部分。

风洞数据中的系统误差主要依靠改进风洞试验技术来加以限制，使之减至最小。例如，限制模型尺寸可以减小洞壁干扰（特别是跨声速试验时更应满足有关规范和要求）；合理地选择支撑形式可以减小支撑干扰；正确利用人工转捩模拟边界层状态和用大风洞进行试验或变速压试验以观察雷诺数的影响等。在分析和评估风洞数据结果时，应该对它们进行量级上的估算，并计入数据不确定度估算中。如果发现数据中存在大的系统误差，必须进行修正。即使进行某种修正，也是近似的，它存在着修正方法引起的不确定度，对此也应该进行定量评估，并计入不确定度估算之中。

4.7.3　风洞与飞行数据的相关性

风洞试验数据是运载火箭外形、强度和结构设计及性能计算的主要依据。但是，由于风洞试验与真实飞行间存在许多差异，风洞试验数据一般不能直接用于运载火箭气动力设计，必须确定导致风洞试验与真实飞行间存在差异的主要因素，建立两者相关的技术平台，即建立从风洞试验到真实飞行的相关性修正体系，并研制各影响因素的修正方法，才能用经修正的风洞试验数据预计真实运载火箭的飞行性能。

风洞试验与真实飞行间存在许多不同之处，在两者相关的有关因素研究中，以下差异是必须考虑的。

1) 流场均匀性：运载火箭在空中飞行时，大气湍流度通常很低，而在风洞试验中，人造气流的均匀性相应较差，其湍流度往往高一个量级。

2) 流场边界问题：在真实飞行中，大气无边界，流动无边界约束问题；而风洞试验中，由于存在洞壁，流动受到洞壁的约束。

3) 风洞支撑干扰：运载火箭在空中飞行，无支撑干扰；在风洞试验中，模型受到支架系统的干扰影响。

4) 尺度效应与雷诺数影响：风洞试验的试验模型尺寸往往比真实运载火箭小很多，由于尺寸与雷诺数的差异，再加上气流湍流度的差异，模型与运载火箭的绕流、边界层的转捩与分离状况有较大差别。

5) 运载火箭结构弹性影响：除气动弹性等有关气动弹性的试验模型要模拟刚度以外，高速风洞试验模型一般是用钢材制作的刚性体，试验中几乎不产生弹性变形，而运载火箭具有梁、肋结构，表面是铝蒙皮，在飞行中由于气动载荷作用会产生弹性变形。

6) 进气与尾喷流影响：一般风洞试验模型无进气和排气模拟，而在真实飞行中，运载火箭进气道进气和发动机的尾喷流对气动特性有影响。

7) 运载火箭表面附加物的影响：风洞试验模型尺寸小，无法模拟真实运载火箭表面小的凸出物而制成了光洁表面，而真实运载火箭表面有各种凸出物和附加物，两者表面状况不同会使阻力等气动特性存在差异。

综上所述，风洞试验确实与真实飞行间有相当大的差异。从上述对比的分析中不难发现，试验模型尽可能大，会显著缩小这种差别。但是，由于大风洞造价惊人，其试验费用昂贵，绝大多数试验仍在中、小尺寸风洞进行。因此，风洞和飞行间的相关性研究，历来受到各航天大国的高度重视。

4.7.4　风洞试验与计算流体力学的一体化

风洞试验与计算流体力学（CFD）的一体化具有以下意义。

1）利用 CFD 修正风洞数据（例如对洞壁干扰、支架干扰、气动弹性变形和不正确的发动机模拟进行修正）并外插到全尺寸雷诺数。根据试验段洞壁附近测得的压力和气流偏角，联机评定并修正洞壁干扰修正和支架干扰正迅速成为可以实行的事情。关于从风洞数据到飞行的外插，现在的技术水平是，即使使用目前最好的 CFD 方法，把现在可以获得的风洞数据外推到飞行条件也是困难的。在当前高雷诺数试验数据不足的情况下，CFD 仍是将风洞和飞行沟通起来的可能的有效手段。

2）利用风洞试验验证、评定和发展 CFD 数值计算方法，CFD 的迅速发展已使实际估算运载火箭绕流的能力有了很大的提高。

3）利用 CFD 指导风洞试验及对话式使用风洞和 CFD。随着计算技术和计算方法的发展及计算机能力的提高，将 CFD 作为风洞试验的指导以及先进的对话式应用自然会得到发展。未来的风洞中心将是数值模拟风洞与地面模拟风洞相结合的中心，两者互为补充。这是不断提高风洞试验综合能力和运行效率，不断提高 CFD 应用水平和发展数值计算方法的有效途径。

4.8　运载火箭电气系统综合试验

运载火箭是由多个系统组成的，对液体运载火箭而言，一般由箭体结构系统、分离系统、发动机系统、增压输送系统、控制系统、外测安全系统、推进剂利用系统、遥测系统等组成。

电气系统一般是指由电气、电子、机电等设备和软件完成某一功能的系统，一般有控制系统、遥测系统、外测安全系统、推进剂利用系统等。

全箭电气系统一般是指运载火箭各电气系统的总和。

电气系统试验可按照火箭总装前后分为两种状态：装前试验和装后试验。

电气系统装前试验：在火箭总装之前，将已经通过单机交付验收试验及评审的箭上产品及电缆在桌面上展开，通过电缆连接，在地面供电设备、测试设备及软件的支持下，对电气系统进行通电测试和检查，该试验通常叫做桌面联试。电气系统装前试验可以在试验室进行，也可以在火箭总装测试厂房进行。

电气系统装后试验：将已经通过电气系统装前试验及评审的箭上产品及电缆在火箭上完成安装和连接后，在地面供电设备、测试设备及软件的支持下，对电气系统进行通电测试和检查，该试验通常叫做装后联试。电气系统装后试验一般在火箭总装测试厂房进行。

4.8.1　电气系统试验的目的

运载火箭电气系统试验有如下目的。

1）检验电气系统方案的正确性；

2）检查电气系统软硬件设计的正确性、匹配性；

3）检验电气系统接口电路的匹配性；

4）检验电气系统信息处理和信息流程的正确性；

5）初步检验电气系统的电磁兼容性；

6）检验测试程序、发射程序、飞行程序及控制指令设计的正确性、可行性；

7）检测电气系统的功能、性能参数是否符合设计要求；

8）协调和修改测试、发射等软件，校验测试使用文件，保障其正确、协调；

9）暴露电气系统设计的薄弱环节，为改进设计提供依据。

4.8.2 电气系统试验的准备工作

4.8.2.1 试验场地和设施

电气系统试验场地一般应满足以下要求。

1）试验场地应具有足够的使用面积，准备好试验用的桌椅和工作台等。试验场地应配备防静电装置，保证设备按箭上相对位置依次展开，方便设备对接。地面设备应按照前后端布局展开，并能方便测试人员的操作和观察。

2）试验场地环境条件应满足参试设备的要求，在不具备整体空调时，应设置满足精密仪器设备使用要求的局部空调间或设施。

3）惯性测量设备放置场地应坚实，并有方位标记；惯性测量设备、伺服机构、脱落连接器等应有台架工装配置。

4）试验场地应配置调度通话设备，保证试验中指挥畅通。

5）如有需供气的产品，应配置配气台，其气源的种类、气压、露点、用量等指标要符合相关设计文件的规定。

6）为遥测地面站（遥测车）准备停放场地、电源及通信设备。

7）试验期间，场地附近应避免外界的强功率电磁干扰，试验场地可根据需要建设电磁防护设施。

8）试验场地应按消防条例规定配置防火、防爆设施。

9）根据需要，为蓄电池的充放电设备准备专用工作间，保证足够的供电功率，准备好消防措施。

10）根据需要，为伺服机构准备单独的伺服机构能源间。

11）如果需要开展火工品发火试验，需准备爆炸防护盒，并需准备火工品单元测试用的测试仪和工作间。

12）交流电源应通过隔离变压器与市电、动力电隔离，电源容量一般应为实际功率的 3～5 倍。

13）试验场地应配置良好的接地系统，零线、工艺地、保护地在连入地网前应严格分开。

4.8.2.2　试验环境要求

电气系统试验的试验环境有以下要求。

1) 温度：10～30℃。

2) 相对湿度：≤80%。

4.8.2.3　文件资料准备

电气系统试验前应准备下列文件及资料。

1) 电气系统试验大纲；

2) 专题试验大纲，如电磁兼容试验大纲；

3) 参加试验的箭上、地面设备（含软件）配套表；

4) 电气系统综合测试细则及有关技术文件，如设备布置图、电路图、接口文件、测试要求、软件使用说明书等；

5) 电气系统试验操作细则和状态检查表；

6) 试验测试流程及其测试数据记录单。

4.8.3　电气系统试验的保障和要求

4.8.3.1　设备和软件状态要求

电气设备和软件的技术状态有以下要求。

1) 电气设备与软件技术状态应与试验大纲规定相一致；

2) 参试箭上设备必须通过交付验收试验，并通过评审，无遗留问题；

3) 参试产品是受控的正式产品，符合配套要求；

4) 备份产品也应参加测试，保障测试覆盖性。

4.8.3.2　技术安全要求

电气系统试验有如下技术安全要求。

1) 加电前试验现场必须经过专职技术安全人员的检查，检查项目包括配电盘火线、中线、地线是否正确，信号地、保护壳是否正确、良好。通用设备、仪表是否在检定期内等。

2) 制定技术安全工作条例和有针对性的安全管理措施，保障防火、防爆、用电安全。防止发生责任事故，确保试验中人员、设备的安全。

3）试验中应设专职或兼职技术安全员，负责试验中技术安全措施的检查和监督，技术安全员有权制止没有安全措施的试验及违章操作的进行。

4）参试人员必须自觉遵守各种安全制度，禁止违章指挥和操作。试验前岗位、人员分工明确。供电等关键设备操作设专人负责，做到技术状态不明确不操作，口令不清楚不操作。

5）对试验中所有火工品，应按火工品管理使用安全规定严格进行检查、监督，确保使用安全，并通知保卫部门到现场督查。

6）试验中若出现故障，应保护好现场，在没有查明原因、提出解决办法之前，不允许继续通电。

7）进行电磁兼容测试过程中，现场试验人员需穿戴微波防护服装，且禁止走动。

8）试验中应设立明确的双检制（自检、互检），首次通电前应进行三检（自检、互检、专检）。

4.8.4　电气系统试验流程和内容

电气系统试验流程一般包括以下步骤。

1）参试设备交接、验收与就位。

2）技术安全检查。

3）系统地面设备等效器检查。系统的地面设备在与箭上设备对接之前，需要进行等效器状态测试，即采用与箭上设备接口等效的装置，模拟箭上接口进行测试，进行地面设备检查，同时检查各地面设备间接口的正确性。可同时组织进行地面设备联调。

4）系统技术交底。参试人员相互进行技术状态交底，介绍电气系统的接口特点，对接口技术图纸和文件进行阅读和核对。

5）系统通电前检查。在进行加电前，需初步检查系统是否正常，检查内容包括导通绝缘电阻检查、电源电压检查等。

6）系统通电测试和检查。根据测试大纲和测试细则，在系统指挥人员的统一安排下，进行通电测试和检查。各岗位操作人员，严格按指挥口令进行操作。

7）备份产品的测试（选做）。

8）进行专题试验，如故障模拟和分析试验、火工品发火试验、电磁兼容性试验等。

9）完成技术总结报告。

10）进行电气系统试验评审。

11）撤收试验设备。

12）试验技术文件及有关资料归档。

4.8.5　电气系统试验方法

4.8.5.1　地面设备检查

电气系统试验的地面设备检查使用与箭上设备接口等效的等效器，检查地面设备工作是否正常。具体测试按照各系统编制的等效器状态测试细则进行。

4.8.5.2　系统检查

电气系统试验的系统检查方法如下。

1）与其他系统间接口为断开状态；

2）系统依据综合试验测试细则进行，通常按照单项检查、系统测试和系统模飞的顺序进行。

4.8.6　测试数据判读要求

电气系统试验的测试数据判读有如下要求。

1）测试数据判读人员包括系统及相关技术人员；

2）判读数据包括自测数据和遥测数据；

3）遥测数据应由遥测系统人员预判、确认数据有效后，再提供给其他相关人员；

4）将自测数据与历史数据、遥测数据进行比对；

5）对跳点和异常数据进行重点分析；

6）判读人员需在专门数据判读确认表上签字确认，或者在数据纸上签名确认；

7）由系统技术负责人汇总判读结果，确认数据合格、测试正常后方可执行下一步的工作。

第5章　分系统间匹配试验

本章主要讨论航天器各分系统的匹配试验，主要包括发动机与伺服机构联动试车、运载火箭各系统匹配试验、静力试验、卫星电性能试验等内容。

5.1　发动机与伺服机构联动试车

5.1.1　发动机与伺服机构联动试车内容

伺服机构是运载火箭姿态控制系统的执行机构，与火箭发动机喷管相连，接受火箭控制系统的控制信号后，带动火箭发动机喷管摆动，实现发动机的推力矢量控制，完成箭体的俯仰、偏航和滚动动作。因此，需要进行伺服机构与发动机的联动试验，以检验伺服机构在带发动机状态下的性能。

单向摆动的火箭发动机由 1 台伺服机构推动，而双向摆动的火箭发动机由 2 台伺服机构摆动或由公用能源的 2 台伺服作动器摆动。一般每级火箭配 4 台单向摆动的火箭发动机或 2 台双向摆动的火箭发动机。进行伺服机构与发动机联动试验时一般使用 1 台发动机及配套的伺服机构。以 CZ－××运载火箭一级伺服机构为例，发动机与伺服机构的配置如图 5－1 所示。

伺服机构与发动机联动试验的主要内容包括：伺服机构与发动机的机械对接、伺服机构－发动机模态试验、发动机不点火状态下的摆动试验、发动机点火状态下的摆动试验等。

5.1.2　发动机与伺服机构联动试车目的

伺服机构与发动机联动试验的目的：确认伺服机构与发动机接

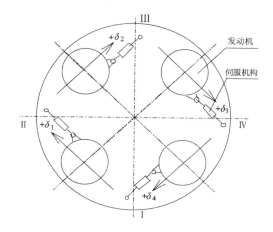

图 5－1　CZ－××运载火箭一级伺服机构

口匹配、无干涉；测试伺服机构与发动机固有频率；验证伺服机构在发动机点火状态下的性能。

5.1.3　发动机与伺服机构联动试车方法

5.1.3.1　对接试验

5.1.3.1.1　产品状态

伺服机构与发动机联动试验的对接试验要求完整的伺服机构和发动机的结构协调件，结构协调件的外形、机械接口及伺服机构的伸缩长度及发动机摆角均与正式产品一致。伺服机构安装有反馈电位器或其他的位移测量装置，发动机安装有转角传感器。

5.1.3.1.2　试验过程

伺服机构与发动机联动试验的对接试验有以下过程。

1）将伺服机构安装到发动机上，检查各接口协调情况。

2）人工摆动发动机，检查干涉情况。

5.1.3.2　模态试验

5.1.3.2.1　产品状态

伺服机构与发动机联动试验的模态试验要求伺服机构性能完好，

发动机结构完好。

5.1.3.2.2　试验设备和工装

　　伺服机构与发动机联动试验的模态试验设备和工装包括伺服机构测试设备、发动机模态测试设备。

5.1.3.2.3　试验过程

　　伺服机构与发动机联动试验的模态试验包括以下过程。

　　1）伺服机构进行性能检查合格。

　　2）将伺服机构安装到发动机上，发动机上安装模态试验用的传感器。

　　3）在伺服机构用夹具固定在零位、伺服机构启动工作在零位、伺服机构启动工作在最大正摆角、伺服机构启动工作在最大负摆角状态下测试发动机模态。

5.1.3.3　冷摆试验

5.1.3.3.1　产品状态

　　伺服机构与发动机联动试验的冷摆试验要求伺服机构性能完好，发动机结构完好。

5.1.3.3.2　试验设备和工装

　　伺服机构与发动机联动试验的冷摆试验设备和工装包括伺服机构测试设备、发动机摆角传感器、发动机测试设备等。

5.1.3.3.3　试验过程

　　伺服机构与发动机联动试验的冷摆试验包括以下过程。

　　1）伺服机构进行性能检查合格。

　　2）将伺服机构安装到发动机上，发动机上安装摆角传感器。

　　3）启动伺服机构，按试验程序摆动发动机，检测伺服机构性能和发动机摆角及发动机特性。伺服机构性能包括速度特性、位置特性和频率特性。

5.1.3.4　热摆试验

5.1.3.4.1　产品状态

　　伺服机构与发动机联动试验的热摆试验要求性能完好的伺服机

构和发动机。

5.1.3.4.2　试验设备和工装

伺服机构与发动机联动试验的热摆试验设备和工装包括伺服机构测试设备、发动机摆角传感器和发动机测控设备。

5.1.3.4.3　试验过程

伺服机构与发动机联动试验的热摆试验包括以下过程。

1）伺服机构进行性能检查合格，发动机进行性能检查合格。

2）将伺服机构安装到发动机上，发动机上安装摆角传感器和其他传感器。

3）冷摆：启动伺服机构，按试验程序摆动发动机，检测伺服机构性能，发动机摆角、发动机特性应合格。

4）热摆：启动伺服机构，发动机点火，按试验程序摆动发动机，检测伺服机构性能、发动机摆角和发动机特性。伺服机构性能包括速度特性、位置特性和频率特性。

5.2　运载火箭各系统匹配试验

5.2.1　火箭各系统匹配试验目的

运载火箭各系统匹配试验有以下目的。

1）验证运载火箭控制、推进剂利用（简称推利）、遥测、外测安全、姿控发动机等系统在装箭条件下，箭上产品之间、地面测发设备之间、箭上产品与地面设备之间工作的协调性和匹配性。

2）验证运载火箭在各系统协同条件下，地面测发软件工作的正确性和协调性。

3）检查各系统之间的干扰情况。

4）验证各分系统与总体网之间的协调性；检查总体网有线和无线数据自动判读处理功能。

5）验证火箭与卫星的电磁兼容性。

5.2.2　火箭各系统匹配试验术语介绍

5.2.2.1　电气系统

电气系统是指由电气、电子和软件完成某一功能的系统，全箭电气系统一般包括控制、推利、遥测、外安、地面测发和总体网等系统。

5.2.2.2　分系统试验

运载火箭分系统试验是指系统间接口不连接；检验各电气系统功能和性能设计的正确性，以及系统配套产品（含软件）工作的协调性和匹配性。

5.2.2.3　分系统匹配

运载火箭分系统匹配试验是指针对系统间接口特性设计专门的测试项目，用以检验各电气系统接口设计的正确性和匹配性，进一步验证系统方案设计的正确性。

5.2.2.4　总检查

总检查是指全箭电气系统按照发射场工作流程，模拟火箭发射和飞行状态的测试，全面检查各电气系统的工作状况。

5.2.3　火箭各系统匹配试验条件及状态要求

运载火箭各系统匹配试验需具备以下条件及要求。

1）各系统均已通过各自的系统综合试验，并通过了分系统质量评审和验收。

2）一般情况下，火箭已完成总装，并已通过总装评审。

3）装箭设备、地面设备和软件按总体专业的相关配套表执行。

4）箭上所有气瓶不得充气。

5.2.4　火箭各系统匹配试验项目

5.2.4.1　分系统测试

各电气系统按各自的测试细则进行，一般的试验项目如表 5-1 所示。

5.2.4.2　分系统匹配

5.2.4.2.1　控制系统与外安系统匹配

平台安全触点检查包括：

1）控制系统箭上加电，外安系统箭上加电；

2）外安系统发模拟零秒，进入模飞状态；

3）外安 20 s 允许引爆后，控制系统给平台 $Y-Z$ 陀螺 Z 力矩器施加指令电流，使平台俯仰角线性增加至安全角；

4）平台安全触点闭合，发出姿态失稳信号，外安系统收到信号后进行引爆，系统断电。

表 5—1　电气系统分系统试验项目表

参加系统	试验项目
控制	手动电路检查
	稳定系统测试，包括伺服机构油气压测试、姿控开关测试（姿控参加）、指令极性测试
	制导系统测试，包括加速度计精度测试、定时关机测试、耗尽/小过载关机测试（姿控参加）、四通道测试
	控制系统总检查（总检查Ⅱ、总检查Ⅰ、发射）
推进剂利用	自动供配电、转电、脱插脱落、紧急关机功能检查
	计算机接收箭上起飞、分离功能检查
	计算机功能测试：三相脉冲及位移信号测试
	模拟加注测试
	液位传感器检查
	推进剂利用系统总检查（总检查Ⅱ、总检查Ⅰ、发射）
遥测	箭上供电检查；非电量参数跳线检查；电量变换器检查；系统功能检查；时间参数检查；发射机功率测试；液位传感器测试；与外系统隔离电阻检查
外安	安全单机检查；外测单机检查；分系统综合测试

5.2.4.2.2　推进剂利用系统与遥测系统匹配

推进剂利用系统与遥测系统匹配试验包括：

1）推进剂利用系统箭上加电，遥测系统加电；

2）箭机复位，装订活门归零程序，发分离信号并使调节活门处于零位；

3）装订飞行程序，遥测系统启动记录，发模拟起飞、分离信号，遥测系统全程记录。

5.2.4.2.3　外安系统与遥测系统匹配

外安系统与遥测系统匹配试验包括外安系统加电，遥测系统加电，遥测系统启动记录，外安系统进行外测和安全功能检查等。

5.2.4.2.4　控制系统与遥测系统匹配

（1）时间指令变换器检查

时间指令变换器检查包括以下内容。

1）钥匙开关置"测试"位置。启动 D90，D91－1，D91－2 地面电源，向箭上设备实施配电。

2）向箭机传送"功能测试程序"、代码和合格信息，待调平瞄准好后测 Y 向速度计精度及 X 和 Z 向加速度计零位脉冲。

3）遥测系统加电。

4）装订箭机"四通道程序"、代码和合格信息，由程序控制断开调平瞄准，遥测系统启动记录，提示准备"起飞"后在 5 s 内拔起飞压板，启动箭机工作。

5）实时显示关机时间、时串信号、程序脉冲数、接收秒节点的横向和法向导引数字量以及特征点关机时间（数字量）等参数。

6）测试结束，接通调平瞄准，进行程序机构归零，归零完成后按加电相反顺序断电。

7）遥测系统停止记录，遥测系统断电。

（2）直流、交直流变换器检查

直流、交直流变换器检查包括：

1）控制箭上处一级或二级工作状态，传送"稳定系统测试程序"，控制箭机处一级或二级第 1 秒段参数。

2）遥测加电并启动记录，控制系统通过分别给平台 $Y-X$、$Y-Z$ 陀螺受感器和速率陀螺力矩器加指令电流，使平台的俯仰、偏航、滚动输出一定角度。启动一级或二级伺服机构，控制箭机依次在平台各波道工作，测相应的稳定系统参数。

3）另外在二级段，还需控制箭机依次在横向和法向导引波道工作，并将二级功放变 β 的 22K2 继电器接通，使箭机分别发出 +10° 横向和 +20° 法向导引信号，测稳定系统相关参数。测毕断二级伺服机构。

5.2.4.3　全箭总检Ⅱ状态的模飞

总检Ⅱ状态即为不脱落、不转电、不分离状态。全箭总检Ⅱ状态的模飞试验包括以下内容。

1）90 min 准备：发控台上钥匙开关置"检查Ⅱ"位置，控制系统向箭上加电，外安系统综合测试仪加电，推进剂利用系统和遥测系统地面设备加电。

2）60 min 准备：控制系统进行加速度计合成精度与调平状态下 Y 加速度计精度测试，进行稳定系统测试；推进剂利用系统调节活门归零；遥测系统箭上加电；外安系统箭上加电，综合测试仪开机。

3）40 min 准备：增压和气脱，控制系统装订模飞程序；推进剂利用系统装订飞行程序。

4）5 min 准备：遥测系统启动记录和功能灯。

5）3 min 准备：控制系统启动舵Ⅰ并调零。

6）点火，拔起飞压板。

7）利用重力加速度和地球自转作为平台加速度表和陀螺仪的外部输入；制导系统执行导航方程和关机方程的运算；推进剂利用系统在级间分离后启动程序进行二级燃烧剂流量调节；外安系统进行安全功能检查；遥测系统全程记录。

8）模飞结束，各系统断电。

5.2.4.4　全箭总检Ⅰ状态的模飞

总检Ⅰ状态即为脱落、分离转电状态。全箭总检Ⅰ状态的模飞试验包括以下内容。

1）90 min 准备：发控台上钥匙开关置"检查Ⅰ"位置，控制系统向箭上加电，外安系统综合测试仪加电，推进剂利用系统和遥测系统地面设备加电。

2）60 min 准备：控制系统进行调平状态下 Y 加速度计精度测试，进行稳定系统测试；推进剂利用系统调节活门归零；遥测系统箭上加电；外安系统箭上加电，综合测试仪开机。

3）40 min 准备：增压和气脱，控制系统装订模飞程序；推进剂利用系统装订飞行程序。

4）5 min 准备：遥测系统启动记录和功能灯。

5）3 min 准备：控制系统启动舵 I 并调零，推进剂利用系统、遥测系统和外安系统转电。

6）2 min 准备：控制系统转电并断调零。

7）1 min 准备：控制系统统一实施脱插脱落。

8）点火，拔起飞压板。

9）利用重力加速度和地球自转作为平台加速度表和陀螺仪的外部输入；制导系统执行导航方程和关机方程的运算；推进剂利用系统在级间分离后启动程序进行二级燃烧剂流量调节；外安系统进行安全功能检查；遥测系统全程记录。

10）模飞结束，各系统断电。

5.2.4.5　全箭发射及紧急关机

与总检 I 状态模飞试验项目相比，除抽测项目略有不同外，点火后自动实施紧急关机。

5.2.4.6　星箭电磁兼容试验

与总检 II 状态模飞试验流程基本相同。

5.2.4.7　电爆通路阻值检查

将火工品通路进行完整连接，其中火工品用等效电阻代替，在电阻盒处用电爆管测试仪测量静态阻值，用以检查电爆线路设计的正确性。

5.3　静力试验

航天器结构（包括机构）实际受到各种稳定加速度载荷和动载荷的联合作用，为了验证这些载荷下结构的强度和刚度性能，一种通常的方法是把稳定加速度载荷和动加速度载荷综合为准静态载荷作用到航天器结构上进行静力试验。

5.3.1　静力试验目的

静力试验是验证结构强度和刚度的一种常见的重要试验，它可以通过"设计"一个最严重的载荷条件，来有效地验证结构的强度。其具体目的为：

1）在方案研制阶段，通常以局部结构的强度试验为主，目的在于为选择设计方案，确定主承力构件的材料、截面尺寸、连接方式等提供依据。需要试验的局部结构一般为采取分析方法不易验证强度的关键结构件，如局部连接结构、复合材料结构等。

2）在初样研制阶段，主要对航天器承力结构进行鉴定试验，即验证主承力结构承受载荷后的完好性，考核结构是否满足设计要求；为评价结构的承载能力以及结构设计修改提供依据。对于整个航天器的静强度试验要着眼于结构的整体性，重点考核结构部件间的连接强度和结构的薄弱环节。

有时在进行主承力结构鉴定试验前还要进行某些局部结构的研制试验或鉴定试验，这些试验的目的有两个方面，一方面是为了避免某些局部结构可能失效而影响整个主结构试验的进行，因而对这些局部结构提前进行考核；另一方面是由于在主承力结构的鉴定试验时，所施加的载荷已作了简化，这些局部结构可能得不到有效的验证。

3）在试（正）样研制阶段，为了保护飞行件，一般不作静力试验，或者采取低量级的试验。

综上所述，静力试验主要是为了验证航天器结构（包括机构）的设计问题，特别是强度与刚度问题，因此它是与航天器结构设计密切相关的试验项目。

5.3.2　静力试验方式的确定

由于航天器所受的静载荷实质上是惯性载荷（其值相当于航天器各点加速度与相应质量的乘积，方向与加速度方向相反），因此比较合理的方式是使航天器直接进行加速度试验，目前可采用的方法是离心机试验。

离心机的主要部分是一个可在水平平面内绕固定轴转动的长臂，试验件安装在臂的一端，为消除重力作用的影响，在臂的另一端加适当的配重物以保持平衡。试验时，长臂以某一角速度 w 转动，若 r 为试验件上各点到转动轴线的半径，则试验件将受到指向转动轴线的加速度 rw^2 作用，因此各点受到的惯性载荷（离心力）为 $-mrw^2$，其中 m 为相应各点的质量。

离心机试验基本上能够模拟惯性载荷，但存在以下缺点：试验的加速度值与半径 r 大小有关，与保持各点加速度相同的试验要求不完全符合；各点离心力沿着转动半径 r 方向，相互不平行，与保持载荷相互平行的要求不符合；鉴于受试件呈转动状态，不能采取机械或光学方式进行测量，即使采用电测，由于受到转动轴滑环通道数目和性能的限制，电测的数目、种类和测量精度也受到很大限制；试验设备复杂，并且需要占有大的试验场地。鉴于上述原因，一般离心机试验仅适用于小型航天器或小型结构件。

因此，航天器结构的加速度试验主要采用真正"静"载荷模拟的方式，可称为静力试验或静载荷试验。它在结构的某些部位和某些方向上施加离散的载荷，使得结构中产生的应力和变形的效果与分布惯性力作用下的效果相当。

对于较大型结构，通常采用液压作动筒通过杆系施加的离散载荷（较小的载荷有时也可采取用重力砝码加载）；对于较小结构零部件，如果施加的离散载荷仅为简单的单项载荷，也可采用液压试验机通过相应的试验夹具进行加载。虽然这种试验方式不能完全模拟真实的惯性力（加速度）分布，但克服了上述离心机试验的缺点。

5.3.3　静力试验条件的确定

静力试验的试验条件主要是确定试验的载荷条件，包括载荷的大小、作用位置和方向以及加载顺序等。试验载荷条件是由静载荷和动载荷综合得到的准静载荷，而不是发射环境实际具有的载荷条件。由于是用离散载荷来替代分布的惯性力载荷，载荷条件又将被进一步简化。

为了把上述分布的加速度惯性力载荷用离散的有限个载荷来替代，需要确定各个离散载荷的加载设置、加载类型（力或力矩）、加载方向和加载值。

由于较复杂的主承力结构的静力鉴定试验（一般在初样研制阶段进行）加载的方式比较复杂，需要同时施加多个离散载荷。这些离散载荷除了要保证得到有效的载荷模拟外，还要考虑到加载可行性，即结构的形状、大小、性质以及试验场地、试验设备的实际状况是否允许把这些离散静载荷作用到结构上。

静力试验预示分析以试验件为对象，在已有的结构静力分析模型的基础上，如实地引入试验载荷、试验边界条件以及加载工装对结构刚度的贡献，得到静力试验预示分析模型。把预分析模型的计算结果与原有静力分析结果进行比较，对两者的最大位移、最大应力及其发生部位，以及其他部位的应力、应变水平进行比较，来验证加载方式的合理性。另外，上述分析的结果也可作为在结构上应变或位移测点布局的依据。

除了载荷条件外，试验件安装的边界条件也很重要。应使试验件的边界条件与实际状态尽可能一致。

对于较小零部件级的静力试验（一般在方案研制阶段进行），可以先通过在上述分布惯性力作用下的结构静力分析，确定在该零部件上作用的相应载荷（应力），然后把该载荷作用在该零部件上进行试验。此时施加的载荷可分解为简单的单向载荷，如单向拉伸、单向压缩、单向弯矩、单向扭矩等。

5.3.4　静力试验设备

对于静力试验，目前主要采用液压加载和重力加载两种方式。

液压加载可采用液压机和液压作动筒，液压机仅用于简单小型部件的简单加载，对于较复杂的结构一般采用液压作动筒加载系统。液压作动筒加载系统由液压源、作动筒、测力计及其附属加载装置组成。

重力加载可采用滑轮、钢丝绳和砝码系统，利用砝码产生重力，通过钢丝绳对结构加载，滑轮用于改变加载的方向。有时也可采用沙、纸等重物加载来模拟分布载荷。重力加载方式简单易行，但加载量级很有限。

5.3.5　静力试验的实施

静力试验一般可采取以下试验程序。

1）进行预加载试验。其目的是为了消除结构之间、结构与加载装置之间的装配间隙及装配应力，以及检验加载系统、测量系统以及系统间的协调性。

2）以分级方式逐步加载。可以根据要求，一直加载到设计载荷或鉴定载荷值，然后逐级卸载。由于再加载及卸载后，加载系统处于松弛状态，对测量结果影响较大。

（1）实现多点、多方位、整体同步加载是试验成功的关键

实现多点、多方位、整体同步加载是难度很大的方案，但由于材料和受力的复杂性、结构的非对称性，采用多点同步加载是十分必要的。

实现这种加载方式采用液压泵推动液压千斤顶系统作为加载源，通过各种传力件和偏心矩接点连接件施加到各加载点，施加的载荷

量由液压测力传感器经数字测读仪测读。要保证传力准确和加载精度，需要掌握以下几个关键：

1）选择加载结构板上的接点模拟加载杆上偏心矩接点连接件的设计和加工。它是控制载荷方向、产生偏心矩以实现施加力矩加载的主要传力件，因此必须经过详细计算和精确的加工。板上接点处的加载杆上，应根据不同工况计算不同位置、不同高度的加载点，形成不同性质的载荷，因此必须精确加工每个加载杆与连接件，精度达到±0.1 mm。

2）加力架的设计与加工。加力架由分配梁、传力拉筋组合而成，加力系统按静力体系设计，以保证力的传递准确可靠。力和弯矩分配的大小取决于梁、拉杆的长度尺寸和力的作用及力作用点位置的精度。

3）要控制装配精度，可以用激光定位仪和水准仪保证其垂直度和水平度。在加载点采用铰接点，用半球形垫片和对中螺杆装置实现，分配梁与试验件连接采用柔性软接触，以消除加力架对试验产生的附加效应。

4）液压泵和千斤顶系统必须全部进行标定，精度应满足要求。测力精度应不低于0.5%，加载系统通过标定，载荷精度要求应高于1%。整套加载系统通过预试验检查其操作过程中的磨合程度，直到达到预期要求才能开始正式试验。

（2）舱体结构加载试验的难点

舱体结构各舱是封闭结构，内部设备多，安装位置分布在各块板上，有的在正面，有的在反面，还分布着很多热管结构。要将各设备的质量作用在中心上，然后将各重心的集中力和弯矩先通过分配梁和连接杆合理组成一个体系，再引出舱外。

1）精确模拟各设备与舱板的接触面，计算重心以及各载荷（设备质量引起的）大小。

2）合理设计由各设备引起的载荷组合体系，要综合考虑热管位置、舱板开孔位置和外部载荷再次组合等因素，利用三维立体图确定传力路线方案。

3）精确安装，保证载荷的垂直度和水平度。由于载荷作用线要穿过几个舱体，因此要利用激光定位仪确定各舱体顶板、侧板上的打孔位置。为保证舱体强度，开孔直径小于 10 mm。安装时先去掉部分侧板，待舱体内部的载荷体系安装调整好后再装上侧板。

4）承力筒上的加载要特别设计和加工几个与承力筒弧度相同的加载垫块与半圆形的钢轴承，使载荷均匀分布在承力筒周围的加强筋上。承力筒上虽载荷大，但通过这样的措施，成功实现了承力筒上的加载。

（3）电阻应变测量和位移传感器测量法是试验的主要环节

电阻应变测量和位移传感器测量法是较成熟的测量应变和位移的方法，该方法已积累了大量的测量经验，但对于复杂结构、大量测点的测量仍需精心组织。要保证测量数据的可靠，必须依靠每个环节质量的保证。

1）对各种仪器和元件应严格标定，包括各类电阻应变计、电阻应变仪、传感器和测试系统，并保证各种仪器和元件的测量误差在规定范围内。

2）测点的布置是一个重要环节。对于复杂试验来说，一方面希望尽量多得到一些数据资料，这样就要尽量多布置一些测点，但无论从试验效果和经济效果来看，都应减少不必要的测点，要把测点布置在关键的部位，因此在布置测点前需要通过计算进行预分析，在应力、位移较大的部位必须布点，在此基础上，与以往的经验相结合，增加一些监测、校核的测点，决定最后的布点方案。试验中测点布置工作应做得细致，将复杂结构分解成部件，逐个进行测点布置。试验中，依照重点监测与兼顾一般部位的原则，设立控制观测点，随时观察 $P-\varepsilon$ 和 $P-\delta$ 曲线，及时分析。

3）数据采集与整理。在整个受载过程中，应变和位移是随载荷不断变化的，在某一载荷下，希望各测点的测量值同步采集，以减少误差。因此，试验中应采用数据采集速度较快的先进的仪器。例如使用 IMP 数据采集仪，其采集速度 16 点/秒；TDS－602 数据采集仪，1 点测量速度为 0.06 秒；用静态数据采集仪，速度 12 点/秒。若应变和位移测点多，而且连续不断重复采集，试验过程中应及时检查，保证数据的可靠、有效。

5.4　卫星电性能试验

电性能试验是各类卫星研制过程中必不可少的重要环节，卫星研制过程一般将经历可行性论证、方案设计、初样、正样以及飞行试验 5 个阶段。除方案可行性论证阶段外，从初样的桌面联试、电性测试、靶场合练试验到正样发射的各个阶段，以及各项环境试验（力学试验、真空试验等）都需进行全面的、完整的电性能试验。

卫星电性能试验的目的是：检验卫星总体设计的正确性；检验各分系统的主要性能和功能是否能满足设计要求、各分系统的电接口是否正确合理、电性能是否兼容；协调各种软件运行的正确性和协调性，鉴定卫星的性能等。通过对卫星进行全面系统的测试，充分暴露卫星在设计和生产工艺方面存在的缺陷，发现电子元器件的早期失效及软件的不足，确保卫星产品具有高质量。

5.4.1　电性能试验方案

电性能试验方案应具有灵活性和适应性。卫星往往是多舱段组合的飞行体，在不同飞行阶段有其不同的工作模式，从而需要设置舱段、舱段组合和系统级等各种测试状态。在不同测试场地，环境和条件都不一样，因此测试方案及地面测试系统应具有良好的适应性和先进性。

电性能试验方案的测试方法应以无线测试为主，有线测试为辅，构成遥测、遥控闭环回路，从而最大限度减少地面干扰。卫星地面测试状态应尽可能与飞行的实际状态一致。有线测试主要包括地面模拟电源的供电和控制，少量相应测量信号、重要状态和激励输入信号的控制，卫星初始状态的设置和程序的注入等。

　　制定电性能测试方案时应充分继承卫星成熟的测试技术，其中包括星地隔离技术、测试接地要求、火工装置阻值及其控制线路的检测方法和测试技术流程等。

5.4.2　电性能试验主要内容的确定

　　如前所述，卫星从初样研制到正样发射要经历不同场合下多次电性能试验，不同场合下的测试内容应有所区别，但一些主要内容是必须进行的，包括供电检查、分系统级的测试、分系统间匹配检查、转电及紧急关机检查、模拟飞行测试、电磁兼容性测试等。

　　卫星电性能试验前应进行充分的试验准备工作，包括总控设备硬件和软件调试、测试数据库状态检查、各分系统专用设备调试，以确保地面测试系统处于良好的工作状态，各类测试软件运行正确。

　　为了确保卫星电性能试验过程的绝对安全，在对卫星供电前，应对各舱段火工装置的单个阻值以及控制线路的绝缘阻值进行全面检查，确认正确后，再对火工装置线路进行安全处理。

　　卫星一般配有太阳电池阵模拟电源，蓄电池组模拟器等通过配电器和电缆网为各种电器设备进行输配电和控制，代替电源系统为各分系统提供能源。在测试开始时，首先要进行供电线路安全试验，确认安全后才能进行后续内容的试验。

　　卫星上的几个甚至十几个分系统必须依次进行电气性能和功能检查。测试顺序一般为电源、测控、数管、遥控、姿态与轨道控制、推进、热控、回收着陆、有效载荷等系统，除电源、测控和数管系统外，其他分系统可根据测试的实际情况调整测试顺序。

　　在完成各分系统性能和功能测试之后，进行分系统间匹配试验，主要检查分系统间接口的的匹配性和系统级功能的正确性，各分系统与遥测、遥控系统之间的电接口测试往往需要在分系统的性能测试之前进行。

　　以上所述的几项测试是在外电状态下进行的各分系统测试，之后进行转蓄电池组检查，以验证航天器各个分系统在内电状态下工作的正确性，最后进行紧急关机检查。

　　卫星模拟飞行测试是综合测试中最重要、最全面、最系统、最接近飞行状态的一种总检查。所谓模飞就是将卫星飞行的全过程在地面进行测试模拟飞行，在各个飞行段的各种工作模式下检查卫星飞行控制软件、天地测控通信网络等的正确性、协调性、匹配性和合理性，在最合理的模拟飞行状态下进一步检查各分系统电性接口的匹配性和电磁兼容性，并将卫星作为大系统中的一个分系统检查与其他分系统接口的匹配性。

5. 4. 3　电性能测试文件

　　电性能测试文件一般包括测试大纲、测试细则、测试软件、测试操作规程、测试电连接总图等。

　　测试大纲应阐明卫星在不同场地和条件下的测试目的、测试阶段和状态、测试内容，以及总的测试流程等各方面的技术要求。测试细则应详细编写卫星在各场地和各种状态下的测试项目、方法、步骤以及相应的控制指令、执行结果和状态检测参数变化，并对测试设备作简明的描述。测试细则是测试大纲内容的细化。测试软件是根据测试细则编写的各分系统级或系统级自动测试程序，可以在各分系统专用测试设备或总控计算机上执行。测试操作规程严格以测试细则为依据，它是测试细则内容的口令化文件。测试电连接总图应包括卫星与地面测试设备的接口关系和相应的电缆接点。测试电连接总图是卫星不可缺少的系统级图纸，它在测试中尤其在分析故障、查找故障原因时，有着重要的用途。所有测试文件中的测试内容、方法和原理、程序等应经分析评审后确定，并在各测试阶段修改完善。

5. 4. 4　电性能测试阶段与测试流程

　　卫星研制过程中的电性能试验一般可分为桌面联试、初样电性测试、发射场合练测试、正样状态总装测试、环境试验测试以及发射场测试等。

卫星电性能试验是测试阶段、测试级别以及测试内容的综合体现。测试技术流程合理与否直接影响到卫星的试验质量。制定试验技术流程有以下原则。

1）测试顺序：设备级、分系统级、系统级；

2）先接口检查，后性能测试；

3）先进行电源、测控通信、数管等分系统测试，再进行其他分系统测试；

4）先有线测试，后无线测试；

5）卫星的电性能试验内容，应符合工厂总装测试内容最全、最细的，让问题充分暴露；

6）发射场技术区及其他厂区应适当简化，在发射场尽量做到最简的原则。

5.4.5　电性能试验注意的问题

卫星进行电性能试验时应注意以下问题。

1）星地信息隔离；

2）地面设备的电磁兼容性；

3）测试计算机的可靠性；

4）测试程序的总体设计和实时性；

5）试验现场测试数据的分析与判读；

6）现场故障的及时处理；

7）供电的安全性。

第6章　星、箭系统试验

本章主要从型号系统的角度，论述了型号系统的振动试验、热真空试验、热平衡试验、电磁兼容性试验、卫星磁测试试验、全箭模态试验、星箭合练试验、卫星贮存试验等内容，同时提出了这些试验的目的、方法和要求。本章重点讨论了产品的贮存，产品贮存是目前比较热门的研究内容。

6.1　振动试验

型号系统的振动试验包括正弦振动试验和随机振动试验。正弦振动试验是指试验时输入的载荷以正弦函数方式随时间变化，是目前常用的一种试验方法；随机振动试验是指试验时输入的载荷以随机函数的方式随时间变化。

6.1.1　振动试验目的

型号系统的振动试验有以下目的。

1）在方案论证阶段，用于验证原型样品对振动条件的适应性，为初样设计提供依据，用于验证和修正分析用的数学模型。另外，还可通过试验中所测部位的振动响应，为修改或制定部件级振动试验条件提供依据。

2）在初样研制阶段，用于验证产品设计和工艺方案选取的合理性，确定产品的实际设计余量，考核卫星结构或机构承受鉴定级振动环境条件的能力，即对动强度进行鉴定，为初样设计修改和正样设计提供依据。另外，试验还可对部分组件级（如推进系统的管路等）无法进行试验的部件进行考核，以及获取卫星上各部位的响应参数，以确定和修正正样部件级的振动试验。

3）在正样定型阶段，用于验证正样星对鉴定级振动环境条件的适应能力，确保整星经验收级振动环境条件试验后，仍能承受发射飞行中遇到的最恶劣的振动环境，暴露产品在材料工艺和制造方面可能存在的问题，以及确定在整星振动试验条件下的协调性和匹配性。

6. 1. 2　振动试验条件的制定

型号系统振动试验条件的制定是建立在力学环境预示的基础上的。力学环境的预示过程是已知输入（激励）和系统特性（频响函数），求输出（响应）的过程；常用的方法有经验法（类比法）和解析法，或者把这两种方法结合起来使用。

经验法就是利用已有的或相似的航天器运行时的遥测数据及动力响应数据，汇同地面试验数据，建立数据库。在数据足够多时，最高预示环境可以通过参数统计法得到；但必须检验数据是否很好地符合所假设的统计分布。数据采样少于 3 h，振动环境预示至少应加上 3 dB 的余量。

美国国家航空航天局于 20 世纪 80 年代建立了卫星有效载荷预示数据库及预示系统，命名为"振动、声学有效载荷环境预示系统"。该系统使用的是一种扩展了的外推法，在高频区采用统计能量法来进行预示；而在低频区则根据相似组件上测得的响应，通过换算的方法得到新组件上的响应，即将老组件响应乘以考虑了质量密度、质量载荷、阻尼、激励的修正系数得到新组件的响应。实际上，卫星的动力学环境预示大多数是依据此经验法确定的。

解析法一般采用有限元法对卫星结构建立数学模型，对星箭进行动力学耦合分析。在已知外激励参数和结构数学模型的基础上，通过计算，预示航天器及其组件的动态响应；通过解析法得到的环境预示通常只有在 0～50 Hz 范围内比较准确，一般高阶误差较大。因此，要通过模态试验对实物结构进行模态参数辨识（固有频率、模态阻尼和振型等），以验证和修正数学模型。

统计能量法主要用于估计结构在经受高频带声振环境时的随机振动响应。它不要求准确知道结构各阶频率的动力特性，而是将航天器结构分成许多包含多个共振频率的分系统，应用能量流的概念，求出感兴趣的各个频率互相耦合的分系统之间的能量传递，从而计算出各分系统的平均响应。

振动试验分为正弦扫频振动、随机振动、定频振动等类型。试验量级以加速度、功率谱密度和频率的关系来表示。鉴定试验量级是在考虑确保经验收试验后的卫星仍能承受最恶劣的环境，其累积损伤在给定的范围内，以及试验公差等因素后的环境设计要求，通常比最高预示环境高 6 dB，验收试验量级等于最高预示环境。研制阶段初样产品的量级不低于鉴定级。正弦振动以扫描频率表示，一般为 1～4 OCT/min（OCT 为倍频程）。随机振动鉴定试验时间至少等于最高预示环境持续时间的 2 倍，但不能少于 2 min。试验工况（加载方向）一般要在 3 个相互垂直轴的方向分别加载，其中一个轴要和运载推力方向重合。试验允差是指频率、加速度和功率谱密度的允差。典型正弦振动试验条件如表 6-1 所示。

表 6-1　典型正弦振动试验条件

频率范围/Hz	振动值	
	验收	鉴定
5～8	2.73 mm（0-P）	4.69 mm（0-P）
8～100	0.7g	1.2g
扫描速率（OCT/min）	4.0	2.0

按试验条件绘制出功率谱密度图，典型的随机振动试验条件加速度功率谱密度图如图 6-1 所示。图中 PSD 是功率谱密度，对应面积 A_1 的 3 dB/OCT 称正斜率，对应 A_3 的 -3 dB/OCT 称负斜率。

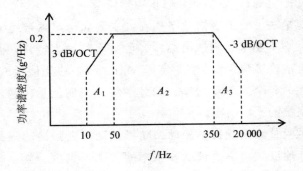

图 6－1　功率谱密度图

总均方根加速度用 $g_{\mathrm{r.m.s}}$ 表示。图 6－1 中的总均方根加速度由 3 部分组成。

（1）平直谱部分

$$g_{\mathrm{r.m.s}} = \sqrt{WB}$$

式中　W——功率谱密度（PSD）值；

　　　B——谱的带宽。

（2）正斜率谱

$$g_{\mathrm{r.m.s}} = \{W_2 f_2 \left[1 - (f_1/f_2)^{m+1}\right] / (m+1)\}^{1/2}$$

式中　f_2——上限频率；

　　　W_2——f_2 处的 PSD 值；

　　　f_1——下限频率；

　　　m——（dB/OCT）/3。

（3）负斜率谱

$$g_{\mathrm{r.m.s}} = \{W_1 f_2 \left[1 - (f_1/f_2)^{m-1}\right] / (m-1)\}^{1/2}$$

在图 6－1 中，有 $A_2 = WB$

$$A_1 = W_2 f_2 \left[1 - (f_1/f_2)^{m+1}\right] / (m+1)$$

$$A_3 = W_1 f_2 \left[1 - (f_1/f_2)^{m-1}\right] / (m-1)$$

则总均方根加速度 $g_{\mathrm{r.m.s}} = \sqrt{A_1 + A_2 + A_3}$

6.1.3　振动试验条件的修正

由于规定的正弦振动试验条件不是卫星所经受的实际环境条件，而是对各种载荷（低频瞬态载荷等）最大值的直线包络，但实际卫星所经受的载荷条件只是在某些频段量级较高，在其他频段相对较低，且凹凸不平的。因此，上述处理，把低的下凹部分抬高了。为了避免由于不实际的试验条件使得卫星主结构和结构大部件响应过大，造成结构和所安装设备受损，需要在试验条件的某些频段（主要在卫星的前几阶共振频段附近）上降低量级，力求恢复原样，这种方法称为下凹或带谷修正。

试验条件的下凹程度不是随意制定的，应该通过卫星/运载火箭的耦合动力分析，以确定在不同频段范围内航天器实际的载荷大小。确定下凹量级及其频段范围的原则是：使得试验中结构所受载荷基本上稍高于卫星/运载火箭耦合动力分析的结果。

振动台上对卫星以运动参数作为输入控制参数进行扫描振动，表明试验件（卫星）的阻抗为零，而与其连接的基础部分（振动台运动部分）的阻抗为无穷大，这样试件的运动不会对基础产生反作用。这显然与火箭在动力飞行的实际状态不符合。实际上卫星作为火箭的有效载荷，在主动段飞行时与卫星相连接的火箭仪器舱是有阻抗的，在卫星共振时，会对火箭仪器舱产生反作用（反共振），即卫星对火箭仪器舱形成"吸振"效应，导致火箭仪器舱的振动幅值在卫星共振频率处是处于低凹的带谷状态。而以振动台台面为振动输入控制的输入谱是平直的，从而导致了在共振频率处使卫星处于过试验状态。

为定量说明，以 F 力作用下的双质量系统振动机理为示例。如图 6－2 所示是 F 力作用下的二自由度系统。

取 $F\sin\omega t=(m_1+m_2)\sin\omega t$

设 6－2 图中 m_1 与 m_2 为弹性连接，该力在系统上产生的加速度为 $1.0g$，则系统方程为

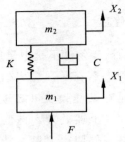

图 6—2　F 力作用下的二自由度系统

m_1—运载火箭仪器舱质量（或振动台运动部件）；

m_2—卫星质量；F—激励力

$$m_1\ddot{X}_1 - c\,(\dot{X}_2 - \dot{X}_1) - k\,(X_2 - X_1) = (m_1 + m_2)\,\sin\omega t$$
$$m_2\ddot{X}_2 + c\,(\dot{X}_2 - \dot{X}_1) + k\,(X_2 - X_1) = 0$$

$$(6-1)$$

上述两式联立解得

$$\ddot{X}_1 = \frac{F}{m_1}\,(1 - \frac{\mu\omega\omega_2}{Q}B + \mu\omega_2^2 A)\,\sin\omega t +$$

$$(6-2)$$

$$\frac{F}{m_2}\,(\frac{\mu\omega\omega_2}{Q}A + \mu\omega_2^2 B)\,\cos\omega t$$

$$\ddot{X}_2 = \frac{F}{m_2}\,(\frac{\omega\omega_2}{Q}B - \omega_2^2 A)\,\sin\omega t - \frac{F}{m_1}\,(\frac{\omega\omega_2}{Q}A + \omega_2^2 B)\,\cos\omega t$$

$$(6-3)$$

式 (6—3) 中，有

$$A = \frac{\omega_2^2\,(1+\mu) - \omega_2^2}{\left\{ [\omega_2^2\,(1+\mu) - \omega^2]^2 + \dfrac{\omega^2\omega_2^2}{Q^2}\,(1+\mu)^2 \right\}^{\frac{1}{2}}}$$

$$B = \frac{\dfrac{\omega\omega_2}{Q}\,(1+\mu)}{\left\{ [\omega_2^2\,(1+\mu) - \omega^2]^2 + \dfrac{\omega^2\omega_2^2}{Q^2}\,(1+\mu)^2 \right\}^{\frac{1}{2}}}$$

$$\omega_2 = \sqrt{\frac{k}{m_2}}$$

$$\mu = \frac{m_2}{m_1}$$

$$Q = \frac{m_2 \omega_2}{c}$$

式中　ω——扰动频率。

由上可知，

当 $\omega < \omega_2$ 时，则：$|\ddot{X}_1| = |\ddot{X}_2| \approx 1.0g$；

当 $\omega = \omega_2$ 时，则：

$$|\ddot{X}_1| << 1.0g$$

$$|\ddot{X}_2| = (1+\mu)[(1+\mu+Q^2\mu)^2+Q]^{\frac{1}{2}}/[\mu^2Q^2+(1+\mu)^2]^{\frac{1}{2}}$$

若取 $Q=10$，$\mu=1$，分析上式可看出：当 $\omega < \omega_2$ 时，m_1 和 m_2 的加速度近似为 $1.0g$，即 m_1 与 m_2 的组合体呈刚体。随着 ω_2 和 x_2 降低而 x_1 增加，当 $\omega = \omega_2$ 时 x_1 是谷，即出现反共振点。这是由 m_2 在 ω_2 处共振产生的对基础（m_1）吸振的结果。

近年来随着星箭振动载荷耦合分析技术及振动响应控制技术的问世与发展，在进行卫星正弦振动试验时，采用了带谷响应控制试验方法，以克服用振动台台面或夹具进行振动控制的过应力的缺陷。

6.1.4　振动试验方法

6.1.4.1　正弦扫频带谷振动试验

正弦振动是指振动加速度（速度或位移）呈周期性的简谐运动。任一瞬间，激励是单一频率。正弦振动位移、速度和加速度幅值之间的关系是

$$V = 2\pi f D = \omega D$$

$$A = (2\pi f)^2 D = \omega^2 D$$

式中，D 为位移幅值（峰值）；V 为速度幅值；A 为加速度幅值；f 为频率在规定的频率范围内（例如 $5\sim2\,000$ Hz），以线性或对数扫频的方法，平滑地改变频率，按试验条件控制不同频率的振动量级，即为正弦扫频。

对数扫频是最常用的方法，即通过倍频程频段（或者为百分比带宽）的时间是相等的。n 倍频程（OCT）定义为

$$f_2 = 2^n f_1$$

正弦扫频振动试验时，航天器某重要部位在某频带的响应可能超过预先设定的最高环境预示值。这是试验的边界条件和激励方式与真实情况不同而造成的。为了使重要部位不因过试验而失效，在此频带内改用该部位的响应值的限量进行控制，这样，在原控制点的谱图上就出现了局部下凹，即带谷。这种方法称正弦扫频响应限控制。如果是重复型号试验，已经有了下凹试验数据，可以直接在试验条件中设置"下凹"，不用再进行响应限控制，该方法有别于响应限控制，称为带谷控制。

6.1.4.2　随机振动试验

随机振动是任一瞬间各种频率成分的能量同时作用在试件上，由于无法预测振动波动的变化规律，只能用统计的方法来描述。常用均方根、功率谱密度来表示随机振动的量级。

功率谱密度 $G_x(f)$，是指随机信号 $x(t)$ 通过中心频率为 f、宽带为 B 的窄带滤波器后的均方值。当带宽趋于零、平均时间 T 趋于无穷大时，该值的极限即为随机信号 $x(t)$ 的功率谱密度 $G_x(f)$。

$$G_x(f) = \lim_{T \to \infty, B \to 0} \frac{1}{BT} \int_0^t x^2(f, t, B) \, \mathrm{d}t$$

随机振动试验的随机信号，通常以加速度谱表示，因此称为加速度功率谱密度。随机振动试验分宽带随机和窄带随机等类型。宽带随机的频带一般在 20～2 000 Hz。如果要求功率谱密度集中在足够窄的频带内，或者振动台的功率不足以维护宽带随机时，将采用分段、窄带随机激振。用数字振动控制方法，借助于离散快速傅里叶变换（FFT），很容易实现随机振动。

6.1.5　振动试验设备

振动台系统一般由振动台、功率放大器、水平滑台和控制测量

系统组成。

振动台是产生激振的主要设备，目前航天器振动试验大多数采用电动振动台，它具有频率范围宽、波形失真小、容易控制，并且可实现多个振动台同步运行等优点。电动振动台主要由台体、功率放大器、整流器（静圈的电源）和辅助冷却系统组成。台体具有由振动台面和驱动线圈组成的运动组件，在不动的直流励磁线圈和铁芯形成的恒定磁场中，使驱动线圈产生交变的电磁力，从而激起振动台面的振动。功率放大器是振动台的动力源，它把来自信号源的小功率信号放大，供给驱动线圈足够的、不失真的功率。功率放大器需要相应的辅助冷却系统。

目前振动台的推力可达 200 kN（正弦）以上，下限频率可以低至 2 Hz，如 LING 公司的 D4022LX 双振动台，是当时国际上最大的电动振动台组合，两台振动台合成推力为 2×200 kN。

水平滑台是航天器作水平方向振动试验用的辅助设备，是振动台系统的组成部分，其工作原理是将滑台台面支承在静压轴承上，平台和轴承间形成一层 $3 \sim 5$ μm 的油膜，油膜压力在 $2 \sim 200$ MPa 间。如果卫星质量很大，台面需要加强以增加刚度。

大规模开关式功率放大器（开关频率达 100 MHz）具有大功率、可组合、波形好、输出阻抗高等优点，此类功放和电动台的动圈直接耦合，使电动台下限频率低于 5 Hz。

控制系统是振动台系统的核心，其实质是自动调整输出频率和振幅，以实现自动控制的信号源。试验条件只有通过控制系统才能实现。数字控制系统若为正弦扫频振动控制，它应能以不同速率进行线形或对数扫频；能自动进行定位移、定速度、定加速度，并能自动切换；能实现多点平均控制（极大、极小）和响应限控制。控制系统若为随机振动控制，它能提供各种形状的功率谱设定；大动态范围；高均衡精度，实现多点平均（极大、极小）控制和响应限控制。目前振动控制系统都有自检功能和完善的保护功能。

试验夹具是连接试验件和振动台面之间的传力部件，保证试验件在规定的振动量级之下得到考验。因此，试验夹具的性能指标影响到振动试验的真实可靠程度，需要认真对待。对试验夹具的要求是：基频尽量高，最好高于试验的上限频率，或者至少为试验件基频的 3~5 倍；夹具连接面上各点的响应要一致，以保证振动输入的均匀性；夹具的横向振动应尽量小；夹具与试验件的连接状态应尽量与实际状态一致。

6.1.6　振动试验的实施

一般需作 3 个方向的振动试验，因此首先需要确定各个方向试验的顺序。在每个方向的试验中，可以按如下顺序进行不同量级的振动试验：

预振级试验→第 1 次低量级试验→验收级试验→第 2 次低量级试验→鉴定级试验→第 3 次低量级试验。

预振级试验的目的是用于检查振动控制系统与测量系统的协调性、试验夹具安装情况、测量传感器安装导通情况等。低量级试验用于测定结构的模态特性，包括结构的固有频率与相应的振型，并初步了解航天器结构的动态响应特征。通过高量级试验（验收级试验或鉴定级试验）前、后相同低量级试验的结果对比，可以有效地判定试验件状态是否发生变化。通常情况下，如果试验件的基频有明显的降低，则说明试验结构中可能存在损坏的现象。另外，也可参照低量级试验响应的特征来确定高量级试验的下凹量级。

试验测量点包括：在试验件上规定的动态响应测量点，以及根据试验控制要求在试验件、夹具或振动台上规定的测量点。测量值可以包括加速度、位移和应变。试验件上测量的类型和测点位置需要根据设计要求，初步分析结果，结合试验的具体条件来确定。

6.2　热真空试验

6.2.1　热真空试验目的

热真空试验的目的是检验星、箭产品在空间热真空环境中运行时对温度环境的适应能力。

6.2.2　热真空试验仪器、设备工作温度范围

在进行星、箭产品整个系统的热真空试验时，要综合考虑星、箭产品上各单机、分系统对温度的要求，尽量做到既不使温度超标，又能充分考核星、箭产品在极端温度下的适应性。

6.2.3　热真空试验设备要求

热真空试验对试验设备有以下要求。

1）真空度：不高于 6.65×10^{-3} Pa。

2）真空室热沉要求：同热平衡试验要求。

3）有机污染：碳氢化合物浓度不大于 15×10^{-6}；非挥发性残留物浓度每 24 h 不超过 1×10^{-6} g/cm^2。

6.2.4　热真空试验工况及试验条件

6.2.4.1　鉴定级试验工况及试验条件

鉴定级试验工况分为高温鉴定工况和低温鉴定工况。在高温鉴定工况中应使星、箭产品内每个温度控制区内至少有一个组件达到鉴定级最高温度，在低温鉴定工况中至少有一个组件达到鉴定级最低温度，并以此作为该控温区试验温度的控制点，其他仪器允许不达到上、下限值。也可取星、箭产品内的某一参考点温度作为高、低温鉴定级工况的基准温度，并以此作为试验温度的控制点。鉴定级最高温度等于最高预示温度（即热控系统给出的仪器最高工作温度）加上环境设计余量 10 ℃；鉴定级最低温度等于最低预示温度

（即热控系统给出的仪器最低工作温度）加上环境设计余量－10℃。

6.2.4.2　验收级试验工况及试验条件

　　验收级试验工况也分为高温验收工况和低温验收工况。在高温验收工况中应使星、箭产品内每个温度控制区内至少有一个组件温度达到验收级的最高温度，在低温验收工况中至少有一个组件达到验收级最低温度，并以此作为该控温区的试验温度控制点。验收级最高温度等于最高预示温度；验收级最低温度等于最低预示温度。允许根据实际温度值加设计余量。

6.2.5　热真空试验循环次数及试验时间

　　星、箭产品热真空试验的循环次数及试验时间有以下要求。

　　1）鉴定级工况试验的循环次数为 8 个循环；

　　2）验收级工况试验的循环次数为 4 个循环；

　　3）每个循环在高温和低温端各停留 8 h；

　　4）温度变化速率：不小于 1℃/min；

　　5）一个完整的温度循环为：正常环境温度→降至试验最低温度并稳定→最低温度端的保持时间→升温至试验最高温度并稳定→最高温度端的保持时间→降至正常环境温度。

6.2.6　热真空试验要求

　　星、箭产品热真空试验有以下试验要求。

　　1）温度稳定性：±1.5℃。

　　2）真空容器内的压力从常压逐渐降至 1.3 Pa 左右的持续时间不小于 10 min。在 1.3 Pa 压力下保持 5 min，主动段通电工作的单机应通电工作，降压过程中需密切监视电子设备的放电性能（包括飞弧和电晕）。

　　3）整个试验过程进行设备的性能监测或测试。

6.3　热平衡试验

热平衡试验分为初样阶段的热平衡试验和正样阶段的鉴定热平衡试验。

6.3.1　热平衡试验目的

6.3.1.1　初样阶段热平衡试验

初样阶段热平衡试验有如下目的。

1）获取航天器温度分布数据；

2）验证热设计的正确性；

3）修正热数学模型；

4）为正样航天器热真空试验提供试验温度参考。

6.3.1.2　正样阶段热平衡试验

正样阶段热平衡试验有如下目的。

1）考核热控分系统维持航天器上仪器设备、分系统和航天器温度处于规定的工作温度范围内的能力；

2）评价根据初样阶段热平衡试验结果所进行的热设计修改的正确性；

3）完善热分析数学模型；

4）为航天器热真空试验提供试验温度设定的依据。

6.3.2　热平衡试验要求

6.3.2.1　试验模型

用于初样阶段热平衡试验的航天器飞行模型，其技术状态应符合下列要求：

1）航天器的外形结构、材料、仪器设备布局、电缆网和各种热控措施应符合初样状态的要求；

2）航天器上仪器设备一般采用模拟件，其外形尺寸、表面状态、安装连接方式、内部发热量和热容量应符合初样设计要求，个别仪器设备可选用初样产品；

3）航天器外表面涂层，对不同的外热流模拟方式，其热效果应与初样状态相同。

用于正样阶段热平衡试验的航天器飞行模型，其技术状态应符合下列要求：

1）航天器上仪器设备、结构件、总装件、电缆网和各种热控措施应是正样产品；

2）考虑到试验设备能力、安全及仪器设备的特殊要求，允许个别仪器设备使用各项热性能参数符合正样产品要求的工艺件、鉴定件或模拟件代替。

对于航天器的密封舱段，在进行热平衡试验时，应采取相应措施抑制密封舱内气体自然对流产生的影响。

6.3.2.2　空间环境模拟器

航天器热平衡试验必须在能模拟空间热环境的模拟器内完成。

根据选用不同的外热流模拟装置，空间环境模拟室和航天器的特征尺寸（如长度、直径等）之比有如下要求：

1）采用太阳模拟器，一般不小于3；

2）采用红外加热器（红外灯阵、红外笼），一般不小于2；

3）采用表面接触式电加热器，一般不小于2。

6.3.2.3　航天器安装因素

航天器在空间模拟器内安装应综合考虑安装方式与方位、空间模拟器形式（立式、卧式）、航天器上热管的布局（一维、二维、三维）与走向，以及航天器主要散热面方位、航天器的外形尺寸、外热流模拟装置的布局和结构形式等因素。

6.3.2.4　试验环境

进行热平衡试验时，应设有供试验前后对航天器进行测试或其他试验操作的工作间。工作间的环境条件一般应满足下列要求：

1）温度：15～25℃；

2）相对湿度：25%～60%；

3）洁净度：优于 100 000 级；

4）有机污染物：一般不设规定。一些对有机污染物有严格要求的航天器，应提出专门的技术规定。

6.3.2.5　接地电阻

空间环境模拟室内和试验操作工作间内的接地电阻不大于 1.0 Ω。

6.3.2.6　试验文件

试验前应编写出指导试验工作的技术和管理文件，如试验大纲、测试细则、试验实施方案（细则）、试验流程和试验质量保证大纲等。

试验中应按技术和管理文件要求，记录各种测试数据和检查结果。

试验后应编写试验报告。

6.3.3　外热流模拟

6.3.3.1　模拟方法

可供热平衡试验选择的外热流模拟方法，一般有以下 3 种：

1）入射热流法；

2）吸收热流法；

3）以上两种方法的结合。

6.3.3.2　模拟装置

外热流模拟装置，主要有以下几种：

1）太阳模拟器；

2）红外加热器，包括红外灯阵和远红外加热器（红外笼、加热板）；

3）接触式电加热器，如薄膜型电加热片。

6.3.3.3　选用原则

对于一个具体航天器的热平衡试验，根据航天器特点（大小、形状、散热面部位、散热面涂层性能等）可以选用一种或多种外热流模拟装置的组合来实现外热流模拟。

选用外热流模拟装置应遵循以下主要原则：

1）与试验设备的能力相适应；

2）具有满足试验要求的外热流模拟精度；

3）适应航天器外形及表面涂层的性能；

4）兼顾初样和正样两个阶段的热平衡试验；

5）易于实现。

6. 3. 4　热平衡试验工况

6.3.4.1　试验工况种类

根据参加试验的航天器上仪器设备工作模式（连续工作恒定发热、连续工作非恒定发热、间断工作）和外热流模拟状态（恒定的、变化的、周期变化的），一般试验工况可组合成以下 4 种模式。

1）稳态工况：参加试验的航天器上的仪器设备长期连续工作，其发热量恒定不变，且外热流为恒定值（一般取轨道周期外热流积分平均值）。

2）准稳态工况：参加试验的航天器上的仪器设备按设定的工作模式工作，且外热流为恒定值。

3）周期性瞬态工况：参加试验的航天器上的仪器设备按设定的工作模式工作，且外热流为轨道周期瞬变值。

4）瞬态工况：参加试验的航天器上的仪器设备按设定的工作模式工作，且外热流为非周期性变化。这种试验工况一般对应于某些特定航天器的飞行任务，或者对应于航天器工作寿命期间内特定的飞行轨道，如工作寿命只有几天的航天器，航天器阴影时间很长的阴影区内的试验工况等。

无论是周期性瞬态工况还是准稳态工况，试验一般都是按航天器运行的轨道周期进行，即按一个运行轨道周期内仪器设备工作模式和外热流值重复进行若干个周期的循环试验，直至航天器的温度达到周期稳定。在某些情况下，也可以若干个轨道周期作为一个热试验周期，连续重复进行若干个热试验周期的循环试验，直至航天器的温度达到周期稳定。

6.3.4.2　确定试验工况的原则

确定试验工况应遵循以下原则。

1）至少包括试验高温工况和试验低温工况；

2）根据航天器飞行任务的特点，初样阶段热平衡试验和只进行正样阶段热平衡试验的航天器可适当增加试验工况；

3）考虑到热设计的不确定性和外热流模拟的局限和误差，可增加试验工况。例如，增加或减少 10% 外热流、增加或减少 10% 的内热功耗，以及这 4 种情况的组合。

6.3.4.3　试验工况稳定判据

判定试验工况是否稳定，主要依据试验所确定的温度监测点的测量值变化情况来决定。同时，也应考虑非监测点的温度变化情况，对尚未达到稳定且变化率又较大的温度测点，应分析其原因并评估对试验工况热稳定的影响程度，然后，综合进行工况稳定的判断。

对航天器有特殊热控要求或热控设计余量较小的情况，确定试验工况稳定的温度变化判据应根据实际情况适当加以处理。

（1）稳态试验

当监测点的温度变化符合下列条件之一者，则认为试验工况达到稳定：

1）在连续 4 h 内，波动值不超过 ±0.5℃；

2）在连续 4 h 内，单调变化值不大于 0.1℃/h。

（2）周期性瞬态试验和准稳态试验

在连续 4 个试验周期的对应时刻，监测点温度值的变化一般在 ±1.0℃ 以内。

（3）瞬态试验

瞬态热试验为定时试验，即当试验时间达到该试验工况规定的持续时间时，试验结束。

6.3.4.4　外热流测量

外热流测量的一般要求如下：

1）选用尺寸小、测量范围宽、精度满足要求、安装使用方便的热流计；

2）试验前热流计应标定，给出标定曲线（数据）或拟合曲线；

3）外热流测量应该反映航天器结构的吸收热流。

6.3.5　温度测量

6.3.5.1　一般要求

温度测量一般要求如下：

1）选用灵敏度高、稳定性好、热惯性小，能在真空条件下正常工作的温度传感器，常用的传感器是热电偶，也允许选用热敏电阻或其他温度传感器；

2）传感器需经计量部门检定，并在有效期内使用；

3）测量仪器需经计量部门检定，并在有效期内使用；

4）根据试验大纲要求，选用合适的测量线路和设备；

5）测量引线应采取隔热措施，尽可能沿等温区走线；

6）温度测量总误差应优于±0.5℃；

7）根据需要，可对完全独立的测温校对系统的测量值与测温系统的测量值进行比对，以检查温度测量的误差，校对系统的测量精度应不低于测温系统的测量精度。

6.3.5.2　测温点布点原则

热平衡试验模型测温点的布点原则是：

1）与热数学模型的计算节点位置尽可能相对应；

2）与飞行遥测点位置尽可能相对应；

3）在条件允许时，尽可能多布测温点。

6.3.5.3　污染测量

一般情况下，在空间模拟器内应安装石英微量天平或污染取样板等装置，监测航天器和试验设备的放气污染情况。

6.3.6　热平衡试验设备

6.3.6.1　空间模拟器

空间模拟器应满足以下要求。

1）试验时，对非充气密封航天器或舱段，压力应不高于 1.3×10^{-3} Pa；对充气密封航天器或舱段，压力应不高于 6.0×10^{-3} Pa。

2）试验时，热沉表面温度应不高于 100 K。

3）热沉朝向航天器的表面对太阳光的吸收比应不小于 0.95，半球向发射率应不小于 0.90。

4）空载时，空间模拟室内的背景热流应不大于 10 W/m^2。在试验过程中，采用太阳模拟器或接触式电加热器的热平衡试验，热沉和其他部件表面的红外辐射及反射产生的附加热流可引起航天器表面试验温度偏高，其影响程度可由航天器表面、热沉、其他部件的温度、热辐射特性以及它们之间的几何角系数等参数确定。为减少影响，应尽量减少附加热流。

5）空间模拟器应有支吊航天器的支架、吊点，试验中航天器安装支架的漏热可引起试验温度偏差。航天器安装支架的漏热包括传导和辐射漏热两部分，其影响可由航天器和安装支架的温度、几何尺寸、材料热导率、航天器安装的连接形式及安装支架发射率等参数确定，应尽量减少支架的漏热。

6）使用太阳模拟器时，应设置模拟地球阴影的可移动热沉或低温闸门，以及模拟航天器自转或姿态变化的运动模拟器。

7）能监测热沉表面的温度和真空室的压力。

8）连续空载运行 24 h 后，空间模拟室内的有机污染物一般不超过 1×10^{-7} g/cm^2（取样点温度为 -50℃，压力不高于 1.3×10^{-3} Pa）。

9）能提供满足试验要求的测量、供电和信号（低频、高频）传输通道，航天器与空间模拟器之间的各种连接电缆的漏热可引起试验温度偏差。电缆漏热包括传导和辐射漏热两部分，其影响可由航天器和电缆的温度、几何尺寸、热导率和发射率等参数确定，应尽量减少电缆的漏热。

6.3.6.2　外热流模拟装置

6.3.6.2.1　太阳模拟器

太阳模拟器应满足以下要求。

1) 试验空间内光束辐照度的不均匀度应优于±5％；

2) 光束辐照度的不稳定度应优于 11 ％/h；

3) 光束准直角不大于 2°；

4) 光束辐照度可在 500～1 700 W/m² 范围内变化，并连续可调。

6.3.6.2.2　红外加热器

红外加热器应满足以下要求。

1) 热流密度应满足航天器相应部位吸收的最大和最小热流值。

2) 各加热区的相互干扰要小。

3) 各加热区的热流可独立调节。

4) 若采用远红外加热器（红外笼、加热板），当热流密度大于 80 W/m² 时，各加热区的热流平均值与设计值的偏差应优于±5％，热流不均匀性应优于±5％；若采用红外灯阵，当热流密度大于 80 W/m² 时，要求各加热区平均值与设计值的偏差应优于±5％，热流不均匀性应优于±10％。

5) 当热流密度小于或等于 80 W/m² 时，热流平均值的偏差和不均匀度难以达到热流密度大于 80 W/m² 的指标要求范围时，应尽可能减小偏离的程度。在某些情况下，即使关闭外热流加热器的电源，外热流模拟装置的反射和空间模拟器内的背景热流等综合影响，也将超过航天器表面的外热流值。此时，可适当减小相邻表面的外热流值进行补偿，具体措施应根据各个航天器的实际情况而定。

6.3.6.3　接触式电加热器

接触式电加热器应满足如下要求。

1) 加热功率应满足航天器相应部位吸收的最大和最小热流值；

2) 一般每个加热区的加热器所占用的面积应不小于该区面积的 95％；

3) 各加热区的热流可独立调节；

4) 各加热区的实际加热功率与设计值的偏差应优于±2％；

5）各加热回路的电流一般不大于 4 A，电压不高于 120 V。

6.3.6.4　数据采集及处理装置

数据采集及处理装置应满足如下要求。

1）电压最小分辨力不大于 $1\mu V$，温度分辨力优于 $0.1℃$；

2）具有较强的数据处理；

3）具有较强抗干扰的能力。

6.3.6.5　直流电源装置

用于加热器的直流电源装置应满足如下要求。

1）输出电压在 $0\sim120$ V 范围内连续可调；

2）具有编程功能，电压分层值一般不大于 50 mV，电流分层值一般不大于 10 mA；

3）直流输出纹波电压小于 10 mV（有效值）；

4）具有过流、过压、短路和断路保护及报警功能。

6.3.7　热平衡试验程序

6.3.7.1　空间模拟器状态检查

试验前，应按试验设备运行操作规程，对空间模拟器各分系统和装置（部件）进行检查，以确保热平衡试验安全可靠进行；必要时应进行全系统联调或试运行。

6.3.7.2　试验航天器状态检查

按有关技术文件，对试验用航天器状态进行如下项目的检查。

1）航天器外观检查；

2）有气密性要求的舱段漏率检查；

3）测温线、加热线和各种信号线检查（导通、绝缘）；

4）热流计、温度传感器检查；

5）航天器机械功能检查；

6）航天器电气性能检查。

6.3.7.3　航天器和空间模拟器的结合状态检查

应根据试验用航天器状态（热模型状态，飞行模型状态）、试验大纲要求和空间模拟器技术状态分别在试验航天器装入空间模拟器前或装入后进行以下项目检查。

　　1）将穿过空间模拟器的加热线、测温线和信号线分别与航天器的对应线缆连接，检查线缆的绝缘和导通情况；

　　2）将所有应接地的设备接地，检查接地电阻；

　　3）向加热器或外热流模拟装置（红外灯阵、红外笼）输入安全的功率（相应测温点的温度值或热流计输出值应有较明显变化），检查加热器和外热流回路与测温点对应关系是否正确，以及是否存在相互干扰；

　　4）航天器与试验设备通电，检查相互之间的电磁干扰。

6.3.7.4　试验的启动、运行与结束

6.3.7.4.1　试验的启动

　　按操作规程启动真空泵，预冷热沉，启动液氮泵，建立符合要求的真空室压力和热沉温度。在此过程中，视情况可适当施加部分外热流，以维持航天器温度不低于规定值。

6.3.7.4.2　试验的运行

　　试验中应完成以下工作。

　　1）调节与控制外热流保持在某规定试验工况所要求的水平上；

　　2）定时测量航天器和试验设备上的温度及其他性能参数；

　　3）当监测点的温度符合要求时，该工况结束；

　　4）调节与控制外热流保持在另一个规定试验工况所要求的水平上，重复以上的操作。

6.3.7.4.3　试验的结束

　　当完成所有规定工况的试验后，可结束试验，并按操作规程进行热沉升温、停机和复压操作。在热沉温度升至室温的过程中，应控制航天器外表面温度至少高于热沉温度 $10℃$。对于有密封舱的航天器而言，在复压过程中，应采取措施防止密封舱出现负压。

6.3.8　热平衡试验后的检查

　　除有关技术文件特别规定外，试验后一般进行如下项目的检查。

1）打开空间模拟器；

2）检查航天器外观，测量航天器各种性能参数；

3）分析试验过程中发现的异常现象和问题。

6.3.9　热平衡试验故障与对策

在试验过程中，试验设备或试验航天器出现故障时，一般应中断试验，待故障排除后，再继续进行试验。若故障无法排除，则应进行详细分析，并评估故障对试验结果的影响和是否能达到规定的试验目的，然后综合作出继续试验或中断试验的决定。

6.3.9.1　试验设备故障

试验设备一般易发生如下故障。

1）外热流模拟装置的性能超出有关规定。个别加热区出现故障时，应分析故障对航天器总热流的影响，采取相邻加热区热流补偿等措施，此时可以不打开空间模拟器，继续试验；若关键加热区出现故障时，应进行现场综合分析，决定是否中断试验。

2）空间模拟器真空室内压力高于规定的压力时，中断试验工况，不打开空间模拟器，待真空室压力达到规定时，恢复试验工况。

3）若数据采集系统出现严重干扰，无法进行参数的正常测试时，一般不停止试验，仅中止测量，在系统恢复正常后，再采集试验数据。如果有热电偶和热敏电阻两套测温系统，在一套系统出现故障后，试验可以继续进行。

6.3.9.2　试验航天器故障

试验航天器一般易发生如下故障。

1）初样阶段热平衡试验的热控分系统设备出现故障时，应进行现场综合分析，决定是否中断试验；其他设备出现故障时，应继续进行试验。

2）正样阶段热平衡试验的航天器仪器设备出现故障时，如果热平衡试验没有受到影响或影响不大，应继续试验；若仪器发热功率较大的设备出现故障时，应视实际情况，进行现场综合分析，决定是否中断试验。

6.3.10 热平衡试验结果分析和评价

6.3.10.1 试验误差源

6.3.10.1.1 热流模拟误差

热流模拟方法的局限性、热流计误差、加热器和热流计布置得不恰当等，均会引起试验热流的实际值与要求值之间产生偏差，出现热流模拟误差。

6.3.10.1.2 航天器状态的偏差

试验航天器与发射航天器状态之间的差异会引起试验温度的偏差，这些偏差的影响因素主要包括表面的太阳吸收发射率、连接件的接触热阻、多层隔热材料的松紧程度、仪器设备的工作模式和发热量等。

6.3.10.1.3 温度测量误差

温度传感器的标定误差、测温系统的误差（系统误差、随机误差、系统最小分辨力）、温度传感器与被测面之间的热阻（粘贴工艺不佳）和引线漏热等均可引起温度测量误差。

6.3.10.2 航天器能量平衡计算及误差分析

热平衡试验结束后，应根据试验误差源进行航天器试验工况能量平衡综合分析，比较航天器吸收和辐射的热量的差异。航天器吸收的热量包括航天器仪器设备的发热量和航天器表面吸收的外热流两部分。航天器辐射的热量按航天器表面各部位的发射率、面积和温度（各工况测量得到的温度或多个测点的平均值）确定。

根据不同的航天器状态和选用的外热流模拟方法，航天器吸收和辐射热量的差值与吸收热量之比值，一般在±10%范围内。当比值过大时，应进行进一步分析，找出原因，提出处理意见。

6.3.10.3 对试验进行评价

在完成航天器的能量平衡、误差分析后，应对热平衡试验评价，内容包括：

1）试验中，航天器和试验设备的各主要参数是否满足试验大纲和本标准规定的指标；

　　2）试验记录及试验数据是否完整；

　　3）试验是否达到预期目的。

6.4　电磁兼容性试验

　　本节主要讨论卫星系统的电磁兼容性试验。卫星系统在研制过程中应分别进行分系统和设备级电磁兼容性试验和整星级电磁兼容性试验，卫星设备和分系统级电磁兼容性试验主要按 GJB 151A－97《军用设备和分系统电磁发射和敏感度要求》、GJB 152A－97《军用设备和分系统电磁发射和敏感度测量》标准和 QJ 2266－92《航天系统电磁兼容性要求》标准实施。由于卫星系统的结构、用途和实际运行环境的特殊性，卫星整星级电磁兼容性试验主要进行辐射敏感度试验、卫星系统自相容性测试、与运载和测控系统的相容性试验、静电放电试验等内容。

6.4.1　电磁兼容性试验准备

　　试验准备是任何卫星产品电磁兼容试验十分重要的内容，任何电磁兼容试验方法和标准都会对试验准备工作提出详细的要求。试验准备要求不同，往往会导致电磁兼容试验结果的不一致。对卫星分系统和设备级产品的电磁兼容试验可以按 GJB 151A－97、GJB 152A－97和 QJ 2266－92 标准执行，卫星整星电磁兼容试验原则上也应该符合 GJB 151A－97、GJB 152A－97 和 QJ 2266－92 标准的有关要求。然而，由于卫星结构和具体测试的特殊性，卫星整星电磁兼容试验不可能完全符合上述标准的相关要求，特别是难以达到标准对卫星整星电磁兼容试验的试验准备工作的要求。为此，对卫星整星电磁兼容试验的试验准备工作应该按卫星实际运行状态来确定，并在试验大纲中予以明确。根据作者对卫星整星电磁兼容试验的经验，下面逐一讨论卫星整星电磁兼容试验的试验准备工作要求。

（1）试验环境

卫星整星电磁兼容试验可根据不同的试验项目选择不同的场地，电磁场辐射敏感度试验和电磁场辐射发射测试必须选择在电波暗室内进行，对卫星自兼容性测试和静电放电试验可放置在一般环境下进行。但无论在何场地进行卫星整星电磁兼容试验，均应对试验环境电平进行测试或评估，以判断试验的有效性，并在试验大纲中予以明确。根据作者对卫星整星电磁兼容试验的经验，在电波暗室内对环境电平的测试一般采取两个步骤：一是在电波暗室内没有任何设备的情况下，在卫星实际放置的位置进行全波段环境电平测试，测试结果应满足 GJB 151A－97 标准的要求；二是将卫星放置在电波暗室内，所有地面测试设备和测试电缆按要求连接完毕，电波暗室场地全部按试验要求布置好，并且在卫星通电工作正常并可以正式进行电磁兼容试验，卫星电源、所有地面测试设备通电切断的情况下，在电波暗室内必要的测试位置进行环境电平测试。测试结果应满足卫星整星实际指标对环境电平的要求。在无法确定测试结果是否满足卫星实际指标对环境电平要求的情况下，可参照 GJB 151A－97标准的要求进行评判。卫星整星电磁兼容试验环境一般应符合如下具体要求。

1）为减少反射，提高试验的准确性和重复性，用于卫星整星辐射发射和辐射敏感度试验的场地应尽量在有五面吸波材料的电波暗室进行，电波暗室的接地平板应符合 GJB 152A－97 标准的要求。必要时，可在电波暗室地面接地平板上铺设一定数量的吸波材料，以便进一步减少反射，提高试验的准确性和重复性。

2）为防止卫星和外部环境的相互影响，电波暗室的屏蔽效能应满足电磁环境电平的要求，在卫星断电、其他设备全部处于正常工作状态时，环境电平应低于卫星电磁场辐射发射技术指标规定的极限值 6 dB。

3）当环境电平不能低于规定极限值 6 dB 时，应在测试报告中说明实际的环境电平。

4）根据卫星实际要求和设备要求，明确对试验场地的温度、湿度、洁净度和电源的要求。

5）除必需的专用工艺装备、与卫星进行无线通信的接收天线和发射天线，以及电磁兼容试验设备，其他设备原则上不得放入电波暗室内，而是通过测试电缆与电波暗室内的卫星和天线连接。

6）电波暗室内不应有与测试无关的设备、电缆架、桌子、其他物件和人员。

（2）电缆敷设

卫星整星电磁兼容试验往往需敷设大量的测试电缆，而测试电缆往往是产生电磁干扰和电磁骚扰的原因。在卫星整星电磁兼容试验时，应合理布置测试电缆，减小由于测试电缆对试验环境的影响，避免由于测试电缆出现电磁干扰现象。

用于连接卫星表面的外部设备并暴露在卫星本体外部的电缆，往往也是产生电磁干扰和电磁骚扰的关键测试区，进行电磁兼容试验的准备工作时，要求暴露在卫星本体外部的电缆应与实际的安装情况一致。

在卫星整星电磁兼容试验大纲中应具体明确测试电缆的布置要求，描述暴露在卫星本体外面的电缆状况，以便在发生电磁兼容现象时确保能重复问题现象，保证试验的稳定性。卫星整星电磁兼容试验时电缆敷设有以下要求。

1）卫星整星电磁兼容试验地面测试电缆应尽可能用吸波材料覆盖，不能覆盖的测试电缆不能布置在敏感度试验的关键测试区附近；电波暗室内的卫星或地面测试设备与电波暗室外的地面测试设备的连接应通过专用接口或通道过壁，尽量控制电磁骚扰信号出入电波暗室。

2）应明确所有地面测试电缆的名称、特性、用途、总长度，暴露在电波暗室内的长度和走向，与卫星的连接部位等实际布置情况。电缆的特性主要是指电缆的类型，普通电缆明确是否是双绞线、屏蔽线。

3）暴露在卫星本体外部的电缆，应与实际的安装情况一致，并具体描述电缆的名称、特性、部位和长度，这些部位应作为关键测试区，选择必要的试验项目进行试验。

（3）供电与接地

在电波暗室内对卫星整星进行电磁兼容试验时，应慎重对待卫星和卫星地面测试设备的供电与接地方法，要了解电波暗室的电源和接地状态。在卫星整星电磁兼容试验中，卫星一般放置在电波暗室内，卫星地面测试设备一般放置在电波暗室外。为避免传导干扰信号通过电源和接地线进出电波暗室，用于电磁兼容试验的电波暗室均要求安装电源滤波器和接地滤波器，这样就可能在地面测试设备地与卫星地之间存在一个滤波器。为此，在卫星整星电磁兼容试验中，要分析接地滤波器对卫星安全、正常工作和测试是否可能存在影响，首先应确保卫星的安全，防止由于接地不符合卫星测试要求造成不真实的电磁兼容问题。对此，卫星整星电磁兼容试验应允许卫星使用电波暗室外的接地系统，使卫星地与地面测试设备地之间直接连接。根据作者的经验，试验的具体供电与接地一般应采取如下措施。

1）在电波暗室内，卫星一般选用电波暗室内的接地系统，当设计师系统认为有必要时，允许采用粗导体接地线通过信道孔将卫星基准地引出电波暗室，直接与地面测试设备使用的接地网连接，卫星本体应与电波暗室的屏蔽室壳体隔离；

2）地面测试设备交流供电的中线不能与地面设备外壳连接，不能使用交流供电线与机壳之间绝缘性能差的仪器；

3）地面测试设备机壳必须全部连接到厂房大地网，接地电阻应小于 2.5 mΩ；

4）地面测试设备向卫星供电时，地面电源负端应通过电缆与卫星基准地连接，地面供电设备电源母线应与设备地隔离，绝缘电阻应大于 5 MΩ；

　　5）低频地面测试设备信号地与设备机壳之间应隔离，绝缘电阻要求大于 1 MΩ；

　　6）经脱落插头传送的有线测量信号，必须提供回流线，一般采用双绞线传输，回流线在地面设备中单点接地；

　　7）试验中卫星的供电应以地面模拟电源供电为主，卫星使用的地面模拟电源应符合有关星上电源质量及电磁兼容性要求，在地面模拟电源和卫星之间不再按标准要求串接人工电源网络；

　　8）在试验过程中应适当选择卫星内部供电工作状态，考核卫星供电系统在整星工作状态的电磁兼容性，当发现的干扰现象可能源自于电源时，可比较卫星内外供电时卫星的电磁兼容性状况，以便分析和确定干扰原因。

　　（4）试验设备和地面测试设备

　　用于卫星电磁兼容试验的设备应符合 GJB 152A－97 标准的规定，设备总体性能指标能满足各项试验项目的技术要求，功能性设备应完好无损。具体要求如下：

　　1）涉及测试环路并且其量值准确性可能影响最终测试结果准确性的设备应定期校准。例如，对于电场辐射发射设备，必需定期对测量接收机、测试用电缆衰减特性、接收天线系数、预放等测试环路的设备进行校准，并调整测试软件原有修正数据；对于电场辐射敏感度设备，必须对电场传感器等对测试环路输出量值准确性有影响的试验设备进行定期校准。

　　2）卫星地面测试设备和工艺装备不能影响卫星正常的电磁兼容试验结果，所有试验设备、地面测试设备和工艺装备必须具有满足预期使用要求的计量标识。

　　3）在每个项目试验前，应对整个测试系统按照单项测试方法的规定进行模拟测试，确认测试系统满足试验要求。

　　（5）卫星放置状态

　　GJB 152A－97 标准对被测设备摆放的位置、方向、高度、与测试天线的距离等有十分详细的要求，但由于卫星结构庞大、测试方法复杂，以及卫星吊运放置的局限性，难以满足 GJB 152A－97 标准对试验设备布置的要求。对此，卫星整星电磁兼容试验一般可由转运车直接将卫星移至试验位置，并在转运车上直接进行试验测试。在设计转运车时，尽可能不要使卫星的实际高度低于 0.8 m。卫星整星在电波暗室内放置的具体要求如下：

1）卫星尽可能放置在电波暗室内转台上方的静区位置，并用吸波材料对卫星转运车进行必要的遮挡；

2）电波暗室内用于卫星无线测试所放置的天线不允许直接挡住电磁兼容测试天线接收和发射电磁场信号的路径，应尽可能在天线的波瓣宽度以外，必要时对无线测试天线用吸波材料进行局部遮挡；

3）卫星整星电磁兼容试验大纲应明确每一试验项目卫星、试验设备、监测设备和工艺装备在试验场所的布置情况，并给出试验场地平面布置图和卫星放置的状态图；

4）在不同的试验项目对不同的关键测试区进行电磁兼容试验时，往往需要卫星有各种不同的放置状态，电磁兼容试验大纲应根据关键测试区电磁兼容试验要求，确定卫星整星电磁兼容试验每一个放置状态，并明确每一个卫星放置状态对应的可以进行试验的关键测试区。

6.4.2　电磁兼容性试验一般要求

一般要求是电磁兼容试验准备工作的一部分，在卫星整星电磁兼容试验一般要求中应详细说明与电磁兼容试验有关的卫星技术状态和卫星特性参数，规定卫星整星电磁兼容试验需要策划的各项工作以及对安全与故障的处理要求，具体内容阐述如下。

6.4.2.1　卫星技术状态

卫星整星电磁兼容试验应在分系统和设备级产品电磁兼容试验基础上进行，试验前应明确参与整星电磁兼容试验的各分系统设备组成情况，具体要求如下：

1）给出参与卫星整星电磁兼容试验各分系统和设备的电磁兼容试验结果，当分系统产品电磁兼容试验结果与试验要求不符合或让步接受时，应提供实际状态；

2）提供各分系统、设备产品（含星载软件产品）的阶段和编号的技术状态，对不参与卫星整星电磁兼容试验的分系统设备或部件给予明确说明；

3）对参加整星电磁兼容试验的分系统设备的研制状况进行必要的表述，对卫星整星电磁兼容试验的有效性给予确认。

6.4.2.2 卫星重要参数

按 GJB 152A—97 标准的要求，被测产品天线端口接屏蔽的匹配负载。由于卫星的特殊性，卫星整星电磁兼容试验时往往不允许用匹配负载代替星上的发射天线和接收天线，因此，卫星整星电磁兼容试验前应明确卫星可能产生的射频发射信号和容易受到射频干扰的信号参数，作为对试验结果进行分析的依据之一。在对电磁场辐射发射测试数据进行分析时，既要分析卫星射频信号及其谐波信号和电场辐射信号对运载系统等外部系统的影响，又要分析这些信号可能对卫星系统内部设备的影响，合理给出卫星整星射频信号和电磁场辐射发射的分析结果。在对电场辐射敏感度试验数据进行分析时，应考虑卫星接收机、中频放大器等敏感频率参数对相应敏感信号强度的控制要求，并对试验结果给出合理的分析结果，必要时电场辐射敏感度试验应避开敏感参数频率，防止对接收机等敏感设备产生伤害。

在卫星整星电磁兼容试验过程中，还应给出证明卫星是否存在性能降低或误动作的敏感度监测参数，敏感度监测参数是直接反映卫星电磁兼容性是否满足要求的判断依据。设计师系统应根据试验项目编制敏感度监测参数记录表，并在电磁兼容试验过程中及时记录。发现异常现象应及时向指挥系统报告，必要时可重复试验以确认异常现象出现的具体情况，设计师系统应对异常现象进行书面描述并上报。

卫星重要参数可以用表格形式给出，并给出重要参数对应的注意事项。卫星重要参数一般应包含如下内容：

1）卫星所有射频发射信号的名称、频率、带宽、功率。

2）卫星敏感信号的名称、频率、带宽、灵敏度和最高允许输入电平，并明确在敏感频率带宽内干扰强度的控制要求。主要试验包括避开敏感参数频率带宽范围；不能超过最高允许输入电平；不避开敏感参数频率，考核敏感设备受到干扰信号后是否能保持原有性能。

3）敏感度监测参数应制作成记录表，记录表应包含试验内容、数据监测界面、监测内容、合格判据和监测结果等。

4）其他重要参数。根据各卫星型号具体情况，描述与电磁兼容试验有关的卫星参数及相应对试验的要求。

6.4.2.3　关键测试区

卫星体积较大，各部位电磁场的发射和对敏感信号的承受程度不一样，关键测试区就是卫星整星电磁兼容试验的具体对象，只有确定了有效的试验对象，试验结果才可能有效。因此，明确关键测试区是卫星整星电磁兼容试验的基本要求，关键测试区也是卫星电磁兼容试验重要参数的内容。根据电磁兼容性预测分析，卫星整星产生的电磁骚扰超出预期规定和可能会影响其他系统或卫星本身正常工作的区域，以及在规定强度的电磁干扰信号作用下可能会影响卫星整星正常工作的区域，均属于关键测试区。在卫星整星电磁兼容试验前，应对卫星关键测试区进行描述和评审，必要时，应采用图示方法说明关键测试区部位并明确关键测试区名称，或对关键测试区进行编号。

6.4.2.4　卫星工作状态

在研制、发射场、发射和在轨运行等不同环境条件，卫星将面对相应的不同的电磁场环境。在不同的环境条件下，卫星整星、分系统设备和星上控制软件等产品会涉及各种相应的工作状态。在电磁兼容试验前，应确定相应电磁场环境下卫星可能运行的工作状态，并对每一工作状态的名称和含义进行描述。这些工作状态应覆盖卫星在研制、发射场、发射和在轨运行过程中所有的工作状态。在卫星整星电磁兼容试验时，每一项试验项目将在卫星上述若干工作状态下进行。对发射测量，必须对卫星关键测试区容易产生最大电磁骚扰的工作状态进行测试；对敏感度试验，必须对卫星关键测试区最容易受电磁干扰的工作状态进行试验。

6.4.2.5　试验技术要求

试验技术要求是实施卫星整星电磁兼容试验的核心内容，是编写卫星整星电磁兼容试验细则不可缺少的依据。试验技术要求必须明确每一个卫星放置状态对应的关键测试区，每一个关键测试区需进行的电磁兼容试验项目，试验项目对应的频率范围、限值、安全系数和对应的卫星工作状态。上述内容可用列表方式给出，并进行必要的文字说明。同时，针对上述试验内容，设计师系统应编制相应的敏感度监测参数记录表。在具体提出试验技术要求时，一般应注意如下事项：

1）试验项目一般参考标准给出的试验方法名称，若有特殊要求应在电磁兼容试验大纲中给予说明；

2）试验频率范围应根据卫星试验要求和重要参数来确定，主要是根据卫星敏感信号试验的要求来确定。

6.4.2.6　试验技术流程

试验技术流程应在试验技术要求的基础上编制，是对试验技术要求的补充说明。在试验技术要求十分明确并能指导试验细则编写时，试验技术流程可以在卫星整星电磁兼容细则中结合试验程序编写。

试验技术流程是根据卫星整星电磁兼容试验技术要求，以卫星放置状态、试验项目、关键测试区为顺序，用框图形式表示卫星整星电磁兼容试验的主要流程。试验技术流程框图应明确每个卫星放置状态需进行的试验内容，必要时可用文字补充说明流程要求。试验技术流程的制定一般应符合以下先后顺序的要求：

1）卫星整星电磁兼容试验前准备状态检查与评审，整星专项电磁兼容测试、地电位噪声测试，卫星整星自兼容性测试、电磁兼容性试验，静电放电试验；

2）在同一卫星放置状态的全部试验内容完成后，经设计、质量确认无须复测后，再进入下一个卫星放置状态，避免考虑不周重复设置前一个卫星放置状态；

3）在每一个卫星放置状态，先进行发射测试项目，后进行敏感度试验项目；

4）在每一试验项目，同一频段天线对应试验完成后，再进入下一频段天线的试验。

6.4.2.7　试验程序

试验程序是试验细则的核心内容，卫星整星电磁兼容试验程序是根据试验技术要求和技术流程，结合电磁兼容试验设备具体条件和卫星工作状态设置的具体情况，确定在卫星整星状态下进行电磁兼容试验的详细操作步骤。卫星整星电磁兼容试验详细操作步骤是一个复杂的过程，同一项电磁兼容试验项目往往可能在不同的卫星放置状态和关键测试区重复进行，同一个卫星工作状态也会在各种试验项目中反复出现。为使试验程序简单明了，可根据试验技术要求和技术流程，按试验内容先后顺序制定一个卫星整星电磁兼容试验程序，对每一项电磁兼容试验项目制定一个电磁兼容试验项目操作程序，对每一个卫星工作状态制定一个电磁兼容试验卫星操作程序，把电磁兼容试验项目操作程序和电磁兼容试验卫星操作程序作为卫星整星电磁兼容试验程序的配套文件，从而得到一个完整的卫星整星电磁兼容试验程序。

（1）卫星整星电磁兼容试验程序

卫星整星电磁兼容试验程序应根据试验技术流程编写，当实际试验程序与试验技术流程不能一致时，卫星整星电磁兼容试验细则编写人员应同设计和工艺人员沟通协调，在卫星整星电磁兼容试验细则中对试验技术流程进行补充说明，并在此基础上编写详细的试验程序。卫星整星电磁兼容试验程序可以用表格形式给出，每一项试验内容应明确如下要求：

　　1）卫星放置状态；

　　2）试验项目名称；

　　3）关键测试区名称；

　　4）卫星工作状态；

　　5）试验频段：由于卫星重要参数和电磁兼容试验设备条件的限制，在规定的试验频率范围内往往需要通过几个试验频段来实现；

　　6）敏感信号强度或合格判定限值；

　　7）天线极化方式；

　　8）试验记录：该记录可以用于对电磁兼容试验程序的完成情况进行记录，记录内容应明确试验的具体时间，并对试验异常现象进行简单的提示。

　　（2）电磁兼容试验项目操作程序

　　电磁兼容试验项目操作程序应明确每个试验项目的具体准备工作步骤和测试步骤，具体应包含如下内容。

　　①试验准备工作操作程序应包含的内容

　　具体包括：

　　1）卫星进入电波暗室前，全频段场地环境电平测试、打印要求；

　　2）卫星进场、卫星放置状态和试验准备工作检查，每次改变卫星放置状态后要对试验准备工作和卫星工作正常性进行检查，确保试验有效；

　　3）卫星不通电、地面测试设备全部进入试验状态，全频段场地环境电平测试、打印；

　　4）确认试验场地环境电平；

　　5）对应各试验项目，对电磁兼容试验设备进行调试与校准，保存校准数据；

　　6）准备工作结束。

②电磁场辐射发射测试操作程序应包含的内容

具体包括:

1) 完成准备工作步骤;

2) 根据试验内容配置和安装电磁场辐射发射试验设备;

3) 根据试验要求设置电磁场辐射发射试验设备的参数;

4) 卫星依次开启相应工作状态;

5) 各频段、位置电场辐射发射测试和记录;

6) 确认测试数据;

7) 重复上述步骤,对不同的频段和关键测试区进行测试,直至完成相应卫星放置状态的全部电场辐射发射测试。

③电磁场辐射敏感度试验操作程序应包含的内容

1) 完成准备工作步骤;

2) 根据试验内容配置和安装电磁场辐射敏感度试验设备;

3) 根据试验要求设置电磁场辐射敏感度试验设备的参数;

4) 依次开启卫星相应工作状态;

5) 敏感信号发射开始;

6) 敏感信号发射完毕;

7) 各岗位对监测参数进行比对和确认;

8) 确认是否可进入下一步测试;

9) 重复上述步骤对不同的频段和关键测试区进行试验,直至完成相应卫星放置状态的全部电磁场辐射敏感度试验。

其他试验项目同样应制定相应的试验步骤。

(3) 电磁兼容试验卫星操作程序

电磁兼容试验卫星操作程序可参照卫星整星电测细则编写。卫星整星电测细则若能覆盖卫星工作状态操作程序时,也可按照卫星整星电测细则来设置电磁兼容试验的卫星操作程序。

6.4.2.8　试验记录

试验记录是卫星电磁兼容试验是否满足设计要求的原始证明材料,是编写卫星整星电磁兼容试验报告和试验总结报告的依据。每一个参试岗位均应及时、正确填写、保存和整理试验记录，编写人员及时提交试验报告和试验总结报告。试验记录内容应齐全，字迹清晰，更改规范，不留空格，签署完整，对有量化要求的参数应有比对、判读栏目，对由地面测试系统自动读取的试验原始数据应能回放查询，对所有遥测参数应设置超差分级报警。在发生异常情况时，要及时填写"电磁兼容试验异常情况记录表"。试验记录一般应包含如下内容。

1）整星自兼容性测试记录；

2）对应电磁兼容试验程序的完成情况记录；

3）对应电磁兼容测试结果的记录；

4）敏感度监测参数记录（含测量数据比对、判读）；

5）电磁兼容试验异常情况记录。

卫星整星电磁兼容试验一旦发现故障、问题及异常现象，应认真分析和计算，在试验验证的基础上，按质量保证大纲要求进行归零或编制专题分析报告。卫星分系统产品在装星前应通过电磁兼容试验，当卫星整星电磁兼容试验出现分系统产品不符合电磁兼容性设计要求的问题时，应作为质量问题处理；对初样卫星整星在电磁兼容试验中出现的异常现象，要分析原因并作为卫星整星改进的依据，对不按设计要求而引起的质量问题，应严格按质量问题处理；对正样卫星整星在电磁兼容试验中出现的问题，一般应作为质量问题处理。卫星整星电磁兼容试验大纲应对试验现场出现的故障、问题和异常现象提出处理方法，试验现场对问题的处理一般应包含以下内容。

1）在试验过程中一旦出现故障，要严格保持现场，详实记录故障现象。

2）对非破坏性或非灾难性的一般质量问题或故障，应按质量体系要求进行处理。在不影响后续试验的情况下可继续进行电磁兼容试验，改进后的产品应通过整星或分系统、设备级产品的试验验证。

3）对破坏性、灾难性或扩展性的故障，首先要立即将故障设备

（系统）或卫星整星断电，然后再上报，经分析讨论后进行下一步工作。

6.4.2.9　安全性要求

安全性是卫星整星电磁兼容试验的重要内容，卫星安全性大纲应包含电磁兼容试验安全性要求，在卫星整星电磁兼容试验大纲中应具体规定试验安全性要求。该要求应贯穿试验全过程对涉及人员、卫星和设备的安全性要求，主要内容应包含如下方面。

1）地面供电条件与试验供电要求。

2）卫星和地面测试设备接地要求。

3）卫星搬运和改变卫星放置状态的安全性控制。卫星整星吊运、移动和改变放置状态，必须有工艺文件指导并有现场指挥和监督检查，确保卫星安全。每次放置状态转换后，均要对卫星进行通电检查，在得到设计师和质量系统确认后，才能继续进行后续电磁兼容试验。

4）卫星在电波暗室内进行电磁兼容试验时，外部人员应能对卫星进行实时观察，以便及时发现异常情况并能及时报告和处理。

5）进行试验前准备状态安全性检查与评审。

6）卫星操作的关键指令要制定技术保护措施。

7）增删测试内容或改变试验条件应办理相应的手续，并得到批准。

8）试验过程中应经常检查电磁兼容试验室的屏蔽门、接口板和试验设备的状态，有异常现象要及时处理。

9）无关人员不得进入试验场地和操作控制室，现场试验人员要穿好屏蔽服。

10）有条件时，试验期间要有场强仪监测电波暗室内场强变化情况。进入电波暗室前要确认电波暗室内场强不会对人员有伤害。有异常现象要及时报告和处理。

11）在进行辐射发射和敏感度试验时，要确认电波暗室内无人员后，关闭暗室屏蔽门，防止人员受到辐射伤害。

12）电磁兼容测试岗位必须实行双岗制，敏感信号试验必须经双岗确认后启动发射指令。敏感信号试验应按信号由弱至强的顺序进行。

13）转台和天线升降架运行时，电波暗室和控制间之间信息必须能及时沟通，确保操作过程在受控范围内。

14）在对卫星进行正式试验前，电磁兼容试验设备还要进行一次模拟测试运转，确保试验设备工作正常。

6.4.2.10　试验岗位及职责

卫星整星电磁兼容试验应明确试验需要的指挥、卫星测试、电磁兼容试验、现场操作、质量监督、监视和数据判读处理等技术岗位，明确条件保障、安全等试验配套要求的岗位，并明确相应岗位的职责。

6.4.3　电磁兼容性试验详细要求

卫星整星电磁兼容试验计划应纳入卫星研制流程，卫星研制流程应明确卫星整星电磁兼容试验目的和要求。在卫星整星电磁兼容试验前必须制定试验大纲和试验细则，在电磁兼容试验大纲通过评审后编写电磁兼容试验细则。同样，电磁兼容试验细则也应通过评审。卫星整星电磁兼容试验大纲和试验细则的评审应由卫星研制的各方面人员参加，并在文件上会签认可。另外，在卫星做好试验准备工作后，应通过试验前准备工作状态评审，试验过程中应及时分析和处理出现的问题，试验后应根据指挥系统要求编写卫星整星电磁兼容测试报告和试验总结报告。

6.4.3.1　试验大纲

电磁兼容性试验大纲是卫星整星电磁兼容试验的指导性文件，是检验卫星整星电磁兼容性是否满足设计要求的依据，也是编写电磁兼容试验细则的依据。因此，试验大纲应完整交待相关内容，为试验细则编写和试验的有效进行作好准备。试验大纲一般应包含如下内容。

（1）概述

对卫星概况，大纲编制的依据、主要内容和适用阶段等进行简要说明。

（2）参考和引用文件

应列出卫星电磁兼容试验的有关标准和文件。

（3）试验目的

根据卫星特定任务、实际运行环境和试验内容，明确电磁兼容试验目的。对电磁兼容试验大纲中不能验证设计要求的内容应给予说明。卫星整星电磁兼容试验目的一般包含如下内容。

1）适应预期可能遇到的电磁环境，包括总装、测试和试验、储存、运输、发射和在轨运行等电磁环境；

2）验证卫星自身产生的电磁能量发射能否控制在规定的范围内，包括对其他空间系统、发射场、运载工具和地面设备等影响；

3）验证卫星电磁兼容设计和各种抗干扰措施的有效性，发现并排除可能存在的隐患和缺陷，使整星可靠性获得增长；

4）进一步检查整星各种信息传输、频率配置、电平分配的正确性、合理性和兼容性；

5）验证卫星在工作寿命期间当可能遇到友方和敌方发射机工作的辐射干扰影响时，不会造成卫星性能下降或严重损失；

6）对初样星和正样星的电磁兼容性进行符合性考核；

7）对鉴定星进行电磁兼容性安全系数考核；

8）其他目的。

（4）试验项目

电磁兼容试验项目和内容应与试验大纲规定的试验目的相符。通常，卫星整星电磁兼容试验项目和内容可根据卫星特定任务和实际运行电磁环境，对《军用设备和分系统磁发射和敏感度要求》（GJB 151A—97，GJB 152A—97）和《航天系统电磁兼容性要求》（QJ 2266—92）标准中的试验项目和试验要求进行调整和裁剪，从而确定卫星整星电磁兼容试验项目和试验要求。卫星整星电磁兼容试验一般不进行标准规定传导项目的测试，可以通过对地电位噪声检查测试来判断卫星系统内部的传导性能，必要时也可在卫星整星桌面联试时进行标准规定的传导测试项目。卫星整星电磁兼容试验通常进行的项目包括以下方面。

1）整星自兼容性能测试；

2）电场辐射发射测试；

3）电场辐射敏感度试验；

4）运载对卫星的电磁场辐射性能试验；

5）卫星对运载的电磁场辐射性能测试；

6）卫星天线隔离度测试；

7）静电放电试验；

8）整星专项电磁兼容测试（低电阻、绝缘测试，在总装过程进行）；

9）地电位噪声测试。

（5）试验准备

试验准备内容应按照要求编写，包含如下内容。

1）试验环境；

2）电缆敷设；

3）供电与接地；

4）试验设备和地面测试设备；

5）卫星放置状态；

6）卫星技术状态；

7）卫星重要参数；

8）关键测试区；

9）卫星工作状态。

6.4.3.2　试验细则

卫星整星电磁兼容试验细则应根据试验大纲要求，结合试验场地和电磁兼容试验设备具体情况，详细描述试验准备的实际状态，编写具体的试验程序，对试验安全性要求提出具体实施方法，对试验方法和试验记录提出明确要求。在试验细则中一般不必详细描述试验方法，只要明确参考的标准即可。若对试验方法有特殊要求，则应在试验细则中进行说明。

6.4.3.3　试验报告

试验结束后应由设计师系统编制卫星整星电磁兼容试验总结报告，当用户需要时，由电磁兼容专业组编写卫星整星电磁兼容测试报告。

卫星整星电磁兼容试验总结报告至少应包含如下内容。

1）试验内容；

2）试验数据、结果分析；

3）主要问题和处理结果；

4）试验结论及建议。

卫星整星电磁兼容测试报告应在试验细则基础上编写，卫星整星电磁兼容试验准备工作的描述是电磁兼容测试报告的重要内容。由于卫星整星电磁兼容试验准备工作的描述比较复杂，并在卫星整星电磁兼容试验细则中有详细描述，因此，卫星整星电磁兼容测试报告可不再重复描述。但是，卫星整星电磁兼容试验细则应作为电磁兼容测试报告的配套文件。卫星整星电磁兼容测试报告一般应至少包含如下内容。

1）试验结果基本概况：应明确试验产品名称、型号、代号、试验时间、试验地点、试验依据和各试验项目最终结论；

2）试验准备情况：可参照试验细则，对细则中不完整的内容进行必要的补充说明；

3）试验依据或方法及相关标准和技术文件；

4）环境电平噪声测试：应包含场地布置情况说明、检测位置、主要试验设备、测试频率范围、极限值要求、测试曲线表和测试结论；

5）各项试验情况和结果：应包含场地布置情况说明、主要试验设备、测试频率范围、合格判定极限值要求、卫星工作状态、试验结果及符合性结论。对电磁骚扰试验还要明确主要超标频点/频段、最大超标幅度和测试曲线；对电磁干扰试验还要明确主要敏感频点/频段、主要敏感现象和合格判据。

6.4.3.4　合格判定的指标

卫星整星电磁兼容试验应满足 GJB 151A 和 QJ 2266 标准规定的极限值要求，极限值可根据卫星寿命全过程可能遇到的电磁环境进行调整，并考虑一定的安全系数。必要时，还应考虑可能遇到的来自友方和敌方发射机工作时的电磁辐射环境。如需要改变规定的电磁兼容性合格判定指标，需经过分析证明其正确性，降低要求要有充分的依据；提高合格判定指标要求应进行必要性验证，通过分析得出的特殊要求须经批准。

所有电磁兼容试验项目，应在卫星实际运行中可能产生的工作状态下进行。对电磁骚扰测量，不能遗漏其他系统对本卫星要求的内容和本卫星易产生最大骚扰的工作状态；对电磁干扰试验，不能遗漏可能容易敏感的工作状态和关键测试区。

卫星初样阶段整星电磁兼容试验要在分系统和设备级产品电磁兼容试验的基础上进行，试验项目要齐全，试验量级不能低于鉴定试验要求，应充分验证卫星电磁兼容工程设计是否满足要求。

卫星整星鉴定级电磁兼容试验应按模拟发射和轨道运行等电磁环境下卫星的全部性能要求，得到关键功能设备安全系数所必需的全部数据。

正样卫星整星电磁兼容试验应根据初样电磁兼容性试验情况确定试验内容，一般仅对鉴定试验结果安全系数不足的项目再次进行正样电磁兼容试验，正样试验不再进行安全系数测试。

对不能满足卫星整星电磁兼容性要求的卫星产品，需进行故障分析和处理，改进后的产品应根据实际情况决定是否在整星中或通过分系统级产品再次进行试验验证。若卫星整星在电磁兼容试验中出现故障而中断试验或出现欠试验，需对卫星整星再次进行电磁兼容试验。

6.4.3.5　安全系数要求

根据卫星整星受电磁干扰后果的严重程度，卫星各功能设备受电磁干扰的危害性分为如下 3 类。

1）Ⅰ类功能设备：造成卫星严重损伤，或寿命缩短、功能丧失，或较大的飞行事故，或推迟发射；

2）Ⅱ类功能设备：造成卫星性能下降，包括任何自主操作能力的丧失；

3）Ⅲ类功能设备：非基本功能受到损害。

为达到卫星整星电磁兼容试验要求，应明确试验的电磁干扰安全系数，其要求如下：

1）Ⅰ类功能设备：初样鉴定试验为 12 dB，验收试验为 6 dB；

2）Ⅱ类功能设备：6 dB；

3）Ⅲ类功能设备：0 dB，可以通过其不受卫星内外正常工作环境的影响来验证。

卫星整星开机工作正常后，在具有大于 0 dB 安全余量时，才能依次进行 6 dB，12 dB 和 20 dB 安全系数的测试。

6.4.3.6　合格判定

卫星整星是否满足电磁兼容性要求，应通过试验和整星电磁兼容特性的分析来综合判定。卫星在经受规定的敏感度试验时，卫星各分系统和设备不应出现异常或零件损坏。试验大纲可明确卫星电磁兼容性降级准则，降级准则需得到任务提出方认可。一般降级准则依据为：

1）能否防止因连续的或非周期性干扰而产生过载或损坏；

2）能否自动恢复到非周期性干扰出现前的状态，或在技术性能限制范围内继续工作。

6.4.4　电磁兼容性试验方法

6.4.4.1　卫星整星自兼容性能测试

卫星整星自兼容性能测试主要是考核卫星内各分系统和设备间产品在地面自然电磁环境下相互干扰的情况。主要测试方法是将卫星处于各种实际工作状态，并将允许调节的工作参数（如发射机功率、接收机灵敏度和工作频率等）分别调到最恶劣的状态，卫星监测参数均应在正常工作范围内。卫星整星自兼容性能测试应制定详细的测试方法和程序，一般情况下，该试验可与卫星整星电联试结合进行。

6.4.4.2　电磁场辐射发射测试

辐射发射测试是验证卫星外壳以及卫星本体暴露在外的互连电缆通过空间耦合对外电磁场的辐射发射是否超过规定要求。由于卫星整星辐射发射测试是在装有天线状态下进行的，因此，对辐射发射测试数据的分析应分别考虑射频信号的发射和电磁场辐射信号的发射。辐射发射测试的主要项目为 RE102 电场辐射发射测试。RE101 是磁场辐射发射测试项目，在 GJB 151A－97 标准中对卫星产品没有 RE101 测试要求，该项目只有在用户要求或卫星自身需要的情况下进行。RE103 天线谐波和乱真输出辐射发射测试需在开阔场地进行，卫星一般不进行该项目测试，需要时可选用 CE106 天线端子传导发射测试项目替代，测试方法可参照 GJB 152A－97 标准。卫星整星辐射发射项目测试主要方法如下。

（1）试验准备

按本章要求进行试验准备。

（2）测量接收机状态设置

按 GJB 152A 标准要求，采用表 6－2 规定的测量接收机带宽和测量时间。

表 6－2　辐射发射测量带宽和测量时间

频率范围	6 dB 带宽	测量时间/s
30 Hz～1 kHz	10 Hz	0.15
（1～10）kHz	100 Hz	0.015
（10～250）kHz	1 kHz	0.015
250 kHz～30 MHz	10 kHz	0.015
30 MHz～1 GHz	100 kHz	0.015
大于 1 GHz	1 MHz	0.015

其中：

1）接收机扫频步长为半个 6 dB 带宽；

2）接收机视频带宽调到最大值，不限制接收机对信号的响应；

3）若上述规定不足以捕捉最大的辐射发射幅度和满足频率分辨率要求，则应采用更长的测量时间和更低的扫频步长。

（3）天线极化方向

在 30 MHz 以上，测试天线应取水平极化和垂直极化两个方向分别测试。磁场辐射发射选用环形天线，不存在极化方向。

（4）测试步骤

按 GJB 152A 标准 RE101 和 RE102 测试方法进行电磁场辐射发射测试，判读卫星整星电磁场辐射发射和射频信号的发射是否在规定范围内。

（5）数据提供

数据提供遵循以下要求：

1）所有测试数据应提供计算机连续绘制的电磁场辐射发射幅度与频率关系曲线图。

2）在每条曲线上显示相应的电磁场辐射极限要求值。

6.4.4.3　辐射敏感度试验

辐射敏感度试验是验证卫星壳体和暴露在外的互连电缆在承受电磁场辐射时，卫星整星不出现故障和性能降低的能力，主要试验项目为 RS103 电场辐射敏感度试验。RS101 是磁场辐射敏感度试验项目，在 GJB 151A－97 标准中对卫星产品没有 RS101 项目的试验要求，只有在用户要求和卫星自身需要的情况下进行。RS105 是瞬变电磁场辐射敏感度试验项目，同样，GJB 151A－97 标准对卫星产品没有 RS105 项目的试验要求，RS105 瞬变电磁场辐射敏感度试验只有在特殊情况下才可能提出的试验项目，卫星一般不考虑该项目试验。卫星整星辐射敏感度试验的主要方法如下。

1）按本章要求进行试验准备。

2）天线位置与极化方向：为满足电磁场均匀辐射到关键测试

区，测试天线与卫星的距离应按关键测试区大小及天线波瓣宽度确定；30 MHz 以上频率，发射天线应取水平极化和垂直极化两个方向分别测试。

3）敏感信号：依据 GJB 152A 标准要求，敏感信号的频率范围、最大步长和驻留时间等敏感度扫频参数按表 6－3 规定；为确保监测设备能观察到卫星承受电磁干扰时的敏感响应，必要时可减少扫描步长；敏感信号应具有调制特性，在 10 kHz 以上的敏感度信号采用 1 kHz 的速率、50％的占空因数进行脉冲调制；卫星试验对敏感信号要求、天线极化方式另有要求，应在试验大纲中予以规定。

表 6－3　敏感度扫频参数

频率范围	步进式扫描最大步长	信号驻留时间/s
30 Hz～1 MHz	$0.01f_0$	1
（1～30）MHz	$0.005f_0$	1
30 MHz～1 GHz	$0.0025f_0$	1
（1～8）GHz	$0.001f_0$	1
（8～40）GHz	$0.0005f_0$	1

4）按 GJB 152A 标准 RS101 和 RS103 测试方法，对卫星整星进行电磁场辐射敏感度试验。观察监测参数是否正常，对不正常的监测参数要确定对应的敏感频率范围。

5）按安全系数要求增大辐射强度，重复本试验，若监测参数正常，则判定该卫星敏感度安全系数测试合格。

6.4.4.4　卫星天线间耦合安全余量测试

卫星天线间耦合性能测试是卫星整星电磁兼容的重要内容，是卫星整星电磁兼容试验的组成部分。一般卫星天线间耦合性能测试在卫星研制前期在电波暗室内进行，主要进行电磁干扰测量仪或带预选器的频谱分析仪。

测试包括以下具体步骤：

1）将卫星接收天线与接收机断开，用低损耗电缆将接收天线与电磁干扰测量仪（或带预选器的频谱分析仪）连接；

2）按卫星实际运行状态，天线对应的发射机工作在相应工作频率及最大功率，测量接收天线接收到的场强 U_m；

3）经设计分析确定接收机通频带内灵敏度 U_i 及通频带外灵敏度 U_o。

4）通频带内安全余量 SM_i 为：$SM_i = 20\lg\ (U_i/U_m)$；

5）通频带外安全余量 SM_o 为：$SM_o = 20\lg\ (U_o/U_m)$；

6）带内、带外耦合安全余量均应满足技术条件。

6.4.4.5　传导测试

卫星传导发射（CE）和传导敏感度（CS）试验项目主要应在分系统和设备级产品中进行，在卫星整星状态一般通过对卫星地电位噪声测试来判断和检查卫星传导发射的性能，必要时可在整星桌面联试时对星内级间的传导发射和传导敏感度项目进行试验。试验主要方法和注意事项如下：

1）可参考 GJB 152A－97 标准方法进行传导发射和传导敏感度试验；

2）卫星整星状态传导试验尽量采用非接触的方法进行，即使用环形天线注入干扰信号或用电流钳测量辐射信号；

3）传导敏感度（CS）测试可采用转接盒、转接电缆等专用工艺装备和相应试验设备，在分系统配电器和测试对象之间的连线部位进行，该部位应尽量靠近分系统配电器；

4）通过整星条件下测得的相应系统或设备的传导发射量值，加入规定的安全系数可作为对应系统或设备的传导敏感强度注入值，从而确定整星系统间传导性能的符合性。

6.4.4.6　静电敏感度试验

根据卫星运行轨道高度确定卫星整星静电放电电压，静电敏感度试验方法可参考 QJ 2266 标准。

6.4.4.7　整星专项电磁兼容测试

卫星低电阻和绝缘性能测试一般在卫星总装过程进行，测试方法应根据卫星研制实际情况在相关研制文件中予以确定。

6.5　卫星磁测试试验

6.5.1　磁测试试验目的

进行卫星姿轨控系统设计时，必须考虑由于卫星磁特性和轨道环境磁场相互作用而产生的磁干扰力矩，因此对卫星的剩磁矩有指标要求。某些科学试验卫星，例如用于探测地球磁场或星际磁场环境的科学试验卫星，为防止星体磁场干扰卫星的探测功能，对星体磁性有特殊的限制。

卫星磁测试试验的目的是确保卫星剩磁矩满足姿控或者科学探测的指标要求。首先通过测量结果判断卫星剩磁矩是否满足指标要求，如不满足，则对卫星进行磁补偿，直至卫星剩磁矩满足要求为止。

6.5.2　磁测试试验项目及步骤

卫星磁矩主要由永磁矩、感磁矩和杂散磁矩 3 部分组成，其中卫星永磁矩和杂散磁矩是磁矩的主要组成部分。因此，卫星磁矩测试项目主要包括两项内容，即静态永磁矩和通电状态杂散磁矩的测试。

磁测试试验的主要步骤如下：

1）进行卫星磁矩测试，包括两个项目，即静态永磁矩和通电状态杂散磁矩测试。

2）对磁测试数据进行分析。分析卫星磁矩是否满足减少磁干扰力矩的要求，分析卫星磁矩是否满足不影响科学探测的要求。

3）视需要进行磁补偿。在超标情况下，采用高矫顽力和高磁能积的钕铁硼永磁材料，分别对卫星 X，Y 和 Z 等 3 个正交方向上的磁矩值进行抵消，使卫星的在轨磁矩达到指标要求。

6.5.3　磁测试方法

磁测试采用近场分析法。

测试方案 1：采用卫星本体和大型部件磁性独立测试和迭代计算的方法，得出整星在轨的磁矩分布。

测试方案 2：卫星本体和大型部件组装在一起进行磁测试，得出整星在轨的磁矩分布。

6.5.4　磁测试适合对象

磁测试适合对象为：因为姿控或者科学探测的需要，有剩磁矩指标要求的卫星型号。

6.5.5　磁测试试验设备

磁测试设备主要包括磁传感器、数据处理系统和无磁测试转台，设备具体有以下要求。

（1）磁传感器主要性能指标

磁传感器主要性能指标包括以下内容。

1）剩磁：在 1 Gs 场强下小于 1 nT（1 Gs＝1 T）；

2）量程：（－100 000～100 000）nT ；

3）精度：1 nT ± 1 ％ 测量值；

4）分辨率：1 nT；

5）噪声：＜ 0.5 nT；

6）稳定性：±5 nT/ 24 h；

7）电缆长度：25 m。

磁传感器应经国家计量院校验。

（2）无磁测试转台

无磁测试转台主要性能指标包括以下内容。

1）承载力：1 500 kg；

2）自身剩磁：小于 $5×10^{-9}$ nT。

（3）数据处理系统

数据处理系统包括 20 路卫星磁场数据巡测系统 1 套，近场法卫星磁矩计算软件 1 套。

所有仪器设备应经计量部门检定合格，并在有效使用期内。

（4）测试误差要求

测试距离范围规定：0.4＜卫星直径/测试距离＜1.4 ；

环境磁场波动有效性：测试周期内＜3 nT 。

6.6　全箭模态试验

全箭模态试验又称为全箭动特性试验或全箭振动试验。

为了验证全箭振动特性理论分析的结果和修正理论分析模型，获取振动模态参数和姿控系统速率陀螺安装位置，全箭振动模态频率、模态阻尼比系数、速率陀螺安装位置处振型斜率、平台处振型斜率、发动机摇摆点振型斜率等数据，确保设计的可靠性，在火箭外形有较大状态变化的情况下，需要有针对性地进行全箭振动试验。

6.6.1　全箭模态试验目的

全箭振动试验包括以下目的：

1）确定火箭结构的模态参数，包括频率、振型、振型斜率、阻尼比等；

2）选择速率陀螺的安装位置，为稳定系统设计提供依据；

3）为结构数学模型的验证与修正、响应预示、振动控制及稳定性分析提供依据；

4）发现结构缺陷及检查结构是否符合设计要求，为结构修改提供依据。

6.6.2　全箭模态试验要求

6.6.2.1　试件的试验状态

规定试件试验状态可以是火箭飞行过程中的各个秒状态，也可以是人为规定的某种状态，原则上结构应模拟其工作状态下的质量和刚度分布。

6.6.2.2 测量要求

全箭振动试验有以下测量要求。

（1）规定所要获取的模态类型

所要获取的模态类型包括以下几种。

1）梁模型模态：将运载火箭处理成梁模型，包括横向弯曲振动模态、扭转振动模态和纵向振动模态；

2）三维模型模态：把火箭作为三维空间结构，同时测量各方向的平动和转动。

（2）规定模态阶数

试验测量要求中应规定要测量的模态阶数，一般要求测量试件的若干阶模态或某个截止频率以下的各阶模态。

（3）测量点分布

测量点分布一般应满足获取要求的模态参数，对于一些关心的部位，如连接处、速率陀螺位置、捷联惯性组合等，可提出位移、加速度、斜率等参数测量要求。

6.6.2.3 边界条件

试件支撑的边界条件包括要求的工作状态下的边界条件和人为规定的各种边界条件，一般有 3 种边界：自由边界、固定边界和弹性边界，其中弹性边界要求有支撑点和支撑刚度。

6.6.2.4 介质模拟

火箭介质模拟的要求包括以下内容。

1）模拟推进剂的密度要求、黏性要求、腐蚀性要求；

2）模拟原则：即采用等高模拟还是等重模拟；

3）加注精度要求；

4）加注时及加注前和加注后箱体压力要求。

6.6.3 全箭模态试验结果的使用

用试验结果判断理论分析的偏差，为结构设计提供模态参数允许的极限偏差范围。

6.7　星、箭合练试验

在卫星首次发射前，部分或者完全模拟包括卫星、运载火箭和发射场设施在内的发射场实施程序的演练，称为发射场合练试验。发射场合练试验是根据大总体合练实施大纲的要求进行的，其目的是为了验证发射场与卫星系统和火箭系统，火箭与卫星系统之间的相容性、匹配性和环境的适应性。对于新型号卫星和火箭系统具有提早暴露问题，为正样星发射场飞行试验提供实践基础的作用；对于正样星在基地提高工作效率，提高试验质量，锻炼型号队伍，圆满完成发射飞行试验具有极其重要的意义。

6.7.1　合练试验目的

6.7.1.1　运载火箭合练试验目的

运载火箭合练试验目的包括：

1）检验运载火箭设计的正确性及其各分系统之间的协调性和匹配性；

2）检验地面设备设计的正确性及其各分系统之间的协调性和匹配性，检验地面设备的制造和安装的质量；

3）检验运载火箭与地面设备之间的协调性；

4）检验卫星与运载火箭接口的协调性；

5）在卫星、运载火箭及其发射场有关的设备同时工作时，特别是在恶劣的环境条件下，检验其适应性和电磁兼容性；

6）检验运载火箭飞行试验的安全措施；

7）检验运载火箭与发射场及测控通信接口的协调性；

8）检验运载火箭地面设备配套的完整性；

9）从运载火箭的发射组织、测试操作、发射以及后勤保障等方面训练参试人员；

10）为修改设计提供试验信息。

6.7.1.2　卫星合练试验目的

卫星合练试验目的包括：

1）检验发射场各种设施、设备的技术条件与卫星使用要求的相容性；

2）检验卫星和地面设备与发射场设施和设备接口的匹配性、协调性及其设计的正确性；

3）检验发射场环境保障系统的性能和可靠性；

4）检验卫星发射实施安全措施的完整性、有效性及可靠性；

5）检验卫星地面设备配套的完整性；

6）在卫星、运载火箭及发射场有关设备同时工作时，检查电磁兼容性；

7）检验卫星发射安全措施的完整性、有效性及可靠性；

8）从卫星发射组织和指挥、测试操作、发射及后勤保障等方面训练参试人员。

6.7.2　合练的技术状态

6.7.2.1　火箭系统技术状态

火箭系统技术状态要求包括：

1）分系统的技术状态应根据合练的目的和要求而定。一般情况下，分系统的技术状态与生产状态和试样状态可不同，合练大纲应明确分系统的技术状态。各分系统的仪器设备均需满足合练大纲的要求。

2）全系统的技术状态应为试样状态，与飞行试验基本相同，箭上各系统的所有仪器均为试样状态，且功能齐全，参数精度满足要求。

3）火工装置一般为工艺件。

4）应明确不同于飞行试验的试验要求，说明由此带来的技术状态的变化。

5）合练火箭的备件、附件、工具的配套项目应与飞行试验相同。

6.7.2.2　卫星系统技术状态

卫星系统技术状态要求包括：

1）一般情况下合练星的技术状态与发射星状态相同。

2）各分系统的技术状态均应满足合练大纲的要求。

3）火工装置一般用工艺件。

4）合练的相关参数包括：卫星包装箱的尺寸和质量，卫星质量、分段运输的质量及其他状态下的质量，卫星最大外形尺寸、对接尺寸、质心位置及支承面，卫星在各种测试状态下的高度（含支架车、支承设备的高度），运输高度、起吊翻转高度，卫星脱落插头象限位置和坐标，卫星操作窗口象限位置和坐标，卫星整流罩操作窗口位置和标高，卫星发射窗口时间表。

6.7.3　合练对发射场设施、设备的技术要求

6.7.3.1　火箭合练对发射场设施、设备要求

火箭合练对发射场设施、设备要求包括：

1）发射场的一切地面设施、设备应满足运载火箭对发射场设计技术要求和运载火箭对地面设施、设备设计要求，以及地面设备各分系统的设计、制造、安装和调试要求；

2）参加合练的全部地面设备应符合相应的合练技术文件规定；

3）在运载火箭合练之前，地面设备的各分系统应进行自身的调试和相关分系统的联试；

4）对于与运载火箭一起才能进行安装和调试的设备和技术工作内容，合练大纲中应予以明确，并在相应的合练技术文件中提出合练技术要求，以及规定配合工作的分系统或某个部分；

5）对参加合练的地面设备各分系统（测控、发射、动力、遥测、外侧、通信、时统、加注、供气、瞄准、起吊运输、供电、消防、气象以及防雷击等）都需提出合练要求；

6）合练所需地面设备的技术状态一般与运载火箭所使用的地面设备的技术状态相同，其技术状态应符合运载火箭对发射场的设计技术要求和对地面设备的技术要求，以及各分系统的设计和使用技

术要求；

7) 通过合练后的改进确定地面设备的技术状态。

6.7.3.2　卫星合练对地面设备要求

卫星合练对地面设备要求包括：

1) 合练时使用的卫星地面机械设备和测试设备的技术状态一般应与发射星使用的技术状态一致；

2) 合练时发射场地面设施、设备应满足卫星提出的技术要求。

6.7.4　技术阵地合练要求

6.7.4.1　运载火箭技术阵地合练要求

运载火箭技术阵地合练要求包括以下内容。

1) 转载时检查运载火箭与其起吊、运输、转载和停放等地面设备的协调性。其转载程序有两种：一是运载火箭从铁路车转到公路车，再转到铁轮支架车；另一种是运载火箭从铁路车直接转到铁轮支架车。

2) 提出测试前的准备工作要求，即根据设备布置图及测试、试验文件要求展开设备，并进行自检；对运载火箭进行外观检查和内部查看；从装箭的仪器使用性能、使用条件以及在分系统工作时单机之间的相互协同和制约的条件提出技术要求和注意事项；对有特殊安全要求的测试项目（如火工品检查、推进剂加注和泄出等），应严格按技术文件及安全技术要求进行准备工作。

3) 各分系统测试设备展开和自检。

4) 分解箭上的仪器，为单元测试作好准备。

5) 提出测试准备工作要求，包括：绝缘和导通检查要求；地面测试设备运载的电、气、液等方面的接口连接及检查要求；测试厂房的各种保障条件。

6) 按合练大纲与测试程序（细则）提出水平测试要求，即明确水平测试的起始状态；提出单元测试的要求与测试项目；提出各分系统测试要求与测试项目；提出总检查的方案，明确参加总检查的系统及技术状态，规定总检查的次数。

7）测试工作结束后，经过评审认为测试合格，火箭即可进入转场阶段，转场前提出的要求包括：技术阵地合练收尾工作要求，使火箭处于转运的技术状态；转场运输要求及转场的气象要求。

8）编制"技术阵地合练工作程序"，该程序应反映出在技术阵地合练的分系统在各个阶段的主要工作内容及各分系统之间的工作支持和制约的关系。

9）在技术阵地除了按正常测试程序进行的测试检查外，对运载火箭合练需要进行的单项合练或某一分系统的合练，应逐项提出要求，包括合练的目的、参加的分系统、配合工作的分系统、单项全练和分系统合练的内容、合练对地面设备的要求、厂房或测试间保障条件及安全措施等。

6.7.4.2 卫星（火箭）技术阵地合练要求

技术阵地合练一般从卫星专列到达发射场铁路转运站开始，一直到卫星从技术阵地转场到发射阵地结束。

（1）技术阵地合练项目和内容

卫星技术阵地合练具体包括：

1）卫星技术阵地环境保障系统检查、调试和环境参数测定；

2）卫星技术大厅和各测试间通信系统开通、检查；

3）卫星包装件及其地面设备从发射场铁路转运站到进入卫星技术大厅和各测试间前的转载、转运、清洁和风淋；

4）卫星地面设备在卫星技术大厅和各测试间按设备布置图展开、安装和调试、地面电缆网的铺设和检查；

5）卫星包装件在卫星技术大厅内开箱、吊装、对接和检查；

6）卫星检漏准备、卫星检漏和保压；

7）卫星单元测试、卫星总装，安装精度、分系统测试和系统测试；

8）卫星太阳电池阵安装准备、测试和安装；

9）卫星燃料加注准备、加注和称重；

10）卫星火工品测试准备、加注和称重；

11）卫星转场准备（包括发射阵地用测试设备，卫星转场用的设备、车辆和吊具）；

12）技术阵地与发射阵地无线转发通道检查和开通准备；

13）卫星转场。

（2）技术阵地合练对设施、设备及通信转发的要求

技术阵地合练对设施、设备及通信转发的要求具体包括：

1）卫星总装、测试（单元测试、分系统测试）、检漏、加注、对接和转接的使用区域平面布置图和配置要求；

2）卫星总装、测试的一般使用区域和特殊使用区域（如胶片、电池、相机、火工品、放射性物质、燃料贮存和加注等区域）的使用面积、环境（包括温度、相对湿度、洁净度、有机物污染、静电、电磁辐射和振动等）、雷电防护、接地用气配置、用气、吊装设备、照明、通信和有害气体浓度监测等要求；

3）卫星检漏间、加注间、火工品、单元测试间和特殊设备的使用要求；

4）燃料化验要求；

5）技术阵地专用设备配置和标定要求；

6）卫星与运载火箭在技术阵地对接要求；

7）卫星转场要求（转场方式、使用车辆种类和型号或技术条件、转场气象条件、路面要求和安全要求）；

8）技术阵地与发射阵地无线转发通道的技术要求。

（3）技术阵地合练的特殊保障条件

技术阵地合练的特殊保障条件具体包括：

1）模拟工质的准备、贮存；

2）特殊设备所需的特殊环境；

3）合练所需使用的危险品、有毒物品、放射性物品所要求的特殊保管条件；

4）对技术阵地无线转发设备使用的特殊管理要求。

（4）技术阵地合练的安全性要求

技术阵地合练的安全性要求具体包括：

1）技术阵地设施、设备的安全性要求；

2）卫星在技术阵地转载、转运、对接、吊装的安全性要求；

3）卫星火工品的安全要求；

4）技术阵地测试的电磁辐射安全要求。

6.7.5　发射阵地合练技术要求

6.7.5.1　运载火箭发射阵地合练技术要求

运载火箭发射阵地合练技术要求包括以下内容。

1）编制"发射阵地合练工作程序"，该程序应反映出在发射阵地合练的分系统在各个阶段的主要工作内容及各分系统之间的工作支持和制约关系。

2）对在全发射程序合练之前或之后要进行的单项合练或某分系统的合练，应逐项提出要求，包括合练的目的、参加的分系统、配合工作的分系统、单项全练和分系统合练的内容、合练对地面设备的要求、发射场的保障条件及安全措施。

3）明确测试检查的起始状态要求，即运载火箭各子级已经竖立对接，发射塔架工作平台等项目已调整好，一般处于对火箭的合拢状态用于检查的仪器及设备已调试和检查合格，地面测试发射设备及其他设备已做好测试的准备工作。

4）提出测试前的准备工作，包括：用于地面发射、测试和检查的设备都已做好测试前的准备工作，根据设置布置图和测试试验文件展开设备，并进行自检和调试；对运载火箭进行外观检查和内部查看；从装箭的仪器使用性能、使用条件以及在分系统工作时的单机之间相互协同和制约条件，提出技术要求和注意事项；对有特殊安全要求的测试项目（如火工品检查、推进剂加注和泄出等）应严格按技术文件及安全要求进行准备工作。

5）提出测试准备工作要求，包括：绝缘和导通检查要求；地面测试设备和火箭的电、气、液等方面接口连接及检查要求；发射场各种保障要求。

6）提出全发射程序合练要求，包括：垂直测试的起始状态要求；各分系统测试要求；各分系统匹配要求；总检查的方案，明确参加总检查的系统及技术状态，规定总检查的次数；推进剂加注或模拟加注；推进剂加注前分系统的测试要求；推进剂加注前测控对接要求；推进剂加注后控制分系统功能检查要求；卫星整流罩内空调要求；运载火箭与卫星、地面设备之间的电磁兼容试验要求；雷雨天运载火箭与卫星发射场设施设备试验要求；无法发射或推迟发射的处理预案及处理要求；合练保障条件、安全要求及环境条件要求；允许发射的气象条件。

7）设施、设备的评议等。

6.7.5.2　卫星发射阵地合练技术要求

（1）发射阵地合练的起止点

发射阵地合练一般从卫星包装件和卫星发射阵地测试用地面设备转运到发射阵地塔架下和地下控制室内卫星测试间开始，一直到卫星下塔、装箱返回技术阵地为止。

发射阵地合练项目和内容包括：

1）卫星发射阵地的发射塔架、电缆井、发射控制室、卫星各测试间、电源间所用的地面电缆网的铺设和检查；卫星测试设备在各测试间和电源间展开、安装及调试，并与电缆网连接。

2）发射塔架大小封闭间打开、合拢，塔架上空调系统检查和调试，大小封闭间内环境测量。

3）在发射架下卫星开箱、吊装和对接（机械和电气），卫星接地电阻测量；检查卫星与运载火箭连接、解锁、分离装置的安装状态及预紧力测量；卫星姿态控制系统的地球模拟装置的安装和调试，塔架上无线转发设备的安装、检查、调试和开通。

4）检查发射塔架上卫星大小封闭间、工作平台位置和摆杆位置，进行脱落试验。

5）卫星在发射阵地进行综合测试演练。

6) 吊装整流罩，检查操作窗口和透波窗口位置，安装并调试整流罩内空调系统，测量整流罩内环境。

7) 卫星与运载火箭进行综合测试程序演练，星、箭、发射场进行电磁兼容性试验。

8) 火工装置供电，进行状态检查。

9) 分离信号和遥测信号检查，星、箭电连接器和压点开关状态检查。

10) 运载火箭进行瞄准演练。

11) 卫星与运载火箭临射前测试演练，大小封闭撤出，脱落连接器，整流罩内送风管路进行脱落及强脱试验。

12) 整流罩和卫星下塔准备，卫星地面设备撤收，电缆网撤收。

13) 卫星发射包装件转场返回技术阵地，卫星地面测试设备转场返回技术阵地。

（2）卫星发射阵地合练设施、设备和通信转发的要求

卫星发射阵地合练设施、设备和通信转发的要求具体包括：

1) 发射塔架卫星大小封闭间、卫星工作平台、电缆井、电源间、控制室内卫星测试间使用区域的平面布置图和配置要求；

2) 发射塔架上大小封闭间的技术要求（包括尺寸、地面标高、环境条件、吊具、材料透波率、通视窗口和开启时间等），卫星工作平台的技术要求，固定平台上卫星工作时间的平面布置和配置要求，专用设备安装和使用要求，电缆摆杆的技术要求（数量、象限、标高、强脱和防回弹机构的气路安装），摄像机安装要求，卫星接地要求；

3) 电源间使用面积、电源配置、接地、环境和通信及桌椅等要求；

4) 卫星吊装气象条件（温度、风速、雨雪和雷电），吊装速度和对接速度要求；

5) 控制室内卫星测试间使用面积、用电配置、桌椅、接地和天线安装要求；

6) 发射塔架上、控制室卫星测试间、电源间、技术阵地卫星测

试间（无线转发）通信系统配置和闭路电视要求；

7）技术阵地、发射阵地之间无线转发对发射塔架和控制室卫星测试间的技术要求；

8）发射阵地电缆沟的要求。

6.8　卫星贮存试验

近年来，卫星寿命不断延长，而生产能力和计划却都是基本不变的，这样造成了卫星零部件的积压和贮存；有时受发射能力的限制，如没有相匹配的助推器、临期推迟发射日期等，也造成了卫星贮存日期的延长。此外，卫星上采用的材料和元器件也都是经过一段时间贮存，在贮存过程中也可能会出现一些故障，如不及时排除，会逐渐发展成轨道上的故障，轻则影响卫星性能，重则停机，不能发挥应有的功能作用。例如，我国的某卫星上转发器 A 曾因元器件贮存时间过长，性能不稳定，引起系统动态范围变窄，易受干扰，最后停止了工作。

当卫星解除贮存状态时，需考虑和解决如下的问题：

1）根据以往卫星试验检测出的故障，分析主要部件与贮存条件和贮存时间有关的影响其寿命的故障破坏机理；评价卫星结构部位和材料在不同贮存环境中对老化反应的敏感性；确定是否存在通用的环境可降低贮存期的变质以及评价降低到什么程度才会影响卫星的使用等问题。

通过实践已找出了卫星上对贮存敏感的元件，例如有机材料、润滑剂、轴承、行波管、电池、火药等。

2）确定贮存前要做的准备工作和具备的某种环境条件和状态。例如，弹簧卸荷以免永久变形；推进剂放空，充以惰性气体；星上镉镍蓄电池不灌电介质，温度保持在（5±5）℃。

3）贮存中需进行定期的运转和维修。例如进行阀、低温系统和展开装置的运转，行波管等真空器件的定期通电，传感器的检查，易损件的替换等工作。

4）综合考虑成本和试验有效性，确定贮存后试验（恢复试验）的类型和程序。

此外，贮存和贮存后试验与维修工作由谁来做，在何时及何地方做最合适，这涉及到交接关系和技术责任问题，所以，必须在卫星方案中将以上内容以文字（合同）的形式规定下来，以符合全面质量管理的精神。

表6－4给出了卫星5种常规贮存实践和试验方法的汇总，其中包括贮存前卫星状态、贮存环境、卫星在贮存容器中姿态、贮存期中需做的运转和检修工作，以及贮存后试验。

表6－4　卫星5种常规贮存实践和试验方法的方案汇总

项目	方案1	方案2	方案3	方案4	方案5
贮存前卫星状态	具备飞行条件，完成了所有热试验	具备飞行条件，完成了第1次热试验	具备飞行条件，完成了所有热试验	具备飞行条件，完成了所有热试验	完成了短期热试验，没作长期热试验
贮存环境	氮气 大气常压 相对湿度： <50% 洁净度： 10万级	氮气 大气常压 相对湿度： <10% 洁净度： 10万级	空气或氮气 大气常压 相对湿度： <55% 洁净度： 1万级	空气 大气常压 相对湿度： <50% 洁净度： 10万级	氮气 大气常压 相对湿度： <50% 洁净度： 1万级
卫星在贮存容器中姿态	在硬式贮存容器中呈垂直状态	硬式载车中呈垂直状态	软包装中处于垂直位置	半硬式容器中处于垂直位置	硬式载车中处于垂直位置
贮存期中需做的运转和检查工作	干燥阀引爆；传感器检查（6个月贮存期）	冷冻系统运转；双联开关运转；动力飞轮运转；行波管放大器及太阳帆板的操纵（1年贮存期）	功能性传感器检查；操作机构运转；阀和密封装置试验（6个月贮存期）	飞轮和冷冻系统的运转和记时（6个月贮存期）	仅做短时试验，没做长期试验。组合系统试验和运转（1年贮存期）

续表

项目	方案 1	方案 2	方案 3	方案 4	方案 5
贮存后试验	传感器校正；联合系统试验；展开系统检查；反馈控制系统检查	完成功能性试验和热循环试验	系统性能试验；惯性测量装置校正；传感器校正；太阳帆板展开	扩大的联合系统试验，检查开关；功能性试验流程	热真空试验；声学试验；组合系统试验取决于贮存时间

6.8.1　环境及其效应和故障

贮存环境一般是指贮存中卫星的外界气体成分（空气或氮气）、压力、温度、湿度、洁净度（尘埃的颗粒大小和密度），以及卫星外部防护装置是硬式的还是软式的。此外，卫星在贮箱内位置也很有讲究。

贮存期可能产生的故障原因基本上可分为两种：一种是由于设计考虑不妥引起故障；另一种是受贮存环境影响所致。但是，许多故障都可归结于卫星材料和元器件的老化。所以，卫星设计选择材料时应注意材料的物理和化学性能稳定性、应用场合和所处环境。应选用不易老化质变的材料，这是十分重要的。

贮存期经常发生的一般故障有下列几种（见表 6-5）。

1）由高分子聚合物制成的密封件、润滑剂、黏结剂、绝缘材料和火工品最容易分裂变质。密封件失去弹性，润滑剂黏度增大造成摩擦力和力矩增大，使得一些活动机构发生故障。它们的出气和扩散，并与其他材料发生化学反应，造成腐蚀。

2）由于材料的迁移造成冷焊，使轴承、继电器、离合器等活动接触面黏合，发生卡死现象，失去应有功能。

3）弹簧和密封件长期处于受力状态，发生冷态流动，产生永久变形，即产生所谓的材料蠕变，失去了应有的弹性和作用。

4）高湿度环境引起了所有暴露表面的氧化和腐蚀。

5）灰尘微粒沉积在相对运动的高光洁净度表面间，引起划伤和磨损。

6）由于温度不均匀或装卸、搬运中撞击，引起一些导线断裂或松开。

环境因素中以温度、湿度的影响为最大，最易引起贮存期卫星的故障。

航天器上采用的有机材料（黏结剂、塑料或树脂型材料）在贮存环境下材料性能（尺寸、弹性模量、强度和导电性能）发生变化，其变质的原因是解聚（合）、氧化和蒸发等，这些反应的速率随着温度上升而提高。反应速率可由 Arrthenius 公式确定

$$K=-Ae^{-\frac{E}{RT}}$$

式中 K——反应速率；

　　A——给定反应常数，碰撞频率系数；

　　e——自然常数，2.718；

　　E——给定反应常数，激活能量；

　　R——气体常数；

　　T——绝对温度。

外国学者戴金（Dakin）利用材料某些测量性能（弹性模量或强度）代替反应速率，可以预测有机材料的使用寿命，其性能与温度为线性关系。

材料老化的研究为设计者和承包商提供了选用材料的准则。可将所选用的材料做成试件，与卫星同时贮存，用它代表实际贮存的性能。

表 6—5　可能发生的贮存故障及相应的环境预防措施

序号	原因	效应	受影响的卫星零部位	解决方法
1	出气	材料出气，并与其他材料发生失控的化学反应	所有暴露表面	温度：<20℃ 湿度：<10%
2	聚合物变质	高分子聚合物特性变化	所有高分子聚合物材料零构件、陶器、黏结剂和绝缘件	温度：<20℃ 湿度：30%~50%

续表

序号	原因	效应	受影响的卫星零部位	解决方法
3	气体扩散	压力或真空状态下产生泄漏	真空密封件；压力密封件	温度：<20℃ 如有可能，在卸荷状态下规则运转
4	材料的蠕变	在应力作用下材料冷态流动；压缩产生永久变形	密封件、机械连接件、弹簧、绝缘件	温度：<20℃
5	材料的迁移	材料冷焊；非金属表面的黏合；导线接头的削弱；半导体和电容器性能的变化	焊缝、半导体器件、轴承、电机电刷、离合器表面、电容器、继电器、延时接触器	温度：<20℃ 规律地跑合①
6	润滑油脂的分裂	丧失润滑特性	润滑表面、轴承	温度：<20℃
7	机械装卸和搬动	引起裂纹；接头断开	所有电子元器件；某些机械装置	不任意搬动和装卸
8	腐蚀		所有暴露表面	湿度：5%～10%
9	粒子污染	粒子在运动零件之间沉积，污染清洁表面，与某些材料发生化学反应	所有暴露表面	洁净度：优于1万级
10	膨胀不一致	造成导线、钎焊和焊接处断裂；玻璃产生裂纹	钎焊和焊接接头；电器装置和机械装置	温度：<20℃
11	脆裂		所有有机材料	温度：15～25℃ 湿度：30%～50%
12	润滑剂泄漏	丧失润滑性能；对其他零部件起腐蚀作用	密封件、轴承、机械接头	温度：<10℃
13	静电		一切电气部件	湿度：>40% 密闭容器

① 如有可能，对带轴承电机电刷的活动部件进行跑合剔除早期缺陷。

6.8.2　贮存中所需做的工作

将卫星最后完成的系统级验收试验作为贮存的起点。在贮存过程中，绝大多数卫星都需要管理和维修，其内容包括：

1）验收试验中发现的故障迟后修理和替换损坏零件；

2）其他卫星上发现的多发性故障的修理；

3）设计改型；

4）原准备发射的卫星又因故延期发射，所以，检修工作是必不可少的。

例如，真空行波管由于泄漏和放气，管内真空度发生变化，气体对阴极造成损坏，引起电子束散焦和螺旋电流。阴极的永久性变化和螺旋电流增加是不可恢复的，其作用将使阴极性能衰退，产生故障。如果让行波管间歇地通电工作，通过电子束的抽气作用，可以将气体抽到收集器内被吸收。所以，厂家建议每隔 6～12 个月，行波管必须通电 4～24 h。

再如，卫星上镉镍电池有时可贮存长达 10 年之久，它们以不充电介质状态贮存在充氮系统中。如需使用，在发射前 4～5 个月安装在卫星上，激活电池，恢复使用 2 个月，最后在发射台上充电。美国航空航天局的戈达德电池手册提出，卫星发射前镉镍电池在温度 (5 ± 5) ℃ 条件下贮存 5 年，保证不会出问题。

6.8.3　贮存故障率的分析

表 6-6 列出了国外各种飞行器贮存月份（从系统级验收试验到贮存后试验这段时间）和各种贮存后试验所发现的故障数。

表 6-6　贮存后试验所发现的故障数

飞行器	贮存月份数	功能性试验	声学试验	热真空试验
A-1	14	1	2	2
A-2	16	1	—	—

续表

飞行器	贮存月份数	功能性试验	声学试验	热真空试验
A-3	13	1	0	0
A-4	26	2	1	1
A-5	17	0	0	—
A-6	26	2	1	2
B-1	76	0	—	4[①]
B-2	19	1	—	1
C-1	46	2	—	—
C-2	6	0	—	—
D-1	11	1	—	—

① 包括热循环试验发现的故障。

为了求出各种试验的平均故障率以比较试验的有效性，提出了"年故障"概念，即每年发生的故障数。例如，飞行器 A-1 贮存 14 个月，通过功能性试验找到 1 个故障，则它的年故障率为

$$\frac{1\ 个}{\frac{14}{12}\ 年} = \frac{12}{14} = 0.86\ 个/年$$

表 6-7　各种试验检测故障率（95% 置信度范围）

试验	最小值	平均值	最大值
功能性试验	0.3	0.6	0.9
声学试验	0	0.2	0.6
热真空试验	0.1	0.7	1.3
综合	0.7	1.5	2.3

卫星硬件在贮存前已经受了各种试验，清除了早期故障，在这个前提下表 6-7 提供了功能性、热真空和声学试验的故障检测率的平均值和 95% 置信度范围的极值（最大值和最小值）。由表 6-7

可见：

1）故障率相对不变说明了它的随机性，可以用平均值代表随机故障率；

2）试验检出的贮存卫星增长的总故障率是单项故障率之和。

6.8.4　试验检测率

卫星经过长期贮存后，选作哪几种试验和如何确定试验程序，受下列因素支配，即贮存期长短、贮存期中已作试验和返修的工作量、试验设备利用率和试验检测率等。

某种试验相对检测率为该试验找出的年故障平均值除以总（所有试验）年故障的平均值。例如，功能性试验的检测率是 0.6/1.5，即 0.4；声学试验检测率是 0.13；热真空试验检测率是 0.47。由于热真空试验的检测率相当高，将它作为贮存后环境试验来作是值得的。但是，由于热真空试验的成本高，促使我们寻找一种成本较低的试验方法代替它，如热循环试验。评价这两种试验的数据是从系统级验收试验获得的。虽然数据不多，但是足以说明热循环试验的效率之高。验收试验指出，热循环试验的有效率为 0.8，而热真空试验的有效率仅为 0.33。

热真空验收试验的实际作用是对真空敏感对象进行考核，检验它们能否正常工作，验证温控系统以及出气、电晕放电和次级电子发射等现象。只要在验收试验中对它们进行了考核，在贮存后的试验中发现与真空有关的故障概率较低。因此，如果真空敏感项目（如行波管放大器）试验合格，建议可考虑将热循环试验作为贮存后试验。

由于需要对发射前的卫星工作状况进行评价，功能试验作为贮存后试验是必不可少的。如果卫星贮存了很长时间，这就意味着卫星上已增生了相当可观的试验可检测故障。因此，需要作检测率高的热试验。为了检验有无残余的试验可检测故障，还需作声学试验。肯定地说，这 3 种试验可检测出所有的故障。

因此，建议选择试验的顺序是功能性试验和热试验。但是，如果确定要作声学试验，建议试验顺序为功能性试验、声学试验和热试验。

6. 8. 5　贮存后试验

表 6-8 给出了平均试验可检残存故障数。

表 6-8　平均试验可检残存故障数

试验类型	贮存 2 年后残存故障数/个
未做试验	3
功能性试验后	1.8
热试验后	0.4
声学试验后	0

如果什么试验都未做，此时残存故障由图 6-3 最上面标注"未做试验"线表示。例如，卫星贮存了 2 年，增生了 3 个故障。如果随后做了检测率为 0.4 的功能试验，它将检测出 $3 \times 0.4 = 1.2$ 个故障，因而，此时残存故障将是 $3 - 1.2 = 1.8$ 个。假如再做热试验，预计又发现 $3 \times 0.47 = 1.41$ 个故障，此刻的残存故障是 $1.8 - 1.4 = 0.4$ 个。最后作的声学试验估计能发现 0.4 个故障，再减 0.4，总数为 0。以上平均残存故障定量分析是很有实际意义的，帮助方案的决策者应对在贮存中出现的故障。若要缩短发射准备时间，可以规定在贮存期中周期性做检测率高的试验，如常压热循环试验，这样就

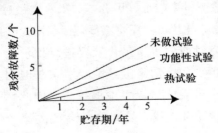

图 6-3　故障增量和各种试验检测残存故障的平均值与贮存时间的关系曲线

减少了从贮存状态脱离出来时修理工作量所决定的试验时间。

卫星上也存在一些偶然性故障，如扳手没取出、导线断了、涂料溅落在太阳电池上等。这种偶然性事故故障率为每暴露 1 个月时间产生 0.4 个故障。对卫星来说，似乎"不管理"的贮存风险较小，也是最经济的。因此，如果许可的话，人们往往喜欢采取这种方式。最经济有效的方法是把一部分或全部验收试验推迟到飞行器从贮存容器中取出来时。但是，这要求有足够的发射准备时间来完成推迟的验收试验和附加的贮存后试验，并可要求做故障分析和修理工作。

6.8.6　建议

最初的贮存环境是干燥的惰性气体，温度和实际温度一样为常温，尽可能防止污染物进入，采用硬防护装置。由于贮存后试验验证的故障几乎大部分是随机故障，所以，不能明确地归结于是由航天器设计或贮存环境造成的。

预计试验可检故障的平均增长率在 0.7～2.3 个/年范围内变化。热真空试验或热循环试验可以作为贮存后热试验。建议选择试验的顺序如下：

1）只做功能性试验；

2）功能性试验和热试验；

3）功能性试验、声学试验和热试验。

"不管理"的贮存比在贮存中需作周期性试验的贮存具有更多的优点，如果发射准备时间许可的话，最佳的成本－效益的贮存后试验将可能是推迟的验收试验。

第 7 章　可靠性试验

可靠性试验主要包括可靠性验证试验、可靠性筛选试验与可靠性增长试验。

可靠性验证试验分为可靠性鉴定试验与可靠性验收试验。鉴定试验主要目的为验证产品可靠性指标是否达到设计要求，验收试验主要目的为交付产品及批次进行评价。

可靠性筛选试验即环境应力筛选，是星、箭产品研制生产的一种工艺手段，筛选效果取决于施加的环境应力、电应力水平和检测仪表的能力。施加应力的大小决定了能否将潜在的缺陷在预定时间内加速变为故障；检测能力的大小决定了能否将已被应力加速变成故障的潜在缺陷找出来，以便加以排除。因此，环境应力筛选又可看做是产品质量控制检查和测试过程的延伸。

可靠性增长试验的目的是在星、箭产品研制或生产阶段通过试验获得设计缺陷的信息，以便对其进行分析和采取纠正措施，尽早解决大多数可靠性问题，提高产品可靠性水平。可靠性增长试验是可靠性增长活动的主要内容，是产品工程研制阶段单独安排的可靠性工作项目，成为工程研制阶段的组成部分。可靠性增长试验通常安排在工程研制基本完成之后和可靠性鉴定试验之前进行。此时，产品的性能与功能已经基本达到设计要求，产品结构与布局已经接近批生产的要求，故障信息的精确度已经较高，且此时故障纠正措施的实施所需资源和时间较少。使用阶段的可靠性增长活动可以利用产品的现场故障信息和现场使用状况记录来延续可靠性增长试验工作。

7.1　可靠性验证试验

7.1.1　可靠性鉴定试验

7.1.1.1　试验目的

可靠性鉴定试验的目的是验证产品的设计是否达到了规定的可靠性要求。

7.1.1.2　工作项目要点

可靠性鉴定试验工作项目要点包括：

1）有可靠性指标要求的产品，特别是关键任务的或新技术含量较高的产品应进行可靠性鉴定试验。可靠性鉴定试验一般应在第三方进行。

2）可靠性鉴定试验应尽可能在较高层次的产品上进行，以充分考核接口的情况，提高试验的真实性；可靠性鉴定试验可结合产品的定型试验或寿命试验进行。

3）鉴定试验的受试产品应代表定型产品的技术状态，并经认购方认定。

4）应按 GJB 899 A－2009《可靠性鉴定和验收试验》或其他有关标准规定的要求和方法进行可靠性鉴定试验。可靠性鉴定试验方案需通过评审并经定购方认可。

5）可靠性鉴定试验应在环境鉴定试验和环境应力筛选完成后进行。

6）可靠性鉴定试验前和试验后必须进行评审。

7.1.1.3　注意事项

订购方在合同的工作说明中应明确：

1）用于可靠性鉴定试验的样本量；

2）可靠性鉴定试验应采用的统计试验方案；

3）寿命剖面和任务剖面；

4）故障判别准则；

5）保障性分析所需的信息；

6）需提交的资料项目。

7.1.2　可靠性验收试验

7.1.2.1　试验目的

可靠性验收试验的目的是对交付的产品或生产批进行评价，前提是产品已经通过了定型的鉴定试验，并批准投入生产。而且如果承制方的质量保证体系是健全的，是认真执行《军工产品质量管理条例》及 ISO 9000 系列标准的；而且如果承制方是严格执行经订购方认可的可靠性大纲，关键元器件、原材料、生产工序的生产是一致的、稳定的，经监督（例如军代表的监督生产）、分析认为产品的可靠性比定型水平没有显著下降的，在这些前提之下，判决合格与否的正确性要求冒的风险可以大一些。根据统计学的规律，一般可靠性验收试验需要的样本比鉴定试验少，并且不需要提供验证可靠性的估计值。

7.1.2.2　一般要求

可靠性验收试验是为了验证产品的可靠性是否达到了规定的要求。受试产品的技术状态应该是经过批准的。可靠性验收试验采用的综合环境试验条件应经过订购方规定或同意，试验应按制定的可靠性验证试验程序进行。

验收试验所选用的统计试验方案由订购方在合同中规定，或是由订购方同意选定的 GJB 899 A－2009《可靠性鉴定和验收试验》标准中的试验方案。

由于"可靠性鉴定试验要提供验证可靠性的估计值"的要求，GJB 450A－2004《装备可靠性工作通用要求》规定订购方提供合格证明，即产品在批准投产前已经符合最低可接收的可靠性要求。这就要求给定置信度下的可靠性置信下限不低于最低可接收值。

验收试验一般要用序贯方案，因为一般序贯方案的期望样本量要比固定样本量的方案少一些，可以节省费用。

序贯试验不是固定样本或固定总时间的试验，属于随机样本量及随机总时间的试验。序贯试验接收或拒绝时的置信下限估计比较复杂。目前只有成败型及指数寿命型可以选用序贯试验方案。

　　原则上，受试产品应该从交付批中随机抽取。如无特殊规定，应该至少用 2 个产品受试。用 2 个或 2 个以上产品的目的是检验产品之间质量与可靠性的一致性。如果产品之间的试验结果反映产品之间的质量与可靠性有显著的差异，说明产品一致性较差，亦即不符合批的定义，则不能认为受试产品有典型代表性，不能据此作出接受判决。对于指数寿命型产品而言，如果投试时间不长，其特性的代表性也还不够。尽管统计试验方案只要求总的累计试验时间，对受试产品数不加限制，但要求每 1 个产品的累计受试时间不少于平均试验时间的 1/2，否则不能作出接收判据。

　　在可靠性验证试验中，受试产品在试验设备上的安装应尽可能反映现场的环境特征（包括产品周围的气流方式在内）。

　　应对试验中出现的故障进行分析、分类及记录。性能参数超出规定容许限时也属于故障，即表现为性能不可靠。

　　如果验收试验的结论为拒收，则承制方应对试验中出现的故障有针对性地采取有效纠正措施后，重新进行可靠性验证试验。

　　根据产品可靠性保证大纲的要求，应制定可靠性验证试验大纲，包括以下内容。

　　1）试验的对象及其数量。

　　2）试验的目的和进度。

　　3）验收试验的方案。

　　4）试验时应具备的条件，包括综合环境试验设备的条件、试验环境条件容差和检测设备的精度要求。

　　5）确定试验场所。试验场所的确定按下列优先顺序选取和在相应条件下进行，并经订购方认可：

　　·在独立于承制方的试验场所中进行，例如国家靶场、独立试验室等；

　　·无第三方试验条件时，允许在承制方的试验室中对其产品进行试验，但必须在订购方严格监督下进行。

　　6）设置评审点。

　　7）其他，包括故障报告、分析和纠正措施系统的配合。

7.1.2.3　详细要求

7.1.2.3.1　试验计划

　　可靠性验收试验的要求是产品任务书和合同中的一部分，是由订购方提出并与承制方协调后确定的。在拟定试验计划时，应考虑如下内容：

　　1）受试产品的规格、品种、型号。

　　2）可靠性试验的类型、试验场地及监督单位。

　　3）如果是抽样检测，明确抽样总体及抽样方法。

　　产品总体应该是由相同的设计，相同的工艺、材料、元器件，相同的管理在相同生产条件下生产的产品组成的全体，以使试验的结果有代表性（在样机情况下，总体可抽取 1 台产品组成）。受试产品一般应从代表产品的总体中随意抽取。随机抽样的方法按GB/T 10111－88《利用随机数骰子进行随机抽样的方法》进行，抽取可由独立的试验单位办理。

　　受试产品的任何老炼或其他预处理所加的应力条件应与交付使用的产品所受的应力条件相同。

　　4）试验要验证的可靠性特征量。

　　直接反映对星、箭产品的使用需求的可靠性参数叫使用参数，其量值可靠性使用指标，在可靠性验收试验中，一般以可靠性最低可接收值作为极限质量 LQ，而可接受质量水平 AQL 值则可以选择有关可靠性规定。

7.1.2.3.2　试验方案

　　要根据可靠性试验大纲制定可靠性验证试验方案。可靠性验证试验方案用于说明可靠性试验的整个布置以及它与综合试验要求之间的关系，概述了所要求的验收试验项目及其目的、日程、资源保证条件。它是定购方用来批准、监督、评价承制方可靠性计划的依据。可靠性验证试验方案主要包括如下内容：

1）试验项目；

2）选定的统计试验方案及有关判决风险；

3）综合环境试验条件；

4）故障判据及分类；

5）承制方及订购方的职责分工；

6）计划进度、经费、人员及设备器材等的资源保证条件；

7）从其他可靠性工作项目（如可靠性预计，故障模式及影响分析，故障报告、分析和纠正措施系统等）及其他产品试验中获得可靠性信息的程序及这些信息的用法。

具体的可靠性验收试验方案选用原则如下。

1）当以成功率作为可靠性特征量时，可以采用下述方案：

・固定试验次数或固定投入试验产品数的试验；

・截尾序贯试验。

2）在寿命为指数分布假设下，以故障率或可靠性值作为可靠性特征量时，可以采用下述方案：

・定时或定数截尾试验；

・截尾序贯试验。

7.1.2.3.3 试验程序

要根据可靠性验证试验方案制定相应的可靠性验证试验程序。它用来具体指导可靠性验证试验计划的实施，详细说明可靠性验证试验中有关设备的使用方法。它是订购方用来作为审查和批准承制方进行可靠性验证试验的程序、监督试验和评价试验结果的依据。可靠性验证试验程序主要包括如下内容：

1）试验程序；

2）受试设备及其最近的技术状态；

3）试验及监控设备的要求；

4）要监测的特性参数的精度，故障判据的容许限，监测环境条件及监测方法；

　　5) 综合环境条件及其容差；

　　6) 试验过程中应记录的数据及分析，报告要求；

　　7) 对试验过程中出现的设备故障要记录。

7.2　可靠性工程试验

7.2.1　可靠性筛选试验

7.2.1.1　环境应力筛选的目的和原理

7.2.1.1.1　环境应力筛选的目的

　　环境应力筛选的目的在于发现和排除产品的早期失效，使其在出厂时便进入随机失效阶段，以固有的可靠性水平交付用户使用。

7.2.1.1.2　环境应力筛选的原理

　　环境应力筛选是通过向电子装备施加合理的环境应力和电应力，将其内部的潜在缺陷加速变成故障，以便人们发现并排除。

7.2.1.1.3　通用定义

　　产品丧失规定的功能称失效。对产品可修复的失效通常也称为故障。对设备而言，任一质量特征不符合规定的技术标准即构成缺陷。

　　绝大多数电子装备的失效都称为故障。电子装备故障分为偶然失效型故障和缺陷型故障两大类。人们认为偶然故障表现为随机失效，是由元器件、零部件固有失效率引起的；而缺陷型故障由原材料缺陷、元器件缺陷、装配工艺缺陷、设计缺陷引起，元器件缺陷本身又由结构、工艺、材料等缺陷造成，而设计缺陷则包含电路设计缺陷、结构设计缺陷、工艺设计缺陷等内容。

7.2.1.1.4　电子设备可视缺陷分类

　　按照 GJB 2082—94《电子设备可视缺陷和机械缺陷分类》，从影响与后果角度缺陷分为致命缺陷、重缺陷、轻缺陷；从可视的角度来看，产生缺陷的主要工艺类型有：焊接、无焊连接、电线与电缆、多余物、防短路间隙、接点、印制电路板、零件制造安装、元器件、缠绕、标记等，其中多数工艺都可能产生致命缺陷或重缺陷，轻缺陷比较普遍。

致命缺陷是指对设备的使用、维修、运输、保管等人员会造成危害或不安全的缺陷，或可能妨碍某些重要装备（如舰艇、坦克、大型火炮、飞机、导弹等）的战术性能的缺陷。

重缺陷是指有可能造成故障或严重降低设备使用性能，但又不构成致命缺陷的缺陷。

轻缺陷是指不构成重缺陷，但会降低设备使用性能或不符合规定的技术标准，对设备的使用或操作影响不大的缺陷。

可视缺陷是指通过人的视觉器官可直接观察到的，或采用简单工具对设备质量特征所能判定的缺陷。

承制单位的质量检验人员对大多数可视缺陷都可以发现并交有关部门排除，唯有不可视缺陷需要进行环境应力筛选或采用其他方法才能被发现，否则影响产品可靠性。

7.2.1.1.5　常规筛选与定量筛选

常规筛选是指不要求筛选结果与产品可靠性目标和成本阈值建立定量关系的筛选。筛选方法是依据 GJB 1032－90《电子产品环境应力筛选方法》或凭经验确定的，筛选中不估计产品引入的缺陷数量，也不知道所用应力强度和检测效率的定量值，对筛选效果好坏和费用是否合理不作定量分析，仅以能筛选出早期失效为目标。筛选后的产品不一定到达其故障率恒定的阶段。

定量筛选是要求筛选的结果与产品的可靠性目标和成本阈值建立定量关系的筛选。定量筛选有关的主要变量是引入缺陷密度、筛选检出度、缺陷析出量或残留缺陷密度。引入缺陷密度取决于制造过程中从元器件和制造工艺两个方面引进到产品中的潜在缺陷数量；筛选检出度取决于筛选的应力把引入的潜在缺陷加速发展成为故障的能力和所用的检测仪表把这些故障检出的能力；残留缺陷密度和缺陷析出量则取决于引入缺陷密度和筛选检出度。定量环境应力筛选关系式如下表示

$$D_R = D_{IN} - F = D_{IN}(1 - T_S) \tag{7-1}$$

$$T_S = S_S \times D_E \tag{7-2}$$

式中　D_R——残留缺陷密度（平均个/产品）；

　　　D_{IN}——产品的引入缺陷密度（平均个/产品）；

　　　F——环境应力筛选的缺陷析出量（平均个/产品）；

　　　T_S——筛选检出度；

　　　S_S——筛选度；

　　　D_E——检测效率。

在进行定量筛选之前，首先要按照可靠性要求确定残留缺陷密度的目标值 D_{RG}，然后通过适当选择筛选应力种类及其量值的大小、检测方法、筛选所在等级等参数设计筛选大纲。实施该大纲时，要进行监测和评估，确定 D_{IN}、S_S、D_R 的观察值，并与设计估计值比较，以便及时采取措施保证实现定量筛选目标，并使之最经济有效。

7.2.1.1.6　恒定高温应力

恒定高温应力涉及以下方面。

（1）筛选度

恒定高温故障率（λ_D）如表 7-1 所示。

表 7-1　恒定高温筛选度（S_S）和故障率（λ_D）

时间/h	温度增量 $\Delta t/℃$								
	0	10	20	30	40	50	60	70	80
10	0.012 4	0.067 7	0.099 1	0.124 0	0.145 2	0.163 9	0.180 9	0.196 4	0.210 8
20	0.024 7	0.180 8	0.188 5	0.232 6	0.269 3	0.301 0	0.329 0	0.354 2	0.377 2
30	0.036 8	0.189 6	0.268 9	0.327 8	0.375 4	0.425 6	0.450 4	0.481 0	0.508 4
40	0.048 8	0.244 5	0.341 4	0.411 2	0.466 1	0.511 4	0.549 8	0.583 0	0.612 1
50	0.060 6	0.295 6	0.406 7	0.484 0	0.543 6	0.591 5	0.631 2	0.664 9	0.693 8
60	0.072 3	0.343 3	0.465 5	0.548 1	0.609 9	0.658 6	0.697 9	0.780 7	0.788 4
70	0.083 9	0.387 7	0.518 5	0.604 2	0.666 5	0.714 4	0.752 5	0.783 6	0.809 3
80	0.095 3	0.429 2	0.566 3	0.653 3	0.714 9	0.761 2	0.797 3	0.826 1	0.849 5

续表

时间/h	温度增量 Δt/℃								
	0	10	20	30	40	50	60	70	80
90	0.106 5	0.467 8	0.609 3	0.696 3	0.756 3	0.800 4	0.833 9	0.860 2	0.881 2
100	0.117 6	0.503 8	0.648 0	0.733 9	0.791 7	0.833 1	0.864 0	0.887 7	0.906 3
110	0.128 6	0.537 4	0.682 9	0.766 9	0.821 9	0.860 5	0.888 0	0.909 7	0.926 0
120	0.139 4	0.568 7	0.714 4	0.796 8	0.847 8	0.883 3	0.908 7	0.927 5	0.941 6
130	0.150 1	0.597 9	0.742 7	0.821 1	0.869 9	0.902 5	0.925 2	0.941 7	0.953 9
140	0.160 7	0.625 1	0.768 7	0.843 3	0.888 8	0.918 4	0.938 8	0.953 2	0.963 9
150	0.171 1	0.650 5	0.791 2	0.862 8	0.904 9	0.931 8	0.949 8	0.962 4	0.971 3
160	0.181 4	0.674 2	0.811 9	0.879 8	0.918 7	0.943 0	0.958 9	0.969 7	0.977 4
170	0.191 6	0.696 2	0.830 5	0.894 7	0.932 5	0.952 3	0.966 3	0.975 7	0.982 1
180	0.201 7	0.716 8	0.847 3	0.907 7	0.940 6	0.960 2	0.972 4	0.980 5	0.985 9
190	0.211 6	0.736 0	0.862 5	0.919 2	0.949 2	0.966 7	0.977 4	0.984 3	0.988 9
200	0.221 4	0.753 8	0.876 1	0.929 2	0.956 6	0.972 1	0.981 5	0.987 4	0.991 2
λ_D	0.001 3	0.007 0	0.010 4	0.013 2	0.015 7	0.017 9	0.019 9	0.021 9	0.023 7

（2）恒定高温应力激发的故障模式或影响

恒定高温能激发的故障模式（或对产品的影响）主要有：

1）使未加防护的金属表面氧化，导致接触不良或机械卡死。在螺钉连接操作时用力不当，或保护涂层上有小孔和裂纹时都会出现这种未受防护的表面。

2）加速金属之间的扩散，如基体金属与外包金属，钎焊焊料与元件，以及隔离层薄弱的半导体与喷镀金属之间的扩散。

3）使液体干涸，如电解电容和电池因高温造成泄漏而干涸。

4）使热塑料软化，如热塑料件处于太高的机械力作用下，产生蠕变。

5）使某些保护性化合物与灌封蜡软化或蠕变。

6）提高化学反应速度，加速与内部污染物的反应过程。

7）使部分绝缘损坏处绝缘击穿。

7.2.1.1.7 温度循环应力

温度循环应力涉及以下方面。

（1）温度循环应力参数

温度循环应力参数有：上限温度、下限温度、循环次数、温度变化速率等。

（2）温度循环应力筛选度与故障率

温度循环应力筛选度与故障率参见表 7－2 和表 7－3。

表 7－2　温度循环应力筛选度

次数	速率/ （℃/min）	温度范围/℃								
		20	40	60	80	100	120	140	160	180
2	5	0.168 3	0.234 9	0.288 6	0.332 4	0.369 7	0.402 3	0.431 2	0.457 2	0.480 9
2	10	0.209 7	0.403 1	0.481 2	0.541 0	0.589 1	0.629 0	0.662 9	0.692 0	0.717 3
2	15	0.391 1	0.525 4	0.612 4	0.675 2	0.723 2	0.761 2	0.792 0	0.817 5	0.838 8
2	20	0.470 7	0.615 5	0.703 4	0.763 6	0.807 5	0.840 7	0.866 5	0.887 1	0.903 7
4	5	0.299 8	0.414 7	0.493 9	0.554 3	0.602 7	0.642 7	0.676 5	0.705 4	0.730 5
4	10	0.496 9	0.643 7	0.730 8	0.789 3	0.831 2	0.862 4	0.886 3	0.905 1	0.920 1
4	15	0.629 2	0.774 8	0.849 8	0.894 5	0.923 4	0.943 0	0.956 7	0.966 7	0.974 0
4	20	0.719 8	0.852 2	0.912 0	0.944 1	0.962 9	0.974 6	0.982 2	0.987 3	0.990 7
6	5	0.414 1	0.522 2	0.640 0	0.702 5	0.749 6	0.788 4	0.816 0	0.840 1	0.860 1
6	10	0.643 1	0.787 3	0.860 3	0.903 3	0.930 6	0.940 9	0.961 7	0.970 8	0.977 4
6	15	0.774 2	0.893 1	0.941 8	0.965 7	0.978 9	0.986 4	0.991 0	0.993 9	0.995 8
6	20	0.851 7	0.943 2	0.973 9	0.986 8	0.992 9	0.996 0	0.997 6	0.998 6	0.999 1
8	5	0.509 5	0.657 4	0.743 9	0.801 4	0.842 2	0.872 3	0.895 3	0.913 2	0.927 4
8	10	0.746 9	0.873 1	0.927 5	0.955 6	0.971 5	0.981 1	0.987 1	0.991 0	0.993 6
8	15	0.862 5	0.949 3	0.977 4	0.988 9	0.994 1	0.996 7	0.998 1	0.998 9	0.999 3
8	20	0.921 5	0.978 1	0.992 3	0.996 9	0.998 6	0.999 7	0.999 7	0.999 8	0.999 9
10	5	0.589 8	0.737 9	0.817 8	0.867 4	0.900 5	0.927 3	0.940 5	0.992 9	0.962 3
10	10	0.820 4	0.924 2	0.962 4	0.979 6	0.988 3	0.993 0	0.995 6	0.991 2	0.998 2
10	15	0.916 5	0.975 9	0.991 3	0.996 4	0.998 4	0.999 2	0.999 6	0.999 8	0.999 9
10	20	0.958 5	0.991 6	0.997 7	0.999 3	0.999 7	0.999 9	0.999 9	0.999 9	0.999 9
12	5	0.656 8	0.799 4	0.870 4	0.911 5	0.937 3	0.954 4	0.966 1	0.974 4	0.980 4
12	10	0.872 6	0.954 8	0.980 5	0.990 6	0.985 2	0.997 4	0.998 5	0.999 1	0.999 5
12	15	0.949 0	0.988 6	0.996 6	0.998 8	0.999 6	0.999 8	0.999 9	0.999 9	0.999 9
12	20	0.978 0	0.996 8	0.999 3	0.999 8	0.999 9	0.999 9	0.999 9	0.999 9	0.999 9

表 7－3　温度循环应力故障率（λ_D）

速率/(℃/min)	温度循环范围/℃								
	20	40	60	80	100	120	140	160	180
5	0.089 1	0.133 9	0.170 3	0.202 0	0.230 8	0.257 3	0.282 1	0.305 5	0.327 8
10	0.171 7	0.258 0	0.328 1	0.389 3	0.444 7	0.495 8	0.543 6	0.588 8	0.631 7
15	0.248 0	0.372 6	0.473 9	0.562 3	0.642 3	0.716 1	0.785 2	0.850 4	0.912 5
20	0.318 1	0.477 9	0.607 7	0.721 2	0.823 7	0.918 4	1.007 0	1.090 6	1.770 2

（3）温度循环应力激发的故障模式或影响

温度循环应力激发的故障或影响包括使涂层、材料或线头上各种细微裂纹扩大；使黏结不好的接头松弛；使连接或铆接不当的螺钉接头松弛；使机械张力不足的压配接头松弛；使质量差的焊点接触电阻加大或开路；产生粒子污染；使密封失效。

7.2.1.1.8　扫频正弦振动应力

扫频正弦振动应力涉及以下方面。

（1）扫频正弦振动应力的筛选度

扫频正弦振动应力筛选度和故障率见表 7－4。

表 7－4　扫频正弦振动应力筛选度和故障率（λ_D）

时间/min	加速度量值/g													
	0.5	1.0	1.5	2.0	2.5	3.0	3.5	4.0	4.5	5.0	5.5	6.0	6.5	7.0
5	0.002 0	0.003 6	0.005 1	0.006 6	0.008 0	0.009 9	0.010 7	0.012 0	0.013 2	0.014 5	0.015 7	0.016 9	0.018 1	0.019 3
10	0.004 0	0.007 2	0.010 3	0.013 1	0.051 9	0.018 6	0.021 2	0.023 8	0.026 3	0.028 7	0.031 2	0.035 5	0.035 9	0.038 2
15	0.006 0	0.010 8	0.015 4	0.019 6	0.028 9	0.027 8	0.031 6	0.035 0	0.039 1	0.042 8	0.046 4	0.049 9	0.053 4	0.056 7
20	0.008 0	0.014 4	0.020 4	0.026 1	0.031 6	0.036 8	0.042 0	0.047 0	0.051 9	0.056 6	0.061 4	0.066 0	0.070 5	0.075 0
25	0.009 9	0.018 0	0.025 5	0.032 5	0.039 3	0.045 8	0.052 2	0.058 4	0.064 4	0.070 3	0.076 1	0.081 8	0.087 4	0.092 9
30	0.011 9	0.021 6	0.030 5	0.038 9	0.047 0	0.054 7	0.062 3	0.069 6	0.076 8	0.083 8	0.090 6	0.093 7	0.103 9	0.110 1
35	0.013 9	0.025 1	0.035 5	0.045 2	0.054 6	0.063 6	0.072 3	0.080 7	0.089 0	0.097 0	0.104 9	0.112 2	0.120 1	0.127 5
40	0.015 9	0.028 7	0.040 4	0.051 5	0.062 1	0.072 3	0.082 0	0.091 7	0.101 0	0.110 0	0.118 9	0.127 6	0.136 1	0.144 4
45	0.017 8	0.032 2	0.045 4	0.057 8	0.069 6	0.081 0	0.091 9	0.102 6	0.112 9	0.123 0	0.132 8	0.142 4	0.151 7	0.160 9
50	0.019 8	0.035 7	0.050 4	0.064 0	0.077 0	0.089 5	0.101 6	0.113 3	0.124 6	0.135 7	0.146 4	0.156 9	0.167 1	0.177 1
55	0.021 7	0.039 2	0.055 2	0.070 1	0.084 4	0.098 0	0.111 2	0.123 9	0.136 2	0.148 2	0.159 8	0.171 1	0.182 2	0.198 0
60	0.023 7	0.042 7	0.060 0	0.076 3	0.091 7	0.106 5	0.120 7	0.134 4	0.147 6	0.160 5	0.173 0	0.185 2	0.197 0	0.208 9
λ_D	0.024 0	0.043 6	0.061 9	0.079 3	0.096 2	0.112 6	0.128 6	0.144 3	0.159 7	0.174 4	0.189 9	0.204 8	0.219 4	0.233 9

（2）扫频正弦振动应力激发的故障模式或影响

扫频正弦振动应力会使结构部件、引线或元器件接头产生疲劳，特别是在导线上有细微裂纹或类似缺陷的情况下会产生以下后果：

1）使电缆磨损，如在松弛的电缆结处存在尖缘似的缺陷时；

2）使制造不当的螺钉接头松弛；

3）使安装加工不当的 IC 离开插座；

4）使受到高压力的汇流条与电路板的钎焊接头的薄弱点出现故障；

5）使未充分消除应力的可作相对运动的桥形连接的元器件引线造成损坏，例如电路板前板的发光二极管或背板散热板上的功率晶体管；

6）使已受损或安装不当的脆性绝缘材料出现裂纹。

7.2.1.1.9　随机振动应力

随机振动应力涉及以下方面。

（1）随机振动应力的参数

随机振动应力参数包括频率范围、加速度功率谱密度（PSD）、振动时间、振动轴向数等。

（2）随机振动应力筛选度

随机振动应力的筛选度和故障率见表 7－5。

表 7－5　随机振动应力筛选度和故障率（λ_D）

时间/min	加速度均方根值/g													
	0.5	1.0	1.5	2.0	2.5	3.0	3.5	4.0	4.5	5.0	5.5	6.0	6.5	7.0
5	0.007	0.023	0.045	0.012	0.104	0.140	0.178	0.218	0.260	0.303	0.346	0.389	0.431	0.478
10	0.014	0.045	0.088	0.140	0.198	0.260	0.324	0.389	0.452	0.514	0.572	0.627	0.677	0.723
15	0.021	0.067	0.129	0.202	0.282	0.363	0.444	0.522	0.595	0.661	0.720	0.772	0.816	0.854
20	0.028	0.088	0.168	0.260	0.356	0.452	0.543	0.626	0.700	0.764	0.817	0.861	0.896	0.923
25	0.035	0.109	0.206	0.314	0.424	0.529	0.625	0.708	0.778	0.835	0.880	0.915	0.941	0.959
30	0.041	0.129	0.241	0.363	0.484	0.595	0.691	0.772	0.836	0.885	0.922	0.948	0.966	0.979

续表

时间/min	加速度均方根值/g													
	0.5	1.0	1.5	2.0	2.5	3.0	3.5	4.0	4.5	5.0	5.5	6.0	6.5	7.0
35	0.048	0.149	0.275	0.409	0.538	0.651	0.746	0.882	0.878	0.920	0.949	0.968	0.981	0.989
40	0.055	0.168	0.308	0.452	0.586	0.700	0.791	0.860	0.910	0.944	0.966	0.981	0.989	0.994
45	0.061	0.187	0.339	0.492	0.629	0.742	0.829	0.891	0.933	0.961	0.978	0.988	0.994	0.997
50	0.068	0.205	0.369	0.529	0.668	0.778	0.859	0.915	0.951	0.973	0.986	0.993	0.996	0.998
55	0.074	0.224	0.397	0.563	0.702	0.809	0.884	0.938	0.964	0.981	0.991	0.996	0.998	0.999
60	0.081	0.241	0.424	0.595	0.734	0.836	0.905	0.948	0.973	0.987	0.994	0.997	0.999	1.00
λ_D	0.084	0.276	0.552	0.903	1.32	1.80	2.35	2.95	3.61	4.32	5.09	5.90	6.77	7.69

（3）随机振动应力激发的故障模式或影响

随机振动应力激发的故障模式或影响与正弦扫频振动应力相同，但故障机理更复杂，发展故障的速度要比扫频正弦振动应力快得多，这是由于随机振动能同时激励许多共振点的作用结果。

7.2.1.1.10 筛选效果对比

筛选效果对比包括以下几个方面。

（1）温度应力对比

①对恒定高温应力的分析

恒定高温筛选的筛选度与温度增量、筛选时间密切相关，但其量值很小。由表 7－1 可知，当温度增量为最大（80℃）、老炼筛选时间最长（200 h）时，筛选度为 0.991 2。恒定高温的故障率只与温度增量有关，其值也很小，同样从表 7－1 可知，温度增量最大（80℃）时，故障率为平均 0.023 7 次/h，即为了暴露 1 个缺陷，用温度增量为 80℃ 的恒定高温进行筛选平均需要 42 h。如果按有些产品以 45℃（温度增量为 20℃）高温进行老炼筛选的话，其故障率为 0.010 4 次/h，需要平均老炼 100 h 才能暴露 1 个缺陷。因此可见，为了达到消除早期失效的目的，用恒定高温的老炼筛选时间要很长，不仅筛选效率低，而且有可能要影响产品的使用寿命。

故障率低和可能影响产品的使用寿命是恒定高温筛选应力的致

命缺点。

②对温度循环应力的分析

温度循环应力的筛选度与温度范围、循环次数有关，并且与温度变化速率关系最密切，即温度升降速率越大，其筛选度也越大。由表 7-2 可知，温度范围为 180℃、循环次数为 4、温度变化速率为 20℃/min 时，筛选度为 0.990 7。归一化后其故障率与温度变化范围和温度变化速率呈正相关关系。由表 7-3 可知，当温度变化范围为 80℃、温度变化速率为 5℃/min 时，温度循环应力的故障率平均为 0.202 0 次/循环，一般每个循环时间在 3.5～4.0 h 之间，因此该应力的故障率相当于平均在 0.050 5～0.057 7 次/h 之间。

因此，故障率高、筛选效率高、不会影响产品使用寿命是温度循环应力的特点。

③温度应力的比较

由上述分析可知，温度变化范围为 80℃、温度变化速率为 5℃/min 的温度循环应力的故障率是温度增量为 80℃的恒定高温应力的 2 倍多（0.050 5 与 0.023 7 之比），而且在工程上要实现前者比实现后者容易得多。温度增量为 80℃的恒定高温应力要让产品经受 105℃（80℃+25℃）高温的相当长时间的工作过程，平均 42 h 才能暴露 1 个故障。而温度循环应力通常采用温度交变试验箱，此类设备对温度范围为 80℃（由-35℃变化到+45℃）、温变速率为 5℃/min 的性能参数是最低的要求，轻易便可实现，此应力可使产品平均筛选 20 h 便可以暴露 1 个故障，比恒定高温应力的筛选效率高很多。

为了进一步提高温度循环应力的筛选效率，可以通过提高温度变化率的应力参数来实现。由表 7-3 可知，当温度范围仍为 80℃、温度变化速率由 5℃/min 提高到 20℃/min 时，其故障率由平均 0.202 0 次/循环提高到平均 0.721 2 次/循环，后者是前者的 3.5 倍多，即平均 5 h 便可以暴露 1 个缺陷。

当然，温度交变试验箱要实现 20℃/min 的温变速率，需要大幅度地增加升降温系统的功率，甚至要在机械致冷的基础上加装液态氮致冷系统及其控制装置，这需要增加投入。为了提高筛选效率，减少筛选对产品寿命的影响，提高温变速率是最好的方法，为此而增加投入也是适宜的。

（2）振动应力对比

一般来说，振动应力是定量环境应力筛选方法采用的应力，它可以暴露温度循环暴露不了的某些缺陷。据统计，对电子设备而言，温度应力平均可以暴露 79% 的缺陷，而振动应力平均可以暴露 21% 的缺陷。因此，振动是不可缺少的筛选应力。扫频正弦振动台和随机振动台都可以作为振动环境应力筛选的设备，通过表 7－4 和表 7－5 提供的数据可以比较它们的故障率（即筛选效率）。

我们按照 GJB 1032－90《电子产品环境应力筛选方法》标准要求的典型的随机振动谱计算得到其加速度均方根值为 7.2g，取为 7g；设持续时间为 5 min，由表7－5可知筛选度为 0.478，故障率为 7.692 次/h。同样设扫频正弦振动的加速度为 7g，持续时间为 5 min，由表7－4可得筛选度为 0.019 3，故障率为 0.233 9 次/h。两种振动应力的故障率相差甚大，随机振动故障率是扫频振动故障率的 33 倍。几种应力的筛选度和故障率的对比如表 7－6 所示。

表 7－6　筛选应力效果对比

项目	恒温 45℃	恒温 105℃	交变 80℃，5℃/min	交变 80℃，20℃/min	扫频振动 7g5 min	随机振动 7g5 min
SS	0.876 1	0.991 2	中等	高	0.019 3	0.478
λ_D (1/h)	0.010 4	0.023 7	0.202 0	0.721 2	0.233 9	70.692
h/次故障	100	42	5	2	40.3	0.13 (70.8 min)
影响寿命	较大	较大	基本不影响	不影响	不影响	不影响
试验设备造价	低	低	较低	较高	低	较高

当然，只有随机振动控制设备和与之配套的电磁振动台才能提供随机振动应力，其设备价格要比扫频振动台昂贵。但是为了提高

筛选效率，最大限度地消除早期故障，这个投入还是合算的。

（3）结论

筛选效果对比得以下结论。

1）经典的老炼工艺与常规的恒温筛选对暴露产品的缺陷有一定的作用，但其筛选度和故障率很小，效率十分低，需要用相当长的时间才能达到消除早期失效（缺陷）的效果，因而可能会影响产品的使用寿命，有必要改用定量环境应力筛选方法。

2）如果采用常温考机的办法作为产品出厂的依据，在几百小时内暴露不了一个缺陷，也说明不了产品的可靠性具有什么样的水平，此法意义不大。

3）定量环境应力筛选需要采用温度循环应力时，其效率已比恒定高温老炼筛选大为提高；就温度循环筛选而言，提高温变速率是进一步提高筛选效率、减少筛选对产品使用寿命影响的最佳方法。

4）定量环境应力筛选需要采用振动应力时，可以采用扫频正弦振动或随机振动方式，但从筛选效率对比可知，随机振动方式是最佳的应力。为了提高筛选效率、减少振动应力筛选对产品结构件寿命的影响，推荐采用随机振动方式。

7.2.1.1.11　设计原则

环境应力筛选方案的设计原则是：使筛选应力能激发出由于潜在设计缺陷、制造缺陷、元器件缺陷引起的故障；所施加的应力不必模拟产品规定的寿命剖面、任务剖面、环境剖面；在试验中应模拟设计规定的各种工作模式。

根据条件和是否有必要来确定是采用常规筛选还是定量筛选；根据不同阶段和产品的特征，制定筛选方案。

（1）研制阶段的筛选

研制阶段一般按照经验得到的筛选方法进行常规筛选，其主要作用是：一方面，用于收集产品中可能存在的缺陷类型、数量及筛选方法效果等信息；另一方面，在可靠性增长和工程研制试验前进行常规试验，可节省试验时间和资金；同时利于设计成熟、快捷的研制试验方法。

研制阶段的常规筛选要为生产阶段的定量筛选收集数据，为定量筛选作准备，设计定量筛选的大纲。

（2）生产阶段的筛选

生产阶段的筛选主要是实施研制阶段设计的定量筛选大纲；并通过记录缺陷析出量和设计估计值的比较，提出调整筛选和制造工艺的措施；参考结构和成熟度相似产品的定量筛选经验数据，完善或重新制定定量筛选大纲。这些经验数据主要包括：

1）故障率高的元器件和组件型号；

2）故障率高的产品供货方；

3）元器件接收检验、测试和筛选的数据；

4）以往筛选和测试的记录；

5）可靠性增长试验记录；

6）其他试验记录。

7.2.1.1.12　设计依据

设计依据主要包括以下几个方面。

（1）依据产品缺陷确定筛选应力

①影响产品缺陷数量的因素

如前所述，产品在设计和制造过程引入的缺陷主要是：设计缺陷、工艺缺陷、元器件缺陷。这些缺陷可归纳为两种类型，一是固有缺陷，它是存在于产品内部的缺陷，如材料缺陷、外购元器（部）件缺陷和设计缺陷；二是诱发缺陷，它是人们在生产或修理过程中引入的缺陷，如虚焊、连接不良等。这些缺陷中的可视缺陷采用常规检测手段便可发现，可在生产中排除。除此之外的缺陷便成为潜在缺陷，构成产品的早期故障源。

影响产品缺陷数量的主要因素有：

1）产品的复杂程度。产品越复杂，包含的元器件类型和数量越多，接头类型和数量越多，则设计和装焊的难度越大，设计制造中引入缺陷的可能性越大。同时，增加了环境防护设计的难度。

2）元器件质量水平。元器件质量水平是产品缺陷的主要来源。元器件质量水平包括质量等级和缺陷率指标两个方面，后者用 PPM 表示，一般生产厂家要在说明书中予以注明。缺陷率指标是定量筛选方案设计的重要依据。

3）组装密度。组装密度高，元器件排列拥挤，既导致装焊操作难度大，易碰伤元器件，又使工作中散热条件差，易引入工艺缺陷，或使缺陷加速扩大。

4）设计和工艺成熟程度。设计和工艺的成熟程度的提高，可以大大减少产品的设计缺陷和工艺缺陷的种类及其数量。一般在研制阶段，在结构设计定型之前，设计缺陷占主要地位；在生产阶段，设计缺陷减少，元器件缺陷和工艺缺陷比例增加，并且随着设计的改进和工艺的不断成熟，元器件缺陷将占主要地位。

5）制造过程控制。制造过程控制主要是质量控制，包括采用先进的工艺质量控制标准和管理制度，管理控制得越严格，引入缺陷的机会就越少。

②环境应力对缺陷的影响

现场环境应力是诱发缺陷发展为故障的主要因素。任何缺陷发展为故障都需要受到一定强度应力经过一定时间的作用，产品只有受到等于或大于阈值的环境应力作用才能使某些缺陷变为故障。在某些温和的环境应力中，许多缺陷不会发展为故障。因此，只有选择能暴露某些缺陷的应力作为筛选的条件，才能达到筛选的目的。常用的应力所能发现的典型缺陷见表 7—7。据统计，温度应力可筛选出 80％左右的缺陷，振动应力可筛选出 20％左右的缺陷。

表 7—7　常用应力能发现的典型缺陷

温度循环应力	振动应力	温度加振动应力
元器件参数漂移	粒子污染	焊接缺陷
电路板开路、短路	压紧导线磨损	硬件松脱
	晶体缺陷	
元器件安装不当	混装	元器件缺陷

续表

温度循环应力	振动应力	温度加振动应力
错用元器件	邻近板摩擦	紧固件问题
密封失效	相邻元器件短路	元器件破损
	导线松脱	电路板蚀刻缺陷
导线束端头缺陷	元器件黏结不良	
夹接不当	机械性缺陷	
	大质量元器件紧固不当	

（2）根据缺陷分布确定筛选等级

①缺陷分布

缺陷在产品研制和生产的不同阶段的类别和分布是变化的，因此在制定筛选大纲时，要根据产品缺陷的分布确定筛选等级。在研制阶段，设计缺陷的比例最大；在生产初期，设计缺陷比例下降，工艺缺陷比例增加，占最大比例；在生产成熟阶段，设计和工艺趋于成熟，个人操作熟练，元器件缺陷比例变得最大，此时设计缺陷一般只占5%以下，工艺缺陷在30%以下，而元器件缺陷可占60%以上。表7—8是不同产品在单元或模块组装等级进行环境应力筛选暴露的缺陷比例，反映了缺陷的分布情况，可供参考。

表 7—8　各种产品筛选暴露的缺陷比例

硬件类型	筛选组装等级	温度筛选故障/%	振动筛选故障/%
飞机发电机	单元	55	45
计算机电源	单元	88	12
航空设备计算机	单元	87	13
舰载计算机	单元	93	7
接收处理机	单元	71	29
惯性导航装置	单元	77	23
接收系统	单元	87	13
机载计算机	模块	87	13
控制指示器	单元	78	27
接收机、发射机	模块	74	26
平均	综合	79	21

②筛选组装等级的选择

为了保证基本消除产品的早期故障，最好在各个装配等级上都安排环境应力筛选。任何低级筛选都不可能代替高一装配等级上的筛选。而任何高一级的筛选虽然可以代替低一级的筛选，但筛选效率会降低，筛选成本会提高。一般产品分成设备或系统级（包括电缆和采购的单元）、单元级（包括采购的组件和布线）、组件级（包括印制电路板和布线）、元器件等 4 个级别。据以往的经验，对元器件的筛选成本需要 1～5 个货币单位的话，组件级筛选则需要 30～50 个货币单位，单元级需要 250～500 个货币单位，设备或系统级需要 500～1 000 个货币单位。

根据多数单位的应用情况来看，设计筛选取组件级及以下或取单元级及以上的较多。

从综合的角度来看，组件级筛选的优点是：每检出 1 个缺陷的成本低，尺寸小、不通电可进行成批筛选，效率高；组件的热惯性低，可进行更高温度变化率的筛选，筛选效率提高。其缺点是：由于不通电，难以检测性能，筛选寻找故障的效率低；如果改成通电筛选检测，需要专门设计设备，成本高；不能筛选出该组装等级以上的组装引入的缺陷。

单元级以上的筛选优点是：筛选过程易于安排通电监测，检测效率高；通常不用专门设计检测设备；单元中各组件的接口部分也得到筛选，能筛选各组件级引入的潜在缺陷。其缺点是：由于热惯性较大，温度变化速率不能大，温度循环时间需要加长；单元级包含了各种元部件，温度变化范围较小，会降低筛选效率；每检出 1 个缺陷的成本高。

（3）根据检测效率确定定量筛选目标

检测效率是环境应力筛选工作的重要因素。给产品施加应力把潜在缺陷变成明显的故障后，能否准确定位和消除，就要取决于检测手段及其能力。当选择在较高组装等级进行筛选时，有可能利用较现成的测试系统或机内检测系统；在选择高组装级筛选时，能准确地模拟各种功能接口，也便于规定合理的验收准则，容易实现高效率的检测，提高检测效率。表 7－9 列出了不同组装等级情况的检测效率，表 7－10 列出了各种测试系统的检测效率范围，可用于计算析出量的估计值。需要指出的是，综合利用各种检测系统能提高检测效率。

表 7－9　不同组装等级情况的检测效率

组装等级	测试方式	检测效率
组件	生产线工序间合格测试	0.85
组件	生产线电路测试	0.90
组件	高性能自动测试	0.95
单元	性能合格鉴定测试	0.90
单元	工厂检测测试	0.95
单元	最终验收测试	0.98
系统	在线性能监测测试	0.90
系统	工厂检测测试	0.95
系统	定购方最终验收测试	0.99

表 7－10　不同测试系统检测效率范围　　　　　　　%

电路类型	负载板短路测试（LBS）	电路分析仪（ICT）	电路测试仪（ICT）	功能板测试仪（FBT）
数字式	45～65	50～75	85～94	90～98
模拟式	35～55	70～2	90～96	80～90
混合式	40～0	60～0	87～94	83～95

（4）元器件缺陷率的确定

确定环境应力筛选的定量目标必须确定产品的元器件缺陷率。可以采用以下方法确定元器件缺陷率。

①查表法

国产元器件由 GJB 299-98《电子设备可靠性预计手册》规定质量等级。当产品选定某个等级的元器件后，按照使用环境条件，可以从 GJB/Z 34-93《电子产品定量环境应力筛选指南》附录 A 的相应表中查得不同质量等级、不同使用环境的各种电子元器件的缺陷率数据（以 PPM 表示）。进口元器件问题较复杂，我们不可能查得每个国家每种元器件的缺陷率，只能参考美国 MIL-HDBK-217E《电子设备可靠性预计》查出质量等级，然后从 GJB/Z 34-93 中查出进口元器件的缺陷率。

②试验验证法

当所用的元器件质量等级无法从手册中查到缺陷率数据时，可根据 GJB/Z 34-93《电子产品定量环境应力筛选指南》提供的方法对元器件进行抽样筛选，通过试验数据处理获得该元器件的缺陷率。

7.2.1.1.13　试验剖面的确定

试验剖面的确定涉及以下方面。

（1）应力类型

定量环境应力筛选一般选用温度循环和随机振动应力，对电子产品而言，一般都可以满足筛选要求。某些产品有特殊要求时，可选用特定的筛选应力。

（2）应力组成

温度循环和随机振动应力各自激发的缺陷类型是不相同的，因此不能互相取代。然而，它们在激发缺陷的能力上却可以互相补充和加强，由振动加速发展的缺陷可能在温度循环中以故障的形式暴露出来；同样，由温度循环加速发展的缺陷也可能在振动中以故障的形式暴露出来。因此，环境应力筛选的试验剖面应把温度循环和随机振动组合起来，即随机振动-温度循环-随机振动或温度循环-随机振动-温度循环。具体可以参阅 GJB 1032-90《电子产品环境应力筛选方法》。

（3）应力量值

筛选应力的量值以不能超过产品的设计极限，能激发潜在缺陷又不损坏产品中完好的部分为原则。

7.2.1.1.14　温度循环参数的选择

温度循环参数的选择要考虑以下几个方面的问题。

（1）确定温度循环的上下限温度

采用加电检测性能的筛选方案时，温度循环的上下限温度不高于和不低于设计的最高和最低的工作温度。

采用非加电检测性能的筛选方案时，温度循环的上下限温度不高于和不低于产品贮存的最高和最低温度。

采用只在上限（或下限）温度加电和检测性能的筛选方案时，温度循环的上限（或下限）温度不高于（不低于）设计的最高（最低）工作温度，另一侧的温度不低于（高于）贮存温度。

只对组件进行筛选时，要找出组件中分组件（元器件）各自的最高和最低工作温度、最高和最低贮存温度，温度循环的上下限温度以这些高温中的最低者和低温中的最高者为温度组，参照上述原则进行设计。一般设计的工作温度和贮存温度离设计的极限温度还有一定距离，为了提高筛选效率，有时扩大温度变化幅度，向设计的极限温度靠拢。

示例：某组件由 5 个分组件组成，其设计的各项温度列于表 7—11，确定其定量环境应力筛选温度。

从表 7—11 中可知，筛选的工作温度组为 60℃和 -30℃，贮存的温度组为 80℃和 -40℃。

表 7—11　5 个分组件的各项温度

分组件号	设计工作高温/℃	低温/℃	设计贮存高温/℃	低温/℃
1	80	-40	100	-55
2	90	-45	100	-50
3	100	-50	120	-40
4	110	-30	150	-55
5	60	-50	80	-55

（2）确定温度变化速率

温度变化速率对筛选效果影响极大，应尽可能加快温度变化速率。标准规定，设备或部件筛选的温度变化速率不小于 5℃/min。由于被筛选产品本身的热惯性，产品的实际温度变化速率远低于试验箱内的空气温度变化平均速率，因此要根据试验箱的能力尽量提高温度变化速率。

在条件不具备，进行非定量环境应力筛选时，可采用两箱法进行温度冲击筛选。

在定量环境应力筛选过程中，可按定量要求和观察到的故障数调节已选定的温度变化速率，以保证实现定量目标。

（3）确定上下限温度的持续时间

温度循环中，上下限温度的持续时间取决于产品在此温度下达到稳定的时间和检测性能所需的时间，可通过对产品的热测定和对试验箱温度稳定时间的测定进行确定。

（4）确定温度循环次数

温度循环次数实际就是筛选的持续时间。电子设备早期故障一般在交付的前 50～100 h 暴露，它与产品的复杂程度有关。一般初始筛选和单元级的筛选采用 10～20 个循环，组件级筛选采用 20～40 个循环。

7.2.1.1.15　振动应力的选择

振动应力的选择涉及以下方面。

（1）确定振动量值

筛选的振动量值一般应低于产品环境鉴定试验的合格值，以不损坏产品为准。常规筛选的随机振动量值一般可用 0.04 g^2，把握不大的产品可通过测定摸清产品对振动的响应特性，由低到高适当调整，最后确定振动量值。

（2）确定随机振动频谱

随机振动频谱应采用 GJB 1032－90《电子产品环境应力筛选方法》或 GJB/Z 34－93《电子产品定量环境应力筛选指南》标准规定

的频谱，频率范围为 20～2 000 Hz，少数情况下可缩小到 100～1 000 Hz。

应对受筛选产品进行振动测定，确定产品共振频率、优势频率，对产品响应大的频率段，要减少输入；反之，加大输入，以保证不损坏产品和实施规定量值的筛选。

（3）确定轴向和时间

随机振动一般要在 3 个轴向上进行，每个轴向振动 5～10 min，最少不少于 5 min。如果产品中多数印制板呈同一个方向排列，则可仅在垂直于印制板方向进行 10 min 的随机振动。正弦振动也应在 3 个轴向上进行，一般进行 30 min，不超过 60 min。

随机振动的最大效果发生在 15～20 min 内，延长振动时间不仅无益于筛选，反而会引起疲劳损伤，一般用 0.04 g^2/Hz 振动 20 min。我们可按此数据进行等效振动时间的计算

$$T = 20\ (W_0/W_1)^3 \qquad\qquad (7-3)$$

式中 T——等效时间（min）；

W_0——0.04 g^2/Hz；

W_1——所用振动量值（g^2/Hz）。

表 7-12 列出了按式（7-3）计算得到的数据。

表 7-12　功率谱密度、加速度均方根值和等效时间对照

加速度均方根值	功率谱密度/（g^2/Hz）	等效时间/min
6.06	0.04	20
5.2	0.03	47
4.24	0.02	160
3.0	0.01	1 280

7.2.1.1.16　加电和性能检测时间的选择

加电和性能检测时间的选择涉及以下方面。

（1）一般原则

为保证筛选效果，筛选中应尽量进行加电和性能检测，以便发

现间歇故障和电应力缺陷。从可能性和经济性出发，一般在高装配等级筛选时进行间歇加电和性能检测；低装配等级可能不具备性能检测的条件，专门设计制造一套检测仪表费用太大，筛选时只好不进行加电和性能检测。

（2）温度循环的加电和性能检测

为了不影响降温速率，在降温过程不加电，但为了发现间歇性故障也可加电；尽量在其他温度段加电，期间如果不能做到连续进行性能检测，也应尽量频繁地进行，以便及时发现故障和节省筛选时间。

（3）随机振动的加电和性能检测

在振动过程中，应加电和进行性能检测，以保证及时发现故障、不漏检间歇故障；如果出现故障后不影响加电和检测，则在振动结束后再修理。

7.2.1.1.17　无故障验证试验

无故障验证试验涉及以下方面。

（1）无故障验证试验的作用

无故障筛选是环境应力筛选的一个重要步骤，是在完成暴露缺陷的筛选试验之后安排一段试验，要求不再发生因缺陷引起的故障，以便证明筛选目的已经达到，暴露的故障已经排除，证明能在规定的置信度下满足定量筛选的目标。因此又称无故障筛选为无故障验收筛选试验。当试验中发生缺陷型故障时，应重新试验，以保证在规定的时间内不发生缺陷型故障，其作用是作为筛选圆满程度的度量，或作为修复是否完成的度量。

（2）无故障筛选应力的确定

无故障筛选所用应力一般与环境应力筛选应力相同，有条件的也可模拟工作环境应力。

（3）无故障筛选时间的确定

无故障验收的筛选试验时间 T 的确定方法包括以下内容。

①搜集信息

搜集信息具体包括：

1）被筛选产品预计的（规定值）失效率 λ_0；

2）在选定的筛选应力作用下的缺陷故障率 λ_D；

3）被筛选产品的缺陷平均故障率与规定的故障率之比 λ_D/λ_0；

4）在给定的置信度下筛选成品率下限值 Y_L。

②步骤

确定无故障筛选时间的步骤具体包括：

1）根据产品规定的可靠性值（MTBF）确定定量筛选目标 D_{RG} $=100\lambda_0$，$\lambda_0=1/\text{MTBF}$；

2）计算系统级的缺陷目标 D_{IN}；

3）选定无故障验收的筛选应力，一般与缺陷筛选应力相同；

4）确定所需的筛选检出度 $T_S=1-D_{RG}/D_{IN}$；

5）确定所用的检测设备及其检测效率 D_E；

6）计算所需的筛选度 $S_S=T_S/D_E$；

7）从有关标准查得所用筛选应力参数和筛选度对应的 λ_D；

8）将 λ_D 除以 λ_0 值；

9）根据公式 $Y_L=\text{e}-D_{RG}$，求筛选成品率 Y_L；

10）确定筛选成品率的置信度，据此和 λ_D/λ_0 值，从有关标准查出 λ_{DT} 值；

11）根据 $T=\lambda_{DT}\tilde{\lambda}_D$，求得无故障验收筛选时间 T。

7.2.1.1.18　环境应力筛选的计划管理

产品承制方要在产品研制的方案阶段就根据产品可靠性要求和试验条件制定环境应力筛选大纲和计划，并与产品研制计划相协调，纳入研制生产计划网络之中，随着产品研制生产的进度适时安排各项筛选工作。环境应力筛选需要耗费资源，要占用一定时间，要使用技术力量，因此要在研制生产周期、费用的预算和人员安排方面综合考虑这些因素。这样，才能使环境应力筛选工作得以落实。

（1）环境应力筛选条件的剪裁

环境应力筛选条件一般按照 GJB 1032－90《电子产品环境应力筛选方法》标准和产品环境应力筛选大纲的规定设计。在筛选过程中，还要根据产品的工艺成熟程度及使用信息对筛选条件进行调整，甚至采用简化或抽样的筛选方案。

①简化原则

当产品制造工艺成熟，其 MTBF 数值很大，接收概率接近 100%，且得到定购方的认可，环境应力筛选条件才可以在标准规定的基础上进行简化。

②简化方案的选择

其一，抽样筛选方案：抽样按 GB/T 8052－2002《单水平和多水平计数连续抽样检验程序及表》标准规定进行，要求在整个筛选过程中不发生失效，才能判定该批产品通过环境应力筛选，简化有效，否则不能采用简化方案。因此，选择抽样筛选方案风险较大。

其二，简化筛选程序方案：筛选的无故障检验阶段的程序时间，可从缺陷剔除试验阶段就开始计算，在标准规定的最大 120 h 范围内，有连续 40 h 以上的时间无故障。如果在程序的前 40 h 不出现故障，则可以免去其后的程序时间。

（2）环境应力的筛选程序

无论是一般环境应力筛选还是定量环境应力筛选，其程序由初始性能检测、缺陷剔除试验、无故障检验及最后性能检测等组成。过程如表 7－13。

表 7－13　环境应力筛选程序示意

初始性能检测	⇒	环境应力筛选		⇒	最后性能检测
		缺陷剔除→无故障检验			
随机振动	→	温度循环	温度循环	→	随机振动
5 min		40 h	40～80 h		5～15 min
		至少连续 40 h 无故障			

①初始性能检测

初始性能检测在标准大气（即实验室大气压力环境）条件下进行，按照有关标准或技术文件进行外观、机械和电气性能检测并记录结果。凡检测不合格的产品不能进行环境应力筛选。

②环境应力筛选

环境应力筛选包括缺陷剔除试验和无故障检验试验两个阶段。

缺陷剔除试验阶段，对样品施加规定的随机振动和温度循环应力，先进行随机振动，后进行温度循环。对试验中发现的所有故障都要详细记录，在随机试验中发现的故障要待振动结束后排除；在温度循环中发现故障时应即时中断试验，排除后继续试验，并从发现故障的循环起点继续计算试验时间（即扣除发现该循环故障的试验时间）。

无故障检验试验的目的是验证筛选的有效性，先进行温度循环，后进行随机振动。应力量级可与缺陷剔除试验相同，温度循环时间增加到最大 80 h，随机振动时间加长到 15 min。无故障检验试验始终要对样品进行功能监测，在温度循环中，应有连续 40 h 无故障；在随机振动中，应有连续 5 min 无故障，验证试验才算通过。如在温度循环的前 40 h 发现故障，允许排除后继续验证试验；若在随机振动的前 10 min 出现故障，也允许在排除故障后继续验证试验。试验情况同样要进行详细记录。

③最后性能检测

最后性能检测是将通过无故障验证试验的样品在标准大气环境条件下，按其技术条件逐项检测并记录，将结果与初始检测的结果进行比较，根据规定的验收极限值对产品作出评价。

整个环境应力筛选过程结束后，要编制环境应力筛选报告，作为产品可靠性信息资料进行保存，纳入可靠性信息管理。

7.2.1.1.19　试验记录与故障信息的综合应用

试验记录与故障信息的综合应用涉及以下方面。

（1）试验记录的管理

环境应力筛选是产品研制生产工艺的重要环节，对试验过程获得的所有记录、数据、分析报告既要按照承制方的工艺文件管理的规定实施，又要纳入故障报告、分析和纠正措施系统管理，防止信息流失。

(2) 故障信息的综合应用

环境应力筛选获得的故障信息是宝贵的资源，综合应用故障信息可以获得良好的效益。其作用如下：

1) 用于直接排除产品的缺陷，这是环境应力筛选的首要目标。

2) 用于检查和排除同型号、同批次尚未进行环境应力筛选产品的缺陷，有可能实现简化筛选，从而节省资源和时间。

3) 用于修改设计，有可能达到可靠性增长的效果。环境应力筛选暴露的故障，除了来自工艺缺陷、元器件缺陷之外，还可能有来自设计的缺陷，前者按照环境应力筛选的程序加以排除，后者必须对其进行分析、判断，确认属于设计缺陷导致的故障后，反馈给设计部门，通过修改设计的方法消除，从而达到可靠性增长的效果。

4) 用于承制单位技术信息数据库保存，为以后产品的性能设计、工艺设计、可靠性设计积累经验，提供依据，提高产品整体水平。

7.2.1.2　注意事项

环境应力筛选是整机研制与生产的工艺过程，每个产品都必须进行，为了节省资源和时间，要尽量选取效率高的应力条件和费用低的装配等级。随机振动设备和温度循环设备是必备的，承制单位要尽早配备，在配备之前可到附近具备这些条件的单位去实施，此时精选筛选装配等级显得更加重要。

环境应力筛选方案设计是一项综合工作，要掌握产品的设计、工艺、元器件的历史和现状，收集必要的数据；在确定究竟是选取环境应力筛选或是定量环境应力筛选，确定选取何种筛选装配等级时，都要承担一定的风险。因此，必须应用系统工程方法，围绕产品可靠性要求进行综合权衡。

环境应力筛选与可靠性增长试验同属于可靠性工程试验，它们有相同的总目标，也有各自的特点，可以相互补充却不能相互取代，可以应用环境应力筛选做一些可靠性增长的工作，以充分应用环境应力筛选的结果，提高试验效率。

7.2.2 可靠性增长试验

7.2.2.1 概述

7.2.2.1.1 基本概念

众所周知，产品的可靠性是由设计决定的。但是，由于受到各种因素的影响，设计缺陷总是难免的，产品在研制阶段往往达不到用户的可靠性要求，因此必须开展可靠性增长活动。

必须指出，可靠性增长活动不是针对设计低劣的产品的，而是针对经过认真设计仍然由于某些技术原因达不到要求的产品，而且可靠性增长活动比可靠性设计活动所需的资源和时间都多，因此，管理者往往只对通过可靠性设计评审的产品才安排可靠性增长计划。那种把可靠性水平寄托在可靠性增长活动上的态度是错误的。

可靠性增长的核心是消除影响产品可靠性水平的设计缺陷；可靠性增长的关键是发现影响产品可靠性水平的设计缺陷。为此，必须通过试验或运行的途径来实现产品故障机理的检测。常见的可靠性增长包括一般性的可靠性增长和可靠性增长管理。

一般性的可靠性增长，是指事前未给出明确的可靠性增长目标，对产品在试验或运行中发生的故障，根据可用于可靠性增长资源的多少，选择其中的一部分或全部实施纠正措施，以使产品可靠性得到确实提高的过程。它通常不制定计划增长曲线，也不跟踪增长过程，而是采用一两次集中纠正故障的方式，使产品可靠性得到提高。由于增长过程通常不能满足增长模型的限度条件，增长后的产品可靠性水平需要通过可靠性验证试验才能进行定量评估。

可靠性增长管理，是指有计划、有目标的可靠性增长工作项目，并非可靠性增长过程中的管理工作。它是产品寿命期内的一项全局性的、为达到预期的可靠性指标对时间和资源进行系统安排、在估计值和计划值比较的基础上依靠新分配资源对实际增长率进行控制的可靠性增长项目。可靠性增长管理有以下两个特点。

1) 有一个逐步提高的可靠性增长目标：靠性增长管理主要针对大型军事装备，把可靠性增长工作从工程研制阶段延伸到生产阶段或使用阶段，在阶段的衔接处和阶段内部划分的小阶段的进出口处设定可靠性增长目标，形成逐步提高的系列目标，促使有关部门实施严格管理，为降低风险提供手段。

2）充分利用产品寿命期内的各项试验和运行记录：除了可靠性试验之外，在产品寿命期内其他各种试验以及运行过程产生的故障信息，都可以用于可靠性增长的故障机理检测，经过风险权衡后把其中的一部分纳入可靠性增长管理的范围，形成可靠性增长的整体，使产品可靠性逐步增长到预期目标。

可靠性增长活动是一个连续、完整的闭环控制过程。在此闭环过程中，首要任务是发现产品的设计缺陷，即主要是从试验、使用中发生的故障中发现设计缺陷；然后是对产品故障进行分析，即重点研究产品重复性故障和关键故障发生的原因，当认定为设计缺陷后，提出纠正这些设计缺陷的措施；再者是实施纠正措施，即将修改设计的措施在少数产品（试验样品）上实施，并通过试验验证纠正措施的有效性；最后是修改技术文件，并把纠正措施推广到同型号产品中去，这是落实可靠性增长活动的重要工作，是发挥可靠性增长试验效益的关键步骤。可靠性增长活动可以在工程研制阶段、生产阶段进行，甚至在使用阶段进行。从我国的实际情况出发，有不少已经装备部队多年的产品仍然对其进行可靠性增长试验和"可靠性补课工作"，并取得了显著成绩。这就是说，要根据产品的技术状况和可靠性水平去决定何时以何种形式开展可靠性增长活动。

7.2.2.1.2　可靠性增长试验的目的

可靠性增长试验的目的是，在产品研制或生产阶段通过试验获得设计缺陷的信息，以便对其进行分析和采取纠正措施，及早解决大多数可靠性问题，提高产品可靠性水平。

7.2.2.1.3　可靠性增长的原理

可靠性增长试验的原理是：将研制生产的产品置于模拟实际使用的环境（模拟工作环境或加速变化的环境）应力条件下经受一定时间的试验，使产品的设计缺陷暴露为故障。

7.2.2.1.4　可靠性增长试验与环境应力筛选的对比

可靠性增长试验与环境应力筛选同为产品研制生产的可靠性工程试验，它们的目标都是为了暴露产品缺陷，但在具体任务上有明显区别，前者旨在暴露某些设计为主的缺陷，纠正后提高产品固有可靠性水平；后者旨在暴露工艺和元器件、原材料的缺陷，消除产品潜在的早期失效，并非为了提高产品的固有可靠性水平。表 7—14 列出了它们的主要对比项目。

7.2.2.1.5　可靠性增长试验与可靠性鉴定试验的关系

可靠性鉴定试验是可靠性统计试验工作项目，它作为产品在工程研制阶段的全部可靠性工作成果的考核，可以判定产品可靠性是否达到了预期的目标。可靠性增长和可靠性增长管理虽然可以帮助人们了解产品的可靠性水平，并不能取代可靠性鉴定试验，因此可靠性鉴定试验仍然要作为重要工作项目列入可靠性大纲。只有当可靠性增长试验成功、满足以下条件，并能用数理统计方法对产品可靠性进行评估时，经过定购方的许可，才可以用可靠性增长试验替代可靠性鉴定试验。

1）可靠性增长的试验剖面与可靠性鉴定试验规定的试验剖面相同；

2）可靠性增长试验记录完整，试验过程跟踪严格；

3）有完善的故障报告、分析和纠正闭环系统，故障纠正过程有可追溯的详细记录；

4）可靠性增长试验结果的评估是可信的，即评估所用的数学方法恰当，置信水平选取符合要求，产品可靠性评估结果高于或等于计划的可靠性增长目标。

表 7—14　可靠性增长试验与环境应力筛选对比

对比项目	环境应力筛选	可靠性增长试验
目的	暴露和消除设计和制造缺陷	确定和纠正设计为主的缺陷
进行时间	在生产过程进行	一般在研制过程进行
试验时间	一般 10 min 随机振动和 10 个温度循环	产品 MTBF 值的几倍
样品数	一般 100% 进行	抽样 1～2 个产品

7.2.2.2　可靠性增长计划

7.2.2.2.1　制定可靠性增长计划的原则

产品承制单位在产品的研制与生产过程中，都要致力于促进产品的可靠性增长。产品可靠性的有计划增长，就是人们预期的可靠性增长，其特点是在产品研制各阶段和生产过程都设有相应的增长目标值。为此，人们必须制定一个完整的可靠性增长计划。

制定可靠性增长计划的原则是，围绕可靠性增长曲线安排工作内容、进度、资源、经费等。

确定产品可靠性增长曲线的方法是根据同类产品研制所得的数据，经过分析，建立可靠性增长模型，确定其可靠性增长试验的时间长度；同时根据产品的可靠性指标，作为点估计值拟定可靠性增长曲线；据此安排试验项目、时间起点、预定的可靠性增长率等。

7.2.2.2.2　可靠性增长计划的主要内容

可靠性增长计划主要包括：

1）试验的目的和要求；

2）受试产品及其应进行的试验项目；

3）产品技术状况、试验剖面、性能和循环工作周期；

4）试验进度安排；

5）试验设备和装置的说明及要求；

6）用于改进设计所需要的资源和时间要求；

7）试验数据的收集和记录要求；

8）故障报告、分析和纠正措施；

9）试验结果和产品的最后处理；

10）其他有关事项。

7.2.2.2.3　研制生产和使用阶段的可靠性增长

如前所述，可靠性增长管理打破某些标准的规定界限，把可靠性增长活动从研制阶段延伸到生产阶段，扩展到使用阶段，形成一种动态的工程过程。这既保持了有关标准规定的可靠性增长的内涵，遵循了"试验—分析—改进"的规律；又灵活地运用了产品的故障信息，发挥了故障审查组织和故障报告、审查与纠正措施系统的作用，使得可靠性增长活动变得生动活泼，成果日新月异。

1）研制与生产阶段的可靠性增长是某些标准所规定的工作项目，它必须通过试验暴露设计缺陷，才能达到可靠性增长的目标。然而，研制阶段与生产阶段的可靠性增长又有所区别：前者完全靠可靠性增长试验发现设计缺陷，完全靠改进设计来达到可靠性增长的目的；后者则可以通过环境应力筛选或老炼活动暴露设计和工艺及元器件的缺陷，不仅要消除产品的早期失效，还可以消除某些设计缺陷，以此达到可靠性增长目的。

2）产品使用阶段的可靠性增长，某些标准把它作为可靠性增长管理的部分工作，这主要是通过可靠性信息管理中的故障报告、分析和纠正措施系统与故障审查组织的作用去实现。其中设计缺陷由故障审查组织通过分析产品现场使用的故障信息发现；纠正措施由该组织提出，经过产品的承制单位或使用单位实施和验证后得到确认；验证信息由信息管理系统反馈后，由有关单位发出该纠正措施的技术更改通知给产品的生产单位、经销单位、使用单位等方面一并落实，至此才完成了可靠性增长的完整过程。

7.2.2.3　可靠性增长试验的实施

可靠性增长试验的实施就是落实可靠性增长计划，要根据产品可靠性工作大纲制定试验计划，要确定试验剖面，要准备样品，要准备试验设备和检测仪表及记录表格，要编制试验操作规程，要准备纠正设计缺陷和排除故障所需的资源，要对参加试验的人员进行培训等。其中主要工作如下。

（1）试验剖面的确定

可靠性增长试验的目的是暴露产品在使用状态下的问题和缺陷，因此试验剖面要模拟实际的使用环境条件。实际使用环境条件又称任务剖面。对某些产品来说，可能有多种任务剖面，此时可取其中有代表性的典型任务剖面作为可靠性增长试验的试验剖面。如果选择不到典型任务剖面，则选取环境条件最恶劣的任务剖面作为可靠性增长试验剖面，这样最有利于暴露设计缺陷。

（2）试验记录与故障分析

①试验记录

无论在何种状况下进行可靠性增长试验，都必须对试验的全过程进行详细记录，要记录样品的技术状况和故障表现。这些资料是分析和判定设计缺陷、提出纠正措施的基本依据。记录的内容可参考有关标准导则所附的表格，以便统一可靠性增长试验和可靠性增长管理及可靠性信息系统所用的表格。

②故障分析和处理

可靠性增长试验中记录的故障，并非都是由于设计缺陷造成的，有的可能是由于早期失效或元器件的随机失效产生的。可靠性增长活动所关心的是由于设计缺陷引起的故障。为了弄清故障原因，必须进行故障分析。故障分析工作主要由直接研制产品的人员或产品总体设计人员负责。分析工作从故障表现入手，首先分辨和排除人员操作不当引发的故障，再分辨和排除元器件质量问题导致的故障，余下的故障要分析和检测是否是由于元器件参数使用不当（包括降额设计不到位）导致的，还是由于环境条件苛刻（包括环境防护设计、热设计、减振设计）导致的，必要时要对分析结论进行验证，为确定正确的纠正措施提供依据。凡不需要采取纠正措施的故障，都按照通常的维修加以排除；需要采取纠正措施消除的故障则按以下要求进行处理。

③纠正措施的确定与验证

故障分析列出了设计缺陷引起的故障和消除这些缺陷的方法，把它编写成为设计更改通知，就成为可靠性增长的纠正措施。但是必须注意，纠正措施必须优先针对那些会降低产品的使用效能、增加维修和后勤保障费用的故障。纠正措施必须先在试验样品上实施，之后对样品施加使用环境应力（即可靠性增长试验剖面）试验，验证该设计缺陷能否消除。如果仍然发生该缺陷引发的故障，则说明增长无效，需要重新分析故障原因和纠正措施，重新进行上述程序，直至该缺陷被消除。

如果经过验证纠正措施有效，设计缺陷已经消除，此时应及时把设计更改通知上升为产品正式技术文件，并且要求相同的其他产品也按此文件实施，做到图文一致、图文和实物一致。如果可靠性增长试验是对某些产品进行"可靠性补课"，则纠正措施要上升为技术更改通知，发到已经持有该产品和正在生产该产品的单位，要求所有同类产品都按照此文件进行更改和生产，以达可靠性增长的目的。

④注意事项

针对可靠性增长试验的试验记录和故障分析，要注意以下事项。

1）关于可靠性增长的数学模型：

就可靠性增长的内涵而言，在制定可靠性增长试验计划之前，要根据产品可靠性目标和刚研制完成产品的可靠性估计值设计增长模型，并形成计划曲线。目前，在可修产品的可靠性增长试验中，普遍使用杜安（Duane）模型，为使模型更加适合并使最终评估结果具有较坚实的统计学依据，也用 AMSAA 模型作为补充。

2）关于可靠性增长的试验时间：

可靠性增长的总试验时间包括把产品设计缺陷诱发为故障的时间和验证故障纠正措施是否有效的时间。因此，没有足够的试验时间是达不到预期可靠性增长目标的。试验时间直接关系到可靠性增长资源的需求，因此发生供需矛盾。总试验时间可以根据增长目标和增长模型进行计算，但模型中有一些参数也不是完全确定的，因此往往是经验数据在发挥作用。工程实践经验表明，可靠性增长的总试验时间等于增长目标（M_{abj}）的 5～25 倍。在实际应用时，要根据产品情况决定倍数，对高可靠性目标的产品和高增长率的产品，可以选取低倍数，减少总试验时间，但可能会增大可靠性增长试验达不到预期目标的风险。此外，还必须注意，总试验时间应包括纠正措施的验证时间。

　　3）关于试验样品：

　　可靠性增长试验的样品，从工程研制的产品中选取。而工程研制的产品数量有限，往往要作为多种试验项目的样品来使用。因此，必须适当地安排各种试验的程序，以免拖延研制进度。按照通常的要求，试验程序是首先进行环境应力筛选，消除在工艺和元器件、原材料方面存在的缺陷，而且有利于缩短以后试验项目的试验时间；其次按照 GJB 150－2009《军用设备实验室环境试验方法》的规定进行环境试验；最后进行任务剖面或寿命剖面的综合环境应力的可靠性增长试验或鉴定试验。

7.2.2.4　可靠性增长活动的管理工作

7.2.2.4.1　建立故障信息管理系统

　　开展产品的可靠性增长活动必须建立故障信息管理系统，统一管理产品故障信息。承制单位一般都要建立全厂（所）的信息中心，建立产品和元器件、原材料的数据库。产品的故障信息可纳入这些数据库进行管理。故障信息管理系统必须制定严格的信息收集、发布、刷新、交接处理等规章制度。一般要求所有装配等级的产品从装配完成之后发生的所有故障都要填写故障信息表格，实时传递给信息中心；信息中心除了及时录入数据库之外，还要实时向产品技术管理部门发布，向计划管理部门和质量（可靠性）管理部门通报。

7.2.2.4.2　建立以产品为对象的故障审查组织

　　承制单位信息中心收集故障数据的目的不仅仅是为了建立数据档案，为开展产品论证提供依据；更重要的是为产品的质量改进和可靠性增长提供依据。最直接应用故障信息的是产品研制生产部门。为了有针对性地应用故障信息，建立以产品型号为对象的故障审查组织是最好的办法。因为该组织成员最了解产品的技术状况，对故障信息最敏感，对故障原因和解决办法最有发言权，因而可以用最少的资源去实现可靠性增长的目的。产品故障审查组织一般由总设计师负责，产品各有关部分的设计师参加，信息管理系统也应派人员参加。该组织为非常设机构，但在可靠性增长中起着十分重要的作用。因此承制单位必须及时建立每个型号产品的故障审查组织，制定该组织的管理规章制度，并重视发挥其作用。

7.2.2.4.3　纠正措施的追踪

故障纠正措施一经确立和验证，设计更改文件一旦发出，管理者必须对已有的产品进行跟踪，直至每一件产品都落实这些纠正措施为止。落实纠正措施是扩大可靠性增长试验成果的重要步骤，其难度也很大，因为产品分布面可能很广。为此，应发挥各方面的力量，尤其要发挥用户和维修系统的作用，才有可能使纠正措施得到顺利落实。

7.2.2.4.4　验证信息的收集

当产品通过可靠性增长管理的方式进行增长时，纠正措施的验证往往是在使用现场实现的。需要注意的是此时验证信息需要通过管理渠道进行收集。因为信息管理系统主要收集故障数据，验证数据属于专项工作，需要进行专项管理才能做好。

7.2.2.4.5　可靠性增长报告

无论采取什么方式使产品可靠性获得增长，最终都需要编制可靠性增长报告，作为技术资料存档。报告内容要符合有关标准的要求，要把增长过程、故障状况、分析结果、纠正措施及其实施、验证结论、增长后产品可靠性评估（数据处理）等内容详细记载其中，使报告具有良好的参考价值和可追溯性。

第 8 章　试验管理

为确保试验质量、全过程全面受控，确保试验充分，试验数据有效，并保证试验的安全性，要对运载火箭和卫星产品研制试验的准备工作、状态检查、过程实施、总结评审等活动进行管理。

8.1　试验准备

组织试验任务的提出部门和试验的承制部门，共同根据试验要求编制试验大纲或实施细则。对于有效载荷的重要试验项目及用户要求的试验项目，试验大纲的有关内容需征得用户同意，可邀请用户参加评审或会签。试验大纲内容一般包括：

1）试验任务来源、试验时间、试验地点；

2）试验名称、代号、试验性质与目的；

3）试验内容、条件；

4）试验产品技术状态；

5）试验准备技术状态；

6）测试项目、测试方法、测试框图、测试误差分析及数据处理方法等；

7）技术难点与措施；

8）两个以上单位参试时，应明确对试验产品结合部位的质量控制与分工；

9）试验现场重大问题的预案与处置原则；

10）中断试验的判定原则；

11）技术保障条件、关键试验项目的技术保障措施；

12）现场使用技术文件清单与要求。

　　试验任务的提出单位/部门，负责编制试验技术流程，试验的承制单位/部门编写试验程序、操作规程。根据产品测试要求，确定并编制试验过程中对产品的测试项目和记录表格，在表格中必须列出应测试的所有项目，并同时列出相邻两次试验的实测值和判读准则。

　　大型试验要制定"试验质量控制要求"，其内容一般应包括：

　　1）试验质量目标要求；

　　2）试验产品状态的质量控制要求；

　　3）参试监视和测量装置的质量控制要求；

　　4）对试验环境和产品防止多余物的质量控制要求；

　　5）试验质量控制点的控制要求；

　　6）对试验前准备状态检查质量控制要求；

　　7）对试验实施阶段控制的质量控制要求；

　　8）确定质量控制项目，规定分级、分阶段的岗位人员的质量控制点和控制措施；

　　9）故障判据、故障预案及安全保证措施；

　　10）各阶段质量检查的内容与要求；

　　11）故障报告、分析与纠正措施要求；

　　12）规定异常数据的收集及处理要求。

　　试验前要做好试验安全检查工作。试验现场应整洁有序，各种试验用设备、仪器、管线、用具等的布置和摆放应适应和满足试验要求，实施定位置管理。

　　1）现场应张贴或悬挂有关管理制度及人员疏散图；

　　2）各类强检仪表、特种设备、安全用具等必须按期校验，并标有准用合格证，不准超期使用；

　　3）试验设备、仪器等安全防护设施完好有效，不准带故障运行；

　　4）使用的电气设备、线路、开关、插座等必须符合电气安全规范，有可靠的防触电保护；

　　5）严格执行易燃易爆、腐蚀及剧毒物品使用管理制度，不随意堆放、混放和处置危险物品，严禁携带与试验无关的危险物品进入试验现场；

6）试验现场禁止吸烟和动用明火。严禁用汽油、煤油和酒精等擦洗工作台面和地面。根据试验现场情况和试验所用设备、物品的性质配备相应足够的消防器材。有危险因素的地点和设备应使用安全色，并设置安全警示标志牌。

试验前要对监视和测量装置、试验设备进行质量控制。对参加试验的监视和测量装置进行监督检查，确保在计量有效期内。试验设备操作人员和测试人员必须经过相关专业及安全的培训，考核合格，具备必须掌握的岗位和职业安全技术知识。其中，参试的特种作业人员必须经过主管部门组织的与其作业岗位相适应的专业安全技术和知识培训，考试合格取证后方能上岗操作。大型试验时，必须按要求明确试验岗位，其中关键岗位须设双岗。

试验前要对试验产品状态进行质量控制。根据试验大纲规定的要求按下述内容进行符合性的检查：

1）试验产品状态与产品图样技术文件相符合；

2）产品质量证明文件齐全，并与实物相符；

3）符合技术安全要求。

试验产品若不符合上述条件，不能参加试验。若试验中需用备份产品，必须经过充分论证后，办理有关手续，并经试验技术负责人审批后，方可参加试验，并在试验报告上反映参试产品的实际状态。

试验准备工作完成后，对试验前准备状态进行全面检查，主要内容包括：

1）试验文件的检查；

2）监视和测量装置、试验设备的检查；

3）试验环境的检查；

4）参试人员岗位、职责的检查；

5）产品技术状态的检查；

6）测试记录的检查；

7）安全措施的检查。

对大型试验，要组织参试单位（部门），对参试人员、试验产品状态、试验仪器设备、技术文件、关键质量控制点及试验环境条件、安全控制要求等准备工作进行评审。评审通过后，方可进行试验。

8.2 试验的实施

进行试验时，必须严格按试验大纲规定的程序和流程进行，严格控制试验工况或阶段的转换，并在前项试验项目结束后，及时组织试验人员对试验结果进行分析，并形成结论。试验过程中，一旦出现故障或质量问题，由现场技术负责人根据试验中断判定原则进行处理。故障排除后，试验方可继续，继续试验的命令由试验总指挥下达。对试验中发现的问题应及时处理，通过确认或评审并履行手续后转入下一项试验。质量问题在技术上的归零按"双五条"标准的要求进行。

对试验和环境条件有要求时，对参试产品和试验设备，应设置工作状态监视和故障预警系统。试验期间，参试人员应按要求穿戴好劳动防护用品，使用规定的安全防护用具，操作间、测试间内保持肃静，关闭私人无线通信工具。

试验过程中，若增加、减少或调整试验程序，由试验任务提出部门办理有关手续，经试验大纲原审批者批准。试验过程中需改变试验产品状态时，必须充分论证并办理有关手续，经试验技术负责人批准后，方可执行。

8.3 试验数据采集、判读和归档

组织参试人员根据试验大纲的要求和试验岗位的测试记录表，完整、准确地采集试验数据，并作好试验过程的原始记录；对试验过程各质量监控点作好质量监控记录。根据大纲所规定的程序和要求，对试验原始数据进行分析和判断，具体包括：

1）在试验过程中需对试验时的实测数据进行比对。

2）在相同的测试条件下，应对相同规格产品的测试结果进行比对，并分析产品性能的一致性和互换性，最终给出明确判读的比对分析结论。

3）数据判读结果应签字确认，对存在的异常现象应及时进行分析，并上报。

测试数据经分析、判断符合要求后，且必须经确认所有测试项目覆盖了试验大纲所有的规定，方能结束试验；若测试数据经分析、判断不符合要求，应重新或补充试验。试验的测试数据经审核后组织归档。

8.4　试验总结和评审

试验结束后，试验技术负责人应组织各分系统人员对本次试验进行技术总结，试验承制单位/部门处理试验数据，分析试验结果，提出试验结果评价并形成"试验测试/实施报告"或试验证明书，交试验任务提出部门。试验结果的评价内容包括：

1）试验是否达到任务书和试验大纲的要求；

2）试验数据采集质量评价，一般包括信号采集率、数据采集率、关键数据采集率、仪器设备完好率等；

3）试验结果处理及处理方法；

4）试验结果分析与评价；

5）故障分析与处理情况。

试验任务提出单位/部门负责编写"试验总结报告"，内容一般包括：

1）试验目的、试验条件；

2）试验过程简述；

3）试验结果分析评价；

4）试验结论；

5）改进意见。

大型试验结束后，要组织进行试验总结评审，就试验结果是否满足试验大纲的要求得出结论。对试验总结评审中提出的试验遗留问题和建议，负责组织落实，闭环管理。试验结束后，各参试部门及人员，对试验的质量记录进行归档。

试验控制程序流程如图 8－1 所示。

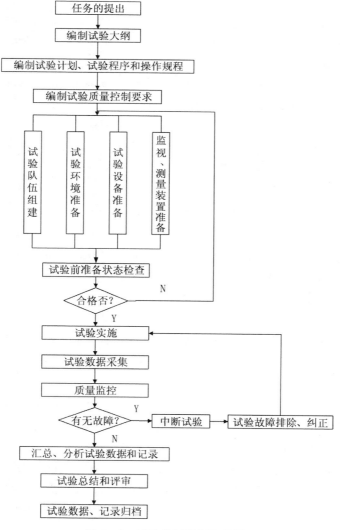

图 8－1　试验控制程序流程图

参考文献

[1] MIL－HDBK－340A Test Requirements for Launch，Upper Stage，and Space Vehicles，1999.

[2] MIL－STD－1543B Reliability Program Requirements for Space and Launch Vehicles，1988.

[3] QJ 1408A－98 航天产品可靠性保证要求.

[4] 金恂叔. 航天器环境试验和航天产品的质量和可靠性保证. 中国空间科学技术，2004（6）.

[5] MIL－STD－1540C Test Requirements for Launch，Upper Stage，and Space Vehicles，1994.

[6] 伍平洋. 空间系统环境可靠性试验设计与实施//第二届电子产品可靠性与环境试验技术经验交流会论文集，2006.

[7] 何国伟. 可靠性试验技术//可靠性、维修性、保障性丛书. 北京：国防工业出版社，1995.

[8] QJ 2266－92 航天系统电磁兼容性要求.

[9] GJB 151A－97 军用设备和分系统电磁发射和敏感度要求.

[10] GJB 152A－97 军用设备和分系统电磁发射和敏感度测量.

[11] GJB 72A－2002 电磁干扰和电磁兼容性术语.

[12] GJB 1027A－2005 运载器、上面级和航天器试验要求.

[13] 何传大. 航天器结构的零重力环境模拟试验问题. 强度与环境，1986（3）.

[14] 柯受全. 卫星环境工程和模拟试验. 北京：宇航出版社，1993.

[15] 陆延孝. 可靠性设计与分析. 北京：国防工业出版社，1995.

[16] 王蕴辉，于宗光，孙再吉. 电子元器件可靠性设计. 北京：科学出版社，2007.

本书为国家哲学社会科学基金项目：
"生态文化建设与公众生态意识提升互动机制研究"
（项目编号：15BKS052）研究成果

生态文化·生态意识
与生态文明建设

CONSTRUCTION OF ECOLOGICAL CULTURE
AND PROMOTION OF
PUBLIC ECOLOGICAL CONSCIOUSNESS

李世书 著

社会科学文献出版社
SOCIAL SCIENCES ACADEMIC PRESS (CHINA)

目　录

导　论

　　人总是趋向于美好，关键的问题是"美好"到底是什么以及如何才能实现。对于现代人来说，实际上就是我们当下及未来的生活目标和目的是什么以及达成这一目标和目的的手段和方法如何的问题。这在本质上关乎的是人的理解力与想象力的水平，当然也关乎人的道德伦理问题，因而每一代人都有着自己对美好生活的不同理论设想与实践道路，每一代人都要接受教育并进行学习与实践创造，不断提升自己的理解力、实践能力与道德水平，追求并最终实现属于自己的生活。我们要过什么样的生活，我们能够过什么样的生活，我们怎样才能过那样的生活，这既是一种文化传承，也是一种自主意识的鉴别、评价与选择的过程。

　　当前，我们正面临着日益严峻的世界性生态风险，这种生存困境本质上也是人们自主意识和行为选择的结果。但当前这种生存困境肯定不是我们所希望的，这是与我们追求的美好生活背道而驰的。实际上，"人类与自然之间并不是你死我活的关系，人类发展的前景也绝不是让自然死亡，而是推动着人类与自然达到更高程度的和谐与统一"①。消除生态危机，摆脱人的生存困境，不仅要认真反思传统工业文明及其对人的生存造成的不利影响，更重要的是要探索出超越传统工业文明的新文明——生态文明。建设生态文明与人对美好生活的向往及其实现是一致的，或者说，以实现人与自然和谐发展为核心价值的生态文明，实质上就是当代人对美好生活追求的具体体现。建设生态文明需要生态文化的支撑。通过生态文化建设，人们的生态思维能力和生态认知能力得以提升，使社会公众能够将生态价值观内化于心并外化于行，形成自觉的生态意识和行为习惯，最终创造出属于自己的美好生活。

---

　　①　李培超：《自然的伦理尊严》，江西人民出版社，2001，第62页。

一 研究的缘起和意义

（一）研究的缘起

虽然生态问题在工业革命之前就已经存在，但自然界自身具有的自净能力和承载能力使得之前生态问题并没有凸显出来，或者说由于人类自身认识的局限性而没有形成应有的忧患意识。随着工业化、现代化和城市化突飞猛进地发展，人在加大对自然的改造并攫取大量发展资源的同时也加剧了对环境的污染和对自然的破坏，人与自然的冲突与危机日益加剧。现代社会，"各种社会及生态灾难层出不穷，而这些灾难往往源于人类对自然不可持续的经济开发方式，以及可能影响环境的文化行为"①。工业文明背景下生态问题的加剧，大多为人类依赖于生产技术迅猛发展而对自然无节制开发所致。恩格斯指出："如果说人靠科学和创造性天才征服了自然力，那么自然力也对人进行报复，按人利用自然力的程度使人服从一种真正的专制，而不管社会组织怎样。"② 由于自然的报复，人类正经历着史无前例的全球环境污染及生态危机。解决日益加剧的生态危机成为当前最为紧迫的任务。而解决这一问题的关键，是改变我们人类自身不可持续的生活方式。当前，由于"人类社会过着不可持续发展的生活方式，不管用什么方法，世界的环境问题都必须在今天的儿童和青年的有生之年得到解决"，问题的关键就在于，是以人类"自愿选择的愉快的方式来解决问题"，还是以我们"不得不接受的不愉快的方式来解决"③。今天，我们每个人生活的调整以及生存方式的改变，都与我们所有人的生活环境是息息相关的，同时也与全人类的持续发展是密不可分的。汤因比告诫人们："人类的贪婪正在使伟大母亲的生命之果——包括人类在内的一切生命造物，付出代价。何去何从？这就是今天人类所面临的斯芬达克斯之谜。"④ 是生存还是毁灭，

① 〔美〕理查德·卡恩：《批判教育学、生态扫盲与全球危机：生态教育学运动》，张亦默、李博译，高等教育出版社，2013，第 5 页。
② 《马克思恩格斯文集》（第 3 卷），人民出版社，2009，第 336 页。
③ 〔美〕贾雷德·戴蒙德：《崩溃：社会如何选择成败兴亡》，江滢、叶臻译，上海译文出版社，2008，第 412 页。
④ 〔英〕阿诺德·汤因比：《人类与大地母亲》，徐波等译，上海人民出版社，2001，第529 页。

完全取决于人类对待自然的态度和行动。实际上，面对日益加深的生态危机，人们已经开始深刻地反思自身的行为及价值观，开始思考其思想、文化、社会发展模式是怎样影响其对待自然的态度和行为的以及是如何导致了日益严重的生态危机的。启蒙运动以来的整个现代文化开始受到人们的质疑，人们普遍将启蒙运动以来的工具理性主义看作造成当前生态危机的主要文化与价值根源。通过对近现代以来人类社会的发展及其后果进行反思，人们深刻地意识到：当前人类所面临的日益严峻的全球性生态危机，其发生根源并不在于生态系统自身，主要还是由于我们的文化系统出了问题。"要度过这一危机，必须尽可能清楚地理解我们的文化对自然的影响。"① 生态危机实质上就是人类文化和价值发展问题，是社会发展的目标和意义的选择问题。当前传统工业文化的发展已经将"自然的经济体系"推向了崩溃的边缘，"'生态学'将形成万众一心的呐喊，呼唤一场文化的革命"②。人类社会如果要想自我救赎的话，就必须在文化价值观上进行自我革命，我们必须担当起自身所应负的责任与义务，进一步理解和掌握生态规律，积极应对生态环境问题及挑战。目前我们的首要任务就是"教育广大人民关心这个十分危急的自然世界，向人民解释我们现在又在如何对待这个地球"③。

　　生态文明是对生态危机的反拨，是对工业文明的超越。解决生态难题、消除生态危机的主要途径是建设以人与自然和谐发展为核心价值的生态文明。"文化在不同的时代和不同的地方具有各种不同的表现形式。"④ 正是这种多样性的文化构成了人类社会的各群体和各社会阶段的独特性和多样化。人类从工业文明时代迈向新的生态文明时代，要求人类文化也从工业文化向生态文化发展。建设生态文明就必须反思工业文化，推动整个世界文化价值的变革，实现从"非生态的"或者"反生态的"工业文化向生态文化转变。我们必须扬弃导致人与自然对立的工业文化，确立以人与自然和谐

---

① 王诺：《生态批评：发展与渊源》，《文艺研究》2002 年第 3 期，第 48~55 页。
② 〔美〕唐纳德·沃斯特：《自然的经济体系——生态思想史》，侯文蕙译，商务印书馆，1999，第412 页。
③ 〔美〕唐纳德·沃斯特：《自然的经济体系——生态思想史》，侯文蕙译，商务印书馆，1999，第416 页。
④ 《联合国教科文组织关于保护世界语言与文化多样性文件汇编》，民族出版社，2006，第99 页。

发展为核心价值的生态文化。生态文化建设能够唤醒人们生态意识，形成参与保护生态环境的自觉行为。对任何一个社会而言，实际上确立生态文化的关键在于我们必须"知道哪些核心价值观应该继续尊崇，而哪些随着时代的变化应该摒弃，并寻找新的核心价值观"①。生态文化建设是现代人保持自身能够持续生存和发展的需要。自 20 世纪中叶以来，全球性生态危机日益严峻，人们重新对人、自然、社会之间的关系进行反思和批判，寻找一种能够实现人与自然和谐发展的新的文化理念，人类文化开始转向生态文化的新世纪。建设中国特色生态文化，既是人类社会发展进入新时代的必然要求，也是推进我国社会主义生态文明的有力的文化支撑。

生态问题实质上是人类社会文化与价值观选择的结果。无论是从历史唯物主义的立场还是从当代社会发展理论的视角来看，对于日益严重的生态危机，社会制度的失范是难辞其咎的。在现代社会，"社会体制或社会机制在环境决策中的失效和在环境管理中的缺位是造成环境问题或生态危机的主要原因"②。世界各国的生态治理实践都证明，只有全社会"生态意识的觉醒才是技术手段与法律制度得以畅行的保证"③。从生态危机发生的文化根源来看，广大社会公众生态意识的缺乏是现代生态危机发生的根源。从一定意义上来说，如果缺乏生态意识的支撑，人们的生态观念淡薄，浪费资源、破坏环境的行为就会时常发生，生态环境恶化的趋势也就很难从根本上得到遏制。因而，有效地防范生态危机的发生，需要从工业文明传统的末端治理模式向生态文明新的生态综合治理模式转变，注重以观念创新为主导的生产方式和消费方式的变革。建设生态文明需要加强对公众的生态价值理念教育，使公众从非生态价值观向生态价值观转换。观念必须靠文化传播和教育来植入。当前，解决生态危机的根本途径是唤醒社会公众的生态意识。"生态意识觉醒就是使社会大众意识到生态破坏的严重性以及它对人类的重要性，对自然具有责任感。"④ 我们有必要在全社会进行生

---

① 〔美〕贾雷德·戴蒙德：《崩溃：社会如何选择成败兴亡》，江滢、叶臻译，上海译文出版社，2008，第 453 页。
② 李世书：《中国工业化进程中的生态风险及其应对》，社会科学文献出版社，2016，第 147 页。
③ 王学俭、宫长瑞：《生态文明与公民意识》，人民出版社，2011，第 88 页。
④ 王学俭、宫长瑞：《生态文明与公民意识》，人民出版社，2011，第 88 页。

态启蒙，强化环境教育，提升公众生态意识，进一步提高公众参与生态文明建设的自觉性。在现实生活中，广大社会公众面临着多重相互冲突的价值选择，明确价值导向的生态价值观念体系和生态文化环境能够引导公众形成正确的生态认知，有助于公众形成自觉的生态意识。加强生态文化的传播和教育，提升生态文化传播效果，加强公众生态参与的宣传和引导，能够使公众践行自己的生态责任与义务。

从一定程度上来说，公众生态意识水平是衡量现代社会进步和文明程度的重要标志。而生态文化建设则是公众生态意识提升不可或缺的有效途径。推进生态文化建设，能够有效提升公众生态意识水平和生态行为自觉性，能够提高生态文明建设的实效。公众生态意识提升需要多种因素共同作用。目前，国内在研究公众生态意识养成的影响因素方面缺乏全面的认识，特别是对微观层面的影响因素分析得还不够深入，对我国生态文化发展与公众生态意识教育双向互动问题的研究不够，同时对国外公民生态意识教育的理论与实践经验的认识也不够全面。我们发现，目前公众生态意识培养主要是由学校教育以及相关机构环境保护宣传教育来实现，各自为政的生态文化建设并没有形成生态文明教育的协同合作效应，公众生态意识培养与提升效果并不明显。本研究试图探寻公众生态意识提升的具体要素和有效途径，并尝试从生态文化建设与公众生态文化自觉的互动来探寻生态文化发展与公众生态意识提升的有效途径。

（二）研究的意义

当前我国公众在生态文明的知晓度、认同度、践行度等方面还存在诸多不足；同时我国生态意识教育与培养的机制还不健全，尤其是教育机制还不够完备。加强公众生态文明素质塑造刻不容缓，而这需要生态文化建设发挥综合作用并给予有效支持。生态文化建设与公众生态意识培养是一个相互作用的社会活动过程。目前，把生态文化建设与公众生态意识培育两者沟通起来，形成一种良性互动促进机制，全面提升公众生态意识，促进广大民众建设生态文明的自觉性，这是当前提升生态文化建设实效性的关键。

本书研究分析探索"生态文化建设与公众生态意识提升互动机制"，提出构建"生态文化建设与公众生态意识提升互动机制"以及"基于公众生态意识培养的生态文化建设路径"等观点，有助于深化生态文明建设的理论研究、有助于推动社会主义生态文明建设从具体实践层面上升到理论的方法论层面。同时本书对于中国特色生态文化构成要素及理论特征以及我国公众生态意识养成及提升途径都进行了理论总结与阐述，有利于深化和拓展中国化马克思主义生态文明建设理论的研究视角。

公众生态意识培养需要社会生态文化的教育引导和公众个人的生态自觉等内部与外部各种要素的有机结合。本研究从公众心理与社会需求内部要素以及与生态文化建设外部环境两方面的互动来研究如何建立更有效的公众生态意识养成和发展机制。这样能够促进双方内外多种因素的互动，推动生态文化发展和公众生态文明素质的全面提升。通过构建"生态文化建设与公众生态意识提升互动机制"，力争提供一个具有可操作性的社会主义生态文明建设实践路径，为推进广大社会公众提高生态认知、完善生态文明理念、达成生态文化自觉提供精神助力。

二 研究的现状

（一）国外研究现状

到目前为止，国外将生态文化建设与公众生态意识培养结合起来进行专门研究的重要理论成果还不多见。整体而言，国外学者大多是从生态批评、生态伦理和生态教育等角度分别对生态文化建设与公众生态意识培养的意义以及实现方法、路径进行研究。

（1）生态意识在西方社会中的真正觉醒开始于 20 世纪 60 年代。一方面，这一时期环境公害事件频繁地发生，爆发了社会各阶层民众大规模介入的环境保护运动；另一方面，生态学科的兴起与发展，促进了人们生态意识全面觉醒，以至于"要谈论人与自然的关系而不涉及'生态学'已经是不可能的了"[1]。1968 年，美国学者提出如何辨认有"环境素养"的公民，由此提出"环境素养"概念。而针对生态意识培养，1972 年由英国人卢卡斯创立的"卢卡斯模式"最为盛行，其倡导关于环境的教育、在环境

---

[1] 〔美〕唐纳德·沃斯特：《自然的经济体系——生态思想史》，侯文蕙译，商务印书馆，1999，第 13 页。

中教育和为了环境的教育。① 1992 年，联合国发表人类社会发展《21 世纪议程》，第一次以整个世界的名义进行宣告："教育应该包括环境意识和可持续发展的观念"，"教育对于促进持续发展和公众有效参与决策是至关重要的"，应该"开展一个全球教育活动""以加强环境无害的支持持续发展的态度、价值观念和行动"②。

（2）面对当代日益严峻的生态问题，以唐纳德·沃斯特和卡洛琳·麦茜特等人为代表的西方生态批评理论派提出，人类必须重审自身的文化价值观，需要从根本上"对主流价值观进行逆转，对经济优先进行革命"③，需要进行思想文化生态化变革，进而推动科学研究、发展模式和生产生活方式的生态化变革，建立与自然和谐相处的新文明；"可持续发展理论"④也提出，我们人类需要构建一种新的道德文化体系——人与环境相和谐的文化，以及相应的新的价值观和"人地"伦理道德。

（3）在西方生态伦理研究中，以 B. G. 诺顿等人为代表的人类中心论和以霍尔姆斯·罗尔斯顿等人为代表的非人类中心论对于目前我们为何需要生态伦理以及我们需要什么样的生态伦理等问题进行了深入的研究，他们的研究成果对于我们更新生态伦理意识、提升人的文化角色、树立人与自然整体关系观点具有重要启发意义。当然，生态伦理学各个流派并不是集中在对伦理学的概念和判断上进行学理分析，而是重点探讨"如何将他们的道德观、价值观内化到社会的观念、制度和法律体系中，进而转化为人们的行为规范和准则"⑤。

（4）风险社会理论家乌尔里希·贝克指出，现代社会"工业生产中看不见的副作用变换为一触即发的全球问题的导火线"，本质上来讲，这并不仅仅是我们周围世界的一个所谓的"环境问题"，而实质上是"工业现代性

①　张晓露：《英国环境教育的"卢卡斯模式""关于环境的教育""通过环境的教育""为了环境的教育"》，《上海教育》2015 年第 6 期，第 25～29 页。

②　《21 世纪议程》（节译·续），《世界环境》1993 年第 3 期，第 18～23 页。

③　〔美〕卡洛琳·麦茜特：《自然之死——妇女、生态和科学革命》，吴国盛等译，吉林人民出版社，1999，第 327 页。

④　张晓玲：《可持续发展理论：概念演变、维度与展望》，《中国科学院院刊》2018 年第 1 期，第 10～19 页。

⑤　徐雅芬：《西方生态伦理学研究的回溯与展望》，《国外社会科学》2009 年第 3 期，第 4～11 页。

（'反思现代化'）首要的（国家）深层次的制度危机"，这就要求我们必须"对第一现代性的、民主的、国家的、经济的、模型的基础进行反省"，并深刻审查现代社会"盛行的制度（在经济、法律、科学等方面作用的外化）及其合理性现代基础"①。风险社会理论认为，全球性社会风险特别是生态危机这一现代环境问题的发生主要是人类文化意识与制度危机造成的，为防范与化解生态风险，主张"反思现代性"、进行风险文化的"生态启蒙"、实行"生态民主"②，提升公众生态意识，促进社会生态化变革。

（5）以约翰·贝拉米·福斯特等人为代表的生态学马克思主义提出，当前人类面临的生态危机归根结底是人类自身的问题，我们现行的社会机制及其支撑性政治与文化则是生态危机产生的根源和根本性解决思路；消除当前我们面临的生态危机，人类社会必须进行一场"环境革命"，以超越资本主义当前的"生物圈文化"和"更高的不道德"③，用一个生态与文化多样性的世界取而代之。

（二）国内研究现状

国内分别研究生态文化建设与公众生态意识培育的文献较多，但据我们调查，把二者结合起来进行专门研究的文献并不多。④ 国内的相关研究主要有以下几个方面内容。

（1）在对社会主义生态文明建设理论与实践进行研究的总体框架下，我国学者分别对马克思主义生态理论及其在当代的指导意义、中国传统生态思想资源及其当代价值进行了揭示，同时借鉴、引进了西方生态理论的积极成果。在此基础上，从多个方面探讨了生态文化和生态意识的相关理论问题。在借鉴西方生态伦理和生态教育研究成果的基础上，一些学者对

---

① 〔德〕乌尔里希·贝克：《世界风险社会》，吴英姿译，南京大学出版社，2005，第 41～42 页。
② 李世书：《中国工业化进程中的生态风险及其应对》，社会科学文献出版社，2016，第 81 页。
③ 〔美〕约翰·贝拉米·福斯特：《生态危机与资本主义》，耿建新、宋兴无译，上海译文出版社，2006，第85 页。
④ 截至目前，将生态文化建设与公众生态意识培养结合起来进行研究的论著还较少。国内有将生态文化建设与公众生态意识培养结合起来进行研究的博士学位论文，如王丹的博士学位论文《生态文化与国民生态意识塑造研究》（参见王丹《生态文化与国民生态意识塑造研究》，北京交通大学博士学位论文，2014）。

公民生态意识培育的理论根基进行追溯，对目前我国不同层次的生态意识教育进行了研究，并分别对我国国民生态意识的内涵、培养目标与培养途径进行了探讨。这些类别的研究成果很多，为我们开展生态文化建设和公众生态意识培养提供了坚实的理论基础和丰富的理论资源。

（2）对我国当前生态文化建设和生态意识培育实践进行实证研究的成果较为丰富。各地举办了诸如"生态文明贵阳国际论坛""海南生态文化论坛"等各种类型研讨会和论坛，分别从生态农村、生态城市和生态社区建设等角度对生态文化建设与公众生态意识培育互动关系及实现路径进行探讨，归结出了一些生态文化建设和公民生态意识提升互动机制建设规律和实践经验。全国开展的不同层次的生态文明建设实践活动取得了成效，分别出现了像"丽水模式"[①] 这样既具有地方特色又具有典型示范效应的生态文明建设实践模式，为生态文化建设与公众生态意识培养互动发展积累了经验。

从整体来看，国外对生态文化建设与公众生态意识培育的研究是"批判"多于"建设"，实际应用研究不够。近年来，西方学术界提出，人类社会需要通过实施"生态启蒙"、进行思想文化生态化变革等渠道塑造具有现代生态意识的"生态人"，但对于通过何种渠道和何种机制实现变革却缺乏研究。国内的研究，一是大多数研究成果只是侧重于两条主线中的一个方面，往往缺少纵横交叉研究，进行系统全面探讨的成果不多；二是学术研究、政府主导的生态文化宣传教育以及生态产业发展等生态文化建设活动与公众生态意识培养和提升之间缺乏有机互动。因此，目前对于如何创新生态文明建设制度与机制的思路还有待深化，对生态文明建设基本要素——生态文化建设和公众生态意识培育及其形成良性互动机制的研究还不够。

三　研究的核心概念和理论依据

（一）核心概念

本书基于整体推进生态文明制度与机制建设、优化社会主义生态文明

---

① 丽水市发改委课题组：《生态文明建设的"丽水经验"：优生态，惠民生》，《浙江经济》2010 年第 18 期，第 28～29 页。

观的传播途径及其效果，探讨构建"生态文化建设与公众生态意识提升互动机制"的理论和实践途径。一是分析中国特色生态文化理论体系及其理论内涵，研究推动生态文化发展及其对于培养公众生态意识的教化引导功能发挥的路径。二是研究当前我国公众生态意识的理论内容、构成要素与生成机制，研究我国公众生态意识培养目标及现实发展状况。三是研究生态文化建设促进公民生态意识提升机制的构建与优化原则及理论方法，分析研究"生态文化建设与公众生态意识提升互动机制"的内在机理与实践模式以及二者良性互动机制的构建路径。本研究主要有三个核心概念："生态文化建设""公众生态意识提升""互动机制"。

1. 生态文化建设

文化是一种有机统一体概念。英国学者马林诺夫斯基认为，文化"显然是一个有机整体"，它主要包括"工具和消费品、各种社会群体的制度宪纲、人们的观念和技艺、信仰和习俗"①。文化是由"自治"和"部分协调"的制度构成的"整合体"②。美国学者斯图尔特和贝内特进一步将文化看作由主观文化和客观文化两种要素共同构成的一个有机统一体。他们认为："主观文化"是指"文化的心理特征"，主要包括"观念、价值及思维方式"；而"客观文化"则是指"文化的社会制度及人工制品"，主要包括"经济体系、社会习俗、政治结构以及加工工艺、艺术、技艺和文学"等。③在他们看来，"主观文化通常被加以物化"，而"社会制度实质上是人类活动的延伸，但作为外在存在物，它们获得了独立的身份，这种'具象'的存在使人忘记了其背后的动因"④。结合现代文化学者对文化的理解，根据生态建设实践，我们可以对生态文化有一个基本的理解。对生态文化的理解既要坚持传统的文化定义也必须注意到它是区别于传统文化的一种新文

---

① 〔英〕B. 马林诺夫斯基：《科学的文化理论》，黄建波等译，中央民族大学出版社，1999，第 52 页。
② 〔英〕B. 马林诺夫斯基：《科学的文化理论》，黄建波等译，中央民族大学出版社，1999，第 56 页。
③ 〔美〕爱德华·C. 斯图尔特、密尔顿·J. 贝内特：《美国文化模式——跨文化视野中的分析》，卫景宜译，百花文艺出版社，2000，第 2 页。
④ 〔美〕爱德华·C. 斯图尔特、密尔顿·J. 贝内特：《美国文化模式——跨文化视野中的分析》，卫景宜译，百花文艺出版社，2000，第 2 页。

化。总体上来说，"生态文化是人与自然关系新的价值取向"①。广义的生态文化可以被理解为在特定的生存环境条件下，形成的一种以实现人与自然和谐发展为核心价值观的人类新的生存方式，它既包括物质层面的也包括精神层面与制度层面的文化；而狭义的生态文化则一般被理解为精神层面的生态文化，它是指在人们的生产与生活中，"以维护生态，保障人生幸福为目标"，"以生态价值观为指导的社会意识形式"②。作为生态文明建设重要支撑的生态文化建设，其主要内容就是扬弃人类中心主义价值观，全面落实绿色发展理念，树立社会主义生态文明观。生态文化建设"追求的是建立一个人与自然之间的友好交互系统，其追求的更高目标是建立一种人与人之间、人与社会之间、人与自然之间的健康交往状态"③。生态文化建设，既是建设保护自然生态环境的生态文化，又是建设生态化的交往文化、人文文化。

推进生态文化建设是一项系统工程。首先要系统地开展理论和政策研究，促进生态科学知识体系、生态文化思想体系和生态公共政策体系的创新发展。其次要整体推进人类社会生产生活方式的生态化转型，尤为重要的是要实现人们的思想理念和价值追求及其实现路径的绿色化。目前，我们仍然需要进一步"丰富生态文化建设内涵，挖掘传统生态文化，结合生态文明建设需求，构建系统的中国特色的生态文化体系"④。通过积极"构建生态文化传播平台，打造生态文化产品，实现先进文化引领、优美作品感染、良好行为示范、绿色人物带动"⑤，在生态文化的教化、引领、培育下，全面提升广大社会公众的生态意识水平和生态行为自觉性。

2. 公众生态意识提升

学界对生态意识有着多种不同的理解和定义，直至目前仍然没有统一的定义。实际上生态意识也并不是现在才有的。生态意识概念不仅有广义和狭义之分，有研究者甚至认为"生态意识并不必然体现为人与自然和谐

---

① 余谋昌：《生态文化问题》，《自然辩证法研究》1989年第4期，第1~9页。
② 陈寿朋、杨立新：《论生态文化及其价值观基础》，《道德与文明》2005年第2期，第76~80页。
③ 李世书：《农村生态文化发展的路径选择与动力机制分析》，《信阳师范学院学报》（哲学社会科学版）2014年第2期，第69~72页。
④ 潘家华：《中国的生态治理与生态建设》，中国社会科学出版社，2015，第51页。
⑤ 章少民：《大力推进生态文化建设》，《中国环境报》2018年4月12日，第3版。

发展的生态文明意识，有的时候也会表现为非生态文明意识"①。我们在本研究中多是从现代社会的角度来理解公众生态意识，即体现人与自然和谐发展为核心价值观的生态文明意识。

人是一个对象性存在，人的一生都在与环境打交道，人通过生产、生活对生态环境产生影响，因而人的一生也都处于生态意识养成与提升过程中。生态意识培养是针对每一个公众个体，同时也是针对所有人一生的社会教育过程。1977 年世界环境教育会议达成的共同宣言就曾经严正指出：环境教育"应该在使人们理解和认识环境问题中起到主导作用"，环境教育应"促使人们对环境以及国家对资源的利用采取一种积极的行动方式"，"环境教育应是一种全面的终身教育"②。该会议还强调，环境教育"应促进个人在特定的现实环境中积极参与问题的解决的过程，鼓励主动精神、责任感和为建设美好的明天而奋斗"③。在 2001 年我国《环境宣传教育行动纲要》就对环境教育进行了强调："环境教育是面向全社会的教育。"④ 当然，公众生态意识培养贯穿于正规和非正规环境教育的各个阶段；对于公众而言，接受生态意识教育和培养则是一个连续的终身过程。公众生态意识培养"受人的知识、意识、情感、态度和价值观的影响"，并受到"培养人的循序渐进的教育规律的制约"，再加上社会持续发展过程中不断涌现的"新的环境问题和人们对环境问题认识的不断深入"，因而公众生态意识的养成和提升则必然会是"一个动态的不断深化的整体性和持续性的过程，从对世界进行简单感知的幼儿阶段开始，直到生命的结束"⑤。

公众生态意识提升当然包括各个层次和各个阶段的生态意识培养，但重在公众生态意识的提高与升华。本研究所指的公众生态意识提升，主要是指通过生态文化建设对公众进行生态教育与再教育的过程，使公众生态意识提升，依照生态文化的价值取向、共同理想和行为准则，接受、继承

---

① 王广新：《生态消费：二元对立中的演化与发展》，载田浩、吴建平、王广新、李明《生态文明视野中的心理学研究：第二届全国生态与环境心理学大会论文集》，中央编译出版社，2014，第 43 页。

② 任耐安：《国际环境教育概述》，《环境科学动态》1993 年第 1 期，第 6～8 页。

③ 徐辉、祝怀新：《国际环境教育的理论与实践》，人民教育出版社，1996，第 24～25 页。

④ 国家环境保护局、中共中央文献研究室：《新时期环境保护文献选编》，中央文献出版社，2001，第 439 页。

⑤ 王学俭、宫长瑞：《生态文明与公民意识》，人民出版社，2011，第 209 页。

和认同生态文化，最终养成自觉的生态意识和生态行为习惯，即促进广大社会公众形成生态文化自觉。生态文化自觉是文化的内在属性，通过生态文化建设，普通公众不仅认识到解决当前环境问题的紧迫性、认识到我们每一个人自身肩负的生态责任与义务，而且会在参与生态文化建设与环境保护行动中有获得感，进而形成从事生态文化建设与环境保护行动的内在动力并形成自觉的意识和行动。通过强化生态文化建设，在全社会"倡导生态伦理，普及生态意识，将生态意识上升为民族意识、主流思潮和时尚观念"①，形成关注生态、保护生态以及按照生态规律亦即按照生态理性原则进行生产和消费的社会风潮。

3. 互动机制

要了解"互动机制"我们首先需要对"机制"进行界定。一般来说，"机制"所描述的主要是某种或某些事物变化或运行的规律和制度。而现实中事物变化往往都是内外因共同作用的结果。借鉴现代系统论的观点，所谓机制，就是指事物内部各种要素之间、事物内部要素与外部要素之间的一种互动结构及其影响方式。我们这里所讲的机制则主要涉及以下几个方面的具体关系：系统内部要素的结构和功能、系统外部要素的结构和功能，系统内部各要素之间以及系统内外部要素之间的互动结构、影响方式。

根据上述理解，"生态文化建设与公众生态意识提升互动机制"主要就是指在实现生态文化建设（生态文化建设的主体，生态文化建设的内容，生态文化传播的方法等）与公众生态意识提升（公众生态知识的提升，公众的生态感受性的提高，公众生态需要的满足，公众生态价值观形成等）互动发展过程中，这一社会系统内部要素之间以及与外部要素之间的互动结构及其影响方式。

（二）理论依据

探索生态文化建设与公众生态意识提升互动机制，需要一定的科学理论进行指导和支撑，生态教育理论、系统论、符号互动论、机械设计理论和文化功能理论等对构建二者互动发展机制具有重要的启发作用。

---

① 潘家华：《中国的生态治理与生态建设》，中国社会科学出版社，2015，第51页。

1. 生态教育理论

生态教育理论是 20 世纪初兴起于西方社会的一种新的教育思潮。生态教育是人类社会为实现可持续发展、建设生态文明社会，将生态学思想与生态思维方法融入现代教育的生态过程。生态教育理论主张将生态理性贯彻到教育的各个层面，包括学校教育、社会教育和职业教育，是一种终身教育形式。生态教育的对象包括全体社会大众。人们并没有就生态教育概念达成一致的意见。总体上来看，生态教育主要是指以生态学为依据，向人们传播科学的生态知识和生态文化，提高全体国民的生态意识和生态行为自觉性的教育。生态教育的方式包括课堂教育、大众媒体传播以及公众普遍参与的生态政治建设、生态经济建设和生态文化建设。生态教育同时也是一种互动式行动，教育者既是教育的主体又是受教育的客体，教育主体既包括政府、企业、社会组织也包括普通民众个体。生态教育是建立在基于改善人与自然的关系的现代生态哲学理论发展基础之上的。生态教育理论认为，目前人类社会解决环境问题还有赖于对我们自身的世界观进行根本变革的教育。广大社会公众生态意识的培养要靠生态教育来完成，而生态教育需要融入社会各个领域并通过方向明确的生态文化建设的引导与塑造来实现，广大社会公众要积极参与生态文明建设，他们既是生态教育的客体同时又是主体，因而要实现完整的生态人的塑造既需要社会教育又要求积极进行自我教育。

2. 系统论

1968 年，贝塔朗菲在《一般系统论——基础、发展和应用》中对一般系统论的概念、方法和应用进行了全面的阐述。"整体性原理是系统论的核心思想。"[1] 按照整体性原理来理解，生态文化建设与公众生态意识养成各自构成自身的系统，但同时在一定社会环境内它们发生相互作用和影响并构成了大整体机制。现代社会的生态文明特别是中国特色生态文化是当代文化发展的背景环境，是机制运行的实体基础。在互动过程中，人的意识和社会组织是文化中可控的动态有机体。我们必须把系统内各个要素通过合理的组织机制整合起来，这样生态文化的本体要素和公众生态意识的主动功能才能顺畅地交流和生成。

---

① 魏宏森、曾国景：《系统论：系统科学哲学》，中国出版集团，2009，第 15 页。

按照系统稳定性原理，文化发展的"内外部环境"是随着时代的发展而不断变迁的，因而机制构建的意义是建立一套稳定的"自适应体系"，进而避免受到"环境系统"中不稳定因素的干扰。① 个人、文化、社会之间是交互作用的。一方面，系统的构建与发展具有目的性特征，在生态文化建设与公众生态意识提升互动发展过程中，要形成可预见的稳定状态和互动机制，这样在系统构建完成后才能达到理想状态。在整体系统中，生态文化建设实现对公众生态意识的教化引领价值，公众生态意识提升又进一步推进生态文化的创新发展。另一方面，系统的构建与发展具有层次性特征，要求我们将互动发展过程中文化、社会、人等要素分别进行差异性和秩序性地安排以有利于整个系统的整合和开发。在整体系统中，要求生态文化建设必须关照不同群体的特点与需求倾向，同时要注意不同阶段各要素之间的适应性。

3. 符号互动论

符号互动论产生于 20 世纪 30 年代。这一理论认为，社会是由互动的个体构成的，因而我们对于各种社会现象的解释就需要从这种社会互动中去寻找。符号互动论强调个体的主体性的理论前提，重视社会有机体之间的相互作用，关注个体间互动行为的经验研究取向。在这一互动社会关系中，人们之间进行相互的沟通以及相互的社会行动，这种互动实践关系产生了社会。因此，"社会是由互动着的个体构成的，在互动中人们进行角色扮演，相互沟通、解释、调整自己的动作，指导和控制自我"②。根据这一理解，生态文化建设和公众生态意识养成最终都是由活动着的个体去进行和完成的，二者之间的互动是文化互动亦即符号之间的意义互动，这种符号所代表的文化意义通过互动才能被掌握和检验。在互动过程中，既要有"事"的观念，也要有"人"的考虑，不能够只注意程序、方法和步骤而忽略了运行这些事物的"人"。符号互动论将"符号"看作沟通不同主体的主要传播途径，互动和交往是通过赋予"符号"一定的意义和价值来实现的。在生态文化建设与公众生态意识提升互动的过程中，文化本身的继承、传播、交流和创新都需要"符号"作为价值和意义载体，实现两者互动发展

---

① 司马云杰:《文化社会学》，山东人民出版社，2007，第 276 页。
② 胡荣:《符号互动论的方法论意义》，《社会学研究》1989 年第 1 期，第 98~104 页。

的目标。社会互动实质上就是一种文化内容和形式的互动，要不断推进有机体在互动过程中发展和创造新文化载体，进而构建新的知识体系下的符号之间的文化传播，并通过文化的传承和融合构成相对稳定的新符号和新意义。符号互动理论对于我们形成文化互动发展理念、构建生态文化建设与公众生态意识提升互动发展机制具有重要的借鉴意义。

4. 机制设计理论

机制设计理论的意义被扩展到整个社会领域，经济学家哈维茨（Hurwicz）起到了比较重要的作用。[①] 机制设计理论的目的是让每一个个体、组织、系统都能够发挥他们自身应有的价值和功能，达成整个统一体的和谐共生与发展。在这一发展过程中，有机体要遵循"最优配置原则"和"激励相容约束原则"进行理性的行为选择，构造出一个稳定的、常态化的互动发展模式，进而实现文化主体要素的自由发展。[②] "最优配置原则"要求在机制建设过程中以个体的理性行为选择为基点，同时也要满足效用最佳化的标准，以便于实现社会整体利益的最大化、实现文化要素和资源分配的合理化。有机体是按照系统目标优化配置文化资源和文化组织机构的，针对社会现实状况和利益格局进行配置与构建。机制设计理论要求遵循"激励相容约束原则"。"激励相容约束原则"强调，实现社会价值的优化将会在实践过程中面临许多方面的约束。行为主体的目标和决策原则上全部是自由自主的，因而面对价值选择时，就必须安排一定的规范行为的标准和方向的约束机制，以减少、消除由于个体利益最大化而对集体观念的侵蚀。一个机制的任何均衡发展结果都能够通过资源分配优化机制和激励机制来实现，但我们在构建实现资源最优配置的机制时则需要审慎地给予一种制度安排。因而，为实现生态文化建设与公众生态意识提升互动发展，我们需要慎重地进行机制设计和制度选择来促进社会主义生态文明建设，以期实现个体、组织和社会的共同生态福祉。

5. 文化功能理论

以马林诺夫斯基和拉德克利夫-布朗为代表的文化功能理论产生于 20

---

① 方燕、张昕竹：《机制设计理论：一个综述》，《产业经济评论》2011 年第 4 辑，第 13～35 页。

② 严俊：《机制设计理论：基于社会互动的一种理解》，《经济学家》2008 年第 2 期，第 102～104 页。

世纪 20～30 年代。这一理论强调各种社会要素的功能及作用，主张以文化这一功能关系建构动态的整体性社会结构。文化功能理论注重进行田野调查。马林诺夫斯基认为"文化，即工具的整体及社会群体、人类思想、信仰及风俗的规章，构成了人赖以更好地对付在满足需要的过程中适应环境时所面临的具体问题的伟大器具"①。马林诺夫斯基还将文化划分为物质设备、精神文化、语言和社会组织等几个方面，并强调文化的核心要素是社会制度。他还强调，人们依靠有组织的活动，遵循一定的经济的和道德的观念来实现自身有机体生存需要的满足。"世间并没有'自然人'，因为人性的由来就是在于接受文化的模式。"② 拉德克里夫-布朗则强调：社会是一个自我衍生的机体或体系。生活在社会中的个体，其行为必定会受社会的规范和准则的制约。借鉴文化功能理论，进行中国特色生态文化建设和推动我国公众生态意识提升，必须根据现实状况，合理规划并组织协调好二者互动机制这一系统内部各要素间的关系，以期实现效果最大化。

四　研究思路与研究方法

（一）研究思路

从意识与文化相互作用关系原理的分析出发，研究生态文化建设与公众生态意识培养之间的互动发展机理，具体分析生态文化建设与公众生态意识培养之间相互贯通、相互渗透和相互促进的辩证关系。笔者期望在全面分析二者良性互动机制构建的理论可行性基础上，构建出一套有效互动机制的理论与实践模式。

调研分析我国生态文化建设和公众生态意识培养互动的现实与效果，从当代生态文化传播方式对公众生态意识提升的影响不足的现实状况出发，借鉴国内外先进经验，研究当下中国生态文化建设与公众生态意识提升互动机制构建的原则、方法、内在动力与典型模式，提出优化生态文化建设与公众生态意识提升互动机制的实际操作途径。

---

① 〔英〕马林诺夫斯基：《文化论》，费孝通译，中国民间文艺出版社，1987，第 97 页。
② 〔英〕马林诺夫斯基：《文化论》，费孝通译，中国民间文艺出版社，1987，第 97 页。

（二）研究方法

1. 比较分析法

比较不同生态思潮以及发达程度不同的国家及地区生态文化发展和生态意识教育的理论与实践方案，发现其共同性及规律性，借鉴其合理做法，规避不合理因素。通过比较，揭示我国生态文化发展的成就与不足；通过比较，揭示公众生态意识培育的共性与个性，从而归结出我国公众生态意识教育与培养的特殊规律和实施路径。

2. 系统分析法

构建生态文化建设与公众生态意识提升互动机制，需要统筹经济建设、政治建设、文化建设、社会建设、生态建设，需要统筹生态文化的物质层面、精神层面、制度层面，需要统筹生态意识培育的内容、目标、原则、方法，从全局和整体的角度认识和把握生态文化建设、公众生态意识培育和生态文明建设三者之间的逻辑关系。

3. 多学科交叉研究法

无论是生态文化建设还是公众生态意识的塑造与培育，尤其是二者互动机制的规制，都是系统而复杂的社会工程，需要运用哲学、伦理学、生态学、心理学、社会学和传播学等多种学科的知识作为理论支撑。通过运用这些学科的研究成果与研究方法，从多种视角出发，发现一条实现生态文化建设和公众生态意识提升良性互动的具体路径。

五　研究的主要内容

本研究成果的主要内容共由六个部分组成。

导论部分主要分析"生态文化建设与公众生态意识提升互动机制"提出的时代背景、理论依据，分析这一问题研究现状，并对本研究的主要内容进行概括性介绍。

第一章，中国特色生态文化建设。第一，理解并继承马克思主义经典作家的生态文明思想，将当代中国生态文化建设实践与中国传统生态文化理论、西方生态文化发展理论相互借鉴、融合，以当代中国生态文明建设实践为现实出发点，从理论与实践、历史与现实、国内与国际等各个层面进行比较研究，归结出中国特色生态文化建设的范式、内涵和具体内容。

第二，分析生态文化在当下对人的生存方式以及社会发展内在机理的影响、制约和规范作用，了解生态文化传播与建设的途径及现实状况。研究不同地域、不同文化背景下，生态文化的共性和个性以及相互之间的交流、影响、借鉴与发展趋势。以当代中国生态文明建设中的生态农村和生态城市建设实践为个案，调查分析中国特色生态文化在社会各领域生成与发展的现实状况，总结生态文化现象与发展趋势，研究分析当代中国生态文化建设的内在动力机制与实现路径。

第二章，公众生态意识培养。第一，以马克思主义理论为指导，借鉴西方生态思潮的理论成果，科学界定生态意识和公众生态意识概念及其构成要素。以"生态文明"为基本概念，把握生态意识概念，在比较中演绎出现代公众生态意识概念的理论内涵、构成要素及其基本特征。第二，通过对不同国家和地区社会公众生态意识塑造与培养模式及其发展历史进行考察，比较中外生态意识教育的共通性与差异性，结合我国生态文明建设和生态教育发展的具体实践，归纳出我国公众生态意识培养的特征和规律，分析总结我国公众生态意识培养的理想与现实目标以及有效的实践模式。

第三章，生态文化建设与公众生态意识提升互动机制。生态文化建设与公众生态意识提升具有相互促进作用：一方面，公众生态意识的塑造和培育需要生态文化的支撑，通过生态文化教化可以把生态知识、生态理性、生态思维内化为公众的思想和行为，形成自觉的生态意识和生态行为；另一方面，公众生态意识的提升能够促进公众参与生态建设的自觉性，公众的生态意识外化为文明的行为，又能够推进生态物质文化、生态精神文化和生态制度文化的发展。本章主要包括相互关联的三个方面内容。第一，文化与意识相关性分析。首先，意识的发生离不开一定的文化氛围，意识的内容及其发展受一定文化的渗透、感染和导向。个体通过继承和运用既定的社会文化获得各种概念，形成一定的思维模式和认知系统，促使自我意识的发生和日益完善，并拓宽和丰富对象意识的内容。其次，意识在发生和发展过程中对文化既有继承性又有创新性。人的意识会根据一定的价值目标对本位文化和外来文化的内容加以取舍和重建，从而以超越的方式实现自身的存在和发展。第二，公众生态意识培养与提升以生态文化建设为基础和载体。公众生态意识培养内隐于生态文化建设实践之中。公众生态意识的形成与提升借助内容生动、形式活泼的生态文化建设活动载体来实现。形式多样的生态文化建设活动为公众生态意识养成增加直接现实性和丰富的感受性。这种自然地结合了显性与隐性教育优势的生态文化建设容易让公众在享受生态文化发展成果中自发进入生态意识教育的话语场中，从而形成对其认知、情感、意识及行为准则的潜移默化。第三，公众生态意识提升促进生态文化建设和生态理念张扬。深化生态意识教育能够激励公众参与生态文化建设实践。从体制、理念、内容和形式等方面进行创新，提升公众生态意识教育水平，能够促进生态文化发展。通过提升公众生态意识，可促进广大民众将生态价值观与生态思维方法融入生产和生活中，并外化为其自觉的生态行为。

第四章，生态文化建设与公众生态意识提升互动作用的现实分析。第一，现实状况：总体来看，目前我国生态文化建设与公众生态意识培养提升二者之间缺乏有效协调机制，互动性较差。同时，生态文化建设与公众生态意识培养之间的互动更是缺乏适当的载体和衔接点。当前我国生态文化建设未能在实质意义上发挥公众生态意识教育与培养的主渠道作用，公众的生态意识还处于较低层次，这种状况远不能满足我国生态文明建设的需要。第二，成因分析：首先，由于历史原因现代生态文化理论的外部输入性不佳，当前我国的生态文化发展呈现出一种由学者发起研究，影响政府，政府又动员公众的发展方式，主要是因为我国生态文化建设起步晚，制度机制还不完善。其次，社会公众的生态参与机制不健全，公众的社会参与程度不高。从生态意识来看，公众生态文明素质没有明显提高，公众主动参与生态活动的积极性没有明显改善。从环保社会组织来看，中国的环保社会组织缺乏有效管理和制度规范，在生态治理中协调沟通和监督政府等作用不强。最后，评价机制不健全，信息反馈不畅。整个社会缺乏关于生态文化建设实践对于公众生态意识培养作用效果的有效的评价机制，因此培养效果信息反应滞后或者根本没有反应，决策者很难了解二者之间的效应关系并进行调适。

第五章，生态文化建设与公众生态意识提升互动机制优化。以马克思主义生态文明思想为指导，实现以生态文化建设推进公民生态意识提升的制度和机制创新，实现生态文化建设同公众生态意识提升的良性互动。第一，公众生态意识培养中的大众传播机制优化。从传播学的角度对公众生态意识传播各要素的作用以及各要素之间的组合规律、机制整体的运作规律进行探讨，整合大众传播机制中的各要素，以便于大众传播机制在公众生态意识培养过程中更有力地发挥作用，达到提升公众生态意识的作用。第二，基于公众生态意识培养的生态文化建设路径优化。一是生态文化建设制度机制的优化。目前，广大社会公众的生态意识水平还比较低，因而加强规则和制度建设，用制度的力量不断调适公众的各种反生态倾向和行为，有助于加强生态保护的规范性，能够更有力地促进公众的生态生产和生态消费行为由不自觉向自觉进行转化。二是生态文化发展动力机制的优化。整合来自政府、社会和个体的各种力量，构建并运用好导向机制、驱动机制和约束机制，形成对生态文化发展的强大推动力。三是生态文化建设公众参与机制的优化。建立和完善公众参与生态文化建设的体制与机制，加强对环保社会组织的管理与引导，畅通公众参与渠道。第三，构建科学的评价体系，完善反馈机制。首先，建立科学合理的评价体系，以便于对生态文化建设促进公众生态意识养成的现实效果进行分析。运用科学合理的社会评价机制对生态文化建设实践进行评判和确认，发挥其对于生态意识培育提升的导向和激励功能。其次，进一步完善信息反馈机制。畅通信息反馈渠道，保证公众能够将自身在社会生活中获得的生态体验，以及在生态文化活动中获得的生态信息及自身的需求顺畅地反馈给学者和政策决策者。通过这些反馈信息，学者和决策者更好地进行相关研究和政策、法律的制定，达到更好地培养公众生态意识的目的。

第一章　中国特色生态文化建设

近代以来，西方社会所奉行的以工具理性主义为主导的工业主义价值观，一方面给人类带来了丰富的物质财富和舒适的社会生活，另一方面工业主义在对自然进行无节制的开发和利用的同时也给人类带来了日益严重的生态危机。以弗朗西斯·培根为代表的"理想主义""关于把人类帝国扩展到自然界，'对一切可能有的东西发生影响'的梦想，突然间成了一种令人毛骨悚然的甚至是自杀性的行为"①。日益严峻的生态危机形势表明，人类的这种勃勃雄心如果不加反思地发展下去最终就一定会导致包括全人类以及地球上所有生灵的死亡和毁灭。为了消除日益迫近的生态风险，人们采取了包括发展科学技术、减量生产和限制消费在内的一定的解决办法和手段。就目前来看，人们的种种努力虽然取得了一定的成果，但由于仍然没有走出传统发展模式的窠臼，因而这些技术或经济手段并没有带来预期的治理效果。面对这一形势，人们开始对工业主义的生产方式及其所奉行的文化价值观进行反思。人们开始认识到，人类所招致的这种"现代病"，需要通过改变人类的生存方式和文化价值观才能"治愈"。当前"科学家开始关注政治问题，鼓动公众舆论，并且呼唤一种新的自然伦理观，因为人类承担的责任与所犯罪孽应该是成正比的"②。在反思批判传统工业文化的基础上，发动一场以人与自然和谐发展为核心价值的生态学革命，已经成为人类社会的共识。为了使我们生存环境的变化朝着有利于人类文明进化的方向发展，人类必须"创造新的文化与环境协同发展、和谐共进，这就

---

① 〔美〕唐纳德·沃斯特：《自然的经济体系——生态思想史》，侯文蕙译，商务印书馆，1999，第397~398页。
② 〔美〕唐纳德·沃斯特：《自然的经济体系——生态思想史》，侯文蕙译，商务印书馆，1999，第402页。

是生态文化"①。生态文化是符合生态学规律的先进文化，是当前人类社会的共同价值诉求。

全球化时代，在大力发展工业化和社会主义市场经济的同时，中国也承受着极大的环境污染和资源枯竭的压力。中国政府对生态环境问题治理给予了高度重视。中国的治理方式并没有停留于简单的"节能减排"思维，而是从实现人类文明跨越式发展的角度来充分认识生态治理的重要性。中国政府把建设生态文明作为国家发展的总体发展战略，通过积极推进生态文化建设进一步提升全体人民的生态文明素质，用绿色发展理念引领经济社会发展。目前，在中国生态文化已经成为全社会的主流价值观，社会主义生态文明成为当代中国的主导意识形态。中国的生态文化发展必然是世界生态文化发展的一个重要组成部分。但立足于现代中国国情的生态文化发展必定不同于资本主义以及其他国家的生态文化发展，我们要建设的是中国特色的社会主义生态文化。因而，如何建设适合"世情"和中国国情的具有中国特色的社会主义生态文化，这是需要我们认真思考的问题。推进中国特色生态文化建设，需要我们认真做好以下主要工作：一是以马克思主义生态文明思想为指导，对西方生态思想和中国传统生态智慧进行积极的扬弃，在此基础上归结出中国特色生态文化的理论内涵；二是对当前我国生态文化建设的基本原则、途径与方法进行思考，以期回答我国要建设什么样的生态文化、怎样建设生态文化的问题；三是以当代中国生态文明建设中的生态农村和生态城市建设实践为个案，调查生态文化在社会各领域生成与发展的现实状况，分析揭示当代中国生态文化建设的内在动力与机制，探究新时代中国特色社会主义生态文化建设的具体路径。

第一节　中国特色生态文化建设的基本内涵

中国特色社会主义是中国生态文化建设的最大制度优势。中国传统文化深厚的生态文化底蕴为中国特色生态文化建设提供了良好的文化和社会心理基础，西方发达工业化国家的生态治理和生态文化建设经验为中国特色生态文化建设提供了可资借鉴的经验和方法。在社会主义生态文明发展

---

① 周鸿：《生态文化与生态文明》，《光明日报》2008 年 4 月 8 日，第 10 版。

战略指引下，中国政府和人民积极开展生态文化发展的理论与实践创新，开拓了一条富有中国特色的生态文化发展之路。

一 生态文化理论阐释

在人类社会发展的历史进程中，人类文化的发展大体上经历了原始文化、古代文化、近代文化和现代文化四个发展阶段。人类文化在每一个发展阶段都有着极具时代特征的主流文化。从广义上来说，生态文化实际上并不是我们这一时代所特有的文化。但在一定的意义上，生态文化则是当前我们这一时代人们所追求的主流价值观。作为我们这一时代主要价值追寻的生态文化具有自身的特征和规定性。生态文化基本的规定性是"生态"，生态文化反映的是人与自然环境以及整个生态系统之间的和谐共存关系。生态文化所呈现出来的是人类对自然的生态智慧、生态伦理和生态责任。实践证明，人是在追求生态公平、生态正义的过程中实现自我价值的。生态文化要求现代人在处理人与自然关系时，应当了解自然、读懂自然、敬畏生命、感悟生态，追求"天人合一"意义上自我价值的实现。

（一） 生态文化的概念厘定

研究生态文化，实质是从文化的角度审视生态并以生态的尺度评价社会的过程。要理解生态与文化的关系，首先需要把握好文化与自然的关系。在其现实性上，"人对自然界的依赖与掌握表现为人同自然之间的双向适应关系的本质的统一，文化是其实现的方式"①。为了生存，人是按人的方式实践地与观念地将外部自然改造成适合人需要的物质和精神的文化，而同时人也在改造着自身的自然并将其塑造为一定的社会的文化存在物与文化主体。文化的发展史实际上就是人与自然双方不断实现"双向适应"和不断"完成本质的统一"的过程。人类自觉地保护好适合自身可持续生存与发展的自然及其"再生"能力，这本身就是一种文化行为和文化建设活动。

1. 生态

"生态"的含义随着社会发展而不断发生着变化。在中国古代文化中，最早的"生态"有用作"美好"之意。比如《东周列国志》第十七回描述

---

① 夏甄陶：《自然与文化》，《中国社会科学》1999 年第 5 期，第 90~104 页。

古息国息夫人妫氏："目如秋水，脸似桃花，长短适中，举动生态，目中未见其二。"① 我们现在所使用的是现代意义上的"生态"概念，是从生态学（Ecology）一词逐步演化而来的。生态学（Ecology）主要是指研究生物生存环境的科学。例如，"生态文化，是用生态学处理人与自然的关系，旨在实现人与自然友好相处、和谐共生的文化。"② 当然"生态"与生态学二者的含义并不是同一的。"生态"最早是指一切生物的生存状态，是指它们相互之间以及它们与环境之间的环环相扣的关系。后来生态一词所涉及的范围越来越广，其意义也就在不同的语境下发生了多重的转换。当前，生态学已经渗透社会各个学科领域，因而在不同文化和学科背景下"生态"的定义当然会有所不同。归结起来，"生态"主要有三种理解：其一，指自然生态系统；其二，指生态观点；其三，指人与自然、人与人以及人与社会之间的互动式适应关系。

实际上，近年来"生态"（Ecological）概念被人们广泛使用，但词义及所指都还没有统一的定论。同时在"生态"与"环境"的使用上也不是很明确。在研究应对人与自然的关系问题时，对于使用"生态"还是使用"环境"也存在着一定的争议。对此，有两种不同的看法。一种看法认为，这主要取决于支撑这两个术语的是两种"截然不同"的观点：一是生态主义（Ecologism），二是环境主义（Environmentalism）。两者意味着两种不同的观念的认同。"环境主义与生态主义有着本质的差异，混淆它们的差异必将导致严重的知识性错误。"③ 因而"对于这两类术语的选择，实际上就反映出在两种思想观念之间做出的选择"④。另一种看法却认为，"生态"与"环境"二者在意义上没有什么不同。美国学者利昂·P.巴拉达特在《意识形态：起源和影响》一书中指出："工业革命——现代政治意识形态的源泉——使得人类在历史上第一次能够大规模地改善他们的物质生活，但与此同时也对自然环境造成了影响，以至于威胁到人类本身的生存。对于这种矛盾而又真切的现象的关注，酝酿出一种新意识形态。

① 冯梦龙：《东周列国志》，二十一世纪出版社，2012，第83页。
② 黄承梁：《生态文明简明知识读本》，中国环境科学出版社，2010，第289页。
③ 王诺：《欧美生态文学》，北京大学出版社，2001，第6页。
④ 王诺：《"生态的"还是"环境的"？——生态文化研究的逻辑起点》，《鄱阳湖学刊》2009年第1期，第102~109页。

这种意识形态在欧洲被称为生态主义（Ecologism），在美国则以环境主义（Environmentalism）命名，它是一种要求基本哲学的再定位且致力于截然不同的政治、经济、社会变革的理念系统。毫无疑问，环境主义所要求的最深刻的哲学定位为：人类应拒绝人类中心（Anthropocentric）思维，即以人类作为所有价值的来源，而所有事物的价值则是以其影响人类处境的程度来衡量。"① 而我们在论述作为社会主义生态文明的支撑的生态文化建设时，是从广义上使用"生态"概念的。

2. 文化

文化的定义很多，美国人克罗伯和克拉克洪在 1952 年出版的《文化：概念和定义的批评考察》一书中就列出了 160 多种文化的定义。在各种定义中，影响较大的是泰勒提出的"文化或文明是一个'复杂的整体'"②的理解。在这一理解中，文化包括人的知识、能力、信仰、艺术和行为习惯等各种复杂的整体要素。

在中国语言中，按照传统的理解，文化就是"文而化之"之意。"文"是"人文"的文，是指人按照人的方式对物（人）进行改造而发生的作用及其所产生的结果，即指与自然相区别的"人事"、"人为"与"人化"。而"化"则是指一种规律，引申为"教化"、"风化"与"感化"。综合来看，"文化"主要就是指"通过人事、人为，按人的方式使自然对象化为属人的（'人化'），并形成人的世界即文化世界"③。人们在论述文化时，多是指"文治"与"教化"之意。而"文化"获得现代意义及用法，则是借鉴日本人以文化这一词语对译西方相关术语而来的。自新文化运动起，"文化"在中国传统意义的基础上，也开始注入来自西方的新内涵。新文化运动中，文化也是一个广受争议的话题。但从中我们也可以看到当时人们关于文化概念所形成的新共识。胡适认为，"文化（Culture）是一种文明所形成的生活方式"④。蔡元培在一次题为"何谓文化"的演讲中认为"文化是

---

① 〔美〕利昂·P. 巴拉达特：《意识形态：起源和影响》，张慧芝、张露璐译，世界图书出版公司，2010，第311页。

② 〔英〕阿雷恩·鲍尔德温、布莱思·朗赫斯特等：《文化研究导论》，陶东风等译，高等教育出版社，2004，第6页。

③ 夏甄陶：《自然与文化》，《中国社会科学》1999年第5期，第90~104页。

④ 胡适：《胡适文存》（第3集），上海科学技术文献出版社，2015，第3页。

人生发展的状况"①，他不仅把衣食住行与医疗卫生结合起来，而且将政治、经济、道德、教育与科学等也全部纳入文化的内容之中。钱穆指出："文化是一个民族生活的总体，把每一民族的一切生活包括起来称之为文化。"② 梁漱溟强调：文化泛指"今人生活所依靠之一切。……文化之本义，应在经济、政治乃至一切，无所不包。"③ 实际上，对文化的这些理解较多地是受到了泰勒对"文化"的定义的影响。从民族学意义上来看，文化就是包括"知识、信仰、艺术、道德、法律、习俗和任何人作为一名社会成员而获得的能力和习惯在内的复杂整体"④。

在西方的语言中，"文化"（Culture）来自拉丁语中的"Cultura"一词，原始意义是"耕作""栽培"，即通过人类的劳动对自然加工改造并从中获取物质生活资料之意。后经多次意义转换与扩大，文化除包含人对自然的加工与改造、人的各种技能与技巧的习得，还包含人对外部世界的探索与发明以及宗教信仰等等。而关于人自身的教化、教养以及陶冶、修养与修炼，使人脱离自然状态而成为文化的人，也是文化本身所包含的主要意义之一。进入现代社会，在西方社会"文化"被赋予了新内涵，文化被看作"一个有机整体（Integral Whole），包括工具和消费品、各种社会群体的制度宪纲、人们的观念和技艺、信仰和习俗"⑤，是"一个部分由物质、部分由人群、部分由精神构成的庞大装置"⑥。总之，文化是指"一个民族、集体或社会的生活方式、行为与信仰的总和"⑦。

在实践应用中，"文化"是一个包含着许多规定的综合、"杂多的统一"的具体性范畴，并且文化领域和文化内容也是具有广泛性、丰富性和多样性的。文化表现为人类群体的一种共有的生活方式。一般来说，文化主要是一个民族整体的生活方式和价值系统。文化既是一种文明的生活方式，

① 蔡元培：《蔡元培美学文选》，北京大学出版社，1963，第113页。
② 钱穆：《从中国历史来看中国民族性及中国文化》，香港中文大学出版社，1979，第13页。
③ 梁漱溟：《中国文化要义》，学林出版社，1987，第1页。
④ 庄锡昌等：《多维视野中的文化理论》，浙江人民出版社，1987，第99~100页。
⑤ 〔英〕B.马林诺夫斯基：《科学的文化理论》，黄建波等译，中央民族大学出版社，1999，第52页。
⑥ 〔英〕B.马林诺夫斯基：《科学的文化理论》，黄建波等译，中央民族大学出版社，1999，第53页。
⑦ 〔英〕菲利普·史密斯：《文化理论》，张鲲译，商务印书馆，2008，第8页。

也是包括哲学、艺术与宗教等在内的人的精神价值系统。世界上不同的国家和民族都是由不同的人类群体构成的，而每个群体都基于共同的生活方式拥有自己的价值观和行为准则，并构造出自身特有的文化。本质上，文化是一种"内隐"的和"观念"的生活方式，对某一个或者某些特定的人群或共同体发挥着潜在的指引作用。而这里的文化则主要是指人类活动的模式以及赋予这些模式重要性的符号化结构。为了进一步说明文化的内涵，可以将其分为广义与狭义两个方面来理解：广义的文化是指人类社会历史实践过程中所创造的物质财富和精神财富的总和；狭义的文化主要是指人类社会的意识形态以及与之相适应的社会制度和组织机构。因而在现实社会实践中，作为人的存在方式的文化则又可以进一步细化为物质层面的文化、精神层面的文化和制度层面的文化三种模式。实际上，在我国，狭义的文化的理解在人们现实生活中的使用更为普遍，也更易于被广大民众广泛地认同和传播。

3. 生态文化

从生态学意义上来说，人与自然长期相互作用而形成的是两种不同性质的文化，一种是具有生态合理性即符合生态规律的文化，另一种是不具有生态合理性即不符合生态规律的文化。与工业化时代相对应的是工业文化价值观，这一价值观主导下的人类现代化进程给人类带来了严重的生态危机。传统工业文化奉行极端人类中心主义支配自然的价值观，本质上是一种"非生态"的文化。在这种非生态文化价值观指引下，人类在发展自身的同时却造成了严重的生态危机。"罗马俱乐部"的佩切伊认为："人类通过技术圈的入侵、榨取生物圈的结果，破坏了自己明天的生活基础，人类自救的唯一选择就是要进行符合时代要求的那种文化革命，形成一种新的形式的文化，即生态文化。"① 这被认为是西方社会首次提出"生态文化"概念。这种通过文化革命建立起来的生态文化完全不同于非生态的传统工业文化，它是一种"人与环境和谐共处、持续生存、稳定发展的文化"，也是一种"涉及人的意识、观念、信仰、行为、组织、体制、法规以及其他

---

① 赵光辉：《生态文化人类生存样态的文化自觉》，《鄱阳湖学刊》2017 年第 4 期，第 67～71 页。

各种有形式的文化形态"①。

生态文化虽然是有关生态与文化关系的文化，但是生态文化既不是文化的生态化、不是模仿生态系统而构建的文化体系，也不是文化的生态学化、不是以生态学与生物学等学科术语与方法来研究的文化。生态文化并不是生态学与文化两个词义的简单相加。从字义上来理解，生态文化就是"生态的"（Ecological）"文化"（Culture）。中心词是"文化"，限定语是"生态的"。"生态的"是指在生态主义即生态规律指导下，强调这一"文化"是符合生态主义哲学基本精神的。生态文化"是以生态主义为思想基础的文化"②。生态文化是一种动态文化，它在不同民族、在不同的社会发展阶段有着不同的表现形态，因此我们需要用发展的眼光来审视与定义生态文化。生态文化概念在不同的历史语境中和不同的文化语境中有着多种不同的理解。对于生态文化概念的理解虽各有不同，但都是基于人与自然相互关系这一核心观念加以理解的。从生态文化概念的共同趋向出发，我国学者从广义和狭义两个角度对生态文化进行理解。

广义的生态文化是将生态文化理解为一种以自然价值论为导向的人类的新的生存方式，亦即人与自然和谐发展的生存方式。在江泽慧看来，广义上的生态文化主要是指"人类在社会历史发展进程中所创造的反映人与自然关系的物质财富和精神财富的总和"③。严耕认为，广义的生态文化主要是指实现人与自然和谐相处的新型的人类生存方式或生存样法。从起源上来看，生态文化主要是指在生态危机时代人的本质力量的"再次觉醒"；在内涵上，生态文化代表的是一种新的人的"根本生存方式"；在过程上，生态文化表现的是现代人对"给定的"现代工业文化模式的"超越"；在结果上，生态文化则是人类在"生态的生产生活方式中所创造的物质的、制度的、精神的一切事物的总和"④。余谋昌认为，从广义来理解，生态文化

---

① 王如松、孙江、韩也良：《扬州生态文化建设的战略》，《科技与经济》2003 年第 4 期，第 24 页。
② 王诺：《"生态的"还是"环境的"？——生态文化研究的逻辑起点》，《鄱阳湖学刊》2009 年第 1 期，第 102～109 页。
③ 江泽慧：《生态文明时代的主流文化——中国生态文化体系研究总论》，人民出版社，2013，第 27 页。
④ 严耕：《重塑生态价值观促进人与自然和谐》，《中国林业》2007 年第 7 期，第 6 页。

是"人类新的生存方式",即"人与自然和谐发展的生存方式"①。从这一理解出发,余谋昌将生态文化的发展归结为三个层面:物质形态的生态文化,如社会生产的技术形式、能源形式以及人类生活方式的生态化转变;精神形态的生态文化,如环境教育、生态哲学、环境伦理学等文化领域的生态发展;制度形态的生态文化,如环境保护的制度化,能够促进社会关系进行符合生态规律的调整。

对于狭义的生态文化理解则存在着两种略有不同的观点。其一,将生态文化理解为一种人与自然和谐发展、共存共荣的意识形态、价值取向和行为方式。余谋昌在对生态文化作广义理解的同时又从狭义的角度将生态文化理解为以生态价值观为指导的意识形态、人类精神和社会制度。其二,将生态文化看作一种文化现象、生态意识和生态思维方法。江泽慧认为,从狭义的角度来讲,生态文化是一种社会现象,是人类长期社会实践创造所形成的产物;同时它又是一种历史现象,一种社会历史的积淀物。陈幼君也认为,"生态文化是一种文化现象,即以生态价值观为指导的社会意识形式"②。

对于生态文化概念的理解虽然仍然处在不断的发展过程之中,无论是广义还是狭义的理解,人们对生态文化这一概念的认知,大多是将生态文化看作一种综合的概念,主要关注文化及其表征的方式。生态文化是一种以人与自然和谐发展为核心价值观的文化,包括在一定时期所形成的符合生态合理性的意识、观念、信仰、行为、组织、体制、法规等诸多精神方面的内容。生态文化是包含了表征这种生态主义核心价值观的物质、精神和制度三个层面内容的社会意识。归结起来,生态文化是指"人类社会不同于或超越了现代工业文明及其文化意蕴的,自觉或不自觉地追求人与自然和谐共生的合生态性制度、文明与文化体系及其元素"③。

(二) 生态文化与生态文明

对生态文化与生态文明的关系深入理解,有利于我们进一步明确生态

---

① 余谋昌:《生态文明论》,中央编译出版社,2010,第10页。
② 陈幼君:《生态文化的内涵与构建》,《求索》2007年第9期,第88~89页。
③ 郇庆治:《绿色变革视角下的生态文化理论及其研究》,《鄱阳湖学刊》2014年第1期,第21~34页。

文化的本质内涵以及生态文化建设的时代价值。

　　1. 文化与文明的关系

　　实际上，"文化和文明是不可能截然二分的"①。在文化与文明关系上，主要有两种观点。一是英国人类学家泰勒的文化与文明"等同说"。这一观点认为，"文化或文明"本身都是一个复杂的整体，内容主要包括知识、信仰、艺术、法律、伦理道德与风俗以及全体成员通过学习而形成的各种能力和习惯。② 二是将文化看作过程而将文明看作结果的观点。这一观点认为，文化的本质内蕴是自然的人化，它是人的价值观念在其社会实践中对象化的过程。文化中的基本关系是人和自然相互关系，文明中的基本关系则是社会和人的相互关系。但总体上来说，无论哪种观点都承认，人是创造文化和文明两者的主体和本原。文明是由文化历史发展沉淀而来的，每一种文明都是本民族特有的主导文化价值观指导下的社会实践结果。

　　2. 生态文化和生态文明的区别与联系

　　生态文明与生态文化这两个不同的概念还是有着一定区别的。但实际上，在生态文明的理论研究与建设实践中，人们往往都是习惯于将生态文化和生态文明两个概念同时提及。从广义的角度来理解，生态文化和生态文明在基本含义上是"等同"的关系，是指在历史实践活动中，人类"对自然界的正确认识以及人与自然之间的行为方式、劳动结果的总和"③。

　　一方面，生态文明与生态文化是有区别的。在一定意义上，生态文化与生态文明分别表征着两个不同的领域。生态文明是由生态化的生产方式所推动形成的一种新的人类文明形态，生态文化是由不同群体在一定的生态环境中形成多样化的生存方式。从基本含义来看，生态文明更侧重于物质层面，"生态文明是由生态化的生产方式所决定的全新的文明类型"④。生态文明建设是指人在生产生活实践中遵循生态规律，协调与平衡人与自然生态环境以及人与社会生态环境之间的关系，将人与自然和谐发展的生态

---

① 张曙光：《价值与秩序的重建》，人民出版社，2016，第 182 页。
② 〔英〕爱德华·泰勒：《原始文化》，连树声译，上海文艺出版社，1992，第 1 页。
③ 尚晨光、赵建军：《生态文化的时代属性及价值取向研究》，《科学技术哲学研究》2019 年第 2 期，第 114~119 页。
④ 余正荣：《生态文化教养：创建生态文明所必需的国民素质》，《南京林业大学学报》（人文社会科学版）2008 年第 3 期，第 150~158 页。

价值观落实在经济社会发展中并促进其转化成为积极的社会成果。而生态文化则更侧重于精神层面，生态文化是反映人和自然关系的"风俗习惯、观念、科学技术、制度法律等"①。生态文化建设是指教化广大社会公众"树立尊重自然、珍惜资源、保护环境的观念，增强生态意识、生态责任和义务"②。

另一方面，生态文化与生态文明又是相互紧密联系的。由于文明是"在一个特定时代存在的一种特定文化或特定文化阶段"③，因而人与自然和谐发展这一核心价值观既是生态文明的重要特征，也是生态文化的本质所在。生态文化是一种基于生态意识和生态思维的文化体系，是人们解决人与自然和谐发展问题的理论思考和实践总结。生态文化是一种生态价值观，既是社会文化进步的产物，也是生态文明的重要组成部分。生态文明则是在生态文化主导下人们进行社会实践的必然结果。生态文明是生态文化的沉淀，生态文明是在生态文化的基础上建立起来的。生态文明本身还具有文化性内容，其中就包含了人们进行生态文化活动。生态文明建设，首先需要培养人们的生态文明意识，发展有利于生态发展和环境保护的文化体系，弘扬人与自然和谐发展的核心价值观念，实现生态文明对人的意识和行为的潜移默化的影响。在我国的生态实践中，生态文化是"中国特色社会主义建设中文明目标与文化创新的组成部分"，同时生态文化又是"建设新的生态文明的客观基础与理论根据"④。生态文明本质上是生态文化发展和进化的状态，生态文明"既要求产业结构和生产方式的转变，又注重伦理价值和思想观念的变革"⑤。我们可以从物质、精神和制度层面对生态文明进行考量，对待生态文化同样也可以如此。

当然，谈论生态文明与生态文化的关系我们还应该依据不同的语境来思考。有学者认为"广义生态文化即生态文明"⑥，这当然是在一定的语境

① 鄂云龙：《生态文明与生态文化的关系》，《环境教育》2009 年第 7 期，第 5～12 页。
② 江泽慧：《生态文明时代的主流文化——中国生态文化体系总论》，人民出版社，2013，第 39 页。
③ 〔英〕阿诺德·汤因比：《人类与大地母亲》，徐波等译，上海人民出版社，2001，第17 页。
④ 鄂云龙：《生态文明与生态文化的关系》，《环境教育》2009 年第 7 期，第 5～12 页。
⑤ 谢中起、刘笑：《论高校在生态文化传播中的地位和作用》，《河北科技大学学报》（社会科学版）2014 年第 2 期，第 97～102 页。
⑥ 卢风等：《生态文明新论》，中国科学技术出版社，2013，第 22 页。

下来说的。比如，在英文版的中国共产党"十七大"报告中"生态文化"与"生态文明"就是相通的。新华社高级编辑王平兴认为：在许多时候"文明"会被翻译为"Civilization"。如果按照人们以往的惯常译法，"'生态文明'只能译为 Ecological Civilization"。而在中国共产党"十七大"报告中有关生态文明"谈到能源资源的节约和生态环境的保护，还有污染的治理"，因而"'生态文明'可译为 Conservation Civilization"，但同时又考虑到"Civilization"一词的词义相当大，西方则常常习惯于找一个意义相近但词义较小的词"Culture"（文化）代替，因此最后根据语言环境就将"'生态文明'译为 A Conservation Culture"。而这也"更能让西方读者了解'十七大'报告中所传达的有关中国未来发展的一个重要信息——可持续发展"①。由此，中国共产党"十七大"报告的英译版对"文明"使用了不同的翻译与表述，"政治文明"译为"Political Civilization"，"精神文明"译为"Cultural and Ethical Progress"，而"生态文明"则译为"Conservation Culture"。这样的翻译安排主要是因为考虑到不同的语境。这说明我们区分生态文明与生态文化概念还需要考虑到不同的语言环境。

从世界历史发展过程中各种文明的演进来看，任何文明的弊病往往都是这一文明的主导文化尤其是其核心价值观不能够适应社会发展所导致的。因而建设生态文明，消除工业文明所造成的生态危机，就需要我们从文明产生的根源入手，批判"非生态"的工业文化，开展生态文化建设，使生态文化思想体系成为当前社会的主导价值观念。

二　中国特色生态文化建设的现实意义

人与自然的关系问题，在本质上是人的文化价值观问题。美国当代生态学者唐纳德·沃斯特指出："我们今天所面临的全球性生态危机，起因不在生态系统本身，而在于我们的文化系统。要渡过这一危机，必须尽可能清楚地理解我们的文化对自然的影响。"② 促进人与自然关系的协调，建设生态文明，需要人们对现实中种种非生态的社会文化进行自觉地反思和批

① 王平兴：《政治文献翻译新探索——十七大文件翻译体会》，《中国翻译》2008 年第 1 期，第 45~50 页。
② 转引自谈新敏《中国特色生态文化的本质特征》，《学习论坛》2014 年第 10 期，第 60~64 页。

判，建设和发展先进的生态文化，用以引导和规范我们自身对待自然的态度和行为，进而减少、消解人类活动对自然所形成的负面作用和影响。在生态文明建设中，文化建设主要任务就是将生态文明理念普及广大社会公众，加强生态道德建设，促进公众形成生态意识和自觉的生态文明行为。生态文化的核心是人与自然和谐相处的生态价值观，它以实现生态系统的多重价值来满足人们的多重需求为目的，由生态物质文化、生态精神文化和生态制度文化所构成。生态文化一般是通过风俗习惯、思想意识和价值观念的形式规定和影响人们对待自然的态度和行为方式，最终制约或影响人对自然所产生的作用和效果。在社会发展实践中，"一定的文化是一定社会的政治和经济在观念形态上的反映。……至于新文化，则是在观念形态上反映新政治和新经济的东西，是替新政治新经济服务的"①。文化本质的意识形态属性要求我国社会主义生态文明建设用中国特色生态文化加以引领和支撑。所谓生态文化，实际上就是指"从人的生存和发展的角度上体认这种双向且多向的转化性"，并谋求"人的生产方式、生活方式及文化存在方式的生态化"，不断促进"人的精神存在的生态化"②。建设生态文化，需要吸收中华传统生态文化智慧，借鉴全世界优秀生态文化发展理念，以解决中国现实生态问题为价值依归，形成富有新时代中国特色的社会主义生态文化。

（一）中国特色生态文化是先进的社会主义文化

中国的经济社会发展有着自身独特的生态境遇。因而中国的生态文化建设必须符合中国生态环境现状和生态建设实际。但同时，基于中国是一个负责任的发展中国家，中国将整个世界看作一个相互依赖的"人类命运共同体"③，中国特色生态文化建设不只是要符合中国生态实际并有别于其他国家，同时还以整体性的生态思维考虑全球人与自然和谐发展的问题。中国特色生态文化，必然是以马克思主义生态文明思想为指导、符合我国生态现状的、面向世界的社会主义生态文化。中国特色生态文化是建立在

---

① 《毛泽东选集》（第 2 卷），人民出版社，1991，第 694~695 页。
② 盖光：《生态境域中人的生存问题》，人民出版社，2013，第 300 页。
③ 谢新水、李有增：《深刻理解构建人类命运共同体思想的重要内涵》，《光明日报》2019 年 10 月 23 日，第 6 版。

现代生态科学、环境科学和系统科学理论基础之上的科学文化。中国特色生态文化既是建立在对生态规律科学认识基础上的自然观、价值观和方法论，也是正确处理人与自然关系和进行生态文明建设必须遵循的生态思维原则和生态行为规范。

1. 中国特色生态文化与资本主义生态文化有着本质的区别

中国共产党"十八大"报告提出"努力走向社会主义生态文明新时代"，中国共产党"十九大"报告又进一步提出在全社会"树立社会主义生态文明观"。这里的"社会主义"前缀词语，体现了现代中国在生态文明建设上的"意识形态指向"，是中国特色社会主义建设的"道路自觉"、"理论自觉"和"制度自觉"的重要表现。① 因而，我们要建设的中国特色生态文化则必然是与资本主义生态文化有着本质区别的"社会主义生态文化"。中国特色生态文化是"超越传统工业文化和资本主义生态文化"② 的社会主义新文化。

资本主义生态文化当然是建立在以"资本的逻辑"为核心价值观的资本主义制度基础之上的。关于资本主义生态文化问题人们有着不同的认识。一种观点认为，资本追求无限增值的发展逻辑，具有反生态的本性，资本主义主流价值观是反生态的。约翰·贝拉米·福斯特批判地指出，资本主义的特征主要表现为："它是一个自我扩张的价值体系，经济剩余价值的积累由于植根于掠夺性的开发和竞争法则赋予的力量，必然要在越来越大的规模上进行。"③ 生态和资本主义是相互对立的两个领域。资本主义不仅造成了人与自然的冲突以及人与人的冲突，同时还产生了为这些冲突进行辩护的所谓主流文化价值观。这种反自然、控制自然的极端人类中心主义价值观，促进了具有贪婪本性的资本对自然的掠夺与戕害。还有一种就是所谓的"生态资本主义"观点，即认为为了维护资本主义制度的持续发展能够容纳一定的生态主义文化价值观。"生态资本主义"是"把市场原则扩展应用于各种形式的物质价值尤其是自然资源"，并寄希望"在现存的资本主

---

① 蔡华杰：《社会主义生态文明的"社会主义"意涵》，《教学与研究》2014 年第 1 期，第 95~101 页。

② 谈新敏：《中国特色生态文化的本质特征》，《学习论坛》2014 年第 10 期，第 60~64 页。

③ 〔美〕约翰·贝拉米·福斯特：《生态危机与资本主义》，耿建新、宋兴无译，上海译文出版社，2006，第 29 页。

义制度框架下克服或至少实质性缓和人类目前面临着的生态环境挑战"①。其实质则是希望"资本"能够进行自我约束以此来制衡并消除现代工业的自然破坏力。本质上，这是一种实用主义的绿色政治理论。然而，资本家根本不可能"因为要保护环境而违背资本主义的法则或生产和消费的工业模式"②。针对"绿色资本主义"美妙前景的描述实质上只是一种幻想。佩珀认为，"资本主义的生态矛盾使可持续的或'绿色的'资本主义成为一个不可能的梦想，因而是一个骗局"③。

中国特色生态文化是建立在社会主义生态文明观基础之上的。我们要建设的生态文化是服务于社会主义生态文明建设总目标的。中国特色生态文化的经济基础是社会主义市场经济。虽然在一定时期内"'资本的逻辑'也差不多成为支配中国经济社会运行的主导逻辑"④，但是在中国特色社会主义市场经济体系中资本只是我们发展社会主义经济的一种手段。尽管如此，"资本的逻辑"的负效应在现代社会中也还是大量地显现了出来："……生态环境日益恶化，制造出癌症村越来越多等破坏经济和谐、社会和谐，使我国发展陷入了'挤资源求发展''有发展无幸福'的困境。"⑤ 目前中国特色社会主义市场经济有着资本存在的合理性，社会主义制度有能力克服利用资本所形成的负效应。社会主义国家绝不会让"资本的权力"无限地张扬，我们能够通过国家的调节"以缓解资本与社会的对抗"。在现阶段，虽然我们国家经济社会发展还需要资本发挥积极作用，但即便如此也必须严格地"限制资本的霸权"⑥。建设生态文明，培育生态文化，"我们不仅要将利用资本与限制资本结合在一起，还要把利用资本和超越资本结

---

① 郇庆治：《当代西方生态资本主义理论》，北京大学出版社，2015，第 1 页。

② 〔印度〕萨拉·萨卡：《生态社会主义还是生态资本主义》，张淑兰译，山东大学出版社，2008，第 192～199 页。

③ 〔英〕戴维·佩珀：《生态社会主义：从生态学到社会正义》，刘颖译，山东大学出版社，2005，第 139 页。

④ 刘思华：《生态文明与绿色低碳经济发展总论》，中国财政经济出版社，2011，"总序"第 23 页。

⑤ 刘思华：《生态文明与绿色低碳经济发展总论》，中国财政经济出版社，2011，"总序"第 23 页。

⑥ 孙承叔：《真正的马克思——〈资本论〉三大手稿的当代意义》，人民出版社，2009，第 398～400 页。

合在一起"①。因此，即便是在市场经济背景下，中国特色生态文化也同样是与资本主义文化有着本质上的区别的。我们的生态文化建设坚持以人为本，坚持社会主义集体主义原则，坚持以社会主义生态文明观为核心价值观。我们的生态文化建设坚持马克思主义有机整体论的世界观和自然观，坚持人与自然和谐发展的绿色发展理念，秉持整体性生态思维方式，坚持利用资本和限制、超越资本的贪婪本性相结合，建设的是先进的社会主义生态文化。

2. 中国特色生态文化的构建必须结合中国国情、坚守中华文化立场

社会主义生态文明建设需要生态文化的支撑。从广义的角度来看，生态文化是指"人类新的生存方式，即人与自然和谐发展的生存方式"②；从狭义的角度来看，生态文化主要是指"以生态价值观为指导的社会意识形态、人类精神和社会制度"③。生态文化的发展是受生产方式决定的，经济发展模式决定着生态文化的发展方向。因而我们要建设的生态文化是与生态文明时代相适应的并以社会主义生态文明观为核心内容的价值观体系，是具有中国特色的生态文化。中国特色生态文化主要是指以生态文明为价值诉求、适应我国生态现状需要的生态物质文化、生态精神文化和生态制度文化的总称。

中国特色生态文化关键是要有中国文化自身的内容和特色。我们必须科学地吸收中华民族传统文化中的生态理念和生态智慧。"人们自己创造自己的历史，但是他们并不是随心所欲地创造，并不是在他们自己选定的条件下创造，而是在直接碰到的、既定的、从过去承继下来的条件下创造。"④中国特色生态文化发展不能离开和抛弃中国传统文化，它是对中华传统文化中的生态文化理念和生态智慧的继承与开新。我们需要重新理解中国传统文化中的生态文化理念，研究并吸收先辈在处理人与自然的关系上的生态智慧。通过发掘传统生态文化，阐发其现代生态价值和意义，并与生态科学和新时代生态文明思想相结合进行创造性时代转换，使传统生态文化焕发出新的生命力，服务于当代中国社会主义生态文明建设。"任何名副其

① 陈学明：《生态文明论》，重庆出版社，2008，第63页。
② 余谋昌：《生态文明论》，中央编译出版社，2010，第10页。
③ 余谋昌：《生态文明论》，中央编译出版社，2010，第10页。
④ 《马克思恩格斯文集》（第2卷），人民出版社，2009，第470页。

实的复兴，都不是某种简单的接受，也不是历史文化的单纯的延伸。世界历史上真正伟大的复兴运动无一例外地都是创造性的胜利，而不是纯粹接受性的结果。"① 传统文化中生态文化理念的现代复兴，必须发生创造性转换，使之能够在新时代的生态文明建设实践中获得新的生命力。

文化的"生"和"死"与生物的生和死有着本质的区别，文化"有它自己的规律，它有它自己的基因，也就是它的种子……历史和传统就是我们文化延续下去的根和种子"②。中国特色生态文化必定内在地包含自己民族文化传统。世界是一个具有多样性文化的世界。世界是一个由多个民族国家组成的大家庭，世界上各个民族都有着不同的道德信仰，这些差异性的道德信仰铸造了各具特色的多民族文化。中国悠久的传统文化，造就了我国广大社会公众具有中华特色的思维方式、道德观念和生活习惯，形成了共同的精神信仰。美国学者小约翰·柯布指出："中华文明""确实包含了一种生态维度"，"在古代中国的智慧中有许多资源可以帮助我们，在中国实现一种生态文明的可能性就要大于西方"，因为"与自然相疏离，这几乎充斥在西方历史的所有文化里"③。生态文化理念与中国传统文化的精华具有很大的一致性。"和"与"生"是生态文化和中国传统文化都重点强调的理念。"和"，强调的是生态系统中要素的多样性以及各要素之间的有机协调。"生"，强调的是尊重生命的价值理念和对生态系统可持续发展的维护。中国有着 2000 多年的古代灿烂文明发展史，蕴涵着丰富的生态智慧。传统文化中儒、佛、道各家的思想中共同承载着以"天人合一"为主要体现的生态文化理念。中国古代农耕文明，蕴涵着丰富的生态文明遗产。中国传统文化中的生态智慧具有鲜明的中国特色和中国气派，是我们建设新时代生态文化的重要资源。生态文化建设和新时代中国社会主义生态文明观的内涵与要求具有高度的契合性。两者都强调"人与自然和谐与绿色发展的观念，在共同价值观的基础上凝聚全社会力量，推进整个社会更加稳

---

① 〔德〕恩斯特·卡西尔：《文化哲学·哲学知识》，吉林大学出版社，2004，第 175 页。
② 费孝通：《费孝通文化随笔》，群言出版社，2000，第 178 页。
③ 〔美〕小约翰·柯布：《文明与生态文明》，李义天译，《马克思主义与现实》2007 年第 6 期，第 18~22 页。

定和谐"①。但是中国传统生态文化理念毕竟是古典形态的生态智慧，它们毕竟"只是前现代的文化思想，具有某种时代的与历史的局限"②。我们应该认识到，"对中国传统文化进行'浪漫化'"实际上是忽视了过去它曾经给国人"带来的众多苦难"以及"中国在近代的积贫积弱"，同时这也可能更"无助于现实生活中种种不幸的认真解决"③。传统文化中的生态智慧毕竟是一种古典文化理念，同时也只是古代社会人们对自然的感性认识，如果不进行时代转换与价值改造就不可能适应现代生态文化发展的需要。现代社会需要中国传统生态文化理念发生符合人们的现代生产生活方式和道德价值观念的时代转换。将传统文化中生态理念和生态智慧吸收到当今中国的生态文化建设中来，绝不是向传统文化简单地回归，而是要使传统的生态智慧和理念与现代生态文化实现最大程度的价值契合。这样，才能发展出既具有民族文化传统，又适应现代生态文明建设需求的生态文化。

中国特色生态文化发展，当然需要借鉴世界、特别是西方发达国家生态文化建设的先进理念和积极成果。中国特色生态文化发展不能只局限于地域文化传承，在全球化时代我们必须不断地与多元化世界文化进行交流，要对世界优秀生态文化进行学习、借鉴和创新，建设中国化的社会主义生态文化思想体系。但是，中国特色生态文化不能只是对西方生态文化进行简单的机械模仿，仅仅靠拿来主义式的学习、模仿是根本行不通的。只有与我国的现实国情结合起来进行创新发展，才能创造属于我们的具有民族特色的生态文化。作为一个后发国家，我们的生态文化研究起源于 20 世纪 80 年代，在研究引进西方生态思想过程中有意无意地套用了西方的解释框架和理论模式。虽然西方社会生态文化具有深刻的洞见，但它毕竟是基于西方现代工业社会发展面临的生态问题的思考。中国的国情不同于西方，中国经济社会发展与生态治理有着自身的特点。中国在借鉴西方生态文化建设积极成果时，必须认识到它的局限性，必须进行革命性改造以创造出

---

① 赵美玲、滕翠华：《中国特色社会主义生态文化建设的战略选择》，《理论学刊》2017 年第 4 期，第 102~108 页。

② 曾繁仁：《弘扬儒家古典生态智慧，建设中国特色生态文化》，《百家评论》2013 年第 1 期，第 10~13 页。

③ 樊美筠、王治河：《第二次启蒙的当代拓荒者——深切缅怀汤一介先生》，《深圳大学学报》（人文社会科学版）2015 年第 1 期，第 5~10 页。

适应中国现实国情的生态文化话语体系。习近平强调："要围绕我国和世界发展面临的重大问题，着力提出能够体现中国立场、中国智慧、中国价值的理念、主张、方案"，并"着力构建中国特色哲学社会科学。"① 中国特色生态文化必然不是西方生态文化的摹本，无论是理论上还是实践上都需要我们在如火如荼的新时代社会主义生态文明建设中创新发展出具有中国自身特色的生态文化思想体系。在社会主义生态文明建设中，中国人民在生态物质文化、生态精神文化和生态制度文化各个方面都进行了适合中国现实国情和民情的理论与实践创新，取得了显著的成就。这就需要我们对当前社会主义生态文明建设实践进行经验总结，对我国各个地区开展的生态文明建设实践进行案例分析，理论升华出规律性的生态文化建设经验。

（二）建设中国特色生态文化是积极应对生态问题的现实要求

无视自然环境的承载能力，无限制地扩张物质主义和消费主义，过度地改造自然、利用自然，并没有给人类带来想象中的幸福，反而加剧了人类生存的危机。恩格斯认为："这种事情发生得越多，人们就越是不仅再次地感觉到，而且也认识到自身和自然界的一体性，那种关于精神和物质、人类和自然、灵魂和肉体之间的对立的荒谬的、反自然的观点，也就越不可能成立了。"② 以实现人与自然和谐发展为核心价值观的生态文化能够有效提升人们的生态意识与生态行为的自觉性，推进人与自然关系的积极改善。当前，生态文化建设是实现有效解决当代中国生态环境问题、促进人与自然和谐发展的重要途径。

文化是人类对自身所处环境的一种社会生态适应。丹尼尔·贝尔指出："文化本身是为生命过程提供解释系统，帮助他们对付生存困境的一种努力。"③ 虽然生态危机是全球性的，但每个国家和每个地区面对的自然环境不同，工业化发展程度不同，生态问题的状况不同，因而生态文化建设也就有所差异。生态文化建设，理应依据本国本地区经济社会发展阶段、本

---

① 习近平：《在哲学社会科学工作座谈会上的讲话》，《人民日报》2016 年 5 月 19 日，第2 版。

② 《马克思恩格斯文集》（第 9 卷），人民出版社，2009，第 560 页。

③ 〔美〕丹尼尔·贝尔：《资本主义文化矛盾》，赵一凡、蒲隆、任晓晋译，生活·读书·新知三联书店，1992，第 24 页。

国本地区生态问题现实状况以及本民族自身的社会心理、价值取向等特点，建构具有本国本地区和自己民族特色的生态文化。目前，我国虽然面临着与世界其他国家和地区相同的环境问题或类似的环境问题，但我们又有不同于其他国家、特别是不同于发达国家更为深层次的环境问题。面对复杂而独特的生态环境形势，"我们必须立足于中国特殊的自然生态环境、人口素质状况、经济文化发展水平和社会政治条件，建设具有中国特色的生态文明"①。能够支撑社会主义生态文明建设的生态文化，必定是符合中国生态实际的、具有中国特色的生态文化。

1. 社会主义生态文明建设，需要生态文化理念融入其中

我国生态文明建设与生态文化思想体系构建具有内在耦合性的特点。生态文明建设，需要在生态文化支撑下，摒弃传统发展观中的错误观念，确立生态价值观，实现人与自然的和谐发展。同时，随着生态文明建设不断地推进，生态文化的时代内涵也会不断地丰富起来。只有整个社会具有基本的生态文化价值观才能推动生态文明建设的积极发展。生态文化是推进生态文明发展的思想和文化基础，"生态文化中的平等相宜、价值共享的核心理念是生态文明建设的基本价值取向"②。生态文化是人类一切积极文化成果的合理及有效集合，它"既是一种观念、机制，更呈现出有机合成性的文化形态。……人的生存质量不只是以物质生存质量来体现，也不可能脱离自然和现实生存及其人的躯体性活动，必然在整合性、系统整体性、复杂性，以及有机——过程性的综合表现中，由合理的生态生存质量来体现"③。生态文化发展的落脚点在于以"文""化"人，提高公众生态文明素质，潜移默化地影响广大社会公众的生产和生活，促进经济社会的生态化发展。当前，需要将生态文化核心价值理念进一步纳入社会主义核心价值体系之中，将社会主义生态文明观贯穿于国家经济、政治和社会的建设实践之中，在全社会形成弘扬生态文化、共建生态文明的优良社会氛围。

生态文明建设需要以生态文化为经络，促进公众行为方式和价值观念的生态化转型。怎样才能将生态价值观内化于人并形成自觉的生态意识和

① 俞可平：《科学发展观与生态文明》，《马克思主义与现实》2005年第4期，第4~5页。
② 赵美玲、滕翠华：《中国特色社会主义生态文化建设的战略选择》，《理论学刊》2017年第4期，第102~108页。
③ 盖光：《生态批评与中国文学传统：融合与构建》，中国社会科学出版社，2018，第489页。

生态行为，这也是中国特色生态文化建设的根本出发点。在生态文化建设中，生态价值观向社会的各个部分和各个层次渗透，并通过显性和隐性方式推动社会主体形成自觉的生态行为方式和生态实践力，进而引领整个社会生产实践和生活方式的生态化发展。这样，人类在实践行为中就会在考虑自身诉求的同时考虑人类活动对自然的影响，从过去以人的需求为目的的单一标准转变为以人的需求和自然承载力并重的双重标准，由此对人自身的行为方式进行框定。生态文化建设提升了人的生态意识和生态行为的自觉性，对社会的影响主要表现在生产行为生态化和生活行为生态化两个方面。生产行为生态化，直接体现在社会各生产部门主动采取一种以生态价值观为价值依归的环境友好型和资源节约型的生态生产方式，实施绿色发展和可持续发展，使经济的发展与自然的发展并进。生活行为生态化，集中体现在生态价值观引导下的绿色、节制和适度的生活态度和生活模式。生态文化中的生态价值观引导着人们形成科学的生态思维方式，推动人们在生态文明建设实践中自觉践行生态的生产方式和生活方式，大大促进了人类社会向生态文明新时代迈进。社会主义生态文明建设要靠科学的现代生态文化的引领和支撑。保证生态文明健康发展，就需要先进的生态文化引领制度创新，引导广大社会公众树立生态价值观，全面贯彻落实绿色发展理念，努力使生态文化发展成为支撑社会主义生态文明的主流文化。

2. 生态文化建设能够促进可持续发展战略、"两型"社会建设的顺利实施

可持续发展，整体地思考当前发展的需要与未来发展的需要的关系，反对为满足当代人的利益而牺牲后代人的利益为代价。可持续发展秉持一种长远和整体的发展观念，综合考量当前与未来发展的关系，将资源的永续利用和保持良好的生态环境看作发展的重要目标和要求。可持续发展从一个统一的整体视角思考人类、自然、社会的关系，主张人类为了发展在利用自然的同时必须重视对大自然的保护，使得人类社会的经济发展与自然环境的承载能力相协调。习近平指出："要正确处理经济发展同生态环境保护的关系，牢固树立保护生态环境就是保护生产力、改善生态环境就是发展生产力的理念，更加自觉地推进绿色发展、循环发展、低碳发展。"[1]实施绿色发展，在经济发展的同时又能使环境保护的目的得到实现，可持

---

① 《习近平关于全面深化改革论述摘编》，中央文献出版社，2014，第107页。

续发展观与生态文化建设的价值目标是一致的，包括"人的发展在内的所有形式的发展，归根结底都取决于文化因素。"① 因而"建设和传播新型生态文化是顺应时代发展的要求，是可持续发展理论第二次飞跃的要求"②。生态文化建设为可持续发展提供理论指导和动力支撑。实现可持续发展的主要内容就是推动全社会形成绿色的发展方式和生活方式，真正实现人与自然和谐发展。人们只有理解和掌握了生态规律，才能形成生态思维，才能形成自觉的生态行为，才能更好地适应生态环境，最终产生良好的生态效益。生态文化建设，首先要求人们反思、改革自己的非生态的文化价值观，形成以科学的生态价值观为核心的先进生态文化理念。生态文化建设，就是通过教育引导增加人们的生态知识，提升人们的生态认知能力；同时积极利用生态政策引导人，用健全的生态法制规范人，用好的生态舆论塑造人、激励人，提升人们的生态意识，促进人与自然的和谐发展。随着"社会运动的不断绿化"，生态文化必然会成为整个社会文化的主流价值观，只有这样人类社会才能真正实现"人与自然的和解"以及"人与人之间的和解"，才能实现人类社会可持续发展的美好愿望。③ 生态文化建设不仅强化了人们对可持续发展的认识，而且引导了新时期文化的生态化变革。建设生态文化，能够唤醒人们的危机意识，使其自觉树立起生态意识。正是在生态文化的引导下，人们自觉地约束自己的行为，超越狭隘的人类中心主义视野，自觉地参与生态保护实践。生态文化建设中，生态技术发展与创新，为可持续发展提供更多的生态手段、生态途径和生态方法，推动绿色发展方式的形成。生态文化建设的生态制度发展与创新为可持续发展提供生态制度机制，对政府、企业和广大民众的行为实践进行引导和约束，推动人们养成良好的生态意识与生态行为习惯。尤其是在生态文化建设中，积极的生态价值观建设，对公众的生态行为实践具有重要的引导、激励和教化作用，为贯彻绿色发展理念、实施可持续发展奠定良好的心理认同基

---

① 联合国教科文组织世界文化与发展委员会：《文化多样性与人类全面发展——世界文化与发展委员会报告》，广东人民出版社，2006，第3页。

② 谢中起、刘笑：《论高校在生态文化传播中的地位和作用》，《河北科技大学学报》（社会科学版）2014年第2期，第97~102页。

③ 黄百成、张保伟：《略论生态文化与可持续发展》，《湖北社会科学》2005年第5期，第119~121页。

础。这样，生态文化建设成为能够把绿色发展理念和社会主义生态文明观完整地贯彻到经济发展、政治建设、社会治理中的主要载体与机制，是经济社会可持续发展的动力源泉。

生态文化建设是建设"两型"社会（资源节约型、环境友好型社会）的思想价值观基础。建设"两型"社会，需要在全社会倡导"环境文化和生态文明"，奉行"人与自然和谐的思想观念"，践行"对环境友好的生产方式、生活方式和消费方式"，并在全社会形成"热爱自然、尊重生命、关爱环境的道德风尚"，最终实现"节约利用自然资源"和"保护建设生态环境"的目的。① 随着生态危机程度的日益加深，我们已经深刻认识到人类并不能仅凭科学技术的进步就彻底解决问题，尤为重要的是，我们需要去树立一种新的生态文化观念以取代传统的文化观念。现在的重点"不只是在问题治理和发展相应的生态产业，而更是在文化制约和社会制度上的控制"②。人们的"思想决定了行动"，要建设"两型"社会，必须"建立超越传统工业文明的生态文化"，在经济、政治和社会等生态文明建设各领域建立起一种以实现人与自然和谐发展为核心价值观的"环境友好"价值观和道德观，并按照生态规律推进人类生产和生活方式变革。③ 有效地开展生态文化传播与教育活动，能够提高人们的生态认知能力，促进社会公众树立生态价值观、提升生态参与意识，为建设"两型"社会打下坚实的思想和方法论基础。

3. 中国特色生态文化的核心目标是实现人与自然和谐发展

在文化内部的复杂关系中，有着七种特别突出的相互关系。这七种相互关系分别是："人与自身的关系；人与人的相互关系；人与物的关系；人与人创造的物品和体系的关系；人与特定文化的关系；人与其他文化的关系；人与自然环境的关系和人与超自然的关系"④。在这七种关系中，目前

---

① 蔡守秋：《论环境友好型社会的法制建设》，《甘肃政法学院学报》2006 年第 8 期，第 14~29 页。
② 刘宗碧：《马克思的生态经济理论和生态经济体制的建立问题——"两型"社会建设的几点思考》，《生态经济》2012 年第 3 期，第 180~183 页。
③ 任勇等：《环境友好型社会理念的认识基础及内涵》，《环境经济》2005 年第 12 期，第 17~22 页。
④ 〔加拿大〕D. 保罗·谢弗：《文化引导未来》，许春山、朱邦俊译，社会科学文献出版社，2008，第 53 页。

最为迫切的是要解决好如何实现人与自然和谐发展的问题。生态文化是以实现人与自然和谐发展为核心价值目标的文化。生态文化建设，首先需要人们进行价值观革命，反思批判传统工业文明的控制自然的价值观，树立人与自然和谐发展的生态价值观。生态文化建设以人为本，以实现人与自然和谐发展为价值诉求。追求人与自然和谐发展，最为重要的是要在全社会树立人与自然和谐发展的价值观和伦理观。通过生态文化建设能够很好地解决人与自然的关系问题。

生态文化一旦被合法化、内在化就会形成社会普遍认同，就会凝聚成一种内在的精神力量，激发公众与自然和谐进化的情感，促进公众形成生态自觉行为、积极参与生态文明建设。"文化生态平衡人的生存结构，既不断地调节与平衡人与自然的生态有机关系，又使人的生存活动始终徜徉在积极的超越性氛围中。……人的文化性存在促使人们在不断超越生物性、既定性的进程中推进人的发展，并以超越性文化生态展示了多向度、多层次、多方位的平衡状态。"① 生态文化建设所形成的社会文化环境，必定会对人们的思想、价值观念产生潜移默化的影响和塑造，有利于共同的文化观念和核心价值观认同的形成。生态文化建设，"逐渐诱导人们的价值取向、生产方式和消费行为的转型"②，塑造一类新型的文化价值观。生态文化是在反思工业文明造成人与自然对立关系及其严重后果的基础上形成的重建人与自然和谐发展关系的新文化，是与生态文明时代相适应的新文化。生态文化本质上是一种整体性、多样性、互惠性与可持续性的绿色发展文化价值观，深刻地体现着多元价值互相依存的"和合"精神。伊格尔顿认为，文化既是人的一种"自我区分"，也是人的一种"自我治疗"，"通过这种治疗，我们倔强、世俗的自我不是遭到了废除，而是被一种更为理想形式的人格从内部改善"③。生态文化构建的过程，同样既是人们生态文明素质不断提升的过程，也是人们生态伦理道德观念不断形成与完善的过程。现代生态文化发展重新定义和评价人的发展："人类不仅追求物质条件、经济指标，还要追求'幸福指数'；不仅追求自然生态的和谐，还要追求'精

① 盖光：《生态境域中人的生存问题》，人民出版社，2013，第304页。
② 孙江、韩也良、王如松：《扬州生态文化建设的战略构想》，《科技与经济》2003年第4期，第42～45页。
③ 〔英〕特瑞·伊格尔顿：《文化的观念》，方杰译，南京大学出版社，2006，第8页。

神生态'的和谐；不仅追求效率和公平，还要追求人际关系的和谐与精神生活的充实，追求生命的意义。"① 建设人与自然和谐发展的现代生态文化，对人类自身的生理和心理健康以及和谐的人际关系都具有重要意义。生态文化所确立的人与自然和谐发展的理念，为当代人评价和规范经济社会发展提供了一种新的理念和标准。生态文化运用整体和系统的生态思维，确立了一种关于人与自然和谐发展的生态价值观，强调人与自然之间应建立相互协调、相互包容的发展关系。这种价值观强调人们需要树立和贯彻以实现人与自然和谐发展为价值依归的生态思维方式、生态决策方式、生态生产方式和生态生活方式。人类利用自然进行生产、生活实践活动，必须限制在能够保持整个生态系统稳定平衡的限度以内。

4. 建设中国特色生态文化是掌握国际生态话语权的现实需要

随着绿色发展理念与绿色发展实践不断地创新与发展，相应的我国的社会主义生态文明建设也取得了巨大的成就。但是，随着工业化水平不断提高社会积累了丰厚的物质财富，人们的物质消费欲望得到了不同程度的提升，再加上受西方物质主义和消费主义价值观影响，近年来我国国内的过度消费和奢靡之风逐渐盛行起来。物质主义和消费主义价值观认为，现代人的幸福生活就是占有与消费。物质主义和消费主义价值理念和生活目标的满足是建立在不断扩大对自然资源消耗的基础上的。"消费主义是一种毫无节制地消耗物质财富和自然资源，并把消费作为人生最高目的的消费至上、享乐至上因而也是个人至上的价值观。"② 这样，"人的消费欲望的无限性与自然资源的有限性之间就会产生矛盾，最终导致资源枯竭、环境污染和生态失衡。"③ 当前，我国公众中自利性的过度消费价值取向比较流行，而与过度消费相伴而生的必定是自然资源的无限度的消耗和浪费，最终必定是对自然环境的严重破坏。这不仅增加了国内自然环境保护的压力，同时也造成了中国是资源消耗和浪费大国的不良国际影响，导致中国在当前国际环境保护领域处于不利的地位，缺乏话语权。目前生态危机已经成为国际话语体系的重要组成部分，也成为当前引发国际斗争的主要因素之一。

---

① 习近平：《文化是灵魂》，《西部大开发》2012 年第 12 期，第 120 页。
② 韩民青：《论工业文明的本质》，《山东社会科学》2011 年第 2 期，第 62~74 页。
③ 李世书：《论当代人的生态幸福观及其实现》，《中州学刊》2016 年第 3 期，第 79~85 页。

第二次世界大战以来，实际上"东西方争夺话语权的斗争，集中表现为争夺意识形态主导权的斗争"①。本质上，生态问题在当前的国际局势中已经具有意识形态斗争的性质。目前，国际"气候变化的辩论基本上不涉及科学，它涉及意识形态"②。生态问题也就使西方国家夺得制衡和诋毁中国的新的话语主导权。中国特色生态文化不仅是一种先进文化，更代表着中国在世界未来发展中的地位。中国共产党"十八大"报告关于"大力推进社会主义生态文明建设"的论述和"十九大"报告关于"树立社会主义生态文明观"的论述等执政理念所体现出来的"最重要政治意识形态意蕴"，"是对中国共产党'绿色'的政治形象或国内外'生态负责精神'的主动形塑和宣誓"③。在当前这种形势下，我们不仅要发展和创新中国特色生态文化，树立良好的国际生态形象，同时更要加强国际生态文化发展的交流，加强中国特色"生态文化话语的对外传播能力建设，转变对外传播方式"④，向国际社会传播和介绍中国人民的生态智慧和社会主义生态文明建设成果，赢得国际生态话语权，提升国际影响力和生态文化软实力，获取国际社会的价值认同。

三　中国特色生态文化建设的基本内涵

从广义上来说，生态文化并不是现代才产生的新文化形态，生态文化是人类在与自然既斗争又统一的过程中形成的人的一种生存方式。随着生态问题的日益尖锐化，生态文化的重要意义得以凸显出来。人们对于生态文化有着各种不同的理解。中国特色生态文化是在马克思主义指导下、在借鉴西方先进的生态理论、吸收中国传统生态智慧的基础上形成的。中国特色生态文化建设涉及物质文明、精神文明和政治文明等多个方面。中国特色生态文化是一种将精神生产与物质生产、自然生态与人文生态统一起来的新文化，它是建设生态文明社会的思想基础。中国特色生态文化，是

---

① 张国祚：《关于"话语权"的几点思考》，《求是》2009年第9期，第45~48页。
② 〔美〕赫尔曼·格林：《生态文明的宇宙论基础》，载李惠斌、薛晓源、王治河《生态文明与马克思主义》，中央编译出版社，2008，第15页。
③ 郇庆治、李宏伟、林震：《生态文明建设十讲》，商务印书馆，2014，第21页。
④ 魏建克、胡荣涛：《生态文化视域下中国共产党意识形态话语建构》，《学习论坛》2018年第12期，第37~43页。

中国特色社会主义先进文化的重要组成部分。中国特色生态文化以绿色发展理念为指导，承认人的主体地位，在将人作为社会发展的价值主体的基础上，以发展与生态文明建设相适应的生态物质文化、生态精神文化和生态制度文化为目标，努力实现人与自然和谐发展。

对生态文化内在结构层次的分析，能够达到对生态文化本身较为清晰的认识。文化事实上是由主观文化和客观文化两个方面构成，这是现代文化学者比较认同的观点。文化的内容一般被归结为物质文化、精神文化和制度文化三个方面。从这一视角出发来理解中国特色生态文化，则广义的中国特色生态文化就是指国民在本地特定的生存环境条件下与生存过程中形成的一种生态价值观，它反映了国人新的生存方式，即人与自然和谐的生存方式。其中既包括物质层面的，也包括精神层面与制度层面的生态文化内容。而狭义的中国特色生态文化则主要是指精神层面的生态文化，它是指国人在生产与生活中，"以维护生态，保障人生幸福为目标，在生态价值观的指导下所形成的一个涵盖敬畏文化、'善'文化、集体主义文化等文化体系的综合文化系统"①。综合起来考虑，当前的中国特色生态文化建设，所追求的并不只是建立一个人与自然之间友好交互的系统，而是要实现建立一种人与人、人与社会以及人与自然之间健康交往状态的更高目标。中国特色生态文化建设，就是"要建设一种保护自然环境的生态文化，要建设一种生态的交往文化、人文文化"②。所以，"生态文化建设作为一种新的文化战略选择，主要表现在物质、精神、制度三个层次结构"③。这三者之间表现为相互递进的关系，生态物质文化是基础，经由生态精神文化最后上升为生态制度文化。

（一）生态物质文化建设

生态物质文化建设，就是在反思和克服传统生产方式和生活方式的生态缺陷基础上，社会生产活动和消费行为要以实现人与自然和谐发展为目

---

① 陈寿朋、杨立新：《论生态文化及其价值观基础》，《道德与文明》2005 年第 2 期，第 76~80 页。

② 戴圣鹏：《农村生态文化建设研究》，《内蒙古农业大学学报》（社会科学版）2011 年第 1 期，第 43~45 页。

③ 余谋昌：《生态文化：21 世纪人类的新文化》，《新视野》2004 年第 4 期，第 65~66 页。

标，引导公众养成适度生产、适度消费的自觉行为习惯，在全社会形成一种规范性的生态生产方式和生态生活方式。中国特色生态物质文化是在我国特定的自然和文化环境下，广大人民群众继承、创造和发展的与环境相适应的一整套生态化的生产、生活方式及有关的文化体系。生态物质文化建设，就是从物质形态上对我国传统的生产方式、生活方式和消费方式进行生态化塑造与培育。生态物质文化建设，就是批判各种非生态的生产方式和生活方式，在生产和生活实践中贯彻绿色发展理念，创造新技术形式和新的能源、资源利用形式，采用生态技术和生态工艺，进行生态化生产和消费，这样既能提供满足社会需要的生态产品，又使自然得到保护和修复，实现人与自然和谐发展的"双赢"。中国特色生态物质文化体现了中国的科技实力和环境保护的能力。中国特色生态文化建设主要体现为"环境保护的科技手段、绿色产品、生态主题公园、自然保护区、城市绿化"① 等各种具象化生态文化行为与成果。从这一理解来看，中国特色生态物质文化建设的重点内容主要是发展生态产业和促进公众养成生态消费行为习惯两个方面。当然中国特色生态物质文化建设还包括建设美丽的生活环境以及其他物质文化建设领域的生态化发展。

1. 促进生态产业发展

生态物质文化建设一个重要着力点是大力发展生态产业，包括促进生态工业、生态农业、生态信息业和生态服务业的发展，推动整个经济的生态化发展。生态产业是一种符合可持续发展观念的绿色经济发展新模式。发展生态产业能够有效缓解目前我国资源供给不足的矛盾，以自然资源的高效利用和循环利用为核心的清洁生产，能够实现增产、减污的生态效果。当然，在生态产业领域，生态文化产业与生态文化发展具有最为直接的关系。推进生态文化产业发展与生态文化产品消费，有利于人们的生态情感、生态价值观的养成，有利于人们的生态生产方式、生态生活方式和生态思维方式的培育和塑造。在现代社会，文化产业是文化传承、创新和传播的主要形式，向人们阐发、诠释、传播各种价值观、人生观以及各种善观念、艺术观念，同时进一步向人们展示各种审美情趣。生态文化产业主要是"以精神产品为载体，视生态环保为最高意境，向消费者传递或传播生态

---

① 宣裕方、王旭烽：《生态文化概论》，江西人民出版社，2012，第154页。

的、环保的、健康的、文明的信息与意识"①。在发展社会主义文化产业时，必须克服市场经济环境下"资本的逻辑"的束缚，坚持社会主义生态文明观价值导向，推动文化产业发展服务于社会主义生态文明建设。生态产业发展，还需要通过创新和发展绿色技术来实现。创新发展绿色技术，提高国家自主创新能力，摒弃浪费资源、破坏环境的传统生产技术和工艺，建立以人为本的环境友好型科技体系，实现经济增长方式生态化转变，促进形成资源和能源高效利用、循环利用以及污染物的少排放甚至零排放的社会生产和消费体系，把开发和利用自然资源的限度控制在整个生态环境能够实现自我更新的范围内。当然，生态产业发展还必须"加强生态文化和规划建设，加强生态法规和制度建设，加强科技创新能力和生态治理，加强政府管理能力和国家交流合作"②。

2. 促进公众养成生态消费行为习惯和生态生活方式

走出生态危机，建设生态文明，需要人们思想观念、制度、科学技术发展方向以及经济增长方式的生态化变革。然而，目前"物质主义和消费主义仍然是当代的主流意识形态，它与'资本的逻辑'互为表里"，因而"仅当越来越多的人摒弃了物质主义和消费主义后，物质经济的生态化和非物质经济的扩大化才有可能"③。目前，在中国以物质主义、消费主义和享乐主义观念为主导的超前消费和过度消费的生存方式还普遍存在，这种非生态的生活方式造成了资源的严重浪费和环境的严重破坏。这种生活方式是非生态的甚至是反生态的。生态物质文化建设的重要意义在于让人们实现以生态消费行为养成为主要内容的生活方式生态化转变。当前，需要在全社会倡导绿色生活和绿色消费，形成节制、适度、生态化的消费行为习惯和生活方式。生态消费方式要求人们确立生态观念，养成节约的生活方式和有利于生态环境的生活行为习惯，注重精神追求。生态消费的实现，要求社会提供足够的生态产品而且要求所提供的产品和服务供给不只是满足人们基本生活需求，同时要注重人们生态生活品质的提升。

① 孙亚丽等：《临沧市开展森林城市创建的优劣势分析》，《林业调查规划》2015 年第 6 期，第 92~95 页。

② 郝文斌、冯丹娃：《我国生态工业发展的理论基础与实践对策》，《北方论丛》2011 年第 3 期，第 139~141 页。

③ 卢风等：《生态文明新论》，中国科学技术出版社，2013，第 208 页。

（二）生态精神文化建设

生态精神文化是"天人合一、尊崇人与自然和谐共生的精神生态文化"，它主要包括"生态哲学、生态科学、生态伦理、生态艺术、生态教育"等内容。① 生态精神文化担当着解释、规范、批判和信仰等四大功能。生态精神文化向公众和社会解释生态文化发展与生态文明建设的重要意义，告知、劝诫广大社会公众应该做什么和不应该做什么以及要达到的目标和如何实现。生态精神文化对人的意识和行为具有引领、渗透和化育的作用。生态精神文化建设能够帮助人们形成符合时代的绿色发展理念与生态价值观。生态精神文化建设"能够调节好社会公平，体现社会正义，显现公平、正义与生存、发展之间的辩证关系是社会文明的根本要求，也是推进社会和谐、运行社会生态平衡机制的必要条件，更是打造未来文明社会，使之能够永续演化的首先任务。"② 当前，生态物质文化建设与生态制度文化建设发展不足的主要原因之一就是人们生态价值观念的缺失。加强生态精神文化建设，能够有效推动生态环保知识和生态文明理念尽快转化为人们的生态自觉行为。中国特色生态精神文化建设，关键是使绿色发展的生态理念深入人心，把生态理念转变成广大社会公众的文化自觉。

文化的核心就是价值观，生态精神文化建设就是要在全社会确立生态价值观，按照"人与自然和谐发展"的价值观要求，实现人们精神领域的生态化变革。生态精神文化建设要求人们批判种种非生态价值观，确立以实现人与自然和谐发展为核心价值目标的思维方式、理性认识和价值观念。在科学技术领域，批判工具理性主义，把生态价值理念引入科学研究和技术应用实践，实现科学技术发展"生态化"，使科学技术向着有利于经济、社会和生态的持续性方向发展，为人与自然和谐发展提供生态化的思维方法和技术手段。在经济学领域，需要将环境、气候变化和自然资本（自然价值）等纳入经济学概念和理论框架中，重构现代国民经济体系的理论和实践。经济学生态化发展是目前世界经济学理论与实践的一个主要趋势。

---

① 韩喜平、李恩：《科学发展观的生态文化渊源及意蕴》，《理论学刊》2012 年第 5 期，第 12~15 页。
② 盖光：《生态境域中人的生存问题》，人民出版社，2013，第 244 页。

2018 年诺贝尔经济学奖得主威廉·诺德豪斯将气候变化纳入长期宏观经济分析，为"气候变化经济学"做出了开创性工作。① 经济学理论与实践的生态化有利于建设一个可持续发展的绿色世界经济体系。在伦理学领域，把道德调整对象的范围从人与人关系领域进一步延伸和扩展到人与自然关系领域，建设能够调整人与自然关系的生态道德。此外，建设和发展生态哲学、生态法学、生态美学等也是中国特色生态精神文化建设的题中应有之义。生态精神文化建设能够为生态文明建设提供更好的精神文化和价值观支撑。

总体上，生态精神文化建设主要包含以下几个方面的内容：一是用科学理论来引领和推动生态精神文化建设。目前首要的是推进全社会价值观念的转变，实现从传统的单纯追求经济价值向追求生态价值和经济价值并重转变，树立社会主义生态文明观。二是加强生态科学知识的教育和普及。要加强对各级领导干部、企业经营者和广大民众个体的生态文化价值观的培养，将生态文化融入政府管理文化、企业文化和社区文化之中，使遵循社会主义生态文明观成为政府决策、企业行为和个体生活的自觉行为。尤其是要实现广大社会公众知识结构的更新，通过对公众进行现代生态科技知识和人文知识、现代生态理论的教育来改变社会公众的知识结构，使之拥有现代生态文化观念。三是加大生态文化宣传和推广力度。充分利用报纸、杂志、广播、电视等传统媒体以及互联网、手机短信、微视频 App 等现代新兴媒体，通过广大社会公众喜闻乐见的生态文化传播活动载体形式，全面、深入、系统地传播生态文化价值观和生态科技知识，弘扬珍爱自然、保护生态、珍惜资源、保护环境的人文精神。开展丰富多样的生态文化创建活动，通过开展生态城市与生态农村社区建设，提供丰富的生态产品和舒适和谐的生态环境，提高社会大众的生态幸福指数。要充分挖掘和利用城市与农村社区生态人文资源，加强区域特色生态文化建设，大力推进各种优秀原生态文化项目的挖掘和提质活动，组织丰富多彩、健康有益的民间民俗文化活动，让更多的人参与到生态文化创建中，增强广大社会公众生态文化认同感与建设生态和谐社会的自觉性。

---

① 王慧：《气候变化经济学日益重要》，《人民日报》2018 年 10 月 18 日，第 22 版。

（三）生态制度文化建设

一种文化或一种精神要得到最为广泛的参与和响应，从来就不可能单凭说教发挥作用，而必须依托一定的制度进行规范和约束。"制度是文明的一个极其重要的维度。"① 邓小平就曾经指出："制度好可以使坏人无法任意横行，制度不好可以使好人无法充分做好事，甚至会走向反面。"② 实际上，"制度中蕴含着文化基因，是人们的伦理关系、价值关系及其评判尺度的现实凝结物，好的制度天然地具有发挥道德教化、凝聚人心和稳定社会的效能"③。生态文化建设过程中的每一步都必然会涉及巨大差别的价值观，而且"不同层级、不同侧面政策之间的衔接更为多样，优先的问题会成批涌现，不同的利益团体会表现出不同的态度和行为"④。因此，生态文化的"合法性"地位必须依托制度来引导人们进行选择和认同。也就是说，要使生态文化价值观真正在广大社会公众的心中确立起来，要使广大社会公众能够积极地参与到生态文化建设中来，就需要有一个面向所有人的"共识机制"和"体制保障"。这种"共识机制"和"体制保障"主要由生态制度担当。只有建立并发挥好生态制度的规范和激励作用，才能够使广大社会公众通过制度的规约逐渐从道德自觉转向实践自觉。

生态制度在一定意义上来说就是"制度体系中生态理念的渗透和表现，即制度的生态化"⑤。而制度文化，则是人们在社会实践活动中共同制定并共同遵守的各种社会规范的总和，主要体现为法律制度、政治制度以及调整各种现实社会关系的规范准则等。制度文化本身是人的行为文化的固定化、程式化。因此，"制度文化建设，则是保障物质文化建设的组织、机构、法制建设，在一定程度上偏重于政府和组织"⑥。因而，生态制度文化

---

① 卢风：《生态价值观的中立性和生态文明的制度建设》，《绿叶》2008 年第 11 期，第 114~121 页。
② 《邓小平文选》（第 2 卷），人民出版社，1994，第 333 页。
③ 鲁鹏：《制度与发展关系研究》，人民出版社，2002，第 192 页。
④ 万劲波、赖章盛：《生态文明时代的环境法治与伦理》，化学工业出版社，2007，第 19 页。
⑤ 张伟伟：《生态文化建设机制及其优化分析》，《理论与改革》2011 年第 1 期，第 107~110 页。
⑥ 但新球、单维宇、巫柳兰：《森林生态精神文化：层次·内涵·建设》，《中南林业调查规划》2009 年第 4 期，第 47~50 页。

主要是指社会主体通过对一定时期和一定地区"物质文化的认知,产生生态情感而产生生态响应,并将这些响应以一定的固定的行为模式,反过来要求政府、个人、企业必须遵守的法律、法规、行为守则和与之相适应的生态机构组织和管理机制"①。与生态管理相关的机构组织、法律法规、管理制度与地方习俗等,均体现了"生态"的意义,都可归属于生态制度文化。生态制度文化主要体现为"环境保护制度化、环境保护促进社会关系调整、环境问题进入政治结构"② 等。

生态制度文化建设就是通过社会关系和社会体制变革,推进社会制度和规范的生态化转换,促进公正和平等的原则生态化和制度化,实现生态环境保护的制度化,使整个社会具有自觉地保护生态环境和建立人与自然和谐发展"共同体"的制度机制。重点加强生态政策和制度建设,从制度形态上规范和约束各级政府、社会组织、企业和广大民众的非生态化行为,实现人与自然和谐共存。我国生态制度文化建设,需要政府加大各项生态文明建设政策制度的制定和执行力度。

一是加强制度创新,建设生态政府,创建生态政策与生态制度的更新机制。生态制度文化是政府生态治理理念和态度的集中体现,同时生态制度本身内在地具有规范性的特点,用生态制度文化来批判和约束各种反生态文化现象,能够教育、激励、约束与引导广大社会公众规范自身环境活动和行为,保障人与自然和谐发展目标的实现。构建"生态型政府"③,就是要建立和完善绿色决策机制,推进政府与管理者确立并遵循生态行政制度与机制,保障政府在规划和领导生态文明建设时有章可循。中国共产党作为执政党在国家生态治理和生态社会建设中不断开拓进取,大胆进行生态建设制度理论创新,在实践上积极推进生态经济、生态政治与社会治理的制度机制创新,建立了领导干部离任生态审计制度、生态环境巡视制度等,在世界范围内都具有典型的代表意义。"在生态行政建设过程中,我国

① 但新球、单维宇、张义:《森林生态制度文化:机构·法律·行为准则》,《中南林业调查规划》2010 年第 1 期,第 55~59 页。
② 邢计梅:《生态文化及其对中国文化走向的启示》,《苏州教育学院学报》2006 年第 3 期,第 64~67 页。
③ 胡今:《我国生态文化建设中的问题及解决对策》,《党政干部学刊》2011 年第 12 期,第 62~64 页。

政府制定了一系列相关政策和方案，推动了行政生态化建设。"① 通过生态行政建设，转变了政府生态管理与治理范式，强化了政府生态管理的组织建设，提升了政府生态治理能力与水平。当然，当前我国生态治理的制度决策建设还处于深化发展阶段，还有许多需要完善的地方。为更快更好地推动生态治理的决策制度建设，我们必须有宽广的国际视野，借鉴世界先进的生态制度文化建设经验，根据我国社会主义生态文明建设实际进行制度创新。

　　二是实行"德法兼治"的制度建设思路。"德法兼治"主要是指我们既要注重和强调"构建生态治理制度体系、制定生态治理底线规则"，又要加强"生态文化和生态价值观建设"，提升人们的生态意识水平，使生态文明行为成为"社会化的行动"②。"普及生态环境法制观念与可持续发展伦理道德规范"③，是当前推进我国生态制度文化建设深入发展的两项重要举措。经过建设，目前我国已经具有相对完善的生态法律体系。然而，由于起步晚，我国生态法制建设仍存在许多不足，甚至还有一部分法律法规内容相互冲突。我国生态法律法规在实践中还存在着可操作性不强以及有法不依、执法不严、违法不究等突出问题。社会主义生态制度文化建设，需要进一步强化立法的权威，将绿色发展和生态文明理念融入、贯彻到立法内容与法律法规的文本之中，以便于建立和完善更加系统的生态法律法规。通过生态立法，政治体制机制和管理制度生态化获得法律保障，使"生态原则上升为国家意志，政府各项政令和措施有法可依，生产者和消费者明确各自的责任和义务"④。同时，"生态法规应有超前的预判性，不能等环保问题出现了，才想起用法律规范"⑤。有必要加强全民生态法制教育，增强人们的生态法律认知和遵法守法意识，提高全民的生态法制观念，通过责任和

① 卢风等：《生态文明新论》，中国科学技术出版社，2013，第 172 页。
② 邓玲、王芳：《习近平"生命共同体"重要论述的理论内蕴与时代意义》，《治理研究》2019 年第 2 期，第 12~18 页。
③ 李世书：《农村生态文化发展的路径选择与动力机制分析》，《信阳师范学院学报》（哲学社会科学版）2014 年第 2 期，第 69~72 页。
④ 单宁珍、赵文侃：《构建环境友好型社会的生态政治学思考》，《北京印刷学院学报》2006 年第 5 期，第 55~57 页。
⑤ 胡今：《我国生态文化建设中的问题及解决对策》，《党政干部学刊》2011 年第 12 期，第 62~64 页。

义务的法律约束，促进人们形成生态行为自觉。在注重法律外在强制性的同时还应该加强道德规范的软约束。建立系统的生态道德规范，从人们的内心情感活动着手，加强生态文化和生态价值观的内在约束作用。通过生态道德建设，让生态价值观念和生态行为准则在全社会扎根，这样我们才能在全社会真正树立起生态意识，"确立人与自然和谐共生的绿色发展理念，从而使保护生态的行为从外在的强制上升为内在的自觉"①。

三是加强生态文化发展规划建设。生态治理是一项系统工程。生态制度文化建设，要贯彻"顶层设计"的整体性、系统性观点。我国生态制度建设必须合理规划，"按照所有者和管理者分开和一件事由一个部门管理的原则"②，进行顶层设计，分类实施，建立各项生态制度建设整体发展规划。系统规划建设生态产权制度、生态金融制度、生态补偿制度、生态绩效考评制度和生态责任追究制度，等等。根据国家和省市的生态区划要求，进一步加快制定有关生态敏感区保护规划，如加强生态涵养区、水源保护区等各种地方性政策、法规规划建设，强化对各级各类生态治理的规划和管理。

第二节　中国特色生态文化建设的实践路径

生态文化建设是在坚持生态理性思维基础上以人与自然和谐发展为核心价值观而展开的生态文化理论研究与实践活动。生态文化建设是将各种复杂的生态文化现象、理念整合成完整的生态文化思想体系的社会实践过程。从本质上来说，生态文化建设的目的就是通过开展生态价值观念和生态伦理道德教育，促进人们反思和改变非生态的价值观念，形成生态价值观认同，提高生态自觉，走人与自然和谐发展道路。在生态文化建设中，我们也要把推进人民群众积极参与生态文化建设与共享生态文化发展成果相结合，让民众在共建共享中体会到生态文化发展的重要意义。中国特色生态文化建设，应遵循科学性与群众性相结合、世界性和个性化相结合、政府主导与公众广泛参与相结合等原则，从现实的国情和世情出发，探索

---

① 王雨辰：《生态法治建设和生态道德建设并重》，《光明日报》2018 年 11 月 12 日，第 15 版。
② 《习近平关于社会主义生态文明建设论述摘编》，中央文献出版社，2017，第 99 页。

中国特色生态文化发展之路。当前，我们重点要制定好发展战略规划，整合来自政府、社会与个体的整体力量，构建并运用好导向机制、驱动机制与约束机制等发展动力手段，形成对生态文化发展的强大推动力。

一　加强中国特色生态文化建设的战略规划

中国特色生态文化建设是一项复杂的系统工程，需要进行全局性的战略规划。中国特色生态文化属于新时代中国特色社会主义文化，因而中国特色生态文化建设必须坚持马克思主义的指导、坚持社会主义性质。中国特色生态文化建设虽然是中国特色社会主义文化建设的一部分，但同时又有着自身的发展规律与特征，中国特色生态文化建设需要坚持生态学原理和中国特色社会主义先进文化相互协调发展的指导思想和基本原则。中国特色生态文化建设，首先应考虑我国生态现状，注意吸收我国已有的优秀生态思想，总结我国社会主义生态文化建设中的创新实践经验。中国特色生态文化建设要考虑我国现实的文化环境和社会心理基础，要让生态文化转型和发展为大众易于接受的主导价值观念。中国特色生态文化建设要把握好共性和个性的辩证关系，力争使我国生态文化发展既富有中国特色又借鉴世界先进文化发展经验，只有这样才能永葆生机与活力。中国特色生态文化是世界文化、未来文化和时代文化，中国特色生态文化建设坚持生态文化的当代维度，需要借鉴包括西方生态思想在内的世界先进生态文化。当然，中国在与世界文化的交往中，不仅能够借鉴世界先进经验丰富中国特色生态文化，同时也向世界展现了"中国特色生态文化的魅力、优势及其普遍性意义"，彰显了中国特色生态文化"影响人类的共同价值追求"的世界性意义，为世界生态文化发展提供了中国智慧和中国方案。[①]

（一）中国特色生态文化建设的指导思想

生态文明建设的首要任务是科学应对中国所面临的日益严峻的生态问题。社会发展实践证明，解决日益严重的生态问题的必然之路在于实施绿色发展、建设社会主义生态文明。建设生态文明，需要生态文化的支撑与

---

① 赖章盛、黄彩霞：《文化自信与中国特色生态文化的构建》，《江西理工大学学报》2018 年第 4 期，第 1~6 页。

引领。从文化的属性和功能来看，生态文化建设实质上是文化"软实力"与文化"硬实力"的有效结合。在我国的文化发展实践中，文化的软实力，是我们民族的精神家园，"决定着文化的社会主义性质和方向"，它是推动社会主义文化大发展、大繁荣的力量源泉，起到了"引领社会风尚、教育人民、服务社会"的重要作用。① 而文化的硬实力，则是"传播文化精神价值"的重要物质载体和平台，包含着形态各异、种类繁多的文化产品和服务，承载着"建设社会主义核心价值体系的重要功能"②。从现实性上来说，我国的生态文化建设可以区分为生态文化事业和生态文化产业两个方面。这两者相辅相成，一方面生态文化事业能够为生态文化产业发展提供方向引领、智力支持和制度保障，另一方面生态文化产业又能为生态文化事业的发展提供深厚的物质基础。作为社会主义生态文明建设的有力支撑，中国特色生态文化建设，无论是生态文化事业建设还是生态文化产业发展都必须坚持马克思主义指导和中国共产党的领导，只有这样才能保证社会主义文化发展方向。

作为一个发展中的社会主义大国，我国一直重视生态文化在社会发展中的重要作用。中国对生态文化建设的重视集中体现在作为执政党的中国共产党执政的大政方针中，更是具体落实到政府工作的指导思想和经济社会建设实践上。1992 年中国政府组织制定《中国 21 世纪可持续发展行动纲要》并率先提出："积极发展各级各类教育，提高全民可持续发展意识。强化人力资源开发，提高公众参与可持续发展的科学文化素质。"③ 为加强生态环境保护宣传教育工作，增强全民环境意识，建立全民共同参与的社会行动体系，以中共中央宣传部与环境保护部、教育部等国家部委为主要牵头单位分别于 1996 年、2011 年和 2016 年联合制定了《全国环境宣传教育行动纲要（1996-2010 年）》、《全国环境宣传教育行动纲要（2011-2015 年）》和《全国环境宣传教育工作纲要（2016-2020 年）》，对不同历史发

---

① 侯远长：《实现文化"软实力"与"硬实力"的有机结合》，《中共陕西省委党委党校》2012 年第 1 期，第 97~100 页。

② 侯远长：《实现文化"软实力"与"硬实力"的有机结合》，《中共陕西省委党委党校》2012 年第 1 期，第 97~100 页。

③ 《中国 21 世纪可持续发展行动纲要》，《中华人民共和国国务院公报》2003 年第 7 期，第 4~12 页。

展阶段的生态文化宣传教育进行规划。中共中央在 2015 年 10 月通过的《关于制定国民经济和社会发展第十三个五年规划的建议》中则明确提出，为促进人与自然和谐相处，在全社会"加强资源环境国情和生态价值观教育，培养公民环境意识，推动全社会形成绿色消费自觉。"① 中国共产党"十九大"进一步指出："牢固树立社会主义生态文明观"，"加强对生态文明建设的总体设计和组织领导"，"推动形成人与自然和谐发展现代化建设新格局"②。2018 年 5 月 18 日，全国生态环境保护大会强调要进一步建立健全"以生态价值观念为准则的生态文化体系"③。建立和完善"以生态价值观念为准则的生态文化体系"是社会主义生态文明体系建设的重要内容之一。这些纲领性文件为中国特色生态文化发展做出了科学的战略规划，是新时代生态文化建设的战略指引。

　　2015 年 4 月由中共中央、国务院共同出台的《关于加快推进生态文明建设的意见》和 2016 年 4 月由原国家林业局发布的《中国生态文化发展纲要（2016-2020 年）》，为中国特色生态文化发展进行了更为明确的规划。《关于加快推进生态文明建设的意见》强调指出："坚持把培育生态文化作为重要支撑"，通过"生态文明纳入社会主义核心价值体系"，"加强生态文化的宣传教育"，"倡导勤俭节约、绿色低碳、文明健康的生活方式和消费模式"，"提高全社会生态文明意识"，在全社会"形成推进生态文明建设的良好社会风尚"④。《关于加快推进生态文明建设的意见》既是我国生态文明建设理论与实践的高度总结，又是中国特色生态文化建设的指导思想。《中国生态文化发展纲要（2016-2020 年）》则是对《关于加快推进生态文明建设的意见》的具体贯彻。《中国生态文化发展纲要（2016-2020 年）》"以中共中央、国务院生态文明建设顶层设计为统领"⑤，分别就"生态文化

---

① 《中共中央关于制定国民经济和社会发展第十三个五年规划的建议》，《人民日报》2015 年 11 月 4 日，第 1 版。

② 习近平：《决胜全面建成小康社会 夺取新时代中国特色社会主义伟大胜利——在中国共产党第十九次全国代表大会上的报告》，《人民日报》2017 年 10 月 8 日，第 1 版。

③ 《习近平：生态兴则文明兴》，《人民日报》（海外版）2018 年 5 月 21 日，第 1 版。

④ 《中共中央国务院关于加快推进生态文明建设的意见》，《人民日报》2015 年 5 月 6 日，第 1 版。

⑤ 尚文博：《〈中国生态文化发展纲要（2016-2020 年）〉出台》，《中国绿色时报》2016 年 4 月 15 日，第 1 版。

的思想精髓"、"生态文化发展总体思路"、"生态文化发展的重点任务"、"推进生态文化发展的重大行动"和"生态文化发展的政策措施"等进行说明和安排。① 在《中国生态文化发展纲要（2016-2020年）》中，从"积极培育生态文化"到"弘扬生态文化"再到"加强生态文化教育"，使之"成为社会主义核心价值观的重要内容"，使之"成为社会主义主流文化意识形态"，不仅将生态文化作为加强社会主义生态文明的重要手段而且指明了其未来发展方向和目标。② 同时《中国生态文化发展纲要（2016-2020年）》还提出，将培育生态文化与"现代公共文化服务体系建设"、"生态文化教育基地建设"结合起来，以便于"发挥良好的示范和辐射带动作用"；提出要将"挖掘优秀传统生态文化思想和资源"与"创作一批文化作品"相结合，并"助推国际和区域间生态文化务实合作"，以便于"全面提升生态文化的引导融合能力和公共服务功能"③。《关于加快推进生态文明建设的意见》和《中国生态文化发展纲要（2016-2020年）》为生态文化建设进行顶层设计和具体规划，这两个文件成为我国新时代生态文化建设的具体指导性文件。

中国特色生态文化发展是先进行生态文明"示范区"创建并形成可推广可复制的典型经验，再在全社会开展的发展模式。在社会主义生态文明观的指导下，建设生态文明示范区在全国快速展开，福建省、江西省、贵州省、云南省、青海省等省份先行开展国家级生态文明示范区的创建，通过发挥生态文明建设示范区的平台载体和典型引领作用，在生态制度、生态环境、生态空间、生态经济、生态生活和生态文化等六大领域实现创新发展，形成了富有特色的生态文明建设和生态文化发展经验。与此同时，各级各类生态文化示范区建设在全国广泛开展，特别是自2009年以来每年都开展一次的"全国生态文化村"的评选命名活动，到2018年底，已有806个"全国生态文化村"被命名，"在社会上产生了良好的反响，对于大

---

① 国家林业局关于印发《中国生态文化发展纲要（2016-2020年）》的通知（林规发〔2016〕44号），中国林业网，http://www.forestry.gov.cn/，2019年10月20日访问。

② 赵光辉：《生态文化：人类生存样态的文化自觉》，《鄱阳湖学刊》2017年第4期，第67~71页。

③ 尚文博：《〈中国生态文化发展纲要（2016-2020年）〉出台》，《中国绿色时报》2016年4月15日，第1版。

力弘扬生态文化、推动生态文明建设、促进乡村振兴发挥了重要作用"①。中国特色生态文化的发展道路和建设成就为世界、特别是发展中国家提供了一个可资借鉴的成功样本。

（二）中国特色生态文化建设的基本原则

中国特色生态文化建设的主要目标就是在全社会树立以"尊重自然、顺应自然、保护自然的生态文明理念"为核心的社会价值观体系。中国特色生态文化建设就是要坚持绿色富国、绿色惠民，为人民提供优良的环境和优质生态产品，满足人们对更高质量的美好生活的需要。中国特色生态文化建设是一项长期而复杂的系统工程，必将涉及众多社会领域。中国特色生态文化建设，需要认真分析我国生态文化发展的历史与现状，遵循整体性、科学性、创新性、民族性与群众性等原则，不断地进行理论和实践创新，分步骤地有序推进。

1. 继承与创新相统一

在谈到继承与创新的关系时，卡西尔指出："变革更新只有相对于保持传统才有意义，而保持传统也只有借助于自我更新才能得以实现。"② 人类社会不断进化与发展的过程，同时也是人类文化通过继承与创新不断发展的过程。任何一个民族的文化要得以延续发展，都离不开文化继承和文化创新。黑格尔认为，"变迁虽然在一方面引起了解体，但同时却含有一种新生命的诞生"，精神在"毁灭它自己的生存"当中，把"以往的阶段"当作材料进行重新加工，从而"使它自己提高到一个新的阶段上"③。马克思则指出："人们自己创造自己的历史，但是他们并不是随心所欲地创造，并不是在他们自己选定的条件下创造，而是在直接碰到的、既定的、从过去承继下来的条件下创造。"④ 任何一种文化的发展对以往文化都具有历史继承性。文化只有在历史继承中才能存在和发展。我国传统文化中的儒家、道家和佛家文化中都蕴涵着丰富的生态观念，中国悠久的传统农耕文化中凝

---

① 中国生态文化协会：《关于开展2019年"全国生态文化村"遴选命名活动的函》，中国生态文化协会网站，http://www.ceca-china.org/，2019年10月10日。
② 〔德〕恩斯特·卡西尔：《文化哲学·哲学知识》，吉林大学出版社，2004，第176页。
③ 〔德〕黑格尔：《历史哲学》，王造时译，上海书店出版社，2001，第73~74页。
④ 《马克思恩格斯文集》（第2卷），人民出版社，2009，第470~471页。

结着伟大的生态智慧，这些都是建设现代生态文化的宝贵财富。建设中国特色生态文化必须吸取中国传统文化中合理的生态理念和生态智慧。我们需要深入研究与积极阐述中国传统生态文化智慧，推进民族的、地域的优秀生态文化传统传播与传承。在传承中，进一步丰富传统生态文化的时代内涵，并使其具有适应时代的解释力和发展活力。当前我们应该从中华传统的生态智慧和文化基因中努力发展出当代绿色文化。

文化的进步绝不能只停留于对传统的继承与保留。"文化是创造性的精神劳动，在继承的基础上不断创新，是文化发展的内在本性和生机所系。"① 文化建设在实质上就是人的精神生产，生产创新性的精神产品是精神生产的根本任务。创新性是文化发展的本质所在。文化产生于人的对象化社会实践过程之中，是社会主体在一定范围内改造自然并与自然相适应而形成的。丹尼尔·贝尔指出："文化本身是为生命过程提供解释系统，帮助他们对付生存困境的一种努力。"② "人用文化来适应环境，也用文化来改造环境，文化能力是人用来适应和支配环境的一种手段。"③ 时代发展也必然会推动文化在内容、形式、特征和类型等方面发生相应的变化。时代不同，人们所面临的生存环境就不同，相应地人们社会实践的方式和内容也会不同，因而生态文化就会呈现出不同的特质。生态文化是一种动态的文化，所以我们需要用历史唯物主义的辩证眼光来看待生态文化的演进与发展，我们必须认识到今天的生态文化必然会不同于传统的生态文化，当今的生态文化具有自身的现代性特征。生态文化的发展是一个在对以往的文明时代的文化进行批判继承的基础上不断超越与创新的过程。生态文化是"当今全人类最新环保理念和生态智慧的集中反映，更是新的历史条件下指导生态文明实践世界观和方法论的具体体现。"④

继承与创新相统一启示我们在挖掘和继承传统生态理念和生态智慧时，必须实现时代转换。当前，弘扬中国特色生态文化，我们必须在传承中创

---

① 魏恩政：《中国特色社会主义文化建设》，中共中央党校出版社，2006，第219页。
② 〔美〕丹尼尔·贝尔：《资本主义文化矛盾》，赵一凡、蒲隆、任晓晋译，生活·读书·新知三联书店，1989，第24页。
③ 张保伟、孙兆刚：《生态文化及其当代价值定位》，《理论与改革》2007年第6期，第98~104页。
④ 王争亚：《培育生态文化支撑生态文明》，《中国环境报》2015年5月1日，第2版。

新、在创新中发展，并使生态文化保护传承与增进民生福祉同步。中国特色生态文化的发展是全面的、长远的发展，既要考虑人类社会当前发展的需要，同时也要考虑我们的子孙后代的需要，力争实现"人、自然、社会"三者长久可持续发展。中国特色生态文化建设要坚持超前性原则，必须着眼于世界科学文化发展的前沿，对未来社会的发展趋势有科学全面的预判，避免决策的盲目性。只有这样我们才能使中国特色生态文化永葆生机。

2. 民族性与世界性相统一

文化的发展是民族性与世界性的必然统一。任何国家或民族文化的繁荣发展，都需要既立足于国内，保持和弘扬自己民族的文化特色，又需要放眼全球，借鉴全世界各个民族文化发展的优秀成果。坚持民族性与世界性相统一，这是中国特色生态文化建设所应遵循的基本原则之一。

生态文化本身就具有鲜明的民族性特征。"具体的自然环境和具体的历史条件不同，人们加工改造自然、实现人与自然界之间的双向适应所采用的具体方式是不尽相同的；由此形成的具体的社会文化世界中的构成因素及其关系结构的具体表现形式也是各有特色的，从而产生了文化之民族的、地域的、历史的特殊性。"① 不同民族文化塑造出不同民族特色的生态文化。不同的国情和经济社会发展水平对不同国家和民族生态文化发展有着不同的影响。西方国家工业化发展历史较早，现代科学技术先进，同时西方社会遭受环境污染程度较深，社会公众对生态污染事件感受深刻，因而在西方生态文化发展中，公众环保参与主动积极，整个社会重视生态技术发展的倾向明显。而我国则是一个发展中大国，工业化起步晚，公众对生态污染感受与认知也不足，再加上我国是社会主义制度国家，政府从以人为本的执政理念出发担负生态治理的主要责任，因而我国生态文化发展中公众环保参与主动性和积极性不高，公众生态意识普遍处于较低层次，公众对政府普遍具有依赖心理。有差别的、不同民族特色的生态文化发展，也恰恰是世界文化多样性的本质特征的体现。我们并不能由此就片面地判定各个国家生态文化发展水平。

在现代社会，生态危机及其影响常常是跨区域、跨国界的。尤其是在面对像全球气候变化这样的世界环境问题时，没有哪一个人是能够置身事

① 夏甄陶：《自然与文化》，《中国社会科学》1999 年第 5 期，第 90~104 页。

外的。在经济全球化的今天，生态环境问题同时具有全球性特征，生态危机及其危害也是全球性的，这需要整个人类社会共同努力、联合行动和协商解决。人类只有一个地球，为了更好地生存和发展，我们就必须爱护地球、保护生态。事实上，保护生态是符合全人类的共同利益的行为。作为人们处理与自然关系的手段、工具、准则，生态文化"在社会伦理价值上是中立的，可以为不同地区、种族、国家、阶级共同拥有，为不同层次的价值主体共同接受，它是人类共同的文化财富，是全球文化。"① 目前，随着经济全球化、一体化进程的快速发展，区域间以及全世界环保交往日益加深。在全球交往中，各国及各地区相互学习借鉴、融通交流，生态文化正在日益成为世界文化发展的主流文化。在各国及各地区相互的经济、政治和文化交融中，虽然也存在政治、经济和意识形态的斗争，但是以构建世界"人类命运共同体"为主旨的生态文化正在不断成为世界各民族主流文化的价值认同，这也是当代世界文化发展的主要趋势。"中国的生态文化建设既要传承本民族优秀文化思想脉络，同时又必然融于世界生态文化的潮流中。"② 我们要不断加强与世界各国生态文化发展的交流与合作，建设包容性文化。生态文化建设中，我们在保持自身文化特色的同时，还必须确立对世界先进文化的认同感，树立世界各国生态文化相互借鉴、包容发展的观念。现在我们生活在这样一个时代："不再有任何共同体或国家能够统治其他所有的共同体或国家，不再有任何国家能够离开其他国家而生存下去。"③ 地球是人类共有的生存家园，保护生态环境需要一种以相互依存、相互包容观念为主导精神的世界生态文化。包容性生态文化是具有多样性特色的统一体。包容性生态文化不仅能够有效协调世界文化的多样性，而且能够维持我们生存于其中的由自然、人、社会组成的生态大系统。我国生态文化发展一直保持着开放的态度。自 2009 年开始，我国在"贵阳连续多年举办生态文明国际论坛，已经取得了相当的影响力"④。这是我国生态文化建设坚持民族性与世界性相统一的一个典型例证。生态文化是围绕人

① 高建明：《论生态文化与文化生态》，《系统辩证学学报》2005 年第 3 期，第 82~85 页。
② 周玉玲：《生态文化论》，黑龙江人民出版社，2008，第 36 页。
③ 〔美〕E. 拉兹洛：《决定命运的选择：21 世纪的生存抉择》，李吟波等译，生活·读书·新知三联书店，1997，第 12 页。
④ 《凝聚绿色共识 弘扬生态文化》，《贵州日报》2014 年 7 月 13 日，第 6 版。

类自身的生存法则的文化，本身意识形态色彩并不十分明显，因此在像"贵阳生态文明国际论坛"这样的国际文化交流平台上，世界各国各民族都能在此寻找到共同点，国内外各阶层人士参与广泛，论坛产生的智慧、达成的共识、提出的倡议得到广泛传播，这既是中国的也是全世界的人们建设美丽世界的共同呼声。

3. 科学文化与人文文化相融合

对于一个民族甚至对于整个世界而言，"缺失人文的科学是麻木的，缺失科学的人文是乏力的，双重缺失则是瘫痪的"①。从科学发展的本身而言，科学需要与人文融合。"当代科学面临着三大挑战，人类生存环境的恶化、高技术评估的困难和科学与人文发展的不平衡，将在很大程度上影响科学未来发展的方向及其特征。"② 如果由离开价值理性的科学文化支配人类行动，人类自利性心理与行为就会无所羁绊，最终必将会造成反自然同时也是反人类的后果。人类今天生存在一个比以往任何时期都要危险的时代，生存困境倒逼我们重新审视人的发展问题。生态文化反思批判以工具理性为主导价值的"单向度"思维方式，要求社会的发展以价值理性优先，价值理性将成为科学规范的重要组成部分，人类将奉行整体性的生态思维方式。它要求我们在谋求自身利益的时候，要按照既符合人类本性又符合生态整体性的系统思维方式，积极稳妥地解决好人与自然以及与整个生态系统的关系，实现人与自身、人与社会以及人与自然的真正和解。

社会文化发展，既需要科学文化的支撑也需要人文文化的滋养。作为一个现代文化思想体系的生态文化，它"强调有机、共生、和谐及系统整体，融合文化多样性、共生性，认同异质性、兼容性，更将人与自然、人与社会、人与人及人与自身构成的多重关系，凝结成有机性文化状态"③。生态文化同时是一门学科领域综合性很强的文化，融合了自然科学、社会科学和人文社会科学等多领域的内容。中国特色生态文化发展，既要坚持科学性原则，遵循生态规律；又要坚持价值原则，树立生态价值观。社会

---

① 王丛霞：《生态文化："两种文化"融合的文化背景》，《科学技术与辩证法》2005 年第 6 期，第 22~24 页。
② 董光璧：《科学与中国传统文化关系的四大难题》，载任定成、王骏、高勘主编《科学前沿与现代性》，江苏人民出版社，2001，第 43 页。
③ 盖光：《生态批评与中国文学传统：融合与构建》，中国社会科学出版社，2018，第 490 页。

主义生态文明观既包含科学的生态规律知识，也包含人文科学的精神。因此，生态文化建设必须同时赢得科学文化的支撑和人文文化的滋养。生态文化作为一种自然观，具有强烈的科学性，是"用生态学的基本观点观察现实事物和解释现实世界的一种理论框架"①。生态文化作为一种价值观，若不断升华，能够启发、引导、鼓舞人们投身于以实现人与自然和谐发展为价值追求的生态文明建设事业中。生态文化作为一种思维方法，以生态系统观为理论基础，将"我们所接触到的整个自然界"看成"一个体系"即"各种物体相互联系的总体"②，将自然、人与社会看作一个辩证发展的整体生态系统。生态文化就是要求从生态系统的整体性和有机性出发，要求人类运用生态学的理论观点，不断促进科技进步和教育发展，改变以往人与自然对立的观念，树立人与自然和谐共生的环保意识，培养科学、文明、生态的生产方式和生活方式。

4. 政府主导与公众参与相统一

生态文化是知与行的统一体，因而实践性是其本质特征。生态文化需要转化为社会和公众自身的一种自觉与自律的生产和生活方式。对于社会来说，"生态文化追求经济与环境之间的良性互动，坚持经济运行生态化，改变高投入、高污染的生产方式，以生态技术改造替代传统落后的生产手段，使绿色产业和环境友好型产业在产业结构中居主导性地位，成为经济增长的重要源泉。"③ 对于公众来说，需要反思批判传统的、非生态的生活方式，并积极践行绿色生活方式，选择适度的绿色消费模式。生态文化价值观念要成为社会核心价值观、转化成公众的自觉生态意识和自觉生态行为，并最终形成一种支撑生态文明建设的物质力量，这需要政府发挥主导作用和广大公众广泛参与。在现实社会中，公共机构的政策、企业的活动和广大民众个体的行为并没有与发展中的先进的生态文明思想和信念实现同步，先进的生态文化观念和公众的行为潮流之间仍然存在着巨大的鸿沟。当前，生态文化作为一种新文化大多还只是停留在理论和知识观念的层面，并没有广泛地延伸至大众化层面、没有成为核心的社会价值观。究其原因

---

① 秦书生：《绿色文化与绿色技术创新》，《科技与管理》2006 年第 6 期，第 136~138 页。
② 《马克思恩格斯文集》（第 9 卷），人民出版社，2009，第 514 页。
③ 王争亚：《培育生态文化支撑生态文明》，《中国环境报》2015 年 5 月 1 日，第 2 版。

主要是，一则政府没有发挥好生态文化建设的引导和教化的作用；二则公众没有积极地行动起来广泛地参与生态文化建设。

中国特色生态文化建设的主导者是执政的中国共产党和各级政府机关，建设主体是广大人民群众。中国共产党"十八大"报告强调，我国社会主义建设各项事业的发展必须依靠"坚持党的领导"和"坚持人民主体地位"相统一。生态文化建设，一则需要执政的中国共产党和各级政府进行顶层设计并积极营造良好的生态文化发展环境，二则需要广大公众以主人翁精神积极参与到生态文化创建中来。政府积极地制定和实施政策及制度，是生态文化建设得以顺利推进并最终取得成功的根本保证。同时广大公众的广泛参与和积极践行，是生态文化建设得以顺利推进并最终取得成功的根本动力。我国的社会主义制度为政府主导作用的发挥提供了制度保障。"自上而下"的生态文化发展顶层设计能够更容易集中力量使生态文化建设取得突破性的进展。生态文化发展在总体规划与政策制度的制定与实施以及加强生态教育进一步引导公众形成生态价值观等方面，都需要政府发挥主导作用。

中国特色生态文化建设，必须坚持全民性原则。中国特色生态文化建设以人民为主体：一是生态文化建设需要广大人民群众的积极参与，二是我们进行生态文化建设要以满足广大人民群众对实现美好生活的现实需求为目的。广大人民群众既是生态文化建设中的受教育者又是生态文化建设的主体力量。人民群众是物质文明、精神文明和制度文明的创造者，同时也是文化发展的理论和实践创新的主体。公众参与生态文化建设的积极性以及参与的广度和深度，会直接影响甚至是决定着生态文化建设的主要进程和建设成效。中国特色生态文化建设过程中，新的社会价值观与新的生态道德体系，都是由执政的中国共产党领导广大人民群众和群众组织创造性地完成的。我们要进一步完善社会主义生态文明制度体系建设，推动和保障公众积极参与生态文化建设。

二　中国特色生态文化建设的现实路径选择

建设生态文明，繁荣生态文化，首先需要构建具有中华民族特色、符合中国现实国情并富有感染力的现代生态文化体系。具体来说，中国特色生态文化建设就是要通过开展丰富多彩的生态文化活动向公众普及生态知识，在全社会倡导生态价值观，促进公众养成生态意识、形成生态自觉。我国生态文化建设虽然已经取得一些成就并积累了一定实践经验，但由于起步晚、发展时间短，还存在着许多发展短板，还面临着诸多挑战。从思想认识、生活理念、道德意识水平等层面巩固和发展我国生态文化建设现有成果成为当务之急。中国特色生态文化建设，必须以社会主义生态文明观为指导，既需要政府发挥主导作用和引领作用，又需要企业、社会组织和广大人民群众广泛参与形成合力。

（一）创新生态文化建设载体

任何文化都要有载体，没有载体的文化必定是虚无的。那些经过不同时代的人们提炼与加工并用来传播和放大人类文化影响力的各种方法和手段，它们中间有的是有形的，有的是无形的，这就是文化建设的载体。文化的传承也需要一定的载体，文化建设取得成效需要借助一定的阵地和品牌。"生态文化建设是以生态文化载体为切入点，通过各类载体实现生态文化的表征与传播。"① 生态文化能够通过主体的实践活动将生态价值观物化于具象的物质与非物质实体，在这一过程中生态价值观以方法或观念的形式影响实践主体，并使其内化为自觉的生态意识和行动。只有生态价值观引导使社会主体产生生态自觉行动，生态文化才具有解决社会现实问题的现实效力，才能对社会的发展产生推动力。在中国特色生态文化建设中，选择并利用好各种文化传播载体是至关重要的。

1. 创新载体是生态文化建设的关键②

任何一个国家或民族的文化的传承都是依靠一代又一代人用各种载体来传播、升华而实现的。我们要了解什么是文化载体，需要从分析文化的本质属性开始。人类文化有着两种本质属性：首先，文化是"群体性的价值观，这种抽象性的价值观即可以理解为狭义的文化"，这是"文化的一种抽象属性"；其次，"表征这种抽象性价值观的实物与非实物即是文化的载

---

① 张昶等：《西安生态文化建设的社会需求分析（Ⅲ）：公众偏好——生态文化感知体系的调查与分析》，《中国城市林业》2015 年第 1 期，第 55~60 页。
② 李世书：《农村生态文化建设载体研究》，《环境教育》2011 年第 12 期，第 43~46 页。

体"，这是"文化的一种具象属性"①。作为现代社会中一种先进文化的生态文化也同样具有这两种属性。其中，生态文化具象形态即生态文化载体，它"承载着人与自然和谐共存、协调发展这一生态文化的核心价值观"，是对生态文化的"直观而具体的表达"②。生态文化的具象属性，能够使生态文化的核心价值观经由一定的物质实体或者非物质事物表达和体现出来，这些物质实体或者非物质事物都具有一定的感知、教育功能以及使用功能。生态文化载体是生态文化建设的实现手段和工具。由于人类文化本身是一个复杂的联合体，因而文化载体就有可能是一个活动过程或者一种产品，也有可能是一种生活方式或者一种现象，也有可能是一种生产模式或者一种消费模式。文化的这些载体并不一定只是局限于艺术和精神领域，也包括人们日常生活的和社会习俗制度上的行为活动。从具体的形态载体而言，"生态文化分为有形载体和隐形载体两大类"③。其中，有形载体包括"自然生态系统"、"人工生态系统"、"绿色行业"以及一切不以牺牲资源环境为代价的"生态产业、生态工程、绿色企业"等；而隐形载体则主要包括"生态制度文化"、"生态心理文化"以及具有一定"绿色象征意义"的意识形态。④ 在我国，无论是城市还是乡村，都具有丰富的、特色的生态文化建设资源和传播载体。建设生态文博园，举办各级各类生态文化发展论坛，推进生态城市、森林城市以及生态村、生态文明新社区等创建活动，开展生态文化旅游，推进生态产业发展，实施城市社区与乡村居住环境文化景观的生态化，举办亲近自然的民俗节庆活动，等等，都是当前我国生态文化建设取得成效的主要途径和有效载体。

　　生态文化建设要取得实效需要创新并利用好各种活动载体，既包括传承和开新传统文化载体的传播教育功能，也包括根据时代发展创新使用有利于生态文化发展并适合公众接受的各种载体。生态文化载体建设的合理性与适用性应该是由社会公众的需求所决定的。生态文化建设需要找到广

---

① 张昶、王成：《论林业生态文化建设对生态文明社会构建的作用》，《林业经济》2014 年第 1 期，第 22~25 页。

② 张昶、王成：《南京林业生态文化建设初探》，《中国城市林业》2011 年第 4 期，第 34～38 页。

③ 江泽慧：《弘扬生态文化 共建生态文明》，《今日国土》2008 年第 10 期，第 14~18 页。

④ 江泽慧：《弘扬生态文化 共建生态文明》，《今日国土》2008 年第 10 期，第 14~18 页。

大社会公众喜闻乐见并能普遍接受、认同的一些载体形式。只有这样的载体形式才能向公众传播好社会主义生态文明观，也才能引导广大社会公众自觉形成生态价值观念和信仰，养成自觉的生态行为习惯。中国特色生态文化建设需要积极地与世界先进文化发展接轨，需要借鉴国外先进的生态文化发展经验，不断创新发展生态文化建设载体。目前，各类文化载体建设滞后已经制约我国新时代生态文化建设工作有效开展。中国特色生态文化建设，必须立足于我国生态文化发展实际，坚持把载体建设作为文化传播与传承工作的关键，发挥政府主导力量并通过借助环保社会组织力量，积极推进和创造性开展载体建设，实现"基本载体"、"特色载体"和"新型载体"协调发展，使生态文化建设工作开展得既有声有色，又"有形""有体"。同时，在创新生态文化建设载体时，必须注意到各地区和不同领域生态文化发展的特点。首先，在内容上，要结合各地区群众不同的生产生活习惯特点，对当地传统文化载体进行创新转化，重点进行资源观、生产观、消费观和垃圾分类意识培养的教育与引导。目前，通过发展具有地域特色的生态产业、提供高质量的生态产品，满足社会公众多样化生态需求，不失为一个积极而有效的生态文化建设载体形式。其次，在策略上，区分不同的人群，分析不同人群的不同特点及不同的利益需求，并针对性地在内容和方式上采用合理有效的方案和措施。再次，在方法上，要根据时代发展在照顾到不同地区和不同群体各自特点的基础上，利用新技术创新生态文化宣传教育形式和方法。根据公众群体的认知水平和心理特点，因人而异、因地而异地开展活动，创新运用各种有形或无形的文化传播载体，把生态理念和生态价值观播撒在公众的心中，促进公众养成生态生产与生态消费的习惯，推动全社会生态经济和生态文化繁荣发展。

2. 完善文化建设载体形式，繁荣生态文化[①]

人们开展各类文化活动，需要借助一定的物质实体载体和非物质事物或形式载体。生态文化建设同样需要借助并依托多种不同的"具象"载体。从现实操作层面来看，生态文化建设就是指建设主体通过工程、教育、媒体等一系列手段和途径对生态文化的"具象"表征（生态文化载体）进行开发与塑造，进而实现对公众生态需要的满足和对公众进行生态价值观教

---

① 李世书：《农村生态文化建设载体研究》，《环境教育》2011 年第 12 期，第 43~46 页。

育，提升公众的生态价值观认同度。通过这些实体的或形式的文化载体的运用，将生态文明理念和生态价值观转化为广大公众的自觉生态意识和自觉生态行为，推动生态文明建设事业健康发展。

（1）健全与完善文化传播基本载体，向公众传播普及生态文化。当前，基本载体仍然是构建社会公共文化服务体系的基础，也是落实生态文化建设任务和目标的主要渠道。生态文化知识和生态文明精神理念的传播与普及，需要依靠各级各类文化服务基础设施的良好运行来实现。我国仍然有许多地区，特别是贫困地区、偏远山区和中西部部分欠发达农村地区，文化基础设施还比较落后，文化传播、文化建设的基本载体少而弱，文化建设任务还很繁重。各级地方政府要把握好目前全国上下积极推进基层社区环境设施改善和社会主义文化大发展的有利时机，加强城市和农村基层社区文化传播发展的软硬件环境建设，积极推进生态文化传播基本载体建设；力争县区建有设施完备的文化馆、图书馆和博物馆，在乡镇、社区、街道也都建起综合文化站、图书室和文化广场，人们劳动之余有书读、有文体休闲活动。读书和文体休闲活动可以有效促进现代生态科学知识和生态理念在社会大众中广泛传播。社会公众在参加现代文化活动的过程中必然会受到现代先进生态理念潜移默化的影响，进而形成生态观念，推动广大公众选择适度、生态的生产方式和生活方式，过上和谐、生态的现代新生活。当然，在利用好基本载体的同时，还要根据时代发展要求、特别是要利用好现代先进的"融媒体"技术，积极拓展和创新生态文化传播载体与平台，服务于当前生态文化建设，提升传播的接受度和传播效果。

（2）积极推进群众性生态文明创建活动的开展。人民群众是生态文化建设的主体，只有生态理念、生态原则和生态价值观转化为广大社会公众的思想观念和自觉行动，生态文化建设才能取得实效。开展广泛的群众性生态文明创建活动是生态文化传播和生态价值观教育最行之有效的方法。目前在我国积极推广多年的生态省、生态市（县）、生态文明村镇和美丽家园建设已经被证明是生态文化建设的一个极有活力的载体，值得继续推广。各种类型的生态文明创建活动开展，通过树立生态文明创建典型，推广绿色生产技术，推动生态旅游、生态文化创意等生态产业发展，弘扬生态文化，让公众在生态文明创建活动中，走上生产发展、生活富裕、生态良好的文明发展道路。政府、社会组织要发挥主导作用，组织开展好群众性生态文明创建活动，引导社会公众广泛参加，使公众在创建中受到教育，潜移默化地形成生态意识。通过开展环保下基层以及绿色进机关、进企业、进社区和进家庭等活动，开展创建"生态文明示范单位""生态工业示范园区""生态示范村""生态示范户"等活动，激发社会公众参与的积极性，培育广大公众的生态道德品质和生态行为规范，在全社会形成提倡节约、爱护生态环境的生活方式和消费方式。基层社区基础设施的生态改造是生态文化传播的一个重要载体。目前，基层生态文明创建活动的一项主要任务是开展社区基础设施生态改造，主要包括推进社区生态人居环境建设，通过改善公众居住环境，提高社区居民生活环境质量。这样，通过实施城镇社区居住环境提升和乡村聚落文化景观的生态化建设，让公众生活在生态和谐、美丽宜居的环境中，切身感受并享受到生态文化建设的成果，激发公众参与生态文化建设的积极性。

（3）合理开发、借鉴利用具有民族和地域特色的生态文化建设载体。中国地域辽阔、民族众多，地域文化和民族文化绚烂多姿。各具民族特色的生态文化观念体系、自然信仰和习俗，其流传至今的生态理念和原生态文化习俗为本民族和本地区生态环境保护与可持续发展做出了巨大贡献。同时，中国是一个农业大国，具有悠久灿烂的农业文化发展历史，在长期历史积淀中，悠久农耕文化中保留有丰富的生态文化理念和生态文化传统。中国农耕文明是中华民族及文化得以延续和可持续发展的主导价值观。这一文化传统不仅沉淀了丰富的生态智慧，其在历史发展中也保留和优化了许多有价值的传承载体与传承方法，这些都是现代社会仍然值得借鉴的。中国生态文化建设应该在充分体现现代生态科学思想的基础上，吸收、借鉴具有深厚生态内涵的各民族优秀的传统文明思想，对传统的生态文化传承载体进行现代化转换用于现代生态文化的传播。生态文化建设的首要任务是促进经济的发展和公众生活的改善。在生态文化建设载体的选择上，要考虑公众的需求偏好，把文化建设与公众生活质量提升结合起来。

（二）提升公众生态文化认同度

人与动物本质的差异就是文化。恩格斯指出："人来源于动物界这一事实已经决定人永远不可能完全摆脱兽性，所以问题永远只能在于摆脱得多些或少些，在于兽性或人性的程度上的差异。"① 正是有适当的文化教育与精神引导，人才能不受兽性控制。文化的教化使人超越自身自然性、本能性与动物性。同时，文化也是人之为人的本质需求。人只有在文化中才能获得自由。恩格斯指出："最初的、从动物界分离出来的人，在一切本质方面是和动物本身一样不自由的；但是文化上的每一进步，都是迈向自由的一步。"② 文化是人的本质的集中体现，是人的生存方式。文化中核心价值观能够为人提供科学的价值判断和先进的价值指向，进而促进社会的进步和人的全面发展。"作为一个整体的人类文化，可以被称为人不断自我解放的历程。"③ 人在创造自己的文化活动中使自身成为真正意义上的人，通过文化活动，人才获得了自我的解放。

　　文化"拥有一套合理的价值体系"，能够"塑造人、引导人、教化人"④。文化本质上既是一个"人化"的过程，也是一个"化人"的过程。一方面，文化是指人的创造活动及其结果；另一方面，文化是指文化对人的引导、教化和塑造功能。人都是处在一定文化之中的人，都接受着一定文化的熏陶、影响和制约。某一文化价值观念一旦被人们接受并内化为价值取向，就会成为人们的价值判断标准、行为方式和生活习惯。在制约生态文明建设的因素中，最主要的就是文化，它内蕴了指导我们进行生态文明创造的一切思想和方法。生态文化建设，它不只是一个"建立符合生态学原理的价值观念、思维模式、经济法则、生活方式和管理体系"的"人化"过程，同时也是一个引导人们"改变以往那些不良观念"并"以生态学的思维和方式来认识世界、观察世界"的"化人"的过程。⑤ 生态文化要成功地实现"化人"的功能，要使其成为广大社会公众的自觉生活方式，就必须实现文化认同。文化认同有多重内涵，因而也有着多种不同的理论解释。生态文化认同，本质上是指一种文化选择。文化选择主要是指"文

---

① 《马克思恩格斯文集》（第 9 卷），人民出版社，2009，第 106 页。

② 《马克思恩格斯文集》（第 9 卷），人民出版社，2009，第 120 页。

③ 〔德〕恩斯特·卡西尔：《人论：人类文化哲学导引》，甘阳译，上海译文出版社，1985，第 288 页。

④ 曾建平：《核心价值观：中国文化大发展的关键》，《道德与文明》2011 年第 6 期，第 5~8 页。

⑤ 〔意〕A. 佩切伊：《21 世纪的全球性课题和人类的选择》，《世界动态学》1984 年第 1 期，第 99~107 页。

化环境发生改变时，关于文化改造与发展的态度、取向及行为的设计"①。文化认同是个体或群体对其所选择并拥有的某种共同文化的确认。"认同是承认并接受，是一种肯定的文化价值判断和积极的价值取向。"② 所谓的文化认同，亦即人们"对于某种文化的倾向性共识和认可，它经过文化的接触、融合和内化的过程而实现，能够支配人们的思维模式和价值取向"③。生态文化要被社会公众认同，需要文化建设主体想方设法地将生态文化知识和价值理念转化为容易为公众理解和接受的形式，"使其成为社会的普遍准则，并内化为大众的自觉信念和行为方式"④。

生态文化建设，实质上就是通过一定传播和教育手段，使生态文化理论体系内化于广大社会公众之心，并外化于广大社会公众之行的文化认同过程。生态文化建设，就是要通过生态文化传播和教育，引导广大社会公众实现自身的意识和行为自觉地生态化转向。其着力点主要在于生态文化的"具象"表征的营造，即对生态文化载体加强塑造，让这些载体中蕴涵的生态价值观和生态思维方法能够被社会公众所内化，产生科学的生态认知、形成生态自觉意识，进而外化为生态自觉行为，促进生态文明建设。中国特色生态文化，是以马克思主义为指导，适应我国生态文明建设的时代要求，促进中国传统生态文化和生态智慧进行现代转换，借鉴国外生态文化发展的积极成果，升华社会主义生态文明建设经验，最终凝练而成的社会主义生态文化思想理论体系。文化认同，就是社会主体针对某种特定的文化产生发自内心的赞同与接受，本质上就是社会公众对这种文化从情感、价值和政治层面普遍认可和接受，并在实践中坚定对这种文化的信仰。实现中国特色生态文化的大众认同，实际上就是要使这一具有中国特色的生态文明观念体系"为大众所理解、认同、吸纳，并内化为社会大众的价

---

① 付秀荣：《论文化选择中的文化自觉》，《学习与探索》2004 年第 6 期，第 88~89 页。

② 张春梅：《社会主义核心价值观的文化认同及其构建》，《中学政治教学参考》2019 年第 6 期，第 79~80 页。

③ 张静蓉：《文化创新及其实现机制》，《中共杭州市委党校学报》2003 年第 1 期，第 58~63 页。

④ 赖章盛、黄彩霞：《文化自信与中国特色生态文化的构建》，《江西理工大学学报》2018 年第 4 期，第 1~6 页。

值取向、思维方式、行为准则和生活方式"①。"增强生态共同体观念"② 是提升中国特色生态文化建设有效性的重要途径。在这一"生态共同体"中，不只是"国家和企业对生态保护负有责任"，而且我们"每一个人对生态保护均负有责任"③，广大社会公众要努力使自己成为"一种具有环境责任感的环境公民"④。"生态共同体是人与自然关系的融合建构。"⑤ 当前还要努力完善和创新政府、企业、社会组织和社会个体建设生态共同体的激励机制、责任机制和约束机制，力争实现人与自然的关系"从自然共同体、社会共同体到生态共同体"⑥ 的跨越。

（三）发挥教育的主渠道作用

"文化的整体定义的关键在于有序的整体概念、世界观概念、价值和价值体系的概念，因为人们如何看待和解释世界对人们在世界上任何生活和行动有着根本影响。"⑦ 而我们在谈到文化时大多时候是指某一时代或某一民族、某一地区的文化。从某一具体时代、具体民族和具体地域的文化而言，文化是被一定社会群体共同认可并遵循的行为模式。这种被共同认可的文化有着一套能够内在于人们的一切活动之中并影响和制约人们的行为方式的内在机制或机理。在这一机制中起决定性作用的是价值观，价值观是文化的核心内容，它对文化发展起到统领和规范、规制作用。要发挥好统领和规范、规制作用，作为生态文明时代的核心价值观的生态文化，需要被广大社会公众共同认可和严格遵循。当然，中国特色生态文化建设，首先需要解决好现代生态文化理论供给的问题。推进中国特色生态文化建

---

① 赖章盛、黄彩霞：《文化自信与中国特色生态文化的构建》，《江西理工大学学报》2018 年第 4 期，第 1~6 页。
② 汪希、刘锋：《改革开放以来中国共产党推进生态文明建设的经验》，《毛泽东思想研究》2015 年第 4 期，第 132~136 页。
③ 姬振海：《生态文明论》，人民出版社，2007，第 39 页。
④ UNESCO：The International Workshop on Environmental Education [J]. *Belgrade*, *Final Report*, IEEP, Paris, ED-76/WS/95, 1975.
⑤ 轩玉荣：《生态共同体：人与自然关系的融合建构》，《哈尔滨学院学报》2011 年第 7 期，第 23~26 页。
⑥ 轩玉荣：《人与自然的"历时态"关系：从自然共同体、社会共同体到生态共同体》，《安康学院学报》2011 年第 5 期，第 22~24 页。
⑦ 〔加拿大〕D. 保罗·谢弗：《文化引导未来》，许春山、朱邦俊译，社会科学文献出版社，2008，第 51 页。

设，需要"通过多学科的科学研究以及更广泛意义上的社会实践来生产出更多的生态知识……为生态文化发展提供知识基础和能力储备"①。中国特色生态文化建设必须确立适应时代要求的生态知识供应体系。确立生态知识供应体系，目的在于生产、传播与应用生态知识。生态知识供应体系"主体包括学校、政府、企业、社会组织及大众媒体等"，生态知识供应体系主要由"生态知识生产系统"、"生态知识传播系统"和"生态知识应用系统"三部分组成。②"教育作为文化生产与文化传承的最有效手段"③，是推进中国特色生态文化建设的最重要路径。教育在生态文化的知识供应体制中具有主导作用，尤其是生态知识传播系统的确立主要依赖于整个教育体系的健全与完善。

自工业革命以来，人们奉行工具理性主义的思维模式和行为方式，与此相对应的是，整个社会普遍盛行的技术主义、实用主义教育理念，这导致了人类社会发展日渐偏离人文价值精神。正是工具理性主义的盛行以及生态教育理念的缺乏，致使科学技术与人文价值偏离，造成了人类生存的现代性困境。这一问题也同样存在于现阶段的中国：一是中国目前正进入工业化全面发展阶段，随之而来的是工业化负效应造成日益严峻的环境问题；二是全球化时代，中国教育也必然会受到西方工业主义教育理念的影响，因而导致教育体制没有对环境问题做出积极有效的应对。毋庸讳言，在工业现代化和市场经济发展的进程中，我们的教育理念和教育内容实际上也多多少少存在与生态文化脱节的现象。生态文化建设要取得成效，需要创新教育理念，将生态价值观融入教育理念之中，全社会进行通力合作，既要开展好学校教育，也要发展好社会教育。由于教育没有有效回应，因此适合中国社会发展时代要求的生态思想没有得到充分发扬，生态知识生产、传播和应用严重不足，造成目前我国广大社会公众生态意识水平、生态素养程度还比较低。当前我国公众生态环保责任意识整体不高，因而在加强学校教育基础上推进终身环保教育，推动生态文化建设，全面提高公

① 张保伟：《生态文化建设机制及其优化分析》，《理论与改革》2011年第1期，第107～110页。
② 李铁英、张政：《试论中国特色生态文化建设的困境与突破口》，《理论探讨》2016年第5期，第169～172页。
③ 陈胜云：《中国特色社会主义文化实践论》，上海三联书店，2009，第222页。

众生态文明素养，就显得尤为重要。这需要以科学文化教育为支撑，构建大教育观，建立广泛的公众参与机制，并从传统文化中汲取营养、借鉴国外经验、不断创新教育方法，促进生态科学知识的教育和普及，倡导绿色生产与绿色消费，进而推动广大社会公众生态意识水平的全面提升。公众的生态文明素养的持续提升又能够为生态文化发展提供思想动力。提高公众生态文明素养，应构建"国民素质均衡发展结构"，教育引导公众树立"人与自然和谐观、人与社会和谐观、人与人和谐观和人与自我和谐观"，促进形成新型的"国民素质形态"①。同时实施生态文明素质教育，还需要我们按照不同地区具体的自然人文环境、经济社会发展水平和人群结构特征，针对性地采取不同的教育策略。

中国特色生态文化建设，重点是发挥好教育主渠道作用。当前，加强"生态教育"② 需要做好以下几个方面的工作。

第一，充分发挥政府的主导作用，推动生态政治和生态经济的发展，为生态教育提供良好的精神和物质保障。目前我国环保社会组织无论影响力还是组织力都很薄弱。生态文明建设需要政府在生态政治建设、生态经济发展和生态社会建设上发挥统领和主导作用。作为"公权力"的代表，政府"具有代表'公意'管理社会公共事务、承担公共责任的职责"，与其他的社会组织与个人相比较而言，政府"在行使公共权力、进行国家宏观调控、协调解决区域生态问题上具有无法比拟的公共代表性，是其他任何社会组织都无法替代的"③。政府能够发挥强大的动员力量和社会管理优势，将生态教育融合在国家政治、经济和社会发展的各个方面和全过程。一方面，生态政治建设、生态经济建设和生态社会建设创造出的生态制度文明和生态物质文明，能够为生态教育提供良好的制度与物质基础；另一方面中国特色社会主义的生态政治发展、生态经济发展和生态社会发展本身就是生态教育发展与创新的重要内容之一。

第二，拓宽教育内容和渠道。作为生态文化建设主渠道的生态教育，

---

① 单培勇：《生态文明与国民素质》，《科学社会主义》2011 年第 3 期，第 126~128 页。
② 生态教育，主要是基于本研究的主题"生态文化建设与公众生态意识提升"而言的，是大教育观，包括学校教育，但重点是社会教育。
③ 周晓燕：《政府在我国生态文明建设中的主导作用探析》，《中国特色社会主义研究》2014年第 1 期，第 95~97 页。

需要构建一种以处理好人与自然、人与人的关系以及能够有效推进人的身心发展等方面为主要内容的更为宽广的教育体系，这是一种"宽生态教育"①。这种生态教育体系不仅局限于现有的一般意义上的教育体系，是在搞好现有的学校教育的基础上，将生态教育拓展到更为宽广的社会教育领域，将生态教育的目标融入政治、经济和社会建设实践中。在国家政策制度和法律法规的制定与实施中贯彻生态文化价值理念，通过政治文化和法治文化进行引导和规范，促进人们养成自觉的生态行为习惯。在国家的科学技术发展和哲学社会科学发展中，从规划到实施都贯彻生态发展理念目标，引导技术与理论的生态发展方向，在科学技术发展和哲学社会科学发展中进行生态教育。在全社会开展生态文明创建活动，是普及生态教育最为重要同时也是更为有效的渠道和途径。在社会主义核心价值观教育、法制教育和意识形态建设等公民道德建设和国民素质提升工程中，贯彻生态文明建设理念并相应增加生态教育内容，提升社会公众的生态素养。"宽生态教育"能够使社会公众普遍受到生态教育，广大公众不仅提升生态意识，而且能够树立起与生态文明建设相适应的价值观和发展观。

第三，不断改进、优化生态教育方式方法。一是进一步完善生态文化传播和教育渠道。在利用好传统的文化传播方式的基础上，根据时代发展需要积极利用"融媒体"等新技术和新传播方式构建多种形式的生态文化传播新平台，让广大社会公众受到生态文化熏陶与价值观教育。二是拓展教育的社会参与度，丰富教育的形式。中国特色生态文化建设中，可以利用社会主义制度优势，由政府主导组织协调各方力量，包括政府多个部门以及环保社会组织、生态文明建设模范、社会志愿者等，利用全社会力量开展多渠道、多种形式的生态文化传播、生态教育活动，让社会各个阶层的民众都受到生态价值观教育。

第四，借鉴国外生态教育理论与实践经验，推动我国生态教育法治化发展。中国特色生态文化建设需要总结中国典型经验并上升为科学的理论和工作方法，最终又将这些新理论、新方法用来指导中国的生态建设实践。现在的世界，是经济全球化、文化全球化的世界，中国特色生态文化也是

---

① 刘海霞：《中国特色生态文化建设初论》，载《第十三届中国科协年会第20分会场——生态文明视域中的城市发展研讨会论文集》，2011，第159~164页。

世界生态文化的一部分。西方发达国家的生态教育开展得较早，西方发达国家生态文化建设的一些合理的政策、措施及成功经验值得我们学习和借鉴。西方发达国家大多是通过开展环境教育、推进环境保护社会活动、提倡环保产品和建设生态社区的全方位生态建设规划、立法与实施使广大公众接受人与自然和谐发展的生态发展理念教育。当前，无论从国际的经验来看还是从我国生态文化宣传和教育的现实情况来看，生态文化的宣传与教育的法治化发展都是大势所趋。从国外的经验来看，生态教育法治化发展，在立法的过程中首先必须贯彻全方位融合、协调发展的新发展理念，将生态文化教育理念贯彻到国家大法和部门法中，同时确立可操作的实施和评价机制。

第二章　公众生态意识培养

　　人与动物不同，人是有意识的存在。马克思指出："人则使自己的生命活动本身变成自己意志的和自己意识的对象。他具有有意识的生命活动。……有意识的生命活动把人同动物的生命活动直接区别开来。正是由于这一点，人才是类存在物。或者说，正因为人是类存在物，他才是有意识的存在物，就是说，他自己的生活对他来说是对象。仅仅由于这一点，他的活动才是自由的活动。"① 人通过有意识的活动自觉地适应自然，并通过自身创造性的活动建立起与自然的新关系。在实践中，人们总是在一定观念的引导下改造自然同样也改造着人自身。人类社会的发展过程实质上就是人类认识自然、改造自然并不断获得新的生存方式的实践过程。"只有建立人与自然之间良性互动关系，实现人与自然的和谐发展，人类才能保护好自己的'生命场'，获得可持续发展力。"② 这种人与自然之间的良性互动关系的实现必然有赖于人们按照生态理性合规律地生存。生态意识是"生态理性转化为人们的生态行为的中介"③。本质上，公众生态意识的养成是生态文明理念转化为公众自觉的生态行为的必要条件。生态文明建设，需要把生态文明理念融入社会的政治、经济和文化建设等各个领域的实践之中，在融入过程中虽然政府实施相应的行政强制措施以及法律手段都很重要，然而最为关键的还是要唤起全社会的生态自觉意识。加强公民生态意识教育，进一步提升广大社会公众生态行为自觉性，本质上就是社会主义生态文明建设的内在要求。广大社会公众生态意识养成是由一定社会发

---

① 《马克思恩格斯文集》（第1卷），人民出版社，2009，第162页。
② 蒋笃君：《公民生态意识教育的价值诉求及路径探析》，《河南师范大学学报》（哲学社会科学版）2009年第5期，第232~233页。
③ 刘海霞、宋秀葵：《生态意识：生态文明建设的动力系统》，《山东青年政治学院学报》2014年第1期，第51~55页。

展阶段的文化、法律、伦理与制度等多种因素和机制共同作用的结果。我国公众生态意识的培养，必须坚持马克思主义理论指导，以构建社会主义生态文明观为目标，对中国传统生态智慧和西方现代生态理念进行积极的扬弃，吸收借鉴世界各国公民生态意识培养的成功经验，走出一条适合我国现实国情的价值观教育和培养新路径。

第一节　公众生态意识的基本内涵及其构成分析

无论从社会制度的性质还是从中国文化的发展状况来看，我国公众生态意识的内涵及构成要素都与世界其他国家有着许多不同的显著特征。同时，我国公众生态意识的教育、培养与提升又是世界生态文化发展的一个重要组成部分，我国公众生态意识及其构成要素与世界上其他国家相比在生态理念方面也存在着一定的共同性特征。因而在探讨公众生态意识内涵及其构成要素时，我们需要对不同国家和地区国民生态意识塑造与培养模式及其发展历史进行考察，比较中外生态意识教育的共通性与差异性，同时更要结合我国生态文明建设和生态文化发展的具体实践，只有这样才能归纳出我国公众生态意识养成的特征和规律，才能分析总结出我国公众生态意识的培养目标与有效的实践模式。

一　生态意识的产生

近代以来，工业化快速发展带来了经济高速增长，但同时也带来了严重的生态危机。在工业化进程中，人们在通过"控制自然"而获得极大物质满足的同时，也越来越认识到人类自身正走在一条与自然相疏离的路上。人与自然关系矛盾加深，随之而来的不只是经济发展的减速或停滞，同时也使人类自身处在比任何时候都更为严重的社会风险的"火山口"上。目前生态危机已经严重地威胁人类的持续生存。人们开始重新思考人类与自然的关系，重新探寻实现与自然相和谐的现实有效途径。这种途径的关键就是重新建立基于整体性思维方式的人的生态意识。生态意识是一种反映人与自然和谐发展的新的价值观。它强调地球是一个整体，主张人们从全球观点、从生态整体性观点出发思考人与自然的关系，主张按照生态观点重新确定经济发展的方向、重新确立人类社会发展的道路。

（一） 生态意识的觉醒

环境问题是由人类的社会实践活动造成的。环境问题，主要是指全球环境或者某一区域环境中出现的不利于人类自身生存和发展的各种自然和社会现象。实际上，自从人类有能力对自然进行改造起就可能已经出现环境问题，只是还不够显著或者危害还不足以影响我们的生产生活，所以可以说环境问题是一个历史问题。与这一历史问题相对应的是，自古以来世界各民族都有着保护自然、促进人与自然和谐的朴素的生态意识。而作为一个系统的社会思想体系，现代生态意识是在人们对工业文明破坏了人与自然的关系的深切反思基础上出现的。现代生态意识作为一种人类思想的先进观念，大致产生于 20 世纪的后半叶，是在严重的生态危机背景下产生的。

工业文明时代，人们对人与自然关系的意识是"控制自然"观念占主导地位。科学技术不断进步带动了社会生产力的发展，人类对自然的控制不断强化。在极端的人类中心主义意识形态主导下，人类无节制地开发和利用自然以满足自身的物质需求和消费欲望。人类为了自身的利益，将自然界看作可以无限索取资源的"水龙头"和随意抛洒污染物的"污水池"。人类拼命地向自然索取，不断强化对自然资源的掠夺，严重损害了地球上基本生态过程；人类不断地向自然界排放废弃物，严重损害了自然生态的自身净化能力。人类无节制地开发自然，严重地干涉自然的进程，导致自然本身原有的平衡状态被破坏。人类无限度开发自然、随意丢弃废弃物，造成了自杀性的生态环境危机。生态失衡，生态环境遭到严重破坏，人类面临严峻的生态危机形势。

在发达工业社会，不加限制的资本，加之以工具理性主义为核心的人类中心主义价值观，共同推动了工业文明的发展，人类社会积累了丰富的物质财富，人们征服自然的观念似乎取得了胜利。但是人们很快意识到，现代社会人类控制自然、征服自然价值观主导下的单纯以财富增长为目的的社会发展并没有给人类自身带来幸福，相反却使人类日益陷入生存危机。以工具理性主义为主导价值观的工业文明既为人类社会创造了丰富的物质生活，也给人类社会带来了能够毁灭包括所有生命在内的整个地球的风险，

"旧的工业社会体制与文化意识在这些史无前例的风险面前已经显得苍白无力"，因而"如何规避这些风险已经成了我们所面临的时代课题"①。20 世纪 50~60 年代，西方发达工业化国家开始大规模地爆发生态环境公害事件。这些生态环境公害事件造成的严重危害震惊了整个世界，在西方社会爆发了大规模的环境保护运动，人们生态意识开始觉醒。环境保护运动在世界范围内兴起，带动了人类观念上的变革，要求全球一致行动起来保护我们的环境的呼声在全球各个地方都得到了有力的呼应。1972 年联合国召开了人类环境与发展会议，提出了"只有一个地球"的口号，号召全球一致行动去关怀和维护我们的地球。会议发布的《人类环境宣言》告诫人们："为这一代和将来的世世代代保护和改善人类环境，已经成为人类一个紧迫的目标。"② 人们生态意识的觉醒，使社会大众深刻意识到生态破坏的严重性以及生态思考对人类未来发展的重要意义，从而人类在发展自身的同时保持自然生态平衡的责任感的新观念开始形成。

（二）生态意识的形成

生态意识既是人类对当代生态问题进行深刻反思的结果，又是人们提出有效解决当代生态问题决策的思想前提。人类的现代生态意识，大致形成于 20 世纪 70 年代后期。不同于前工业化时期，现代社会面临的环境问题已经演化为严重威胁包括人类自身在内的地球上所有生命形式的持续生存的生态危机。现代社会，我们人类所面临的已经不再是前工业化时代的一般环境问题的威胁，现代社会的环境问题已经变成威胁我们每一个人的生存以及严重影响人类世代延续的生态风险。当前，人类面临巨大的生态风险威胁："核电"事故和核废料造成的核污染；海洋的化学污染；大气污染带来的"温室效应"；热带雨林遭到大规模的毁坏；大量地施加人造肥料造成"成千上万英亩的表层土壤失去了肥力"等。③ 在进入现代社会以后，人类的发展往往都是以破坏甚至是毁灭地球上其他生命形式及其存在状态为代价的。虽然我们也可能说，为了人类社会的延续，这是不可避免的人与

---

① 周战超：《当代西方风险社会理论引述》，《马克思主义与现实》2003 年第 3 期，第 53~59 页。

② 《斯德哥尔摩人类环境宣言》，《世界环境》1983 年第 1 期，第 4~6 页。

③ 〔英〕安东尼·吉登斯：《现代性的后果》，田禾译，译林出版社，2011，第 111~112 页。

自然的冲突与悖论。但是，我们也应该考虑到，在未来，人类的可持续生存与发展仍然需要以地球上其他生命形式的充分存在为条件。如果对此严重后果，我们不加以反思并寻求有效解决办法，那么人类社会要持续生存将是不可想象的。要解决这一矛盾，我们必须思考"从人地生态和谐意义上探索与重建新的经济生产模式，新的社会生活模式，新的科学、技术、文化及思想模式"①。

当前，生态危机已经发展成为严峻的"全球问题"，亟须我们去积极应对、共同解决。不用科学家告诉我们，我们每一个人也都已经深深地感受到，这一严峻的"全球问题"已经引起当代人生存环境和整个社会物质文化环境的深刻变化，已经对我们的生存方式产生了全面影响。虽然人类社会也在不断地对生态环境问题进行治理，然而我们看到的是，目前情况并没有好转或缓解，反而我们面临的环境问题有日益加剧的趋势。面对当前生态环境形势，人们开始普遍意识到，单靠发展生态技术和减少人类活动并不能使问题得到根本解决。人与自然本身是一个不可分割的有机整体，要解决人与自然的对立，最为根本的是，我们必须改变以往那种对自然界进行盲目掠夺的传统工业化发展模式，需要建立以实现人与自然和谐发展为价值目标的新发展观。

20世纪90年代以来，"全球村"观念已被全世界普遍接受，对全球环境问题的关心几乎已成为整个人类社会的中心议题。世界环境退化对人类生存造成的威胁成为这一时期最受关注的世界性议题。历史唯物主义认为，社会存在决定社会意识，社会意识是对社会存在的能动反映。社会存在的发展变化必定会引起社会意识形式的发展变化。面对日益严峻的生态形势，人们开始用生态学的观点去思考和解决现实问题。正是在这一背景下，一种反映人与自然环境和谐发展的新的价值观开始形成。这一时期，国际政治领域，"环境外交"方兴未艾；经济领域，"绿色技术"、"绿色产品"、"绿色市场"和"绿色税收"不断兴起；生活领域，"绿色消费"、"生态住宅"和"绿色出行"等生态生活方式不断发展。人类的社会生产和社会生活方式出现了日益"生态化"的趋势。这一切的变化"反映到人的意识中、引起人的意识形式的变化，这就是生态意识的形成。它进入社会结构，生

---

① 张培玉：《生态意识的培养途径》，《科学教育》2000年第1期，第9~10页。

长为一种新的独立的意识形式"①。从一定意义上来看，现代生态意识的形成并不仅仅简单是人类面对生态问题的一种应激反应，它实际上是现代人类意识发展与进步的逻辑展开。生态意识不仅注重维护人类可持续生存和发展的生态物质环境基础，同时还强调人需要从生态价值出发思考人与自然的关系和人生的目的。随着全球性生态危机形势的加剧，人们已经逐渐地认识到，只有我们自身生态意识全面觉醒，适宜生态的或者说具有生态合理性的技术手段和法律制度才能得以顺利实行。随着生态危机形势的不断严峻，生态意识也开始由超前的社会意识形态和精英文化逐渐走向社会生活舞台的中心，也开始逐渐渗透公众日常生活，它的影响已经遍及世界各个国家和地区以及人类社会生活的各个层面。特别是随着对生态问题产生原因的深层次探讨，人们越来越清醒地认识到，目前人类所面临的生态问题不只是生态平衡的问题，更暴露出深层次的人类文化危机与公众自身价值体系的生态缺陷。树立生态意识，就是要克服公众自身的价值观念系统中观念、文化的生态缺憾，建立起一套完整的生态道德和生态价值体系。随着人类对当代生态问题认识的深入，现代生态意识的内容也应当不断丰富与完善。

二　公众生态意识的基本内涵

生态意识作为对人与自然关系的科学认知、思想观念、价值取向和行为选择的总集成，已经成为引导人类社会进步和人的发展的价值指引。生态问题的全面解决不可能单独依靠某些社会精英或者个体，它的全面有效解决需要依靠整个社会和所有人的共同努力。社会建设的主体和实践者是广大社会公众，其生态意识水平，直接关系生态文明建设顺利推进。

（一）公众

公众在不同的语境中有着多重的意义和内涵。人们往往泛化使用公众与国民、公民、民众等概念，亦即人们在现实应用中经常会将这几个概念混淆使用。实际上，这几个概念在意义上还是有着不小差别的，同时它们在应用的语言环境上也有所不同。公民与国民具有相同或相近的含义，只

---

① 余谋昌：《生态意识及其主要特点》，《生态学杂志》1991 年第 4 期，第 68～71 页。

是在特别的语境中，它们才有着不同的含义和解释。从法律意义上讲，取得了某一国国籍的人都可称作国民，而公民则是指具有国民身份并在法律上享有公民权同时承担相应义务的人。

公众是在现代政治学、社会学等社会科学领域中使用频率较高的一个词。公众在一般意义上是一个集体概念，是由某些具有共同特质的个体组成。西方一些学者认为，在政治学领域，公众并不完全等同于民众，公众是实实在在的人群，公众是指那些拥有需要共同解决的问题的民众。当这些民众在一起讨论某些共同问题并将之合理解决的时候，他们便成了公众。在这里，对共同事务的关注、讨论和解决问题是公众形成的机制。1998 年欧盟和中亚几个国家签订的《奥胡斯公约》，① 对公众做出了具有代表性的界定："公众指一个或多个自然人或法人以及按照国家立法或实践兼指这种自然人或法人的协会组织或团体。"② 公约中的"公众"既包括自然人也包括社会组织、社会团体。自然人是具有自然生物属性的人，所有的公民是自然人。而公众所包括的组织或团体，则主要是指有着"共同利益的团体、居民团体、兴趣团体、公共利益团体"以及那些"尚未组织化的公民群体，他们在特定问题上享有利益"③。法国学者丹尼尔·戴扬认为，"公众是指具有主动参与意愿的多元群体"④。在戴扬看来，有社会问题参与才有"公众"。西方现代传媒理论一般是主张从区分"私域"和"公域"的角度讨论公众概念的。英国文化学者戴维·汤普森提出的新"公众"概念在当今大众传播时代很有代表性。汤普森认为，在现代社会，大众传媒使得人们传统的公共概念发生了改变，现代传媒造就了一种"传媒新公众"。西方理论界还有"新闻公众"的理解，即认为"公众就是一群聚合在一起讨论新闻的陌生人"⑤，一些人为讨论共同关心的问题而聚合在一起就形成"公众"。

---

① 1998 年 6 月 25 日，35 个欧盟国家和中亚几个国家在丹麦奥胡斯签署了《公众在环境领域获得信息、参与决策和提起诉讼的奥胡斯公约》，简称《奥胡斯公约》。
② 蔡守秋：《析 2014 年〈环境保护法〉的立法目的》，《中国政法大学学报》2014 年第 6 期，第 31~44 页。
③ 龙飞、李智：《公众参与概念的透析》，《中学政治教学参考》2013 年第 6 期，第 51~52 页。
④ 周国文：《公众、传媒与公民权利》，载《理论与现代化》2007 年第 2 期，第 29~34 页。
⑤ 李霞：《"互联网+"时代公众参与的法律规制》，《哈尔滨工业大学学报》（社会科学版）2016 年第 6 期，第 11~16 页。

这些关于公众概念的理解对于深化我们对公众概念及其内涵的变化发展的了解具有一定的借鉴意义。

目前，我国还没有一种学界十分认同的对公众概念的界定。尽管如此，但公众概念在我国已经发布实施的多部法律法规中都有运用，我们从中能够归结出这一概念的内涵及其使用范围。早在 2001 年颁布实施的《规章制定程序条例》第十五条就规定："起草的规章直接涉及公民、法人或者其他组织切身利益，有关机关、组织或者公民对其有重大意见分歧的，应当向社会公布，征求社会各界的意见。"① 而 2017 年新修订的《规章制定程序条例》将"旧条例"中的第十五条修改为"新条例"第十六条。新条例规定：起草规章，"涉及社会公众普遍关注的热点难点问题和经济社会发展遇到的突出矛盾，减损公民、法人和其他组织权利或者增加其义务，对社会公众有重要影响等重大利益调整事项的，起草单位应当进行论证咨询，广泛听取有关方面的意见。"② 根据《规章制定程序条例》及其修订的内容来理解，公众包括公民、法人和其他组织。2014 年，新修订颁布的《环境保护法》第五章"信息公开和公众参与"中第五十三条规定"应当依法公开环境信息、完善公众参与程序，为公民、法人和其他组织参与和监督环境保护提供便利"③。新《环境保护法》中的"公众"也主要是包括"公民、法人和其他组织"。而在"公众参与"表述中，"公众"主要包括所有公民和社会团体。"公众参与"既包括以个体形式的参与，也包括以民间组织或团体的集体参与形式。在这里，公众则主要指的是政府为之服务的广大主体群众。在有些学者看来，"公民参与"或者"公共参与"、"公众参与"，就是"公民试图影响公共政策和公共生活的一切活动"④。"公民参与"的主体是"拥有参与需求的公民，既包括作为个体的公民，也包括由个体公民组成的各种民间组织"⑤。这是将公众与公民等同使用，主要是公共性、大众性群体概念。

---

① 《规章制定程序条例》，《新法规月刊》2002 年第 1 期，第 28~31 页。
② 《国务院关于修改〈规章制定程序条例〉的决定》，《人民日报》2018 年 2 月 27 日，第 20 版。
③ 《环境保护法》，《人民日报》2014 年 7 月 25 日，第 8 版。
④ 俞可平：《公民参与的几个理论问题》，《学习时报》2006 年 12 月 18 日，第 5 版。
⑤ 俞可平：《公民参与的几个理论问题》，《学习时报》2006 年 12 月 18 日，第 5 版。

根据以上的分析综合起来看，公众概念主要有着两种不同语境下的应用，一是在某一特定语境中特指公众中的个体，二是普遍用作包括政府、企业、社会组织和民众个体的集合概念。

（二）意识

意识是一个在哲学、心理学、教育学和社会学等学科中广泛使用的概念。意识一词对于人来说是一个具有重要意义的概念。不同时代的人们都在不断地尝试着对人的意识本质及其对人的发展意义进行探索和解读。从本质上看，意识是人对物质世界的主观映像。"观念的东西不外是移入人的头脑并在人的头脑中改造过的物质的东西而已。"① 意识既是"个体意识"同时又是"群体意识"，是两者辩证的统一。从内容上看，意识则是知、情、意三者即"认识、情感、意志三个方面"② 的辩证统一。

1. 认识

从一般的意义上来说，人的认识是人的行为的前提概念。认识有时也被称为"知识"或"认知"③。也可以说，认识作为人的理性的一种前行形态，它决定了人的任何一种理性能力和行为都是以人的认识能力为其前提和基础的。

人的认识具有一种自觉的性质。人的认识的自觉性质首先是从对自身的最基本需要以及自身的行为的自觉开始的。人类的所有物质活动和精神活动是在人的认识的自觉性质这一基础上产生和形成的。人的认识的自觉性质是我们理解人的一切活动的前提和基础。人既具有感觉能力又具有感知能力。人的感知能力的最基本特征实质上就是对感觉的一种自觉，是对感觉的一种自我感知。人的认识的自觉能力是人的全部能力中的一种最基本的能力，人的全部思想和行为是从自觉开始的。

人的认识是一种能够使自身对象化的意向。这一能力是建立在人的自

---

① 《马克思恩格斯文集》（第 5 卷），人民出版社，2009，第 22 页。
② 环境保护部宣传教育司：《全国公众生态文明意识调查研究报告（2013 年）》，中国环境出版社，2015，第 7 页。
③ 李秀林等人在其主编的《辩证唯物主义和历史唯物主义原理》中指出："意识是知、情、意三者的统一。""'知'指知识，是人类对世界的一种真理性的追求，它与认识的内涵是统一的。"参见李秀林等《辩证唯物主义和历史唯物主义原理》（第五版），中国人民大学出版社，2004，第 53 页。

觉性的前提下和基础上的。如果人的认识不能达到一种自觉，则对象化的意向便无从产生。人的这种自觉来源于人的需求得到满足的意向。对象化是人的这种意向达成的关键。对象化是指主体通过实践把自身的目的、理想、知识和能力等本质力量转变为一种客体形式，并创造出一个属人的世界。马克思指出："劳动的产品就是固定在某个对象中的、物化的劳动，这就是劳动的对象化。劳动的现实化就是劳动的对象化。"① 这一由主体创造而来的客体形式，或者是一种实物的形式，是一种改变了原有形态的并符合人的需要和目的的自然物；或者是一种符号的形式，是一种具有意义的语音或文字；或者是一种介于实物和符号之间的形式，是一切具象的艺术形式，这些具象艺术同时具有实物的物理属性以及符号的意义属性。认识的对象化意向，既是人类社会一切文化现象得以产生的最基本、最原始的契机，同时也可以称作一种冲动、一种创意。如果没有人的认识这种对象化的冲动或创意，人类的所有文化现象也就可能无从产生。

人的认识活动是一个社会实践过程。人的认识的性质和能力只有在一定的社会群体中才能得以实际地呈现、形成和发展，即人的认识是在社会实践群体中发生的。人本质上就是一种类存在物。马克思指出："人不是抽象的蛰居于世界之外的存在物。人就是人的世界，就是国家，社会。"② "人的本质不是单个人所固有的抽象物，在其现实性上，它是一切社会关系的总和。"③ 社会的存在即人的生存的社会文化环境，对于人的个体的实际存在具有十分重要的意义和价值。因而，人的认识的结果 "一开始就是社会的产物，而且只要人们存在着，它就仍然是这种产物。"④ 人的认识的自觉性以及对象化意向是人类意识形成的必要条件，而人的认识的群体发生原理则是人类意识形成的充分条件。在这一意义上来说，人的认识的自觉性、对象化意向和群体发生原理是我们理解和解释人和人的意识形成与发展的前提和基础。同时，人的认识的自觉性、对象化意向和群体发生原理也是我们人的全部理解活动和交往实践活动的本质与基础。

---

① 《马克思恩格斯文集》（第1卷），人民出版社，2009，第156~157页。
② 《马克思恩格斯文集》（第1卷），人民出版社，2009，第3页。
③ 《马克思恩格斯文集》（第1卷），人民出版社，2009，第501页。
④ 《马克思恩格斯文集》（第1卷），人民出版社，2009，第533页。

2. 情感

情感是构成人的行为和活动的基本动机之一。"情感,是人类对客观事物的感受和评价,表现为热爱、仇恨、向往、遗憾以及喜怒哀乐等心理的体验活动。"[①] 人的行为和活动总有情感的因素贯穿于其中,必定会受到情感的激发或抑制。人的意识活动也不例外。情感一般是指由外界事物所引发的人的某种心理意识状态。情感是被自觉地意识到的主客体关系中的主体状态。实质上,情感可以被理解为人的欲望与理性之间的一种过渡形态或者是中介形式。人的情感仍然包含有欲望的因素,但已经不再像纯粹的原始欲望那样处于本能的状态。情感中开始渗入理性的因素,但又不具有纯粹的思想所特有的那样稳定的特征。这是一种正在形成过程中的但又尚未形成的思想。它是以一种意向的形式出现而构成人的行为动机的。积极的情感给人的意识活动注入活力和生机,对人的意识的发展是一种推动力量。当人们的情感与所从事的意识活动发生共鸣时,人的意识就会受到情感的激化,从而激发人的意识潜能,加速人的意识活动的进行。要发挥情感对人的意识进程的积极作用,我们就需要正确把握情感,对其进行合理地调节和控制。

3. 意志

意志是人的认识对人的自身行为和活动的动机进行自觉地强化后所产生的一种心理意识现象或状态。人的认识会对人的欲望产生一种选择强化和变异的作用,当人的认识这种选择性强化达到了一种自觉的状态时,便形成了人的意志。人的行为和活动的动机除了人的欲望以外,也可以由情感或思想所产生的意向所构成。实际上,意志可以被定义为一种被认识自觉地强化了的欲望或意向。人的欲望和意向在作为人的行为和活动的动机存在的同时又必然作为一种人的行为和活动的内在的目的存在。具有内在的目的性是人的意志的一个基本特征。现实中,不同的人的意志之间存在着巨大差别。一般情况下,人的认识必定要对自己所想要实现的欲望和意向亦即行为和活动目的有所选择。当一个人选择了某种欲望或意向并进行强化时,他在某个特定时期内的行为取向和行为特征就确定了。意志是一

---

① 李秀林等:《辩证唯物主义和历史唯物主义原理》(第五版),中国人民大学出版社,2004,第53页。

个中性的概念，它可能会是一种具有积极意义的意志，也可能会是一种具有消极意义甚或是破坏性意义的意志。到底是一种什么样的意志，则主要取决于被认识自觉地强化了的欲望或意向的性质。被人的认识自觉地强化了的如果是一种合理的欲望或者是一种高尚的动机，则可能会是一种对人自身和社会都具有积极意义的意志。被认识自觉地强化了的如果是一种不合理的欲望或意向，则可能会是一种对人自身和社会都具有消极意义的意志。意志对认识的进行也是一种激发和调控因素，是认识活动的支撑力量和推动力量。

意志与情感是两种典型的意识现象，它们都具有自觉的性质同时也表现出其对象化意向的特性。意志对调控人的情感也起着重要作用。在人的认识活动过程中，意志以目的性和自觉性的特点把人的理智和情感统一起来，既以理智调控情感，又以情感激活理智，从而使主体排除外在和内在的干扰去实现自己的目的和理想。认识、情感和意志共同构成了人的意识的最基本、最重要的存在特征和存在形式。人作为一种不同于动物的有意识的存在物，在追求对世界的真理性认识的同时还追求人类自身的全面发展、追求人与世界关系的和谐。

（三）生态意识

在现实的运用中，生态意识、环境意识、绿色意识等概念往往被看作同一事物的不同称谓，它们主要是在表述角度上的区别。环境意识"是就问题发生的领域而言"，生态意识"是就问题涉及的本质而言"，绿色意识则"是一种具有文学色彩的表象语汇"[1]。实际上，"生态"与"环境"意义及所指是存在着一定的差别的。西方学者丹尼尔·A.科尔曼指出：从词根来看，"环境""意即自然是围绕我们、脱离我们的某种东西"，而"生态的概念与之相反，它强调关联性，并坚决地把人类放在自然之中"[2]。可以看出，科尔曼认为与"环境"相比较，"生态"更符合表达人与自然和谐关系的意图，而在生态意识概念中的"意识"一词，实质上是指一定的思想

---

[1] 张培玉：《生态意识的培养途径》，《科学教育》2000年第1期，第9~10页。
[2] 〔美〕丹尼尔·A.科尔曼：《生态政治：建设一个绿色社会》，梅俊杰译，上海译文出版社，2002，第116页。

体系或者意识形态。因此，生态意识并不是一般意义上的"意识"，它是社会意识中的一种高层次意识，是一种意识形态。

国际上在论述生态意识时大多使用的是"环境意识"概念。"环境意识"是由英文（Environmental Awareness）翻译而来。在狭义上，"环境意识"可以理解为"对大自然价值及与自然有关的人类行为的价值的认识"；在广义上，"环境意识"还应该包括"对人类创造的物质型历史遗产的价值及与之相关的人类行为的价值的认识"①。在西方理论界，人们在论述生态意识或环境意识时，又往往使用"环境素养"（Environmental Literacy）②、"新环境范式"（New Environmental Paradigm，NEP）③ 和"环境关心"（Environmental Concern）④ 等相关概念。这些概念虽然在意义上有着较大差异，但它们基本上有一个共同的内核，即它们都是人们对人与自然关系的生态认知。目前，人们并没有对生态意识与环境意识之间的区别达成一致看法。

目前生态意识的定义呈现多样化状态。截止到现在，学术界对于生态意识还没有一个统一的定义。为了更为客观全面地把握生态意识概念，本文先对国内外的主要观点做一梳理。

国外学者有关生态意识的论述中最早最有影响力的应当是美国学者奥尔多·利奥波德与苏联社会生态学学者Э.В.基鲁索夫。20世纪30年代，美国学者利奥波德最早论述人的"生态意识"⑤ 概念。利奥波德提出的"土地伦理""土地共同体"等生态观念"标志着生态学时代的到来；事实上，它也将被看作是一种新环境理论独特而极简明的表达"⑥。利奥波德认为：

① 徐嵩龄：《环境意识关系到中国的现代化前途》，《科技导报》1997年第1期，第46~49页。
② 王民：《环境意识及测评方法研究》，中国环境科学出版社，1999，第1页。
③ Dunlap, Riley E./van Liere, Kent D., 1978, "The 'New Environmental Paradigm': A Proposed Measuring Instrument and Preliminary Results", In Journal of Environmental Education, (9).
④ Weige, Russell/ Weigel, Joan, 1978, "Environmental Concern: The Development of a Measure". In Environment and Behavior, (10).
⑤ 〔美〕奥尔多·利奥波德：《沙乡年鉴》，李恒嘉、袁琼琼译，吉林人民出版社，1997，第197页。
⑥ 〔美〕参见唐纳德·沃斯特《自然的经济体系——生态思想史》，侯文蕙译，商务印书馆，1999，第334页。

在人们普遍"缺乏觉悟的情况下，义务是没有任何意义的。我们面对的问题是要把社会的觉悟从人延伸到土地。"① "当一个事物有助于保护生物共同体的和谐、美丽和稳定的时候，它就是正确的，当它走向反面时，就是错误的。"② 在他看来，"当伦理的边疆推向社会时，它的意识上的内容也就增加了"③。利奥波德将生态意识定义为有助于保护生物共同体的和谐、美丽和稳定的生态责任，他希望人们不仅将伦理责任推向人与人之间，更要拓展到自然之中，进而倡导人对自然的保护义务。虽然实质上这时的生态意识还只是一种对自然的朴素责任，但也表明生态问题已经显露出来，人们的生态意识逐渐觉醒。尽管有关在何种意义上确立大自然的道德地位这一问题依然存在着争议，但"利奥波德鼓舞了每一个关心环境伦理的人"，并且从此以后"这些问题再也不会被忽视了"④。

苏联学者基鲁索夫将生态意识看作现代社会正在形成的一种新的独立的意识形式。他的《生态意识是社会和自然最优相互作用的条件》在 1986 年被译介到中国。他在这篇文章中对生态意识进行了明确的定义，并同时对生态意识的主要特点做了分析。他指出："生态意识是根据社会和自然的具体可能性，最优地解决社会和自然关系的观点、理论和感情的总和。"⑤ 基鲁索夫的这一定义表明：其一，现代生态意识是一种人们的"观念、理论和感情的总和"，说明生态意识既包含观念、理论这种对"社会和自然"的理性认识也包含"感情"这种非理性的情感体验和表达，它是人们生态知识与情感的集合体；其二，"社会和自然的具体可能性"是现代生态意识的存在基础；其三，现代生态意识本质上是一种"最优"意识，是人们对社会和自然关系的最优社会实践的意识反映。基鲁索夫对生态意识的定义基于现实的"具体可能性"，强调现代生态意识是人的感性与理性结合的认

---

① 〔美〕奥尔多·利奥波德：《沙乡年鉴》，李恒嘉、袁琼琼译，吉林人民出版社，1997，第199 页。
② 〔美〕奥尔多·利奥波德：《沙乡年鉴》，李恒嘉、袁琼琼译，吉林人民出版社，1997，第213 页。
③ 〔美〕奥尔多·利奥波德：《沙乡年鉴》，李恒嘉、袁琼琼译，吉林人民出版社，1997，第214 页。
④ 包庆德、夏承伯：《土地伦理：生态整体主义的思想先声》，《自然辩证法通讯》2012 年第5 期，第 116~124 页。
⑤ 〔苏联〕Э. B. 基鲁索夫：《生态意识是社会和自然最优相互作用的条件》，余谋昌译，《哲学译丛》1986 年第 4 期，第 29~36 页。

识特征，同时突出了现代生态意识的"最优"化的实践价值取向。在一定意义上，他的这一定义是比较规范的现代生态意识概念表述。基鲁索夫的生态意识定义突出地反映了在现代环境问题日益凸显的背景下人类思维方式进行生态化转换的重要意义，具有充分的社会性和时代性特征。人类发展的历史是连续的，但同时我们这个世界的文化发展也实实在在地存在着客观的、明显的不平衡性和多样性。从这一角度来看，基鲁索夫的定义也存在着明显的不足：一方面，这一定义"缺乏历史连续性，把生态意识看成是静态的，导致概念运用上的局限"；另一方面，这一定义"缺乏辩证的逻辑性，把生态意识作为一种理想的、唯美的概念，忽略了意识的可变性和局限性"[①]。

国内的学者对生态意识概念的界定与论述较多。这里仅选取几位专家学者的观点进行介绍。余谋昌等认为，生态意识有广义与狭义之分：广义的生态意识是"对人与自然关系以及社会之间的相互依存、相互影响、相互作用等关系的反映"；而狭义的生态意识则是人类"对工业文明时期所造成的自然资源浪费、环境污染和生态失衡等实践问题所产生的反映"[②]。包庆德认为，人类"不合理的实践必然造成或导致生态环境的破坏、污染或失衡"，而对于这些活动和现象，"作为生态主体的任何人和人类社会总是做出这样或那样的反应和认识"，这些反应和认识的总和就是生态意识。[③]高中华认为，生态意识是人们"对于自身行为自觉地按照生态发展的规律来规范各种活动的观念和意识"[④]。刘湘溶将生态意识定义为：人类以对自然中的一切生物（包括人自身在内）与环境之间关系的认识成果为基础而形成的"特定的思维方式和行为取向"[⑤]。姚文放认为，生态意识是指理解和处理人与自然关系时"应持的一种健康、合理的态度"以及"应有的一种认真、负责的精神"，其主旨就是要"尊重物类的存在，维护生命的权利，顺应自然运行的规律，谋求自然世界的和谐关系，保证自然系统的良

① 色音：《萨满教与北方少数民族的环保意识》，《黑龙江民族丛刊》1999年第2期，第77~83页。
② 钱俊生、余谋昌：《生态哲学》，中共中央党校出版社，2004，第237页。
③ 包庆德：《起源与变迁：人类的生态和生态意识扫描》，《内蒙古民族师范学院学报》（哲学社会科学版）1998年第3期，第47~51页。
④ 高中华：《环境问题抉择论》，社会科学文献出版社，2004，第271~272页。
⑤ 刘湘溶：《论生态意识》，《求索》1994年第2期，第56~61页。

性循环、正常流通和动态平衡"①。上述学者对生态意识概念界定的表述虽然有所不同，但其中的精神实质还是基本一致的，主要是从认识论的角度将生态意识看作人们对现代生态环境问题以及如何加以科学应对的思考与认识，将生态意识定义为一种现代生态价值观、伦理观与自然观。

通过以上的介绍分析可以看出，我国学界对于生态意识概念的共识主要可以归结为以下几项：生态意识是人与生态环境之间和谐发展实践关系的观念反映，是对人的生态性实践的反映；生态意识是人认识和处理自身发展以及人与自然相互关系的自觉意识，是一种强调和谐相处与协调发展的意识；生态意识是一种伦理意识，是以人与自然协调发展为根本价值取向的观念，是一种事实性意识与价值性意识相统一的伦理观念。对生态意识概念的理解只是体现了对其内涵不同视角的侧重，目前并没有统一的结论，但总体上来说，都是关于人与自然生态关系的各种先进思想观念的集合以及人们生态参与行为自觉意识。作为一种社会意识，生态意识的主体是整个人类社会，客体则是人与自然的关系。在现代社会，"生态意识是一种新型的公民社会价值观"②。

（四）公众生态意识是一种现代生态意识

人类意识的生成建立在对客观现实的认知基础之上，是个体对客观世界进行反应的高级心理活动。马克思指出："物质生活的生产方式制约着整个社会生活、政治生活和精神生活的过程。"③ 一定的意识是人对自身及其所处的一定的社会存在的反映。生态意识作为人的社会意识的一个子范畴，它是人们对自身生存社会文化环境的生态思考。生态意识就是指人们在处理自身活动与自然之间相互关系时所秉持的符合生态理性的立场、观点和方法。生态意识是社会意识中一种高层次意识，是对人的生态存在的现实反映，它反映的是人类对自己生存发展于其中的生态存在的深层次把握。生态意识主张人们必须从生态价值观或者是从生态整体意识出发处理人与自然之间的关系。生态意识是人类依据自己时代的生产力水平对自身生态

---

① 姚文放：《文学传统与生态意识》，《社会科学辑刊》2004 年第 3 期，第 117~123 页。
② 柴爱仙、赵学慧：《公民生态意识形成的内在机制探讨》，《河南师范大学学报》（哲学社会科学版）2010 年第 1 期，第 250~252 页。
③ 《马克思恩格斯文集》（第 2 卷），人民出版社，2009，第 591 页。

存在状态的主观反映，它体现于文化领域的各个层面，包括知识、情感以及宗教信仰、思想观念、风俗习惯与法律制度等方面，是人对自然以及对人与自然关系的思想意识的总和。作为一种社会意识，生态意识对人的实践活动具有指导作用，并物化在人的行为与文化上，能够实现人与自然关系问题的阶段性解决。但同时与人类其他社会意识一样，生态意识也具有自身的历史局限性和可变性，需要人们不断地发展和完善。公众生态意识的生成也是这样。但是与一般的人的心理活动的感知内容不同的是，公众生态意识是人们对自身在现代社会中所处生态环境关系的现实感受和应有的认识，它是现代人对人与自然关系的理性的、定型的和系统的认知。公众生态意识的出现可以说是现代社会人类认识领域与范围的新突破与革命。现代生态意识概念不仅客观地描述了生态环境的现实状况，同时还强调以人与自然的和谐发展为目的；不仅强调人类利用自然资源服务于人类，还要求加强对生态环境的建设和优化。工业文明时代的"控制自然"的意识是一种"征服"意识，而生态文明时代的生态意识则是一种"协调"意识。生态文明意识是人类价值观、道德观和社会发展观的一种理性升华，是能够合理地运用生态理性理解和把握人与自然之间关系的生态思维活动过程及其结果。

公众生态意识是现代社会公民意识中的一项主要内容。公民意识主要是指公民"对其自身与国家之间关系的心理体认和生活实践"，主要包括有"公民的身份意识、权利意识、参与意识、监督意识、义务意识和法律意识"，而在现实的政治生活实践中则主要体现为"公民的信任能力、参与意愿、公共精神和正义感等"①。一般而言，现代公民意识具有四维结构："主体意识、权利意识、责任意识和参与意识"②。公众生态意识是现代社会公民意识在生态文明建设实践中的主要体现。公众生态意识这一概念形成是基于整个现代社会已经达成一定的生态理性共识的。人们很早就对人与自然的关系有所认识，人们在历史上很早就具有朴素的生态意识，这些人类早期的生态认识大多是比较被动、肤浅和片面的，具有一定的局限性。只

---

① 李艳霞：《公民资格视域中中国公民意识培育基础初探》，《人文杂志》2007 年第 3 期，第 175~178 页。
② 何平立：《公民观、公民意识与公众参与》，《探索与争鸣》2013 年第 8 期，第 25~27 页。

有当生态问题发展到一定的阶段时，特别是工业社会人与自然的矛盾进一步凸显，自觉、深刻、全面的现代生态意识理念才形成。一般意义上的生态意识着重于对人与自然互动过程中的结果的客观反映，既有正面积极的结果也有消极负面的结果。现代生态意识本身就是一种生态文明意识。它着重于考察人与自然的生态可持续发展关系。生态文明意识是指人类为谋求人与自然和谐发展而形成的一种现代生态思想观念。生态文明意识实际上是人们正确地"对待生态问题的一种进步的观念形态"，体现的是"人与自然平等和谐的价值取向"①。现代生态意识内在地要求"人们在价值观念、生产方式、生活方式和社会结构等方面都具有文明意识"②。现代生态意识是主张从人与自然的整体优化目标出发实现社会进步和人的发展的一种意识要素和观念形态，客观反映了生态规律的支配作用和生态条件的制约作用。这一现代生态文明理念突破了过去那种分别从单个自然现象或单个社会现象进行理解与认识的理论框架与方法论局限。它要求把人对自然的改造与利用必须限制在地球生态条件所容许的自然限度内，批判那种片面地强调人对自然的统治的狭隘人类中心主义，反对无止境地向自然索取的物质享乐主义、消费主义。这是一种反映人与自然和谐发展的新价值观，是现代人类社会文明的重要标志。它既注重维护人类社会发展的生态基础，又强调从生态价值的角度思考和确立人与自然关系和人生目的。现代生态意识是人类社会的共识和"类的认识"，因而它最终也必将落实在生态保护的全世界统一行动上。提升公众生态意识的最终目的是促进公众养成与自然和谐发展的行为自觉性。

二　公众生态意识的构成

公众生态意识培养不仅是构建社会主义生态文明观的重要内容，也是建设生态文明的前提条件。作为人类社会的一种新文明形态，社会主义生态文明并不会自发地产生，它要求人们自觉行动并广泛参与。在一定意义上，社会主义生态文明的实现主要取决于人们生态意识的养成与完善。探讨公众生态意识及其构成，有助于把握公众生态意识形成的主要影响要素，以便于从

---

① 闫喜凤：《论生态文明意识》，《理论探讨》2008年第6期，第65~68页。
② 张维真：《生态意识及其构成分析》，《求知》2014年第11期，第9~11页。

整体上探索和发现推动公众生态意识培养与提升的具体方法和路径。

（一）生态意识的基本特征

生态意识是人们进行生态实践活动的现实反映。生态意识是现代社会人对自身本质力量的自我意识，真实地反映了人对自身在整个社会系统和生态系统中的地位和作用的全面认识。这一认识是建立在对人与自然关系的科学认识和新的生态哲学观念基础上的。生态意识"作为一种现代的人类意识是生态科学意识和生态价值意识的统一"[1]。生态意识的基本特征主要包括系统性、能动性、历史超越性和社会性等几个方面。

1. 系统性

生态意识是对人与自然的关系的现实反映。它所反映的客观对象是复杂的生态系统。它所强调的不是与某一单个自然现象之间的联系，所反映的是贯穿在人与自然之间的一种复合生态系统的相互作用与相互关系。生态意识所反映的内容是人与自然之间相互依存、相互作用的系统性关系，并且这种反映是一种从政治、伦理、审美与科技等不同视角出发的全方位反映。在认识的关系上，生态意识的主体是人，客体则是人与人以及人与自然的复杂关系。在这一反映和认识活动中，不能撇开主体的价值诉求而去直观地反映对象的客观性，而是要在主体和客体的相互联系的互动实践中反映客体。很显然，它所反映的对象绝不同于普通的客体，要反映和把握的客体具有综合性和整体性特征。这一认识过程与结果必定是一种分析与综合的统一。首先，人们要把握的认识对象即生态系统具有多样性和差异性特征，再加上不同的国家和地区由于处于不同的发展水平和不同的发展阶段，因而人们就会面对不同的"人化自然"以及不同的人与自然的关系，即会面对不同的环境问题。这就要求生态意识从这种多样性与差异性中认识并把握生态系统的整体性特点。其次，生态意识要能动地反映并科学地预见生态规律即自然环境发展变化的结果及其可能产生的影响，就必须具有极强的综合性。生态系统是一个网络状复杂的整体。在系统内，事物内部各部分之间以及事物与事物之间相互作用并推动整个生态系统不断

---

[1] 刘湘溶：《论生态意识的构成及特征》，《湖南师范大学社会科学学报》1992年第6期，第45～50页。

发展演化，形成了整体生态系统。生态意识作为对整个生态系统这一生态存在的真实反映，是一种综合性思维。生态意识要求人们将生态过程的各个方面联系起来思考，探究各个生态现象之间的内在联系，把生产生活和环境保护结合起来进行思考。现代生态意识是人对当代生态生存的"整体思维"，立足于整个世界的视角思考环境问题，不仅强调依靠技术手段与政治和经济制度解决环境问题，同时还认为最为重要的是要实现人的文化价值观的变革。整个世界抑或生态系统本身是一个复杂多变的整体，因而需要将引起现代环境问题的各种影响因素联系起来进行综合分析和思考，以便找出环境问题的科学解决办法。生态意识是将多种学科综合起来思考问题的。

生态意识是人对生态系统及其运行规律的科学认识，是一种将人与自然看成生命共同体并引导生态实践协同发展的全局意识，是一种既注重代际生态平等又注重人与自然平等的生态价值意识和生态责任意识。生态系统本身是各自独立但又相互作用的生物群落与环境所组成的功能整体。内部各要素之间彼此联系、相互作用的生态系统的系统性决定了生态意识的系统性特征，因为以观念形态存在于人的头脑中的生态意识正是对生态系统这一社会存在的客观反映。人们如果能够用对这条规律的正确认识即科学的现代生态意识来指导社会实践，就会自觉地按照生态合理性安排物质生产以及自身的生产。这样，人类社会的发展就不会"因生态失调、资源不足，人口剧增而严重地影响国民经济的发展"①。

2. 能动性

动物自发地调节其自身与外界的关系，而人则能够按照生态合理性自觉地调节人与自然的关系以及自身的活动。这种能动作用还包括人类能够认识到人类利用和改变自然有一个限度，认识到如果人类活动超越这个界限就会导致自然生态潜力遭到破坏。通过反思并认识到无限度地开发自然将会给人类自身及生态环境造成破坏性后果，人类就会形成一种有节制地开发、合理利用自然的意识和行为。人类这种自觉调节的社会活动所涉及的领域，既包括自然领域，又包括社会领域。人类社会能够自觉地将社会发展与生态保护相协调，人类活动不但不破坏自然反而促进自然良性循环，保持生态系统的稳定状态。生态意识作为一种社会意识形式，能动性是它

① 张久恒：《论生态意识的基本特征》，《江淮论坛》1988 年第 6 期，第 41~43 页。

的一个主要特征。它对人的社会实践具有能动的调节和推动作用。这种能动性表现在两个方面。一是生态意识能动地反映生命系统与环境系统之间的相互作用规律，形成具有生态合理性的观点、理论与情感，并使生态意识的内容日趋完善。二是生态意识能动地推动人们将生态观点、理论和情感转化为生态道德规范并使人们能够自觉地按生态合理性要求去认识与改造自然，最终实现人与自然协调发展。生态意识能动性本质上是人对生态规律的科学认识和运用，因而人们只能在生态规律所允许的范围内发挥其能动性。人类只有遵循生态规律并使自身的活动符合生态合理性，才能保持生态稳定并实现生态系统良性循环。无论在任何条件下，夸大主体改造自然的能动性而超越自然的限度和环境的承载力，都不仅不能够扩大反而是缩小了人类自由的界限。

在科学理解生态意识能动性特征时，列宁关于"历史发展不平衡"的理论以及"辩证唯物主义关于意识具有相对独立性的学说"，"特别是意识具有超前性的学说"①，对于我们理解生态意识对于生态文化建设的引领作用仍然具有重要的指导意义。我们要正确看待西方生态意识的发展，虽然西方社会生态文化理论发展取得了一定的成就，但是对于西方生态理论我们并不能盲目地"拿来"。在借鉴西方生态理论的同时，要关注到其中的极端主义倾向和"亚文化""还原主义"发展趋势。同时，我们在理解我国公众生态意识水平时，不能仅凭科学技术发展起步晚、发展水平还不高就认为中国人的生态意识水平必然比西方发达国家民众低。事实上，作为发展中的社会主义国家，中国在大力推进工业现代化发展的同时已经高起点地开启社会主义生态文明建设之路。历史必将会证明，中国一定能够走出一条"跨越式发展之路"，能够"规避资本主义工业文明的弊端"，利用好"社会主义的制度优势"和"中国传统文化的优质资源"，必定能够实现建设社会主义生态文明的美好愿望。②

3. 历史超越性

社会存在决定社会意识。受生产力发展水平的制约，一定的生态意识

---

① 樊美筠、王治河：《第二次启蒙的当代拓荒者——深切缅怀汤一介先生》，《深圳大学学报》（人文社会科学版）2015 年第 1 期，第 5~10 页。

② 樊美筠、王治河：《第二次启蒙的当代拓荒者——深切缅怀汤一介先生》，《深圳大学学报》（人文社会科学版）2015 年第 1 期，第 5~10 页。

必然是一定的自然环境和社会环境交互作用的结果。不管是传统的还是现代的生态意识，它们都是对人们各自所属不同时代的人与自然生态关系的反映，因而也是不同时代的人们对当时人与自然关系的一定程度的理解和描述。在世界文明发展进程中，自古以来都有许多哲人与智者从不同角度对生态问题进行过智慧总结和论述，其中有许多对人与自然和谐相处关系的认识还是较为深刻的，对我们如何处理人与自然的关系仍具有一定的启示意义。在世界历史中的农耕文明时代，在世界许多地方都产生过各具特色的生态意识。今天在世界各地的一些民族文化中，还继续保留有原生的生态意识及文化传统。正是这些传统生态文化与生态观念约束着人类的行为，才使得人对自然的破坏受到一定控制，人与自然的关系才能长时期地保持着基本稳定。从人类社会意识发展历史进程来看，现代生态意识与传统生态意识之间必然存在着历史继承性关系。传统的生态意识所反映的内容，在人类社会的历史与文化留存中都客观地存在着。现代生态意识只有在批判与继承的基础上与传统生态意识相融合，才能使自身真正具有理论发展的整体性。生态意识发展具有历史继承性特征，要求我们进行生态意识教育和培养时不应该脱离人类历史与文化的根基。

现代生态意识反映社会存在，并不必然地受过去的理论结构的限制和制约。不同时代，人们认知方式决定了人们意识发展的深度和广度。传统生态意识的认知方式表现为直观、直觉和感性的特征，而现代生态意识则是建立在现代理性分析和科学实验基础之上的。传统的理论体系，特别是工业化以来，在价值判断和价值取向上以"控制自然"为主导，这种片面的人类中心主义价值观不仅把人与自然分割开，而且是以非整体的思维方式理解自然现象或社会现象。传统的人类认识与观念，也包括建立在传统理论与思维方式基础上的传统生态意识，都是"力求按事物的本来面貌来研究客体，尽量把主体抽象掉，以保障研究最大限度的客观性"①。而现代生态意识则在一定程度上超越传统的生态意识的理论思维框架，强调人和自然和谐发展的价值选择，要求以整体生态思维反映人与自然这一复合生态系统。另外，生态意识历史超越性还体现在生态意识具有"超越经济关

① 〔苏联〕B. H. 杜比宁：《社会生态学原则的形成》，焦平译，《哲学译丛》1987 年第 1 期，第 51~54 页。

系和政治制度的一面"①。由于生态问题的公共危害性与所有人的切身利益都是紧密相关的，在一定的历史条件下，处于不同社会利益层面的人们，在某些生态问题上往往也可能会产生和形成共同的生态意识。

4. 社会性

人的认识和观念即人的意识是不断地随着人们的生活、社会关系的改变而发生着改变的。"不是人们的意识决定人们的存在，相反，是人们的社会存在决定人们的意识。"② 人是社会存在物，因而人的认识活动必然是由社会需要所推动的。推动人们能动地去认识未知世界的根本动力来自人的社会实践和需求。本质上来说，人的生态意识是一种意识形态。虽然生态问题是客观地存在着的，但人们对生态问题的理解和处理方式是有着巨大差别的。对于生态问题的认识，不同时代的人们以及同一时代不同利益群体中的人们的观点往往都有着一定区别。虽然社会上的每一种理论都会声称自己代表的是人民的普遍利益，但实际上它们只是分别反映和代表着某一特定阶级的利益。每一社会阶层和阶级都会有自己相应的理论及行为表现。英国学者戴维·佩珀认为，虽然环境保护主义理论被认为属于"中间阶级"的理论，然而"事实上，尽管各种环境保护主义的阶级属性基本上是相同的，但其表现形式甚至实质内容又相去甚远"③。佩珀将目前的生态主义、环境主义进行了分类，归结出了七种环境主义流派，即七种生态意识观念类型。时代不同，社会存在不同，人们的生态意识也就不同。不仅如此，就是在当代社会人们的生态意识观念也存在着巨大的区别，人们的生存方式不同其生态意识的内容必然会有所不同。本质上，在现代社会，主要存在着"资本主义生态文明"④（也有人称作"生态资本主义"⑤）和

---

① 色音：《萨满教与北方少数民族的环保意识》，《黑龙江民族丛刊》1999 年第 2 期，第 77～83 页。

② 《马克思恩格斯文集》（第 2 卷），人民出版社，2009，第 591 页。

③ 参见俞吾金、陈学明《国外马克思主义哲学流派新编（西方马克思主义卷）》（下册），复旦大学出版社，2002，第 654 页。

④ "西方资本主义的生态文明带有资本主义剥削制度的'原罪'，它是以牺牲发展中国家的利益为代价的。"引自胡连生《论西方资本主义的生态文明与发展中国家环境恶化的关系》，《当代世界与社会主义》2010 年第 3 期，第 109～113 页。蔡少华主张将"资本主义生态文明"与"资本主义国家"的"生态文明"区别开来。参见蔡华杰《社会主义生态文明的"社会主义"意涵》，《教学与研究》2014 年第 1 期，第 95～101 页。

⑤ 郇庆治：《当代西方生态资本主义理论》，北京大学出版社，2015，第 3 页。

社会主义生态文明两种显著不同的理论分野和实践路径。这两种生态文明观具有质的区别，当然其发展结果必定会有着本质的不同。

生态意识各种性质之间是相互联系、相互统一的，共同构成了生态意识的整体特征。其中，能动性是生态意识的本质特征，系统性是生态意识的中心内容的反映，综合性主要反映了生态意识在思维方法上的特点，历史超越性和社会性则是生态意识能动作用的两个结果的反映。生态意识的能动性主要表现在，在主观上新的生态观念不断产生，在客观方面一种全新的社会将会被创造出来。人类社会的不断进步，先进科学技术和新的生态工艺不断使用，为解决生态矛盾不断地创造理论条件和心理条件，人的生态意识也必然会不断地提升和发展。

（二）生态意识的构成要素

生态意识有着多重内涵。这里探讨的生态意识构成要素是从一般意义的生态意识概念出发进行分析界定的。作为一个完整的观念结构体系，生态意识主要包括生态忧患意识、生态责任意识、生态科学意识、生态价值意识、生态道德意识、生态审美意识等。

1. 生态忧患意识

生态意识是人对自身所处的生态环境以及所从事的生态实践活动的现实反映。生态意识"反映了当今人类主体对自己生存发展其中的生态存在出现危机的深刻领悟和认识"①。生态意识首先是对生态危机事实的深刻认识与反思。人们只有意识到了自己行为发生的后果，才能真正有意识地改变自身的行为，也才能实现人们所期望的最终目标。生态忧患意识，是人类面对日趋严峻的生态危机形势而产生的对自身前途命运担忧的情感和对自身肩负责任的担当意识。生态忧患意识能够让人产生严重的危机感和紧迫感，促使人们理性地去对待和处置所遇到的生态环境问题，激发广大社会公众自觉进行生态保护行动的责任感和使命感。人类要实现社会发展目标，不仅"需要经过人的无意识的运动"，同时更"需要人从根本上意识到

---

① 包庆德：《从遮蔽到彰显生态存在：生态意识新进展》，《自然辩证法研究》2011年第6期，第87~92页。

基本的真理和死亡的危险"①。只有觉察到潜在的和现实的生态危机，勇敢地面对并科学地处置，才能减少危机带来的损失并最终消除生态危机。

忧患意识是一种风险意识。风险意识是一种理性的认知态度。科学的风险意识要求正确处理好发展与代价以及发展与风险的关系，正确地引导公众既合理地看待发展中的风险，又能够将规避风险和推进社会经济发展有机地统一起来。人类发展的风险，包括生态风险，都是客观存在的。关键是，我们要有忧患意识，认识并预见到自身的行为对生态环境造成的破坏，进而采取科学的措施全力减少或消除我们的行为对生态环境的破坏。树立生态忧患意识，需要批判和消除"产生风险"的文化，发展"规避风险"的文化。一是要全力去除"产生风险及诱导风险变迁的文化因素"，消除那些放纵风险发生和扩展的价值观念、行为方式以及各种载体；二是要积极发展能够对风险进行积极"反省规避的文化因素"，即发展能够让"人类有效认识、规避风险并最终走出风险困境的价值体系和行为规约及其载体"②。建构风险文化就是要形成一种普遍的社会意识和社会文化环境，批判那些引发诱导风险发生的社会价值观和行为方式，积极建设和发展那些能有效应对和规避风险的社会价值体系和行为规约。随着工业现代化发展，由于生态保护观念和生态管理制度滞后，我国的生态形势呈现日益恶化的趋势，特别是随着高污染产业向中西部地区转移而这些地区环境保护设施比较落后，中西部地区环境形势日趋严峻。面对日益严峻的生态形势，每一个民众个体都需要具有生态忧患意识，不断增强自己的生态责任意识，积极投入生态文明建设。

2. 生态责任意识

生态意识是现代社会公民生态责任意识的具体体现。在现代社会，每个社会成员只有具有行使公民责任和义务的能力并自觉地履行自身的责任和义务，才算是一个真正的合格公民。生态责任意识是指当代社会所有人应负起对生态环境进行保护的责任。我们要认识到，不仅是政府和企业要对生态保护负责，而且我们每一个公民都应该自觉地对生态保护负起自己

---

① 〔法〕艾德加·莫兰：《社会学思考》，阎素伟译，上海人民出版社，2001，第332页。
② 刘岩：《风险文化的二重性与风险责任伦理建构》，《社会科学战线》2010年第8期，第205~209页。

的责任。也就是说，不仅是国家、企业负有生态保护的责任和义务，而且社会中的每个公民都负有生态保护的责任和义务。生态意识"是公民的世界观、人生观、价值观在生态文明建设中的具体体现，是公民在社会发展过程中逐步形成的"①。在现代社会，人的权利与义务是辩证统一的。在社会发展中，人们享有开发自然、利用自然的权利，但同时我们也必须相应地负有保护生态环境的责任和义务。我们有责任不让生态环境遭受破坏，自觉地限制各种破坏生态行为的发生；同时我们有责任积极参加生态建设，自觉地从事有益于生态发展的实践活动。生态责任意识是生态意识得以践行的基本条件。

　　生态责任意识是与人的生态权利意识密切相关的。现代生态意识既是协调人与自然关系的意识，也是调整人类社会内部环境责权关系的价值理念。1972 年，在联合国环境会议上通过的《人类环境宣言》就曾经明确指出："人类有权在一种能够过有尊严的和福利的生活环境中，享有自由、平等和充足的生活条件的基本权利。"② 1987 年，世界环境与发展委员会提出的"政治行动号召"——《我们共同的未来》强调："全人类对能满足其健康和福利的环境拥有基本的权利。"③ 在肯定人类对满足其自身基本需求的环境权利的同时，也必须对我们每个人需要承担的保护生态环境的义务进行规定。《人类环境宣言》指出，人类"负有保护和改善这一代和将来的世世代代的环境的庄严责任"④。人对自然的权利与义务是相互依存、辩证统一的。"人对自然的权利和义务从不同角度规范人类的需求与取用。"⑤ 人类享有对自然的权利本质上是一种"正权利"，具有能够满足人类需要的属性。而人类负有对自然的责任和义务本质上则是人类的生态"负权利"，亦即为了保护自然环境人类还需担负起对自身行为进行限制的责任。"人类生态的'负权利'，表明人类在自然面前，有必须克制自己的需求、意愿的权利。"⑥ 人们在维护自身生态权利的同时也应该尽到对自然的义务，即维护

① 姬振海：《生态文明论》，人民出版社，2007，第 39 页。
② 《斯德哥尔摩人类环境宣言》，《世界环境》1983 年第 1 期，第 4~6 页。
③ 世界环境与发展委员会：《我们共同的未来》，吉林人民出版社，1997，第 454 页。
④ 《斯德哥尔摩人类环境宣言》，《世界环境》1983 年第 1 期，第 4~6 页。
⑤ 焦君红：《论人对自然的权利与义务》，《河北师范大学学报》（哲学社会科学版）2007 年第 6 期，第 37~41 页。
⑥ 余谋昌、王耀先：《环境伦理学》，高等教育出版社，2004，第 191 页。

生态公共利益，这是人的生态责任意识的核心。我们每个人都应该明确自己负有遵守已经确立的生态法规的义务，负有推动并积极参与政府制定的相关生态法规的责任，负有在生产和生活中主动践行各项生态文明制度规范的责任。

3. 生态科学意识

解决生态问题、建设生态文明不能只凭良好的愿望和情感，公众还需具备全面的生态科学意识。生态问题具有复杂性、长期性和难以把握的特征，只有具有一定的生态科学知识，全面认识并遵循生态规律，才能很好地解决生态问题，才能促进生态文明建设。如果没有生态科学意识，人们即使能够积极参与生态建设也有可能是好心办坏事，不仅不能增进生态问题的解决，反而有可能会造成新的生态破坏。生态科学意识，就是指人们在生态文明建设实践中"对生态科学知识提炼和升华而形成的特定原理并自觉地运用这些原理去看问题的思想境界和方法"①。树立生态科学意识，要求我们认真学习生态科学理论知识和积极参与生态实践以便于提高生态科学知识水平和生态认知能力，用生态文明理念指导生产生活实践。树立生态科学意识，必须反思批判"工业文明的无限性发展的思维模式"，改变人们对"自然具有无限承受能力"的错误认识，确立生态思维方式，正确把握我们"开发"自然的度。②

生态科学意识是生态科学知识在人的认识与实践过程中的积淀与升华。伴随着生态科学的进步，人们的生态科学意识不断发展。1866 年，德国学者海克尔提出生态学概念并将其定义为研究生物与生物之间以及生物与其环境之间相互关系的系统科学。海克尔揭开了生态学发展的历史序幕。20世纪 50 年代，生态科学日渐成熟起来。由于全球范围内的人类生存发展与人口、资源、环境的矛盾不断加深，人们开始发挥科学技术调节人与自然紧张关系的生态职能，生态科学开始逐渐渗透各个科学领域。奥尔多·利奥波德在其 1949 年出版的《沙乡年鉴》一书中首次提出"生态学意识"概念即一种"土地伦理"："反映着一种生态学意识的存在，而这一点反过来

---

① 刘湘溶：《论生态科学意识》，《湖南师范大学社会科学学报》1995 年第 4 期，第 22～26 页。
② 李世书：《生态风险发生根源与防范对策的伦理文化分析》，《信阳师范学院学报》（哲学社会科学版）2016 年第 3 期，第 1~6 页。

又反映了一种对土地健康负有个人责任的确认。健康是土地自我更新的能力，资源保护则是我们为了了解和保护这种能力的努力。"① 利奥波德把"生态学意识"看作超出人自身私利的一种对自然界的社会责任。"生态学意识"是人类社会的原则向自然界的延伸，为人们尊重自然和进行生态保护提供了内在的道德依据。利奥波德"在向广大民众灌输生态科学知识的同时，也竭力号召人们将人与人之间的社会意识拓展到所有的物种中去，甚至包括地球自身"②。从这开始，生态科学意识开始受到人们的普遍关注，并不断发展成为现代社会民众主体素质的一个重要组成部分。1970 年，美国人盖洛德·尼尔森和丹尼斯·海斯发起首个"地球日"③活动。第一个"地球日"活动，标志着"生态学时代"的正式到来。从此生态学和生态科学意识等概念也开始日益被国际社会接受，并逐渐地成为影响人们生活方式和整个人类的经济社会发展方式的重要行为规范。现代生态学在帮助人类解决经济社会发展中所遇到的各项重大问题、特别是生态问题的过程中逐渐地发挥起巨大作用。

调查显示：目前我国公众对于生态文明知识的知晓程度"呈现'高了解率、低准确率'的特点，知晓度低"④。这在一定程度上反映了我国公众的生态科学知识水平普遍不高。公众的生态科学意识如何，主要在于他们对生态科学知识掌握的程度。在公众生态意识培养中，要不断增强公众的生态科学意识，并能够自觉地把生态科学知识运用到生态文明建设实践中去。公众生态科学知识培养，主要包括培养公众掌握有关生态学的常识、掌握生态法律知识以及运用生态科学知识进行生态评价和解决生态问题的能力。

4. 生态价值意识

生态价值意识是生态意识的核心要素。生态价值意识，即人的生态价值观念，本质上就是指人在认识和实践活动中所形成的对人与自然关系的

① 〔美〕奥尔多·利奥波德：《沙乡年鉴》，李恒嘉、袁琼琼译，吉林人民出版社，1997，第209 页。
② 蒋国保：《论生态科学意识的历史演变》，《前沿》2016 年第 3 期，第 95～101 页。
③ 《世界地球日》，《世界环境》2014 年第 3 期，第 7 页。
④ 环境保护部宣传教育司：《全国公众生态文明意识调查研究报告（2013 年）》，中国环境出版社，2015，第 34 页。

价值认识、价值评价、价值取向和价值选择。生态价值观概念本身具有正向意义，即指人们基于实现人与自然和谐发展的价值目标对人们的思想和行为的评价与期盼。传统的工业文明价值观，在人与自然关系上奉行的是"控制自然"的极端人类中心主义价值观，强调的是人对自然的征服与利用。这种价值观坚持工具理性主义价值评价标准，把人作为自然的"主人"，将自然只看作满足人的需要的资源。极端人类中心主义价值观是导致全球性生态危机发生的主要根源，是人类对自然无情地掠夺才最终导致了生态环境的破坏和自身的生存困境。而与极端人类中心主义价值观相对立的生态价值观则认为，人对自然的关系绝不是统治与被统治、征服与被征服的"主从"关系，人与自然的关系本该是一种和谐发展的"共生"关系，人与自然本该是一种有着内在平等交流的"生命共同体"关系。在理解和处理人与自然环境关系时，我们必须"意识到环境是一个生态系统，是一个自我组织的（自发的）有生命整体"，而我们人类的独立是"有依附性的"，也就是说，我们必须"意识到我们与生态系统的根本上的关系，这一关系会使我们认识到世界不是一个客体，而人也不是像一个孤岛一样独立的"①。生态价值意识是"一种新的价值观，主要是指对大自然价值的认识及对与自然有关的人类行为的价值的认识"②。这种新价值观意识强调，要从可持续发展的高度去理解和对待人与自然的关系，注重人与自然和谐共生的整体利益以及人类发展的长远利益，把人类可持续生存和发展的价值看作最高的价值。这种新价值观要求我们，在确立人类社会发展目标时要统筹人与自然的和谐发展，最终"实现自然、社会和人'三位一体'的统一，实现经济与环境与人的共赢发展"③。同时，生态价值意识又并不只是一种"自然生态价值观"，在一定意义上来说它更是一种"社会生态价值观"④。生态价值意识要求人们能够意识到生态危机日益迫近并积极担负起保护生态的责任，能够自觉地遵守相关生态制度、法律，能够自觉地发展

---

① 〔法〕艾德加·莫兰：《社会学思考》，阎素伟译，上海人民出版社，2001，第330页。
② 徐嵩龄：《环境伦理学进展：评论与阐释》，社会科学文献出版社，1999，第432页。
③ 李世书：《论当代人的生态幸福观及其实现》，《中州学刊》2016年第3期，第79~85页。
④ 社会生态价值观融合了人与自然和谐、经济和谐、区域和谐、文化和谐、民族和谐等要素，是一种人际关系本位的环境友好价值观。参见徐梓淇《生态公民》，江苏人民出版社，2014，第98~99页。

和应用生态技术，形成自觉的生态生活方式。

树立科学的生态价值意识，本质上就是要把包括人自身在内的整个生态系统的和谐发展作为评价人类社会发展的主要价值尺度与价值目标。在人类生产与生活实践中，人们要尊重自然，善待自然，形成维护生态平衡的自觉意识和行为。生态价值观一旦成为社会主流价值意识，全社会生态意识得以唤醒，绿色发展才能成为一种自觉的社会行动。公众生态意识的形成主要是源于公众自身价值观体系内部的发展和变革，而公众生态意识一旦形成就能够引导公众形成主动保护生态环境的自觉行为。

5. 生态道德意识

公众生态意识的建立，需要建设和确立相关的生态道德规范。人们通常所说的道德，主要是指调整人与人以及人与社会之间关系的相关道德原则和规范。进入现代社会，环境与发展问题即人与自然的矛盾日益尖锐化，解决这一问题，既要不断地推动人类生产技术发展，也要建立完善生态道德评价机制。1982 年联合国大会通过的《世界自然宪章》强调："任何一种生物都是独特的，理应受到尊重，不管其对人的价值如何，因此，为了给予其他生物这样的尊重和承认，人类必须接受行为道德准则的指导。"[1] 这一基于一种新的可持续价值观的道德准则，在尊重人的价值和尊严的同时也尊重各种生命形式的权利，它追求人与自然的和睦相处。这一新的社会意识的出现，标志着制约和规范人类行为的生态道德的形成。生态道德的确立可以说是伦理学史上的一场革命。它提出了人与自然的一种新道德关系。生态道德将人与自然的关系也纳入道德规范和行为准则的调整范畴，让人自觉地承担起对保持生态系统平衡的道德责任，这是人类道德进步的新境界。在现代社会，"是否具有良好的生态道德意识，是衡量一个国家和民族文明程度的重要标志，也是社会文明程度的重要体现。"[2] 生态道德既是对人与自然和谐发展关系的反映，也是对人类社会可持续发展的共同长远利益的反映。生态道德不仅使当代人类社会道德的含义更加丰富和完善，还能够引导并促进一种新文明时代的到来。作为一种新的道德规范，生态

① 张嵩青：《试评〈世界自然大宪章〉》，《武汉大学学报》（社会科学版）1990 年第 6 期，第 54~56 页。
② 张维真：《生态意识及其构成分析》，《求知》2014 年第 11 期，第 9~11 页。

道德引导人们正确理解和对待人与自然的关系，正确理解和对待在环境问题上的当代人之间的"人际关系"以及与后代人之间的"代际关系"①。生态道德建设涉及社会各个方面的利益，是一项极其艰巨的工作。不同于法律制度建设，生态道德是一种社会意识，它涉及人内在的价值观和是非判断标准的确立及其内化。

生态道德意识实质上就是指生活在一定历史时期的人们，依据相关的生态道德标准，通过社会舆论或个人内心活动，对他人或自己处理人与自然之间关系的行为进行善恶判断，形成一定态度和观念。生态道德意识要求我们树立一种新的自我意识，在建立完善各种相关生态制度和法律建设的同时，积极修正我们的生态观念。确立生态道德意识，必须加强生态道德建设研究，积极推进科学、合理的相关生态道德规范的制定，并通过各种适当的手段和方法教育引导公众提高生态道德水平。作为法律约束的一种补充手段（当然这不仅仅是一种"补充"），生态道德能够规范和推动广大公众形成生态自觉并创造性地参与生态实践。生态道德意识建设，引导人们形成关于社会、人自身与自然和谐发展的科学评价机制和正确舆论导向，推动全社会形成崇尚生态生产和生态消费的道德风尚，促进政府、企业以及全体民众遵循生态道德规范，让广大公众在自觉践行生态道德规范的行动中，感受人与自然和谐共生的美好与幸福。

6. 生态审美意识

生态审美意识的建立，就是指以人与自然和谐共生的生态和谐理念为中心，以生态审美行为为起点，在人的内心深处构建生态的审美意象、审美标准和审美范畴，最终形成现代的生态审美观念体系。德国哲学家汉斯·萨克塞指出："物体的美是其自身价值的一个标志，当然这是我们的判断给予它的。"② 自然的美学价值，实质上是自然界的价值在观念形态上表现的人的审美价值。生态审美是在人类对自然的了解深化基础上更是在人类自身审美修养升华的基础上对生态美的感受。人类生态美认知力和感受度的提升，不仅标志着人类自身生活质量的提高，同时也标志着社会的进步和人的本质的升华。

---

① 李世书：《论当代人的生态幸福观及其实现》，《中州学刊》2016 年第 3 期，第 79~85 页。
② 〔德〕汉斯·萨克塞：《生态哲学》，文韬、佩云译，东方出版社，1991，第 58 页。

"自然生态美"① 是"由众多的生命与其生存环境所表现出来的协同关系与和谐形式",它既是一种"原初的美和直接性的美",也是一种"野性的美和天真无邪的美"②。自然生态美满足人对美的追求。自然生态美是人赋予的,"是人的活动使自然之美展现出来"③。随着人类审美价值观的不断丰富,自然界的价值和美学内涵不断呈现出来。自然界为人类提供"舒适性服务",能够使主体的欣赏价值、娱乐价值等心理享受得到实现。"对于培养我们的高尚情怀,对于我们健康人格的形成,大自然都具有一种不可替代的珍贵价值。"④大自然赐予我们生命,为我们提供生命的食粮和庇护所,同时自然美也是人的自我转化的动因,自然美具有"滋养灵魂"的功能,自然美有助于陶冶我们的情操。现代社会,人工自然美也成为自然生态美的一个主要领域。人借助生态科学技术和生态工艺手段,按照生态规律和美的法则对自然进行加工和改造,进一步提高原生自然的生态美。现代生态审美是一种"生态存在论美学",这种审美观实现了从"人类中心主义"向"生态整体论"的转换,它使得"面对自然的审美态度得以真正确立",实现了对自然美的认识从"人化的自然"向"人与自然的共生"的转变。⑤ 在生态审美过程中,人们会产生一种"家园意识",人们会感觉到与自然是一种"在家"的关系。⑥ 现代生态审美观,已经成为一种人生观与世界观。在当代,"审美感激的出场"已经"成为生态意识的题内应有之义"⑦。生态审美意识的建立,不但能够让我们"带着感激的心情,用爱的目光、敬畏的眼神看待自然",同时还能进一步"培养我们的同情心和幸福感"⑧。生态审美意识"可以帮助我

---

① 余正荣:《生态智慧论》,中国社会科学出版社,1996,第 257 页。关于自然美、生态美是有着不同的观点的。徐衡醇认为:"生态美,并非自然美"。彭峰也对"生态美学"提出了质疑。参见曾繁仁《生态美学导论》,商务印书馆,2010,第 10 页、第 16 页。

② 余正荣:《生态智慧论》,中国社会科学出版社,1996,第 257 页。

③ 陈望衡:《环境美学》,武汉大学出版社,2007,第 44 页。

④ 樊美筠:《中国传统美学的当代阐释》,北京大学出版社,2006,第 18 页。

⑤ 刘悦笛:《"生态美学"的系统阐释——读曾繁仁的〈生态美学导论〉》,《人民日报》2010 年 12 月 28 日,第 24 版。

⑥ 曾繁仁:《建设性后现代语境下中国古代生态审美智慧重放光彩》,载曾繁仁、〔美〕大卫·格里芬主编《建设性后现代思想与生态美学》(上卷),山东大学出版社,2013,第99页。

⑦ 王治河:《第二次启蒙和生态美学》,载曾繁仁、〔美〕大卫·格里芬主编《建设性后现代思想与生态美学》(上卷),山东大学出版社,2013,第 131 页。

⑧ 王治河:《第二次启蒙和生态美学》,载曾繁仁、〔美〕大卫·格里芬主编《建设性后现代思想与生态美学》(上卷),山东大学出版社,2013,第 135 页。

们抵抗消费主义，捍卫精神的尊严"①。

人们只有善待自然，才能保有一个优美的、可持续的生态环境来维持人类及其后代的持续生存与发展。当前，建设"美丽世界"已成为全世界人们的普遍共识。美丽世界的建立，需要以生态审美意识引导人类的社会实践活动，引导科学技术进行生态化转向，最终创造"自然美"与"人造美"融为一体的"生态美"。生态审美意识的建立，为人类正确处理人与自然的关系提供了理想的途径。一是要"自由地发展人的创造性的、美的特殊禀赋"②，最终使"自然界本身的悦人的力量和特性得以恢复和解放"③。在未来社会，被我们按照人性原则改造了的"人化自然界"，也终将会"响应人所努力要实现的东西"④。二是"按照美的原则"来理解和改造自然。"马克思把'按照美的规律'塑造对象世界说成是自由人的实践的一个特征。"⑤ 人应该按照美的原则塑造我们的"对象性世界"，这一观点是正确处理人与自然界和谐关系的根本性原则。马克思是将自然看作"一个世界"，当人全面地发现自然固有的美时，世界也就变为人"享乐"的"适当的工具"⑥。"按照美的规律"塑造自然，实质上就是人遵循"美的规律"打造一个全新的美丽世界。只有这样，人类才能实现与自然和谐共生的目的。

第二节　我国公众生态意识培养的目标与途径

生态意识，是人们对于以往人类在生产生活过程中违反生态规律所造成的严重生态后果的反省，是人们对当前所面临的严重生态危机的意识觉醒，是人们对自身与社会未来可持续发展的深刻认识。生态意识具有能动

---

① 王治河：《第二次启蒙和生态美学》，载曾繁仁、〔美〕大卫·格里芬主编《建设性后现代思想与生态美学》（上卷），山东大学出版社，2013，第135页。
② 〔美〕赫伯特·马尔库塞：《工业社会与新左派》，任立译，商务印书馆，1982，第132页。
③ 复旦大学哲学系现代西方哲学研究室：《西方学者论〈1844年经济学哲学手稿〉》，复旦大学出版社，1983，第152页。
④ 复旦大学哲学系现代西方哲学研究室：《西方学者论〈1844年经济学哲学手稿〉》，复旦大学出版社，1983，第152页。
⑤ 王岳川：《二十世纪西方哲性诗学》，北京大学出版社，2000，第134页。
⑥ 李世书：《人与自然关系的异化与双重解放：马尔库塞的生态批判与革命》，《江西社会科学》2016年第6期，第18~25页。

性、历史性和社会性等共性特征。中国是一个工业现代化发展较晚的后发国家，中国社会生态意识觉醒虽然比较晚，但进入21世纪以来中国积极探索实现生态文明建设与经济发展协调发展新道路，中国却又是世界上生态文明建设最为积极并取得巨大成就的国家，中国的国情决定了中国公众生态意识的教育与培养有着自身特色。当然，目前我国公众生态意识培养理论与方法还有许多问题，我国公众生态意识水平还难以适应生态文明建设的总体要求。因而，我们今后还需要对不同国家和地区国民生态意识塑造与培养模式及其发展历史进行考察，在比较中发现中外公民生态意识教育与培养的共通性与差异性，并结合我国生态文明建设和生态意识教育发展的具体实践，归纳出我国生态意识教育的特征和规律，进而分析总结出我国公众生态意识培育的目标与有效实践模式。

一 公众生态意识形成影响因素分析

社会意识是社会存在的反映，社会存在对社会意识具有决定性作用。社会存在是随着历史的发展而不断发展变化的，这也决定着社会意识形式必然随着社会发展而不断发展变化。马克思指出："思想、观念、意识的生产最初是直接与人们的物质活动，与人们的物质交往，与现实生活的语言交织在一起的。人们的想象、思维、精神交往在这里还是人们物质行动的直接产物。表现在某一民族的政治、法律、道德、宗教、形而上学等的语言中的精神生产也是这样。"① 当前，人类的社会生存环境发生了巨大变化，由于人类奉行极端人类中心主义价值观，人类无节制地开发自然，人类在收获丰厚的物质财富的同时也受到了自然界严厉的惩罚，人类社会正陷入日益严峻的生态危机之中。在这一背景下，整个社会的生产方式和生活方式以及整个社会物质生活条件都发生了深刻的变化。在世界性生态危机背景下，反思批判极端人类中心主义价值观、树立以实现人与自然和谐发展为目标的生态价值观，正成为世界文化价值观发展的主题。现实社会存在的这种变化"反映到人的意识中，引起人的意识形式的变化"，这就是"生态意识的形成"②。生态意识是一个复杂的思想理论体系，因而公众生态意

---

① 《马克思恩格斯文集》（第1卷），人民出版社，2009，第524页。
② 余谋昌：《生态意识及其主要特点》，《生态学杂志》1991年第4期，第68~71页。

识的形成也是一个复杂的社会意识活动过程。公众生态意识的形成是由包括生态文化建设和个体价值认同在内的多种社会因素相互作用的结果。政府和社会需要从文化、法律、伦理和制度等多个维度，教育、培养并引导、促进公众生态意识形成。

（一）生态意识的形成机制

为便于更形象更具体地理解公众生态意识的形成机制，需要对生态意识提出一个在认识和实践中容易"操作"的定义或理论解释框架。"生态意识"① 主要是指，人们在认知生态环境状况和了解生态保护规则的基础上，所形成的一定的生态价值观念和参与生态保护行动的自觉性，并体现为有利于生态保护的具体行为。生态意识的形成则主要体现为人们经由对人类生存的生态环境现状进行反思、形成生态认知、建立生态价值观并最终内化为自觉生态行为等这样一个由认识、情感、意志和行为构成的系统的社会意识活动过程。

作为一种新的意识形式，生态意识产生于人们对过去的人类活动中违反生态规律所造成的严重生态后果的反省。"运行的机制对任何一种伦理都是一样的：对正确行动的社会认可，也就是对错误行动的社会否定。"② 生态危机背景下，人类社会生产方式开始由"黑色发展"向"绿色发展"转化，人类社会进程也逐渐地由工业文明向生态文明转化。随着人类生存的社会文化环境发生变化与变革，人类的社会意识也必将发生变革。马克思指出：我们在考察社会变革时，必须把两者不同性质的变革区别开来：一方面是"生产的经济条件方面所发生的物质的、可以用自然科学的精确性指明的变革"；另一方面是"人们借以意识到这个冲突并力求把它克服的那些法律的、政治的、宗教的、艺术的或哲学的"，即意识形态的形式的变革。③ 一个变革时代的意识当然需要"从物质生活的矛盾中，从社会生产力

---

① 参考我国学者洪大用有关"环境意识"的定义。洪大用：《公共环境意识的成长与局限》，《绿叶》2014 年第 4 期，第 5~14 页。

② 〔美〕奥尔多·利奥波德：《沙乡年鉴》，李恒嘉、袁琼琼译，吉林人民出版社，1997，第 214 页。

③ 《马克思恩格斯文集》（第 2 卷），人民出版社，2009，第 592 页。

和生产关系之间的现存冲突中去解释"①。现代社会生态问题日渐凸显，生态危机日益严重，人类正陷入严重的生存困境之中。人是一种文化存在物，严酷的生态危机现实必将让人类对自身处境进行深刻的反思，感受到自身所担负的社会责任，并由衷产生深刻的生态忧思和深切的生态关怀。人们认识到，人类的错误的价值观和发展观是造成全球生态危机的主要根源，而人类自身造成的生态危机又反过来严重地威胁着人类自身的生存。为了能够持续生存，人类必须对今天这种变化做出坚决的回应，尤其是要在价值观和发展方式上做出改变。生态意识正是形成于"人们对现存严重的生态危机的觉醒"②。这一觉醒包含两个方面内容。一是人们会形成一定的理性认知，即认识到要保证人类生存所依赖的自然维持系统正常运转就必然要维护好生物圈的基本的生态过程，最为关键的还是要求人类的活动要有利于维护这一过程中的生态平衡关系。这是人的活动必须遵循的生态规律。这就需要人对自身的活动自觉地加以控制而不至于造成生态破坏，人们在进行活动时要保证自身的行为有利于保护生命维持系统、有利于维护生态平衡。二是人们需要树立起对自身的可持续发展以及对子孙后代的未来持续生存的责任意识。人类社会的生存和发展依赖于自身所处的生态环境，后代人必须在我们这代人所创建的生态环境条件下生活。因而我们这一代人有责任保护好生态环境，确保把一个良好的生态环境交给我们的后代。在对生态危机现实的正确认知基础上形成的生态忧患意识，促进人们形成谋求可持续发展、为后代人留下良好生态环境的生态责任意识。人类社会要持续地生存和可持续发展就必须与自然和谐相处、协调发展。在这一生态价值观的指引下，人们就会自觉地确立起并严格地遵循能够制约人破坏自然以及能够引导人保护自然的生态道德规范。

生态意识的形成得益于多种生成机制的综合作用：严重生态危机现实的生命体验形成人们的忧患意识；对美好生活的向往以及对保证后代人持续生存和发展的生态责任意识；在生态忧患意识和生态责任意识基础上形成的促进人与自然和谐发展的生态价值观和生态道德意识。当然，公众生态意识的养成是一个复杂、系统的社会心理和社会实践过程。只有在中国

---

① 《马克思恩格斯文集》（第 2 卷），人民出版社，2009，第 592 页。
② 余谋昌：《生态意识及其主要特点》，《生态学杂志》1991 年第 4 期，第 68~71 页。

传统文化中的生态智慧以及当今世界先进的生态文化理念的共同熏陶下，多种社会因素共同推进人们经过生态认知和生态价值观内化最终形成自觉的生态意识。

（二）生态意识形成的影响因素

生态意识是社会存在的反映，因而社会存在对生态意识的形成和发展具有决定性的影响。人们生态意识的形成有着自身特定的规律和原因。从宏观上来说，它是在一定文化历史环境下形成和发展的，随着社会历史条件的变化，生态意识的内容和形式也必定会发生改变。国外对生态意识形成及影响因素进行宏观分析的理论模式比较多。比如，美国学者童燕齐就根据人们对生态意识的不同认识和政策偏好，在进行调查研究的基础上提出了"四种模式理论"[①]。当然国外也有很多研究是从公众个体的价值观以及个体情绪因素等微观方面进行定量分析。无论是宏观研究还是微观研究，都将生态行为纳入研究的变量表中。国外研究表明，由生态常识和公民对环境问题的认知两部分组成的"生态意识"与"生态行为"呈正相关关系；"情绪因素包括个人对环境恶化的厌恶情绪及理想与现实的差异所引发个人的恐慌程度"与生态行为"呈正向关系"[②]。国外学者还将"个人的哲学价值观"和"自主控制性因素"作为重要影响因子进行定量分析和研究，认为情绪因素与生态行为正相关，"实利主义哲学价值观"与生态行为负相关，认为自主控制性因素，如"对科技的信赖"，与生态行为负相关。[③] 国外的相关研究开展得比较早，已经形成一定的理论模式和分析框架，这些研究及其取得的成果对我们研究公众生态意识形成影响因素问题具有重大启发作用。

1. 宏观视角

社会认知理论认为，人们在社会环境中学习、发展和完善自己，并形成自己独特的行为模式。人的行为是由人的认识能力与其所处环境之间相互作用而决定的。人们的认识能力，实质上是指个体对自身所处环境和自

---

① 参见李梁美《走向社会主义生态文明的新时代》，上海三联书店，2014，第178~181页。
② 刘铮、艾慧：《生态文明意识培养》，上海交通大学出版社，2012，第211~212页。
③ 刘铮、艾慧：《生态文明意识培养》，上海交通大学出版社，2012，第212页。

己的行为之间的关系进行调节和控制。社会环境对人的意识的影响至关重要。社会认知，主要是指人们对接触到的社会环境进行感知和理解，并对自身所处环境进行感知、判断、评价和反应的过程。主体、行为和环境之间的交互作用对个体的行动形成共同影响。而"作为环境因素来讲，只有被主体认知和把握后才能对个体行动产生影响"①。个体与社会环境进行互动，人们自身的认识一般会因环境的变化而改变。当环境被人们掌握时，环境才会对个体的意识和行为形成一定的影响。公众的认知能力在社会生态文化环境的作用下形成，进而产生相应的生态意识和生态行为。

调查发现，自然环境的变迁、政策法规的干预、经济利益的诱导以及人们身边每时每刻所发生的变化都会对人们的生态意识造成影响。总体而言，具体的生产方式决定了一定时代人们生态意识的主要内容。

一是经济因素对公众生态意识形成的影响至关重要。经济因素对人的生态意识的作用表现在多个方面。一方面，不同的经济发展模式对应于人们不同的世界观、价值观和思维方式。以片面追求物质利益无限扩张为特征的传统工业化发展模式，相对应的是一种"经济人"的世界观和价值观。这种价值观追求实现物质利益的最大化和人的物质享受，但同时削弱了人在社会利益和生态利益等方面的多样性的价值追求与实现。与提倡可持续发展的生态经济和生态文明相对立的是"生态人"的世界观和价值观。这一价值观强调人的需求既包括物质需求和精神需求，也包括对良好生态环境的需求等多样化价值需求，同时强调现代生态问题和社会问题必须从人与自然以及人与社会整体互动关系中来加以解决。传统工业化生产方式在带来高增长、高收入的同时也带来了高污染和严重的生态系统失衡等诸多社会问题。在这一生产方式背景下，人们将经济效益和生态效益看作对立的，人们往往以牺牲生态环境为代价保证经济的高速增长。当然相应地在这样的社会中，公众生态意识观念淡薄。另一方面，生态环境本身既可能因经济发展遭到破坏，也可能因"经济发展"得到修复和保护。西方发达国家的历史经验表明，当社会整个物质生活水平发展到一定层次时，全社会会出现较为普遍的人文关怀和生态保护意识。一般来说，西方国家生态

① 杨玉宇、段建、李云矫：《从社会认知理论的角度看成人学习》，《中国成人教育》2009 年第 21 期，第 5~7 页。

运动的发展和民众生态意识的提高就是建立在发达的经济基础之上的。同样在我国经济发达地区的生态环境保护活动和公众生态意识的水平一般要好于中西部省区市。乌尔里希·贝克在谈到"贫困驱动型"生态风险时指出："贫困和环境破坏之间存在着紧密的联系"①。如果人们生存问题不能得到解决，那么生态环境保护可能也就无从谈起。目前中国在经济发展中，针对经济发展落后的地区开展扶贫开发与环境保护相结合的方法，既提高落后地区经济发展水平又促进民众生态意识的提升。这一做法对于世界上广大发展中国家具有典范意义。

二是公众对政府具有巨大依赖心理，影响公众生态行为自觉性的提升。这一情况在我国公众生态意识培养中表现得最为明显。在一定时期内，"我国计划经济体制下形成的政府一元化管理的惯性力量依然制约着人们的思想与行为"②。与我国工业现代化起步晚形成巨大差别的是，西方发达工业化国家较早地感受到工业化带来的污染及其严重后果。西方发达工业化国家的公众在遭受不断恶化的生态环境及其灾难性危害之后，在 20 世纪 60 年代就开展了大规模的群众性生态运动，运动经历了从文化宣传到公众生态意识觉醒，再到公众向政府呼吁、抗争和施加压力，直至直接监督政府和参与到环境决策中，因而呈现出的是一种自下而上的生态管理与生态文化发展模式。相比较而言，中国工业化发展比较晚，长期以来在社会发展中推进经济快速发展一直是重中之重的工作，这一时期工业发展带来的环境污染问题并没有受到人们的重视，因而人们的生态意识普遍较低。同时，在中国"从一开始，环境保护工作就是一种政府积极制定政策、强制推行政策、组织教育群众的自上而下的管理模式。"③ 因而长期以来在生态治理问题上公众的"政府依赖心理"根深蒂固，对政府之外的其他主体参与生态管理和生态建设缺乏基本的认同和信心。在现实社会生活中，有些人政治和社会参与能力和意识普遍不足，他们大多抱有生态环境保护与己无关的心理。由于有这种心理，很多人并不十分关心生态环境，对于生态问题

---

① 〔德〕乌尔里希·贝克：《世界风险社会》，吴英姿、孙淑敏译，南京大学出版社，2004，第 44 页。

② 李璐：《夯实"社会管理合力"成为必然趋势》，《中国经济导报》2012 年 11 月 10 日，第 B6 版。

③ 李梁美：《走向社会主义生态文明的新时代》，上海三联书店，2014，第 182 页。

的认知往往也就仅仅局限于与自己切身利益有关的小圈子内的问题，而对于生态治理相关法律制度大多处于无知状态，更无从谈起担负生态责任、义务。当然，这种情况也与我国生态环境保护运动开展不足以及生态宣传教育不足有着极大的关系。

三是受旧的发展观念的影响，绿色发展理念还没有得到有效贯彻。正是人们"对增长经济中潜在生态负效应的认识"才导致了"各种'生态学'方法的出现"①，也由此使得公众生态意识得以唤醒。然而，当前我国特别是在一些经济欠发达地区还普遍存在着"以经济发展为中心的发展观和重视环境保护的可持续发展观之间的强烈冲突"，并且在一些地方"以经济发展为中心的价值观念"往往可能处于"上风"②。而这种状况反映在社会的生态意识上，就是社会"缺乏对现代环境观的认同"，这也就不可避免地会影响公众"对经济建设与环境保护之关系的看法和对于环境参与活动的自觉性"③。

2. 微观视角

个体的"个性的改变会导致行为的改变；而它又可以转变成可持续的生活"。"一个更绿色未来的唯一可能的基石是那些他们自身走向一种更绿色方式并与其他做同样事情的同伴联合起来的个人。"④ 因而，要提高公众生态意识培养的质量，就必然要关注对公众生态意识形成障碍的研究。公众生态意识形成障碍是对公众生态认知活动起到阻碍的一系列因素，从心理学角度来看，即指公众每一个体内部的认知发生、动机作用、情感以及外部环境的社会心理影响因素。

人的生态意识水平，从个体方面来看，主要受到"性别、年龄、文化程度、收入水平、职业类型、工作单位、家庭居住地以及宗教信仰等多种

① 〔希〕塔基斯·福托鲍洛斯：《生态危机与包容性民主》，载郇庆治《环境政治学：理论与实践》，山东大学出版社，2007，第 133 页。

② 金鸽：《新时期国内外公民生态意识教育研究综述》，《内蒙古民族大学学报》（社会科学版）2013 年第 4 期，第 94~96 页。

③ 鄢斌：《公民环境意识的变迁与环境法的制度调整》，《法学杂志》2007 年第 3 期，第 129~131 页。

④ 〔英〕安德鲁·多布森：《绿色政治思想》，郇庆治译，山东大学出版社，2005，第 173~174 页。

因素的影响和制约"①。这些影响主要体现在公众对生态问题的感知度和关注度上。其一，感知度，主要是指公众对各类生态问题的了解程度。不同群体之间污染感知存在着一定差异。有研究表明，不同文化水平的群体的污染感知程度不同。具有不同文化水平的特别是农村消费者在污染感知程度方面有着 10% 的显著差异。② 受教育程度对人的生态意识水平有着很大的影响。调查发现，受教育程度较高的人，对当前社会生态环境状况有着较为深刻的认知，并具有较强的社会责任担当；相反，受教育程度低的人，对当前生态环境状况、生态规律可能会认知不足，因而难以形成较高的生态责任意识。其二，关注度，主要是指人们对特定领域的某一现象、某一特定事物所表现出来的兴趣和关心度。当前，我国公众生态关注度还存在着一定的问题：一是片面地关注眼前的环境问题，缺乏长远观念；二是更多地关注与自身关系密切的环境问题，缺乏生态整体观念。从相关调查来看，不同地域的公众对生态问题的关注程度是有区别的，城镇远远高于农村；受教育程度对公众对环境生态问题关注程度的影响比较显著，两者呈正相关关系；经济收入对公众对生态问题关注程度有一定的影响，个人月收入对公众对生态问题关注程度呈现正向的影响。同时，不同社会公众群体对生态问题关心程度也存在着差异，政府、社会团体和企业的管理者对生态问题关注度较高，而普通的工人、农民以及其他社会群体对生态问题的关注度则较低。考察社会公众对总体生态现实状况的基本态度，有助于我们进一步了解普通公众的生态责任感；通过对公众在生产生活中的行为选择的观察，能够了解公众的生态认同感；通过公众对于生态环境问题的影响的认识，有助于了解公众的生态认知感，从而全面掌握公众生态意识形成的主要影响因素。

当然，现实生产生活实践中公众形成对生态价值观的认同，还受到内、外多方面因素的影响和制约。公众的认知能力、情绪因素、动机因素和社会心理因素以及社会期望、社会群体及人文环境等因素，对公众生态学习、生态认知、生态责任意识以及生态价值观认同都有着重要的影响。从内在

---

① 洪大用：《公共环境意识的成长与局限》，《绿叶》2014 年第 4 期，第 5～14 页。
② 贺爱忠、戴志利：《农村消费者生态心理意识对生态消费影响的实证分析》，《中国农村经济》2009 年第 12 期，第 67～76 页。

因素来看，实践中公众生态认同的形成受到对生态价值观内涵的理解程度的影响。公众对某种价值观形成认同有着复杂的经历和过程：人们的经验感知和情感认同是基础，生成理性领悟是认同的深化，而树立坚定信念则是生态认知和认同的最终实现。在这里，最核心的因素是在实践中公众对生态价值观的经验感知和情感认同。在公众生态意识培养中，我们必须把生态价值观的内容直观、具体、生动地展现出来，充分展现其与公众所追求的美好生活利益需求的内在联系，让公众在实践中切身地感受到生态价值观对于我们实现美好生活的价值与意义。从外在因素来看，人是一定的社会环境的产物，实践中公众个体往往很容易受到周围社会环境中其他人的观念和行为方式的影响。我们要使生态价值观成为公众的自觉意识和价值追求，必须在加大宣传、教育的同时形成有利于培育和践行生态价值观的"生活情境"和"社会氛围"，使人们树立正确的生态文明价值标准和行为取向。

二 公众生态意识培养的思想资源

人类意识的发展具有历史继承性。人类的意识不是凭空产生的，都有着自身产生与发展的理论源流。当前我国公众生态意识培养，在坚持中国特色社会主义生态文明建设发展道路自信的同时，注重从马克思主义生态文明思想、中国传统文化中的生态智慧和西方现代生态理论中吸收思想资源。

（一）马克思主义生态文明思想

马克思恩格斯是用"共同进化"和"共同体"的观点来看待人与自然之间的辩证关系的。马克思是"从辩证的、共同进化的视角出发"同时也是"以和谐和斗争为特征的观点"来理解与看待有机界以及人与自然关系的。[①] 在马克思看来，"社会是人同自然界的完成了的本质的统一"[②]。马克思恩格斯关于人与自然之间的辩证统一关系的观点主要体现在：（1）自然

---

① 〔美〕约翰·贝拉米·福斯特：《马克思的生态学——唯物主义与自然》，刘仁胜、肖峰译，高等教育出版社，2006，第23页。

② 《马克思恩格斯文集》（第1卷），人民出版社，2009，第187页。

界是人类自身得以生存和发展的物质前提和基础。人本身直接地就是一种"自然存在物",人的持续生存与发展对自然具有高度的依存性,因为"人依靠自然界生活"①。(2)人与自然之间是以实践为中介实现着互相改造的关系。马克思指出:"劳动首先是人和自然之间的过程,是人……中介、调整和控制人和自然之间的物质变换的过程。……当他通过这种运动作用于他身外的自然并改变自然时,也就同时改变他自身的自然。"② 马克思的唯物主义实践论内在地蕴涵着关于"人与自然新陈代谢"的生态辩证法思想,深刻地阐释了"人与自然和谐关系的构建"③。(3)人类的社会活动必须建立在正确认识自然规律基础上。马克思恩格斯强调,作为自然界的一部分,人需要"服从自然界固有的规律而不能去改变这些规律"④。并且,人类事实上"对自然界的整个支配作用,就在于我们比其他一切生物强,能够认识和正确运用自然规律。"⑤ 而人类一旦将自身高高地凌驾于自然之上,并且无节制地改造、操纵甚至是破坏自然,他最终也必将会受到来自自然的无情惩罚。"我们不要过分陶醉于我们人类对自然界的胜利",实际上人类"每一次这样的胜利","自然界都对我们进行报复",起初人类虽然确实也取得了自己所预想的结果,然而最后却"常常把最初的结果又消除了"⑥。

马克思和恩格斯之后的马克思主义理论家在继承马克思和恩格斯生态文明思想的基础上对生态环境问题都有所关注。"卢森堡在她的诸多信件中都谈到生态问题。"⑦ 虽然当时国际政治经济形势和意识形态领域的斗争日益严峻,但列宁"促进了自然保护和生态思想"⑧,而且布哈林也在他的重要著作《历史唯物主义》中单独列出"社会与自然之间的平衡"一章,"对

---

① 《马克思恩格斯文集》(第1卷),人民出版社,2009,第161页。
② 《马克思恩格斯文集》(第5卷),人民出版社,2009,第207~208页。
③ 汪晓莺:《从马克思的生态观透视人与自然和谐关系的构建》,《马克思主义与现实》2006年第6期,第171~172页。
④ 〔美〕弗洛姆:《健全的社会》,中国文联出版公司,1988,第21页。
⑤ 《马克思恩格斯文集》(第9卷),人民出版社,2009,第560页。
⑥ 《马克思恩格斯文集》(第9卷),人民出版社,2009,第559~560页。
⑦ 〔美〕约翰·贝拉米·福斯特:《生态革命——与地球和平相处》,刘仁胜、李晶、董慧译,人民出版社,2015,第135页。
⑧ 〔美〕约翰·贝拉米·福斯特:《生态革命——与地球和平相处》,刘仁胜、李晶、董慧译,人民出版社,2015,第135页。

生态问题提出了最具系统的解决方法"①。这说明，马克思和恩格斯的生态文明思想在他们去世后仍然得到了持续的发展。

中国化马克思主义的社会主义生态文明建设理论与实践是马克思主义生态文明思想在中国的新发展。党的十六大报告把建设生态良好的文明社会列为中国全面建设小康社会的四大目标之一，实现了对马克思主义生态自然观在中国的创新发展。中国共产党在十七大上明确提出了建设生态文明的社会发展目标，为"第二次启蒙和生态美学的发展"提供了合法性基础，这也是重要的"政治层面的支撑"②。生态文明理念为中国的现代化建设提供了"新的意识形态和思想观念支撑"，未来重点是"全社会将开展生态启蒙"③。中国共产党在十八大上明确将建设生态文明和美丽中国作为国家总体发展战略。中国共产党十八届五中全会提出了包括绿色发展在内的新的发展理念，制定了国家"十三五"时期生态文明建设的主要目标和行动纲领。中国共产党十九大以"社会主义生态文明观"为指导，提出了积极推进"生态文明体制改革"的战略方针，全方位指明了生态文明建设实践途径。"中共中央委员会赞同'生态文明'的理念"，它主要包括"市民与自然之间的和谐"以及"一种资源节约和环境友好型增长模式"④。中国化马克思主义走出了一条把生态学与社会主义有效结合的中国特色社会主义道路。中国正在走向"一种中国特色的生态马克思主义"，中国只要遵循中国特色"生态马克思主义的处方，它就能够有助于在总体上挽救很多自然世界，特别是有助于挽救人类文明"⑤。中国为世界生态治理树立了典范。

实现人与自然和谐发展，这是马克思主义生态文明思想的核心内容。

---

① 〔美〕约翰·贝拉米·福斯特：《生态革命——与地球和平相处》，刘仁胜、李晶、董慧译，人民出版社，2015，第168页。

② 王治河：《第二次启蒙和生态美学》，载曾繁仁、〔美〕大卫·格里芬主编《建设性后现代思想与生态美学》（上卷），山东大学出版社，2013，第134页。

③ 王建华等：《中国发动"生态革命"顺应人类新的文明形态趋势》，新华网，2010年10月16日。

④ 〔美〕大卫·格里芬：《生态危机：建设性后现代主义是否有助益?》，柯进华译，载曾繁仁、〔美〕大卫·格里芬主编《建设性后现代思想与生态美学》（上卷），山东大学出版社，2013，第36页。

⑤ 〔美〕大卫·格里芬：《生态危机：建设性后现代主义是否有助益?》，柯进华译，载曾繁仁、〔美〕大卫·格里芬主编《建设性后现代思想与生态美学》（上卷），山东大学出版社，2013，第36~37页。

总体上来看，马克思主义的生态文明思想主要包括人与自然实现"本质统一"的生态价值观、"内在尺度"与"外在尺度"相统合的生态实践观、"利用自然"与"复活自然"为一体的生态制度观以及"享用自然资源"与"节约自然资源"相统一的生态消费观。① 马克思主义生态文明思想为我们正确理解和处理人与自然的关系提供了科学的世界观和价值观。马克思主义生态文明思想为公众生态意识培育奠定了坚实的理论基础。

（二）中国传统文化中的生态思想

中国传统文化中蕴涵着丰富的生态思想与智慧。中国哲学"就其本质特征而言是生态学的"②。中国传统文化的"天人合一"思想，其中所蕴涵的丰富生态思想是中国古典生态智慧的典型代表。作为"中国古代的整体论哲学"③ 代表的"天人合一"理念，强调"人与自然的内在统一"④，主张人们应该追求和践行"人与自然和谐相处"的道德规范，既以实现人与自然、人与宇宙的"合一"为价值目标，又追求人的主体精神与客体世界的"合一"。"天人合一"理念具有广泛而深厚的哲学文化内涵，这里所做的讨论，仅限于对"人与自然"关系层面的认识与理解。

1. 人类与自然为一体的宇宙观

"天人合一"内在地包含着：人是天地生成的，人与天地、人与万物是共生的和谐关系。先秦道家主张凡事不能以人为中心，反对因人事而干预自然。老子说："人法地，地法天，天法道，道法自然。"⑤ 庄子认为，"天地与我并生，万物与我为一"⑥。而儒家则主要是从"天人一体"、"性天相通"以及"天人合德"的角度来理解和阐释"天人合一"观念的。其中，以张载和王阳明最有代表性。张载提出了"人是自然界的一部分"的认识：

---

① 宋周尧：《论马克思恩格斯生态文化思想的基本内涵》，《岭南学刊》2006 年第 3 期，第 18~22 页。
② 蒙培元：《中国哲学生态观的两个问题》，《鄱阳湖学刊》2009 年第 1 期，第 96~101 页。
③ 任俊华、刘晓华：《环境伦理的文化阐述：中国古代生态智慧探考》，湖南师范大学出版社，2004，第 235 页。
④ 蒙培元：《中国哲学生态观论纲》，《中国哲学史》2003 年第 1 期，第 8~11 页。
⑤ 梁海明译注《老子》，武汉出版社，1997，第 45 页。
⑥ 孙海通译注《庄子》，中华书局，2007，第 39 页。

"乾称父，坤为母。予兹藐焉，乃混然中处。"① 这里明确地肯定了人是天地的产物。王阳明认为，"风雨露雷，日月星辰，禽兽草木，山川土石，与人原是一体"②。他进一步解释道："何谓之同体"？"岂但禽兽草木，虽天地也与我同体的"，"如此，便是一气流通的，如何与它间隔得。"③ 在王阳明看来，人仅仅是宇宙中的一物而已，人与天地万物同体。

2. 人与自然界一样服从普遍规律

"天道生生"是中国传统哲学中重要的思想内容之一。"天道生生"主要是指自然规律的运动变化，即认为人世间的所有事物是生生不已的。其实早在《周易·乾卦》中人们就有"先天而天弗违，后天而奉天时"的认识。这一看法强调，既改造自然，也顺应自然，"以天人相互协调为理想"④。老子提出，"人法地，地法天，天法道，道法自然"⑤。宇宙万物都是由"道"而生，万物都是平等的。"道法自然"强调人要普遍遵循"道"的本性，就其最终意义而言就是要尊重自然规律。同时老子主张"无为"，让世界万物各循其"道"。美国研究环境问题的学者布朗认为，两千年前的老子的思想仍然值得今人借鉴，人类可以向老子学习，我们只"应当"追求能够维持我们生活所必需的最低限度的物质财富，因为如果我们仅仅是把追求物质财富作为人类的最高目标，那么最后人类必然会遭致灾难。庄子提出："以道观之，物无贵贱。"⑥ 庄子认为万物都是平等的，对待世上的事物要一视同仁。儒家和佛教也有类似的观点。儒家也主张"天道生生"，认为天地以"生"为道，而"生"则是宇宙万物的根本规律。儒家认为人是自然的一部分，人类不能凌驾于自然之上，人类活动要合乎自然规律。佛教以"众生平等"为宗旨，更是强调人必然要尊重与顺应自然。

3. 尊重生命万物

"尊重生命"的思想在中国传统文化中是一种具有普遍性和连续性的存在。道家"道法自然"、儒家"仁民爱物"和佛家"众生平等"与"不杀

---

① 张载：《张载集》，中华书局，1978，第 62 页。
② 于民雄、顾久译注《传习录全译》，贵州人民出版社，1998，第 286 页。
③ 于民雄、顾久译注《传习录全译》，贵州人民出版社，1998，第 286 页。
④ 张岱年：《中国哲学中"天人合一"思想的剖析》，《北京大学学报》（哲学社会科学版）1985 年第 1 期，第 1~8 页。
⑤ 老子：《道德经》，中国华侨出版社，2011，第 26 页。
⑥ 张耿光译注《庄子全译》，贵州人民出版社，1991，第 283 页。

生"等，都倡导尊重自然物、尊重生命，注重自然的可持续发展。无论是道家、儒家还是佛家，都是将"道"与"德"联系在一起的，都主张"生"与"德"是统一的，并认为万物生生不息是人类的最高德行。其中儒家"仁民爱物"最具代表性。儒家强调"仁民爱物"，主张人要对世间万物施加道德关怀，要依时、倚势地对待自然万物。孟子提出"亲亲而仁民，仁民而爱物"①，把"仁"引入现实"物我"关系之中。"物"虽为我所用，但人应当有"爱物"之心。荀子提出："强本而节用，则天不能贫"；"本荒而用侈，则天不能使之富"②。这里表达了人类利用自然要依时而取而反对过度开发自然的思想认识。董仲舒说："质於爱民，以下至於鸟兽昆虫莫不爱。不爱，奚足谓仁？"③ 他把"仁"扩展到了"鸟兽鱼虫"及万物，将"仁"由"爱人"则进一步发展到了"爱物"。这里也可以看作将道德关心由人的领域进一步扩展至众生和自然界。朱熹认为，"盖仁之为道，乃天地生物之心，即物而在"④。"仁"赋予了世间万事万物以"生"的本质，从而世界则"生生不息"。

中国传统文化提出了以"天人合一"为主旨的合理对待人与自然关系的思想原则，其中蕴涵有"大量保护自然资源和生态环境的思想、理论以及成套的制度性规定"⑤。"天人合一"不仅体现了中国传统文化对人与自然、人与社会以及人与自身之间的关系的认知与理解，还表达了处理这些关系的原则、规范和技巧。中国传统文化中朴素的人与自然和谐思想，强调人与自然共生共荣、和谐相处，是维护我国古代农耕社会人与自然之间简单的生态平衡的主要道德依据。"天人合一"这一"古老思想与生态学的新观念颇相契合"⑥，蕴涵丰富的启蒙公众生态智慧的道德知识资源，对启发公众的生态意识具有重要意义。西方学者纳什在谈到中国古代生态智慧时指出："人们对亚洲宗教的伦理意蕴的兴趣已成为促使宗教'绿色化'的

---

① 梁海明译注《孟子》，辽宁民族出版社，1997，第 243 页。

② 安小兰译注《荀子》，中华书局，2007，第 109 页。

③ 阎丽：《董子春秋繁露译注》，黑龙江人民出版社，2003，第 147 页。

④ 《朱子全书》（第二十三册），上海古籍出版社，2010，第 3280 页。

⑤ 方立克：《"天人合一"与中国古代的生态智慧》，《当代思潮》2003 年第 4 期，第 28～39 页。

⑥ 雷毅：《当代环境思想的东方转向及其问题》，《中国哲学史》2003 年第 1 期，第 17～18 页。

另一源泉。"① 中国传统文化中的生态思想资源不仅"对于解决当前日益恶化的生态问题具有重要价值",而且"对于解决人类未来的生存方式问题具有重大的意义"②。但是,我们也要看到,这些生态思想在古人那里往往只是表现为一种纯粹的精神向往与认同。与现代社会中人们对生态问题的理论反省与实践认知不同,中国古代的生态思想中,多是自发的、朴素的和原生的生态意识。如果只有"天人合一"理念或"自然的道德体系"思想,而缺乏现代科学技术,同样是无法解决当今的生态问题。与西方近现代文化中生态学是"从科学走向伦理学"相比较而言,中国传统文化在面对现代生态问题时要想有所作为,则需要"把生态的文化资源同现代的科学技术结合起来"③。"天人合一"的现代意义值得肯定,但应当看到的是,传统的"天人合一"理念,人与自然实质上是无差分、无中介的"和合为一"。并且,儒家只强调个体的行为和道德修养,主张通过控制人的物欲以求得道德情感上与自然的和谐。而道家也只是一味地主张通过"无己""无为"而达成"道法自然",却完全忽视了人的本性的物质性需要和欲望。因此,对中国传统文化的生态思想理念不能够只谈弘扬,"更重要的是要讲改革,否则环境问题解决不了",这不仅是一个"观念革新的问题",也是一个"制度改革的问题"④。面对新形势,我们要正确对待"天人合一"理念,必须"赋予其时代的内容,以适应社会的发展变化,更好地为人类服务"⑤。我们应该根据马克思的"自然的人化"思想,扬弃"天"的双重性中的"主宰"和"命定"寓意,对它进行"西体中用"的改造和阐明。⑥

（三）西方现代生态思想

近代以来,在西方社会以技术理性为主导价值观的工业现代化大发展

---

① 〔美〕R. 纳什:《大自然的权利》,杨通进译,青岛出版社,1999,第136页。

② 蒙培元:《中国哲学生态观论纲》,《中国哲学史》2003年第1期,第8~11页。

③ 李存山:《自然的"经济体系"还是"道德体系"?》,《中国哲学史》2003年第1期,第12~15页。

④ 梁从诫:《绿色的忧思》,载李静《中国问题:来自知识界的声音》,中国工人出版社,2002,第335页。

⑤ 陈业新:《儒家生态意识与中国古代环境保护研究》,上海交通大学出版社,2012,第32页。

⑥ 李泽厚:《中国古代思想史论》,安徽文艺出版社,1994,第317页。

带来了两个方面的重要后果：一方面，带来了生产力快速发展和人们物质生活水平的提升；另一方面，也带来了严重的生态危机并使人类陷入日益严重的生存困境之中。人们开始反思传统的工具理性主义价值观和单纯以经济增长为主要目标的传统发展方式及其所带来的"全球问题"。从20世纪60年代起，西方公众生态意识开始觉醒。一方面，这一时期公害事故频繁发生，爆发了社会各阶层大规模介入的环境运动；另一方面，生态学科的发展，使生态意识在整个人类意识中苏醒。随着生态危机形势日益严峻以及生态环境保护运动的深入发展，西方社会各种生态思潮不断涌现，西方生态思想进入大发展时期。

1. 生态批评理论

作为一种现代思潮，西方生态批评理论所论及的并不只是文学艺术在现代社会所面临的环境、生态和发展等各种现实问题，而是更深层次地触及"人类的哲学思想、精神向度、文化内蕴、文明趋势等重大问题"[①]。生态批评理论肯定自然本身所拥有的价值，认为人类过去的伦理和道德都是调整社群之内人与人之间关系的规范，当前则必须在人与自然之间即人与环境之间建立一种"新型的伦理情谊关系"[②]。这一新型的伦理情谊关系强调大自然对人的生活及文化的影响，承认"文化受制于生态系统"，承认"生态系统是文化的'底基'，自然的给予物支撑着其他的一切"，承认"生态价值对人的价值体验施加着积极的影响"[③]。面对当代生态问题，西方生态批评理论提出，人类必须重审人类文化，进行思想文化生态化变革，进而推动科学研究以及人类社会发展模式和生产生活方式的生态化变革，建立新的与自然和谐相处的新文化和新文明。人类社会目前所面临的全球性生态危机，起因就在于人类自身的文化系统出了问题。而要消除这一危机，人类就需要清楚地认识到自身的文化对自然所造成的不利影响。我们研究生态与文化关系"虽然不能直接推动文化变革，但能够帮助我们理解，而

---

① 孔明玉、冯源：《从生态哲学到生态文艺的理论建构——胡志红〈西方生态批评史〉的一种阐释》，《中外文化与文论》2017年第2期，第298~307页。

② 〔美〕霍尔姆斯·罗尔斯顿：《环境伦理学》，杨通进译，中国社会科学出版社，2000，第1页。

③ 〔美〕霍尔姆斯·罗尔斯顿：《环境伦理学》，杨通进译，中国社会科学出版社，2000，第4页。

这种理解恰恰是文化变革的前提"①。卡洛琳·麦钱特在《生态革命的理论结构》中更是强调："生态学、生产、再生产和意识是环境史研究中最基本的概念，而生态革命必须兼备上述四个方面的改变。"② 生态批评家立足于人类社会当前的生态境遇，大多怀有强烈的"绿色政治"诉求。"绿色政治"反对极端人类中心主义倾向。极端人类中心主义假定人类必然会有能力"重新安排自然界"，人类能够"解决我们所面临的问题"，人类的生活最终"也将更加繁荣"③。"绿色政治"批评人类中心主义或曰工具理性主义并没有给人类带来它所许诺的幸福生活，相反正是这种文化价值观给人类带来了难以持续生存的全球性生态危机。生态批评的观点是比较复杂的，归结起来他们的理论旨趣主要表现为，对工具理性和极端人类中心主义等非生态价值观给人与自然造成双重伤害进行批判，主张通过生态文化对社会公众进行教化和引导，逐步地将生态意识渗透人们的世界观、价值观和道德观，影响并改变人们的生活方式和行为方式。

2. 生态伦理思想

生态伦理学研究在西方发达国家起步较早。奥尔多·利奥波德和阿尔贝特·史怀泽可以称得上是西方生态伦理学发展的先驱。利奥波德最早将人类伦理扩展至大地而提出"大地伦理学"，主张把保持自然的完整、稳定和美丽看作人类对自然的伦理内容。利奥波德发展了一种"生态中心主义的整体论思想"④。史怀泽也强调，人们必须"敬畏自然"，倡导人类应该对一切生命保持敬畏的心理。在现代西方生态伦理研究中，以诺顿为代表的人类中心论和霍尔姆斯·罗尔斯顿为代表的非人类中心论的影响非常广泛。以诺顿为代表的"弱人类中心主义"虽然认为"自然的价值离不开人类"，但同时又特别强调我们要"关爱他人与自然"，主张"人类的感性愿望的满足"需要限制在合理的范围内，同时还强调必须坚持"人类与自然和谐"

① 王诺：《生态批评：发展与渊源》，《文艺研究》2002年第3期，第48~55页。
② 吴友明：《论信息时代社会领域的生态革命》，《福建师范大学学报》（哲学社会科学版）2006年第2期，第10~16页。
③ 苏勇：《生态批评的若干基本理论问题》，《青海社会科学》2015年第6期，第109~113页。
④ 雷毅：《当代环境思想的东方转向及其问题》，《中国哲学史》2003年第1期，第17~18页。

以及禁止随意破坏自然等原则。① 罗尔斯顿的生态整体主义是一种超越了"人类中心主义"的新价值观。罗尔斯顿在《环境伦理学》中提出了"自然的内在价值"概念，对生态伦理学发展做出了较为突出的贡献。在《环境伦理学》中，他指出："自然系统作为一个创生万物的系统，是有内在价值的，人只是它的众多创造物之一。"② 上述两种不同的生态伦理学观点之间尽管争论颇多，但它们的共同之处是承认自然的价值，从整体主义的视角来审视人与自然的关系。西方生态伦理思想对于我们在新的历史时期为何需要生态伦理以及我们需要什么样的生态伦理等问题进行了研讨，这对于我们在当代更新生态伦理意识、提升人的文化角色、树立人与自然整体关系观点具有重要启发。

3. 风险社会理论

1986 年德国学者乌尔里希·贝克使用"风险社会"一词来描述和分析我们所处的现代社会的结构特征。风险社会理论，以乌尔里希·贝克、安东尼·吉登斯和斯科特·拉什等人为主要代表。风险社会理论打破了人们只注重科学技术与工业发展的积极作用而忽视其所带来的现代风险的传统观念，唤醒了人们的反思和自省意识。乌尔里希·贝克认为，我们应该在现代性的视野下从政治、经济、文化等多重因素来考察生态领域的风险。他指出：关于"空气、水和森林的污染和毒化问题的争论"以及"自然和环境破坏问题的讨论"，不应该仅仅"为自然科学的术语和方程式所引导"，我们需要以"一种社会的、文化的和政治的含义"来理解和解决这些问题。③ 风险社会理论认为，全球性社会风险特别是生态危机的发生主要是人类文化意识与制度危机所造成的，主张"反思现代性"、进行"生态启蒙"、实行"生态民主"，提升公众生态意识，促进整个社会的生态变革。风险社会理论家提出的整体性社会建构策略，为我们当前的生态治理提供了借鉴意义。我们要认识到，生态领域风险的产生是多方面的因素造成的，单从技术层面探讨摆脱生态危机的策略必然是不够的。按照风险社会理论的理

---

① 刘晓华：《论诺顿的弱人类中心主义》，《南京林业大学学报》（人文社会科学版）2013 年第 3 期，第 24~34 页。

② 〔美〕霍尔姆斯·罗尔斯顿：《环境伦理学》，杨通进译，中国社会科学出版社，2000，第 269 页。

③ 〔德〕乌尔里希·贝克：《风险社会》，何博闻译，译林出版社，2004，第 22 页。

解，要消除包含生态风险在内的社会风险，还需要从人类自身的生产和生活方式、社会结构变迁中寻找出路。只有建立风险文化、提升国民风险意识，才能建立科学合理的制度和社会机制，最终才能防范和消除风险。风险社会理论启示我们，构建人与自然和谐发展的生态社会，"必须以护生、可续、崇尚人类与自然双双安康的价值观来取代目前这个破坏成性、利欲熏心的社会价值观"①。

4. 生态学马克思主义理论

生态学马克思主义理论是在 20 世纪六七十年代兴起的"生态中心主义的红色批判"② 理论。生态学马克思主义通过把马克思主义理论和方法与生态学的观点结合起来探讨资本主义生态危机发生的原因及解决途径。詹姆逊·奥康纳指出："我的意图是想说明，政治经济学和马克思主义的理论可以给生态的以及其他各种社会运动带来什么样的洞察力，而目的是帮助他们在批判性方面获得提高和发展。"③ 生态学马克思主义理论认为，资本主义制度及其"资本的逻辑"是造成当代社会严重生态危机的主要根源。消除人类当前所面临的生态危机，必须发动一场现代"环境革命"，超越资本主义文化和道德，建设一个文化多样性的新世界。约翰·贝拉米·福斯特认为我们要进行的这场革命是"像早期农业和工业革命一样的'环境革命'"④，而"环境革命"之后所要建立的必将是一个"具有更普遍自由的世界，因为它植根于公共道德并且与地球及其生活环境和谐一致"⑤。戴维·佩珀认为，未来要建立的必将是结合了"社会主义原则"和"生态理性"的生态社会主义。戴维·佩珀运用马克思主义"对引起生态危机的原因"进行分析，强调"社会变革走冲突和集体的道路"，同时还主张未来要建立的合

---

① 〔美〕丹尼尔·A. 科尔曼：《生态政治——建设一个绿色社会》，梅俊杰译，上海译文出版社，2005，第 229 页。
② 李世书：《"生态中心主义的红色批判"——生态学的马克思主义的当代资本主义批判新视角》，《湖北社会科学》2005 年第 4 期，第 5~6 页。
③ 〔美〕詹姆逊·奥康纳：《自然的理由——生态学马克思主义研究》，唐正东、臧佩洪译，南京大学出版社，2003，第 486 页。
④ 〔美〕约翰·贝拉米·福斯特：《生态危机与资本主义》，耿建新、宋兴无译，上海译文出版社，2006，第 85 页。
⑤ 〔美〕约翰·贝拉米·福斯特：《生态危机与资本主义》，耿建新、宋兴无译，上海译文出版社，2006，第 85 页。

理社会必将是"社会主义的处方和绿色社会的前景"①。总体上来说，生态学马克思主义从多重视角反思人与自然的关系，提出建立一种新的社会机制，最终实现自然解放和人的解放。这种解放必然体现着人与自然和谐发展的整体关系。生态学马克思主义理论思潮启示我们，建设美丽中国，必须坚持历史唯物主义理论立场，"把实现环境正义作为生态文明理论研究的价值原则，切实维护中国的环境权和发展权"②，积极推动当代中国社会主义生态文明建设理论与实践创新，积极推进中国经济社会的可持续发展。

西方现代生态意识形态流派繁杂，有仅仅寄希望于经济改革的"浅绿派"，有追求众生平等的激进的"深绿派"，也有主张社会主义方案的"红绿派"，等等，不一而足。这些生态主义流派虽然各有不同，但都有一个共同特征，即追求社会发展的"生态化"转变。西方生态主义的主流思想家都能够认识到，只有通过意识革命和文化转型，即人类必须进行一场深刻的文化或者意识革命，才能改变现代社会中片面追求物质的增长而破坏人与自然可持续发展的非生态行为。西方生态主义反复告诉人们，人类必须认识到，人类生存的地球其资源和承载能力都是有限的，人类的过度生产和消费必定会破坏生态系统内部以及自然系统与人类社会系统之间的平衡，最终会招来毁灭性的报复。因而，反思不受控制的现代科技和工业发展及其造成的可怕后果，目前人类应当树立全球价值观和全球伦理观，保持人类与自然的物质变换之间的动态平衡。这是人对自然的一种双赢新意识，这能够让人类与自然从被动的"共存"转换成主动的"互存"。西方生态理论中的"回归自然"、"敬畏生命"和自然中心主义等理论精髓，使人们坚定了摒弃非生态的、片面的极端人类中心主义价值观进而树立科学的生态主义立场和信念。这些理论观点总体上有利于实现人与自然的和谐发展，为我们社会主义社会生态文明建设提供了可资借鉴的思想资源。

三 公众生态意识培养的目标

公众生态意识的核心内容是要求人们树立科学的生态世界观、生态道

---

① 〔英〕戴维·佩珀：《生态社会主义——从深层生态学到社会公正》，伦敦：洛雷特出版社，1993，第58页。

② 王雨辰：《论生态学马克思主义与我国的生态文明理论研究》，《马克思主义研究》2011年第3期，第76~82页。

德观、生态价值观并具有良好的生态行为能力与生态审美能力。公众生态意识培养，就是通过有目的的教育和引导，使广大公众进行正确的生态认知，建立生态情感和生态信仰，确立知、情、意、行相统一的生态心理结构体系，树立现代生态意识，形成生态行为自觉。具体来说，公众生态意识培育目标除了使广大公众具备参与生态文明建设的基本知识、基本技能外，更重要的是使公众树立正确的生态价值观和参与生态文明建设行动的积极态度。目前，走绿色发展的道路，建设生态文明，虽然在我国上下已基本形成共识，但是公众的生态认知能力以及生态道德与法制总体水平并不高，广大社会公众对自身在生态文明建设中的作用和地位的认识也不十分明确，社会主义生态文明观念并没有完全深入人心，生态保护工作也还没有普遍成为政府、企业和广大民众的自觉行为。人的意识是行为的先导。实现绿色发展，建设生态文明，必须加强生态教育和生态文化建设，全面提升广大社会公众的生态意识，增强人们实现绿色发展和建设生态文明的自觉性。生态意识有着多重内涵，从我国实现绿色发展和建设社会主义生态文明的现实性角度来看，我国公众生态意识培养需要重点做好以下几个方面的工作。

（一）提高公众生态认知能力

公众生态意识培养，首先必须提升公众的生态认知能力。通过教育和文化传播，公众能够正确认识生态文明建设的含义、基本结构形态，掌握生态的生产和生活的基本知识，提升公众的生态思维能力与水平。这既是实现人与自然和谐发展的文化底蕴和重要的智力支持，也是公众生态意识培养的重要内容。公众个体生态认知能力培养，主要包括生态认识能力、判断能力、评价能力、选择能力等正确生态思维和行为能力的学习和养成。

现代生态意识是"建立在人类实践活动真理性追求的基础之上"的，"它是反映自然价值与文化价值结合的一种新的价值观念"[1]。这一现代价值观要求人们对过去在社会活动中违背生态规律的行为及其造成的破坏后果进行深刻反省，并在反思的基础上发展出新的价值观。生态意识培养的主

---

[1] 周笑冰：《环境教育的核心理念及目标》，《北京师范大学学报》（人文社会科学版）2002年第3期，第118~122页。

要目的就在于通过宣传和引导，使公众正确认识自然及其发展规律，使公众正确认识人与自然之间进行"物质变换"的整体关系，使公众正确认识到与自然和谐发展的重要内容和意义。作为一种现代文明意识，生态意识是对人与自然之间正确关系进行正确反映所形成的认识和情感的总和。实现人与自然和谐发展，除了需要热爱自然、尊重自然，更为重要的是要了解自然，科学正确地理解自然界的规律。这是构成正确生态认知和形成科学的生态意识的重要基础。只是简单地了解自然的本性和规律还远远不够，我们还需要进一步了解和把握人与自然关系的现实状况与未来走向。追溯人与自然关系的不和谐发展的历史及其发生原因，探索发现人类与自然的关系走向更高层次和谐的现实途径。这既需要人们具有良好的生态文明理论素养，又需要人们具有较高的生态思维能力。生态理论代表着一定时代的人们对人与自然关系认识的深度和广度。恩格斯指出："真理是在认识过程本身中，在科学的长期的历史发展中，而科学从认识的较低阶段向越来越高的阶段上升，但是永远不能通过所谓绝对真理的发现而达到这样一点，在这一点上它再也不能前进一步，除了袖手一旁惊愕地望着这个已经获得的绝对真理，就再也无事可做了。在哲学认识的领域是如此，在任何其他的认识领域以及在实践行动的领域也是如此。"① 目前，人类对生态规律的认识依然存在着一定的局限，人们的生态理论知识也亟待进一步深化。这也就需要我们现代人在社会发展中不断深化对生态规律的认识，不断创新生态文明理论，并通过生态文明理论创新深化对生态规律的认识，努力开创生态文明建设新局面。

（二）确立生态价值观

价值观表现着主体的价值意向。价值观"是作为价值活动之标准和导向的信念体系与心理结构的统一体，是主体整合价值生活中具体经验事实的背景式价值意识"②。价值观是包括立场、态度、取向等在内的主体人格深处的信念体系。在个体认知系统中，价值观是个体在长期的社会实践中所形成的关于主体人格的深层图式。"这种图式或结构一经形成，它就沉积

---

① 《马克思恩格斯文集》（第 4 卷），人民出版社，2009，第 269~270 页。
② 《中国大百科全书》（第 11 卷），中国大百科全书出版社，2009，第 242 页。

为深层次的心理结构，成为坚定不移的信念，并因此成为一切活动的范围和走势。"① 价值观是源于主体客观生活实践的文化沉淀以及生活经验的体会。而人的价值观念一经形成又会成为人的价值评价和行为选择的内在依据。实现绿色发展，建设生态文明，"首先是一个观念问题，是一个价值观的问题，是一个人生方向的选择问题"②。树立科学的生态价值观，就是在经济社会发展中把实现人与自然和谐发展作为评价的主要价值尺度和价值目标。生态价值观一旦被广泛认同并成为社会主流价值观，广大社会公众的生态意识就会得到进一步提升，就会将社会主义生态文明观转化为自觉的行为，绿色发展就会成为整个社会的一种自觉行动。

生态价值意识的确立需要我们在价值观上实现以下几个方面的改变③：一是我们在考虑自然时，不能再像传统价值观即工业文明时代所奉行的工具理性主义价值观那样将自然仅仅看作人类社会发展和实现财富增长的"取料场"和"垃圾场"，不能将自然只看作可以用来无限制改造和利用的资源，而是要将自然看作需要维持良性循环的生态系统和支撑人类社会持续生存的"伙伴"。二是我们在考虑科学技术时，不能仅仅从满足人类物质欲望出发，只考虑科学技术对自然的开发和利用能力，还要充分考虑科学技术及其发展对于整个地球生态系统的维系和修复能力，尽力使之成为更加有益于人与自然和谐发展的生态科学和生态技术。三是我们在考虑人类自身的发展时，应该转变过去那种"以人为中心"的二元对立的传统思维方式，克服那种将人凌驾于自然之上的极端人类中心主义思想，实现从人与自然二元对立的工具理性思维方式向崇尚人与自然和谐发展的生态理性思维方式转变。

（三）树立绿色发展理念

建设生态文明，关键在于使广大公众实现思想意识特别是发展观念的转变。从以过度消耗资源和牺牲环境为代价的粗放型增长模式，向经济与社会相协调的可持续发展模式转变。

---

① 江畅：《论价值观念》，《人文杂志》1998 年第 1 期，第 16~19 页。
② 梁从诫：《绿色的忧思》，载李静《中国问题：来自知识界的声音》，中国工人出版社，2002，第 342 页。
③ 李世书：《论当代人的生态幸福观及其实现》，《中州学刊》2016 年第 3 期，第 79~85 页。

1. 确立生态经济意识

生态文明建设，在经济建设领域要求人们秉持可持续发展的理念，由传统的"黑色"经济向"绿色"经济转变。人们的生产生活，都要坚持以实现人与自然和谐发展为核心价值观的理念和原则。人们在发展经济的同时，必须重视加强对生态环境的保护和修复，改变过去"只有经济指数、生产指数、消费指数，就是没有审美指数"① 的传统发展观念。要通过价值引领，在全社会树立生态经济意识，推动经济发展转型。生态经济意识是社会主义生态文明观在经济领域的主要体现。树立生态经济意识就是要破除传统的经济发展观念，走一条绿色、可持续的生态经济发展新路子，促进生态保护与经济增长协调发展。树立生态经济意识就必须施行基于可持续发展的生态经济发展理念，进而推动生态治理从事后处理向源头监管转变，由被动走向主动。树立生态经济意识的关键是推动经济的"绿色化"发展：一是要留住"绿水青山"，加强对自然生态环境的保护与修复，提升人们生活的生态环境质量。二是发展"绿色经济"，坚持绿色生产方式，创新绿色技术，发展绿色、循环、低碳的生态产业。三是坚持绿色生活方式，坚持"适度""简约"生活理念，转变消费观念、优化消费结构，推行绿色低碳、文明健康的生活方式，形成绿色生产、绿色消费的良性循环。② 生态经济意识指导下的新经济发展模式，是传统的绿色经济概念的"升级版"，能够保证生态与经济协调发展。总之，树立生态经济意识，就是通过培育和引领，促进包括政府、企业、社会组织和公众个体在内的全社会共同形成坚持绿色经济发展的自觉意识。

2. 树立绿色执政和绿色行政的生态政治观

在当代社会，人们基于对日益严重的生态危机的深深忧虑，寄希望于现实社会中政治原则和政策制度的根本性改革，以求得生态问题的有效解决。在现代社会，"国家的行政、政治、工业管理和研究忽视了什么是'合理与安全'的标准——结果是导致诸如臭氧层空洞日渐增大、变态反应大

---

① 王治河：《第二次启蒙和生态美学》，载曾繁仁、〔美〕大卫·格里芬主编《建设性后现代思想与生态美学》（上卷），山东大学出版社，2013，第135页。

② 李世书：《绿色发展理念的科学内涵与实践路径》，《信阳师范学院学报》（哲学社会科学版）2018年第4期，第1~6页。

规模扩散等等"，"这是生态危机很重要的教训之一"①。随着人们对生态问题认识的深化，人们对生态问题的认识从局限于自然科学角度，进一步上升为政治性的认识，生态问题进入"政治化"时期，"生态政治"是这一认识在人们政治生活中的必然体现。在当代，生态危机问题的"政治化"推动了"生态政治理论"②的形成。

面对生态危机的严重后果，我们应该用积极的态度去发展一种全新的政治观，使人类生活与自然生态在新的条件下重新统一。吉登斯指出："生态政治是一种损失的政治——自然的损失、传统的损失——但也是恢复的政治。"③按照生态政治的要求，我们每个人都需要尽力"使我们的生活重新道德化"，以"修补被破坏的环境"④。这种全新的生态政治观需要"摆脱生产主义"，即要"在自主、团结以及追求幸福的主题引导下恢复积极的生活价值"⑤。吉登斯在《气候变化的政治》中，从政治的角度为解决全球气候变化问题提出了一系列建议，试图在现有的框架内提供一套新的生态政治思维。他认为，应对气候变化问题，首先应该避免政治上"支持与反对的严重对立"的两极化倾向；其次要给企业、消费者和政治领导人以激励，促使他们做出合理的行动导向和创新性管理等方面的努力；最后要将气候变化纳入地缘政治格局的议题，努力"达成碳排放的国际协议"⑥。治理生态危机，需要建立以基层民主为主的民主政治观。当前，单一依赖国家治理生态危机的时代，正向政府与广大民众、环保社会组织共同治理生态危机的时代转换。治理生态危机的行动促进了以整个人类作为主体的政治行动的实现。乌尔里希·贝克指出："世界风险社会使公众话语权和社会科学面对生态危机的挑战。"⑦当前生态危机的全球化背景下，更需要各国

①　〔德〕乌尔里希·贝克：《世界风险社会》，吴英姿译，南京大学出版社，2005，第41页。

②　张劲松等：《政府关系》，广东人民出版社，2008，第327页。

③　〔英〕安东尼·吉登斯：《超越左与右——激进政治的未来》，李惠斌、杨雪冬译，社会科学文献出版社，2000，第239页。

④　〔英〕安东尼·吉登斯：《超越左与右——激进政治的未来》，李惠斌、杨雪冬译，社会科学文献出版社，2000，第239页。

⑤　〔英〕安东尼·吉登斯：《超越左与右——激进政治的未来》，李惠斌、杨雪冬译，社会科学文献出版社，2000，第240页。

⑥　〔英〕安东尼·吉登斯：《气候变化的政治》，曹荣湘译，社会科学文献出版社，2009，第7页。

⑦　〔德〕乌尔里希·贝克：《世界风险社会》，吴英姿译，南京大学出版社，2005，第6页。

政府采取共同的政治行动。治理生态危机需要所有国家、地区以及所有组织、团体和个体都采取一致的措施来共同完成。

从深层次来看，生态环境建设问题不能仅仅从环境本身来考虑，它与一个国家执政党和政府执政与行政的宗旨、方针政策、制度安排、价值导向等都有着密切的关系。习近平提出："我们不能把加强生态文明建设、提倡绿色低碳生活方式、加强生态环境保护等仅仅作为经济问题。这里面有很大的政治。"① 2015 年中国共产党十八届五中全会提出绿色发展理念，成为中国走环境友好与绿色化、可持续发展道路的战略指引。绿色发展理念要成为国计民生和政治发展的政策指引，就需要将绿色发展理念融入执政党的政治理念、政治路线、政治方针之中，贯彻到执政党的政治决策和政治行为之中。"绿色发展理念实质上是一种绿色执政和绿色行政观。"② 绿色执政和绿色行政，要求执政党和政府将科学执政和行政、民主执政和行政以及依法执政和行政，全面以实现人民生活的环境质量改善为依据来考量，让人民的环境权益得到切实的保障。由于传统政绩观影响依然存在，在一些地方，政府部门和领导干部的绿色政治自觉意识不强、绿色执政的行动力不足。目前，"中国的绿色政治行动，一是缺少具体的绿色政治纲领或意识形态；二是缺少绿色政治运动的领导力量"③。树立社会主义绿色执政观、绿色行政观，必须通过加强社会主义生态文明观教育和制定执行严格制度机制进行规范引导，促进各级政府的决策者增强生态智慧、提高生态自觉意识，将经济发展、人民的环境权益保障和民生幸福作为执政和行政的重大价值追求。

（四）培育深厚的生态道德情感

生态意识还包含并体现在人对自然的道德情感上。生态道德情感，主要是指人们通过对现实环境状况、环境事件以及个体与他人生态行为的内心体验和评价，所形成的生态敬畏感、生态责任感、生态正义感等道德情

① 习近平：《习近平关于全面深化改革论述摘编》，中央文献出版社，2014，第 103 页。
② 方世南：《领悟绿色发展理念亟待拓展五大视野》，《学习论坛》2016 年第 4 期，第 38～42 页。
③ 张伟：《绿色政治：环境保护的新挑战——对近年来环境公共事件的初步观察》，《绿叶》2013 年第 5 期，第 17～24 页。

感意识。生态道德情感既是人的生态意识的生理和心理基础，也是人的生态意识构成的生命因素和人本条件。这种情感体现在人们对良好的生态环境的向往、热爱和享有意愿上。这一情感也是一个现代公民生态意识的主要内涵与具体体现，是人的生态态度的集中体现。在现实社会中，有些人往往并不缺乏生态知识，但由于缺乏生态情感，因此也会对身边生态环境的破坏与恶化而无动于衷。缺失生态情感，其生态认知则可能是肤浅的、表面的，很难达成心理和观念深层次变革。同时生态情感也是形成生态自觉行为的巨大动力，缺乏生态情感，一个人就很难会有真正的生态自觉行为。

生态情感主要体现在树立人与自然共存共生的价值意识上。人与自然本质上是一种唇齿相依的整体性关系，同时人与自然又是休戚与共的生命共同体关系。生态意识培养，主要是唤醒人类保护生态环境的意识和情感，形成"人与自然是生命共同体"① 的价值意识，正确认识和处理"人与自然之间进行物质变换"的关系。从这一价值意识出发，地球上的所有生命形式是人类持续生存的"伙伴"。人与其他生命体以及非生命体之间是和谐统一的关系，人与自然是"生命共同体"。生态保护是世界上最人道的事业，受到世界各国人民普遍欢迎。生态"绝对命令"应受到尊重，② 做好生态保护事业是目前最为优先的任务，人类应当把对生态保护事业的关心作为自己生活的一部分，作为自己应当承担的责任与义务。生态保护事业的目的就是要建构一种"更贴近普通人情感的田园牧歌式"的"自然共同体"③，最终实现马克思所主张的"人同自然界的完成了的本质的统一"。现代生态意识要求我们不仅兼顾"世界所有人的公共利益"，还要关注"地球上人、其他生命和自然界的共同利益"④。现代生态意识要求在处理人与自然的关系时从人类的整体利益出发，人在追求自身利益时要求兼顾其他物种的生存并能保持自然界对所有生命有益的状态。生态意识要求人们不但关注人

---

① 《决胜全面建成小康社会 夺取新时代中国特色社会主义伟大胜利》，《人民日报》2017年10月19日，第2版。
② 余谋昌：《生态意识及其主要特点》，《生态学杂志》1991年第4期，第68~71页。
③ 〔美〕伯特尼、〔美〕斯蒂文斯：《环境保护的公共政策》，穆贤清、方志伟译，上海人民出版社，2004，第368页。
④ 余谋昌：《生态意识及其主要特点》，《生态学杂志》1991年第4期，第68~71页。

与自然的关系以及人与人的关系变化的现实效果，同时更需要关注这种变化的长远效果；不但要关注对人有利的变化，而且需要特别注重对人不利的变化。

（五）促进公众养成生态自觉行为

长期以来，在传统发展观支配下，无论是政府还是企业，往往只是把生态文明建设目标写在报告里，表现在口头上，而并没有真正落实在自身行动上。生态意识的培养，最终必须落实到广大社会公众生态文明行为与习惯的养成上，形成"生态自觉"①。公众生态意识的培养，尤为重要的一环是良好生态行为习惯的养成。这需要对公众进行一定的生态理论知识教育，制定并实施相应的生态道德规范和生态法律制度，对公众进行引导和约束，使公众形成正确的价值评价、价值选择并付之于自觉的生态文明建设实践行动。

早在19世纪，马克思就曾经指出："如果自发地进行，而不是有意识地加以控制（他作为资产者当然想不到这一点）——会导致土地荒芜。"②这也可以看作马克思对人类文明发展的一种"生态自觉"。所谓"自觉"就是指自己有所认识而主动地去做。"自觉"主要是指主体能够自己感觉到和意识到，包括观念上的自觉内化与实践上的自觉外化。生态自觉主要是"人们在发展中实现生态理念的自觉内化及生态文明建设过程中各种实践的自觉对象化"③。生态自觉实质上就是指人们能够以生态理性原则科学定位人与自然的关系，并将这一生态理性原则自觉地外化到政策、法律和道德规范的制定以及日常生产生活实践活动中，实现人与自然的和谐发展。生态自觉的前提是生态理论的自觉创新、生态意识的自觉建立和生态行为的自觉形成。目前，虽然生态理论的自觉创新已经形成一定共识，但生态实践行为远没有形成自觉。

生态自觉实践是建立在自觉的生态意识基础之上的。马克斯·韦伯指出："不是思想，而是利益（物质的和思想的）直接支配人的行为。但是，

---

① 汪顺成：《科学理解生态自觉的内涵》，《未来与发展》2014年第9期，第30~32页。
② 《马克思恩格斯文集》（第10卷），人民出版社，2009，第286页。
③ 汪顺成：《科学理解生态自觉的内涵》，《未来与发展》2014年第9期，第30~32页。

观念创造的'世界图像'，时常像扳道夫一样决定着由利益驱动的行为的发展方向。"① 生态价值理性要真正成为人的实践的指导，前提是要使这种观念或理论进入社会大众的头脑中，融入人们的意识和价值观念之中，最终才能成为指导人们行动的指南。生态自觉实现的途径包括教育引导和劝诫强制两种方式。教育是人类价值观再生产的最为重要的传承方式，主要表现为历史优选下来的正向价值的教导。社会通过各种不同的教育方式和教育渠道，对广大社会公众进行教育与引导，使其掌握社会公认的生态价值观念与生态道德规范，促使公众在心理上生成积极正面的生态认知、生态情感和生态行为意向。同时生态自觉还需要制度强制认同来实现。生态文明建设的顺利推进必须有坚实的法律法规体系作为有力保障。生态法律制度建设中，政府积极谋划、科学制定生态法律制度，社会组织和公民自觉参与，企业自觉执行生态法律制度，就会形成政府、企业、社会组织和社会民众自觉执行并相互监督的良好局面。

当然，生态自觉的关键还是集中体现在公众日常生产生活中自觉的生态行为上。公众日常生产生活中的生态行为由自发转向自觉，需要通过教育引导、道德规范等"软"的方式和生态法治等"硬"的方式双重规约。只有合理使用"软"与"硬"两种手段，才能不断强化广大公众的生态文明意识认同，形成生态的生产方式、生活方式和思维方式，提高生态行为的自觉度。目前，在生态文明建设过程中观念和行为相脱节、法律制度的制定和执行相脱节等问题依然存在。因而，生态自觉的价值指向及其实现路径还有待进一步规范引导，生态意识自觉和生态行为自觉仍需进一步提升。

四　公众生态意识培养的途径

现代社会主体是具有公共精神的现代公民。公共精神是现代社会公民的基本素质。公民公共精神的培养，一靠文化塑造。公共精神要求公民以公共利益为重，要求公民能够以强烈的人文关怀和无私奉献的精神投身到社会的公共活动之中。公共精神是通过对公民进行外部教化并由公民个体进行内化而产生的一种内在力量，用以指导公民的社会行为。通过现代社

---

① 转引自苏国勋《理性化及其限制——韦伯思想引论》，上海人民出版社，1988，第 84 页。

会主流价值观的宣传、教育、引导和强化认同，现代社会主流价值观逐渐为广大民众所理解和接受，用以指导公众自身的言行，并形成行为习惯。二靠个体自我反省。外部文化环境的教育与再造也仅仅是让民众养成正确价值观及正确价值选择的一个重要方面，而最为关键的还是要求广大民众能够真正地将公共精神全面地内化于心，进而实现从"德性"到"德行"的转换。① 当然，公民公共精神的培养需要加强法律规范和道德教化的结合，在运用先进的道德来滋养和教育的同时，要用完善的法律制度进行规范。生态意识是现代社会公民公共精神的一项重要内容。因而公众生态意识培养也是现代公民公共精神教育、培养和塑造的一项重要工作。列宁在论述人的真理性认识形成过程时指出："所有这些认识的环节（步骤、阶段、过程）都是从主体走向客体，受实践的检验，并通过这个检验达到真理（＝绝对观念）。"② 人是社会实践的主体。公众生态意识培养离不开生态文明建设实践。公众生态意识培养，不仅要促成对传统价值观和发展观进行反思，更需要对公众进行广泛的生态价值观宣传、教育和引导。公众生态意识的培养模式不仅表征着生态意识培养内涵在对象性活动中的凸显，而且指涉生态意识培养目标在"文化熏陶、教育引导、强化认同、实践养成"中的实现路径。促进观念转变以及积极进行行为引导和文化培育是当下有效地提升公众生态意识的重要手段和途径，经过教育、引导和塑造公众能够将生态价值观内化于心、外化于行并最终形成生态自觉行为。

（一）积极开展"生态启蒙"

生态文明是一种超越传统工业文明的人类文明新形态，生态文明以实现人与自然和谐发展为核心价值观。建设生态文明，必须树立绿色发展的理念。绿色发展理念的提出，要求在发展观念和发展方式上进行生态化转型，这既是发展的方法论变革，又是发展的价值观革命。绿色发展理念的贯彻与实施，最为关键的是要促成人们观念变革。人们生态价值观念的养成，首先要求人们对以往种种非生态的思想体系和价值观念进行反思和批判，真正认识到是人类自身的文化价值观和发展方式才造成了今天的生态

---

① 玉素萍：《德性和德行如何步调一致》，《人民论坛》2018 年第 10 期，第 136~137 页。
② 〔苏联〕列宁：《哲学笔记》，人民出版社，1993，第 290 页。

危机。英国学者哈耶克指出："世界的现状或许是我们自身真正错误的后果，对我们所珍爱的某些理想的追求，明显地产生了与我们的预期大相径庭的后果。""观念的转变和人类意志的力量使世界形成现在的状况。"① 为了确保人类未来的可持续发展，人们必须改变自身的生活方式。在发达工业社会，"物质主义"和"消费主义"价值观盛行，通过无节制地开发和利用自然，人们以"占有"和"享乐"为目的的物质欲望得到了极大满足。但这种极端物欲主义生活方式并没有带来人们所希望的真正幸福，相反却导致了现代社会人的"幸福悖论"②。人类为了满足自身毫无节制、无限膨胀的物质需求的欲望，在以惊人的速度制造出产品的同时，也在以惊人的速度消耗着、浪费着自然资源，并以惊人的速度破坏着自然环境。"社会的富裕是以制造需要、培育贪欲和嫉妒这类强烈的人性欲望来实现的，它破坏着人类的幸福和宁静，也破坏着人类的和平。"③ 要改变目前这种状况需要进行一次"道德变革"，建立一种新的生态文化或道德。目前，"必须以护生、可续、崇尚人类与自然双双安康的价值观来取代目前这个破坏成性、利欲熏心的社会价值观。"④ 约翰·贝拉米·福斯特将这一"道德变革"称作"生态革命"。他指出：生态革命"要想取得成功，必须超越当前的生物圈文化和它所产生的政治'更高的不道德'。"⑤ "生态革命"建立起来的必定是以建构生态价值观为核心的一种新的文化或新的道德。在生态价值观引导下，正确处理人类与自然之间和谐发展的现实关系，并按照生态的原则安排生产和生活，这样最终必定会创造出属于我们自己时代的生态幸福。实现观念转变，必须在全社会推动"意识革命"和"文化转型"，广泛开展生态启蒙，全面推进环境教育，增强公众生态理论和价值意识的自觉性。

建设生态文明，首先必须要求广大社会公众普遍地认识、理解和认同生态文明理念；而要认识和理解生态文明，就必须"认真反思现代化及其

① 〔英〕弗里德里希·奥古斯特·哈耶克：《通往奴役之路》，王明毅、冯兴元等译，中国社会科学出版社，1997，第19页。
② 李世书：《论当代人的生态幸福观及其实现》，《中州学刊》2016年第3期，第79~85页。
③ 何怀远：《发展观的价值维度》，社会科学文献出版社，2005，第288页。
④ 〔美〕丹尼尔·A.科尔曼：《生态政治——建设一个绿色社会》，梅俊杰译，上海译文出版社，2005，第229页。
⑤ 〔美〕约翰·贝拉米·福斯特：《生态危机与资本主义》，耿建新、宋兴无译，上海译文出版社，2006，第85页。

后果，反思人类的'理性启蒙'及其局限性，呼唤新启蒙形式：生态启蒙①。启蒙是指人将自身从过往"蒙昧无知"的状态中解放出来，并能够运用自己的理性去分析和判断人及世界。生态启蒙是指将人们从对生态科学、生态伦理的"无知"以及人"控制"和"奴役"自然的幻想中唤醒。当前，生态启蒙主要目的就在于，批判极端的人类中心主义，对人与自然关系重新定向，确立一种成熟的人类中心主义，即通过对传统知识理性的作用与限度进行反思，重建一种合理的自然生态观，推动各种生态保护运动健康发展，在全社会积极倡导与践行"生态民主政治及其实践"②。生态启蒙能够让人们深刻认识到"环境是一个生态系统，是一个自我组织的（自发的）有生命整体"，认识到"我们的独立是有依附性的"，即"我们与生态系统的根本上的关系"，而"这一关系会使我们认识到世界不是一个客体，而人也不是像一个孤岛一样独立的。"③ 在现实中，通过选择合理的生态启蒙教育路径，让人们认识和反思现代工具理性主义和传统工业发展方式的生态代价，进而教育引导和强化公众的生态价值认同和意识自觉。价值观念直接影响个体的行为，生态自觉行为形成源于人们生态价值观的养成与提升。人类学家克拉格洪认为，价值观是个体或群体"内涵或外显"地认为"什么是值得做的"以及什么是"最好去做的"，这种认识或观念必然会影响"个体或群体的行动方式、途径以及目的的选择"④。在心理学家看来，价值就是"我们经验什么是应该的那一刹那的心理活动"，并且这一反应或判断应该是具有"客观性及超越个体的有效性"的，即在一个群体中"有许多人都会有共同的价值，共同的'应该'的判断"⑤。价值是人们对于什么是"应该"所作的判断，而人的价值体系实际上是个体自身关于生活意义、什么是"应该"以及什么是自身所追求的目标的一整套构想和信念。人的价值体系又规定了个体的行为规范和准则。生态启蒙，就是要

---

① 薛晓源：《生态风险、生态启蒙与生态理性——关于生态文明研究的战略思考》，《马克思主义与现实》2009 年第 1 期，第 20~25 页。

② 潘斌：《风险社会与生态启蒙》，《华东师范大学学报》（哲学社会科学版）2012 年第 2 期。

③ 〔法〕艾德加·莫兰：《社会学思考》，阎素伟译，上海人民出版社，2001，第 330 页。

④ 张英魁：《中国传统文化及其政治价值——以白鲁恂的研究为考察中心》，中央编译出版社，2009，第 5 页。

⑤ 杨中芳：《中国人真是"集体主义"的吗?》，载杨国枢主编《中国人的价值观——社会科学观点》，台北：桂冠图书公司，1994，第 321~434 页。

从对公众进行生态认知能力培养做起，推进公众个体生态责任和生态道德意识形成，引导公众将生态价值体系融入自身行为的思考和判断中，促进公众生态意识和自觉生态行为习惯的形成。

（二）加强教育引导和强化认同

从社会管理的角度看，政府不仅要强化自身的生态治理能力建设，而且要通过教育引导和制度规范进一步推进公众对社会主义生态文明观的接受和认同，促进人们观念的生态化转变，进而提升公众生态意识和参与生态文明建设的自觉性。人的行为是受人的观念引导的。人们只有首先实现观念的转变，在生态文明理论指导下才能对自身行为及其后果进行理性的认知，才能进行合理的价值选择并自觉地参与到生态文明建设实践中。人与自然和谐发展最终要靠人来实现，而"实现自然的良性发展必须依赖社会进步，人类自身还要根据对未来的预见去规划和调节其行为"[1]。人们是选择破坏还是保护生态环境的行为，在一定程度上取决于他所"秉持的文化"，人们"有什么样的文化"就会"有什么样的行为"[2]。因而建设生态文明，实现人与自然和谐发展，首先要实现人的文化价值观变革，促进人的生态意识提升。公众的生态意识不可能是自发地或自动地形成的。公众生态意识的培养，既需要教育引导也需要强化认同。

1. 加强教育引导

生态文明时代需要人们具有与之相适应的现代生态意识。现代生态意识不仅是一种先进的社会意识更是一种更具生态合理性的整体思维方法。公众生态意识培养是一项复杂的社会系统工程。马克思指出："要改变一般人的本性，使他获得一定劳动部门的技能和技巧，成为发达的和专门的劳动力，就要有一定的教育或训练……"[3] 加强生态教育是公众生态意识培养的主要路径。当前，"考虑到生态问题压倒一切的重要性，它应当成为教育

① 曹荣湘：《生态治理》，中央编译出版社，2015，第 127 页。
② 江泽慧：《生态文明时代的主流文化——中国生态文化体系研究总论》，人民出版社，2013，第 234 页。
③ 《马克思恩格斯选集》（第 2 卷），人民出版社，1995，第 174 页。

的核心"①。具体来说，公众生态意识的形成，需要经过政府与社会积极的组织宣传教育引导，使广大公众学习并掌握生态科学知识，接受现代生态文明理念，进而促成生态思想观念的自觉成长与转化，最终形成生态价值观认同并内化为现代生态意识。

本质上，公众生态意识培养也是一种对人进行文化价值观教育引导的社会意识活动与过程。"教育作为文化生产与文化传承的最有效手段，是文化建设的最重要路径"②。教育是人类社会文化价值观的主要传承方式，表现为优选下来的历史文化基因正向价值的教导。社会教育是通过对社会成员进行相应的教育和引导，让公众理解和认同社会公认的价值规范，进而起到传承文化、稳定社会的作用。在谈到对人的价值观教育和行为引导的时候，马克斯·韦伯认为"不是思想，而是利益（物质的和思想的）直接支配人的行为"③，福柯也认为"教育他时必须从他个人的利益入手"④。在他们看来，人的价值观的教育引导，实际上是一种"利益诱导"过程。公众生态意识培养中的"利益诱导"，指向社会成员对现实利益及共同体利益关系的生态认知，引导人们形成整体生态利益与个体利益得失的正确评价与选择，进而引导公众承认、认可和赞同的生态价值观并在实践中养成自觉的生态行为习惯。"利益诱导"不只是指人们的物质层面，同时也包括政治、情感和社会等各个层面的内容；也不只是指物质利益的维护和实现，同时也包括生态的幸福感和审美感等精神愉悦。在本质上，每个个体只有在"认识到自己的利益和他人的利益的一致性"⑤时，才会认识到共同利益的价值，也才会有社会合作意愿。只有使人们认识并感受到生态经济发展和生态社会建设实现并满足了他们的利益需要时，这样才能促使公众形成积极正面的生态认知和生态情感。我们的教育引导，必须讲清楚生态价值观特别是生态文明建设与公众个体需求在利益上的共性与联系，力争让公

---

① 〔美〕大卫·格里芬：《生态危机：建设性后现代主义是否有助益?》，柯进华译，载曾樊仁、〔美〕大卫·格里芬《建设性后现代思想与生态美学》（上卷），山东大学出版社，2013，第24页。

② 陈胜云：《中国特色社会主义文化实践论》，上海三联书店，2009，第222页。

③ 转引自苏国勋《理性化及其限制——韦伯思想引论》，上海人民出版社，1988，第84页。

④ 〔法〕米歇尔·福柯：《规训与惩罚》，刘北成、杨远婴译，生活·读书·新知三联书店，2003，第120页。

⑤ 金生鈜：《规训与教化》，教育科学出版社，2004，第19页。

众的生态认同在个体"利益诉求"最大限度地得到满足中得以维系和强化。

针对日益严峻的世界生态危机形势，通过加强生态教育，能够引导公众形成生态价值观和自觉的生态行为，这对于改善人与自然的关系具有重要的现实意义。生态教育实质是关于如何处理人与自然关系的价值观教育和生态思维方法培育，更是关于人们如何更好生存和生活的教育。1972年世界"人类环境会议"指出："为了更广泛地扩大个人、企业和基层社会在保护和改善人的各种环境方面提出开明舆论和采取负责行为的基础，必须对年轻一代和成人进行环境问题的教育，同时应该考虑到对不能享受正当权益的人进行这方面的教育。"① 1973年，我国首次"全国环保会议"提出：除了"设置环境保护的专业和课程"培养专业人才外，必须开展各种形式的社会教育，"通过电影、电视、广播、书刊宣传环境保护的重要意义，普及科学知识"，有效推动环境保护工作的全面开展。② 1992年，我国首届"全国环境教育工作会议"指出，"只有通过教育，才能唤起人们保护环境的意识，才能提高全民族的环境保护水平"③。进入21世纪特别是中国共产党十八大以来，我国生态环境保护宣传教育愈发受到国家和政府的重视。中国共产党十八大报告明确提出："加强生态文明宣传教育，增强全民节约意识、环保意识、生态意识，形成合理消费的社会风尚，营造爱护生态环境的良好风气。"④ 中国共产党十九大报告又进一步提出："我们要牢固树立社会主义生态文明观，推动形成人与自然和谐发展现代化建设新格局，为保护生态环境做出我们这代人的努力！"⑤ 目前，积极推进生态教育的发展，已经成为社会的普遍共识。

从内容上来说，生态教育包括生态学的教育、生态伦理的教育和生态法制的教育。生态教育要取得实效，必须以社会主义生态文明观的培育和

① 《斯德哥尔摩人类环境宣言》，《世界环境》1983年第1期，第4~6页。
② 《关于保护和改善环境的若干规定（试行草案）》，《工业用水与废水》1974年第2期，第38~41页。
③ 于慧颖：《环境保护 教育为本——全国环境教育工作会议在江苏召开》，《学科教育》1993年第1期，第56页。
④ 《坚定不移沿着中国特色社会主义道路前进 为全面建成小康社会而奋斗》，《人民日报》2012年11月9日，第2版。
⑤ 习近平：《决胜全面建成小康社会 夺取新时代中国特色社会主义伟大胜利——在中国共产党第十九次全国代表大会上的报告》，《人民日报》2017年10月28日，第1版。

践行为重要抓手，并将其融入知识教育、公民道德教育、思想政治教育、专业教育等各环节之中，同时要将其贯穿于各级各类教育、科学研究、文化宣传、政府政策与法律制度的制定与执行、企业技术革新与生产以及公众的生活消费等各层次生态文明建设实践中，加强社会主义生态文明观在经济建设、政治建设、文化建设等各项社会事业中的全方位渗透。生态教育除了正面教育、指引公众的生态观念革新这一路径之外，还包括危机教育或者反思意识培养，能够促进公众提高危机意识和责任担当进而发生生态观念变革。因为人类社会发展目标的实现，既"需要经过人的无意识的运动，也需要人从根本上意识到基本的真理和死亡的危险"①。树立危机意识，首先要批判传统发展观的极端人类中心主义思维模式，转变那种认为自然具有无限"承载力"的观念，正确理解和把握人类改造和利用自然的"度"，树立科学的生态价值观和生态思维方式。人类需要正确认知发展与代价、发展与风险的关系。只有当我们意识到自身的行为已经对自然造成毁坏，从而威胁自身的生存时，我们才会产生和形成减少污染、保护环境的生态文明理念，并最终通过自身的自觉行动达到改善环境的目的。生态法制教育是生态教育一项不可或缺的重要内容。生态法制教育，就是将"生态法治"理念融入教育对象的生态意识培养目标之中。通过教育，人们能够对自身的生态权利有着更加清晰的认识，同时人们对作为一个现代公民所应承担的生态责任和义务有着更加深刻的认知和认同。公众参与生态法制教育的过程同时也是生态法律意识认知、认同和内化的过程。

2. 强化认同

当然，在注重教育引导"软约束"的同时，还必须加强制度法律"硬约束"，强化观念认同的效果。实际上，由教育引导而生成的生态价值观念认同，往往会带有公众个体利益考量，因而在实践中不可避免地具有一定的波动性。如果要使社会主流价值观内化为公众的价值观念并转化为自觉行动，还需要借助外部的强制性手段进行"硬约束"。通过生态制度、生态法制进行规训，能够为生态价值观的强化认同提供外在的制约。在生态价值观强化认同过程中，教育必须与强制相结合，这样才能形成公众价值观的深层感知和感受。生态文明建设，只依靠教育和引导、只依靠公众个体

---

① 〔法〕艾德加·莫兰：《社会学思考》，阎素伟译，上海人民出版社，2001，第332页。

的自我认知和自发地参与是远远不够的，还必须通过国家政策制度和法律的刚性约束对人们的生态行为进行有力和有效的规范。公众生态意识培养不能只依靠公众个体观念的自觉转变，还需要政府从制度层面完善生态政策、法律法规进行强制。公众的生态参与意识与行为有赖于政府提供科学合理的奖励和惩罚制度机制进行约束和规范。制定相应的生态政策制度和法律法规，既是对公众生态权益予以法律保障，也是对公众的行为产生外在的约束力。社会共同体借助制度规范与相应程序对公众的价值认同进行规约，能够使其"在变得更有用时也变得更顺从。或者因更顺从而变得更有用"①。制度与法制通过相应的规范和秩序对社会中的价值观偏离和道德失衡进行矫正，对遵守和违背生态行为规范和秩序的人员和行为进行相应的奖励与惩戒。通过一定制度与法制的惩戒与规约，能够让公众的生态价值观认同以更加规范的方式进入理性和自觉的运行状态之中。"无论是权力还是权利，在行使过程中都存在着一定的运行规则，在遵循着固有的或既定的规则。"② 社会对公众生态价值观的强化认同，让公众摆脱了价值观自然认同的无意识状态，更有利于生态价值观真正地内化为人们自觉的行为和习惯。

（三）重视文化培育

生态治理问题是当今社会一个世界性难题，世界各国政府以及科学家、社会科学工作者都提出并实施了多种方案和解决办法。虽然在面对生态危机时人们在技术、经济以及政治等方面都做了大量的工作，然而目前世界生态环境问题仍然没有得到有效的控制。针对日益严峻的生态环境问题，人们普遍意识到仅靠单纯的技术与经济手段并不能从根本上解决问题。本质上，生态矛盾的核心问题是人类经济社会发展中人对自然无节制开发和利用与自然界有限的承载力之间的严重对立。虽然自然承载能力是有限的，我们无法干预，但是我们能够对自身观念和行为进行节制和限制，通过改变我们的价值观念、文化范式、发展观念以及生产生活方式，在经济持续

---

① 〔法〕米歇尔·福柯：《规训与惩罚》，刘北成、杨远婴译，生活·读书·新知三联书店，2003，第 156 页。

② 张云鹏：《文化权：自我认同与他者认同的向度》，社会科学文献出版社，2007，第 10 页。

发展与自然环境有限承载力之间保持相对平衡，也能够实现人与自然的和谐发展。在生态治理中，虽然文化机制代替不了技术，但通过生态文化建设，能够推进公众形成自律的生态意识，并能够形成有利于生态治理的文化环境与社会机制。文化既体现为一种有形的物质存在，又体现为人的一种内在的精神状态。就精神层面而言，文化实质上就是一种价值观。人们总是生活在一定的文化环境中的。在历史发展过程中，特定的文化必定会渗透在一定历史阶段中的个体思维与心理模式之中，成为人们价值评判和行为选择的重要依据。任何价值观都是特定文化环境下形成的并反映了特定文化的价值观。一定时代的人的思想、价值、行动甚至情感，都是文化的产物。在生态文化已经成为社会主流话语的新的历史时期，公众应具备较高程度的生态思维能力和生态素养。文化发展对公众生态意识养成有着潜移默化的影响，在生态文化建设中通过文化塑造能够使公众形成生态文明价值观。在公众生态意识培养模式中，"渗透"方法是最具有实践价值的重要方法之一，这一方法将文化熏陶、教育引导和实践养成有机地统一起来。文化熏陶强调以文化人、以文化环境塑造人，通过对生态文化的弘扬，通过公民生态道德建设工程的推进，对公众进行生态生产方式和生态生活习惯养成的教育引导，进而推进公众生态文明素养的不断提高。

1. 积极开展各种生态文化建设实践活动

人的意识是在实践中发生和发展起来的，社会实践赋予人的意识以创造性和反映性相统一的特征。正如列宁所指出的，"人的意识不仅反映客观世界，而且创造客观世界"①。人的意识不仅仅是对客观世界的简单复制或摹写，更重要的是一种创造。人的生态意识并不简单的是一种消极反映，同时也包括生态文明理论创新。社会主体要获得对生态问题的正确认知并形成科学的生态价值观就必须积极参与到生态文明建设实践活动中，特别是参与到生态文化的创建活动中。公众生态意识培养，不能仅仅停留于理论宣传教育的层面，更重要的是组织公众参与生态文化实践活动，把生态情感和生态价值观培养落实到实际行动上，通过具体行为来内化生态文明意识。公众参与生态文化实践活动，参与行动的过程本身就是接受和认同生态文明理念的过程，即升华生态意识的过程。将公众生态意识培养寓于

---

① 《列宁全集》（第55卷），人民出版社，1988，第182页。

生态文化建设实践活动，既要把"开展生态文明教育和实施德法并举的规范约束作为民众生态文明意识培养的基本方法"①，又要进一步强化实践环节，让公众在生态文明建设社会实践中践行生态文明理念。将公众生态意识培养纳入生态文化建设实践过程之中，这是由生态意识的本质属性和生态文化实践活动的特征所决定的。在生态文化建设实践中，通过在全社会大力倡导生活方式绿色化，引导公众积极践行生态文明行为，推进公众在生态文明创建活动中接受和认同生态价值观，进一步提高公众生态意识培养的实效。生态文化建设，要靠政府科学规划和规范引导，同时更需要充分发挥公众的创造活力，引导广大民众在生态文化建设的实践中不断创新。广大人民群众之中蕴藏着巨大创造力，这种创造力不仅表现在美好生活物质创造实践上，还表现在生态文明观念创新上。要充分发挥广大公众的创造力，积极引导公众在生态文明实践中不断开创新理念、新文化和新实践。21世纪以来，社会主义生态文明建设被提升为国家发展战略并开始逐步实施，公众生态文明建设获得感和生态幸福度得到了极大的提升，生态文化得到了进一步弘扬，生态价值观在全社会得到了广泛的认同。当前，全国上下正在持续地推进以美丽乡村和美丽城市为内容的美丽中国建设，全国范围内广泛开展了全民参与的生态城市、生态乡村以及森林城市等各种生态文化建设活动，全国各地的政府也都在借助地方各具特色的生态优势积极开展丰富多彩的生态文化建设活动，不断开创富有中国特色的"生态幸福新政"② 行动。"生态幸福新政"行动开启了公众普遍参与的、具有新的时代特色的生态文化建设实践，引领公众生态意识培养。

　　2. 利用好现代传播方式开展生态文化宣传

　　公众生态意识教育和培养需要借助不断发展的文化传播才能实现。《中国生态文化发展纲要（2016–2020年）》强调，要"改革创新、协同发展生态文化传播体系"，进一步"推进民众广泛参与互动传播，不断丰富生态

---

① 张国民、祁维仙：《必须注重民众生态文明意识的培养》，《山西高等学校社会科学学报》2009年第2期，第60~64页。

② 袁祖让：《以"生态文明"建设实现国民福祉普遍提升》，《陕西日报》2012年11月13日，第4版。

文化的时代内涵，增强其与时俱进的适应性和创新支撑的发展活力"①。进入新时代，为使生态文化传播更贴近时代、更具实效性，必须加强生态文化现代媒体传播体系和平台建设，进一步拓展生态文化创建传播体验活动。当前，现代大众传媒已经成为公众获取各种信息的重要来源，大众传播已经成为生态文化传播的主力军。从一定意义上来说，大众传播是当前公众生态意识培养的一个重要渠道。大众传播的发展，使得当前生态文化传播变得更普及、更深入，公众能够更便捷、更广泛地接受生态教育，在生态文化浸润中自觉树立生态价值观和生态道德观。通过现代大众传播活动，公众不仅能够更加方便地了解和关注生态问题，还能够更加广泛地了解到并知晓各种生态科技知识以及各种生态政策、生态法律。在参与大众传播活动中，公众不仅能够了解他人的生态理念与生态行为，而且能够知晓社会对某种生态行为的评价及态度，在参与信息传播互动中公众会形成自身的生态认知和生态评价。这种具有交互作用的生态文化现代传播方式能够有效地促进公众生态意识提升。生态文化的现代传播本身就是信息化时代生态文化发展的具体体现，同时生态文化的现代传播为"以文化人"提供了更为便捷的互动平台，用现代社会最流行的文化形式和文化样态向公众传播生态信息，有效地提升了"以文化人"的效果。生态文化现代传播方式增强了互动性和时代性，能够吸引公众对生态问题关注，增强了生态文明理念传播的感召力。当前"新媒体的快速发展、网络舆论环境日益复杂，环境信息的传播形式和方法亟待调整"，同时"人民群众对生态文化产品的需求不断增强，生态文化公共服务体系建设任重道远"②。未来需要进一步发挥好大众传播在生态文化传播中的积极作用，不断创新生态文化传播的内容和形式，发挥好生态文化现代传播活动的显性和隐性的育人功能，有效推动公众生态意识全面提升。

---

① 《国家林业局关于印发〈中国生态文化发展纲要（2016–2020 年）〉的通知》（林规发〔2016〕44 号），中国林业网，http://www.forestry.gov.cn/，2019 年 10 月 20 日访问。

② 《全国环境宣传教育工作纲要（2016—2020 年）》，《中国环境报》2016 年 4 月 19 日，第 4 版。

第三章　生态文化建设与公众生态意识
提升互动机制

生态文化建设应发挥广大社会公众的主体作用。只有对生态问题形成理性自觉，人们才会对生态问题有合理的、科学的认识，才能有自觉的生态文明行为。生态自觉的形成必然涉及生态文化建设和公众生态意识养成。在社会主义生态文明建设实践中，生态文化建设与公众生态意识培养二者之间本质上是一种双向互动的发展关系。公众生态意识培养是一项长期而复杂的社会系统工程，这需要政府、社会和公众个体等各方面之间相互配合与共同努力才能完成。在生态文化建设中推进公众生态意识养成，需要加强生态知识普及和宣传，需要积极推进生态价值观和生态道德教育，需要推动生态制度与法制健全和完善，积极引导公众广泛参与到生态文明创建活动中来。在生态文化建设中，通过文化教化，促进人的心理机制和观念发生变化，能够促进人的生态价值观和生态意识养成。生态文化建设对于公众生态意识培养具有基础性的中介与保障作用。

第一节　生态文化建设与公众生态意识
提升的互动机理

生态文化建设与公众生态意识培养的互动，是指生态文化建设与公众生态意识培养之间的一种相互影响和相互作用的过程。如果依据一般的社会价值评价标准对二者互动的成效进行分类，则可以将其划分为良性互动和非良性互动或者有效互动和无效互动等形式。生态文化建设与公众生态意识培养的良性互动，就是指生态文化建设与公众生态意识培养之间形成一种相互促进的互动发展模式和过程。这也是在生态文明建设实践中我们力争达到的一种良性互动发展机制和模式。

一 意识与文化的关系

意识和文化，在现实中是很难区别的两个概念，如果不是特殊需要，鲜有人对这两个概念进行辨析。而在现实的使用中很多人是将两者合在一起使用的。这里并不是特意地对意识和文化进行概念辨析，主要还是在于揭示二者之间的相互作用、相互影响关系。1868 年 3 月 25 日，马克思在一份致恩格斯的信中指出："耕作——如果自发地进行，而不是有意识地加以控制（他作为资产者当然想不到这一点）——会导致土地荒芜，像波斯、美索不达米亚等地以及希腊那样。"① 在这里，马克思从人与自然的关系的角度论述了人类活动与意识的关系。作为人类生存方式的文化是人类有意识活动的结果。概括地讲，意识与文化的关系主要体现在：一方面，文化在一定程度上来说是人们有意识地创造活动的结果，"由于文化是以语言符号为细胞和载体，以规则和制度作为其形式和法度，因而，文化人或知识人的精神生产即符号的创造和传播，国家的法律及行政权力对社会各个领域的管理与介入，都会对文化的演变起到主要的甚至重大的作用"；另一方面，文化一旦形成，就会"润物细无声地影响甚至塑造着人的意识、心灵和行为方式"②。

（一）意识的发生离不开一定的社会文化环境

意识的发生离不开一定的文化氛围，意识的内容及其发展受一定文化的渗透、感染和导向。"几乎没有哪一个人类学家会对文化影响个体的行为持怀疑态度"，文化"十分直接地影响个体行为——思想"③。个体通过继承和运用既定的社会文化获得各种概念和认识框架，形成一定的思维模式和认知系统，促使自我意识发生和日益完善，并拓宽和丰富对象意识的内容。

人的意识形成于一定的社会生活即社会实践之中。马克思在《德意志意识形态》中就曾经对人的意识与社会、生活以及语言之间的相互关系进行系统地论述。马克思指出："意识一开始就是社会的产物，而且只要人们

---

① 《马克思恩格斯文集》（第 10 卷），人民出版社，2009，第 286 页。
② 张曙光：《价值与秩序的重建》，人民出版社，2016，第 190~191 页。
③ 〔美〕F. 普洛格、D. G. 贝茨：《文化演进与人类行为》，吴爱明、邓勇译，辽宁人民出版社，1988，第 360 页。

存在着，它就仍然是这种产物。"① 从一开始，人的意识就是社会的产物，是与"现实的人"和他们的活动一起产生的。人的意识在本质上是人脑对于客观存在即一定的社会文化环境的一种反映。人的"思想、观念、意识的生产最初是直接与人们的物质活动，与人们的物质交往，与现实生活的语言交织在一起的。人们的想象、思维、精神交往在这里还是人们物质行动的直接产物"②。人都是生活于一定的社会文化现实环境之中的，一定历史时期的社会文化环境经由人的生存实践活动而作用于人脑，人脑就会形成对这一社会文化环境的反映与认知，并形成人的意识。人自身创造的文化反过来不断地影响着人，创造了人的生存和发展的独特社会文化环境。正是这一社会文化环境，才使人获得了自身的意义和本质。社会文化环境有优与劣、好与坏之分，对人的塑造作用也可能是不同的。好的社会文化环境能够"使人的本能得以充分意识，使人对外部世界的思考成为意识到了的存在，使人格得以形成和塑造为适应该社会制度的模式"③。而坏的社会文化环境，荼毒人的心灵，进而可能会使人的观念趋于保守、思维能力不断降低，很难形成理想的人类意识。社会文化环境对人的意识的发展具有强大制约作用。它通过教育、灌输和传授文化理论，通过道德和习俗的教化，形成一定的思维模式、价值观念和行为准则。

文化既是人对自然的认识和改造的结果，也是人对自身的思考与改造的结果。文化是人类生活的反映、活动的记录、历史的沉积，是人的精神得以承托的观念结构。文化既是人对一定的伦理、道德和秩序的认同和遵循，也是人的生活生存的方式、方法和准则。人的意识是通过继承和运用现实的社会文化得以形成和不断提升的。文化还通过语言、文字以及其他物质载体，将生活在一定社会历史阶段中的人的意识，经过教育引导和强化认同，"由个人的变为社会的，使活动于某一时代条件下的人的精神，由主观的变为客观的，从而形成一种社会的文化环境或文化氛围"④。

---

① 《马克思恩格斯文集》（第 1 卷），人民出版社，2009，第 533 页。
② 《马克思恩格斯文集》（第 1 卷），人民出版社，2009，第 524 页。
③ 郑忆石：《论文化氛围对人格塑造的作用》，《中国人民大学学报》1999 年第 4 期，第 41~43 页。
④ 郑忆石：《论文化氛围对人格塑造的作用》，《中国人民大学学报》1999 年第 4 期，第 41~43 页。

（二） 人的意识对社会文化既有继承又有创新

文化是人的有意识的创造性社会实践活动的结果。首先"文化是人的自我成长过程"，"人性就是人不断自我开显和自我创造的性质"；其次，"文化是人的自我发展和组织的过程，人的发展是社会化与个体化的统一，组织就是人们对其交往活动的自觉意识和关系的重构"；最后，"文化是人以其生命的意向性活动不断地改造周围环境，将其变成自己的生活世界并在这一世界中确证自身、实现自身的过程"①。

意识本质上是对认识的认识。人的意识在发生和发展过程中对社会文化既有继承又有所创新。社会意识的发展有着自身的历史继承性特征，每一社会发展阶段的社会意识，都会同它以前的社会发展阶段的文化成果具有具体的继承关系。而且这种继承是批判的、有选择的继承。人的意识会根据一定的价值目标对"本位文化"和"外来文化"的内容加以取舍和重建，从而以超越的方式实现自身的存在和发展。

意识是对人的现实生活的反映。意识是觉察、发现。人们的现实生活过程，都能够在一定的意识形态上得到反映。"个人在精神上的现实丰富性完全取决于他的现实关系的丰富性。"② 人的意识的发展是不断反省社会生活的过程。只有在这种反思过程中人才会意识到自身的有限性和不完善，从而有了趋向于无限和完善的可能性。在反映与反省基础上人的意识能够筹划未来的生活。我们要过什么样的生活，我们能够过什么样的生活，我们怎样才能过那样的生活？这既是一种文化传承，也是一种自主意识的鉴别、评价与选择的过程。美国学者佩恩和扎莱纳在《小趋势：决定未来大变革的潜藏力量》一书中指出："个人选择的力量对政治、宗教、娱乐甚至战争正在发生着越来越大的影响。在今天的大众社会，只要让百分之一的人真心做出与主流人群相反的选择，就足以形成一次能够改变世界的运动。人们生存的文化环境，是上一代人甚至于上几代人以及人们自身进行意识创造实践的结果。"③ 实际上，人的"观念的力量是怎么估计都不过分的"，

---

① 张曙光：《价值与秩序的重建》，人民出版社，2016，第 175 页。
② 《马克思恩格斯文集》（第 1 卷），人民出版社，2009，第 541 页。
③ 〔美〕佩恩（Penn, M. J.）、扎莱纳（Zalesne, E. K.）：《小趋势：决定未来大变革的潜藏力量》，刘庸安、贺和风、周艳辉译，中央编译出版社，2008，"译者前言"第 5 页。

"观念改变着我们的生活，观念改变着我们的思维方式"；"世界在变化，人的观念也需要改变，因为只有人的观念改变了，才能获取力量，以适应这个世界的变化，并进一步推动这个世界的变化。"① 本质上，人生存的文化环境是人的意识经由内化与外化的不断认识、实践和创造的结果。人总是会抱有对未来生活的美好理想，在要过美好生活愿望的驱动下，人的意识就会对未来进行一定筹划与设计。这种筹划与设计是对人的未来的深层关切，是人自身从片面走向全面的追求与实现过程。从这种意义上说，人的意识对社会生活具有巨大的能动作用，在某种意义上甚至可以说人的意识对生活的筹划是"决定"生活的。人的意识作为一种对人的未来的前瞻，通过对过往生活的反省而意识到自身的"有限"和"不完善"，进而在"当下"使自身不断趋向完善。

二　生态意识与生态文化的关系

提出生态文化建设与公众生态意识培养之间关系的问题与讨论，主要是基于提高生态文化建设效果以及破解公众生态意识培养难题的目的。在广义上，生态文化建设就包括生态环境的改善、生态制度的确立和公众生态意识的养成。培养和提升公众的生态文明素质实质上就是生态文化建设的一项主要内容。生态文化与生态意识虽然在概念和内涵等方面有着巨大的区别，但二者在核心理念和价值目标等多个方面有着诸多的一致性。分析生态文化和生态意识的区别与联系并掌握各自的内涵与特征，有助于发现生态文化建设与公众生态意识培养二者之间发生联系的条件与连接点，有助于建立二者相互影响与互动发展的良好机制。

（一）生态文化与生态意识具有不同的价值意蕴

生态文化与生态意识在生态文明建设中虽然价值目标是一致的，但二者的作用及发生方式却是有着一定区别的。文化是人类适应所处环境的重要手段，而人类在对环境的社会生态适应过程中又会形成新的文化。人类在对环境长期的社会生态适应过程中创造了绿色文化，即生态文化。生态

---

① 王岳川：《文化强国与文化创新》，《新疆师范大学学报》（哲学社会科学版）2013 年第 2 期，第 1~9 页。

文化为生态文明建设提供了良好的社会文化环境与生态制度保障。在生态文明建设中，人的行为主要是受一定的思想和价值观念支配，人的观念生态化变革是实现生态文明的前提和关键。

1. 生态文化的价值意蕴

文化对人的世界观、价值观和道德观念具有直接的形塑作用。文化的本质与核心是价值，价值整合是文化最基本的功能。价值整合，主要是指人们在对社会核心价值理念形成一定共识基础上的"认同性整合"。"社会成员在思想观念上达成共识，是实现有效社会整合的思想前提"①。社会中每个人都有着自己的价值取向，因而每个人都有着自己的思想、追求和立场。一般而言，在一个社会中，如果人们的个体价值取向大致趋同，那么人们对社会发展的方向就容易达成共识，从而有利于推动社会发展；相反，如果个体价值取向是相互背离的，那么人们对社会发展方向就可能难以达成一致，这就可能造成社会行为与个体行为的冲突，从而对社会发展带来不利影响。在人与自然的关系问题上，由于人们的利益、需求不同，因而人们在这一问题上的观点、立场也就存在着差异。人与自然的矛盾也反映了人与人以及人与社会的矛盾。习近平指出："要化解人与自然、人与人、人与社会的各种矛盾，必须依靠文化的熏陶、教化、激励作用，发挥先进文化的凝聚、润滑、整合作用。"② 而通过文化的整合作用，就可最大限度地让个体价值取向顺应社会主流的方向，有利于统一的社会价值目标的形成。生态文化其核心价值在于其重要的社会整合功能。生态文化的价值整合作用主要体现在强化人们对生态文明价值理念的认同上，这种认同就是要将生态文明理念"变成内心的源泉动力，做到格物穷理、知行合一、经世致用"③。文化认同主要就是价值认同，有自愿认同和强制认同两种形式。自愿认同主要是指人们依据内心的判断自愿地对某一价值所产生的认同；强制认同主要是指人们在外部强制力的作用下而对某一价值体系所产生的有悖自身意愿的认同。生态文化的整合作用的发挥，要做好两个方面的工

---

① 王虎学：《社会主义核心价值体系的整合力》，《重庆社会科学》2011 年第 22 期，第 40～44 页。

② 习近平：《之江新语》，浙江人民出版社，2007，第 149 页。

③ 万群：《谱写加速发展加快转型推动跨越的新篇章》，《贵州日报》2011 年 5 月 12 日，第 1 版。

作。一是通过生态物质文化与精神文化建设，使公众在生态文明建设实践中亲身感知生态文明与绿色发展理念与自我意识和自我需求的一致性，进而自愿认同生态文明理念这一共同的社会价值理想；二是通过生态制度文化建设，对某些越界的非生态行为进行规范与惩罚，通过伦理、行政和法律手段规劝并强制公众认同生态文明理念这一共同的社会价值理想。一旦公众的行为有悖于生态文化所倡导的主流价值，就需要通过生态文化来影响公众的心理认知，进而对其价值观念产生影响，使其进一步达成生态价值观认同、形成生态自觉行为。生态文化的社会价值整合功能还体现在把各种不同的生态思潮、社会意识形式进一步地转化、整合起来，同时也能够对一些异质的、对立的社会意识进行批判、吸纳、分化或销蚀，进而建立并完善社会主流生态价值观意识形态，使生态文化成为有聚合力和统摄力的价值观，推动社会建设向生态文明时代迈进。

2. 生态意识的价值意义

生态意识要求人们从生态价值的角度去理解人与自然的关系，蕴涵了崇尚人与自然和谐发展的价值取向。存在决定意识，人的意识对社会存在具有能动的反作用。观念改变着世界。"推动地球和人类社会发展的不只是金钱和政治，还有'观念'的力量。"① 意识是人对整个世界的感觉、思维、认知等各种心理活动的总和，是对世界的能动反映。生态意识体现了人们对一定历史时期人类生态环境的认识水平和对生态环境保护的自觉程度。人的意识的能动性不仅是从实践中形成一定的思想认识，更重要的是让这些思想认识上升为思想理论体系指导人们的实践，并通过实践使其转变为客观现实。作为一种现代意识形态，现代生态意识对于推进生态文明建设和引领生态文化发展具有重要的能动意义。从人的意识的能动性的角度来看，生态意识能动地反映了人类社会和自然之间的和谐发展关系，能动地反映了人类社会生产和生活实践活动必须遵循的生态规律。生态意识作为现代人有目的的、主动的和创造性的认识，使人进一步完善了对对象世界的认识，使人的意识更趋近于现实世界的应有状态。从人的实践的社会性角度来看，生态系统的平衡已不再单纯地通过自然界自发地进行自然调节，现代生态意识作为"最优解决社会和自然关系问题方面反映社会和自然相

---

① 《改变世界的十大观念》，《经济导刊》2008 年第 4 期，第 10 页。

互关系问题的诸观点、理论和情感的总和"①，生态意识具有对人的社会行动进行限制、引导、调整的重要功能。一种新观念，其本身就是转变我们生活和思维方式的发动机。余谋昌将生态意识对于人类社会实践活动的价值意义归结为三个方面：一是"价值判断的意义"，包括对于人类所具有的经济价值、生态价值和审美价值等；二是"约束条件的意义"，包括对于人类所具有的经济约束、法律约束和道德约束；三是"预测未来发展的意义"，即生态意识是当前人们正确处理人与自然关系的一种重要理论、观点和实施途径的新选择，这对于人们正确制订全球生态环保规划和国家经济社会发展的长远规划都有着重要的方法论意义。② 同时，生态意识作为一种价值观和道德观念，也一定能够指引社会公众积极参与生态文化实践活动，促进生态文化建设的实践积极向前发展。近年来，我国公众的生态意识和生态自觉行为水平不断提高，公众参与生态文化建设的积极性不断加强。然而，总体来看，目前我国公众生态意识水平和社会参与度都普遍不高，还停留于初级阶段。因此公众生态意识培养与提升是当前生态文明建设工作中一项十分紧迫的任务。

（二） 生态文化与生态意识之间的紧密联系

生态文化是追求实现人与自然和谐相处、协同发展的绿色文化。生态文化包括"人类在实践活动中保护生态环境、追求生态平衡的一切活动和成果"，同时也包括"人们在与自然交往过程中形成的价值观念、思维方式等"③。生态文化是"一种基于生态意识和生态思维的文化体系"，是对"解决人与自然关系问题的理论思考和实践总结"④。而生态意识培养则主要是指人们在参与生态文化建设过程中，形成科学的生态认知、确立生态价值观、养成生态思维习惯以及树立科学的生态信仰的过程。生态文化建设的实践深刻地反映了生态文明的价值理念，而公众生态意识的养成和提升

① 〔苏联〕Э. В. 基鲁索夫：《生态意识是社会和自然最优相互作用的条件》，《哲学译丛》1986 年第 4 期，第 29～36 页。

② 余谋昌：《生态意识及其主要特点》，《生态学杂志》1991 年第 4 期，第 68～71 页。

③ 王丛霞：《生态文化："两种文化"融合的文化背景》，《科学技术辩证法》2005 年第 6 期，第 22～24 页。

④ 王争亚：《培育生态文化支撑生态文明》，《中国环境报》2015 年 5 月 1 日，第 2 版。

则是生态文化建设工作取得实效的具体体现。

1. 生态意识能够引领生态文化发展

文化，实际上就是"人类适应其生存环境的一种机制，人类或许不能控制文化的进程，但可以通过调节内部因素使之协调"①。意识是在社会实践中人的大脑对于客观物质世界的反映，是人的感觉、思维等各种心理活动的总和。而生态意识则是生态规律和人类赖以生存的生态环境在人的头脑中的客观反映，生态意识还会随着人类社会实践水平的提高而不断地丰富和发展。生态意识作为一种社会意识甚或一种生态价值观和生态思维方法又必定会反过来指导人们的生态实践。生态意识一经形成，就会对引导人们规避和防范生态风险以及实现人与自然和谐发展产生巨大的能动作用。生态意识能够对人与自然的关系发挥自觉调节作用。各级生态决策者以及广大生态文明建设的参与者，在参与决策以及进行生产方式和生活方式选择时，如果能够考虑到生态规律和生态安全，并自觉地将生态文明理念融入行动目标中，既是公众生态意识提升的集中体现也是社会整体文明层次提升的反映。生态意识的核心要义是实现人与自然的和谐发展，保护生态环境就是人类应尽的本分和义务，人有着营造良好生态发展环境的责任。在一定意义上，生态文化是以实现人与自然和谐发展为目的的一种生态的生存方式。作为一种文化现象，生态文化是以生态行为为表象的，在一定历史阶段中体现了人类与自然和谐发展的生态价值观、行为规范、思维方式以及生活方式等文化现象的总和。生态意识实际上是人的生态世界观、价值观、伦理观在社会实践活动中的具体体现，"生态意识本身也是生态文化的重要组成部分"②。虽然制度建设能够引导和规制人的意识的发展，但是人的意识又是生态制度制定并得到有效执行的必要思想前提。理念是行动的指南，生态文化建设需要用科学理念引领行动。在生态文化建设过程中，需要社会制造出大量的文化产品，而这些文化产品（"文本"③）的内

---

① 〔美〕怀特：《文化科学——人和文明的研究》，曹锦清译，浙江人民出版社，1988，第346页。

② 尚丽娟：《如何提升公民生态意识》，《人民论坛》2016年第27期，第98~99页。

③ "从广义上讲，所有的文化制品皆是文本，因为它们可任人解读。""文本（歌曲、叙述、表演）产生于人们心灵上的沟通意愿，因而充满了丰富的表征意涵。"参见大卫·赫斯蒙德夫《文化产业》，张菲娜译，中国人民大学出版社，2007，第13页。

容必须具有科学的生态主义的价值导向。只有人们的价值观发生改变，人们的消费偏好才能发生改变。发展生态文化需要科学技术创新，需要制度设计，需要生产方式与生活方式养成，但是最为关键的还是人的生态价值观念塑造，即人的生态意识的牢固树立。生态意识本质上是人对人与自然和谐发展关系的自觉认知，因而公众普遍树立牢固的生态意识，是人们积极参与生态文化建设和创新生态文化发展的关键所在。通过生态意识的培育和提升提高公众生态文明建设的主动性、自觉性和创造性，是建设生态文化和弘扬生态文化的动力源泉。

2. 生态文化建设为公众生态意识养成和提升发挥着基础性作用

面对日益严峻的全球性生态危机，人们普遍认识到，生态危机并不完全是技术和经济问题，生态危机在本质上是一种文化价值问题，亦即关于人们对于社会发展的目标和意义的选择问题。传统工业化发展方式相对应的是传统的思维方式和价值观。这是一种由资本主义工业文化所塑造的狭隘的人类中心主义价值观和思维方式。特别是近几十年来，"网络社会"抑或"信息社会"所兴起的新型"科技资本主义在所有公众环境中进行了殖民活动，这一现象在文化产业所推广的媒体奇观中尤为常见，而这种媒体奇观本身逐渐成为经济、政策、社会和日常生活的组织原则之一"①。生态文化建设就是要从根本上扭转这种以人与自然相分离、相对抗为主导价值观的狭隘人类中心主义文化。马克思也曾指出："既然是环境造就人，那么必须以合乎人性的方式去造就环境。"② 马克思所说的环境主要是指"人化自然"，亦即由人的实践改造过的社会环境。今天我们进行生态文化建设就是要形成一个有利于人的生态文明观念和生态文明自觉行为形成的社会文化环境。生态文化建设的主要目的就是将生态意识在广大社会公众中"内化于心"进而"外化于行"，使公众获得鲜活的生态情感和真实全面的生态认知，进而推动公众实现思维范式和行为方式的生态化转变。从这一角度来说，生态文化建设实际上是一个"使生态文化被社会主体'内化'，进而形成共同的社会文化认同，从而引导社会主体'外化'生态文化，形成共

---

① 〔美〕理查德·卡恩：《批判教育学、生态扫盲与全球危机：生态教育学运动》，张亦默、李博译，高等教育出版社，2013，第74页。

② 《马克思恩格斯文集》（第1卷），人民出版社，2009，第335页。

同的社会生态实践力，以构建生态文明社会的过程"①。通过为公众提供优质的生态产品，通过建设人与自然和谐的生态环境，通过开展全方位的生态知识、生态价值观和生态道德教育，通过广泛开展生态文明创建活动，促进生态文化的教化功能的发挥，使其蕴涵的生态价值观和绿色发展理念能够被公众感悟、认知、接受和认同，进而推动公众生态意识的提升和生态自觉行为的形成。生态文化建设有力地促进了公众形成自觉的"生态意识和生态理念以及由此形成的生态文明观和文明发展观"②。生态文化建设实际上起着促进广大社会公众由传统的发展观、价值观、生态伦理观和思维方式发生生态化根本性转变的基础性作用。生态文化建设，在引导人们反思和批判那种导致生态危机发生的非生态文化价值观的基础上，让人们真正地体会到生态和谐之美，让人们深刻地认识到在生态建设实践中选择和认同生态价值观的真正意义所在，这样就会在有意识和无意识中推进公众生态意识的提升和生态自觉行为的形成。

三　生态文化建设与公众生态意识培养互动发展关系

生态文化建设与公众生态意识培养所具有的内在关联性和共同价值目标，保证了生态文化建设与公众生态意识培养能够在互动发展的过程中实现健康、可持续以及有序和协调的共同发展。公众生态意识的培养和提升，需要生态文化建设的有效支撑。实质上公众生态意识的培养和提升本身就是生态文化建设的主要内容和价值目标，同时公众生态意识提升又能够通过推进广大公众树立科学的生态世界观、生态价值观和生态伦理观，客观上为生态文化建设提供科学的理论指导，能够保证生态文化建设的健康发展。

（一）　生态文化建设与公众生态意识培养具有相互促进的关系

生态文化建设与公众生态意识培养在支撑体系上存在着密切的关联，两者呈现出一定的正相关互动发展关系。公众生态意识培养对生态文化建

---

① 张昶等：《西安生态文化建设的社会需求分析（III）：公众偏好——生态文化活动体系的调查与分析》，《中国城市林业》2013年第5期，第58~60页。
② 尚丽娟：《如何提升公民生态意识》，《人民论坛》2016年第27期，第98~99页。

设具有推动作用，而生态文化建设则有利于促进公众生态意识培养。生态文化建设与公众生态意识培养的互动发展在现实实践中往往会受到一定的政治、经济政策与社会文化等现实的外在因素的影响。如果要保障二者在良性互动中实现共同发展，则需要积极构建有利的政治、经济政策与社会文化环境。

生态文化建设与公众生态意识培养之间具有相互促进的关系。吉登斯在谈到现代社会中的"自我认同""新机制"时，指出："这种新机制，一方面由现代性制度所塑造，同时也塑造着现代性的制度本身。自我不是由外在所决定的被动实体。在塑造人们的自我认同时，不管他们行动的特定背景是如何的带有地方性，对于那些在后果和内涵上都带有全球性的社会影响，个体也会对此有增强和直接的作用。"① 从哲学理论意义上来看，实践是认识的基础，而认识则对实践具有能动的反作用。人的正确认识即科学的理论能够指导人们的社会实践，对人的社会实践活动有着极大的促进作用。公众生态意识的提升对生态文化建设能够产生积极的促进作用。公众在广泛地参与生态文化建设过程中，其生态意识能够得到有效提升，反过来已经形成的公众良好的生态文明素质又能够提升公众参加生态文化建设和进行文化创新的积极性，能够有效地推动生态文化建设的发展。两者之间必然能够实现相互促进、良性互动、共同发展。

一方面，公众生态意识的培养和提升需要生态文化建设的有力支撑和推动，在生态文化建设中通过文化传播和文化教化可以把生态文明理念内化为公众的生态意识。

公众生态意识培养与提升是以生态文化建设为基础和载体的。在实践上，公众生态意识培养往往是内隐于生态文化建设实践之中的。公众生态意识的培养与提升需要借助内容生动、形式活泼的生态文化建设活动以及多种载体的有效影响来实现。形式多样的生态文化群众创建活动能够提高公众进行生态价值认同和生态意识养成的积极性、主动性和自觉性。这种自然地结合了"显性"与"隐性"教育与塑造优势的生态文化建设可使公众在参与生态文化建设和享受生态文化发展成果中自发地进入生态意识教

① 〔英〕安东尼·吉登斯：《现代性与自我认同：现代晚期的自我与社会》，赵旭东、方文译，生活·读书·新知三联书店，1998，第2页。

育的话语场中，从而形成对其意识、情感及行为准则的潜移默化影响与塑造。

生态文化建设，有助于推动广大公众养成科学的生态思维方式，有助于推动广大公众养成一种自觉遵守生态法规的素养。生态文化建设的主要功能表现为：一是作为一种生态生产成果，生态文化建设为人们提供生态产品供给，为人们提供安逸舒适的生活环境，即满足人的物质与精神文化需求；二是作为一种教育手段与途径，生态文化建设培养并塑造人们的生态情感、生态价值观和生态道德观，这又包括显性的教育与隐性的塑造两种情况。生态文化建设，有利于培养广大社会公众"敬天""爱物"的生态情怀，能够在全社会凝聚生态价值和生态伦理共识。在生态文化建设中，一般包括生态文化事业和生态文化产业两种方式。生态文化事业，具有强烈的社会意识形态统领作用，在公众的生态使命意识和生态责任意识培养中担当着最为重要的社会使命。同样，生态文化产业也有着重要的教化功能，主要通过为大众提供丰富的生态产品供给，通过提供生态产品改变人们的生活方式，让公众在生产和消费生态产品时受到生态价值教育。生态产品特别是其中的生态文化产品具有深刻的生态精神内涵，人们在生产和消费这些产品过程中，能够更直观地受到教育和感化，就会自觉地树立起正确认识和处理人与自然关系的生态价值观，进而思想、情感就会发生变化，并最终形成生态的人格修养和自觉生态行为方式。

另一方面，公众生态意识的提升能够促进公众参与生态文明建设的自觉性，一旦公众形成科学的生态意识并外化为自觉的生态文明行为，必然能够推动生态物质文化、生态精神文化和生态制度文化发展。

广大社会公众普遍具有良好的生态文明素养是生态文化进一步发展的思想前提。生态文化，坚持"以人为本"，置身于"天地之中"思考问题，让人在承担对自然的生态责任和义务中，不断增强自身的忧患意识、责任意识、主体意识，实现人与自然"知、情、意"的统一，树立起"热爱自然、珍爱生命、维护生态、保护环境、珍惜资源"的生态文明观念。① 公众生态意识的提升让生态文明理念在整个社会得到进一步彰显，必定会促进

---

① 江泽慧：《生态文明时代的主流文化——中国生态文化体系总论》，人民出版社，2013，第29页。

生态文化建设的发展。公众生态意识水平的提升，不仅能够激励广大社会公众积极参与生态文化建设实践，而且能够拓展生态文化建设的广度和深度。公众生态意识提升，公众参与生态文化建设的主体性、自觉性和创造性被进一步激发出来，这必然会推进生态教育和生态文化建设在体制、理念、内容和形式等方面的创新发展。当然，这是一个双重目的的实现过程，一方面生态文化发展推动了公众生态意识水平提升，另一方面又促进了各个层次上的生态文化发展与进步。通过提升公众生态意识，在全社会形成生态保护的共识，广大公众就会自觉地将生态价值观、生态道德意识与生态思维方法融入生产和生活实践中，这样，经济发展、环境友好的美好生活才能真正实现。

（二）生态文化建设与公众生态意识培养互动发展及其表现

学界对于生态文化有着不同的理解，一般认为它应该包括生态文化素养和生态文化氛围两个主要方面，其中，生态文化素养是其核心内容。生态文化素养包括：一是通过生态知识教育，使公众确立人与自然和谐发展的生态世界观，进而科学地认识人与自然的关系；二是生态伦理，即通过生态价值观塑造，提升公众的生态道德意识，推动人们合理地对待自然和生态环境，进而实现人与自然的和谐发展；三是生态审美，即通过培育公众的生态审美意识，引导公众树立追求并实现美好生活的人生价值理想。也可以说，生态文化教育就是向公众进行生态知识宣传教育、生态价值观塑造和生态审美培育，促进广大社会公众形成自觉的生态意识和生态行为。这样，广义上的生态文化建设内在地包含着与公众生态意识培养的互动发展过程，而狭义上的生态文化建设内在地包含着对人与自然关系的向善求和、互惠共存的发展目标的价值诉求，这与生态文化理念有着非常深刻的一致性，是对生态文明中的价值诉求的突出表现和反映。生态文化建设，不仅能够通过舆论引导、观念更新、伦理进化以及道德感召等方式唤醒人类生态意识，而且可以通过生态法制建设、生态产品提供、消费引导等方式对人的行为进行规范、约束、激励、调适，实现人与自然的可持续发展。生态文化建设兴盛，则公众生态意识培养目标就会得到实现；生态文化建设不足，则公众生态意识培养目标也必然难以实现。

1. 生态文化建设对公众生态意识养成具有重要推动作用

文化对于社会观念和意识形态的变化有着极为重要的影响作用，对于社会进步与人的发展具有巨大的推动作用。习近平指出：文化的力量，总是"润物细无声"地融入经济力量、政治力量、社会力量之中，成为经济发展的"助推器"、政治文明的"导航灯"、社会和谐的"黏合剂"①。人类文化发展实质上就是文化传播、传承和创新的过程。文化传播是一个将思想意识观念的"独有"变"共有"的社会活动过程。生态文化建设实质上就是生态文化传播。在推进公众生态意识培养与生态文化建设互动发展过程中，要善于发挥文化的浸润涵养作用。生态文化建设的作用与价值主要表现在呼唤人类生态意识的回归以及推动人类世界观和价值观的生态化重构。一个人的意识品质主要是由认知、情感与行为三个要素构成的。公众生态意识养成也主要是一个提高生态认知、激发生态情感、养成生态价值观的社会意识活动过程。公众生态意识养成内嵌于生态文化建设的全过程，生态文化建设对公众生态意识养成具有积极的推动作用。

（1）生态文化建设有利于提高公众生态认知。当前，面对严峻的全球性生态危机，我们一定要弄清楚"必须做什么，我们将不得不创造性地去做"，即"我们必须提高对环境过程的理解"②。我们不仅要去全面地理解"生态系统的复杂性及它们与人类社会的互动方式"，同时也要更为全面地去理解"人口、制度、技术与环境中的生态变化是如何相互影响"的。③ 对生态问题的基本认知是生态意识觉醒的基础。生态认知是通过直接或间接感受到生态环境问题对个体和社会的生产生活的影响而获得的。生态认知基于人类感官感受以及知性认知，是生态问题在人的精神心理层面的第一反射。实践既是人的认识的来源，也是推动人的认识不断发展的根本动力。人的生态认知的形成和发展，就是在人与自然的不断的实践交往关系中形成与发展的。人的生态认知历经自然中心主义、人类中心主义再到生态主义三个阶段。大力推进生态文化建设，积极推进公众参与生态文化建设实

① 习近平：《之江新语》，浙江人民出版社，2007，第149页。
② 〔美〕查尔斯·哈珀：《环境与社会——环境问题中的人文视野》，肖晨阳、晋军等译，天津人民出版社，1998，第477页。
③ 〔美〕查尔斯·哈珀：《环境与社会——环境问题中的人文视野》，肖晨阳、晋军等译，天津人民出版社，1998，第477页。

践，能够让广大公众在参与生态文化建设和享受生态文明建设成果的过程中，深入地认识到人与自然之间休戚与共的命运共同体关系，进而增强公众生态认知和生态情感，形成生态道德意识和生态自觉。当然我们对外在世界的认知离不开前人给我们留下的文化理论遗产，实际上我们进行认识的理论框架以及我们认识的对象都是生态文化发展的历史遗产。

（2）生态文化建设有利于培养公众的生态情感。尊重自然、爱护生态环境、渴望获得美好生活的情感，能够促成人们与自然生态系统保持和谐稳定的良好关系，并对社会上各种损害生态环境的行为抱有厌恶之情。生态情感是生态意识养成的内在动力。公众的生态情感不是凭空产生的，生态认知、生态情感教育和生态情境是唤醒和培养公众生态情感的重要手段。生态文化建设在培养公众的生态情感中的作用是十分明显的。首先，生态文化建设促进公众形成正确的生态认知进而深化公众的生态情感。生态情感是在正确生态认知的基础上产生的，公众只有对人与自然之间的命运共同体关系有一个正确的认知，只有认同生态文明理念，才会对破坏生态行为产生厌恶之情和对保护生态行为产生赞赏之情。其次，生态文化建设内在地包含生态情感教育内容。生态情感教育是生态文化建设的重要内容之一。在生态文化建设实践中，公众通过感受自然之美丽、通过享受自然给予的丰饶的产品，体会到与自然和谐发展的重要意义。人们参与生态文化建设实际上就是一个系统的生态情感教育过程。最后，生态文化建设有助于良好生态情境的创设。生态文化建设在全社会营造一种"生态文明建设全民参与"、"生态环境保护人人有责"与"生态文明成果全民共享"的良好生态情境。① 良好的生态情境为培养公众高尚的生态情感提供了融洽的文化氛围。

（3）生态文化建设有利于公众的生态价值观和生态自觉行为习惯的养成。公众生态价值观和生态自觉行为习惯的养成是公众生态意识养成的目的性环节。塑造并维持良好的生态价值观是公众生态意识培养的关键所在。在正确生态认知和良好的生态情感的基础上，公众会形成自觉生态行为动机，引导人们参与生态文化建设。人们在深入参与生态文化建设过程中逐

---

① 陶国根：《公民环境道德养成与生态文明建设互动发展研究》，《福建农林大学学报》（哲学社会科学版）2018 年第 6 期，第 68~74 页。

步形成稳定的生态价值观念和自觉的生态行为习惯。公众只有实现了由生态认知、生态情感、生态价值观到生态行为的自觉转化，才能实现向"理性生态人"① 的真正转化。公众生态自觉行为的产生缘于公众内心正确的生态认知和强烈的生态情感，但生态自觉行为习惯的养成还有赖于生态制度文化建设的激励和约束作用。通过生态制度文化建设，赏优罚劣，对破坏生态环境的行为进行劝诫和惩罚，对保护生态环境的行为进行表彰和激励，为生态自觉行为习惯的养成进行制度指引。通过生态制度文化建设的激励与约束，公众能够将保护环境的友好行为转化为自觉的和有意识的行为选择，最终使环境友好行为成为人们生产生活中的一种自觉行为习惯。

2. 公众生态意识养成为生态文化建设提供科学的价值引领和伦理支撑

公众生态意识养成是增强公众参与生态文化建设的主体性、自觉性的认识论基础。在生态文化建设中，人们科学地定位人与自然的和谐发展关系，并将这种认识"自觉地外化到立法、制度制定、日常生产生活"等生态文明建设实践活动中，进而"实现人与人、人与社会、人与自身和谐基础之上的人与自然的和谐发展"②。只有社会公众都树立起自觉的生态意识，才能够将所有社会力量有效地集中起来，才能够形成推进生态文化建设的强大社会合力。生态文化发展"与人的文化水平和思想素质有关"③。生态意识和生态文化都是属于上层建筑。但就其本质而言，意识是现实事物存在的反映，意识是人的主体性、能动性和创造性的集中体现，而文化则是人的意识创造的结果、是人的生活方式的表现。公众生态意识的提升，能够为生态文化建设提供更为科学的理论指导和价值引领。

（1）公众生态意识对生态文化建设具有重要的价值引领作用。公众生态意识培养的目的在于引导公众树立以实现人与自然和谐发展为核心目标的生态价值观，而生态文化建设内在地包含了人与自然和谐发展的价值取向。二者在价值目标上具有高度的一致性和统一性。生态文化建设，不仅需要政府在生态文化建设软硬件方面提供充分的供给，同时也有赖于公众

① "理性生态人是追求人与人和谐相处和人与自然和谐相处的人。"参见蔡守秋、吴贤静《论生态人的要点和意义》，《现代法学》2009 年第 4 期，第 79~91 页。

② 汪顺成：《科学理解生态自觉的内涵》，《未来与发展》2014 年第 9 期，第 30~32 页。

③ 金其铺、金朝阳：《论环境意识与环境道德》，《江汉大学学报》1999 年第 4 期，第 24~26 页。

形成自觉参与生态文化建设的自觉意识和自觉行为。公众生态意识的养成不仅推动了公众形成参与生态文化建设的自觉性，也为生态文化建设确立了正确的价值取向。在人与自然的关系上，有着两种不同的价值观。一种是工业文明的片面的人类中心主义价值观，强调"人为自然界立法"，认为人的幸福及其实现就是"最大限度地谋取和占有人的眼前物质利益"①。作为一种文化观念片面的人类中心主义，实质上是一种极端功利型思维方式。另一种是生态文明的以实现人与自然和谐发展为价值目标的生态价值观。这是一种科学的人类中心主义价值观。这一价值观强调人与自然之间相互依存、协调发展，强调人的自觉与自律，主张人类社会走可持续的和谐发展之路。生态文化建设，实质上就是要用社会主义生态文明观指导经济社会发展，让人与自然和谐发展的生态价值观理念渗入人类经济社会发展实践的各个方面，通过生态价值的引领实现经济、社会和生态的可持续发展。

（2）公众生态意识养成是生态文化建设的伦理支撑。自进入现代社会以来，科学技术得到了突飞猛进的发展，人类社会的生产力获得了极大的解放和发展，人类物质文明水平得到了空前提高。但同时，现代工业发展对资源的过度开发和对化学产品的滥用，对自然生态环境造成了难以挽回的伤害。传统经济发展模式造成的资源枯竭和环境污染对人的生存与发展造成了严重的威胁。改善生态环境质量，目前已成为全球社会面临的一项共同任务。实际上，人自身的行为失范是造成目前严峻生态危机形势的主要原因，具体表现为整个社会物欲主义消费观念盛行和生态环境道德观念的沦丧。走出生态危机，需要我们反思和批判传统发展模式的极端人类中心主义价值观，树立科学的人类中心主义的生态价值观。这种以实现人与自然协同发展和构建"人类命运共同体"为价值遵循的新价值观和新发展观，推动人类社会形成了尊重自然、爱护自然的生态道德意识。生态道德意识为生态文化的健康发展、为提高生态文化建设的实际效果提供了科学的伦理基础。只有广大公众牢固树立科学的生态道德意识，才能推动生态文化建设不断发展。促进公众生态道德意识的养成，有利于激发公众生态自觉意识，让践行生态文明理念成为全社会普遍具有的道德自觉。生态制

---

① 邱耕田：《哲学视野中的可持续发展问题》，《贵州社会科学》1997年第1期，第29~32页。

度文化是生态文化建设的重中之重。生态道德规范是生态制度的核心内容。生态道德是生态制度的基础，而同时生态制度又是生态道德的实践形式。公众生态道德意识养成对生态制度文化的建设具有重要的推动作用。生态制度存在的合理性基础离不开其所处时代的公民生态道德的价值认可。当前，我们要以社会主义生态文明观为指导，健全和完善社会主义生态制度体系，改革那些得不到公众的价值认可、完全滞后于时代的生态制度；同时在生态文化建设实践中，进一步推进公众生态道德意识水平提升，结合社会主义生态文化建设实践推动公众进行生态文化制度创新。

第二节　生态文化建设与公众生态意识提升互动发展机制

生态文化是人类在长期的生产生活实践过程中传承、培育、凝练而成的生态价值观、生态道德、生态行为方式和生态物质形态的总和。作为一项系统工程，生态文化建设集中地反映了一定社会历史阶段的生态物质文化、生态精神文化、生态制度文化建设的整体风貌和文明水平。生态文化建设以特有的内蕴方式潜移默化地影响着公众的心理素养、道德品性与审美情趣，从而激发出公众内心深处强烈的生态情感，使其主动认同生态价值观并形成自觉的生态行为。而公众生态意识培养在一定意义上也可以被看作一种以培养公众社会主义生态文明观认同为目的的思想政治教育活动。思想政治教育是指特定的社会或社会群体运用既定的代表着自身利益的思想观念、政治观点和道德规范，"对其成员施加有目的、有计划、有组织的影响，使他们形成符合一定社会一定阶级所需要的思想品德的社会实践活动"[1]。从这一理解出发，生态文化建设与公众生态意识培养虽然看似彼此独立，而实则是高度关联的，二者在发展目标、教育对象以及实践主体与客体等方面具有本质上的一致性。从本质上来说，文化和意识从来就是相互制约、相互规定并相互影响的统一体。生态文化建设是公众生态意识培养的重要载体和平台，为公众生态意识培养不断地开辟着新的实践路径。生态文化建设不断地丰富和拓展着公众生态意识培养的内容，创新并改变

---

① 陈万柏：《思想政治教育学原理》，中国人民大学出版社，2013，第4页。

着公众生态意识培养的形式。但同时公众生态意识培养也为生态文化建设提供科学的理论指导和价值指引，保证生态文化建设沿着健康正确的方向推进。生态文化建设与公众生态意识培养之间存在着相互促进、相互依存、相互支撑和互融共通的关系。正确认识生态文化建设和公众生态意识培养二者之间的有机联系并合理设计、科学构建二者良性互动的目标机制、动力机制和反馈机制等，有利于改变目前生态文化建设与公众生态意识培养各自为政的局面，能够有效发挥生态文化的综合功能，提升公众生态意识培养的实效，形成二者良性互动的强大合力。

一 生态文化建设与公众生态意识培养有机融合的作用机理

公众生态意识培养与提升是以生态文化建设为基础、平台和载体的。实质上公众生态意识培养内隐于生态文化建设实践之中。公众生态意识的养成与提升借助各种内容生动、形式活泼的生态文化建设活动载体来实现。形式多样的生态文化活动在提升公众生态文明素养的过程中发挥着重要的基础性作用。自然地结合了"显性"与"隐性"教育优势的生态文化建设，能够让广大公众在创新生态文化实践和享受生态文化建设成果中自发地进入生态意识教育的话语场中，进而让公众在生态文化潜移默化影响下自觉地接受和认同生态文明理念。要实现生态文化建设与公众生态意识培养互动发展的价值目标，需要探索、发现一种能够将二者进行有机融合的系统机制。二者实现良性互动的作用机理就在于二者在发展目标与价值取向以及实现机制方面有着诸多的一致性，能够实现有机融合。

（一）生态文化建设与公众生态意识培养在价值目标上的一致性

公众生态意识养成与生态文化建设之所以能够实现良性互动、共同发展，关键在于二者价值目标上的融合与贯通。从一定意义上来看，公众生态意识培养的主要目标就是将公众培养为"理性生态人"[①]。"理性生态人是追求人与人和谐相处和人与自然和谐相处的人"[②]。"理性生态人"就是有着

①　冯志宏：《理性生态人：人的发展的未来走向》，《改革与战略》2012 年第 12 期，第 9~11 页。

②　蔡守秋、吴贤静：《论生态人的要点和意义》，《现代法学》2009 年第 4 期，第 79~91 页。

生态意识和生态良知，遵循生态发展规律，并"能理性运用自身的道德、智慧和知识与自然环境、社会环境和谐共生的人"①。"理性生态人"就是具有现代生态意识并具有自觉参与生态文明建设的主体能动性和理性能力的现代公民。培养"理性生态人"实质上就是培养公众正确的生态认知、科学的生态价值观以及良好的生态情感和道德意识。"培养理性生态人"是社会主义生态文化建设的主要目标之一。生态文化建设不仅包含提升生态环境、提供生态产品等"事关民生福祉和可持续发展的自然生态内容"，同时也蕴涵着加强公民生态道德建设和"培养理性生态人的人文环境内容"②。

公众生态意识培养过程，实际上也是人们在参与生态文化建设实践中认同生态价值理念并自觉遵循的过程。通过生态文化建设，提高以生态知识、生态价值和生态道德为内容的生态教育的效果，能够有效推进公众生态意识的养成，而公众生态意识的养成又能够进一步激发公众参与生态文化建设的主动性、自觉性。人的意识是随着人类社会实践水平的提高而永不停歇地发展着的。生态文化建设实践的不断深化必然能够进一步带动人类生态知识和生态观念的不断革新与进步，反之亦然。公众生态意识的发展与进步，又能够正确指引和进一步推进生态文化建设理论与实践的新变革与新发展。我国社会主义生态文明建设实践表明，生态文化建设与公众生态意识培养在价值目标上是一致的，在未来这一协同发展价值目标是完全能够实现的。在我国一些地区进行的中国特色生态文化建设"试点"，特别是建设生态文明示范区的实践经验表明，通过大力弘扬生态文化，政府、企业、社会组织和民众能够有效达成绿色发展共识，广大社会公众普遍树立起生态价值观念、生态道德观念和生态消费观念，在全社会形成了建设生态文明的合力。

（二）生态文化建设与公众生态意识培养实现机制的同一性

建设生态文明，关键是要让生态文明观念在全社会牢固树立。其中，

---

① 冯志宏：《理性生态人：人的发展的未来走向》，《改革与战略》2012 年第 12 期，第 9~11 页。
② 陶国根：《公民环境道德养成与生态文明建设互动发展研究》，《福建农林大学学报》（哲学社会科学版）2018 年第 6 期，第 68~74 页。

"生态文明教育对生态文明建设具有先导性和基础性作用"①。生态文化建设与公众生态意识培养的一项中心任务就是，通过生态文明教育让公众接受并认同生态文明理念。生态文化建设与公众生态意识培养二者在开展生态文明教育的目的与实现机制方面具有广泛的同一性。生态文化传播与公众生态意识养成，都需要通过开展形式多样、内容丰富的生态文明宣传教育活动来实现。通过在全社会广泛开展生态文明宣传教育活动，营造有利于公众生态文明意识和生态文明习惯养成的良好社会文化环境，弘扬生态文化，促进公众生态文明素养提升。生态文化建设内在地包含有公众生态意识教育内容，同时公众生态意识教育的有效开展又能为生态文化建设提供精神助力。生态文化建设与公众生态意识培养在参与主体、教育内容和受众等方面都具有同一性。生态文化建设，是通过生态文化的有效传播向公众传播生态文明知识和生态文明理念，促进广大公众树立科学生态观，并"养成生态文明习惯，进而成长为生态公民的各种社会实践活动"②。公众生态意识培养，要针对公众生态文明观念形成和发展的关键环节，通过学校教育和社会教育，对公众开展生态文明教育，使广大民众形成良好的生态文明品质和自觉的生态行为习惯。生态文化建设与公众生态意识培养价值目标本质上是一致的，都是通过生态教育和生态文化传播提升公众生态意识水平和生态行为的自觉性。公众生态意识培养本身就是生态文化建设的主要组成部分，加强公众生态意识培养必然能够促进生态文化建设内容的丰富性和效果的提升。

同时，生态文化建设与公众生态意识培养都强调在对公众进行生态文明教育过程中要注重知识理论教育与引导公众自觉参与生态文明实践相结合。生态文化建设与公众生态意识培养二者在实现方法与实现机制上基本上是一致的。在生态文明建设实践中，每一个个体既是参与者又是活动中受教育的主体。无论是在公众生态意识培养中还是在生态文化建设中，公众的生态道德教育和生态道德意识培养都是核心内容，而公众生态道德意识培养的过程就是教育和实践相结合的过程。"以活动为载体，吸引群众普

① 刘晓星：《生态文明教育如何化虚为实?》，《中国环境报》2015 年 12 月 14 日，第 4 版。
② 杜昌建：《绿色发展理念下的生态文明教育论析》，《佳木斯大学社会科学学报》2016 年第 3 期，第 171~174 页。

遍参与，是新形势下加强公民道德建设的重要途径"①。广大公众既是生态建设过程的参与者，也是生态建设成果的受益者。在各种形式的群众性生态文明建设实践活动中，要突出生态文明思想内涵、强化生态道德要求，让广大公众在自觉地参与生态建设的社会活动中，增强生态感知和生态认知，升华生态情感，提升生态道德意识。公众的生态意识和道德信念不会凭空产生，需要在生态文明建设实践活动中孕育和成长。生态文明实践活动的开展要坚持从广大人民群众的真正需求和公众的实际能力状况出发，让全体公民能够广泛地参与实践活动并在实践活动中接受教育，"以自己的实际行动践行生态道德教育的基本要求，积极推进生态文明建设"②。实际上，无论是生态文化建设还是公众生态意识培养，它们既是一个社会认识发展过程，又是一个物质实践创新过程。当前，要在社会主义生态文明观的指导下，积极开展生态文明建设社会活动模式的创新实践，在社会主义生态文明建设实践中推进生态文化建设和公众生态意识培养协调发展和齐头并进。

（三）生态文化建设与公众生态意识培养的互动机理

宏观而言，生态文化建设与公众生态意识培养之间表征为一种作用与反作用的互动关系。生态文化建设既为公众生态意识培养提供了基础和保障，也对公众生态意识培养提出了新要求。生态文化建设在使人们的实践能力得到提高的同时，也促进了人们的思维和认识能力的提升。人的思维与认识能力是和人的实践能力同步增长的。基于生态文化建设与公众生态意识培养的高度耦合性，公众生态意识培养过程中必然需要一个与其相适应的生态文化建设系统。生态文化建设与公众生态意识培养之间的良性、有序的互动当然是不会自动发生的，需要主体进行创造性建构并在运行过程中进行动态性协调与配合。生态文化建设对公众生态意识培养的"杠杆效应"③ 主要是通过各个层次逐步传导进行的。正如前文所述，生态文化建

---

① 《公民道德建设实施纲要》，《中国医学伦理学》2001 年第 6 期，第 4~7 页。
② 陈寿朋：《牢固树立生态文明观念》，《北京大学学报》（哲学社会科学版）2008 年第 1 期，第 128~130 页。
③ 生态文化建设和公众生态意识提升之间具备"杠杆效应"。生态文化建设对公众生态意识培养的影响很大，生态文化建设是公众生态意识的"增大器"。

设与公众生态意识培养的紧密关系主要体现在：一是人的生态文明素质的养成本身就是生态文化建设要实现的主要价值目标之一，二是公众具有先进的生态文明素质又能够为生态文化建设及其创新发展提供正确的价值指引。公众生态意识养成与提升对生态文化建设的推动作用主要表现为价值观引导和驱动作用。生态文化建设与公众生态意识培养互动机制是由多个要素共同构成的一个复杂生态系统。因为双方互动必然地落实在具象性的生态文化建设实践活动之中。实现两者之间真正的良性互动，发挥出互动的应然效应，就需要增强生态文化建设自身活力、彰显生态文化建设的吸引力。这一互动过程是一个"内化"与"外化"不断协调和相互融合的实践过程。"内化"是以生态文化建设为中介，促进公众将生态文化所蕴涵的生态思想实现价值观认同。"外化"是将生态价值观、生态道德情感转化为进行生态文明建设的自觉行为，转化为推动人与自然和谐发展目标早日实现的具体行动。

二 生态文化建设与公众生态意识培养的互动发展机制

在生态文明建设进程中，生态文化建设与公众生态意识培养存在着相互作用、相互制约的复杂关系，二者之间的良性互动应该建立一种科学发展模式。我国现代生态文化传播起步较晚，在相关制度、体制与机制上还存在诸多问题，构成了阻碍生态文化建设与公众生态意识培养互动发展的障碍。实现生态文化建设与公众生态意识培养互动发展，需要突破传统的制度、体制和机制障碍，构建一种科学的双向互动发展机制。

（一）互动发展机制概念

"机制"原是指机器的构造与动作原理，后来引申为机器的各个零部件相互之间的作用、制约关系与机理。现代社会中，机制一词被广泛地应用在社会科学各个领域之中。《韦氏大学词典》解释"机制是实现目标的过程或者方法"①。我国《现代汉语词典》解释"机制是指一个工作系统的组织或部分之间相互作用的过程和方式"②。"机制"可以被引申为一个工作系统

---

① 罗志勇：《知识共享机制研究》，北京图书馆出版社，2003，第 193 页。
② 中国社会科学院语言研究所词典编辑室：《现代汉语词典》，商务印书馆，2012，第 597 页。

的各个组织和各个部分之间相互作用的过程与方式，即在一定的规律约束下系统中各个要素之间相互作用的过程。

在现代社会，机制的本意被引申到不同的社会领域，形成了不同的有关机制的概念，其内涵和外延也都相应地发生了很大的变化。在生物学和医学领域，"生理机制"用以表示某一有机体内部发生相应的生理或病理变化时，各个器官之间所发生的相互联系、作用和调节的方式。在经济学领域，"经济机制"主要表示在一定的经济机体内部各构成要素之间的相互联系、相互作用的关系和功能。① 在社会领域，"社会机制"主要是指社会系统内部各个相关组织机构和各个相关部分之间所发生的相互作用的关系及其运行方式。在教育领域，"教育机制"主要是指"教育现象各部分之间的相互关系及其运行方式"②。在文化领域，"文化机制"既是指文化体系内部各要素之间的相互关系，也是指文化影响或作用于社会发展的具体方式和途径，主要由继承、传播、交流和创新四种形式构成。社会机制、文化机制是影响生态文化建设和公众生态意识培养互动发展的关键要素，需要对它们进行规范和整合。在社会组织运行过程中，系统能够调节组织内部各机构的运行，系统能够保证组织计划的顺利实施，因而管理者只要制定好相应的制度和运行程序，就能够保证系统组织的正常运行，并能够取得相应的系统运行目标绩效。

在社会系统中，机制起着基础性的、根本性的作用。良好的机制能够推动社会主体自动地迅速应对外部变化并积极做出反应，进而实现优化目标；而"恶"的、惰性的机制则会对社会主体的目标的实现起着阻碍作用。"互动发展机制"是针对具有共同要素的两个或两个以上的不同组织所构成的系统而言的。在不同的两个或两个以上的组织活动领域中，其共同要素的发展要求这些内部组织进行互动参与。而互动发展机制实质上是指由一个或多个共同要素联结起来的各个不同组织部分之间的多重互动关系及其运行方式。将互动发展机制引申到生态文化建设与公众生态意识培养之间的关系之中，那么二者的互动发展机制就是指这两者之间根据共同要素而建立起来的互动发展体系及运作方式。互动机制的建立能够为生态文化建

① 引自智库百科 MB，http://wiki.mbalib.com/wiki/，2019 年 11 月 20 日。
② 孙绵涛、康翠萍：《教育机制理论的新诠释》，《教育研究》2006 年第 12 期，第 22~28 页。

设与公众生态意识培养互动发展提供良好的协同发展基础和平台。

（二） 生态文化建设与公众生态意识培养互动发展机制的内涵

在任何一个组织系统中，机制都发挥着基础性和根本性的作用。按照实际运行中作用的不同，一套完整的社会文化发展运行机制可分为激励机制、保障机制和评价监督机制三个部分。激励机制是运用一定的手段发挥激励的功能，有效调动系统组织内部各个要素的积极性，整合优化文化建设中各种文化资源和文化组织运行与发展。保障机制是指在各种文化因素协调、整合的过程中，能够为机制内各要素有效运行提供各种政策、制度供给的机制。评价监督机制是指建立机制运行效果评价平台，及时掌握反馈信息并利用监督和制约的手段将机制各要素重新调整和整合起来，以便于机制运行更加有序和规范，更有利于机制运行效率的提高和各级目标的及早实现。在机制运行的实际操作过程中，这三种机制运行方式并不是单独使用和各自独立运作的，设计者会根据实践需要进行合理设计和科学规划。根据理论与实践的发展需求，我们提出建立生态文化建设与公众生态意识培养之间有效互动的发展机制，即在生态文化建设与公众生态意识培养之间，建立一个彼此相互联系和相互作用的稳定的长效的关系，推动生态文化建设与公众生态意识培养相互协调、相互促进，实现二者之间优势互补、共同发展的长效机制，并以此更好地发挥其功能，最终实现生态文化建设与公众生态意识提升协调发展的目的。生态文化建设与生态意识培养之间的互动发展机制实质上就是一种社会主体生态自觉的形成机制。

生态文化建设与公众生态意识培养之间的互动发展机制反映的是二者之间相互依赖、相互作用的能动关系。生态文化与人的观念和行为具有直接相关性，它是一定历史时期内和一定地区内的人们对自身与生存环境之间的互动关系观念性理解，追寻的目标是实现人与自然协调发展。正像其他社会意识观念一样，生态意识也有着其特定的形成与发展过程，也有着自己产生的历史文化背景。马克思指出："人们是自己的观念、思想等等的生产者，但这里所说的人们是现实的、从事活动的人们，他们受自己的生产力和与之相适应的交往的一定发展——直到交往的最遥远的形态——所制约。意识（das Bewuβtsein）在任何时候都只能是被意识（das bewußteSein）到了的存在，而人们的存在就是他们的现实生活过程。"① 作为一种社会意识观念，生态意识是一定历史时期人的生态活动的现实反映，是社会生态系统运行的实际过程，同时也是现实生态文化在人们观念上的反映，即社会存在的反映。生态意识是以现代有机哲学为理论基础、以生态价值观为价值取向并以人与自然的共同"福祉"为旨归的生态理性思维。生态意识本质上是一种社会意识，它是人们基于社会生态系统运动的规律而对人的生态活动及其后果的现实反映。人的生态活动即人类社会与自然这一综合生态系统运行的主要态势，实质上是人与自然生态环境相互作用的生态后果，即广义上的生态文化。马克思指出：人与动物不同，人"懂得按照任何一种尺度来进行生产，并且懂得处处都把固有的尺度运用于对象。"② 因而，受生态意识支配的人的行为最大限度地超越自身物种的限制，能够按照生态规律来进行生产和生活。能够自觉地按照生态规律进行生产是"人能按照任何一种尺度来进行生产的重要标志，只有按照任何尺度来进行生产，人才能在生产劳动中有效地增强自己的本质力量。在生态意识支配下的生产劳动是人类本质力量的体现，是人类自我意识的深层体现。"③

现代生态意识是一种进步的价值取向，在社会主义生态文明建设的进程中，产生着巨大的文化张力和内生动力。生态意识源于实践，又对实践具有强大的能动反作用。社会公众一旦具备了高度的生态文化自觉和生态文化自信，无疑将会对生态文化建设的实践活动"注入源源不断的信念支撑和精神动力"④。生态意识对于公众的生态文明行为具有重要的价值引领作用。生态文化建设的最终目的就在于让公众把生态意识内化于心并外化于行，转化为社会主体的生态文明信念和生态自觉行为。生态意识的提升可以从根本上使公众的思维范式和行为方式向生态文明方向转变。公众生态意识提升要从培育和增强公众的生态文化自觉开始。生态文化自觉，就是人们对生态规律的科学认知，在此基础上建立起主体的生态文明信念和生态伦理准则，并能够自觉、主动地付诸实践。通过生态文化建设，运用好各种显性和隐性的宣传教育形式，促进生态意识转化为大众文化意识、

---

①　《马克思恩格斯文集》（第1卷），人民出版社，2009，第523~525页。
②　《马克思恩格斯文集》（第1卷），人民出版社，2009，第163页。
③　陈铁民：《论现代生态意识》，《福建论坛》（文史哲版）1992年第4期，第12~16页。
④　王争亚：《培育生态文化支撑生态文明》，《中国环境报》2015年5月1日，第2版。

生态伦理道德转化为社会公德。

生态文化建设与公众生态意识培养之间的互动发展机制实质上就是一种"生态文化自觉"① 的形成机制。文化自觉,是人们"对文化的自我觉醒、自我反思和理性审视",即指生活在一定文化背景下的人们对自己的文化必须有自知之明,清醒地知道自己文化的长处和不足,同时也必须"了解和认识其他文化,处理好本土文化与外来文化的关系"②。正如费孝通先生所指出的:"每个文明中的人对自己的文明进行反省,做到有'自知之明'。"③ 这样的话,我们就可能会更为理智一些,就自然会摆脱一些无意义的冲动和盲目的行为。文化自觉具有理论与实践双重指向,是主体思考社会发展、反思自身文化与外来文化关系的一种向度与方式,"旨在通过文化的视角看待人类的社会实践活动,通过文化观念与文化行为推动社会的发展"④,最终达到"各美其美,美人之美,美美与共,天下大同"⑤ 的理想境界。文化自觉的主体既是个体,也是共同体,例如民族、国家、政党、团体等社会群体。生态文化自觉就是指在生态文明建设过程中,人们对自身与生存环境之间的互动发展关系的反思与认识,是对目前人类自身面临的生态危机以及生态文明建设本质状况进行深刻反省与自觉意识。生态文化自觉既是对生态文化的自我认同,也是对不同国家和民族的传统生态智慧的尊重,更是对人类自身生态环境和共同命运的自觉认识与美好追求。这是一个经过切身感受、形成心理认知、达成社会共识并最终转化为生态文明行为的复杂心理机制与过程,是一种不断深化和升华的历史过程,体现着生态文明时代的具体特征和价值取向。

三 生态文化建设与公众生态意识提升互动发展机制的构建

目前,生态问题已经与现实社会中的我们每个个体息息相关。本质上,生态问题都是人类错误的文化价值选择以及人类行为失范所造成的。因而

---

① 王越芬、孙健:《建设美丽中国视域下生态文化自觉的生成逻辑》,《学习与探索》2018 年第 4 期, 第 24~29 页。
② 张友谊:《从文化自觉到文化自信》,《光明日报》2017 年 11 月 29 日, 第 11 版。
③ 费孝通:《"美美与共"和人类文明(上)》,《群言》2005 年第 1 期, 第 17~20 页。
④ 王越芬、孙健:《建设美丽中国视域下生态文化自觉的生成逻辑》,《学习与探索》2018 年第 4 期, 第 24~29 页。
⑤ 费孝通:《"美美与共"和人类文明(上)》,《群言》2005 年第 1 期, 第 17~20 页。

合理地激励、影响、引导进而改变人们的生产生活方式，使之符合生态环境保护的要求，这实质上是生态文明建设取得成功的关键因素。所以，对人的"生态意识"和"生态行为"[①] 的相关性研究，无论是国外还是国内在目前都是最为热门的话题之一。在人的生态意识养成过程中，所有工作的重心实际上最后都需要落实到"个体的道德内化"上。"个体的道德内化"，是指社会个体经过观察、认知、选择、认同和重构等一系列认识活动，将某种伦理思想和道德观念逐步地转化为自己的观点和信仰的社会实践和社会心理变化过程，该过程是"由受教育者'认同—信奉—抉择'的动态心理变化构成的"[②]。人的思想道德教育往往最忌讳教条式说教，这不仅不能实现思想道德教育的目的，相反还可能会引起受众的反感。公众生态意识和生态自觉行为习惯的养成，既要有显性的灌输教育和宣传引导，也要有隐性的文化价值渗透。生态文化建设能够很好地综合上述思想道德教育两种不同路径的作用。生态文化建设中，通过开展一系列贴近公众实际需求、公众喜闻乐见的生态文化创建活动，对公众加以启迪、教育、引导，让公众在广泛参与生态文化建设实践中自觉接受和认同生态文明理念。当然，在全社会树立生态文明价值观并不是一个简单的过程。要实现生态文化建设与公众生态意识培养互动发展双重目标，还有赖于调动各种因素共同努力在二者之间建立一套良好的协同发展机制。生态文化建设与公众生态意识培养辩证地统一于二者的良性互动实践之中。科学地构建二者互动的目标与机制，是推进二者良性互动的重要保证。要构建生态文化建设与公众生态意识培养二者之间运转有序的互动机制，则需要制定科学的互动目标并遵循一定的原则。只有这样，才能构建出一套科学的互动机制并保证互动机制稳健运行、增强互动实效。

（一）生态文化建设与公众生态意识提升互动机制构建的理论依据

构建生态文化建设与公众生态意识培养互动发展机制，有着明确的哲学、伦理学和教育学理论依据。一是世界上任何事物都是一种系统性存在，

---

① 在日常生活中，人们更多的是使用"环境保护意识"（环保意识或生态意识）和"环境保护行为"（环保行为或生态行为）等术语。学术界则多使用"环境意识"（生态意识）和"环境行为"（生态行为）等概念，并将它们作为公众的生态意识水平的连续变量来看待。

② 徐莹：《生态道德教育实现方法研究》，山东人民出版社，2013，第118页。

在事物内部诸要素之间普遍存在着相互影响、相互作用的有机联系，并且每一事物又与其他事物交互作用共同构成更为复杂的有机系统。生态文化建设和公众生态意识培养既是各自独立的系统性存在，又相互作用、相互影响，共同构成了生态文明建设整体系统。二是人的伦理道德价值意识的养成和社会文化建设的有效开展之间是内化机制和外化机制的协调与统一的关系。一方面要将生态价值意识渗透到生态文化建设中，引导生态文化建设发展方向。用先进的生态意识引领和推动生态文化建设，这是社会意识的物化和外化及其实现的机制与过程。另一方面要将生态意识培养"寓于生态文化载体之中"，把公众生态意识培养的内容、目的"渗透到生态文化建设之中"，通过"营造良好的生态文化环境感染人、教育人"，进而实现生态意识教育的目的。[①] 生态文化建设与公众生态意识培养具有高"耦合度"[②] 与相互依赖性，通过进行制度机制创新能够实现两者之间的互动或联动发展。但是，生态文化建设与公众生态意识培养之间"互动表象纷纭、关系复杂"[③]，因而厘清生态文化建设与公众生态意识培养协调发展的互动机理，明晰生态文化建设与公众生态意识培养互动发展的制度机制障碍，构建生态文化建设与公众生态意识培养良性互动的制度机制，对于积极推进生态文明建设具有重要的现实意义。

（二）生态文化建设与公众生态意识提升互动机制的构建原则

在我国，生态文化建设与公众生态意识培养的互动发展是以坚持和全面贯彻社会主义生态文明观为基础的。生态文化建设与公众生态意识培养的互动发展机制的构建，主要是将生态意识教育内容渗透到生态文化建设的各环节和要素中，让公众在参与生态文化建设的过程中体验、观察并受到熏陶，从而引导公众自觉地接受、认同和坚持社会主义生态文明观。生态文化建设与公众生态意识培养互动机制的构建应把握一定的原则，这既是二者互动内在规律的主观反映，又是保证二者互动发展实效性所必须遵循的基本准则。

---

① 徐莹:《生态道德教育实现方法研究》，山东人民出版社，2013，第120页。

② 宋学锋、刘耀彬:《城市化与生态环境的耦合度模型及其应用》，《科技导报》2005年第5期，第31~33页。

③ 林克松、朱德全:《职业教育均衡发展与区域经济协调发展互动的体制机制构建》，《教育研究》2012年第11期，第102~107页。

1. 以人为本原则

以人为本就是要在生态文化建设与公众生态意识培育的互动发展实践中，以实现人的利益和人的发展为根本，尊重和满足人们对实现美好生活的需要，发挥人的主体性，激发人的积极性和创造性。在生态文化建设与公众生态意识培养互动实践中，要确立广大公众在互动中的主体地位。确立公众的主体地位，就是要在推动二者互动发展过程中，充分调动公众主动参与的积极性和主动性，切实尊重公众的主体性和能动性，唤起公众的自我意识。在具体的生态文明建设实践中，要让公众成为互动的主体，即不仅要公众参与决策，更为重要的是，要以公众的获得感和公众生态意识的提升作为衡量建设效果的根本标准。这样，推进生态文化建设与公众生态意识培养良性互动，让公众在生态文化建设实践中不断发展和提升自我的生态认知水平和生态实践能力，进而促进公众的知、情、意、信、行等心理因素的全面和谐发展。

2. 科学性原则

所谓科学性原则就是指"贯穿互动过程中的真理性和规律性，遵循互动工作的客观规律推动互动实践，克服盲目性与随意性。"[①] 建立生态文化建设与公众生态意识提升互动机制，需要探索并把握好二者互动发展的内在规律。生态文化建设与公众生态意识培养互动发展的规律就是在二者互动发展过程中呈现出的本质联系，是二者互动发展机制构建的基本依据。推动生态文化建设与公众生态意识培养的良性互动是一项系统工程，需要用科学的态度研究分析生态文化建设和公众生态意识培养及其互动发展实践的内在本质关联，认真总结以往生态文化建设和公众生态意识培养各自为政而无法产生实质性效果的经验教训，发现并运用好二者互动发展规律，为二者良性互动发展提供科学有效的方法论指导。一是要保证二者互动发展的方向性，其实质就是要合目的性，即互动必须通过生态文化建设实现让公众广泛接受和认同社会主义生态文明观的价值目标；二是要保证互动的科学性，其实质就是要合规律性，即要符合生态系统发展、社会发展和人的发展的规律，要符合生态文化建设与公众生态意识培养互动发展价值

实现的规律，要符合作为互动发展主体的人的接受规律。

3. 统筹性原则

生态文化建设与公众生态意识培养的互动发展是一项系统性综合工程，不仅要科学地确定好互动发展目标、规划好实施互动发展方案，同时又要搭建好互动载体平台和提供互动发展的评估与反馈方案。当前，人们对生态文化建设和公众生态意识培养融合互通的认识还不足，二者的发展往往还处在各自独立运行的轨道上，二者融合发展的对接还缺乏有效的联结制度与机制。由此，必须发挥我国社会主义制度优势，在生态文化建设与公众生态意识培养的互动发展中坚持和运用好整体推进的统筹性原则。一是发展目标的统筹性。生态文化建设与公众生态意识培养二者各自的发展及其互动发展的目标都是在全社会树立社会主义生态文明观并使绿色发展理念成为全社会的自觉行动。为了实现这一根本目标，互动发展及其机制必须统筹兼顾、合力推进。二是对生态文化建设与公众生态意识培养二者的协调共进进行统筹。在互动发展过程中，要切实有效地将生态文化建设与公众生态意识培养作为有机联动的整体，实施双轨推进与并轨推进相结合。三是对生态文化建设与公众生态意识培养互动发展机制进行统筹。生态文化建设与公众生态意识培养互动发展的有效推进需要充分发挥二者互动发展机制的整体作用。其中包括传播机制、动力机制、运行机制与反馈机制等都应统筹运用，发挥出多重机制间有效联结、协同发力的系统功能。

4. 动态性原则

生态文化建设与公众生态意识提升的互动发展，既要遵循两个子系统自身的内在运行规律，又要遵循二者相互联动这一大系统的内在运行规律。各个系统内的多种构成要素之间相互影响、相互渗透，并处于时时变化运动的状态。在推进二者互动发展过程中，主要组织者与主要参与者要始终坚持动态性原则，及时发现互动过程中隐含的动态性规律、及时解决矛盾，保证推动二者良性互动决策的科学性，最终实现二者协调共进的互动目标。一是在互动理念上坚持动态性原则。要求主要组织者与主要参与者在互动理念上坚持与时俱进的动态性原则，要以全局的眼光动态地审视互动发展要素与互动发展系统。随着互动发展过程的不断深入，实施者要科学分析与把握各个互动发展阶段的特点与规律，在顶层设计上制定并实施富有弹性的互动发展方案，更好地发挥互动发展效果。二是在双方互动发展的关系上，要坚持动态性的原则。生态文化建设与公众生态意识培养同属社会主义生态文明建设的两项重要工作，实质上二者在互动发展过程中并不存在主次关系和先后关系，理应并驾齐驱、互融互通、互相促进。主要组织者与主要参与者对二者互动发展在认识上的和参与心理上的不断变化，以及社会文化环境变迁等社会因素和互动双方自身内部关系的变化等也都会造成不同时段内互动发展双方侧重点变化，因而互动发展工作的主要组织者与主要参与者要有灵活机动的应对方案并进行动态管控，力争避免互动发展工作走上某种程式化、形式化的轨道。

（三）生态文化建设促进公众生态意识养成分析

在西方一些较早实现工业化的国家中，生态运动是一种经由专家学者提倡到公众生态意识觉醒、公众积极参与并推动政府参与的发展过程。20世纪60年代以来，在学者与公众的推动下西方各国政府开始重视生态治理。在世界性的生态环境保护运动大爆发背景下，欧洲绿党的产生，标志着生态政治开始兴盛起来。以绿党为代表的这些政治团体开始通过媒体向社会广泛发布自己的生态主张，生态问题在世界范围内受到普遍关注。20世纪70年代，"罗马俱乐部"专家关于全球问题的讨论引发了人们对发展与环境的矛盾的关注，开始将批判的矛头指向资本主义社会无限膨胀的物质主义和消费主义价值观。在生态主义不断传播与发展的过程中，媒体的及时、广泛的介入起到了积极的作用。在生态问题的讨论中，媒体报道拉近了公众与现实中生态环境事件的距离，让人们在阅读、观看真实的生态环境事件场景中依据自身的价值观进行评判。在价值评判过程中，公众会将个体的价值追求和生活方式与日益迫近的生态问题关联起来，在这种批判与反思当中公众逐步树立起生态价值观，生态意识不断得到提升。在这种生态意识的引导下，公众更容易认同并接受相关环境制度、法律的约束，更容易形成自觉的生态行为习惯。西方发达国家生态文化发展和公众生态意识觉醒的经验告诉我们，媒体传播主导下的文化传播和教育活动在公众生态意识养成和自觉生态行为习惯形成的过程中起到了极为重要的作用。

我国工业化起步晚，再加上我国政府一直都很重视环境保护工作，长期以来我国并没有发生过类似于西方社会曾经发生的那样大规模的环境公害事件，因而公众也就没有对严重环境公害的感受，这也就在一定程度上造成了大多数公众缺乏生态忧患意识与生态责任感。同时，我国是一个发展中国家，经济发展不平衡，在很长一段时期内许多地方仍然将经济发展作为第一要务，这些地区特别是经济欠发达和资源匮乏地区的人们对于发展经济的愿望远远超过对生态保护的重视。作为一个发展中的社会主义大国，我国建设生态文明的指导思想明确，生态制度和法律相当完备并一直处于不断完善之中，然而由于公众生态意识不强、公众的参与意愿不足，因而生态管理表现得疲软乏力。我国生态治理模式，呈现出由政府到公众的发展路径。公众的生态参与积极性不足，公众对生态环境恶化与其自身行为之间的关系也缺少足够的认识。如果一个社会公众生态意识缺乏，公众普遍没有养成自觉的生态行为习惯，那么生态制度和法律的实施以及生态文明的建设也很难取得预期的效果。问题解决的关键是积极开展生态教育、加强生态文化建设，推动公众生态意识和生态行为自觉性形成。

我国以儒、道、佛为代表的传统文化中的"和谐文化"与"天人合一"思想，蕴涵着丰富的关于人与自然和谐相处的生态理念和生态智慧。而以突出"主客二分"为主体思维方法的现代西方极端人类中心主义文化以及物质主义与消费主义，改变了人们对自然的认识，人们对自然进行无限的开发与利用，致使自然环境遭到了巨大的破坏，生态危机爆发的风险已经威胁整个人类社会。西方社会奉行"人与自然对立"和"人类统治自然"的观点，西方的现代化发展模式以及"短视"的增长欲，隐藏着自我毁灭的危险。随着经济全球化，西方极端人类中心主义价值观也随着世界性的工业化浪潮被传播到中国。我们必须看到，在这种工业化发展模式带动下，我国长期以来实行效率优先的经济发展模式也造成了环境的巨大破坏，我国生态环境保护形势不容乐观。从来没有像今天这样让我们深刻地感受并认识到人与自然和谐相处的重要价值。建设生态文明，弘扬生态文化，从整体上提升公众生态意识水平和生态行为的自觉性，是缓解当前生态危机的重要途径。公众生态意识培养与提升必然是与一定的文化传统相联系的。中国传统文化中蕴涵着丰富的生态智慧，"强调'天人合一'，强调人际关系的和谐，似乎可以弥补西方思想的局限，对于人类应对后现代社会的挑战，也许具有超越民族界限的世界意义"①。批判性地吸收中国传统生态智慧，发展中国特色生态文化，在全社会树立以社会主义生态文明观为核心的绿色发展理念，为美丽中国建设和"人类命运共同体"建设提供了科学的理论指导。

公众生态意识培养是一个系统工程，既需要一套完整的生态文化传播和教育体系，也需要社会为公众提供尽可能多的参与生态文化创建的机会，在实践活动中予以合理的引导与控制。生态文化建设为公众提供了更多地参与生态文化创建的实践机会。在实践活动中对公众的思想和行为进行适时地引导和控制，就是要在活动中对公众的思想和行为进行适当的评价，这里的评价有法律评价和道德评价两种形式。法律评价是对公众的思想和行为进行管理和控制的"硬"约束手段。而道德评价则是社会对公众的思想和行为给予或贬或褒的评判，使被评价人因自己的生态行为产生自责或受到鼓励，这是对公众的思想和行为进行管理和控制的"软"约束手段。当然，现代人的生态情感意识的养成与发挥作用"不能依赖于自发的、不切合实际运用的、自我再生产的机制"，"必须被仔细地设计出来并煞费苦心灌输到组织化的大众教育的过程当中"②。现代社会，"现代秩序的建构与发挥作用，有赖于管理者和教师"③。同样，公众生态意识培养与提升也不能完全依赖于公众自发的实现，这一任务还需要由生态物质文化建设、生态精神文化建设和生态制度文化建设特别是生态教育来完成。生态教育主要是通过理论和知识教育让人们认识到什么样的生态行为是合理的以及是应该做的。而在生态文化建设实践中，通过控制和引导即"硬"与"软"两种手段使公众在实践中养成生态意识和生态自觉行为习惯。这样，公众在生态教育中学习和在实践活动中认知而形成的生态观念和生态行为方式，再经过法律评价和道德评价的管理和控制、约束和引导，内化为稳固的生态文明品质并形成自觉生态文明行为习惯。

---

① 陈业新：《儒家生态意识与中国古代环境保护研究》，上海交通大学出版社，2012，第9页。
② 〔英〕齐格蒙特·鲍曼：《共同体：在一个不确定的世界中寻找安全》，欧阳景根译，江苏人民出版社，2003，第156~157页。
③ 〔英〕齐格蒙特·鲍曼：《共同体：在一个不确定的世界中寻找安全》，欧阳景根译，江苏人民出版社，2003，第157页。

（四）公众生态意识培养的生态文化建设实现机制

生态文化建设与公众生态意识养成之间在理论上应该是一种良性的互动发展关系，然而在实践中二者之间的互动发展又并非没有阻滞与影响因素的必然结果。生态文化建设与公众生态文化培养协同发展，实现耦合关联，是生态文化建设与公众生态文化培养双方协同发展的最有效的理论模式，但这一模式的实施却受到我国文化传播领域原有制度、体制和机制的束缚，两者或者形成矛盾制约或者是互不相干，导致生态文化建设与公众生态意识培养不能有效协同发展，如果强制关联，则往往会造成只有关联而无耦合的结果。生态文化建设与公众生态意识养成之间的互动发展的层次、水平和效果深受多重的内在因素与外在环境的影响。在实践中，要保障生态文化建设与公众生态意识养成实现互动发展，除了保证双方在本质意义上的内在要素的融合发展，也需要创造有利于二者良性互动发展的外部社会环境。在本质上，人是一种社会性动物存在，个体的文化认知、评价、选择、接受和认同并不是独立无涉的行为与结果，而是深受与之互动的其他社会主体的深刻影响的。人的生态行为主要受来自内、外两个方面因素的限制和影响。内部因素主要是指公众自身知识与认识框架等内在心理意识因素，外部因素主要是指现阶段社会发展的整体价值取向等外部条件。生态文化建设，能够给予公众正确的生态教育与价值引导，并为其提供良好的外部文化社会环境。这样在生态文化建设中，从内因和外因两个方面对公众施加相应的影响，能够有效促进公众将生态文明社会的主流价值进行内化和认同，形成自觉的生态意识和自觉的生态行为习惯。公众日常对生态行为的价值取向和选择往往还会受到其收入水平特别是自身经济承受能力的影响。因此，生态文化建设不能够单单地为生态而生态，更不能为了人与自然和谐而影响甚至过度地阻碍经济的发展。因为生态文化建设本身的主要目的是改善人居环境并有利于民生。

达成生态文化建设促进公众生态意识提升这一发展目标，还需要建设一种符合整体性观点的"新范式"。这种新范式是一种整体论的世界观，"它强调整体而非部分。……部分的性质由整体的动力学性质所确定。整体的动力学是首要的，部分是次要的。"① 在解决生态文化建设与公众生态意识培养的关系问题时，不局限于追求各个部分以及各个阶段的目标，更应追求人的生态文明素质的整体提升以及经济、社会、文化和生态等各个系统的整体推进、协调发展。

（1）加强生态物质文化、生态精神文化和生态制度文化建设，促进公众生态意识培养和提升。提升公众的生态意识水平，引导公众养成生态的价值观念、思维方法和行为方式，需要落实到具体的生态文化建设实践中才能实现。生态文化建设要想在公众生态意识培养上取得更好的效果，必须建设符合公众需求倾向和认知特点的观念与实体相结合的具象的载体。生态物质文化、生态精神文化都具有多种表征形式，这些表征形式具体体现为多种多样的载体。由于社会背景、教育程度等综合因素的差异，公众在面对不同形式的生态文化载体时，对各种载体所蕴涵和承载的生态文明理念会产生理解度和亲和度的差异，因而公众的生态感受度、认知度、接受度和认同度就会出现差异。目前要将生态文化建设作为平台，通过生态文化载体建设提升公众生态认知水平。一是进一步整合社会发展中的各种诉求，以生态产业特别是生态文化产业载体工程建设带动经济绿色发展，实现生态环境质量提升与民生幸福提升之间的良性互动。二是加强森林公园、湿地公园与自然保护区等各种亲自然的生态文化载体建设，让公众有更多生态感知途径，提升公众的生态感知度和生态情感。三是促进更多的生态文化教育馆、展览馆与教育基地设立以及生态文化课堂和生态文化科教宣传片等各种生态文化宣传教育载体的建设，拓宽生态教育途径，丰富和拓展公众尤其是青少年的生态知识。目前，社会活动类的生态文化载体建设还需要继续加强，通过推进互动性强的社会活动类生态文化载体建设，增加公众参与渠道，增强公众参与的积极性和获得感，提升生态文化的社会影响力和引领力。

由于"制度本身具有面向整体、面向全局、面向未来的特点"，"推进和完善生态文明制度建设"能够"为培育和强化全民族的生态意识提供社

---

① 〔波兰〕维克多·奥辛廷斯基：《未来启示录——苏美思想家谈未来》，徐元译，上海译文出版社，1988，第245～246页。

会支持"①。在生态文明建设中，政府、企业、社会组织以及公众个体的生态行为都必须有相应的制度规范和引领。人们的生态意识属于自身"内在"的思想状态，生态相关政策制度、法律法规和伦理道德规范的健全完善，能够发挥"以外促内"的作用，规范、约束、引领人们形成生态文明行为习惯，促进人们在"习惯成自然"的过程中养成生态文明意识。② 因而为保证公众生态意识培养和提升的实效，还需要立足政治、经济、文化发展实际，进一步加强生态制度文化建设，将一系列能够解决现实环境问题和预防潜在环境问题的生态治理思想与方法制度化和规范化，这样能够从宏观的政策制度、具体实施的法律法规以及行为公约等层面为人与自然协调发展提供制度支撑。通过政策、法律与规范的激励与制约，对社会和公众个体形成一定的约束力、引导力，促进其生态意识向生态自觉转化。

（2）拓宽公众参与渠道，提升生态文化建设实践活动的引导力。为提升生态文化建设实践活动的吸引力和引导力，需要开展丰富多彩的生态文化创建活动，为公众生态参与提供更适当的平台和载体。根据不同群体需求针对性地开展各种类型的生态文化建设主题活动，进一步拓展文化创建活动的内容与形式，吸引公众广泛参与到各种生态文化创建行动中来，形成浓厚的生态文化发展社会氛围，发挥好生态文化价值的社会引领作用。通过开展各种互动性的生态文化创建活动，开展绿色社会公益活动、开展绿色文化创意活动、开展绿色节庆活动、开展绿色体验活动、开展绿色消费活动等，吸引公众广泛地参与，在参与互动的生态文化活动中增强公众的生态感知和生态价值观认同，让公众在互动活动中潜移默化地受到生态价值观和生态道德教育。针对不同社会群体不同的认知背景和行为特点以及对生态文化社会活动的不同需求偏好，针对性地并因地制宜地进行策划、规划，开展各种接地气的生态文化活动，寓教于乐。通过采取多种公众容易接受和喜闻乐见的方式，广泛地宣传和传播生态文明知识，广泛开展切合公众生活实际的生态文明行为规范教育，让公众对于生态理论层面的知识以及生产生活中可操作的生态行为规范有更深入的了解，推进公众的生

① 陈秋云：《生态文明制度：生态意识到生态自觉的助推器》，《福建行政学院学报》2014年第1期，第20~25页。

② 尚丽娟：《如何提升公民生态意识》，《人民论坛》2016年第27期，第98~99页。

态认知能力和生态意识不断地提升并自觉地转化为自觉的生态行为。

（3）拓展生态文化的大众传播渠道。生态文化大众传播活动本身就是公众生态意识培养的一个重要途径和实践机制。现代生态文化大众传播能够更形象、更便利、更直接地向广大民众传播生态信息，更重要的是，现代生态文化大众传播还为公众讨论生态议题和参与生态决策提供了更为便捷的渠道和平台。大众传播活动，以直观、感性的形式将生态问题展现在广大民众面前，与广大民众形成良好的互动，这样既能够将生态文明理论知识大众化，又能够将复杂的生态问题中的社会利益与个体利益直接关联，引起公众广泛关注与思考。我国公众生态意识培养起步较晚，制度、机制还都不健全，特别是生态意识教育机制还不完备，生态文化大众传播活动承担了一定生态意识教育与培养的社会责任。生态文化大众传播是公众生态意识培养与提升的一个重要的生态信息交换平台，它不仅拓展了学校生态教育和社会生态教育渠道，还有利于公众生态意识培养机制的创新发展。

第四章 生态文化建设与公众生态意识提升互动作用的现实分析

　　当前，如何应对日益严峻的生态危机已经成为全球共同面临的难题。世界各国都在采取积极的措施，力争做到既能推动经济社会发展又能不破坏生态环境，以便保证人与自然协调发展和人类社会的持续生存。为积极应对这一世界性难题，中国政府提出了建设社会主义生态文明的国家发展战略，以实现既能大力发展生产力满足广大人民群众对实现美好生活的现实需求，同时又能使生态环境得到修复和保护。作为执政党，中国共产党在"十七大"报告中提出建设社会主义生态文明的总体目标；在"十八大"报告中强调把生态文明建设放在突出地位并纳入社会主义现代化建设总体布局中；中国共产党"十九大"报告进一步提出加快生态文明体制改革，建设美丽中国。这表明了中国政府积极推进社会主义生态文明建设的坚强意志和决心。随着社会主义生态文明建设理论与实践的不断发展，我国公众生态意识普遍有所增强，但是我们也需要看到，我国公众生态意识整体水平还较低，大部分公众的生态意识还处于较低层次。我国公众生态意识水平不高是由多种原因造成的，但作为生态文明建设重要支撑的生态文化建设难以对公众生态意识培养与提升发挥有效的推动作用是其中最为主要的原因之一。我国生态文化建设虽然取得了一定的成绩，但总体上还存在多方面的问题，例如，政府供给不足，多部门、多头规划与管理难以形成合力，总体发展不平衡，等等。生态文化建设与公众生态意识提升是社会主义生态文明建设中两个重要组成部分。两者之间本来就应该是相互支持、协同共进的关系。然而，现实中生态文化建设与公众生态意识培养之间的互动发展关系并没有受到应有的重视。两者即使有所互动，由于多是被动进行，也没有建立起必要的制度机制，因而互动效果很有限。总体上来说，生态文化建设与公众生态意识提升之间目前还没有形成良好的互动发展机制。当前工作的重点是要加强生态文化建设的实效性。通过生态文化教育，提升公众生态忧患意识，强化公众法制观念，引导公众进行绿色生产和消费，只有这样才能推动公众生态意识觉醒并转化为生态自觉行为，才能保证生态文明建设和美丽中国建设目标早日实现。

第一节　生态文化建设与公众生态意识提升互动发展效果分析

目前，我国生态文化建设与公众生态意识提升互动作用的现实状况还不尽如人意。一些主要调查数据也都反映出，近年来我国公众生态意识有了一定的提高，但整体上还处在较低层次，不同群体之间发展也不平衡。目前，对于生态文明建设的两个基本要素——生态文化建设与公众生态意识培养的制度机制建设还存在创新不够的问题，对于如何在二者之间构建良性互动机制的具体路径还不清晰。总体来看，目前我国生态文化建设与公众生态意识培育二者之间缺乏有效协调、互动性较差。生态文化建设与公众生态意识培养在实际工作中往往被看作毫不相干的两个工程。同时，目前的生态文化建设与公众生态意识提升之间的转换也缺乏适当的载体和衔接点。当前，我国生态文化建设未能在实质意义上担当起生态意识教育的主渠道作用，多数民众只是接受碎片化的生态意识教育，远不能满足我国生态文明建设的需要。

一　我国公众生态意识培养现状

生态文化建设与公众生态意识培养互动发展的效果主要体现在公众生态意识水平上。而研究评价公众生态意识水平和公众生态意识教育水平，依据不同、出发点不同和标准不同，评估结果就会不同。分析评估公众生态意识水平以及公众生态意识培养状况的方法有很多，至于选用哪种评估方法以及使用何种评估体系需要根据具体情况而定。判断公众生态意识水平以及培养效果，实际上是一种非常复杂的系统性评价，并不是一种简单数量比较，其中既要把握公众个体生态意识形成的过程与环节及其在各个阶段与各个环节所发生的变化，同时更为重要的是，在上述基础上对公众生态意识整体状况所发生的量和质的变化进行科学评价。

（一）公众生态意识评估①

对公众生态意识进行测量和评估，一般是借助社会学与心理学方法进行调研、分析与评价。定量分析、数理分析与经验调查是生态意识测量理论的重要组成部分。自 20 世纪 70 年代开始，国外的环境意识研究中已经开始重视生态环境意识的测评。在西方学者提出的环境意识测量体系理论中，最有影响力的有三个：Maloney/Ward 的"生态态度和知识"（Ecological Attitudes and Knowledge）量表、卡顿和邓拉普等人的"新生态范式"量表（New Ecological Paradigm）和德国学者 Urban 等人提出的"环境意识"量表②。Maloney/Ward "生态态度和知识"测量表主要来自心理学的关于人的态度变化状况研究，这是美国学术界最有影响力的测量环境意识的量表。他们将环境意识看作人们对人与环境关系的一种态度，这一态度包含有情感、认知和冲动三个组成部分。Maloney/Ward 量表的特点是从多个层面测量多个环境话题，角度非常全面。邓拉普等人却认为这一量表只注重了表面效度和内容效度却没有深入检验建构效度。卡顿和邓拉普以"人类中心倾向"和"环境中心倾向"为理论假设进行了量表设计与调查。卡顿和邓拉普认为他们的这种"新生态范式"量表开创了一种生态意识测量新方向，他们希望"创立一门基于'新生态范式'的、以环境与社会互动为中心的环境社会学"，"推动整个社会学'范式转换'"③。德国学者 Urban 等人创建了"环境意识量表"，认为环境意识应该包含有"价值观、态度和行为意愿等彼此独立的维度"，然而这一测量方法并未提出具体操作化定义及量表，而且"对环境行动和可持续行为并不能很好地解释和预测"④。在西方，较为流行的观点往往都不主张将环境行为列为研究环境意识的一个主要变量。他们认为，人们研究环境意识主要目的是分析环境意识如何转化为人

---

① 在狭义上，生态意识和环境意识是两个不同的概念。这里是从广义上使用"生态意识评估"概念的。

② 周志家：《环境意识研究：现状、困境与出路》，《厦门大学学报》（哲学社会科学版）2008 年第 4 期，第 19~26 页。

③ 陈占江：《迈向行动的环境社会学——基于反思社会学的视角》，《社会学研究》2017 年第 3 期，第 1~22 页。

④ 龙成志：《可持续心智模式的结构与测量》，《心理技术与应用》2017 年第 1 期，第 32~41 页。

的具体的环境行为的，如果将环境行为作为环境意识的一个部分来看待，则不便于认识环境意识与环境行为的相关性。

国内学者也提出了多种公众生态意识评估理论与方法。1994年，刘湘溶"在国内学术界首次对公众生态意识评估体系进行了全面探讨，提出公众生态意识是生态科学意识、生态伦理意识等因素的有机整合"①。刘湘溶认为，任何一个国家、民族要想既能够实现经济社会持续发展又能够有效地保护生态环境，尤为关键的是，要通过加强生态教育进一步提升公众的生态意识水平和生态行为的自觉性，而这项工作的实施则有赖于"对公众的生态意识现状做出正确的评估"②。在他看来，生态意识是以人对包括自己在内的"自然中的一切生物和环境之关系的认识成果为基础而形成的特定的思维方式和行为取向"③。因而公众的生态意识既是一种生态思想观念，更是在这一思想观念指导下的思维方式和行为取向。根据这种认识，我们就能够基于人们在生态思想意识、思维方式和行为方式这三个主要要素上的表现，对公众生态意识水平以及公众生态意识培养状况进行分析和评价。洪大用则提出，生态环境意识主要包括人的环境知识、环境价值观、环境保护态度和环境保护行为等四个环节，四个环节之间是一种"环环相扣，级级增值"的关系。④ 这一理解将环境行为看作环境意识的主要维度之一。洪大用主张建立中国版公众生态意识测量表，在指导制定"CGSS2003H"和"CGSS2010"两个量表基础上，又提出"考虑到中国城乡一系列客观属性的差异，我们基于2010年数据的检验将分为城镇样本、乡村样本和总样本三个部分来执行"⑤。

对公众生态意识进行科学的调查与测量能更好把握公众生态意识的总体水平及存在的问题。了解公众生态意识的变化趋势对于发现有效培养途径和提高公众生态意识水平至关重要。1998年我国首次发布《全国公众环

---

① 刘湘溶：《公众生态意识评估体系初探》，《湖南师范大学社会科学学报》1994年第3期，第60~64页。
② 刘湘溶：《公众生态意识评估体系初探》，《湖南师范大学社会科学学报》1994年第3期，第60~64页。
③ 刘湘溶：《论生态意识》，《求索》1994年第2期，第56~61页。
④ 洪大用：《公民环境意识的综合评判及抽样分析》，《科技导报》1998年第9期，第14页。
⑤ 洪大用、范叶超：《公众环境知识测量：一个本土量表的提出与检验》，《中国人民大学学报》2016年第4期，第110~121页。

境意识调查报告》,① 2008 年第二次发布《全国公众环境意识调查报告》,②
2014 年发布的《全国生态文明意识调查研究报告》,③ 都是国家的主要政府
机构主导进行的全国性的公众生态意识现状的调查测量。同时,国内还有
许多政策决策咨询机构、高校科研院所以及环保社会组织等也进行了各种
类型的全国性和地区性的公众生态意识现状调查测量工作,其中尤以中国
环境文化促进会多年不间断发布的《中国公众环保民生指数报告》最具典
型意义,它被喻为中国公众环保意识与行为的"晴雨表"。这些调查研究报
告对我国公众生态意识现状进行了测量分析,并陆续将分析结果向社会发
布,反映了"我国公众环境意识的调查研究进入了迅速发展阶段"④。这些
调查研究报告基本反映了过去几十年来我国公众生态意识的变化规律及产
生原因,并对未来公众生态意识的变化趋势进行了分析预判。

　　环保意识和环保满意度的提高是公众生态意识提升的主导因素,环保
行为是生态意识稳步提高的关键。"环境库兹涅茨曲线"被用来表示环境污
染与人均国民收入关系,被归纳为"U"形关系、同步关系和"N"形关
系。⑤ 有研究认为:1998~2007 年的这 10 年中间,我国公众生态意识总体
呈上升趋势,这一发展过程总体上呈现出了"类似'环境库兹涅茨曲线'
的特征"⑥,并预计我国公众环境意识 2008~2017 年会进入快速上升阶段,
而"2019 年将达到较高的稳定水平"⑦。我国公众生态意识呈现出类似"环
境库兹涅茨曲线"的特征,是受到经济、政治、环境与社会等多种因素共
同影响的结果。由于人的行为具有社会性特征,公众生态意识必然会随个

①　国家环保局、教育部:《全国公众环境意识调查报告》,《人民论坛》1999 年第 7 期,第
　　21~23 页。

②　中国环境意识项目办:《2007 年全国公众环境意识调查报告》,《世界环境》2008 年第 1
　　期,第 72~77 页。

③　环境保护部宣传教育司:《全国生态文明意识调查研究报告》,《绿叶》2014 年第 4 期,第
　　34~35 页。

④　闫国东、康建成、李煜绍、芮建勋:《公民对全球环境变化的响应:以上海、香港地区为
　　例》,《中国人口·资源与环境》2008 年第 3 期,第 64~68 页。

⑤　李玉文、徐中民、王勇、焦文献:《环境库兹涅茨曲线研究进展》,《中国人口·资源与环
　　境》2005 年第 5 期,第 11~18 页。

⑥　闫国东等:《中国公众环境意识的变化趋势》,《中国人口·资源与环境》2010 年第 10 期,
　　第 55~60 页。

⑦　闫国东等:《中国公众环境意识的变化趋势》,《中国人口·资源与环境》2010 年第 10 期,
　　第 55~60 页。

体自身和社会环境的变化而发生相应的变化。建设社会主义生态文明战略的提出，标志着我国在国家层面上将生态保护从个体和社会行为实践上升到理论和伦理的高度。我国公众大多能够理性地认识人与自然的关系，并且在对待人与自然的关系问题上，认识到人类应该保护自然而且应该有制度、有规划地利用自然。另外，人与自然有着非常密切的关系，不应该把大自然当作可以无限索取的对象，人类应该破除狭隘的人类中心主义观念，要合理利用自然并实现人与自然的和谐相处。

研究表明，影响公众生态意识的因素是多重的，因而在对公众生态意识评估时需要我们科学调查并进行全面分析。而在诸多影响因素中，"公众的文化程度是影响公众环境意识的重要因素"[①]。因此，在实践中我们需要高度重视社会主义文化建设事业的发展，通过加强社会主义生态文化建设提高广大人民群众的生态文化素质，推动人们形成科学的生态意识，并转化成积极参与生态文明建设的自觉行为。

（二）我国公众生态意识的进步及其表现

随着生态文明观念日益深入人心，随着生态文化建设的深入开展，我国公众生态意识总体水平正呈现出稳步提升的趋势。综合起来看，我国公众的生态知识水平、生态道德意识水平、生态参与意识以及公众整体的生态文明素质都得到了大幅度提高。

1. 公众对环保的关注度与认知水平不断提升

进入 21 世纪以来，我国生态环境保护宣传教育不断加强，我国公众生态关注度和生态认知能力不断提升，生态意识不断提升。2006 年发布的全国环境意识调查显示，公众对于环境污染、垃圾处理与污水处理等一些宏观环境问题的认知程度已经达到80%以上。[②] 经过多年的发展，我国生态环境保护事业取得了明显的进步。调查显示，公众对政府、企业以及公众个人的环保行为的满意度有所上升，公众的生态环保知识水平有所提高，整

---

① 李梁美：《走向社会主义生态文明新时代》，上海三联书店，2014，第 183 页。
② 钟寰：《公众对环保关注很高 参与不强——写在首次大型环保民意调查结果公布之际》，《中国国情国力》2006 年第 2 期，第 14～16 页。

体呈现出"随受教育程度上升而上升"①的趋势。原环保部在 2014 年发布的《全国生态文明意识调查研究报告》显示，对于中国共产党十八大报告中提出的建设"美丽中国"战略，有 99.5% 的受访者选择了"高度关注并积极参与生态文明建设"，有 78.0% 的受访者认为建设"美丽中国"是关乎每个人的事情，有 93.0% 的受访者表示"了解生态文明"②。2017 年发布的《中国城市居民环保意识调查》报告显示，公众对水质和食品安全认可度大幅度地提高，公众"基本环保知识认知提高"，"环保意识普遍较强，垃圾分类意愿最高"③。由"清研智库"发布的《2013-2018 年北京市公众环境意识调查分析结果》显示，广大社会公众"环保科学认知能力逐步提升，环保践行度有所提升"④。总体来看，随着国家日益推进绿色发展和生态文明建设，我国公众生态关注度和生态认知水平正在不断提高，生态意识不断增强。

2. 公众参与生态环境保护的意愿逐步增强

随着工业化发展不断推进，我国环境保护形势日趋严峻。严重的环境污染给公众身心健康带来极大威胁，公众普遍认识到我国环境保护工作的紧迫性和重要性，公众参与环保意愿不断提高。调查显示，有 90% 以上的公众表示愿意为了环保而改变自己的行为，有 85% 的公众愿意为环保做出自身的贡献，绝大部分公众愿意参与生态文明建设。目前公众对环保的关注已经超过对经济发展的关注。有 77.2% 的公众认为，与经济发展相比较环境保护更为重要。有 48.3% 的公众认为政府有必要将增加的投入更多地用于环境保护，仅有 4.9% 的公众认为政府有必要将增加的投入用在经济发展上。有多达 90% 以上的公众表示愿意进行垃圾分类，有 87.1% 的公众自称愿意自带购物袋去购物，有 77.1% 的城市公众称愿意为环保社会组织做

---

① 闫国东等：《中国公众环境意识的变化趋势》，《中国人口·资源与环境》2010 年第 10 期，第 55~60 页。

② 环境保护部宣传教育司：《全国生态文明意识调查研究报告》，《绿叶》2014 年第 4 期，第 34~35 页。

③ 《上海交大发布 2017 年〈中国城市居民环保意识调查〉报告》，《中国科学报》2017 年 9 月 21 日，第 4 版。

④ 《2018 年北京市公众环境意识持续提升》，北京市人民政府网，http://www.beijing.gov.cn/ywdt/gzdt/t1590528.htm，2019 年 6 月 11 日。

义工。① 2017 年发布的《中国城市居民环保意识调查》报告显示，有 90%
的公众表示愿意为生态环保做贡献，有越来越多的公众意识到个人行为能
够对环境保护起到一定程度的作用，公众的生态意识普遍增强。同时报告
显示，公众对环保贡献度、垃圾分类和购物时自带购物袋等相关问题都给
出了高度肯定的回答，分别占到 75%、90.3% 和 81.3%。对于有关环保行为
的调查，公众的回答也表现得很乐观，有 71.1% 的公众称愿意为环保捐款，
有 78.7% 的公众称愿意为环保做义工。与 2015 年调查结果相比，2017 年公
众生态意识有了较大提高。②

　　随着环保认知能力的不断提升，公众环保责任意识与环保参与度都在
稳步提高。2018 年北京市所做的环境意识调查显示，50% 以上公众表示愿
意并参与过社区、环保社会组织和环保部门举办的各种环保活动；72.5% 的
公众最喜爱运动类的环保活动，而其中对时间和地点限制少的网络活动是
吸引公众广泛参与的关键点；有 88.6% 与 79.6% 的公众认同"培养绿色生
活习惯"和"建立绿色消费观"是其践行绿色生活方式的最常见做法。③ 调
查还显示，公众普遍对一些与自身密切相关的生态知识的认知度较高，公
众的生态责任意识和环保活动参与度不断提升；环保社会参与度从 2013 年
的 30% 提升到了 2016 年的 48.5%，公众参与的形式也越来越多样化，目前
参与政策制定讨论和举报环境违法行为等参与形式已成常态，2017 年有
43.3% 的公众承认主动举报过环境违法行为。④

　　3. 公众生态参与自觉性增强

　　多项调查均显示，我国公众参与环保的自觉性呈不断增强的趋势。2014
年原环保部发布的《全国生态文明意识调查研究报告》显示，有 77% 的民
众称自己会主动向身边的人进行生态文明知识宣传，其中有 11.8% 的民众
称自己能够经常这样做，有 83.2% 的民众称愿意积极配合并参与垃圾分类，
有 73% 的民众称自己能够积极响应国家的"厉行节约、反对浪费"政策，

---

① 姜澎：《公众对环保关注度超过经济》，《文汇报》2013 年 5 月 9 日，第 10 版。
② 《上海交大发布 2017 年〈中国城市居民环保意识调查〉报告》，《中国科学报》2017 年 9 月
　　21 日，第 4 版。
③ 《北京公众环保意识不断提升　近 8 成受访者表示"从身边环保小事做起"》，人民网，
　　http：//bj. people. com. cn/n2/2018/ 0528/c82840-31634220. html，2018 年 5 月 28 日。
④ 《北京公众环保意识不断提升　近 8 成受访者表示"从身边环保小事做起"》，人民网，
　　http：//bj. people. com. cn/n2/2018/ 0528/c82840-31634220. html，2018 年 5 月 28 日。

并能够以自身行动支持和参与"光盘"行动。① 公众环境主体责任意识有极大的提升，有84.14%的民众表示在环境保护中广大社会民众应该发挥重要作用，有93.41%的民众表示自身在自然生态环境保护特别是污染治理中理应承担更多的社会责任，有76.63%的民众称应该践行绿色生活方式，并称愿意自觉做一个环保宣传者。②

（三） 当前我国公众生态意识存在的主要问题

目前，我国公众生态意识培养取得了一定的成效，公众生态意识水平有了较大幅度的提升。但由于生态启蒙和生态教育起步晚，公众生态意识整体状况并不容乐观。我国公众的生态意识仍然有待提高，主要体现在：公众对生态问题虽然认同度高但知晓度低、践行度不足，公众对生态相关法律法规和生态政策制度的了解不足，公众生态意识对于其行为的引领作用不足，公众生态自觉行为习惯的形成仍需加强引导。这些情况表明，我国公众生态意识培养方法、途径和效果都是值得反思的。虽然造成这种状况的原因是多方面的，但是生态文化建设对公众生态意识培养的基础性作用发挥不够是主要原因之一。当前生态文化建设尤其是生态科普宣传还不够完善，效果不佳。同时，由于我们平时的相关文化宣传教育过于重视阶段性实际问题的解决而忽视对公众进行整体生态素养的培育，过于强调事后整治方法指导而忽视事前预防知识培养，因此公众并没有完全认识生态环境保护的真正内涵和规律，因而在面对自然生态环境问题时就会存在无的放矢和茫然无措的情况；生态认知不足，因而也就难以形成生态价值观和生态行为认同。

1. 公众生态知识缺乏，生态认知度有待提高

生态系统是包括人类在内的生物系统和外部环境之间相互作用、相互影响而形成的有自组织功能和自我演化规律的一个有机整体。生态系统有着自身内在的运行规律，一旦人类社会活动超出生态系统的承载力，就可能出现环境污染、耕地退化、资源枯竭等种种环境问题。自进入工业社会

---

① 环境保护部宣传教育司：《全国生态文明意识调查研究报告》，《绿叶》2014年第4期，第34~35页。

② 《2018年北京市公众环境意识持续提升》，北京市人民政府网，http：//www.beijing.gov.cn/ywdt/gzdt/t1590528. htm，2019年6月11日。

以来，在工具理性主义价值观主导下，人类忽视了生态系统自身的演进规律，过度地改造和利用自然，给自然和整个生态系统带来了难以逆转的损害。就中国而言，在世界工业化发展大背景下，受以经济增长为中心的传统发展观影响，有些地方政府以牺牲环境为代价换取当地经济发展，生态治理不积极，同时许多地方对企业特别是对一些"小散乱"乡镇企业监管不力，生态环境污染事件频繁发生，我国生态环境问题日益突显出来。进入 21 世纪以来，中国政府为了实现经济发展与环境保护双赢而提出了生态文明建设的国家发展总体战略，绿色发展理念和社会主义生态文明观在全社会逐步树立起来，公众生态意识普遍得到增强，环境问题得到了明显改善。但我们仍需明白，我国生态文明建设还有很长的路要走，尤其是我国公众生态意识整体水平与建设社会主义生态文明总体战略目标实现的要求还存在一定差距。目前我国公众生态知识整体水平不高，对于生态环境保护的实际认知度还有待进一步提升。原环保部公布的《全国生态文明意识调查研究报告》显示，我国公众对 PM2.5、世界环境日等相关概念、环境问题举报热线等与环境保护相关问题认识的准确率都在 50% 以下，而且其中只有 15.9% 的人能够准确说出 PM2.5 的含义。在所调查的 14 个设定的知识问答项目中，能够对 14 项问题全面知晓的人仅仅有 1.8%。[①] 同时，公众生态知识水平不平衡情况严重，城市公众的生态知识水平普遍要高于农村地区，并且"有城乡差距增大的趋势"[②]。多项调查均反映出，社会中有很多人对于短期的、小范围的并且和自身密切相关的生态问题的了解度和关注度普遍高，但是对于那些事关长远的特别是具有广泛意义的生态问题的了解度和关注度低；而且公众对生态文明知识的掌握和理解还普遍存在着"高了解率"而"低准确率"的情况，这深刻反映出我国生态宣传教育和生态文化建设存在着针对性"'精度低'的劣势"[③]。我国文化科学技术领域与生态环保相关的各学科发展水平低，生态意识教育与培养缺少相关学科的基层理论和技术

---

① 环境保护部宣传教育司：《全国生态文明意识调查研究报告（2013 年）》，中国环境出版社，2015，第 32 页。

② 闫国东等：《中国公众环境意识的变化趋势》，《中国人口·资源与环境》2010 年第 10 期，第 55~60 页。

③ 环境保护部宣传教育司：《全国生态文明意识调查研究报告（2013 年）》，中国环境出版社，2015，第 32 页。

支持。我国公众的生态意识往往都是以经验和朴素的感情为支持的，因而形成理性的和稳定的公众生态意识还有很长的路要走。

公众对生产生活中生态环境变化及影响的认识，即生态认知，是受其自身的认知能力以及对外部环境感受程度的综合影响的。对公众生态意识养成和生态自觉行为形成产生影响的主要因素是公众在实践中的切身体验与感知。但在实践中，公众虽然对生态环境变化及影响有所感知，然而很多人却并不一定知道如何去解决，重点是缺乏对行为途径的认知。这表明，我国生态文化建设对公众的教育和引导效果不佳。生态文化建设必须贴近生活实际并更加大众化，为公众提供可知可感的生态文化活动载体和平台，让公众能够在生态文化建设实践中真正地认知人与自然和谐发展的重要意义并知晓保护自然生态环境的方法、手段和具体路径。生态文化建设必须具象化，能够给出一些切实可行的并且是公众在日常生活中可资借鉴和效仿的行为规范和行为方式。要实现社会主义生态文明建设总体目标，需要通过增强生态文化建设的实效性，实现公众的观念、价值和情感生态转型并内化为自觉的生态行为，产生促进人与自然和谐发展的原动力。

2. 公众生态主体意识有待加强

社会主义生态文明建设的宏伟目标要靠全社会所有人的共同努力才能实现。广大人民群众是生态文明建设的主体，但在现实中，公众的生态主体意识普遍不强。我国社会主义生态文明建设和生态文化建设虽然有着广泛的群众基础以及广大人民群众的积极参与，但是就实质而言，我国的生态文明建设特别是生态文化建设很多情况下往往只是一场形式上的"'自上而下'的社会运动"①，公众自觉参与的主体性并没有受到重视，这在一定程度上造成了在公众的思想意识中，认为政府才是生态文明建设的主体而跟公众个人关系不大。

我国普通公众的生态意识在一定程度上具有利己性和片面性特征。很多人虽然有一定自觉的生态意识与行为但大多是出于个人自身的利益考虑的。许多人往往只能认识到与其自身相关的环境问题或者是一些眼前的环境问题，普遍缺失大局观和长远意识，他们往往只关注个人所在的局部地

---

① 李垣：《"自下而上"还是"自上而下"——建设社会主义生态文明的路径选择》，《学术论坛》2014年第8期，第36~40页。

方的环境问题，而对于自认为与自身关系不大的其他地方环境问题则往往漠不关心。在西方工业化价值观和消费主义价值观冲击下，目前有许多人失去了我国传统文化中人与环境和谐相处的人文情怀，因而普遍缺乏对大自然和生命的人文情怀和情感。我国公众生态权利意识淡薄、生态自觉意识缺乏，人们普遍不了解自身所拥有的生态权利以及如何维护自己的权利，维护生态权益和生态参与往往都是在政府主导下以被动方式进行的。我国公众生态参与的层次和水平较低，并且参与活动在内容上也大多是基础的宣传教育方面的生态保护知识普及。由于种种原因，我国社会主体生态意识存在着政府强势、企业忽视和公众漠视的情况。目前我国公众虽然对生态问题的关注度较高，但整体参与程度、参与层次却比较低，并且参与社会活动的质量、效益也很低。虽然政府积极的生态教育宣传促进了普通民众生态意识大幅度提高，但是很多人并没有将生态意识转化为自觉的现实生态行为。公众生态社会活动参与度普遍较低，很多人有生态意识但缺乏实际行动。

3. 公众生态文明践行度不够

建设生态文明，公众既要有科学的生态知识和自觉的生态意识，又要将其转化为自觉的行动。然而遗憾的是，目前我国公众的生态文明践行度还明显不够。许多人参与行动是有选择性的，他们愿意参与的往往都是与自身利益相关的社会活动，反之则漠然以对。

生态文明践行度主要表现在人们具有自觉参与生态文明建设的生态行为上。采取什么样的生态行为是公众个体生态意识水平的集中体现。在生态意识的支配和推动下，主体便会产生相应的生态行为。生态行为，是指行为主体在生态意识支配下的所有有利于人与自然和谐发展的积极行为。根据环保心理学家对"环保行为"[①] 概念的理解，生态行为不仅展现了"人类对于自然界的行为取向"，同时也体现了"人类对自然的基本态度和价值取向"[②]。从这一理解出发，所有支持人与自然可持续发展的活动，或者是

---

① 环保心理学家莫诺（Martha C. Monroe）认为，"环保行为便是支持可持续发展的人类活动"。Monroe，M. C. Two Avenues for Encouraging Conservation Behaviors [J]. *Human Ecology Review*，2003（2）.

② 徐峰、申荷永：《环境保护心理学：环保行为与环境价值》，《学术研究》2005 年第 12 期，第 55~57 页。

为了减少人类对自然的负面影响或者是采取保护自然的积极行为，都是生态行为。人的生态行为的实施与其自身生态意识密切相关。一般而言，通过生态意识水平能够预测人们的生态行为。人们的生态意识水平越高他们的生态行为越"自觉"；反之亦然。① 实际上，人的生态行为受到生态意识和社会文化背景的双重影响。人的意识以知识的累积为基础，人的意识形成过程中，首先是人的感官必须感觉到某种现象，其次是人的感官把自身意识到的现象转化成为相应的信号，最后"这些来自感官的信号进入丘脑系统和网状结构，在那里经过处理后被传达到大脑皮层"②。人的生态意识与其社会文化背景密切相关，并对个体的生态行为产生间接或直接的影响，人的生态意识会外化为人的生态行为。人的社会文化环境对生态行为的影响还"存在较大的国别差异，即人群的地域差异表现出不同的环保行为"③。目前，我国公众普遍存在生态意识与生态行为不一致的情况，公众生态行为在一定程度上体现出"光说不练""知行不一"的特点。④ 公众"知行不一"达到了何种程度以及产生原因是什么，还需要我们进一步进行调查研究并提出合理的应对策略。

当然，我国公众的生态行为总体水平偏低，"知行不一"情况严重，这与我国公众参与环保活动起步晚也有着极大的关系。2006 年，我国才发布首部引导公众生态参与的规范性文件《环境影响评价公众参与暂行办法》。历史的欠账多导致了我国公众生态参与的能力低和"机会不足"，生态行为总体水平偏低。⑤ 公众虽然都有着一定程度的生态意识，然而落实在实际行动中往往又不能真正做到言行合一，生态行为也仅停留于"呼吁"的层面，

---

① 许多西方学者认为，人的环境意识对环境行为的影响是有限的。有研究表示，环境意识与环境行为之间的相关系数在 0.14~0.45。这表明，环境意识与环境行为之间存在着明显的落差和不一致。参见武春友、孙岩《环境态度与环境行为及其关系研究的进展》，《预测》2006 年第 4 期，第 63~64 页。

② W. Singer. Consciousness and the Structure of Neural Representations [J]. Philos Trans Soc Lond B Biol Sei, 1998, 353 (1377): 1829-1840. 转引自王凤《公众参与环保行为影响因素的实证研究》，《中国人口·资源与环境》2008 年第 6 期，第 30~35 页。

③ 王凤：《公众参与环保行为影响因素的实证研究》，《中国人口·资源与环境》2008 年第 6 期，第 30~35 页。

④ 曹洪军、王小洁、刘鹏程：《居民应对环保知行不一的认知策略及其原因——基于 CGSS2010 微观数据的分析》，《城市问题》2017 年第 1 期，第 85~94 页。

⑤ 王凤：《公众参与环保行为影响因素的实证研究》，《中国人口·资源与环境》2008 年第 6 期，第 30~35 页。

将生态观念转化为生态自觉行为还需要做出巨大努力。公众的生态参与水平虽然有所提高，然而主动性生态参与水平却不足。研究发现，"受教育程度越高，参与环保活动的积极性越高，受教育程度与公众参与环保活动的积极性之间呈现线性相关关系"①。目前，获得明显的眼前利益是公众参与生态实践活动的最直接动力。这表明，我国生态知识普及率不高以及生态教育与生态文化建设效果不足导致了公众生态认知能力不强和生态意识低，这是造成公众生态行为滞后的主要原因之一。

4. 公众生态意识呈现明显的"政府依赖性"特征

我国公众生态责任意识普遍不强，至今仍然有很多人认为，保护环境是政府和相关机构的责任和任务，公众生态意识的政府依赖性特征明显。有调查显示，对于建设生态文明，有超过70%的民众认为政府和环保部门负有主要责任。② 人们虽然也都能够认识到拥有良好生态环境的重要意义，然而在生态环境保护实践中又不愿参与，习惯于依赖政府去解决问题而坐享其成。我国公众生态道德意识也普遍不强，仍然有很多人对于正在发生的各种破坏环境的行为，不愿意加以及时的制止，往往只是事后抱怨。人们有为环保做奉献的意愿，但又不愿意落实到自身的行动上，比如仅仅"有三分之一的公众愿意在购物时因考虑环保因素接受较高价格"③。很多人具有较强的政府依赖心理，对于自身参与生态环保社会活动的责任和义务往往缺乏清晰的认识。他们认为，政府和环保机构是改善目前环境状况的主体，寄希望于政府强势干预，而公众自身参与的积极性和主动性则不够。长期以来，我国生态环境保护教育宣传主要依靠政府及相关机构，又加上起步晚，缺少对应的具体法律规范，因而效果并不明显。作为重要辅助的环保社会组织，其自身规模小、专业性不强、与政府联系也较薄弱，对公众参与生态保护社会活动教育引导不够。我国公众参与生态保护社会活动的知识与能力水平明显不足；同时由于历史原因，我国缺少以环保社会组

---

① 闫国东等：《中国公众环境意识的变化趋势》，《中国人口·资源与环境》2010年第10期，第55~60页。

② 环境保护部宣传教育司：《全国生态文明意识调查研究报告（2013年）》，中国环境出版社，2015，第36页。

③ 仇晓琴：《环境保护公众参与现状、问题及对策》，《环境教育》2017年第9期，第60~63页。

织为主体的基层民众参与生态保护社会活动的社会机制，过多地强调政府有组织、有计划地开展生态环保活动，可是一旦政府特别是地方政府其中心工作发生变化，生态保护工作就难以兼顾，难以形成稳定的生态保护的社会力量和文化环境，导致我国公众生态意识呈现出"政府依赖性"显著特征，很多人对个人在生态文明建设中的主体责任认识不够，在生产生活中往往采取不负责任的态度和不作为，更不用说积极主动地依法制止各种破坏生态的行为。

二 生态文化建设与公众生态意识提升互动发展不足及其表现

公众生态意识方面存在的诸多问题表明，生态文化建设与公众生态意识提升互动发展严重不足。认知是人们进行实际行动的先导，一个人认知水平是判断其决策效果与行动力的基础。只有认识到位，行动才会自觉。如果认知不够，就会严重影响行动的目标确立，影响行动步骤和方法的制定与实施，影响一项工作的顺利完成。目前对生态文化建设与公众生态意识培养互动发展关系的认知还不够清晰，缺少整体上的规划设计与管控，生态文化建设与公众生态意识提升之间良性互动还难以实现。在关于二者之间互动发展机制的构建以及发挥作用方面仍存在着许多亟待解决的现实问题，人们对二者互动发展机制的构建模式及运行规律认识不足，对于如何实现二者之间互动发展最优效果以及如何在实践中避免二者互动发展形式化等问题没有很好地解决，严重制约了二者互动发展的实践效果。

（一）生态文化建设与公众生态意识培养互动主体的意识与行动不一致

一般而言，互动有强制互动、服从互动和平等协商互动等三种主要形式。在生态文明建设中，主要由政府主导生态文化建设，其主要目的是在生态文化建设实践中让广大人民群众受到教育，进而推进公众接受、认同生态文明理念并转化为自觉的生态行为。在生态文化建设与公众生态意识培养互动发展中，政府虽然居于主导地位，但包括企业、社会组织和个人也都是互动活动的积极主体。然而目前我国无论是生态文化建设还是公众生态意识培养都是由政府所主导，政府居于主导地位，但其他主体（其中甚至包括有些地方政府）可能会由于考虑到自身的利益而在实际的行动上并不会表现得十分积极，因而在实践中各主体之间的互动多为强制互动和服从互动。由于是被动互动，各主体间就可能缺乏必要的平等协商，造成了国家或上级政府的意愿无法传导下去，下级政府机构、企业、社会组织和个体就可能会缺少参与的积极性，生态文化建设与公众生态意识培养互动发展的实际效果也就会大打折扣。在推进社会主义生态文明建设实践中，虽然国家也认识到并且也非常重视推动生态文化建设与公众生态意识培养的互动发展，并且也取得了一定的成效。然而，由于种种原因，现实中在推进二者互动发展机制构建与发挥作用方面还存在着一定的制度与体制上的障碍。作为生态文化建设与公众生态意识培养互动发展的主体——政府、企业、社会组织和个人等之间还存在着许多隔阂，在现有体制下就需要重点发挥好政府进行总体规范和协调解决的中心主体作用。政府作为生态文明建设的主体是领导者、倡导者和组织者，政府要加强基本环保信息透明化，提升各级政府机构在生态治理问题上的公信力，有针对性地对民众进行教育引导，进一步提升广大公众的生态认知度、参与度与践行度，充分调动公众创新生态文明建设实践活动的积极性和自觉性。

（二）生态文化建设与公众生态意识培养互动发展内容偏少、渠道偏窄

目前，生态文化建设和公众生态意识培养之间能够实现互动发展的大多为形式化的环保宣教活动，实质上的互动内容和渠道仍然偏少、偏窄。据我们观察，目前生态文化建设和公众生态意识培养之间实现互动的内容主要是，政府主导的或是各类文化教育事业机构主持的各级各类生态文化创建项目、生态旅游项目以及各类文化产业发展项目等。这些项目建设所涉及的主要是地方生态发展史教育、生态知识和生态保护常识教育等内容。具体说来，源远流长的民族生态文化历史、独具神韵的地域风情、别具特色的生态建筑以及优美动人的生态文学作品等文化资源都能够用来作为互动的内容。在绿色发展理念引领下，生态文化建设投入规模不断扩大，为生态文化建设与公众生态意识培养互动发展打下了坚实的基础。目前，这些方面的互动业已取得明显的效果。但实践中的问题也不少，不仅互动内容仍然不足，而且互动发展内容形式化、同质化问题严重。当前生态文化建设与公众生态意识培养互动发展仍存在诸多问题，其中许多问题产生的

原因比较复杂，如参与主体多而担当主要责任的主体又不明确，没有人担当总体设计规划与协调配合的责任，再加上缺少事后效果评价与监督，因而"走过场"与"形式化"情况比较严重。一些地方政府机构追求政绩，不遵循生态建设规律，生态文化建设项目大搞短期效应工程以及大而无用的形象工程、面子工程。有的地方，要么是一些形式主义的环保宣教活动，内容大而空泛，缺少宣传教育的针对性，往往是领导"讲讲话""拍拍照""登登报"应付了事。有些部门和地区也设有生态文化建设的宣传教育牌匾、报纸专栏、广播电视频道以及专门的主题"网络主页"等，可以说是应有尽有，然而大多是内容空洞、缺少针对性、机械式的生态政策宣传推送，公众生态意识教育成效甚微。还有的地方借助国家生态文化产业发展政策，广开生态文化产业发展项目，缺少科学论证与规划，甚至根本不做环境影响评价。有的地方利用生态文化搭台经济唱戏，台子是生态文化的台子，然而唱的却并不是生态经济发展和生态保护的戏。往往是借生态产业开发之名行破坏生态环境之实。这些情况的发生都严重阻碍了生态文化建设与公众生态意识培养的互动发展，结果是生态文化没有发展好而公众生态意识教育效果也不佳。

（三）生态文化建设与公众生态意识培养互动发展方法有限

生态文化建设与公众生态意识培养之间良好的互动关系有赖于采用有效的互动方法。目前，生态文化建设与公众生态意识培养互动发展中，有组织互动和无组织互动相互交叉，但无组织互动现象居多，而且偶发性的互动居多。因而，总的来说，二者之间的互动方法还是非常有限的。虽然，政府、社会组织和环保精英都在探索新的互动方式，但是没有形成体系，缺少有效的可复制可推广的成熟方案。

生态文化建设与公众生态意识培养互动发展目标定位失衡。由于生态意识的培养和提升难于在短期内见到成效，因而对生态文化建设与公众生态意识培养互动发展的相关制度设计缺乏科学规划，普遍表现为重视生态文化建设奖励而忽视对一定地区一定时期内公众生态意识的培养效果进行科学评价与有效激励。当前有各级各类的生态文化建设评比和奖励活动，但是这些活动的开展缺少对公众生态意识水平提升实际效果的关注。一些偏向于物质性指标考核制度的制定和实施，对各级政府部门的工作重心具有极为重要的导向作用，使得各地区及整个社会都注重生态文化发展的硬件建设而不注重软件建设，因而公众生态意识培养的实际质量就少有顾及，也就会造成现实中的生态文化建设与公众生态意识培养相互脱节情况的发生。在现实中，各地政府及相关部门重视生态文化建设的目的主要是提高本地区和本部门的地位和声誉，企业重视生态文化建设的目的是增加经济利益和社会认可度。这种带有一定功利性目的而进行的生态文化建设活动，有很多并不是将公众生态意识培养作为核心要素考量，没有将生态文化建设与公众生态意识培养紧密结合起来。

目前生态文化建设与公众生态意识培养互动发展还缺乏有效的方法。比如有的地方的生态文明宣教形式长期主要依靠"贴标语（刷大墙、贴纸质标语）、宣传车（用高音喇叭流动宣传）、座谈会（视频在电视上播放）"① 的陈旧形式。生态文化建设既没有特色也没有亲和力，生态文化建设的生态感染力有限、生态意识传播效果不显著。当前，网络技术和数字技术发展迅速，新媒体正日益成为深受广大公众普遍欢迎的新的传播方式。生态文化建设以及生态宣传教育还继续固守传统媒体有限的手段，已经"无法跟上时代发展的步伐，也无法满足公民的生态需求"②。

生态文化建设层次较低、路径较为单一。目前，很多地方特别是经济欠发达地区以及一些农村地区仍然采取粗放型发展方式，生态文化建设水平低，生态文化发展仍然以经济效益为导向。即使是在一些发达地区及重要城市，生态文化建设早期以经济效益优先而缺少生态文化建设规划与预留空间，导致当前这些地区生态文化建设难有发展的空间。目前很多地方生态文化建设还主要依赖政府规划与投资并且主要集中在文化旅游领域，缺少创新和变革。在生态文化建设过程中，一些地区依然借生态文化建设之名行过度开发和滥开发之实，从而破坏了原生态和真实性，导致生态文化走向造假和庸俗化。一是有些地方通过招商引进的开发商根本没有基本的人文情怀和可持续发展理念，只专注于眼前的经济效益而忽视生态文化价值与效益，消解了生态文化建设所承载的文化价值。二是一些地方政府

---

① 李松梧：《当前环保宣传存在的六个问题》，《环境保护》2009 年第 17 期，第 54 页。
② 郭志全：《生态文明建设中公民生态意识培育多元路径探究》，《环境保护》2018 年第 10 期，第 49~51 页。

的生态文化建设工作与公众生态意识培育相脱节、失衡甚至相互对立。很多生态文化建设项目缺乏统筹规划，草率地实行商业化和产业化开发，致使生态原貌被随意改变，原有的地貌与附着物和原有的生态文化内涵与价值遭到严重稀释、扭曲和异化，其生态教育意义也就大打折扣。目前，总体来看，我国生态文化建设多样性、系统性、时代性和针对性都不强，公众的生态教育与收获感知都不明显，因而难以真正实现生态文化建设的文化价值观熏陶的作用。

（四）生态文化建设同质化严重，价值观整合困难

市场经济中"资本的逻辑"以及工业化进程中的机械化生产方式消解了生态文化建设的文化个性。市场经济中"资本的逻辑"造成了重利益轻人文的文化发展趋势。生态文化建设的产业化，使许多地方的生态文化建设开启了复制化模式，生态文化建设走向了无差别化发展之路。实际上，维护文化的"原生态"、差异性是生态文化建设的真正目的。因为"文化差异性构成支持各民族社会生活和谐而持续展开的基本条件，是民族生存体系的核心价值"[1]。然而，机械化生产所开启的生态文化重复建设之路，在一定程度上消解了各地区和各种类型生态文化独特的文化意蕴、精神价值与个性风格，使生态文化沦为纯粹的没有个性的"商品"。

任何社会和民族的文化发展都有整合的问题，没有适度的整合很难形成主导的价值观和主流文化。我国生态文化发展以及社会核心生态价值观的形成，都需要实现有效的整合，形成文化发展的合力。但是，由于目前社会发展正处于转型期，社会发展具有多目标性和复合性特征，在意识形态领域实际上仍然存在着不同社会价值观和不同的文化并存的局面。在价值观整合上，中国要比西方更复杂。西方社会，由于工业化开展早、发展水平高，"在经济发展的基础上已经整体上进入了后物质主义社会，社会的主体价值观已经发生转变，并且呈现出很大的同向性"，对于建立可持续发展的低碳生活"已经有比较强的民意基础"[2]。转型期中国，虽然绿色发展

---

① 吕品田：《重振手工与非物质文化遗产生产性方式保护》，《中南民族大学学报》（人文社会科学版）2009 年第 4 期，第 4~5 页。
② 洪大用、马国栋等：《生态现代化与文明转型》，中国人民大学出版社，2014，第 85 页。

理念和社会主义生态文明观由执政的中国共产党和中国政府提升为治国理政的主流意识形态，但在整个社会层面物质主义、消费主义和拜金主义价值观仍然存在。同时我国各地区的文化差异较大、经济发展水平不同，人们的利益诉求也有很大的不同，人们对生态问题以及责任主体的认知也不同。这些都表明，生态文化建设的协调至关重要。目前中国要在全社会形成社会主义生态文明建设主流价值观还需要进行有效协调和教育引领。但从目前情况来看，我国生态文化建设这一主要的价值观整合渠道发挥作用还不够，要实现有效的生态价值观整合、建构还存在着一定的困难。过去，国家有关生态文化的宣传和推广的重点主要是在城市，未来应主要增强农村和低教育群体的经济能力与环境认知教育，进一步激发企业的生态文化建设的积极性，增强城市和乡村中市民和农民参与生态文化建设的积极主动性。

第二节　生态文化建设与公众生态意识提升互动不足成因分析

生态文化建设与公众生态意识提升互动发展存在着制度、体制和机制障碍，因而二者之间的良性互动机制还没有实质性地建立起来。从本质上讲，作为社会主义生态文明建设的两个重要的支撑性要素，生态文化建设与公众生态意识培养之间是一种互动发展的战略关系。但由于种种历史的和现实的原因，二者之间互动机制的构建与运行面临着各种传统制度、体制和机制方面的影响和制约，严重影响了生态文化建设与公众生态意识培养互动发展的效果。总体上来看，我国社会主义生态文明建设特别是生态文化建设还存在着管理制度不完善、体制上"条块分割"等问题。社会管理与文化发展体制改革还有待深化，目前这些领域还存在"条块分割"的"硬伤"，对生态文化建设与公众生态意识提升互动带来了巨大的阻碍。在旧有"条块分割"的社会管理体制下，利益博弈的一个显著特征就是"城市取向"，"城乡分治建构的是一个从中心城市出发、依行政权力而衰退的等级框架"①。这极易导致文化和社会建设城乡失衡和内部难以形成多元发

① 柯春晖：《城乡统筹发展中的教育政策取向和政策制定》，《教育研究》2011 年第 4 期，第 15~19 页。

展活力。传统的社会管理体制和文化发展机制造成了封闭的信息沟通机制。在横向上，生态意识宣传教育培养单元与生态文化建设单元之间缺乏有效沟通平台；在纵向上，不同层次、不同类别的生态意识宣传教育系统以及各级各类生态文化建设系统之间的沟通渠道严重不足。同时传统的社会管理体制和文化发展机制造成了优势资源互补机制严重缺乏。实际上，生态文化建设与公众生态意识培养二者在资源利用上是具有高度的优势互补性的。但是在传统的管理体制下，生态文化建设与公众生态意识培养均存在着相互促进作用发挥不足的现象。当然作为一种社会系统，生态文化建设与公众生态意识培养互动发展关系是复杂的，影响因素也是多方面的，这需要进行科学总结和分析，以求发现主要阻碍因素，通过不断地改进和调适最终构建一个科学有效的良性互动发展机制。

一　生态文化建设难以担当公众生态意识培养的主体塑造功能

生态文化建设是向公众传播生态文明观念的过程。生态文化建设过程实质上就是一个使生态文明观念在全社会内化于心并外化于行的公众生态意识培养过程。公众在生态文化建设活动中更容易获得对自然生态环境的真情实感，从而产生生态价值观认同并形成生态自觉行为。如何才能实现让生态文明观念内化于公众之心并外化于公众之行的目的，这是生态文化建设需要解决的中心问题。目前生态文化建设为公众生态意识培养发挥了一定的积极作用，但是现实情况也并不十分乐观，我国生态文化建设并没有真正担当起公众生态意识培养的主体塑造作用。目前，我国公众生态意识培养效果不佳与生态文化建设没有发挥应有的作用有着重要的关系。

（一）宏观性统筹缺乏，针对性建设少

目前，我国生态文化建设无论是在理论上还是在实践上，往往都是过度地重视对策构想而实际操作层面的有效建设路径严重缺乏。据笔者调查发现，生态文化建设的政策、原则和制度设计与实施等方面过于重视宏观指导，针对性的具体操作对策还需要进一步深化。既有的由相关政府机构颁布的生态文化建设文件，对我国生态文化发展和公众生态意识培养起到了积极的指导作用。但是这些政策性文件，往往是一些条款性的建设原则、方针和策略。地方和基层在生态文化建设实践中，又会照搬这些宏观

性原则，而能够依据本地资源环境和经济政治等实际开展工作的较少。我国生态文化建设还缺乏根本性法律规范，缺少便于集中管理的相应机构，管理制度与管理权都分属于不同机构，无法形成统整各部门和各领域资源的生态文化建设管理体系，难以实现生态文化建设的整体协同效应。实践中难以统筹并发挥好生态文化建设中各要素的积极作用。由于没有一个集中统一的管理机构和发展模式，因而就会出现这样一些情况，要么将政治或经济政策宣传代替生态文化教育，要么用科学技术应用的普及代替生态文化教育，严重影响了社会主义生态文明观的有效传播。目前，我国生态文化建设制度保障体系建设也严重不足。更为重要的是，国家层面与地方层面协调性严重不足，有些地方政府和部门照搬中央和上级部门的宏观政策，对地方特色和地方经济社会现实情况考虑不足，生态文化建设缺乏针对性和特色同时也缺乏吸引力，公众的生态感知度与生态文化建设投入不相符，很难实现公众的生态价值观认同。许多地方生态文化宣传教育内容普遍存在着如下问题：一是"不具体，官话、套话太多，不通俗易懂"；二是"缺乏针对性，即不区分地点、人群，使用同样的宣传方式"①。目前在一些地方生态文化宣传教育很多都在内容和方式上脱离了传播对象自身的特点和需求。现实中每一社会群体都会有自身不同的需求，即使同一个社会群体他们在不同历史阶段的需求也可能不一样。生态文化宣传教育要根据现实情况的变化，不断地调整传播内容和方式，避免出现宣传教育内容和宣传教育对象错位的情况而影响宣传教育的效果。在进行生态文明宣传教育过程中要注意城市和农村的区别，语言风格和宣传手段也必须因时、因地、因人而异。

（二）方式单一，忽视了公众的自觉性

人类具有一种与自然和谐共存的纯朴的生态文化本性，但人类同时也认识到只有通过与自然进行斗争才能求得与自然的平衡与和谐。在这一过程中，由于受生存的压力、发展的需求以及认知的局限，人类并不会完全用"和谐"的意识来处理与自然的关系。在人类发展的整个历史进程中，

---

① 郭志全：《生态文明建设中公民生态意识培育多元路径探究》，《环境保护》2018年第10期，第49~51页。

可以说人类基本上是以斗争意识处理人与自然的关系。人类的斗争意识随着人类社会物质欲望的不断上升而不断增强。然而，人的斗争意识的提升并没有带来人与自然的和谐共生反而使情况变得更糟，人类社会日益陷入与自然严峻的对立之中。环境问题亦即人与自然的严重对立，其根源还是在于人类自身的价值选择和不合理的行为。当前我们需要发展以人与自然和谐发展为核心价值观的生态文化，唤醒人类的生态意识，在求得人类自身发展的同时做到尽量不对自然造成损害。建设生态文化，重点是传播生态价值观念，引导公众形成自觉的生态意识和行为习惯。我国政府在推动工业现代化的同时一直致力于生态文明建设，在宣传普及生态知识方面，在引导全民广泛参与生态文明建设行动上，在着力营造有利于绿色发展、低碳发展的文化氛围方面，都取得了积极成效。但是我们也应该看到，我国生态形势依然严峻，我们要清醒地认识到"不能过高估计中国政府努力的实际效果"[1]。当前，虽然生态文化建设在不断推进，但总体来看，社会主义生态文明观要成为全社会所有人的共识还有许多工作要做。有些地方将生态文化建设看作文化保护，传统生态文化资源与传统生态智慧没有很好地展现出来，现代生态文化又没有建立起来，影响了生态文化建设对于生态文明价值理念的有效传播。有些地方则把生态文化建设看作生态环境改造和建设。一些地方政府一旦提到生态文化建设就片面地理解为单纯的环境提升工程。这有可能是与地方政府实施者的错误理解有关，同时也有可能与故意降低生态文化建设标准有关。因为生态环境提升效果更为直观、见效更快同时也更容易出政绩。生态文化建设是一个系统工程，其价值目标的实现则更需要各方共同努力以及各项综合因素共同作用。目前生态文化建设形式单一，在一些领域、一些地方往往过分强调政治宣传，这些文化活动在面对受众群体时，重在说教和灌输，忽视公众自主选择和心理的内在需求，往往生态文化建设项目所进行的生态价值观宣传教育难以"入脑""入行"。目前，我国生态文化建设整体上还存在许多不足，主要还是由于缺乏整体性、宏观性的规划和统筹，不同部门之间、不同主体之间和不同领域之间令出多门、各自为政现象严重，没有形成一个具有针对性和整体性的生态宣传教育体系和系统，公众获得的生态感受、生态知识和生

---

① 洪大用、马国梁：《生态现代化与文明转型》，中国人民大学出版社，2014，第106页。

态认知过度地碎片化。在新媒体时代传播渠道多样化，根据公众的生态需求偏好以及不同的认知水平，将现代审美与生态教育宣传要素结合起来，构建起整体的生态文化传播和传承体系，这在当前具有十分突出的现实意义。

目前生态文化建设受传统的文化传播方式和传统价值观教育的影响，过多地强调知识的教育，往往对教育方式和方法的创新重视不够，对如何引导公众广泛参与以及如何提高公众感知和认知度等关键因素重视不够。中国特色社会主义生态文化建设本质上是一个社会主义生态文化的大众化过程，其中心任务就是将社会主义生态文明观内化于全体民众的内心而形成科学的生态意识并转化为自觉的生态行为。这是一个由公众自觉认同、自觉内化并形成自觉行为的过程。生态文化建设必须让公众有所感、有所认知并自愿认同。但从各个层面来看，目前这一目标并没有完全实现。

（三）生态感知度不高，公众生态意识提升效果不佳

生态文化建设的生态教育功能主要是通过具象化的载体建设来实现的。包括"生态文化产品体系"、"生态文化感知体系"、"生态文化活动体系"和"生态文化教育体系"① 等在内的载体建设是当前我国生态文化建设的主体内容。目前这些载体建设的生态感知度还不高，影响了公众生态意识的提升效果。

第一，在生态文化感知体系上，公众普遍认为总体环境的生态感知度不高。感知体系"构建生态体验空间，具有立足自然环境表达自然，依托和谐美好的自然环境传递人与自然和谐感悟的功能"②。然而，公众需求与现实中的环境之间存在着巨大的差异。人们所能触及的环境，比如与人们日夜相伴的社区居住环境、工作环境以及与我们生活密切相关的各种自然环境，这些地方在生态规划设计和建造上往往很少征求广大公众的需求意见，致使建成后的生态环境很难引起人们的认同感，公众生态感知度大打折扣。由于我国城市化进程中，人们的居住区环境和工作区环境建设大多

---

① 张昶、王成、郄光发等：《西安生态文化建设的社会需求分析（Ⅲ）：公众偏好——生态文化产品体系的调查与分析》，《中国城市林业》2014 年第 3 期，第 60~63 页。

② 张昶、王成、郄光发等：《西安生态文化建设的社会需求分析（Ⅲ）：公众偏好——生态文化感知体系的调查与分析》，《中国城市林业》2015 年第 1 期，第 55~60 页。

从地方经济发展和社会效益方面进行考虑，虽然说也会在形式上有所考虑但事实上较少地考虑到生态效应，这就造成目前人们在生存环境中很难产生人与自然和谐相处的美好感受。这些年来，生态旅游项目和自然景观区建设可以说开展得如火如荼、遍地开花，然而项目建设在设计和规划上往往过多地考虑经济效益而普遍缺少对公众生态需求倾向的考虑，有许多项目都是重复性建设的人造景观，既缺少个性特色也有悖于生态规律。很多项目建设较为随意，存在过于追求人的舒适感的"硬化"、过于视觉艺术化、过于商业化问题，缺失生态美感。

第二，在生态文化活动体系上，目前生态文化社会活动的开展无论在数量上还是质量上都与公众的需求存在着很大的差距。"目前生态文化社会活动体系存在数量上有较大缺口、内容上创新性不够、形式多样性不够、开展持久性不够等问题"①，目前所开展的各类生态文化社会活动还不能满足公众的多样化需求。生态文化社会活动的开展大多是形式上轰轰烈烈，而内容则单一、乏味。由于缺少创新，活动的层次低、质量也不高，因而社会认可度与参与度普遍不足，产生的影响作用不强。

第三，在生态文化教育体系上，教育内容对公众需求的针对性比较欠缺，教育途径还有待进一步改进和扩展。"生态文化教育在日常生产生活中的普及度尚需提升，公众可接受与期望的教育途径与目前教育方式之间的差距有待缩小。"② 首先，目前公众接受的生态文化教育内容脱离身边生活实际，还不能满足公众的求知需求。教育内容不够生活化，缺少实际可感并贴近生活的案例教育，内容空泛，降低了教育的亲和性。教育内容针对性欠缺，缺少针对公众关注点的内容，不能很好地解决公众最为关注的环境与人体健康的关系问题。其次，目前生态文化教育还不够普及，生态文化的教育方式和形式过于简单，重形式轻内容，缺少民主协商渠道，互动性不足，公众接受度差。目前，社会教育资源的开发也还不够，社会教育与学校课堂教育的结合不足，还没有形成多媒体合作共建的生态文化传播、教育途径，而专门的媒体教育网络还没有形成。学校生态文化教育，课程

---

① 张昶等：《西安生态文化建设的社会需求分析（Ⅲ）：公众偏好——生态文化活动体系的调查与分析》，《中国城市林业》2013 年第 5 期，第 58~60 页。

② 张昶等：《西安生态文化建设的社会需求分析（Ⅲ）：公众偏好——生态文化教育体系的调查与分析》，《中国城市林业》2014 年第 1 期，第 59~62 页。

内容缺少生动性、开放性，现实教育效果不够理想。而面向社会大众的生态文化社会教育，目前教育体系还不够完善，社会教育效果和影响不强。

第四，在生态文化产品体系上，一是生态文化产品在推广方面还有所欠缺，二是生态文化产品品质有所欠缺，三是没有处理好内涵建设与"效率"的关系。在生态文化产品内容上，文化与经济的相互交融和文化创新度不足，特别是最能表达生态文化价值观的非物质文化遗产、文化演艺、广播影视和新闻出版等方面的创新成果严重缺乏。同时，由于在形式和内容上缺少创新加上偏离群众需求倾向，因而生态文化产品推广普及不够，"公众日常能够接触到生态文化产品但对其了解程度不够，对其的概念尚不明确，对其内含价值也尚不能完全认知"[①]，更遑论深层次思考。

二　生态意识的引领作用不强

生态文化建设与公众生态意识提升互动发展良性机制的构建，要发挥好生态文化建设在公众生态意识培养中的基础性作用，但其中尤为重要的是要在全社会树立先进的生态文明理念，进一步提升生态意识的价值引领作用。意识的功能特别是社会意识形态的功能是双向的。实践中，意识形态的功能可以区分为"正功能"和"负功能"。在社会发展以及人的实践互动中，意识形态既具有积极作用同时也有着消极作用。美国社会学家默顿提出的"泛功能的假设"[②]认为，一切标准化了的社会形式或文化形式实际上都履行积极的社会发展正功能。然而，如果文化形式特别是意识形态功能的发挥没有与现实情况很好地结合，也会产生明显的消极作用。实际上，受意识形态内容、宣传方式等多重因素的影响，意识形态"有可能发挥积极作用，作为一种积极力量促使先进的社会秩序运行"，但同时"也有可能发挥消极作用，产生一些消极后果，成为虚假的意识，作为一种消极力量维护落后的社会秩序"[③]。现代生态意识，作为一种意识形态，在推动中国特色社会主义生态文化发展和生态文明建设实践过程中起到了积极的价值引导和实践推动作用。但调查发现，目前生态意识的引领作用不强的问题

---

① 张昶等：《西安生态文化建设的社会需求分析（Ⅲ）：公众偏好——生态文化产品体系的调查与分析》，《中国城市林业》2014 年第 6 期，第 60～63 页。
② 〔美〕罗伯特·金·默顿：《论理论社会学》，华夏出版社，1990，第 112 页。
③ 侯惠勤等：《马克思主义意识形态论》，南京大学出版社，2011，第 128 页。

依然存在，制约了生态文化发展、影响了人们在生态文明建设实践中的创新能力的发挥。

现代生态意识的形成既是对当代社会人类所面临的日益严峻的生态危机的现实回应，同时又是传统生态意识的理论升华。现代生态意识是一种自觉的生态意识，是一种建立在生态理性基础之上科学地处理人与自然关系的思想观点和价值体系，影响着当代人处理人与自然关系的文化价值观和生产生活方式。从广义上来说，生态意识引导功能，就是生态文明传播主体为了在全社会宣传生态文明发展理念，面对社会共同体中的全体成员，通过发展生态经济、生态政治、生态法律、生态文化、生态技术等方式或手段充分发挥生态意识的引领功能，整合社会成员的生态思想观念，增强主导性生态意识的现实认同度和有效性，规范社会成员的生态文明行为实践，努力达到生态文明认同不断增强的实际效果。生态文明建设的主体是社会公众，生态文明的实现主要依靠公众生态意识的觉醒并转化为自觉的生态行动。目前，我国公众生态意识整体水平不高，同时社会上还存在着"知行"不一致的情况，公众主动参与生态活动的积极性还有待提高，这在一定程度上造成了公众生态行动力不足的局面。总体上看，社会主义生态文明观还没有在全社会形成共识，社会整体生态意识水平还很低、层次也不高，生态意识的能动性及价值引领作用没有得到充分的发挥，因而公众参与生态文化建设的主动性不强。

（一）低水平生态认知制约着公众参与生态文化建设实践的广度和深度

联合国《里约环境与发展宣言》指出："各国应通过广泛提供资料来便利及鼓励公众的认识和参与。应让人人都能有效地使用司法和行政程序，包括补偿和补救程序。"[①] 只有在全体民众的广泛参与下，环境问题才能够得到更有效的治理。在解决各类环境问题时，政府要为相关民众提供完备的资料和信息并保障其有机会参与到相关环境问题的决策进程中。提高公众生态意识水平，保障公众参与环境问题决策，对于生态文明建设具有非常重要的意义。公众参与生态治理的程度受公众整体的生态文明素质制约。

---

① 《里约环境与发展宣言》，《环境保护》1992 年第 8 期，第 2~3 页。

　　事物的本质是隐藏在纷繁复杂的现象之中的。只有运用科学的思维方法，深入地分析人与自然的现实关系，才能真正地认清人类当前面临的生态危机发生的根源及其危害。生态认知水平低制约着公众参与生态文化建设实践的广度和深度。生态认知主要是指我们在与自然进行互动实践过程中所形成的"对周遭世界各种自然事物和生态现象的感知和认识"，它既包括人们"感知和认识的方式"，同时也包括人们"所获得的经验、知识、观念、信仰、意象乃至情感等"①。生态认知是影响人的自觉的生态行为习惯养成的关键性因素。因为，"若个体意识到环境问题所可能带来的风险或威胁，他们更可能关心环境问题的缓解以及环境质量的改善，进而采取负责任的环境行为。"② 公众的生态行为与他们所具有的生态认知水平有着极大的关系。同时，具备完备生态知识体系是形成科学生态认知的基础，同时也是公众进行有效的生态参与的必要前提。在现实中，个体之间的生态利益需求以及生态知识与生态理念存在着巨大差异，因而对生态环境现实与环境政策有着不同层次的认识和要求，也正是这种不同认知和要求为基础的基层民主意见能够保证生态治理的多元化发展，也正是建立在基层民主基础上的生态共识保证了生态治理的科学有效。实践证明，现实世界中众多"技术官僚式"生态变革之所以遭受失败往往正是由于没有重视公众的需求和没有引入建立在共识基础上的正确意见。在一定程度上，公众生态认知水平对于一项新的环境政策或技术能够在多大范围得到公众接纳和支持具有重要的影响。人的生态认知是建立在自身生产生活的文化环境基础之上的。如今的世界既是一个多元化的世界同时又是一个相互依存的有机整体。只有建立起生态整体思维的范式，我们才能科学地认知我们所面对的作为一个有机整体存在的现实世界。

　　公众生态认知水平的提升需要正确的引导、教育和培养。我国一直都很重视公众生态文明素质的教育和培养，不仅重视学校教育和专业教育，而且非常重视社会教育，在全社会积极开展生态文明建设的群众创建活动，公众的生态文明素质和参与生态文明建设的积极性得到了极大的提升。然

---

① 王利华：《"生态认知系统"的概念及其环境史学意义：兼议中国环境史上的生态认知方式》，《鄱阳湖学刊》2010 年第 5 期，第 40~49 页。

② 彭远春：《城市居民环境认知对环境行为的影响分析》，《中南大学学报》（社会科学版）2015 年第 3 期，第 168~174 页。

而事实上，由于生态启蒙较晚和生态文明教育不足，目前我国公众生态意识整体水平不容乐观，特别是公众的生态知识水平和生态认知能力水平都还比较低。当前，我国公众生态认知水平整体不高、生态责任意识不强，因而对环境问题的认知普遍不足。公众生态参与主动性不强，生态参与的主体意识严重缺乏，很多人把环境问题的决策与治理看作政府部门的责任。这是造成公众生态参与行为滞后的重要原因之一。

由于公众生态认知水平不高，公众生态认知能力不足，因而公众生态参与的量和质也都比较低，在整体上表现出"知行皆不一"的特征。① 当前公众对生态环境问题一般有着基本认知和大致判断，但总体上还处在"较为笼统的低级层面"；当前公众对生态规律有一定了解，但大多还是处于"较为浅薄的层面"②。由于生态认知水平低，公众对于"如何参与环境保护和生态建设"知晓度不高，因而在很多情况下，往往是"知道某些行为会破坏环境，但不知道破坏环境会带来什么后果，普通公众对此可以做些什么"③。由于缺乏科学、全面的生态知识，公众很难较为全面地认识到环境问题产生的真正根源及其主要危害。生态知识的缺乏造成了生态认识能力不足，就直接或间接地制约了公众参与生态行动的积极性和自觉性，严重地影响了公众的生态行动力。生态文明建设中，在全社会广泛开展的生态教育虽然促进了公众生态知识增长、促进了公众生态知识水平的提升，但总体而言公众认知水平仍然不高，同时还存在不同群体的生态认知水平不均衡的情况。"公众对部分生态知识（如生物多样性问题）的理解仍然停留在较浅的层次，或者止步不前"④，同时公众生态认知水平在城乡之间也存在着巨大差异。公众生态知识水平和生态认知能力的不足，严重制约了公众进行生态文化建设的积极性和创造性。即使有参与，许多人也只是"对影响自身生活的白色污染、雾霾天气等比较关注"，而"对土地荒漠化、淡

---

① 彭远春：《城市居民环境认知对环境行为的影响分析》，《中南大学学报》（社会科学版）2015 年第 3 期，第 168~174 页。

② 陈多闻、陈明惠：《公众生态认知和生态行为的调查——基于四川省的数据》，《云南农业大学学报》（社会科学版）2018 年第 2 期，第 63~68 页。

③ 秦书生、张泓：《公众参与生态文明建设探析》，《中州学刊》2014 年第 4 期，第 86~90 页。

④ 洪大用、范叶超：《公众环境知识测量：一个本土量表的提出与检验》，《中国人民大学学报》2016 年第 4 期，第 110~121 页。

水资源枯竭等深层次生态环境问题缺乏了解"又不愿意去更多地了解。① 调查发现，"能获得显而易见的眼前利益是公众参与环保活动最直接的动力"，同时"受教育程度越高，参与环保活动的积极性越高，受教育程度与公众参与环保活动的积极性之间呈现线性相关关系"②。公众参与意识不足与我国环保社会运动起步晚、开展活动不足有关，与政府主体忽视对公众进行有针对性的教育引导有关。公众参与意识不足必然会在一定程度上影响公众参与生态文化建设的积极性。实质上这也是导致我国公众生态参与的能力不强和参与机会不足的主要原因。

（二）生态道德意识对公众生态文化建设行为的调整力和规范力不强

广义地理解，生态道德主要是指将人类的道德从人与人以及人与社会的关系进一步扩展到人与自然的关系，即"人类在充分认识自然的存在价值和生存权利的基础上，增强人类对于自然的责任和义务，协调人们对于代内和代际关系的责任和义务，在道德行为上遵循人与自然和谐发展的道德原则与道德规范体系"③。人们很早就认识到环境污染、生态危机的严重威胁，也针对性地采取了包括经济、技术和制度在内的各种变革措施，但成效并不显著。"罗马俱乐部"的德内拉·梅多斯就明确指出："纯粹技术上的、经济上的或法律上的措施和手段的结合，不可能带来实质性的改善。全新的态度是需要使社会改变方向。这样的改革必须包括理解和想象方面的最大努力以及政治上和道义上的决心。"④ 而且"任何有计划的变革，最终都必须以个人、国家和世界的价值和基本目标的变革为基础。"⑤ 在这种观念、态度和价值观变革中，最为重要的是人的道德观念的变革，即通过道

---

① 李慧芳：《公民生态意识培育应由独白转向对话》，《人民论坛》2019 年第 4 期，第 58～59 页。

② 闫国东等：《中国公众环境意识的变化趋势》，《中国人口·资源与环境》2010 年第 10 期，第 55～60 页。

③ 廖福霖：《生态道德》，《绿色中国》2019 年第 3 期，第 42～45 页。

④ 〔美〕德内拉·梅多斯等：《增长的极限》，李涛、王智勇译，四川人民出版社，1984，第 228 页。

⑤ 〔美〕德内拉·梅多斯等：《增长的极限》，李涛、王智勇译，四川人民出版社，1984，第 228 页。

德观念的转变对人改造自然的行为进行调整和规范，重构人与自然的和谐关系。生态文明时代，需要重新唤醒人的生态道德意识，改变工业文明时代"控制自然"的工具理性主义价值观，建立人与自然和谐发展新关系。"绿色发展、生态道德是现代文明的重要标志，是美好生活的基础、人民群众的期盼。"① 目前我国公众生态道德整体水平偏低，与社会主义生态文明建设的具体要求还有巨大差距。首先，公众生态道德情感体验不足。生态道德情感的产生，需要满足两个条件：一是自然界满足人生存需要，二是自然界满足人审美需要和人对美好生活的向往。正是因为良好的生态环境能够较好地满足人的多种需求因而能够激发人对自然的情愫，进而生发出生态道德情感。公众只有具有真诚的情感，才能产生合乎道德的行为。目前在生态文明建设实践中，人们在面对破坏生态环境的行为时，虽然在心理上也会感到不满和愤慨，然而很多人往往不愿去更不会去指责和纠正这些破坏生态的行为。其次，公众生态道德意志不强。生态道德意志，就是指人们为实现一定的生态目的，自觉地、坚持不懈地遵循着生态道德规范，始终坚定不移地坚守内心的生态信念。生态道德意志是实现生态道德认知、生态道德情感与生态道德行为有效联结的纽带。生态道德意志薄弱的人就会在行动上缺乏毅力，一旦遇到个人利益与社会利益、生态整体利益发生冲突时，往往会抛弃社会利益和生态整体利益而谋求个人利益。生态道德意志坚强的人则往往能够经受住各种考验，始终如一地坚持履行生态道德义务。我国公众生态道德意志整体水平不高，人们在面对生态责任和义务时，往往会由于意志力不强而不能坚守生态道德底线。最后，我国公众生态道德自觉意识缺乏。公众生态道德意识的养成主要体现在生态行为的自觉性。当前，公众生态道德自觉意识普遍缺乏，在生态文明建设实践中，特别是面对和处理生态责任和义务时，人们不会自觉地去作为。比如，当身边有破坏生态的事件发生时，还有很多人熟视无睹，并不会自觉地去制止或向相关部门举报。生态文明建设要取得实质性效果，不仅需要广大公众养成生态道德自觉意识，而且需要其自觉地参与生态文明建设，同时也需要人们自觉地批判和抵制各种非生态的行为，自觉地与各种破坏环境的行为作斗争。

---

① 《中共中央国务院印发新时代公民道德建设实施纲要》，《人民日报》2019 年 10 月 28 日，第 1 版。

（三）生态法治意识水平低难以引导公众依法依规参与生态文化建设

"法律是成文的道德，道德是内心的法律。"① 法治对道德建设具有保障和促进作用。近年来，我国陆续制定、修订并颁布了一系列生态文明建设法律法规，建立健全了生态文明建设法律保障制度体系，并同时加强了生态文明建设执法机制，为公众生态意识培育与提升创造了良好的法治环境。随着我国生态文明建设法律法规的不断健全与完善，生态治理和生态参与开始有法可依，公众的生态法律认知逐步提高。然而，目前我国公众生态法治意识水平不容乐观。我国大部分民众对生态法律法规的认知还比较肤浅，生态法治意识普遍偏弱。人们由于生态法律知识缺乏，对于自己的生态权利和义务规定缺少基本认知，对于如何参与和如何进行生态维权也都不甚了解。虽然我国已经颁布的一系列生态法律法规都对公众生态权利与义务进行了规范，为公众生态参与和维护环境权利提供了法律依据；但是，一则由于有关公民生态权利与义务的规定仍然不够完善，二则由于生态法制的启蒙教育和宣传解释不够，实际上仍然有很多人只知其然而不知其所以然。同时由于人的价值判断受到其知识水平、社会地位以及经济利益等多重因素的影响，公众对生态法律法规认知情况有着巨大差异。我国公众生态法治意识总体水平还不高，难以引导其依法依规参与生态文化建设。我国民众生态法治素养也不高，这在一定程度上制约了广大人民群众进行生态制度文化创新的水平。

（四）生态消费观念不足难以引导公众积极主动地生态化生活和消费

生态化生活和消费是现代生态文明生存方式的具体体现。随着生产力提高，社会积累了大量的财富，这也逐渐使得很多国人把高消费、过度消费看成自身应享有的生活方式，消费主义正逐渐成为一种流行的文化。消费本来应该属于人的自由选择的生活方式，能够给人带来一定的满足和幸

---

① 《中共中央国务院印发新时代公民道德建设实施纲要》，《人民日报》2019 年 10 月 28 日，第 1 版。

福感。但在商品经济社会，消费被资本和市场操纵，异化为一种人的非本质的生存方式。在消费主义看来，幸福生活等于占有和消费尽可能多的物质财富。消费主义为了实现其所谓的生活目标和价值理念，就必须不断扩大对自然资源的消耗。在现代社会，消费主义实际上就是一种"毫无节制地消耗物质财富和自然资源"，同时"将消费作为人生最高目的的消费至上、享乐至上因而也是个人至上的价值观"①。在消费主义价值观引导下，"人的消费欲望的无限性与自然资源的有限性之间就会产生矛盾，最终导致资源枯竭、环境污染和生态失衡"②。当前，奉行消费主义价值观的生活方式已经带来资源枯竭和生态环境严重破坏的生态风险，人们不仅没有享受到幸福生活，而且连最基本的健康生活也难以得到有效保障。那些把消费主义当成一种生活方式的人们，他们所"经历的消费只不过是一个想象的领域"，实际上"可能越少选择消费主义提供的商品，你的自我概念就会越有基础。"③ 为了积极应对日益迫近的生态风险，近年来全社会都在倡导绿色消费，绿色消费、低碳生活已经成为一种社会发展的大趋势。但是，当前仍然有一些人缺少生态消费意识，社会中追求物质主义、享乐主义生活方式的人仍然大量存在。其中也有一部分人认为，有必要进行生态消费，但由于缺乏坚强道德意志，因而往往也不会在行动上主动、自觉地履行自己所肩负的生态责任和义务。

（五） 引导方式方法创新不够，在实践操作层面的引导力不强

生态意识的确能够唤醒广大公众对于生态文化建设的责任感，使绿色发展理念成为人们的普遍共识，但是，要想让人们关于绿色发展的"想象"、"意识"和"观念"及时地转变成一种支配自己生态文化建设实践活动的积极的现实力量，就需要形成一种具有行动导向功能的生态文明话语体系，与当前现实的生态文明实践结合起来。助推生态文化建设的具体力量主要体现为在全社会树立正确科学的生态价值观，公众有良好的生态素养和自觉地关爱环境的行为，形成符合生态理性的社会习俗、生活方式、

---

① 韩民青：《论工业文明的本质》，《山东社会科学》2011 年第 6 期，第 62～74 页。
② 李世书：《论当代人的生态幸福观及其实现》，《中州学刊》2016 年第 3 期，第 79～85 页。
③ Steven Miles. *Consumerism—as A Way of Life. SAGE Publications*，1998，151–152.

生产方式。作为一种社会思潮，生态意识应该具有科学的理论内涵、话语内容和叙述方式，这样才能在引领生态文化发展的实践中发挥积极的作用。生态意识引领或者说生态意识认同在现实社会中出现问题，主要表现之一就是生态发展认同困境甚至危机。在生态意识引导过程中，主要是侧重于政策操作和制度建设维度，过分地注重生态意识的政治权威，而淡化了生态意识的理性权威，民众对生态意识的认同度不高。之所以出现这些问题，一方面是因为主流生态文明宣传缺乏现实的人文关怀，很多时候不能及时而有效地回应公众的各种生态利益诉求，因而对一些社会现实问题缺乏令人信服的解释力；另一方面是因为主流生态意识引导公众的方式和方法存在缺陷，难以与公众心理需求相吻合。当前，中国生态文明认同还存在一定问题，从生态意识引领方面来看，其中还普遍存在着生态文明认同主体教育的虚化、公众生态权益尚未充分实现、认同客体的解释力下降、生态文明的理论宣传空泛化的趋势。

三　生态文化建设与公众生态意识提升互动机制构建的社会制约因素

当前，经济社会正在发生深刻变革的大背景下，市场经济规则、政策法规以及社会治理都还不够完善，传统的工业主义思想文化影响依然存在，我国公众生态意识水平以及参与生态文明建设的积极性都还不强，生态文化建设与公众生态意识培养都面临着很多深层次问题。目前，我国生态文化建设与公众生态意识提升互动良性机制构建还存在诸多社会制约因素。

（一）公众的"政府依赖"心理严重

由于生态文化理论的外部输入性，当前我国的生态文化呈现出一种由学者到政府再到公众的发展方式，因而生态文化在传播过程中对地方政府、企业、社会组织和民众有效影响存在着明显的区别。就普通民众而言，在生态意识上表现出极强的"政府依赖"心理。公众"政府依赖"现象的产生，与我国传统的社会管理和运行方式有关。我国长期实行的"大政府、小社会"的社会管理体制和运行模式"直接削弱了公众基于生态文明认同而进行组织化并诉诸社会行动的意愿和能力"①。由于历史的原因，目前我国"公民社会发育程度不高"，"公民作为公共管理主体的意识淡薄"，而"社会组织无论是影响力还是覆盖面"都严重不足。② 当面对日益严重的生态危机这样重大社会问题的时候，社会由于自组织程度不高而不能有效地组织力量加以积极有效地应对，也难以借助有效的社会组织载体自下而上地推动生态建设进程。我国的生态环境保护和生态文明建设是一种"自上而下"的"政府主导型"发展模式，政府担当着生态政策法规的制定者、执法者和生态文明宣传教育主体等多重角色。生态文明建设制度设计和实施具有比较明显的国家和政府本位特征。在相关的生态制度法规当中，政府及相关机构被赋予了更多的职权，而赋予公民参与生态管理决策和进行监督的权利则不充分。"公共事务政府包办"，这种制度安排事实上造成了"'全能政府'压抑了多元主体的参与热情"，社会治理实质上则"蜕变为对社会组织和公众的管制、管理"，政府在实践中习惯于"为民作主"，漠视社会公众的多重需求，"消泯了公众的参与愿望和参与能力"③。国家和政府本位的"政府主导型"发展模式，虽然有利于统筹规划和集中管理，有利于发挥资源的整体效益，但这也会造成对公众参与生态活动的制度建设缺乏足够重视，可能会使得对公众生态参与的形式、范围、程序、途径等所作的相关规定流于形式，公众的生态文明建设主体性作用难以得到发挥。在实践中，我国公众的生态主体意识、生态权利意识还没有完全觉醒，公众主动、自发的生态参与社会活动数量有限，公众生态参与行为很多情况下都是在政府及相关机构的引导、组织以及严格要求下进行的，很大程度上都是政府行为的延伸，很容易使公众形成严重"政府依赖"心理，不利于公众生态主体意识和社会责任意识培养和提升，容易造成公众在行为上缺乏责任承担、缺乏生态道德情感和生态道德意志，也就难以形成自觉的生态行为和生态文明建设的积极性。公众主体意识不强，生态文明建设中的主体责任难以发挥，无法形成多主体协作的发展机制，这就在不同程度

---

① 环境保护部宣传教育司：《全国生态文明意识调查研究报告（2013年）》，中国环境出版社，2015，第37页。
② 徐梓淇：《生态公民》，江苏人民出版社，2014，第101页。
③ 宋俊杰：《浅论中国生态文明主体建设的协同治理》，《理论建设》2014年第6期，第87~91页。

上制约了我国生态文化建设与公众生态意识提升互动发展效果。

（二）法律制度机制不完善

目前，生态文明建设相关的政策还不健全，公众普遍认为与自身日常生产生活密切相关的生态文明建设政策还很不够。一方面，现有法律制度中的有些政策规定，由于具体规定不足或者是因为政府和社会对法律法规的宣传解释不够，以至于公众对相关法律法规所知甚少；另一方面，有些政策规定由于不切合实际、远离群众、难以落实，公众会感到自身的生态行为缺少政策、法律制度方面的保障，对于具体生态行为的范围与方式难以界定和把握，制约了公众生态行动效力。政府虽然规划设计并制订一系列相关管理法律制度，但相关法律制度的程序设计还不合理，实践中还存在着执行不到位和条块分割、碎片化管理的情况；各自为政，存在着干预过多、宽严失度以及执法不公等问题和弊端。目前我国文化建设管理的长效机制也还没有真正建立起来，在法律制度上缺乏具体的管理标准、规范以及协调、监督和考核机制，不适应生态文化建设的综合性、协作性、专业性与长期性发展的要求。

从公众生态参与途径来看，自 2006 年《环境影响评价参与暂行办法》开始实施，我国公众参与的有关生态文明建设的法律制度建设不断加快，公众参与的权利与途径在各种相关法律制度中逐步得到相应的规定。但是，在实践中，现有的法律制度中的相关规定很多方面都是原则性强、可操作性不足，对公众参与的具体途径、程序和范围等规定得不够明确。这样就造成公众在遇到具体的环境问题时，不知选择何种参与方式和方法。比如，调查显示约有 68.7% 的市民称，在遇到企业环境违法行为时没有进行积极举报，主要是因为"不知道怎样举报"[①]。公众生态参与水平低的主要原因可能还在于相关法律制度机制不够完善以及没有为公众提供明晰的参与途径。从公众生态参与范围来看，目前我国公众在生态文明建设进程中社会参与活动的范围较窄。虽然许多生态相关的法律制度对公众参与范围都有涉及，但总体来看，大多只是规定了生态建设项目和环境规划中公众有参

---

① 刘闻佳、明庭权：《我国居民环保意识及环保行为现状与对策研究》，《广西职业技术学院学报》2011 年第 4 期，第 72~77 页。

与的机会，有的则将公众参与的范围仅仅限定于环境评价，而参与的方式也主要是参与专家咨询、论证会以及听证会等。对于公众参与方式、范围的规定，现有法律制度还有进一步完善的地方。对于公众在生态文明建设中应有的主体地位还缺乏有效的确认，公众的环境权、知情权和监督权等生态权利还未受到足够重视，极易造成公众生态参与的机会不足和参与范围狭窄的情况。即使在有限的参与渠道和方式之内，也缺乏有效的法律制度保障和明晰的实施程序规定，公众生态参与社会活动也难以收到实效，进而影响公众生态参与的积极性和主动性。

（三）环保社会组织发展不足

我国政府一直重视生态文明建设的公众普遍参与，无论是在法律制度的顶层设计上还是在现实的生态治理中都为公众生态意识培养和生态参与提供了多种渠道。然而由于缺乏生态启蒙以及生态教育的不足，公众生态意识和生态行为能力水平不高，再加上我国生态治理中多以"政府主导型"为主，公众生态参与社会活动主体性不强，因而公众没有能够适应与政府机构、企业等生态治理主体进行直接广泛的对话，影响了公众生态参与的有效性。毕竟个人的力量是有限的和分散的，难以与制造生态问题的各类主体相抗衡，只有依靠一定的组织形式才能有效进行干预。近年来我国环保社会组织得到了长足发展，在参与组织生态宣传教育、进行舆论监督、维护公众生态权益以及引导公众形成生态化生活方式等方面都起到了积极的作用。环保社会组织为公众参与生态管理和生态建设提供了良好平台，已成为公众生态参与的最活跃和最有效的社会组织形式。但是，同社会组织已充分发展的发达国家相比，我国环保社会组织的发展还处在逐步完善阶段，还面临着很多发展障碍。由于发展起步晚，我国环保社会组织一般规模小、独立性不强。非政府直接或间接资助和非企业资金背景的纯公益性环保社会组织数量少、规模小、发展后劲不足，环保社会组织由于经费受限开展活动少、质量不高，因而对于生态问题的干预能力不强、干预效果不够理想。由于许多政府机构和大多数企业对社会组织实施生态监督等方面的活动缺乏正确认识，有的心存戒备甚至进行威胁利诱阻止环保社会组织的正常活动，再加上我国环保社会组织参与生态建设的法律制度还不够完善，这就导致环保社会组织难以正常参与相关生态环保决策，难以实质性参与生态管理，不能实行及时和有效的生态监督。目前我国公众对环保社会组织在生态文明建设中的地位、作用以及参与途径还普遍认识不足。同时我国公众生态意识不强、生态行为能力不足，参与环保社会组织的社会活动还不普遍。我国环保社会组织的发展还很不充分，对生态决策的影响力十分有限，还难以对环境主体进行有效制约。总体来看，我国环保社会组织缺乏有效管理和制度规范，要么过度依赖政府、缺乏独立性，要么处于无序状态，因而在生态治理中协调沟通和监督政府等作用就大打折扣。这一平台作用不足，在不同程度上制约了我国生态文化建设与公众生态意识提升互动发展效果。

（四）僵化的传播与教育"独白模式"

"独白"本是哲学、传播学和意识形态教育等文化传播与传承活动中的一种重要思维范式和行为模式。在教育中，作为一种方法，"独白"主要是以"威权主义、主智主义等'主客两分'理论"为指导，以"一元化的社会性价值"为基础，以"受教育者对社会的依附"为前提，主要目的是向受教育者灌输既定的知识和价值，并使受教育者接受、认同。[1] 这是一种"自上而下的、单向度的、思想灌输式的教育、沟通以及信息传播方式"[2]。在现代社会背景下，这种传统的传播与教育模式的局限性逐渐显露出来。一是这种培育模式形式僵化。目前，我国生态文化建设和公众生态意识培育中，作为传播与教育主体的政府和社会组织缺少方法创新，大多仍然沿用过去的政治宣传或普法教育等模式进行生态知识和生态理念传播。当然，在生态意识培养中，传统的传播与教育方式仍然可以发挥其正向作用。但在现代社会多元化发展时代，传统"独白"式的教育与传播方式可能会导致教育者和传播者忽视公众的情绪体验、心理感受以及思维习惯，让具有现代品格的受众感到枯燥乏味，因而就无法引起共鸣，难以形成良好的生态意识培育效果。二是传统"独白"式的教育与传播方式在活动过程中往往缺乏互动性。公众生态意识培育本应是以公众为中心进行生态知识和生

---

① 龙溪虎、汪荣有、王诚德：《从独白走向对话：思想政治教育的人本转向》，《江西财经大学学报》2014年第6期，第103~109页。

② 李慧芳：《公民生态意识培育应由独白转向对话》，《人民论坛》2019年第4期，第58~59页。

态行为习惯教育培养的实践活动。在教育、传播过程中，教育、传播主体要充分考虑到公众的文化观念、心理需求以及价值偏好等进而采用合理的方法提高公众的认知和认同。可是，目前很多教育、传播主体缺乏受众观念，没有从公众的现实状况和心理需求等方面出发，将"公众变成了没有话语权和主体性的'他者'"①，因而就难以与公众形成良好的互动。这种缺乏与公众之间进行信息反馈、对话交流和情感互动的教育与传播很难达到预期目的。三是教育、传播内容过于抽象。"独白模式"的教育与传播主体从自身而不是从传播与教育对象的角度选取和编辑传播生态信息，这些传播内容和传播话语没有贴近公众生活并缺少现实针对性，最终导致传播和教育内容难以获得公众的认知、接受和认同。

（五）大众传播的教育和引导的作用发挥不足

本质上，文化的传播效果和受众的接受程度主要取决于文化本身的价值、权威性以及其难易、时代适应性等相关因素。公众生态意识培养实际上就是一种通过生态文化建设向公众传播生态文明观的过程，即将生态文明观作为一种公共性文化进行传播与扩散。公众生态意识培养中的大众传播是传播主体为实现公众生态意识培养的目的，通过不断提供生态信息、更新生态信息达到教育、引导受众的目的。由于种种原因，我国目前的学校生态教育虽然对公民生态意识培育起到了基础性作用，但仍然存在着许多不足和不到位的地方，在这一背景下大众传播担负起了公众生态意识培养很大一部分的社会教育责任。实现生态文化的有效传播，除了保证传播内容的价值性和科学性外，还要保证传播内容最大限度地接近大众心理。公众生态意识培养中的大众传播，除了要满足一般的文化的传播要求，同时还要在传播目标设定、受众的定位以及传播内容与方式的确定等各个方面都必须符合生态文明建设要求。公众生态意识培养中的大众传播，不只是能够形象地向公众传播生态信息，同时也能够通过向公众形象地展现美丽世界的和谐景象激发人们共创美好生活的希望和信心。目前，大众传播在生态文化建设和公众生态意识培养中的作用没有得到有效的发挥。我国

---

① 李慧芳：《公民生态意识培育应由独白转向对话》，《人民论坛》2019 年第 4 期，第 58~59 页。

生态文化传播采取的是从政府到公众的由上而下的发展模式。这种传播方式在集中力量、增强权威性、提高效率等方面的优点是非常明显的。但实践中，这种传播方式也有许多不足之处，严重制约了生态文化建设和公众生态意识培养的互动发展。在传播主体方面，政府是中心主体、占据主导地位，其他传播主体成长缓慢、力量不足，难以形成多主体协同合作的合力。在传播内容方面，由于是自上而下的传播方式，如果政府机构工作不细致，受众心理需求和价值偏好就得不到应有重视，就会造成传播内容理论性强、过于抽象、偏离民众生活实际，传播内容被认知和被接受的程度就会很低。在受众方面，由于是自上而下的传播方式，普通民众的主体作用没有受到重视、主体性没有被激发出来，受众对自身主体性地位认识不足，参与、认知与认同意识不强，最终也难以实现公众生态意识培养的目的。

四　评价机制不健全，信息反馈不畅

社会系统中，保证某一机制的有效运行并实现预期的目标，还需要建立一套科学的评价与信息反馈机制，需要根据机制运行状态及阶段性运行效果的评价与反馈情况对运行机制进行及时有效的调整与优化，以保证机制建设的目标实现和社会效益的最大化和最优化。生态文化建设与公众生态意识提升互动机制是一个十分复杂的社会系统，这一社会系统又是由多个要素有机构成的，这一系统内部以及与外部要素之间存在着多重互动关系，在系统运行过程中运行主体必须开展多种内容和多层次的检验与评价，根据评价反馈结果进行科学的预判，对运行机制进行及时的调适，这样才能实现生态文明建设预期的目标。目前我国生态文化建设与公众生态意识提升互动发展效果的评价与反馈还没有受到应有的重视，互动发展效果的有关信息反应滞后或者根本没有反应，决策者很难了解二者之间的效应关系并进行合理调适。由于在这一互动关系中，生态文化建设是公众生态意识培养的中介，公众生态意识培养是通过生态文化建设来实现的。因而，生态文化建设与公众生态意识提升互动发展效果的评价与反馈，重点是建立健全的生态文化建设评估体系，重点是通过信息反馈及时对生态文化发展方向进行调控。生态文化建设除了要遵循其自身的发展规律外，更应该考虑其对公众生态意识养成的影响。我们对待生态文化建设，不能仅仅从

现实的利益来认识，而是以更有利于生态价值观的传播与认同的方式来评价。生态文化建设主体，应尽可能客观、公正、负责任地向公众传播生态文化，让社会公众对生态价值观有所认识，并对生态环境问题进行广泛、深入的讨论，在参与生态文化建设中提升生态意识水平。

（一）政府层面

政府是现代社会公共事务治理的重要主体，是公共事务的决策者、管理者、建设者。社会主义生态文明建设是典型的公共事务，其核心主体必然是政府。"从中国生态文明实践来看，政府仍然是生态文明建设的合法主体，始终处于绝对主导地位。"① 作为生态文明建设中居于主导地位的主体，政府担负着生态文明建设的重要责任，既负责生态文明建设的规划实施与组织协调，也担负着生态文明建设实施效果的评价与监督职责。为了保证生态文明建设取得实效，生态文明建设目标评价考核制度是我国生态文明体制改革亟待解决的一项重要任务。目前，我国已经初步形成以政府为主导的生态文明建设评价监督制度机制。为了检验生态文明建设的成效，2016年国家出台了《生态文明建设目标评价考核办法》② 指导性文件，对我国生态文明建设目标的评价考核进行制度规范。生态文明建设是一个系统性的社会工程，其涉及的部门多、领域广。为了更好地推进生态文明建设，国家相关部门以及各省、区、市地方政府也分别从各自工作领域陆续推出了检验生态文明建设实效的评价指标体系。这些制度机制多是基于宏观管理层面，针对的也主要是考核各级政府、相关机构以及企业的环境绩效与管理水平以及企业与法人环境违法行为惩治。虽然目前的生态文明建设评价考核制度体系也包含生态文化建设和公众生态意识培养的内容，但这些零散的内容无法代替也无法满足生态文化发展和公众生态意识水平的专业性评价。在 2016 年由国家林业局发布的《中国生态文化发展纲要（2016－2020）》虽然也提出了"建立生态文明指标体系和衡量生态文明程度的基本标尺"和"开展森林的文化价值评估"，但这些部门性的规章一则是缺乏

---

① 宋俊杰：《浅论中国生态文明主体建设的协同治理》，《理论建设》2014 年第 6 期，第 87～91 页。

② 《中办国办印发〈生态文明建设目标评价考核办法〉》，《人民日报》2016 年 12 月 23 日，第 1 版。

系统性和广泛代表性，二则是对于如何实施的环节缺少具体的操作程序规范。为在全社会"牢固树立社会主义生态文明观"、"强化公民生态环境意识"和"引导公民成为生态文明的践行者"，生态环境部、中央文明办、教育部、共青团中央和全国妇联等国家五部门在 2018 年联合发布《公民生态环境行为规范（试行）》。① 这里的"十条行为规范"也只是对公众养成生态意识、践行生态文明观的倡议，并没有提到公众生态意识发展水平评价。目前具有针对性并具有可操作性的生态文化建设与公众生态意识培养互动发展水平与效果的实质性的评价制度与机制还很缺乏。

政府引导政策措施的制定实施，要根据社会发展不同阶段以及文化发展的水平进行不断调整。这就需要持续而准确地把握社会文化发展阶段性状态，对其变化进行动态监测、科学预判发展趋势，因地施策、因时施策、因人施策，持续完善相关策略。政府负有建设合理的公共事务发展评价监督制度机制的责任。在生态文化建设与公众生态意识培养以及两者互动发展机制的建设上，政府没有充分发挥应有的主体作用，没有设置主导性的监督制度机制，致使二者之间的协调性与统一性严重缺失。这种"元监督机构"缺失的直接后果是"元监控体系"缺失，即没有赋予专门管理机构绝对权威和监督评价体系。作为主导者和协调主体的政府，在制度机制建设中的信息反馈、监督评估机制上并没有进行积极的作为。目前，由于缺少有效监督机制，因而在绩效评估、信息反馈等实践环节上都存在着问题。由于没有实质性的评价监督，很多地方在进行生态文化建设和推进公众生态意识养成的工作上，不注重建设实效，形式主义问题严重，既无法保证生态文化建设的质量同时也无法保证公众生态意识培育效果。

生态文化建设和公众生态意识培养互动发展效果评价机制还有待进一步完善。一是现有评价依据指标单一，传统的文化宣教效果评价指标由于评价标准单一难以科学客观地体现发展的实际效果，形式化的评价结果不仅作用不大而且也不会得到应用。传统的文化宣教评价考核方案，设计不科学、不规范、不具有可操作性，因而并不能很好地发挥其应有的导向作用，评价指标中的一些具象性等级性指标，大多是没有实际价值的人造条条框框，这样的评价往往会造成各地的生态文化建设大多是同质化的简单

---

① 《五部门联合发布公民生态环境十条行为规范》，《环境教育》2018 年第 6 期，第 10 页。

模仿，缺乏创新和针对性，整体效果不佳。这种评价没有做到根据生态文化发展的特点，从知识与能力、过程与方法、感情与态度几方面对其与公众受教育和受感染的效果进行综合评价，这种评价难以起到监督和调控作用。二是单纯为了监督而监督，评价诊断性功能不足，评估结论缺乏用于改进决策的科学性和针对性。这在文化建设效果评价工作中并不鲜见，尤其是在基层文化宣教的管理部门中，监督评估虽然形式多样、层出不穷，但几乎没有发挥有效的调节作用。有些评价指标体系的设计"过于行政化"，多是"出于行政考量而设计的"，缺乏对各利益相关方诉求的合理考量，有的指标"缺乏合法性的保障"①。有些评估结论就是一个终结性评价，评价完成后并不给出具体的监督指导意见，即使有指导意见也是隔靴搔痒，有的甚至是瞎指挥乱指挥，让基层建设者无所适从。

生态文化建设管理中，事前缺少科学的整体规划，许多项目建设事前并未做好公众需求偏好评估，导致在建设上普遍存在着盲目、无序的情况，而事中、事后又没有相应的监督评价和调整，制约了公众生态意识培养的效果。而在对公众生态意识培养实际效果进行评价监督时，同样是不仅评价观念陈旧、方法落后而且缺乏有效的制度与机制，现有的评价缺乏效度和信度。目前，评价思想依然停留在低层次的环境宣传方面，评价依然具有强烈的主观随意性，评价结果不能说明生态文化建设目标的实现效果，评价在实质上缺乏足够的效度和信度，使得评价不能成为监督生态文化建设与公众生态意识提升互动发展的真正有意义的措施和手段。

（二）社会层面

政府、市场、企业、公众"都是生态文明建设的当事主体"②。生态文明建设是一项社会公共事务，生态文明建设要取得实际效果，既需要发挥政府的主导性作用也需要社会力量的广泛参与。社会发展中，"大多数成功

① 宋俊杰：《浅论中国生态文明主体建设的协同治理》，《理论建设》2014年第6期，第87～91页。

② 郭兆晖：《构建统一的生态文明建设目标评价考核体系》，《前线》2019年第9期，第7～10页。

案例中的制度安排都是公共体制与私人体制多方面的结合"①。生态文明建设，既要发挥政府的主导作用也要发挥公众的主体作用，实现政府与公众协同治理。我国生态文明建设实施的是一种政府主导进行生态计划调控和社会公众广泛参与的生态协同治理机制。由于在生态文明建设过程中，政府实际上是处于主导性地位，而社会主体则是处于辅助性地位。由此，真正地评价生态文明建设的实际效果还需要社会力量的深度介入，发挥社会的监督作用，促进政府主体及时调整决策，实现系统发展过程的最优化。

　　生态文化建设是由政府主体与各个社会主体共同参与和实施的，其效果评估也需要从两个方面进行。我国由社会力量参与的对生态文化建设和公众生态意识培养的实际效果进行评价的活动起步较晚，目前还没有形成符合我国发展实际的科学成套的评价制度机制。我国这类项目的社会调查评价大多依照发达工业化国家的相关理论，这些理论虽然适合西方国家发展实际，但如果是生搬硬套地借用到作为发展中的社会主义中国来，就有可能会出现种种问题。我们还缺乏适合中国国情的社会评价理论和制度机制。在这一方面，政府主体并没有制定和颁布具有可操作性的社会主体评价指标、标准和指导意见，即使有指导意见和政策法律规定也没有及时调整改进，第三方社会评价这种专业性评价往往也就无法可依、无章可循。第三方社会评价的机构设置、参与评价的范围、责任和权利以及评价结果的使用等相关制度都还不健全。这就会造成有些综合性调研评估，由于组织者的水平有限及所采用的方法不够科学、不规范，或者由于受利益相关方的干扰，调研数据缺乏公信度。而有些社会评估监督，有调研评价活动，但只是得出一定数据而已，并没有形成科学评价意见，并不能起到有效的监督作用。即使有些有说服力、有效度的调研数据及测评分析结果，往往只是被相关部门根据自身利益进行分割式、片面化地采用，大多流于形式并不能起到很好的反馈改进效果。目前公众参与、社会评价监督与政府决策之间还存在着一些制度障碍。

---

① 〔美〕埃莉诺·奥斯特罗姆：《公共事物的治理之道——集体行动制度的演进》，上海译文出版社，2012，第 213 页。

第五章　生态文化建设与公众生态意识提升互动机制优化

　　人与动物不同，人是通过有意识地改造自然自觉地适应自然，人在改造自然的同时也创造了自身。人是通过自身所创造的文化来适应自然，同时人又运用不断进步的文化来改造自然并使之更加适合自身的生存。人通过不断地调适自身的文化而进行生存方式的选择来适应自然的变化。在目前人与自然矛盾不断凸显的背景下，人们就需要自觉提升自身生态意识而选择生态化生活方式来调适、化解人与自然的矛盾，实现人与自然新的平衡与和谐。人是社会的主体。人所追求的社会进步归根到底在于人本身的发展，它的最高目标是人的全面发展。生态文明建设中，提升人的生态文明素质既是手段又是目的。生态文明建设要落到实处需要社会公众生态意识的全面提升并形成自觉的生态行动。人的自觉的生态意识与行为不是自在地被动产生的。公众生态意识是人们在积极参与当代生态文明建设的实践中经过学习与内化而自觉形成的。生态文化建设是生态文明建设的主要内容和文化支撑。生态文化建设的核心内容是塑造人的生态价值取向和生态行为模式。目前，生态文化建设与公众生态意识提升二者之间良性互动机制还没有形成，影响了生态文明建设实际效果。为了更好地推进生态文明建设，需要进行制度和机制创新，促进生态文化建设与公众生态意识提升的良性互动。

第一节　公众生态意识培养中大众传播机制优化

　　公众生态意识培养需要大众媒体广泛参与。随着科学技术的发展，各种新媒体形式不断涌现，人类社会文化传播逐渐进入大众传播时代，大众媒体日益成为生态文明理念传播主渠道。大众媒体通过向公众传播生态文明理念、弘扬生态文化，有力地促进了公众生态意识养成和自觉的生态行为的形成。但目前在我国公众生态意识培养中大众传播机制还不完善，其生态传播功能没有得到很好地发挥。从宏观层面来看，随着生态文明建设不断向纵深发展，不同利益群体之间、不同社会思潮和价值观念之间不断地相互博弈、相互激荡，社会主义生态文明观传播所面临的社会环境将会更加复杂，任务也将更为艰巨。从微观层面来看，在传播过程中存在着生态文明传播主体的整体素质不高、传播客体及其需求的多层次性没有受到应有的重视以及传播内容适应性不足等多方面的问题。这些问题严重影响了社会主义生态文明观的传播效果。当前，优化生态意识培养中的大众传播机制，增强"生态文明传播"①的实效性，已经成为生态文化建设的一项重点任务。目前，在新媒体不断发展的形势下，学界需要对公众生态意识养成和生态文明传播运行规律进行探讨，优化生态文明传播机制，让大众传播在生态文化建设中发挥更充分的作用，提升公众生态意识培养效果。

一 当前我国生态意识培养中的大众传播及其存在的问题

当前社会主义生态文明观的大众传播还没有形成良好的运行机制，传播机制中各要素还难以发挥合力作用，生态文明传播实效性不强，使得我国公众生态意识培养与提升乏力。

（一）公众生态意识培养中的大众传播机制

公众生态意识的培养过程实际上就是生态文明理念的传播、接受与认同过程。生态文明传播的主要目的就是要让生态文明理念内化于人心并外化为人的自觉行为。在现代社会，大众传播活动是生态文明传播的主要渠道与重要实现机制。

1. 大众传播

传播是文化交流与迁移的一种主要渠道。在我国《现代汉语词典》中，

---

① 生态文明传播是生态文化建设的主要内容之一。生态文明传播主要是指开展"生态文明宣传教育活动"，"传播绿色观念"，有效提升"大众的绿色素养"，有效提升"民众的生态文明意识"。参见贾广惠《生态文明传播：消费观念与绿色素养引导》，《南京林业大学学报》（人文社会科学版）2014年第4期，第87~92页。

传播是指"广泛散布"之意,既指物质内容的传递和散布,也指精神内容的传递和散布。① 在西方,有学者认为,"传播"的"最接近的意涵——'使普及于大众'与'传递'——可以指的是单向或双向","传播"包括"操纵式的传播"与"分享式的传播"两种形式。② 传播既是一种"对别人的行为",也是一种"与别人之间的相互作用"以及"对别人行为的反应"③。传播主要包括"发送者、传递渠道、讯息、接受者、发送者与接受者之间的关系、效果、传播发生的场合以及'讯息'涉及的一系列事件"④。传播是人类之间进行信息交流的行为和过程,即传播主体借助一定的媒介和途径将某种特定的内容传递、传播给客体以及客体做出能动反映的过程。实际上,任何"传播"与"接受"都是具有某种意图或目的的。文化传播对于人类社会的发展与进步具有重要的推动作用,同时也是引发社会变革的重要原因之一。

在传统社会,文化传播主要是借助人口的迁移和流动完成的。进入现代社会,交通、通信日益发达,文化传播媒介随之增多,传播种类也不断增多,传播的社会影响日益加深。传播是"宏大而复杂"的社会整体中不可或缺的一个重要的组成部分。当今社会传播"渗透到人类社会行为的各个方面"⑤。随着科学技术的进步和大众传播媒体的不断发展,现代社会进入大众传播时代。大众传播主要是指传播者利用专业化的大众传播媒介并以特定的人群作为传播对象所进行的信息生产和传播活动。大众传播使现代文化传播发生了重大变化:传统的"印刷技术和广播技术之间清晰的界限正在消失";"媒介缺乏"正向"媒介过剩"转化;"传播内容"正从"灌输给大众的泛播"转变为"针对群体或个人的需求设计传播内容的窄播";"单向的媒介"正向"互动的媒介"转变。⑥ 大众传播不仅为人们提

① 中国社会科学院语言研究所词典编辑室:《现代汉语词典》,商务印书馆,2012,第 597 页。
② 〔英〕威廉斯:《关键词:文化与社会的词汇》,刘建基译,生活·读书·新知三联书店,2005,第74 页。
③ 〔英〕丹尼斯·麦奎尔、〔瑞典〕斯文·温德尔:《大众传播模式论》,陈亮、周立方、李启译,上海译文出版社,1987,第 6 页。
④ 〔英〕丹尼斯·麦奎尔、〔瑞典〕斯文·温德尔:《大众传播模式论》,陈亮、周立方、李启译,上海译文出版社,1987,第 5~6 页。
⑤ 〔美〕威尔伯·施拉姆等:《传播学概论》,新华出版社,1984,第 188 页。
⑥ 〔美〕沃纳·赛佛林、小詹姆斯·坦卡德:《传播理论:起源、方法与应用》,韩镇之译,中国传媒大学出版社,2006,第 4 页。

供"做出决断的途径"和"认识自身的具体声音",而且已经成为"传达社会价值观的主要方式"①。同时,大众传播也是一种集认识、价值评价和审美于一体的社会实践活动。大众传媒的发展为不同利益的群体和个体表达自身的生态诉求提供了相关渠道,这样就为公众参与生态决策敞开了一扇窗。在人类生态保护的历史活动中,如果"没有大众传媒对生态现象、知识和问题的传播,就不可能有今天蓬勃发展的生态运动和环保事业"②。伴随着新兴大众传媒的不断兴起,大众传播正逐步成为生态文明传播的重要工具和手段。大众传播在生态文明建设中能够起到舆论监督、价值观引导和唤醒公众生态意识的重要作用。大众传播通过对社会上环境破坏事件的报道与曝光,形成强大的社会舆论压力,督促问题得到有效解决,能够促进生态决策的改进。大众传播同时具有生态信息传播和生态文明建设舆论动员的功能,它能深入精神层面培养和提升公众的生态意识。

2. 大众传播机制

传播机制是指传播系统的各个环节和要素之间相互影响和相互作用的形式、方法和过程。从性质上看,所有的传播活动要关注传播有效性问题,即传播活动或传播过程是有效的或是无效的。事前所规划、设定的传播目标的实现,"需要传播者、受众的良性互动,需要相当质量的信息,需要畅通无阻的传播通道。"③ 只有各要素共同协调运作,才能获得满意的传播效果。考察传播的效果主要还是要看受众对于传播者所传播的信息的接受和认同程度。在传播过程中,当"受众接收到某项信息时,不仅对此表示认同,并在行为上表现出与此相一致的长期倾向,这就可以认定信息实现了有效传播"④。反之,如果受众并没有完整地接收到传播者通过媒介所传播的信息,或者是虽然接收到了相关信息却并不愿接受、不认同,这样的传播就是无效的传播。大众传播活动具有自身的特点,大众传播实际上是"在自己产生、发展的动力下进化的","具有自发和自觉的特征";同时大

---

① 〔美〕沃纳·赛佛林、小詹姆斯·坦卡德:《传播理论:起源、方法与应用》,韩镇之译,中国传媒大学出版社,2006,第4页。

② 陈朝晖:《我国生态传播研究的现状与走向》,《现代视听》2014年第12期,第6~10页。

③ 童兵:《理论新闻传播学导论》,中国人民大学出版社,2000,第157页。

④ 廖志诚:《论社会主义核心价值体系的有效传播》,《福建师范大学学报》(哲学社会科学版)2008年第1期,第18~24页。

众传播系统在"相当多的时候没有外界特定的干预，而是自身内部的系统动力起作用"①。大众传播实际上就是一个由多种要素组成的复杂的社会系统，它总体上主要包括传播者、传播内容、传播渠道、传播受体和传播效果等各有机构成要素。在这一系统中各个有机要素之间都是在依据一定的规律发挥着作用。大众传播是一个有机的社会互动实践过程。在大众传播活动内部，传播主客体之间以及其与传播内容、媒体之间都存在着一定的相互配合、相互制约关系，而这种制约关系就是大众传播机制。

人的社会意识培养实际上是一个相对复杂的文化价值观传播与接受的有机过程，需要引导参与传播的各种积极因素构建一个有效的合作机制来共同完成。公众生态意识培养是一种生态文明理念的传播与认同的对象化社会实践活动。在生态文明理念的大众传播活动中，要实现有效传播，各要素需要协同配合，保证传播主体所传播的内容能够使广大公众乐于接受和认同并且能够转化为自觉的生态行为。这一社会实践活动过程中，首先需要传播主体自身具有相当高的生态文明素质并熟悉受众及传播环境的现实状况；其次传播主体要利用好现代传播手段并运用适当的方法向广大社会公众传播科学的生态信息；最后还要保证传播内容所包含的生态文明理念能够被广大社会公众全面正确地理解、接受和认同并转化为自觉的生态行为。当然，这还不算是整个传播活动的完结，传播主体还要继续评估来自公众的信息反馈，再根据信息反馈评价结果对传播活动要素和环节进行一定调节与校正，从而不断优化大众传播活动。

（二）公众生态意识培养中的大众传播存在的问题

生态意识培养中的大众传播是一个长期的、复杂的社会系统工程，其目标的实现需要各要素之间相互协调配合、良性互动、共同发挥作用。有效传播的成功经验表现在，传播者信仰坚定、身心投入、感召力强，对受众历史及现实状况评价准确，传播渠道和形式选择运用恰当。但现实是，部分传播者自身生态文明素质不高，传播内容偏离广大社会公众的现实需求，重政治"灌输"轻文化"渗透"，忽视广大社会公众的主动选择，生态意识培养中的大众传播效果不佳。目前，我国的生态文明传播主要采取的

---

① 胡正荣：《传播学总论》，北京广播学院出版社，1997，第185页。

还是一种自上而下、强势输出、单向接受的传播方式。在这种传播方式中，过度强调政府主体的意识形态输出，忽视广大社会公众特别是基层民众的需求倾向和意见反馈，因而显得高高在上，脱离公众生活实际。目前，生态文明传播主旨往往是提高生态政策或环境保护知识的"知晓率"，传播方式和渠道相对单一，人际传播与新型传播媒体没有发挥应有的作用。公众对生态政策和环境保护知识等生态信息的总体掌握程度并不理想，公众接受生态文明理念的意愿和主动性较差，公众生态意识水平普遍还处于较低层次，生态行为自觉性不足。当前，我国生态文明传播的有效机制还没有建立起来。

1. 传播主体方面

我国生态环境问题产生的一个主要原因就是生态文明理念还没有得到牢固树立，全社会的生态文明意识还有待增强。为使生态文明理念成为社会主流价值观，政府需要发挥生态意识教育与传播的主导作用，同时"社会精英"也需要借助大众传播对公众进行"生态文化启蒙"，积极推动"人们生态价值观更新"[①]。在大众传播活动中，传播主体担当着规划和实现传播活动整体价值取向和培养目标的重要责任，传播主体自身所展现出的以及所引导的价值方向，不但会影响传播主体以及传播内容在受众中的公信力，而且最终会影响受众对传播内容的接受和认同。目前，在生态文明传播中，传播主体建设还存在着许多不足，影响了有效传播机制的构建。

（1）传播主体引导力不强。一是传播主体由于对自身在传播活动中的主体地位和主体责任认识不够，缺乏主体责任意识和主动协助精神。生态文明传播是由多重主体共同协作合力完成的。目前，我国生态文明传播实际上并未形成稳定、持久的多部门联合协作机制，主要采取的是自上而下的单向传播系统，这也就使得有效的大众传播与反馈机制无法形成。目前传播主体之间权责不明，有些传播主体缺少共同协作的意愿，即使参与协作也多是受上级的指派或命令，与其他主体展开临时的合作。没有设立专门的专业机构，生态文明传播工作采取多部门协作、共同负责制。这种情况下，如果各种传播主体缺乏责任担当和主动协调精神就不会形成有效合

---

① 杨立新、郭珉媛、陈曼娜：《媒体文化的生态觉醒与生态媒体文化发展》，《环渤海经济瞭望》2008 年第 9 期，第 30~33 页。

力，难以获得传播的最优整体效益。二是传播主体的公共服务供给能力不足。作为处于主导地位的政府，其服务供给能力不足必然会影响传播水平，势必会减少生态文明传播对于公众的吸引力和引导力。目前传播主体专业水准参差不齐，极易造成目标定位和传播内容失范等问题，同时也难以对受众的心理特征、需求偏向进行有效把握，因而也就会出现不能有效地开展生态文明传播活动和不能掌控整个传播活动的情况。

（2）传播媒体舆论引导不足。当前，媒体在生态环境保护报道方面无论是在广度上还是在深度上都严重不足，没有形成合理的社会舆论环境，难以起到很好的批判与维护作用。媒体在报道生态环境问题和各类污染事故时，往往会受属地政府机构及其他相关利益方羁绊而缺少独立性，舆论引导实效性差。目前媒体传播作用的发挥并不理想。一是缺少专业媒体发挥主体引导作用。传播媒体分为专业媒体和综合媒体。专业媒体大多具有鲜明的价值取向并且传播内容全面翔实因而在生态文明传播中必然会有着很强的公信力与权威性。而综合媒体由于生态信息往往并不是其传播的主体内容，如果不注重生态信息传播活动的连贯性，其他主体的传播内容就有可能会挤占其生态文明传播的资源。目前我国已经有不少进行生态文明传播的专业传统媒体和新媒体。但总体来看，生态传播专业媒体偏少以及影响力和传播力不强。二是媒体作用的两面性，影响了传播的导向性。无论是传统媒体还是新媒体，都具有两面性特征，其中既有正面价值引导，也难免会有负面价值消极导向，必须对其进行科学管控。多数媒体能够秉持正确的生态文明价值导向，对于环境事件进行客观公正地报道，正确引导社会舆论的走向，对公众生态意识培养起到正向作用。当前随着科学技术的进步各种新媒体不断涌现并已经成为生态传播的重要平台。其中，有些媒体过度追求商业利益而忘记媒体社会责任，其正面教育性与引导性功能不断弱化，而日益凸显出商业性、媚俗性、娱乐性和消费性特征。目前有些"大众传媒诱导所谓的社会时尚，渲染过度消费，推崇浪费式消费——大量生产、大量消耗、大量废弃带来了环境污染"①。

（3）传播人员素质有待提升。传播主体是社会传播活动的引导者和实

---

① 贾广惠：《生态文明传播：消费观念与绿色素养引导》，《南京林业大学学报》（人文社会科学版）2014年第4期，第87~92页。

施者，是群体或组织或个体，在传播活动中他们发挥着主导作用，对整个传播过程进行着能动地调控，是影响传播效果的首要因素。传播活动的有效实施并实现预期传播目的，需要传播主体具备良好的综合素质。虽然随着生态文明建设的发展，生态文明传播主体整体综合素质得到提升，但是现实中确实也存在传播主体素质不高的问题。一是部分传播主体缺乏掌握广大民众不断变化的社会心理和生态需求的能力，缺乏对环境热点问题的理解力与解释力，造成传播主体与广大受众之间不能进行良性互动，导致生态文明传播工作难以找准正确切入点，广大民众的能动性也难以被激发出来。二是部分传播主体缺乏创新思维和媒体素养，传播活动中主要通过单向理论传播的方式，只借助传统传媒进行生态文明传播，不会驾驭和运用新传播方式和传播手段，既难以引起民众的足够重视也难以调动广大公众生态参与的积极性，造成公众生态意识内化困难。三是传播主体表达能力和实际工作技能明显不足，在生态文明传播过程中，不能有效掌握现代传播话语体系，传播语言过于书面化和单调化，不能以富有民族特色、地方特色和时代气息的语言文字对生态知识和环境问题进行解读和表达，科学传播和思想渗透技巧不足，最终导致生态文明传播工作的实效性不强。

2. 传播受众方面

传播受众是指"享受各种传播服务及相应的物质、社会保障的公众（公民个人或集体）"[1]。生态文明传播的受众，亦即传播主体在生态文明传播过程中所宣传、教育和引导的对象。在生态文明传播活动中，受众既是生态文明传播内容的接受者，同时也是生态文明传播效果的反馈者。因而，传播客体是受动性和能动性的统一。传播客体包括相关社会组织、群体或单个人，因而传播客体又具有广泛性和多层次性特征。实际上，"文化传播……是传播者的编码和解读者的解码互动阐释的过程，是主体间进行文化交往的创造性的精神活动。"[2] 生态传播，并不是所有的生态信息能被受众接受、认同并转化成为受众自觉的生态意识和行为。受众自身生态意识的养成是一个从生态认知到生态价值观建立再到生态文明信仰确立的认识升华过程，这要求受众不仅有能够对生态问题进行深度认识的知识体系，

① 陈文莉：《试论受众本位意识》，《新闻大学》2000年第2期，第11~15页。
② 庄晓东：《文化传播论》，《云南艺术学院学报》2004年第4期，第88页。

同时还要有积极的态度和行动。生态文明理念要成功地传播给受众，其中受众的态度起着十分重要的作用，受众对生态信息的认知、接受和认同度，直接影响生态文明传播的效果。在生态文明传播实践中必然会存在一个受众的群体差异问题。传播的受众在地域、年龄以及文化水平和经济状况等多个方面存在着巨大的差异，这在一定程度上必然会使受众对生态文明理念的认知、接受和认同度呈现出巨大的差异。在实践中，如果不考虑受众现实状况，那么生态文明传播很难达到预期效果。我国一直执行的是"'政府主导型'的生态建设模式"①，这容易造成公众普遍有"政府依赖"心理。我国生态教育起步晚，生态启蒙不够，公众参与生态文明建设的主动性、积极性不强。我国公众生态意识教育和培养过程中，不仅存在认知水平低而且表现出"知行不一"，即公众可能会在思想上接受生态文明理念，然而又不愿意付诸实际行动，思想与行动相脱节的情况严重。公众生态参与能动性不强，往往只愿关注和参与与自身利益相关的生态活动。当前，生态文明传播还存在着对我国受众现实状况把握不够以及没有对受众的群体差异引起足够重视的情况，这样在传播内容与传播方式的规划与设计上就出现了对受众需求偏好关注不够的情况，传播行动上往往采取一刀切的做法，缺少针对性和灵活性，传播效果不佳。

3. 传播内容方面

当前，传播内容层次不高，基本上还停留在满足公众生态文明的知晓率提高层面。传播方式简单化，传播渠道单一，主要集中于相关部门进行的组织传播，人际传播的作用没有得到充分发挥。传播内容无论是在量上还是在质上都严重不足，受众面窄，吸引力、引导力不强，严重影响了生态文明传播的教育引导作用。

（1）传播内容抽象化，缺乏系统性。选择并组织好科学的传播内容对于生态文明传播良性运行以及实现传播价值目标至关重要。对于生态文明传播整个过程而言，生态文明理念经由传播主体运用一定手段方法传播给既定的传播客体，传播客体在互动中接受、认同生态文明理念并转化为自觉的生态文明行为，这一传播活动才算是有效的。这是一种理想的生态文明有效传播活动。生态文明理念要想被公众广泛接受、认同，就需要在传

---

① 陈沐岸：《论我国生态文明传播的问题及对策》，《前沿》2013年第7期，第177~181页。

播过程中把生态文明理念全面系统地传播出去。这同时也是一个生态文明理念大众化的过程，要使生态文明理念转化成适合公众话语体系的知识体系。从当前生态传播实践来看，生态文明理念并没有完全实现有效传播。一是传播内容抽象化。生态文明理念是具有科学性、规范性和概括性特点的理论体系，这种理论具有抽象化特征并不是很直观，因而往往难以被公众直接地认知和接受。在生态文明传播过程中，没有根据实践发展将理论性的生态价值目标和行为准则转化为针对性的具体行为规范，这样传播内容抽象性过强而缺少实践性导引，很难引发公众心理上的共鸣，导致传播内容感染力和号召力不足。二是脱离普通民众。生态文明传播的内容理应为便于广大群众接受的知识和伦理规范。然而当前生态文明传播的内容，有些科学范十足而实践性不足；有些内容片面追求高雅形式而远离生活，这些都脱离了普通民众的认知和接受能力水平；而有些又过于浅显和落后于时代发展，不能做到雅俗共赏。严重脱离了广大民众真正需求的传播内容，无法对公众尤其是基层民众产生有效的教育、引导。当前，传播内容往往过于依赖政策文件和官方统计数据，官话、套话和浮夸的话较多，贴近公众生活和接地气的内容反而较少，通俗化和直观化的内容不足，使得传播内容缺乏亲和力和感染力，很难被广大民众理解、接受和认同。三是传播内容碎片化。当前，生态文明传播中，作为一项主要传播内容的生态环境新闻报道并"没有明确的指导思想和常态的报道模式"①。各种环境新闻报道不注意形成规模性报道效应，更没有发展为更深层次的理论传播和深入的社会舆论引导。同时实践中还存在传播主体分别根据自己的需要进行选择性传播，不仅将生态文明理论内容进行简单化处理而且割裂了生态文明理论内容的有机联系。

（2）传播方式单一。随着科学技术的不断进步，无论是传统媒体还是新媒体在传播方式上都得到持续的发展，我国文化传播方式更加多样化，也更加具有活力。但是，在生态文明传播上，总体上仍然存在着传播方式创新性不够、形式单一的情况。环保宣传栏、环保手册和环保活动等传统的传播方式仍然是生态传播的主导形式，传播内容陈旧，活动项目单调乏味、不吸引人，缺乏创意性的组织方式与参与模式。有些传播活动开展较

———————

① 陈沐岸：《论我国生态文明传播的问题及对策》，《前沿》2013 年第 7 期，第 177~181 页。

为随意，持续性不够，活动质量和效果不佳。虽然传播理论和大众媒介得到了广泛的普及，然而一些传播主体仍然钟情于单调的说教和被动灌输方式，将生态传播活动简单化，吸引力、引导力不足。虽然有些地方利用图书馆、博物馆、文化活动室以及新媒体平台等方式开展环保教育宣传，但由于缺少专业性载体和专业人士的运营，有些活动流于形式，缺乏针对性和实用性，并不能很好地满足广大民众的需求。

（3）传播过程单向化。生态文明传播过程，就是指生态文明传播的内容从传播者流向受众，实现传播者与受众之间信息互动、共享的过程。传播者应从受众反馈的信息中，分析评价受众接受度和整体传播效果，进而有效调整和重构传播内容与方式，提高传播效果。但在现实的生态文明传播工作中，往往只注重生态信息传播的单向流动，各要素之间的互动不足。部分传播主体对生态文明传播的认识高度不够，工作流于形式化，阻碍了生态文明传播过程的双向互动。传播主体在完成生态信息输出后，并不特别注重去调查收集受众的反馈意见。在受众方面，部分民众参与意愿和自觉性不足，即便有不理解或接受不了的内容也不愿反馈自己的感受和意见；有的地方开展生态文化活动时，对参与对象进行预先确定，而这些事先被指定的参与者，多次参加这种重复性的形式化活动，可能不会积极反馈信息，即使有反馈也不具代表性。单一的单向化传播，缺少双向互动和沟通，由于不能及时得到反馈信息，传播主体也就不能对传播过程进行及时评判和适时调整，传播效果就难以持续提升。

二 公众生态意识培养的大众传播机制的优化路径

传播主体、传播内容与受众三个要素之间构成了一种相互作用、相互制约的关系。为达成公众生态意识培养与提升目的，生态文明传播必须既尊重生态文明理论的科学性特征又必须遵循大众传播规律，同时又必须考虑受众的需求与心理特征，推动传播主体、传播内容与受众三种要素之间形成良性互动。

（一）改变"独白"式沟通模式

人是传播活动的主体，同时人又是受众，人是传播活动的中心。受众不是被动的"阅听人"，受众是主动的"参与者"。现代大众传播使人们从过去对于个人性的、相互隔离的事务讨论转向关于社会公共环境事务的相互对话和讨论，成为进入了社会公共领域的"公众"。现代传播不仅要"赋予公众发言权""培育公众发言的能力"①，还要帮助人们深入地介入自己的"社群的事务"之中，推动公众积极地"参与政治讨论，不做旁观者，做积极（参与）的公民"②。互动式现代传播，为公众提供了讨论生态问题和参与生态决策的互动平台，在互动式的对话中公众增进了对环境问题和生态政策的认知，提升了参与能力，提高了对生态文明理念的认同度。

在现代传播过程中，传播主体与受众之间是一种相互反馈和相互交流的互动关系，通过加强双方的信息反馈与思想互动，能够使信息传播的有效性得以提高。在价值多元化的当下社会环境中，公众具有较高的独立意识、平等意识，传统的说教式生态宣传教育模式已经不再适合时代发展的要求。当前，要积极推进公众生态意识培养模式创新，公众生态意识的教育与培养必须考虑公众需求倾向，增强生态意识培养的互动性和开放性。生态文明传播应该是一种以受众为中心的多元化、互动式的现代传播形式，在双向互动的生态文明传播实践活动中传播主体和受众都受到教育，这种互动式传播活动更有利于人们接受、认同生态文明价值观。生态文明传播，应积极适应并创新性利用现代传媒，改变传统"独白式"的宣传教育模式，以人为中心，构建以"对话"为主的互动传播模式，在双向互动的对话交流过程中培养与提升公众的生态意识。这种新的"对话"模式下的生态文明传播活动中，人是主体又是客体，传播主体不仅要从生态信息"把关者"转化为受众的"指路人"，也要认识到自身同时也是受教育的客体。生态文明传播构建一种传播主体与受众之间平等、开放、民主的新的"对话"关系。现代新媒体的发展为开辟更多的互动式对话交流提供了坚实的物质基础。可以借助新媒体技术，利用好现代传媒"三微一平台"，构建更多的能够展开自由平等、相互包容的对话沟通的生态文明传播新模式。

---

① 张青：《公共舆论、公共新闻和公众公民意识的培养》，《社会科学论坛》2011 年第 3 期，第 240~244 页。

② Jay Rosen, What Are Journalists? New Haven, CN: Yale University Press. 1999, p. 75, p. 204.

（二）提高传播主体的主动性、积极性，建立多部门协作联动机制

生态文明传播的主体是一个集合概念。生态文明传播主体主要包括"国家政府、地方政府、科研教育机构"以及"文化行业的企业单位、社会团体组织以及个人"①。传播主体的主动性与积极性，对于提升生态文明传播效果与水平具有决定性意义。生态文明传播主体要教育别人，首先其自身就必须全面接受和认同生态文明理论并具有坚定的生态文明信仰，在传播过程中才能发挥出其自身的主体引导作用。然而现实中，我国生态文明传播主体专业化建设不够，往往自身生态文明素质不高，主动性和积极性不足，传播力不强。传播队伍的职业化是一条重要发展途径。从一定意义上来说，传播主体代表国家担当并执行文化管理职能，是"守夜人"和"教化者"。在传播活动中，传播主体处于生态文明传播"把关人"的位置上，其重要作用是不言而喻的。传播主体既要具有较高的职业素质又需具备极强的社会责任感。比如传播活动中的媒体记者，他们"既是环境新闻的主角，又是环境新闻的报道者，其传播力度毋庸置疑"②。我们要建设一支既拥有坚实的专业知识又具有高度社会责任感的生态文明传播专业队伍。

从协同治理理论来看，生态文明传播是一项公共事务，需要"多元主体的平等合作，协同行动"才能实现"共同目标"③。生态文明传播是一个复杂的系统工程，实现传播目标需要发动组织好各级政府、文化教育机构、媒体以及社会组织和"环保达人"等各种传播主体力量，建立多部门联动的专门传播团队，推动形成社会支持、全员参与的生态文明传播动态运作机制。各个传播主体之间应建立良好的协作关系和稳定的合作制度机制，创新开展更多综合性生态文化宣传和环境保护教育服务。政府是社会公共事务治理中的重要主体。政府应发挥主导作用，整合环保、广电、教育等相关机构，组织引导社会组织以及不同媒体平台等多样化社会资源，明确

---

① 赵美玲、滕翠华：《中国特色社会主义生态文化建设的战略选择》，《理论学刊》2017 年第 4 期，第 102~108 页。
② 杨晓娣：《环境新闻报道的策划与公关》，《北方环境》2003 年第 1 期，第 36~37 页。
③ 宋俊杰：《浅论中国生态文明主体建设的协同治理》，《理论建设》2014 年第 6 期，第 87~91 页。

相关职责和权力，提高生态文明传播的协同性，形成一种政府主导、社会支持、全员参与的生态文明传播环境，持续提高生态文明传播效果。贵阳市新时代文明实践中心构建的"1+5+N"云平台系统，能够强化生态文化传播资源的全面整合和内容的整体融合，起到了"凝聚群众、引导群众"和"以文化人、成风化俗"的整体效果，具有典型的示范性意义。①

（三）优化传播方式

当今社会，信息传播已实现从供给转为选择，只有拓展传播形式，提高传播技巧，增加参与的广度和活动的互动性，增进吸引力和引导力，才能有效提升受众的接受度和认同度。当下不论是城市还是农村地区的生态文明传播，传播方式创新性不足、缺乏灵活性，影响了传播效果。为了进一步提高生态文明传播的效果，必须更新传播理念，优化传播方式，通过形式多样、手段多元的传播方式增强传播实效。

1. 树立"受众本位意识"观点

受众既是传播活动的接受者，又是传播活动的重要参与者。对受众的认识往往会影响传播主体所选择和采用的传播模式，实践证明，不同的传播方式会对传播效果产生直接影响。针对性强和适当的传播方式能够使生态文明传播获得事半功倍的效果。所谓适当和针对性是相对于传播对象即传播活动中的受众的心理特征及需求偏向而言的。"受众本位意识"是"受众意识的一种，是一种以受众为中心，重视满足受众需求的传播意识"②。树立受众本位意识的观念，就是确立以受众为中心的指导思想，将公众生态意识的提升作为生态文明传播的价值遵循。面对"第四媒体的兴起"，树立受众意识本位观点，有助于"克服传统传播模式及时反馈难的问题"，使"传播真正形成了双向互动的局面"③。生态文明传播，要坚持"受众本位"与舆论引导相结合，将单向"到达"机制与双向"交流"机制相结合，发

---

① "1+5+N"："1"是一个统一的管理平台；"5"是指五大核心板块，即搭建了理论宣讲、教育服务、文化服务、科技科普、健身体育五大核心板块，"N"是特色功能板块，即从市到居（村）各级管理机构可打造自己的特色板块。参见《同绘文明实践新画卷——贵阳市巩固提升全国文明城市创建成果综述（中）》，《贵阳日报》2019 年 11 月 26 日，第 2 版。
② 陈文莉：《试论受众本位意识》，《新闻大学》2000 年第 2 期，第 11~15 页。
③ 陈文莉：《试论受众本位意识》，《新闻大学》2000 年第 2 期，第 11~15 页。

挥好大众传播"平行视角"、"双向交流"与"多元选择"的功能。

2. 创新发展新的传播方式

在进行传播活动时针对不同对象使用不同的方法。在农村，可以采用农民喜闻乐见的方式在文化活动过程中传播环保思想，也可以结合本地区的文化传统，把生态文明传播融进当地的日常文化活动之中。在城市，走进社区，根据不同居民人群结构特征，采取适合各类人群特点和接受度的方式，开展不同层次传播活动。通过公众喜闻乐见的传播形式，公众能够在参与这些活动的过程中，自觉接受和认同生态文明理念。促进生态文明传播从传统灌输式、说教化和千篇一律的模式向人性化、互动式和分众化模式转变，以传播效果为导向实现传播模式的重塑。当前，生态文明传播要获得更好的传播效果，必须与时俱进，推进传播渠道多样化发展。加强生态文明传播与政治建设、经济建设、文化建设的融合发展，能够开辟更多生态文明传播与教育渠道。"将生态意识培育渗透到旅游活动中"[1]的生态旅游，这种将显性教育与隐性教育相结合的新型传播方式，就是一种值得推广和拓展的生态文明传播形式。生态旅游以旅游休闲的方式使人们在亲近自然的绿色体验中自觉地接受生态文明理念教育。随着社会的进步，人们的自由时间越来越多，人们外出旅游的机会越来越多。要对生态旅游业进行科学规划与管理，制定更加科学的政策，引导人们参加高品质生态旅游活动，让公众在日益丰富的生态旅游活动中，实现包括生态文明素质在内的人的整体素质的提升。

当前，融合多种媒体的大众传播为传播方式创新提供了更多的渠道。大众传媒，提供了公开讨论的平台，能够让"受众从被动接受转换为主动参与"[2]，受众在环保话题讨论中、在环保事务的积极参与中，不仅为生态管理提出了合理的对策建议而且也受到了教育，受众的思想意识、道德意识以及社会责任意识在这种互动中潜移默化地受到强化。在融媒体大发展背景下，要利用好新媒体等多元化传播手段增强传播实效性。现代新兴传媒，同时具有广泛的融合性、交互性特征，并日益渗透人们的经济、政治

---

① 李慧芳：《公民生态意识培育应由独白转向对话》，《人民论坛》2019 年第 4 期，第 58~59 页。

② 张青：《公共舆论、公共新闻和公众公民意识的培养》，《社会科学论坛》2011 年第 3 期，第 240~244 页。

和社会生活，已经成为"中国公民行使知情权、参与权、表达权和监督权的重要渠道"①。《全国生态文明意识调查报告》显示：在 14～18 岁的受访者中有 54.1% 的人承认自己是通过互联网知晓生态文明知识的，在 19～29 岁的受访者中则达到了 59%，而在 30～60 岁的受访者中也有 47.8% 之多。② 新媒体对新时代生态文明传播工作提出了新要求。新媒体时代，生态文明传播，既要做好新旧媒体的有效融合，也要注重创新发展低成本、更有效的新传播方式，增强生态文明传播的互动性和实效性。

（四）做好受众群体定位

大众传播有效虽然有赖于多种因素，但是受众群体定位的合理性是其中一个十分重要的因素。传播效果主要表现在受众身上，亦即受众对传播内容的理解、接受与认同程度，因而"研究大众传播的效果与研究受众关系极为密切"③。事实上，即使对于同一个传播者运用相同方法传达的同一内容，不同受众所产生的反应也可能是不同的。受众中的每一个体都会受到其自身社会背景或群体背景的影响。生态文明传播要取得效果，必须做好受众群体定位工作。一是要突出重点，分层次做好生态文明传播工作。传播活动的受众个体具有丰富的个性特征，传播主体要从客观实际出发、具体问题具体分析，全面分析和把握不同层次受众群体的生态认知水平和需求倾向，分层次地开展生态文明传播工作，做到传播活动因人施策、有的放矢。要调查、诊断不同地区不同群体的人们需要重点解决的问题，了解公众的需求倾向，并按照不同地区利益群体的背景，将受众群体按照性别、年龄、经济水平与文化程度等情况进行划分，因人施策、分阶段实施传播活动。特别需要关注的是，随着我国城市化进程不断推进，人口迁移的速度与规模逐渐提升和扩大，形成了更加复杂的受众人群及其复杂利益关切。生态文明传播更应适应这种时代变迁带来的挑战，应对这一变动所带来的受众群体的变化，制定合理的传播策略。二是完善传播评价工具，了解生态文明传播受众的适宜度。受众适宜度是相对的，是指传播主体观

---

①　陈大伙：《新媒体视野下的群众工作》，《红旗文稿》2013 年第 17 期，第 30~31 页。

②　郭志全：《生态文明建设中公民生态意识培育多元路径探究》，《环境保护》2018 年第 10 期，第 49~51 页。

③　徐耀魁：《大众传播学》，辽宁教育出版社，1990，第 199 页。

察传播活动与受众群体的接受心理和接受水平的适合度。目前已开展的这种效果评价中一般局限于过程评价，往往是以调查表的形式抽查受众的生态文明知识知晓率和生态文明行为某些方面的表现情况，对受众的反馈意见、实际生态行为的变化等则较少关注。具体的生态文明传播活动必须考虑到受众群体的具体情况。我国广大社会公众特别是基层民众，大多文化程度低，其阅读、理解、分析以及选择能力等方面明显不足。而现有的国外评价工具，往往又并不一定适合我国社会发展水平，如果生搬硬套地应用到国内，则可能无法准确有效地获取调研信息。应充分考虑我国公众的普遍经济发展水平和文化程度等方面的现实状况和公众切实的生态需要与关切，参考国际、国内已得到公认的评价工具和评估理论，制定出能够切实反映我国国情的检测评价系统，根据公众的现实状况做好生态文明传播工作。

（五）优化传播内容

生态文明传播过程中，传播主体传送给受众的传播内容是经过编辑过的生态文明理论知识和环境新闻事件，是传播主体特别制作和安排的内容。以环境新闻为例，受到传播媒体报道的：一是一些"自然发生的新闻事件"；二是环保相关的部门和企业追踪新闻报道的热点而"制造出适合媒体报道的事件"；三是环保相关部门和媒体进行合作而"共同制造出媒体新闻"；四是新闻媒体"主动策划"的生态环境事件。[1] 事实上，好的传播内容是需要进行深入挖掘并进行科学组织的。作为受众的"指路人"，传播者需要将生态信息编辑为便于受众理解和接受的生态议题，引导受众发现生态信息背后的价值，以便于帮助受众很好地理解、接受生态信息。生态文明传播，既要利用好世界性、国家性环保宣传节日，也要利用好具有生态教育意义的民间传统节庆和纪念日，传播生态文明理念，引导公众践行绿色生活，唤醒公众的生态保护意识、忧患意识和责任意识。理论要变成现实的实践力量，就必须通过文化传播让理论被群众掌握。马克思指出："理论一经掌握群众，也会变成物质力量。理论只要说服人（ad hominem），就能掌握群众，而理论只要彻底，就能说服人（ad hominem）。所谓彻底，就

---

① 杨晓娣：《环境新闻报道的策划与公关》，《北方环境》2003 年第 1 期，第 36～37 页。

是抓住事物的根本。"① 只有掌握传播规律和受众的本质需求，传播内容不仅是科学的而且是大众化的，生态文明传播才能取得良好的效果，公众参与生态文明建设的积极性和自觉性才能被激发出来。

1. 贴近大众生活

社会大众的生态文明教育，既需要模式化、系统化，以提高教育的成本效益；但同时更需要因时、因地、因人制宜，根据不同受众群体及个体特征设定不同的目标导向、选定适当的教育内容，增强传播的针对性和实效性。生态文明教育要贴近大众生活、要有亲和力，这样才能让普通群众乐于接受、认同。列宁认为，最高限度的理论（马克思主义）等于"最高限度的通俗化"②。在面对不同的受众群体时，要采用适合的话语体系。在传播过程中，根据广大民众需要，尽量选用简洁明了、具体生动的表达方式，将科学术语大众化、艺术化。结合不同地区的特色文化和风俗习惯等多样化的生态文化资源，塑造符合大众认知结构和审美特征的生态文明传播的多元话语表达；在传播过程中，用社会主义生态文明建设辉煌成就来阐明坚持生态价值取向的现实意义，用生态文明创建模范人物的感人事迹来阐明个人履行生态价值准则的重要性。要让生态文明传播贴近公众生活，让生态文明传播与公众日常生产、生活息息相关。通过通俗易懂的话语，把生态理论知识转化为便于公众直观感知的知识，拉近生态文明理念与公众之间的心理距离，这样就会提高公众对生态文明理念的认知、接受和认同度。

2. 增强针对性

受众群体的特征不同，传播内容就应该不同。对于民众个体而言，他们的文化水平存在一定的差异，他们所关注的利益点也必然有一定的差异，因而对传播内容的理解和接受度也会存在差异。知识分子、公务人员与普通民众在理解力与生态认知上必然会存在差异，而农民与城市居民在生态认知上也一定会有着显著不同。为了让生态文明传播能更有针对性，要"因地、因人而灵活调整宣传内容，实现内容多元化"③。实践证明，开展互

---

① 《马克思恩格斯文集》（第 1 卷），人民出版社，2009，第 11 页。
② 《列宁全集》（第 30 卷），人民出版社，1990，第 422 页。
③ 郭志全：《生态文明建设中公民生态意识培育多元路径探究》，《环境保护》2018 年第 10 期，第 49~51 页。

动型、公益型的生态文化创建活动，公众在参与互动的文化活动中更容易接受生态文明理念。开展生态省（市）、生态城市（森林城市）、生态县（区）、生态村和绿色家园等生态文明创建活动，这是中国在生态文明传播上的创举，具有世界性示范意义。目前，浙江省、贵州省、湖南省和福建省开展的生态文化创建和生态科普教育活动，已经取得实效，为全国生态文化建设和生态文明传播起到积极的示范作用。未来仍然需要针对不同地区不同群体开展内容丰富多样、形式生动活泼的文化传播活动，向公众传播生态意识、普及生态文明理念。

第二节　基于公众生态意识培养的生态文化建设路径的优化

提升公众生态意识，需要从多个方面对生态文化建设的实践路径进行优化。一是生态文化建设制度机制①的优化。加强规则制度建设，用制度性的力量不断调适社会公众的各种反生态倾向和行为，激励、引导公众树立生态文明理念并形成自觉的生态文明行为。二是生态文化发展动力机制优化。整合来自政府、社会和个人的各种力量，构建并运用好导向机制、驱动机制和约束机制，形成对生态文化发展的强大推动力。三是生态文化建设公众参与机制的优化。建立和完善公众参与生态文化建设的体制与机制，加强对民间环保组织的管理与引导，畅通公众参与渠道。

一　生态文化建设制度机制的优化

人的认知系统实际上是由一定的文化提供的，这种认知系统一旦形成就会直接影响人的价值观及行为的选择，并最终固化为一定的人的行为模式。在一定的社会中，个人行为必然会被社会制度规范、调适和修正。而"社会制度的制约、转换和约束能力，使个人产生了新的观念和性格倾向。

---

① 本章"制度"有广义与狭义两种不同的用法。在论证"制度机制"时是广义的用法，包括政策、法律和道德规范，而在论证"政策制度"时则是狭义的用法，主要倾向于不同于法律的政策规定。

在这些新的思维和行为习惯的基础上，新的偏好和倾向就出现了"①。生态文明建设，需要"通过硬、软两个途径对人们在生态文明方面的行为进行调整，以达到提高生态文明水平的目的"②。中国共产党"十八大"报告提出"加强生态文明制度建设"，体现了我国的生态文化建设由意识形态上的关注进一步提升到了制度建设层面。制度分为"正式制度"（包括原则、法律、规章与条例等）和"非正式制度"（包括伦理、道德、习俗与惯例等）两种表现形式。生态文化建设既需要重视"指向规范人们生态行为的强制性约束"③的"正式制度"建设也要强化"非正式制度"建设，通过制度建设对公众生态意识和行为进行规范、约束、调适、激励，引导公众不断提升生态文明素养并形成自觉的生态文明行为。

（一）生态文化建设制度机制建设中存在的问题

生态文化建设理论研究在我国起步较晚，我国生态文化理论具有较强的外部输入性特点。我国社会主义生态文化建设，特别是生态文化制度建设，不能只是引进或移植西方的制度体制，需要走出一条适合中国国情的社会主义生态文化制度发展道路。同时，我国的生态文化建设"更多是以最高官方文化的形态呈现，对地方政府、企业和民众有效影响不足"④。当前我国生态文化发展制度机制设置以及具体的实施还存在不少问题，严重影响了生态文化建设的实际效果。

1. 生态政策制度和法律法规不健全，可操作性不强

总体上看，我国生态文化制度建设与社会发展的实际需要之间还存在着巨大差距。自生态文明建设被确定为基本国策以来，我国生态文化事业、生态文化产业获得了长足的发展，然而与生态文化发展相关的制度建设则明显滞后。生态文化发展与生态文化管理的各个方面要么是无法可依、要么是制度过于原则化。生态文化制度不健全极不利于生态文化的传播。当前，我国

① 〔英〕杰弗里·M. 霍奇逊：《经济学是如何忘记历史的：社会科学中的历史特性问题》，高伟、马霄鹏、于宛艳译，中国人民大学出版社，2008，第330页。

② 夏光：《生态文明制度如何创新？》，《中国环境报》2013年2月26日，第2版。

③ 李娟：《中国生态文明制度建设40年的回顾与思考》，《中国高校社会科学》2019年第2期，第33~42页。

④ 阮晓莺、张焕明：《生态文化建设的社会机制探析》，《中共福建省委党校学报》2013年第5期，第79~85页。

还没有国家层面的生态文化发展管理的专门法律，这样在评价、监测、考核与调整等方面都缺少相应的法律规定。制度能够对生态文化建设起到重要的保障作用，最为关键的是要保证这些制度具有强制性和相对的稳定性。当然，从本质上来看，法制本身与其所要调节的人与自然之间和人与人之间的实践关系相比，法制则明显是消极被动的，缺少机动性和灵活性。因而，在生态文化建设过程中，必须适时地制定和修订生态政策制度和法律法规。目前，仍然有一些政策制度和法律法规中所体现的生态文化建设相关内容难以适应新时代社会、经济发展变革实际需要。同时，在实践中生态文化建设相关制度更新速度慢，难以应对生态文化建设现实发展。

2. 覆盖范围有限，约束对象存在局限

实质上，法制的覆盖范围是有限的，它所涉及的仅是社会生活的主要领域。并且，法制所调节的只是生态文化建设的内在诉求中最基本的诉求，并不能解决全部诉求。我国生态文化发展制度建设起步晚，制度设计还存在诸多不足，法制的覆盖范围不够全面。同时我国现有的生态保护法律法规，其制度性的约束力往往更多地作用于企业、社会团体和个人，而对政府和下属机关行为的约束则明显不足，导致对政府应有的监督和约束缺乏。目前对于政府机关在生态文化发展中的权利与责任，特别是在文化公共服务供给与文化发展管理上的主体责任还缺少制度和法律方面的明确规范。各级政府主体，该谁负责，负什么责，做什么，怎么做，都缺少法定的制度和程序。各项相关评价制度均不健全，事后也没有有效的监督。目前，作为生态文化制度建设重要一环的生态伦理道德规范建设力度和实施效果也并不理想。事实上，人的生态意识的提升、生态自觉行为的形成在很大程度上需要相应生态道德规范的调节。传统伦理道德，缺少对人与自然的关系进行明确的规范，因而难以对人们对待自然的行为进行评判和道德约束。目前，我国虽然有生态文明行为规范的倡议，但真正要把生态文明倡导的生态伦理道德转化为具有现实调节作用的制度规范还有很多工作要做。

3. 管理制度不健全，形式冲突严重

生态制度的本质是制度体系的生态化，即在制度制定与实施中体现出生态文明的要求，以最优化的方式处理人与人、人与自然的生态关系。由于缺乏健全的监督管理制度机制，我国生态文化建设的监管不足，对生态文化建设过程中的很多问题往往不能做出及时的反应，严重影响了生态文化建设的整体效果。我国在一些生态管理条例中也加入生态文化建设监管要求，制定了相关监管规范与职责分工规定以促进生态文化建设的科学性和合理性。然而现实是，这些监督管理规定并没有被完整地落实到行动之中。这导致了许多地方生态文化建设出现偏差、建设效率低下。另外一种情况是，生态文化建设具有丰富性、复杂性特征，要求相对应的制度在形态上、作用机制上也要因时因势进行变革。同样的制度有时候会因时空的变化而产生不同的效果。现有法律制度中的各种形式之间还缺乏协调和整合，有的法律制度之间甚至还存在矛盾和相互冲突，这在一定程度上降低了法制的作用与效率。

（二）健全与完善生态文化建设制度机制

创新生态文化发展制度机制建设，要强调"制度的生态视野和长远效应"①。没有整合的、有效的制度的支撑，生态文化建设也许能够取得一地一时的效果，但注定是不可持续的。生态文化的制度机制优化的目标是通过建设最优的制度对人们的经济、政治和社会行为进行约束和引导，推进公众提升生态文明意识水平、形成生态自觉行动。通过政策、法律和道德规范合理地规范与引导人们的生产与消费活动，以制度性的力量来对抗与调适社会实践中的反生态倾向。就其现实性来说，就是要将生态文明理念融入各种经济、政治和社会发展的政策、法律和道德规范的制定、修订和执行之中，增强对人们社会实践行为的现实引导力和约束力，促进社会主义生态文明观在全社会的确立。

1. 将生态文明理念融入经济社会发展的政策制度体系

效率来自激励，而制度的主要作用就是不断调整社会的激励机制，使得现有的资源能够产生出更高的效率。通过将生态文明理念融入政策体系之中，建立并执行系统科学的生态政策制度，激励、规范人们生态化生产与生活，引导经济社会的生态发展方向，实现"社会生产关系"的生态化变革。"这些价值观将构成一个新的基础，由此审慎地应用技术，清醒地意识到社会和环境限制并因此而约束经济活动，以及建设一个具有生态智慧

---

① 张保伟：《生态文化建设机制及其优化分析》，《理论与改革》2011 年第 1 期，第 110 页。

的社会。"① "社会生产关系"新变革，主要是指变革传统经济发展模式的背景下形成的种种"非生态"生产关系和政策体系，创建能够保障绿色发展有效进行的生产关系和生态政策制度。确立激励与惩罚并重的生态政策，能够规范、引导公众形成生态的价值观和行为习惯。生态政策制度的建立，既要把不合理的非生态的政策制度废除掉，也要让合理的、有利于生态与发展相协调的政策建立起来。通过建立健全绿色发展的政策体系并构建统一高效的监管体系，通过刚性约束和激励引导，促进经济社会建设向绿色发展模式转型，进而推进生态文明意识形态成为全社会的核心价值观。

（1）制定促进经济社会生态发展的激励政策制度。在实践中，政府为保护生态环境资源而必然会采取一定政策措施来规范人们的生产生活行为，这些政策措施既是"生态产权关系和生态系统均衡必要的政策性依据"，同时也是"遏制人性失衡，提升人文精神的制度条件"②。政策制度的改变实质上就是要求人们行为规则改变，人们行为规则的改变就是通过政策制度引导和调整人的现实行为来实现的。通过制定相应的经济政策，形成一定的惩戒和诱导力量规范和引导人们选择生态化生产生活方式，就会"塑造一种'环保不仅是伦理上的应该也是经济上的应当'的社会环境"③。

一是建立健全环境资源产权制度和环境资源产权交易政策制度。通过建立环境资源的产权制度，制定环境标准和划出生态红线，确定可用于支撑经济发展的环境承载力规模及终极产权归属。同时，建立环境资源产权交易市场，让市场机制发挥配置经济资源的决定性作用，激发各主体生态建设活力。美国学者泰坦伯格认为，解决环境问题，市场力量是十分强大的。他指出："忽略市场的力量解决环境问题的做法，是冒很大的风险的。控制市场的力量并引导它向着保护环境的方向发展，既是可行的，又是十分理想的。"④ 既要将资源开发的成本也要将资源破坏和环境污染所形成的

---

① 〔美〕丹尼尔·A. 科尔曼：《生态政治——建设一个绿色社会》，梅俊杰译，上海译文出版社，2002，第93页。

② 周秀英：《论摆脱生态危机的制度与人性根据》，《长白学刊》2008年第6期，第104～106页。

③ 张保伟：《生态文化建设机制及其优化分析》，《理论与改革》2011年第1期，第107～110页。

④ 〔美〕泰坦伯格：《环境与自然资源经济学》，严旭阳等译，经济科学出版社，2003，第11页。

治理成本纳入资源性产品的价格制定中，积极探索一种适合中国国情的绿色经济核算制度和相关的统计制度，完善生态责任追究制度和环境损害赔偿制度，进一步将"环境外部成本内部化到市场主体决策中"①。

二是建立绿色发展的政策导向机制，将生态文明理念贯彻于各项经济社会政策的制定与实施之中。通过制定引导性的财政和价格政策，创设有利于绿色发展的激励机制，引导企业走清洁生产和循环发展之路。建立支持绿色发展的绿色金融政策制度和税制体系，支持清洁能源、节能环保产业发展，包括建立清洁技术研发支持基金、风险投资基金、新型节能环保技术推广平台等。出台绿色信贷、污染责任保险、绿色投资等环境经济政策，把产品消费后的处置责任前移到生产者，从而激励生产者按照环境友好的理念进行产品设计，优化生产过程，把优质的生态产品供给社会，带动生态消费的发展。

三是健全完善绿色考核体系和奖惩政策制度。进一步将资源消耗、环境损害与生态效益纳入各级各类主体和责任人的工作绩效考核之中，充分发挥绿色绩效考核在经济社会发展中的约束、激励作用。浙江"丽水模式"试点"生态产品价值实现机制"，建立"区域生态系统生态总值"（GEP）核算制度，具有极好的导向示范意义。GEP 的增减清晰表现出了"破坏真生态"和"制造假生态"等行为造成的巨大损失。② 为保持生态系统进一步增值，根据 GEP 数字指引，政府和社会大众就会谨慎考量，力图让自己的生产生活行为符合自然生态系统规律。2017 年 11 月中共中央印发了《领导干部自然资源资产离任审计规定（试行）》，对于促进广大领导干部"牢固树立绿色发展理念和正确政绩观"，推动在全社会"形成绿色发展方式和生活方式"，具有十分重要的意义。③ 中国共产党"十九大"以来，全国开展了全覆盖的环保督察，督促各级领导干部全面落实生态建设主体责任，一系列突出的环境问题得到解决。要真正发挥政策制度的作用，还需要"实

①　赵美玲、滕翠华：《中国特色社会主义生态文化建设的战略选择》，《理论学刊》2017 年第 4 期，第 102~108 页。

②　沈晶晶、暴妮妮：《解码 GEP——丽水构建生态产品价值核算评估体系的调查》，《浙江日报》2019 年 5 月 30 日，第 6 版。

③　《建立经常性审计制度规范 开展领导干部自然资源资产离任审计 推进生态文明建设》，《人民日报》2017 年 11 月 29 日，第 6 版。

现制度构建和目标责任的有机统一"，否则如果"仅有制度体系而没有有效的责任机制，制度规定就会失去监督效果"①。

（2）实行从严从紧的生态环境管制政策制度。生态意识属于人的一种"内在"思想状态。生态制度的健全与完善则能够起到"以外促内"的作用，用外在压力促使人们形成自觉的生态保护行为习惯。生态文明建设是一个十分复杂的社会工程，在生态文明建设中的任何一个环节都包含着巨大的价值观冲突的可能性，而且不同层级和不同维度的政策相互之间的衔接也是多种多样的，实践中的谁先谁后的问题也可能会引发一系列的矛盾。而这一系列价值冲突与矛盾的调整和解决是建立在健全的政策制度体系基础之上的，只有依托相关政策制度的规范才能谋求生态文明实现的合力。各级政府需要担负起生态文明建设主体责任，加强环境治理与环境管制，对社会生产和个体的行为进行调节，确保生态文明理念在全社会得到贯彻。

一是必须对经济发展给予强有力的环保限制。"波特假说"认为，恰当的环境管制能够"激励企业开发和采纳生态创新"，进而能够为"本国企业建立起绿色市场上的竞争优势"②。为保证经济的绿色发展，制定并全面实施强有力的环境管制政策对各主体经济行为进行约束和制衡，这在市场经济社会是完全必要的。严格"生态红线"管理，争取为自然留下更多修复空间。根据生态环境整体承载能力，严格实行总量控制和配额管理政策，对生产、生活与生态的空间安排进行科学布局，统一经济、社会与生态的效益目标，实现人口、资源与环境相发展。

二是强化地方政府在经济社会发展中的生态责任担当。受以 GDP 增长与财政收入增加为主要指标的传统的政绩考核方式以及"届别机会主义"③等诸多因素的影响，一旦地方政府经济目标同环境目标发生冲突，"在多任务委托合同中的地方官员会选择淡化甚至牺牲政府环境责任以保障和落实经济目标实现"④。实际上，国家环境管制政策的落地实施地方政府担当着

① 李娟:《保护生态环境需要严格制度保障》,《光明日报》2018 年 11 月 19 日, 第 3 版。
② 董颖、石磊:《"波特假说"——生态创新与环境管制的关系研究述评》,《生态学报》2013 年第 3 期, 第 809~824 页。
③ 刘顺义:《中国地方政府届别机会主义倾向经济行为探讨》,《甘肃理论学刊》2005 年第 2 期, 第 31~34 页。
④ 唐啸、陈维维:《动机、激励与信息——中国环境政策执行的理论框架与类型学分析》,《国家行政学院学报》2017 年第 1 期, 第 76~81 页。

重要的角色。但是，地方政府并没有担当起应有的责任，环境保护政策缺乏与"执行不到位"的情况在许多地方都存在。中国共产党"十八大"以来，明确了党政领导干部"生态损害追责"的 25 种主要情形和不同级别领导干部"生态损害追责"的主要形式，强调生态保护终身追责，"已经调离的也要问责"，进一步"扎紧了环境保护的制度篱笆"①。今后，中央政府要充分考虑到地方政府在执行环境管制政策制度中的权利与责任，激励、引导地方政府在生态治理中担当责任。

三是形成从源头到结果的全过程管制。通过"产业政策、环境管理、司法管制、政治约束等方式"②，在经济生产全过程实现从严从紧的环境管制。在源头上，健全完善生态保护的目标体系、统计体系与核算政策制度，严格生态环境准入政策、重大项目生态风险评估规范，进一步改革并完善环境影响评价政策制度。在过程上，严格环境监管与行政执法，健全主要污染物的排放许可政策规定，建立以生态环境容量为基础、以生态环境质量为导向的总量控制政策制度。在结果上，完善生态环境损害赔偿与责任追究政策制度。

2. 将生态文明理念融入法治建设

没有法律法规的强制性规范约束，就不能有效地遏制各种破坏生态环境的行为；没有严格的法治作为保障，"生态文化就只能作为一种自在自发的理念而存在，无从进入更加广泛的社会实践中"③。法律是由国家制定的具有强制力和普遍约束效力的行为规范。生态文化的法治建设是一种强制型文化传播，即国家将生态文化认同纳入法律体系之中并形成具有极强约束力的生态环境保护法律制度，这样就为政府、企业、社会组织和公众个体提供必须遵循的行为规范和标准。只有严格的生态法治才能在现实层面强制性约束与阻止人们的环境违法行为。中国共产党"十九大"提出要在全社会"实行最严格的生态环境保护制度"。这一"史上最严"的生态法治观，既表明了"中央推进生态文明建设的坚定决心"，同时也"抓住了运用法治思维和法治方法这个'牛鼻子'"，为推进生态文明建设各领域的法治

---

① 李娟：《保护生态环境需要严格制度保障》，《光明日报》2018 年 11 月 19 日，第 3 版。
② 夏光：《绿色发展的三大动力》，《全球化》2016 年第 4 期，第 29~38 页。
③ 张保伟：《生态文化建设机制及其优化分析》，《理论与改革》2011 年第 1 期，第 107~110 页。

建设提供了理论指导和行动指南。① 生态文明建设取得实效必须有完善的法律法规，需要将生态文化融入立法、执法和执法监督工作中，建立健全生态法治体系。在生态法治体系的总体设计中，将社会主义生态文明观作为指导法治建设的基本理念，使制度安排涵盖"经济与道德共同进步"的长远考量。要在立法目的和"法本位"的确立上进行创新与纠偏。在立法目的上，努力实现环境立法目的的生态本位；在"法本位"的确立上，努力实现环境立法内容的权利本位。② 在生态法治体系的具体设计中，废除违背生态文明理念的法律法规，并随着生态文明实践不断创新生态文明法制建设。

（1）完善生态立法与法制建设。在法治的时代，我们需要将生态文化建设的要求转化为法律规范，亦即将生态文明理念贯彻到经济社会发展的立法和法制建设中，通过国家强制力来保障生态文明的顺利实现。当前，我国的生态法制正在不断地健全与完善。2014 年，我国立法通过了"史上最严"环境保护法。为进一步使"源头严防、过程严管、后果严惩的生态文明制度体系逐渐完善"③，国家陆续修订出台了《大气污染防治法》《水污染防治法》《海洋环境保护法》《野生动物保护法》《土壤污染防治法》《环境保护税法》等多套生态法律法规。这些法律法规将推进生态文明建设作为立法目的，"围绕生态文明的基本要求进行了体制改革、制度设计、机制创新和权利义务分配、责任界定"④。依据国家大法，各个省、区、市地方政府也制定了相应的法律法规和实施细则。这些法律法规的制定与实施进一步推动了经济社会的可持续发展。

美国学者庞德认为，社会必须"通过经验来发现并通过理性来发展调整关系和安排行为的各种方式，使其在最少的阻碍和浪费的情况下给予整个利益方案以最大的效果"⑤。目前，我国现行法律法规还需要根据新时代

① 高莹：《生态环境法治建设成效显著——访全国政协常委、清华大学法学院教授吕忠梅》，《中国社会科学报》2018 年 3 月 23 日，第 6 版。

② 何佩佩、邹雄：《环境法的本位与环境保障利益研究》，《福建论坛》（人文社会科学版）2015 年第 3 期，第 172～176 页。

③ 《筑牢制度屏障 守住绿水青山》，《经济日报》2018 年 5 月 22 日，第 1 版。

④ 高莹：《生态环境法治建设成效显著——访全国政协常委、清华大学法学院教授吕忠梅》，《中国社会科学报》2018 年 3 月 23 日，第 6 版。

⑤ 〔美〕庞德：《通过法律的社会控制》，沈宗灵译，商务印书馆，1984，第 71 页。

我国生态文明建设的新情况、新要求进行不断地调整和完善。要根据时代和社会发展的要求，对现有法律法规进行适时"升级改版"，即对于一些滞后的法律法规进行"绿色化"升级改造，构建生态文明建设法治保障"制度链"。一是从立法上进一步明确"生态文明权"并确立其宪法地位，保证人们生态文明行为有直接和明确的宪法依据。同时"在民法的权利清单中增加生态文明权，赋之与财产权、人格权等同等的法律地位"①。二是"制定专门的生态文明建设综合性法律"②，对建设社会主义生态文明的基本政策、法律制度和保障机制进行规定，特别是对我国现有的环境资源法的体系根据社会发展的实际需求进行重塑。三是适时制定实施专门的绿色生产与绿色消费促进法。构建符合生态文明建设要求的一系列"经济和绿色生产方面的法律制度"、"生活消费法律制度"和"环境监管法律制度"。对严重破坏生态环境的行为，可通过实行环境公害行为"刑罚化"和民事赔偿"巨额化"等手段，发挥法律制裁的吓阻功能。③ 四是积极推进各种生态环境保护方面的地方性法规的制定和修改，同时积极推进各省、区、市地方政府结合本地生态文明发展实践进一步"明确、细化上位法的规定，积极探索在生态环境保护领域先于国家进行立法"④，真正构建起覆盖生态文明建设全方位、全地域、全过程的法律法规体系，通过生态文明法律法规约束、规范、引领，让生态文明理念成为广大社会公众的共识，进而转化为建设生态文明的自觉行动和巨大合力。

（2）加强生态执法与执法监督。法律是国家意志的体现，对社会行为主体具有强大的威慑力。法律被赋予国家强制力，对环境保护行为给予肯定、对破坏环境行为进行惩罚，进而引导和规范社会行为主体。汉密尔顿指出："对法律观念来说，主要是必须附有制裁手段"，对于各种"不守法

---

① 鲜开林、张永敏：《论生态文明权的权利文明新形态》，《第五届北京人权论坛发言摘要》，中国人权网，2012。

② 党小学：《构建生态文明法律体系 有效推进生态文明建设》，《检察日报》2018 年 4 月 3 日，第 3 版。

③ 党小学：《构建生态文明法律体系 有效推进生态文明建设》，《检察日报》2018 年 4 月 3 日，第 3 版。

④ 庞昕、桑平起：《发挥地方立法作用 加强生态环境保护》，《人大建设》2018 年第 8 期，第 8~10 页。

要处以刑罚或惩罚"①。这表明，制定法律重要，严格执法更为重要。有法不依、执法不严，必然会削弱法律约束力，这实际上等同于纵容环境破坏行为的发生。为更好地发挥法律对于生态文明建设的保障作用，必须建立完善环境保护执法体制机制，明确职责权限，规范监督程序，进一步加强生态执法力度。中国共产党"十八大"以来，我们国家在生态执法方面持续出台了多部规章、规范性文件，对执法机关的职责和权限以及相对的权利和义务都进行了明确的界定，进一步完善了执法程序，加大了生态执法力度。今后我国仍然需要进一步优化执法的法制与机制，搞好执法过程各环节的衔接，解决好生态执法的"最后一公里"问题。打破"生态环境保护说起来重要，做起来次要"② 的怪圈，解决好法律法规执行不严和不彻底的问题，形成刚性约束。"环境司法专门化"仍然需要加强，建立健全各级环保法庭，进一步推进"环保法庭制度化发展"③。要适时地重点推出一系列司法政策和司法解释，建立完善专门的生态环境问题审判机构，建立生态保护公益诉讼制度，为促进生态文明建设探索出一条具有中国特色的"绿色司法"之路。④ 同时要在法制安排上为公众行使监督权提供合法的实现路径和合理的法律程序，让公众的生态诉求和呼声都有所回应。要发挥各民主党派、社会团体、民众以及新闻媒体等的综合监督作用，对政府主体贯彻执行生态法律制度、履行生态保护职责进行严格监督，建立全方位的环保监督机制。

3. 加强生态伦理道德建设

政策与法律保障是生态文化发展的"硬实力"，而伦理道德规范支持则是推进生态文化发展的"软实力"⑤。生态文化价值观只有获得道德上的认可，才能内化为人的思想观念进而引导人的行为的自觉变化。加强生态伦理道德建设，能够"唤醒人们的生态良知、生态道德自觉，增强人们的生

---

① 〔美〕汉密尔顿：《联邦党人文集》，程逢知、在汉、舒逊译，商务印书馆，1980，第75页。
② 《筑牢制度屏障 守住绿水青山》，《经济日报》2018年5月22日，第1版。
③ 由然：《反思环保法庭制度化发展之正当性》，《重庆大学学报》（社会科学版）2018年第4期，第187~198页。
④ 高莹：《生态环境法治建设成效显著——访全国政协常委、清华大学法学院教授吕忠梅》，《中国社会科学报》2018年3月23日，第6版。
⑤ 雷声：《文化自觉、文化自信与社会主义核心价值体系》，《思想理论教育导刊》2012年第1期，第22~23页。

态正义感和生态伦理责任感，促进人与自然和谐相处"①。加强生态伦理道德建设，将社会主义生态文明观具体化为具有可操作性和外部约束力的具体活动行为规则，对公众的社会实践活动进行规范和感召，引导公众形成自觉的生态行为。

（1）确立生态伦理道德观念。生态伦理实际上就是人们对包括人自身在内的整个地球生态系统生存状态的"伦理关注"，将地球上所有的生物包括人类看作地球生命共同体中相互联系、相互制约的不可分割的组成部分。人类与自然怎样在地球这个共同体中生存？这是一个"生态学问题"。而我们人类应当怎样对待自然界的一切生命体，并能够使它们以其自身完善的方式，在这个共同体中美好地生活？这则是一个"伦理问题"。②这一问题关系人类文明可持续发展的未来走向。确立生态伦理道德观念，即要求我们将生态价值观转化为引导人类正确处理人与自然关系的道德律令。在经济社会发展中，为实现人与自然的和谐发展，通过行为规范引导人实现与社会、自然"三位一体"的统一，保证经济发展与环境保护的双赢。生态伦理道德，主要是指"人类在处理人与自然关系上所应遵循的行为准则和规范"③。生态伦理道德包括强制性和鼓励性的道德要求和规范。我们应确立一种科学的生态伦理道德观念，即确立一种生态价值观。第一，在考虑自然时，我们不再像传统工业经济那样将土地和自然界看作人类发展的"取料场"和"垃圾场"，将河流看作人类发展的"自来水管"和"排污管"。人类也不能将自然界看作仅是可以利用的资源，而是要将其看作需要维持良性循环的生态系统，将其看作生命共同体中的伙伴。第二，在考虑科学技术时，我们不仅考虑科学技术对自然的开发能力，还要充分考虑它对生态系统的维系和修复能力，使之成为有益于生态和谐的生态科学与生态技术。第三，在考虑人类自身的发展时，我们需要转变以人为中心的与自然界相对立的传统的思维方式，克服那种把人凌驾于自然之上的极端人类中心主义倾向，实现从人类与自然对立的工具理性思维方式向崇尚人与自然和谐的生态理性思维方式的转变。人与自然的关系不应是统治与被统

---

① 胡隆辉、付钦太、于咏华：《弘扬生态伦理道德》，《人民日报》2013年2月25日，第7版。

② 叶平：《生态伦理——一场哲学观念的革命》，央视网，http：//www.cctv.com/science/20030421/101448.shtml，2003年4月21日。

③ 胡隆辉、付钦太、于咏华：《弘扬生态伦理道德》，《人民日报》2013年2月25日，第7版。

治、征服与被征服的关系，而应是一种和谐共生、协调发展的关系，一种有着内在平等交流的生命关系。这种新价值观应从可持续发展的高度去看待和处理人与自然的关系，注重人与自然的整体利益和人类的长远利益，把人类长久生存的价值看作最高的价值。人类在追求这一伟大理想的过程中，必然会自觉地与自然和谐共荣。

（2）加强生态道德教育和生态伦理教育。我们要确立科学的生态伦理道德观念，确立一种新的生态文明观，就要开展生态伦理道德教育。开展生态伦理道德教育也是提高全民生态意识的主要手段之一。生态道德和生态伦理是保障生态文化建设持续发展的两个关键性要素。"伦理侧重社会规范、习俗等，与公共理性相联系，道德则侧重于心理形式。"① 依据道德与伦理的区别，生态道德是一种品质，而生态伦理则是一种品格。生态道德与生态伦理是两个不同的概念，具有不同的内容，② 因而在教育内容与教育方法上也会有所不同。

一是加强生态道德教育。生态道德是人们在长期生态实践中经过文化积淀而逐渐形成的一种生态品质。生态道德成功地转化为广大社会公众的行为习惯和道德实践，不仅要求我们设计的生态道德标准规范科学地反映了人与自然伦理关系的本质，科学地体现了事物发展的规律性、必然性，同时还要求我们进行道德教化，让广大社会公众接受、信奉和遵循。生态道德教化着重体现在"知"、"情"、"信"和"行"四个方面的引导和培育。"知"，主要是指对公众进行生态道德知识的宣传教育。"情"，主要是指生态道德的情感因素和要求，强化公众对生态环境的情感体验，"唤醒公

---

① 《伦理、道德与哲学——李泽厚、杨国荣关于伦理学问题的对话》，《中华读书报》2014 年6 月 11 日，第 9 版。黑格尔在《法哲学原理》中对道德与伦理进行了区分："在道德领域中，我的意志的规定在对他人意志的关系上是肯定的，就是说，自在地存在的意志是作为内在的东西而存在于主观意志所实现的东西中。这里可看到定在的产生和变化，而这种产生或变化是与他人意志相关的。道德的概念是意志对它本身的内部关系。"（〔德〕黑格尔：《法哲学原理》，商务印书馆，1961，第 115 页。）"伦理性的规定构成自由的概念，所以这些伦理性的规定就是个人的实体性或普遍本质，个人只是作为一种偶性的东西同它发生关系。"（〔德〕黑格尔：《法哲学原理》，商务印书馆，1961，第 165 页。）

② "道德立足于个人意志，缺少绝对性，因此不存在认同问题。伦理强调的是人'类'的自由，是彼此的认同与通约，因此'认同'是伦理的一种内在要求和必然逻辑，'认同'只能与'伦理'相配搭。"（引自霍艳菊《伦理认同：基于道德与伦理的差异》，《湖北大学学报》（哲学社会科学版）2019 年第 1 期，第 23～28 页。）基于此，我们从不同的意义上理解生态道德和生态伦理两个概念。

民对自然的道德情操和道德良知"①。"信"，主要是指公众的生态道德信念，要通过教育引导，培养公众强烈的生态忧患意识。"行"，主要是指生态道德的实践行为，教育引导公众树立符合生态理性的生态道德实践行为。通过知、情、信和行等多个方面的教育引导，培养公众生态道德意识和行为。生态道德教化要进学校、进课堂、进村户、进媒体，让社会公众入脑入心，内化为自我约束的道德意识，指导自己的行为。生态道德教育要选择循序渐进的方法。首先做好针对青少年生态道德意识培养的学校教育，其次抓好针对普通社会大众的生态道德意识培养的社会教育。各级各类学校在对学生进行生态道德教育中，既要注重生态道德知识教育等显性教育，也要注重通过各类生态实践活动的隐性教育方法，提高学生的生态道德水平。普通公众的社会教育是短板。政府和社会要积极探索适合中国国情的生态道德社会教育方法和制度机制，争取实现我国普通公众生态道德教育水平显著提升。

　　二是加强生态伦理教育。生态伦理教育主要是指"对公民进行有关环境的德行、人格、良心养成的教育"②。具体来说，生态伦理教育就是通过教育引导，"把生态伦理的原则和规范内化为社会成员心中的'道德律'并外化为他们的价值行为的社会实践活动"，最终将社会公众全部培养为能够"正确认识和处理人与自然关系的'理性生态人'"③。加强科学研究，构建科学、系统化的当代中国生态伦理体系，是生态伦理教育的重要前提。当然作为理论形态的生态伦理的原则、规范，还是需要通过教育的普及宣传才能促进其向个人的观念和意识转化。只有这样，最终才能将生态伦理价值理念落实为人的行为。生态伦理教育，需要抓好"意识的培养"、"榜样的示范"和"行为的引导"④ 等几个方面的工作。其一，要加强生态伦理

① 黄吴静：《公民生态道德教育：从知到行》，《中共杭州市委党校学报》2007 年第 4 期，第 94~96 页。
② 刘湘溶：《环境伦理学的进展与反思》，湖南师范大学出版社，2004，第 210 页。
③ 罗维萍：《大学生生态伦理教育探析》，《学校党建与思想教育》2009 年第 10 期，第 65~67 页。
④ 刘湘溶：《人与自然的道德对话——环境伦理学的进展与反思》，湖南师范大学出版社，2004，第 210~218 页。

意识的培养。生态伦理意识"主要包括忧患意识、责任意识和参与意识"①。强化人的忧患意识，就是要通过宣传教育重新唤起人们对自我与他人、与社会、与自然之间的关系进行重新定位。责任意识的培养，就是指通过教育引导使广大社会公众都能够树立起保护生态环境的观念，特别是通过生态法制教育使广大社会公众进一步明确保护生态环境的责任和义务。加强参与意识教育，进一步强化人们对生态环境的权利意识，引导人们树立起自我拯救意识。其二，要发挥好生态文明建设道德榜样的感召力量。积极培育生态道德典型，发挥先进典型的感召和示范作用，通过生态文明建设榜样力量鼓励和带动公众积极参与生态文化建设。其三，正确运用生态伦理规范和社会舆论的积极"行为引导"功能。要立足于教育的不同对象和群体，运用多样性的渠道和手段，建立科学的生态伦理规范和评价机制，引导公众树立正确的生态道德观和生态价值观。

二 生态文化发展动力机制的优化②

目前，我国生态文化发展的动力主要是来自政府引导和推动，而社会的推动力还比较缺乏。当前，生态文化建设应整合政府、社会和公众个体等各方面力量协力合作，加强"政府政策、社会舆论及市场等领域的生态文化导向机制"，运用好"政策、利益和激励的生态文化驱动机制"，完善"法律、道德及制度的约束机制"，形成对生态文化发展的整体推动力。③

（一）构建科学的生态文化发展导向机制

生态文化建设，需要发挥好政府的政策导向以及社会舆论导向和市场导向等作用，构建科学的社会主义生态文化发展导向机制。

1. 政策导向

生态文化建设是一项社会公益事业，生态文化建设需要建成政府部门主导、社团辅助、社会各界广泛参与的保障机制。根据西方发达工业国家

---

① 李世书：《生态风险发生根源与防范对策的伦理文化分析》，《信阳师范学院学报》（哲学社会科学版）2016年第3期，第1～6页。
② 李世书：《农村生态文化发展的路径选择与动力机制分析》，《信阳师范学院学报》（哲学社会科学版）2014年第2期，第69～72页。
③ 蔡登谷：《生态文化体系建设的内容》，《中国林业》2007年第14期，第5页。

的经验，环保社会组织和广大社会公众的广泛参与对于推动生态文化发展具有重要的意义。但相对于发达国家而言，我国的环保社会组织力量还处于发展之中，它们的影响力与组织力都有待完善。再者，推动生态文化建设政策制度制定以及协调各种社会力量参与生态文化建设，都不是个人和社会组织所能够独自胜任的。中国特色生态文化建设，政府担当着十分重要的主体责任。中国特色生态文化建设，需要各级政府担当更多的主体责任，创新行政政策手段，通过制定并带头执行科学的政策制度，教育、引导广大社会公众积极参与并推进各领域生态文化发展。在重点领域，运用"经济杠杆和金融政策、投资政策和政府采购政策等，明确支持什么、反对什么，鼓励什么、限制什么"①。通过制定并执行科学的政策制度，在社会生产领域积极推动科学技术与生产的生态化发展，在社会生活领域大力倡导绿色生活方式和消费方式。

2. 舆论导向

为了加强生态文化的引导力，需要将社会主义生态文明观贯穿于国家经济社会发展整体的战略规划布局、制度建设、宣传教育以及科技创新等生态文明建设整个过程，在全社会形成弘扬生态文化、共建生态文明的社会舆论氛围和社会凝聚力。通过积极开展生态文化宣传教育，让发展生态产业、保护生态环境、建设生态文明的要求一步一步地变成广大社会公众的责任意识和自觉行为。运用好各种大众媒体和宣传渠道，通过广大社会公众喜闻乐见的宣传教育载体和形式，传播"珍爱自然、保护生态、珍惜资源、保护环境"的生态发展理念。充分发挥生态文化的教育宣传和引导作用，"树立理性、积极的舆论导向，通过典型示范、展览展示、岗位创建等多种形式"，宣传、褒扬各种生态文化建设的先进事例，而对那些有悖于生态文明建设的行为予以批评和曝光，"形成人人、事事、时时崇尚生态文明的社会氛围，使生态文明内化于心、外化于行，推动社会生产和生活方式绿色化"②。

3. 市场导向

虽然生态文化建设是一项社会公益事业，但现实中由于存在多方利益

---

① 蔡登谷：《生态文化体系建设的内容》，《中国林业》2007 年第 14 期，第 5 页。
② 张乾元、苏俐晖：《生态文明建设要理念先行》，《中国社会科学报》2015 年 11 月 10 日，第 8 版。

博弈，形成共识并不是一件容易的事情。特别是在市场经济条件下，需要在坚持政府发挥主导作用的前提下，积极运用好市场的调节作用，引导广大社会力量积极参与到发展先进的生态文化行动中来。通过市场导向作用，各方力量参与积极性被激发出来，进一步优化资源配置，提升生态文化建设效率。同时也包括政府主体内部的市场激励，加强对资源开发与生产建设项目的生态效益的监督管理，建立全方位绿色发展考核机制，并将评价结果纳入各级党政领导政绩考核内容中，进一步推动各级政府主体进行生态文化建设。在全社会推进实施生态文化建设成本投入与实际建设效益评价制度与机制，根除生态文化建设的"跟风"现象和各种形式主义，让每一项生态文化建设项目都发挥好生态文明传播的积极效果。

（二）构建生态文化发展有效驱动机制

生态文化建设，还需要政府运用好政策驱动、利益驱动和激励驱动等方法和手段，综合施策，构建生态文化发展有效驱动机制。

1. 政策驱动

生态文化建设作为一项社会公益事业，是一项涉及社会方方面面的系统性社会工程，政府要发挥作为建设主体的主导作用。对于政府主体，需要"设计并激活一种生态合理和生态发展的制度体系，……从而以一种制度性的力量来不断对抗和调适现行制度中的反生态倾向，推动生态文化发展。"[1] 政府可以通过制定和实施科学的产业与文化发展政策形成巨大的驱动力，建立和完善社会清洁生产制度机制，推动生态工业与生态农业加速发展，推进生态旅游和生态文化产业进一步发展，推动社会经济走可持续发展的道路。通过建立科学的生态补偿政策制度和机制，通过建立引导企业和个人投资生态文化建设的政策和制度机制，借助经济手段，以工业反哺农业、城市带动农村的形式，推进生态文化建设形成良性的动力机制。

2. 利益驱动

哈贝马斯认为："文化行为系统与文化价值领域有着直接的关联，而社会行为系统则同经济和国家一样，是围绕着客观价值（财富、权力、健康

---

① 张保伟：《生态文化建设机制及其优化分析》，《理论与改革》2011 年第 1 期，第 107～110 页。

等）逐步凝聚而成的。"① 在当前我国市场经济发展的社会大环境下，在国家政策和法律允许的范围内，每一个公众个体都有着追求和实现自己的正当利益的权利。在这一情况下，作为一个关涉集体利益的生态文明建设社会事业，可能并不一定是每个个体或单一的社会组织所主要关注的目标。由于"生态文明是一种典型的公共品，市场不能完全提供"②，而政府则代表着集体的、长远的利益，因此在生态文明建设中政府主体的主导作用就尤显重要。在生态文化建设中，政府要切实利用好利益分配制度机制的有效激励和导向作用。政府要制定科学合理的利益分配政策，充分运用经济杠杆引导社会组织、企业与个人的生产行为朝着对环境友好的方向发展。运用国家税费杠杆，建立公平的利益分配制度与机制，通过市场机制，实行有效的奖惩制度，通过利益引导，形成"内在利益的驱动和外部压力促使企业实现绿色转型"③。

3. 激励驱动

激励就是运用一定的行为规范和惩罚性措施，激发、引导和规范人们的行为，以便于更好地实现预期目标。激励主要包括精神激励和物质激励两种。在生态文化建设中，政府是主导。政府应通过资金投入、政策扶持以及税费减免等多种方式和途径，引导现代生态技术和生态产业发展，鼓励全社会发展循环经济、生态产业。政府要制定实施合理的政策、制度，激励全社会开展生态生产、进行绿色消费，集中力量在不同领域建设若干个生态文化发展先进典型，发挥积极示范带动作用；同时实行优惠政策，有效帮扶落后地区生态文化建设，推进全国生态文化建设均衡发展。由于企业、社会组织以及个体一般具有"经济人"特征，所以在"制度设计上要保证他们在追求私利与实现公共利益之间保持均衡"，为他们参与生态文明建设，"提供追求公共利益的正向激励"④。当然，激励机制必须做到正激

---

① 〔德〕尤尔根·哈贝马斯：《交往行为理论：行为合理性与社会合理化》，上海人民出版社，2004，第 40 页。

② 曹荣湘：《建设生态文明，政府职能需"四变"》，《领导之友》2010 年第 3 期，第 28~29 页。

③ 刘学敏、张生玲：《中国企业绿色转型：目标模式、面临障碍与对策》，《中国人口·资源与环境》2015 年第 6 期，第 1~4 页。

④ 黄杰、张振波：《构建生态治理的多元参与长效机制》，《盐城工学院学报》（社会科学版）2015 年第 1 期，第 12~15 页。

励与负激励相结合、物质激励与精神激励相结合。在全国生态文明建设的大潮中，要树立更多的各领域生态文明典型，通过对先进典型的广泛宣传形成有利的社会舆论氛围，激励广大社会公众参与生态文明建设。

（三）构建生态文化发展的有效约束机制

制度是规范人的行为的硬措施，而道德则是内化于心的软约束。生态文化发展必须通过生态政策法律制度的他律"硬约束"与生态伦理道德的自律"软约束"的有效结合，通过规范和引领推动广大社会公众形成自觉的生态意识和行为习惯。

1. 政策约束

"政策制度是文明的一个极其重要的维度"①。生态文化建设需要相应的系统化政策制度的保障和推动。积极的生态政策，既包括激励性也包括限制性的政策制度。生态文明建设是我国经济社会发展的基本国策，目前我国生态文化发展政策制度建设取得了较大成绩，生态文化建设制度缺失的总体状况得到了一定的改善。当然我国生态文化建设政策制度仍然不够完善，严重制约了生态文化创新发展。要取得生态文化建设的实效，需要根据生态文明建设现实状况积极推进生态政策制度体系建设，通过科学的政策制度的约束、引导和推动，实现经济、社会和生态相互协调发展。在生态文明建设中，必须将政府、企业以及广大社会公众个体的生产生活行为纳入一定的政策制度许可与禁止范围。在政策制度的制定上，既要借鉴其他国家与地区推动生态文化发展的合理的政策制度，也要对我国传统文化中的生态智慧进行传承与创新，对社会主义生态文化建设理论与实践创新进行总结与理论升华，形成适合中国国情、有利于生态文化发展的政策制度体系。

2. 法律约束

资本具有逐利性的本质特征。企业的生产行为也必定在一定程度上对自然环境产生不利影响。为了保证将资本与工业生产对生态环境的影响限制在可控范围内，必须有足够强大的法律对资本和企业生产进行约束和限

---

① 卢风：《生态价值观的中立性和生态文明的制度建设》，《绿叶》2008 年第 11 期，第 114～121 页。

制。在市场经济的冲击下，确实有一些企业和个人欲望急速膨胀，丧失道德操守，不顾社会和生态整体利益，大肆破坏生态环境。政府特别是一些地方政府机构在发展地方经济时也会因只顾追求经济扩张而罔顾自然承载力，最终借口为公众利益而牺牲环境。因而迫切需要一种具有强制约束力的系统性法律法规来规范政府、企业和个体的生产生活行为。将生态价值观贯彻到法制建设和执法中，通过法律强制手段将人们的行为限制在生态合理性之中。法制必须严厉，执法必须严格，通过法治硬约束，推进全社会形成生态法治意识。

3. 道德约束

教育和引导广大社会公众践行生态道德，是规范人们生态行为的一种软约束力量。生态道德是一种先进的意识形态，发挥着先进的文化价值引领作用，为人们参与生态文明建设提供了重要的内在行为约束。良好的生态道德意识，有利于推进人们形成自律的生态道德人格，这样就会在人们内心深处树立起自律的行为准则。当前，一方面要确立一套切实可行的生态道德行为规范体系，包括对应于整个社会的和具体到各个领域的，对人们应承担的道德责任和义务进行明确规定；另一方面要加强教育、引导，唤醒公众生态道德意识，促进人们将生态道德规范内化为自觉的生态意识和行为。要让生态道德"内化为社会成员的价值追求，并转化为保护生态的实际行动，必须广泛开展群众性生态文明创建活动"①。通过开展一系列生态文化活动，倡导适度、节俭、低碳、绿色的生活方式和消费方式，在全社会营造保护生态光荣、破坏生态可耻的道德风尚，使生态道德广泛深入人心。

三　生态文化建设公众参与机制的优化

公众广泛参与生态文化建设，能够让公众在参与中践行生态文明理念、升华生态情感、提升生态意识水平。在生态文化建设中，需要政府、企业、社会组织以及公众个体的共同参与，各主体之间实现平等对话和协同合作，这样既可以形成力量和效果上的互补，又便于协调各利益主体之间的矛盾冲突，形成建设合力。公众是生态文化建设的重要主体，公众广泛参与是

---

① 徐琳琳：《弘扬生态文化 促进科学发展》，《光明日报》2010 年 4 月 5 日，第 7 版。

社会主义生态文明建设的题中应有之义。公众参与虽然一直受到重视，但目前我国生态文化建设中公众参与仍然严重不足。"公众是环境保护运动的原动力和主体，但很多情况下，公众参与并非容易。"① 目前，需要进一步完善公众参与制度与机制，畅通公众参与渠道，保障公众规范、充分、有效地参与，推动生态文化价值实现。

（一）生态文化建设公众参与机制局限性分析

随着社会主义生态文明建设不断深入开展，我国公众参与生态文化建设的自觉性得到了显著提高。2015 年 1 月 1 日开始实施的《环境保护法》在"信息公开和公众参与"一章中提出，"公民、法人和其他组织依法享有获取环境信息、参与和监督环境保护的权利"。2018 年 8 月国家重新修订颁布了《环境影响评价公众参与法》，对公众参与"责任主体以及信息公开的内容、时限、载体等进行优化设计"，这为新的历史条件下构建"以政府为主导、企业为主体、社会组织和公众共同参与的环境治理体系"，确保"公众参与有效性真实性"，提供了制度保障。② 但是，截至目前，我国生态文化建设的社会参与机制还不完善。从整体上来说，社会参与在实践层面还难以有效地开展，社会参与的作用和效果还十分有限，公众进行生态文化建设的自觉性还不足。

1. 公众主动参与积极性不高，公众的行动力有待提高

在我国，目前大多数情况下公众还主要是习惯于各种动员式的"参加"，而不是主动的"参与"。公众的环境保护社会参与行为长期以来都只是停留在较浅层次，公众所受到的仅仅是启蒙性生态意识教育，还谈不上具有全球视野和整体发展观的教育。2010 年全国性"环保民生调查"报告显示，在"限塑令"颁布之后，还是有 26% 的公众表示仍然会"经常性购买超市里的塑料袋"；仅仅 30% 的人承认会"经常性地采取环保节能的行为"；约有 47% 的人则回答"不会"去举报环保违法行为，而仅有 6% 的人

---

① 肖建华、邓集文：《多中心合作治理：环境公共管理的发展方向》，《林业经济问题》2007年第 1 期，第 49~54 页。

② 《〈环境影响评价公众参与办法〉发布：确保环评公众参与有效性真实性》，《人民日报》2018 年 8 月 9 日，第 9 版。

会"经常"举报。① "全国生态文明意识调查"显示，我国公众生态意识普遍具有较强的"政府依赖"特征，被调查者普遍认为"政府和环保部门是生态文明建设的主体"②。目前，人们虽然已经认识到环境破坏对自身生存所造成的重要影响，同时也在一定程度上认识到生态保护是每一个公民应尽的责任与义务，然而很多人往往只是停留在口头上而已，并不愿付诸实际行动。公众能够普遍参加的生态活动往往都是与其自身利益密切相关的活动，且大多是在家庭生活层面，对于具有重大社会意义的环保参与并不积极。由于过度的政府依赖性，公众参与意识普遍不强，因而在实践中"公众的环保行动力明显弱化，与社会参与的预期效果尚有差距"③。

2. 公众参与的广度和深度不够

从客观上来看，许多生态问题往往都会涉及专业性的科技知识，而普通民众对环境科学与经济科学等相关科技知识知之不多，因而就很难参与到环境决策中去，有时由于其对影响与后果缺乏整体把握反而会反对甚至是抵制某些正确的决策。从主观来说，公众往往只关心短期利益以及与个人利益有着直接关系的环境问题，而对于具有全局性、长远性的环境问题关注不足。从公众社会参与的内容来看，被动接受宣传教育的参与形式较多而主动的环境决策参与形式较少。公众在生态文化建设和环境管理决策方面的参与面较窄，尤其在政府的环境决策上没有太多的话语权。政府没有为公众主动参与环境决策提供适当有效的参与渠道。同时现在既有的公众参与也往往都是事后的监督，而对于生态建设与环境管理的事前评估和系统过程监督的参与则严重缺乏。虽然法律有所规定，但是一些地方政府机构由于缺乏正确认识并不积极执行，因而存在着落实难的问题。目前还普遍缺乏对环境决策进行超前、系统和广泛的社会参与。

3. 环保社会组织参与程度不够、影响力有限

我国环保社会组织在一定程度上都是在各级政府机关和企事业单位支

---

① 中国环保总局、中国环境文化促进会：《2010 年环保民生指数》，http：//www.tt65.net/zhuanti/zhishu/index.htm，2011 年 8 月 16 日。

② 冯永锋：《公众环境意识提升路径：从"政府依赖"走向"民间依赖"》，《绿叶》2014 年第 4 期，第 14～20 页。

③ 刘宜君：《生态文化建设社会参与机制分析》，《内蒙古农业大学学报》（社会科学版）2012 年第 6 期，第 251～253 页。

持下建立起来的，其活动可能会缺乏独立性。我国的环保社会组织很多是由政府资助或者是扶助建立起来的，有些是受企业资助，它们普遍独立性不强，因而在生态治理中这些环保组织的协调沟通、保障公众生态权利以及对政府和企业的监督等作用就十分有限。再者，环保社会组织自身自组织能力普遍不强，这些环保社会组织普遍存在着规模小、经费少和活动受限等问题。我国环保社会组织在生态建设实践中还"无法有效地弥补政府在生态治理上的失灵问题"①。我国环保社会组织由于发展起步晚力量还比较弱，无法对政府的环境决策和环境行为以及企业涉及的环境行为形成足够的影响力，环保社会组织在社会参与中的作用还十分有限。环保社会组织及其活动在公众中的知晓度和认同度不够。环保社会组织及其活动对政府环境管理决策影响不大，对企业等环境主体的环境活动形成不了有效制约作用，因而在维护公众和社会的环境权益上起不到应有的作用，更不用说积极有效地参与国际环境管理事务。

4. 公众参与制度还有待完善

近年来，国家虽然在新颁布和新修订的环保法律、法规中对公众的社会参与制度作了明确规定，但这些法律法规中的有关规定，大多过于原则性，而比较具体的、权威的和具有可操作性的社会参与技术规范则明显不足。公众社会参与的基础性制度还很薄弱，特别是信息公开制度还处于不断建立完善之中，公众参与环境管理评价中的信息透明性还有待提高。政府与企业对公众参与生态文化建设往往在观念上缺乏认同，在实践中相关主体对于公众的监督与意见"有权选择核实，也可以置之不理，具有很大的任意性"②。目前需要建立有效的救济机制，当公众参与的监督及意见没有被吸纳时，应该有一种相应的有效补救方案。

（二）健全与完善生态文化建设公众参与机制

安东尼·吉登斯在《气候变化的政治》中提出了著名的"吉登斯悖论"。吉登斯认为，应对"气候治理"问题（环境问题）需要做好两项主要

---

① 阮晓莺、张焕明：《生态文化建设的社会机制探析》，《中共福建省委党校学报》2013年第5期，第79~85页。
② 刘宜君：《生态文化建设社会参与机制分析》，《内蒙古农业大学学报》（社会科学版）2012年第6期，第251~253页。

工作：一是将"气候变化的议题"（环境问题）"纳入政治日程"中，这项工作"关键在于政府官员"；二是让"气候变化的议题"（环境问题）"深深植入制度和公众的日常生活中"，这项工作则需要靠"社会组织和公众担任主要角色"①。吉登斯肯定了社会组织与社会公众群体的态度和行动对于积极有效地应对环境问题的至关重要。广大社会公众是生态文化建设的最直接的参加者、受益者，因而政府在进行生态文化建设决策的时候，必须尊重民意、倾听民声，积极引导广大社会公众参与决策，保证决策更加科学化与民主化。目前我国环保社会力量的深度参与与有序管理都还存在一些问题，成为阻碍社会各主体间有效协作的一个重要因素。目前，公众参与生态文化建设"所需的启蒙、引导、协助、路径开发等，应更多地向民间社会寻求力量"②。通过搭建沟通协商的平台，能够"让政府、企业、公众和社会组织通过制度化的平台进行沟通协商"③，构建一个能够充分发挥社会主体积极性与集体智慧的高效合作机制。

1. 明确公众的环境权益

实现生态文化建设的有效社会参与，需要在法律法规中对公众的环境权益进行规范。环境权是公众参与生态文化建设的法律依据。同时，公众在行使环境权过程中也需要法律对其参与方法和途径进行规范和引导。生态文化建设的有序和有效社会参与需要相应的法律保障，我国现行环境保护相关法律特别是 2015 年制定的《环境保护公众参与办法》和 2018 年颁布的《环境影响评价公众参与法》对此都有明确的规定。但在实施过程中，与此相配套的法规以及执行程序并不完善。当前，建立完善与公众社会参与有关的法律与实施机制还有一些工作要做。一是在立法上进一步明确公民的环境权。对环境权的内涵要根据社会发展实际并依法进行动态调整与充实。在宪法中应对公众的环境权进行明确规定，并依据大法在立法层面上全面贯彻公民的环境权保护规定，这样才能使得公众参与有法律依据，促进环境政策民主化、科学化。二是在实体法和程序法方面对公众参与的

---

① 转引自冉冉、阎甜《协商民主与全球气候治理的"吉登斯悖论"》，《当代世界与社会主义》2016 年第 4 期，第 175~180 页。

② 冯永锋：《公众环境意识提升路径：从"政府依赖"走向"民间依赖"》，《绿叶》2014 年第 4 期，第 14~20 页。

③ 《全国生态文明意识调查研究报告》，《中国环境报》2014 年 3 月 24 日，第 2 版。

途径、形式与程序等问题进一步给予明确的规定，以便于解决公众参与的可操作技术规范问题。在实践中，国外的有些做法是值得借鉴的，国内也有所突破。比如，建立健全公益诉讼机制被证明是一条推进社会参与的有效途径。所谓生态环境公益诉讼，是指对于已经造成生态环境损害的行为，为维护生态环境公共利益，公众有权依据法律的特别规定，针对造成生态环境损害相关"民事主体或行政机关向法院提起诉讼的制度"①。

2. 拓宽社会参与渠道

虽然我国各种生态文明建设指导性规章已经就社会参与渠道做出相应的规定，但随着生态文明建设实践的深入开展，公众社会参与的渠道仍然需要得到进一步拓展与畅通。今后，我们除了要对原有的公众社会参与渠道进行加强外，还需要进一步开拓例如媒体舆论、互联网问政等更多新渠道，并且要制定正式的政策制度，明确规定公众参与的范围、阶段、方式以及回应和救济的内容，保证公众"参与生态文化建设程序的完备性和可操作性"②。政府要为公众生态参与创造良好的制度性条件，建立公众生态参与和表达机制，激励引导公众生态参与的积极性。

（1）完善听证评价制度。实施公众参与生态环境保护听证制度，其目的是保证各方利益主体能够平等地参与到公共决策过程中，"保证政策制定能够体现各方利益，确保制定的政策中包含对于环境保护的考虑"③，以实现环境管理决策民主化、科学化和法制化。社会参与环保听证制度在我国已有多方面的实践，事实上这也已经成为政府、社会和民众之间良好的联系纽带。当前应该结合我国的生态文明建设实践进一步完善听证评价制度机制：一是合理的代表构成是决定听证会成功的关键，因而需要研究制定相关法规、制度以保证听证代表的构成具有代表性以及代表的选择具有广泛性；二是"为听证能力缺乏的代表建立利益代表机制"④。

① 刘宜君：《生态文化建设社会参与机制分析》，《内蒙古农业大学学报》（社会科学版）2012年第6期，第251~253页。
② 李叔君：《社区生态文化建设的参与机制探析》，《中共福建省委党校学报》2011年第5期，第65~70页。
③ 阮晓莺、张焕明：《生态文化建设的社会机制探析》，《中共福建省委党校学报》2013年第5期，第79~85页。
④ 刘宜君：《生态文化建设社会参与机制分析》，《内蒙古农业大学学报》（社会科学版）2012年第6期，第251~253页。

（2）健全生态环境信息公开制度。完善的生态环境信息公开制度，是公众有效参与生态保护工作的必要前提。生态环境信息公开制度有利于生态保护工作从事后监督转变为"事前预防"。生态环境信息公开制度便于提升企业主体与政府主体的透明度和责任心，这样的监督能够促使他们采取更加积极的政策措施进行环保建设，最终实现生态环境管理领域的良性监管。2008 年《环境信息公开办法》开始实施，我国环境信息公开艰难起步。2018 年，我国新修订的《环境影响评价法》对环境信息公开进行了新的安排。十年来，我国"环境信息公开的全面性和规律性正在步入正轨"①。我国环境信息公开在具体的实施实践上仍然需要进一步完善相关配套制度与细则。从立法方面明确政府和企业环境信息公开的相关义务和责任，规范环境信息公开的范围、方式和渠道。根据环境形势变化进一步明确并动态调整环境信息的公开范围，除法定不能公开的环境信息外，公众都有权了解，政府和企业也有义务公开，并且信息公开的内容必须清楚、具体。在新形势下，要利用新兴的媒体技术构建统一规范的环境信息公开平台，建立公众与政府、企业之间方便快捷的环境信息互动机制。进一步将环境"信息发布、解读、回应一体化，形成信息公开工作的大格局"②。在政府、企业与公众之间实现信息互通并形成良性互动关系，为公众生态参与提供良好的社会环境。

3. 提高公众生态参与能力

公众的生态参与意识转变为生态参与行为，需要政府建立完善的公众生态参与激励机制来引导与推动。公众生态参与的能力和水平需要教育与引导才能提升，公众生态参与能力的提升需要由政府、社会组织和各方人士协力培育才能实现。具有科学的生态意识是人们形成自觉的环境行为的内在思想基础，如果公众生态意识普遍缺乏，那么全社会广泛参与则根本无从谈起。公众生态意识培养与提升要靠宣传教育来实现。不但要培养提高公众的生态保护知识和环境保护法律知识，同时还要培养和提升人们的自觉社会参与意识。通过把生态文明素养教育融入整个国民教育体系之中，促进公众生态意识经由教育而逐渐内化成一种自觉的生态文明行为习惯。

---

① 丁瑶瑶：《环境信息公开十年路漫漫》，《环境经济》2019 年第 2 期，第 19~22 页。

② 郭红燕：《第四届中国环境社会治理研讨会综述》，《环境与可持续发展》2019 年第 1 期，第 20~24 页。

我国应研究制定符合国情的专门生态教育法，以法律促进生态教育的有序性和规范性开展，使全体民众具备普遍的生态参与意识并形成自觉的生态行为习惯。政府要"鼓励更多的研究机构和学者参与到环境教育的宣传中来，推动宣教工作的相关研究"①。还应鼓励、支持和引导环保社会组织参与到生态教育工作中来，发挥好环保社会组织的专业优势和桥梁纽带作用；同时公众依法、有序参与生态教育也是自身应尽义务。公众应积极地参与到生态教育中，不断提升自身生态文明素质和参与生态文明建设的能力。

4. 加强社会参与的组织管理

环保社会组织不仅具有广泛的群众基础，同时在一般情况下它们并不代表特定的利益集团，因而环保社会组织参与生态治理具有一定的舆论优势，这非常有利于将民意真实地反馈给政府并发挥监督作用。环保社会组织是公众生态参与的中坚力量。我国环保社会组织在生态文化建设中的作用还没有得到有效的发挥。我国环保社会组织目前还很不发达，大多数城市中缺少有效运行的环保社会组织，并且结构也不合理。许多地方政府提供的公众参与平台与渠道非常有限，因而"环保社会组织尤其是草根社会组织很难参与到具体的环保工作中"②。可以参考先发国家的管理经验，政府应支持和引导环保社会组织有效行使其对各类环境问题相关社会主体的监督权利。我们可以首先创新发展一批符合中国国情的环保社会组织发展模式与样板，探索中国特色环保社会组织发展与管理新路子。目前，在社会参与的发展与管理方面，"嘉兴模式"值得肯定和推广。地方政府在生态文明建设中，引导各级各类环保社会组织积极主动参与和深度参与生态环境保护和生态文化建设，"既做好监督，又服务到位"③。"嘉兴模式"为我国引导社会组织和广大公众参与生态文明建设积累了成功经验。基于我国环保社会组织的发展状况，需要进一步提高其社会参与的组织化程度，目前最为关键的是要从法律规范、管理引导和资金支持等方面进行积极培植，同时要积极推进环保社会组织在参与国际交流合作中提升自身能力。

---

① 郭志全：《生态文明建设中公民生态意识培育多元路径探究》，《环境保护》2018 年第 10 期，第 49~51 页。
② 郭红燕等：《第四届中国环境社会治理研讨会综述》，《环境与可持续发展》2019 年第 1 期，第 20~24 页。
③ 万加华：《公众参与"嘉兴模式"值得借鉴》，《中国环境报》2019 年 2 月 1 日，第 3 版。

5. 完善基层社区的社会参与机制

基层社区社会参与制度，充分体现了民主与合作精神，这是推进生态治理民主化的有效途径。科尔曼指出："正如社群的发展会导致对地球的直接的理解以致爱护，参与型民主让人们获得了把那种爱护转变为公共政策的力量。"① 真正的生态社会都特别重视社区基层民主的发展。以社区为单位的基层民主和社会参与，能够使基层社区民众积极参与到建设自身幸福生活、实现自身抱负的事业之中去。这使得基层社区民众有权决定自身的生态命运和社区命运，从而让社区民众有权选择对生态和社会负责任的生活方式。实际上，基层社区民众是生态文化建设的主体力量，同时社区在环境治理中也是有效预防"政府失灵"和"市场失灵"的主要力量。目前需要建立一种有效激励机制，激发社区居民生态参与的积极性。根据现实国情，以法律为基础，将资源直接赋予基层社区，对社区民众的生态参与必然能够起到一定的激励效应。资源是社区成员参与生态文化建设的动力基础。由于资源是社区成员生存的根本，因而社区成员"对其使用和管理就会投入而认真，资源又是社区成员世代生存的'命根子'，对于它们的使用也就格外珍惜"②。这在一定程度上能够进一步激发社区所有成员参与生态文化建设活动的积极性和主动性。在社区生态参与的程序设计中，要考虑好以下几个方面问题：选择适当参与者，照顾到弱势群体利益；参与时机选择上遵循"尽早"原则；选择适当的参与方式；"政府要及时对公众意见做出负责任的反应"；对公众环境权受到侵犯时的法律救济要做出明确规定。③

第三节　构建科学的评价体系，
完善反馈机制

探讨构建生态文化建设与公众生态意识培养协同发展的良性互动机制，需要持续开展对生态文化发展和公众生态意识养成状况与效果的调查评估，

① 〔美〕丹尼尔·A. 科尔曼：《生态政治：建设一个绿色社会》，梅俊杰译，上海世纪出版集团，2006，第163页。

② 陶传进：《环境治理：以社区为基础》，社会科学文献出版社，2005，第41页。

③ 晋海：《走出环境治理的困境：我国公众参与机制的建构与运行保障》，《生态经济》2008年第1期，第393~394页。

以便于能够及时发现问题并给予有效调整。在社会的不同发展阶段，在生态文化建设和公众生态意识提升的不同的阶段，它们所表现出来的不同特征决定着我们需要采取相应的引导和改进的政策措施。构建生态文化建设和公众生态意识提升的良性互动机制，需要持续而准确地把握各个发展阶段真实状态，动态跟踪监测变化并科学预判发展趋势，进而因地、因时、因人施策，持续地完善相关的引导和调整策略。生态文化建设与公众生态意识提升互动发展的实际效果，既体现在公众生态意识养成的水平上，也体现在生态文化发展的水平上。生态文化建设是实现公众生态意识提升的杠杆。公众生态意识提升效果依赖于生态文化建设的水平。当前重点是致力于建立一个超越权力和利益制约的生态文化评价系统，评价指标体现生态文化建设的社会成本尤其是生态成本，从整体上对生态文化建设效果进行评价。

一 构建科学合理的生态文化建设评价体系

在生态文化建设与公众生态意识提升互动机制这一系统结构中，生态文化建设起到主导作用，通过生态文化建设促进公众生态意识提升是中心议题。公众生态意识提升是生态文化建设效果的主要体现。因而运用科学合理的社会评价机制对生态文化建设理论与实践发展进行评估，依照评估结果对生态文化建设诸要素进行调整与优化，能够更好地发挥其对于公众生态意识养成的基础性作用。目前，科学的生态文化建设效果评价制度还不够健全，特别是在现有的评价体系中公众生态意识培养效果并没有被全面纳入其中。科学的生态文化建设评价体系应该以公众生态意识培养效果为中心。科学合理的评价体系的建立，应该有利于对生态文化建设和公众生态意识培养互动的现实状况与实践效果进行科学的分析与评价。

（一）生态文化建设评价存在的问题

生态文化建设评价是特定主体对社会中某一生态文化行为产生的社会效果的价值评判，具有一定的导向和激励功能。实质上，"现代社会的反生态行为，在某种程度上缘于社会评价中生态文化理念缺失"[①]。在生态文化

[①] 阮晓莺、张焕明：《生态文化建设的社会机制探析》，《中共福建省委党校学报》2013年第5期，第79~85页。

建设的过程中，我们虽然也意识到建设评价制度体系的重要意义，并针对性地进行了生态文化建设评价制度体系建设。然而，目前我国生态文化建设评价制度体系仍然不够完善，难以对国家整体生态文化建设现状以及各个地区、各个领域生态文化建设现状给予合理的评价。政府在生态文化建设决策上还难以获得系统、科学的评价数据支撑，严重影响了决策的科学性。

1. 评价制度缺乏可操作性

生态文化建设评价制度，其核心作用就是帮助政府和相关部门及时全面地了解生态文化建设理论与实践的发展现状，进行全局性调控与管理。自 2002 年国家颁布《环境影响评价法》以来，后续出台的各类环保法律法规中都有章节涉及或单列了环境发展评价制度，但这些都"与生态文化建设评价的关联并不大"①。而且即使有的法律在构建相关的评价制度时重视其与生态文化建设的联系，但都是一些原则性条文。政府及相关机构虽然会在生态文化建设进程中制定有阶段性的或不同领域的生态文化建设评价制度，这样确实能够确保评价制度在一定阶段或某一领域有效发挥作用，然而由于缺少相互之间的协调，这样也在实际上降低了评价制度的整体性和系统性作用。评价制度如果缺少规范性规定，评价结果碎片化，那么我们对生态文化发展整体目标实现以及整体状况都难以形成全面准确的认识，各种评价的核心作用因而也就无从发挥。整体上来说，我国现有的生态文化建设评价制度普遍存在着过于原则的问题，过强的原则性往往导致可操作性差。

2. 评价标准缺乏全局性

2016 年，国家出台的《生态文明建设目标评价考核办法》，②成为生态文化建设评价的指导性文件，目前还没有国家性的生态文化发展专业性评价标准发布。具体而言，在生态文明评价指标体系中，生态文化发展状态的评价必须作为主体内容来看待。由于没有专业评价标准和评价体系，生

---

① 李恩、张志坚：《农民发展生态农业的行为范式——基于长春市合心镇的调查与实证分析》，《农业经济》2011 年第 11 期，第 22～24 页。
② 2016 年国家出台了《生态文明建设目标评价考核办法》指导性文件，对我国生态文明建设目标的评价考核进行制度规范。《中办国办印发〈生态文明建设目标评价考核办法〉》，《人民日报》2016 年 12 月 23 日，第 1 版。

态文化建设评价是通过其他项目体现出来的。在现有生态文明评价指标体系中，虽然生态文化建设所占权重大，但也没有对生态文化建设评价做出明确的界定。在生态文明建设背景下，森林文化、水文化以及城市文化、农村文化建设等都对生态文化有所涉及，但同样也不能对生态文化建设评价做出系统性规定。生态文化建设及其评价目前还存在内涵不确定、目标不明、无法测量和监控的情况，因而评价体系难以有效引导社会跟随。当前生态文化建设评价制度建设虽然也得以"独立开展"①，但在实际操作上还存在着一定问题。在实践中，现有的生态文化建设评价制度有很多是将生态文化的基础设施以及各种具象化载体等容易物化考量的东西作为评价基本标准，往往忽视了生态文化整体环境的塑造以及公众生态意识和生态自觉行为的培养效果评价。这样就会使得评价制度难以有效体现生态文化建设目标的实现效果，往往会让评价流于形式，有时还有可能会形成一系列负面的影响。

3. 评价制度缺乏权威性，实效性不高

评价制度是检验和反馈生态文化建设效果的一项重要手段。目前，从国家到地方的相关机构都没有制定和实行强制性的生态文化建设评价制度体系，而有些部门性和地方性规定又往往缺乏全局性、整体性和系统性，因此目前我国生态文化建设评价开展既不规范而且实际作用也不大。许多地方和部门为评先评优所设定的评价目标体系以及一些学术研究机构、社会组织为取得一定的调研数据所构建的评价指标体系都是依据不同的需求而制定的，相互之间缺少协同，致使目前生态文化建设评价制度不统一、社会上缺少权威性评价标准体系。

（二）建立健全生态文化建设评价指标体系

建立健全生态文化建设评价指标体系，能够为生态文化建设效果定性、定量分析提供有效工具，分析与反馈结果也能够为政府决策部门推进生态

---

① 在《中国生态文化发展纲要（2016-2020年）》中，将"建立生态文明评价体系"作为"生态文化发展重点任务"，并要求做好"建立生态文明指标体系和衡量生态文明程度的基本标尺"和"开展森林的文化价值评估"两项工作，并没有直接提出"生态文化评价"相关概念。《国家林业局关于印发〈中国生态文化发展纲要（2016-2020年）〉的通知》（林规发〔2016〕44号），中国林业网，http://www.forestry.gov.cn/，2019年10月20日。

文化建设与公众生态意识教育提供依据。生态文化建设评价指标体系是一个有机整体，是建立在一定评价原则基础上的指标集合。

1. 确定评价指标体系的原则

生态文化评价指标体系的构建，必须以社会主义生态文明观为指导，并以生态文化建设的构成要素和实现目标为基础。构建生态文化评价指标体系理应遵循以下原则。

（1）科学性和实用性相结合。在设计生态文化建设评价指标体系时，必须建立在科学的生态学和文化理论基础之上，依据生态文化建设的构成要素和发展规律科学地确定整体评价目标及指标项目，合理安排好各指标之间顺序和效度。所选指标项目必须具有实际含义，能够通过数值对指标进行量化，符合对指标进行衡量和比较的目的。必须科学确定权重系数，指标的设置要符合所设定的目标对象，同时还要综合考虑能够获取指标数据的可比性、可量度性以及未来可拓展的空间。

（2）客观性与前瞻性相结合。建立评价指标体系要以科学评价生态文化建设理论与实践发展的整体水平和阶段水平以及持续增强发展能力为基础，尽量地以现实存在并容易获取的具象化因素为指标构成，要注意避免个人主观意识的干扰，确保数据来源与统计的可信度。在生态文化建设评价指标体系构成中，总体评价指标既要全面反映生态文化存在和发展的现状，又要客观反映其所处的阶段。评价指标所概括的内容，既能够反映生态文化发展现实状况，又能够反映出"相关事物发展趋势"[1]。在选取设置评价指标时必须是与生态文化建设有直接联系的，选取针对性强并能系统地反映生态文化建设内容与过程的指标项目。同时评价理念及其指标体系必须具有前瞻性。"我们创建一种评估指标体系所依托的关键性概念及其阐释，在可以预见的将来，应该是领先的，因而也是基本稳定的。"[2]

（3）全面性与系统性相结合。生态文化建设涉及的领域和范围非常广泛，需要调整的利益关系比较复杂，因而对其进行评价必须依据全面性原则，从不同角度切入，进行多维度分析，全面而系统地评价生态文化建设

---

[1] 张桂香：《构建林业生态文化统计评价指标体系模式探讨》，《山西林业》2009 年第 6 期，第 13~14 页。

[2] 郇庆治、李宏伟、林震：《生态文明建设十讲》，商务印书馆，2014，第 237 页。

水平。生态文化建设评价指标体系是一个复杂的系统，指标设定要注意传统、现代、经济、社会、生态等五个主要方面的相互交融和协调发展。评价指标设置要考虑以上五个方面的基本要素，考虑其整体和部分的关系，考虑各组成部分之间的内在联系和特性。评价指标体系设定必须涵盖生态文化发展的整体内容和目标实现的要求。评价指标体系的设定必须全面、整体、完善地反映生态文化发展的形式、内容，对评价对象的全过程都必须进行考察并反映在设立的指标中。在指标设置时，按照系统的结构要分出层次，对指标进行分类，设置清晰的指标体系结构。指标体系既要有反映生态文化发展的静态指标又要有动态指标，必须保证指标体系处在动态的不断完善的过程中。指标体系既要从时间序列上同时又要从空间序列上设置、评价和判定。指标体系要"关注时间节点的延伸"，同时也要"结合区域发展的特色进行适当的调整"①。

（4）综合性与导向性相结合。对生态文化建设进行评价是一项全局性、导向性和前瞻性极强的系统性工程，指标评价既是过程同时也是目标。在评价指标体系的设计中，必须考虑到不同评价主体自身的特殊性，同时要将专家评价与公众评价、上级评价和自我评价进行有机统一，注意避免单一主体评价的片面化。实际评价指标体系设置实践中必须具体问题具体分析，力争建构出既符合生态文化发展要求同时也考虑到公众生态意识发展规律及特性的科学合理的评价指标体系。在评价指标设置时，要限定选取的指标类别必须符合生态文化发展的内涵与阶段特征，能够"反映生态文化思想，具有逻辑说服力"，同时要求设置指标其测定的最终结果能够"切实反映生态文化发展状况，具有现实评价意义"②。

2. 评价指标体系的完善

生态文化建设的效果评价体系的构建，要从中国特色生态文化建设现实出发，考虑国家和地方生态文化建设对公众的现实需求的满足程度、公众的参与度与接受程度以及公众生态意识培养的现实效果。影响生态文化建设目标实现的因素有很多，评价主体必须充分考虑各类相关因素，制定

---

① 阮晓莺、张焕明：《生态文化建设的社会机制探析》，《中共福建省委党校学报》2013年第5期，第79~85页。

② 石宝军、郭丹、忻华：《京津冀生态文化评价体系研究》，《衡水学院学报》2016年第4期，第45~50页。

详细的评价标准，设立全面系统和科学合理的评价指标体系，探索适当的评价方法，通过信息反馈与建设要素的动态调整，确保生态文化建设的时效性与实效性。依据生态文化内涵规定，参照国家发布的生态文化建设试行指标体系，国内许多研究机构与专家学者已经对我国生态文化建设的评价标准及其指标体系设置进行了研究。有专家根据自己对生态文化的广义理解，将生态文化建设分为物质、制度和精神三个目标层面，在设置评价指标时又将每个目标层面分别设置十项指标因子，这种设计覆盖面宽又简明易用，这一评价指标体系是国内比较有代表性的评价方法。

　　文化评价本身是一个系统的有机整体。生态文化建设评价指标体系构成必须反映生态文化建设的本质内涵及其外在表现。"中国生态文化评价体系的建立需要借助定量和定性两个方面的多种评价方式和方法来展开。"[1]相比较而言，按照生态文化建设的载体的不同而设置不同的评价指标，这样构成的生态文化发展评价指标体系的总体框架较为适当。同时在实践中，对于各类指标还需要制定相关和合理的衡量标准，达到如实反映生态文化建设的客观实际目的。达到这个标准需要在生态文化中找到一种适当的介质。任何评价指标都需要借助一种介质才能得以显现，也才具有可操作性。事实上，生态文化传播与传承本身就是通过一定的介质来实现的。具体而言，生态文化的"产品体系""感知体系""活动体系""教育体系共同构成了生态文化建设的主体内容。[2] 这四种可感性介质是设置生态文化建设评价指标体系较为合理的指标对象。按照这样的划分，生态文化建设评价指标体系就可以体现在四个子系统项目上：（1）生态文化感知体系子系统。以生态感知空间为主体的自然感知类载体，例如"市域宏观空间、新建城市用地、城市更新区、遗址空间、森林为主的自然环境、临水自然环境、疏林草地为主的自然环境"[3]，根据这些载体所体现的问题设置一系列便于量化的指标项目。（2）生态文化社会活动体系子系统。围绕以生态文化为

---

[1]　李洪良、姚建惠、宋冀：《解读日本生态文化评价体系以及对中国的启示》，《佳木斯职业学院学报》2018年第6期，第64~65页。

[2]　张昶、王成、郄光发：《西安生态文化建设的社会需求分析（Ⅲ）：公众偏好——生态文化产品体系的调查与分析》，《中国城市林业》2014年第3期，第60~63页。

[3]　张昶、王成、郄光发：《西安生态文化建设的社会需求分析（Ⅲ）：公众偏好——生态文化感知体系的调查与分析》，《中国城市林业》2015年第1期，第55~60页。

主题的社会活动开展的情况，并"从生态文化社会活动体系的建设必要性与生态文化社会活动体系的公众偏好两个方面"① 综合考量，进行一系列具象化指标项目设置。（3）生态文化教育体系子系统。着眼于生态文化教育设施现状对于生态文化建设的现实促进作用进行调查，例如可以从"知识结构与知识类型这两个层面对教育内容方面"进行指标项目设置，可以从"公众主动获取"以及公众"接受生态文化教育的最佳方式"与"教育途径"方面进行指标项目设置。② （4）生态文化产品体系子系统。生态文化产品一般指"具有流通功能、能够被赋予商品价值的承载着生态文化的物质与非物质实体"③。以相应的生态文化产品推广和开发现实状况为依据设置合理的指标项目。当前，我们可以从属性与功能的综合角度对生态文化产品进行分类，再按照各类产品满足公众对生态文化产品的需求以及公众从中得到的教育情况进行指标项目设置。

实现对生态文化建设的有效评价，我们既需要建立具有指导意义的国家标准，同时也需要因地、因时地建设多种类型的复合型生态文化建设评价指标体系。在制定生态文化建设评价标准的过程中，要积极吸取国外的先进经验，及时总结国内相关部门和地方的实践经验，进行经验总结和理论升华，概括制定出适合中国国情的生态文化建设评价指标体系，通过试点实践验证，再总结经验教训并形成可复制可推广的制度机制。

二 完善生态文化建设与公众生态意识提升良性互动的信息反馈机制

畅通信息反馈渠道，保证公众能够将自身的生态体验以及对生态文化传播的生态认知度与认同度顺畅地反馈给相关研究者和决策者。通过这些反馈信息，决策者能够更好地进行生态决策以及生态文化传播方式的改进与调整，达到更好地培养公众生态意识的目的。目前，在生态文化建设与

---

① 张昶、王成、郄光发：《西安生态文化建设的社会需求分析（Ⅲ）：公众偏好——生态文化活动体系的调查与分析》，《中国城市林业》2013 年第 5 期，第 58~60 页。
② 张昶、王成、郄光发：《西安生态文化建设的社会需求分析（Ⅲ）：公众偏好——生态文化教育体系的调查与分析》，《中国城市林业》2014 年第 1 期，第 59~62 页。
③ 张昶、王成、郄光发：《西安生态文化建设的社会需求分析（Ⅲ）：公众偏好——生态文化产品体系的调查与分析》，《中国城市林业》2014 年第 3 期，第 60~63 页。

公众生态意识提升的互动发展上，各主体之间并没有形成整体协调、互动发展的意识。在实践中，虽然评价主体也注意到推动二者互动机制建设的必要性并在实际评价工作中给予了不同程度的重视，但往往由于缺乏总体设计和有效协同，因而实际上还大量存在回应机制低效、绩效评估机制缺失等问题，最终导致互动发展机制功能运转不佳、社会评价不高。实现生态文化建设与公众生态意识提升在生态文明建设中的功能互补、优势互动和持续发展，需要多元建设主体的协同与合作，建立科学的评价机制和良好的信息反馈机制，适时调整，推进二者之间的优化与平衡。

（一）反馈与反馈机制

反馈是控制论的一个重要概念，同时也是当代科学技术领域普遍应用的概念和方法。反馈是指"施控系统的输出，作为被控系统的输入，作用于被控系统（控制对象）后产生的结果（输出）再送回来，并对系统的下一时刻的再输入和输出发生影响的过程"[①]。我们把以上这种根据对过去操作的情况以及系统运行情况进行归纳分析所得出的评价结果信息来调整未来操作行为和系统运行的机制称为反馈机制。人类社会自身内部的各子系统之间以及人类社会与自然生态系统之间普遍地存在着反馈机制。反馈机制是社会系统进行物质、能量和信息交换，进一步改善系统行为、功能并排除干扰因素，实现系统协调、稳定、优化发展的一种重要机制。任何一个开放系统，如果要维持一定的稳定性并实现其自身的目标，都离不开反馈调节。从协同学角度出发，以生态文化建设促进公众生态意识培养发展目标的实现，也同样离不开科学的系统调控。在这一目标实现过程中，建立有效的反馈机制，能够使各种偏离发展目标的社会活动和行为被及时地调节和控制，最终保证这一互动发展机制进入良性循环。

（二）建立完善反馈机制，进行有效调节和控制

公众生态意识培养过程实质上就是一种生态文化教育、传承、接受与认同的社会实践互动过程。同时这也是一个内化与外化的社会意识活动过

---

① 魏宏森、姜炜：《科技、经济、社会与环境持续协调发展的反馈机制研究》，《系统工程理论与实践》1996年第6期，第77~82页。

程。具体来说，生态文化建设与公众生态意识提升互动发展是一个双向的过程：通过生态文化建设让公众认同社会主义生态文明观，反过来当社会主义生态文明观成为社会主流价值观时又必然进一步促进生态文化建设理论与实践的发展。在生态文化建设中，公众必然会对生态文化建设活动过程及效果产生一定的认知与反馈，生态文化建设主体会根据反馈回来的信息调整和修正生态文化建设活动，推动生态文化建设活动更加符合社会主义生态文明建设要求、更加贴近公众需求特征。生态文化建设中，需要将广大社会公众在生态实践中的感知度、认知度和接受度反馈给生态文化建设的研究者、组织者和实施者，生态文化建设主体会通过公众的反馈意见信息对系统运行机制进行调整，达到更好地培养公众生态意识的效果。如何保证生态文化建设把社会主义生态文明观有效地转化为社会主流价值观，需要正确把握这一社会活动系统的发展变化进程，动态跟踪并及时调整，保证系统有效而持续地运行。在动态调整过程中，需要建立完善的反馈机制，根据事物发展规律进行动态地调节与控制，以保持系统运行不偏离预定目标，维持生态文化建设与公众生态意识提升稳定持续协调发展。

反馈机制在保证生态文化建设与公众生态意识提升互动机制维持良性运行状态中具有基础性作用。在一个现实的生态文化建设与公众生态意识提升互动发展运行系统中，反馈因子主要表现在：一是公众生态意识提升度因子，即预期的公众生态文明素质水平；二是生态文化建设目标因子，即生态文化发展水平。这些效益与目标因子是评价生态文化建设决策的指标，它决定下一步生态文化发展决策调整的方向。同时我们需要依据这些反馈信息，调节生态文化建设与公众生态意识提升互动机制所涉及各要素之间的资源配置，调整人们的社会预期，改善各要素之间的微观和宏观结构，从而保证系统机制良性运行。

生态文化建设与公众生态意识提升互动机制是一种双向性的互动活动过程。必须保证生态文明理念能够被顺利地传达给公众并让公众理解与接受，同时又要使基层民众的意见和建议及时便捷地向上反馈，实现上情下达、下情上达，真正达到信息双向交流，这不仅有利于保证互动系统稳定发展同时还能提高公众参与的责任感和积极性。一是利用好各种媒体反馈平台。在生态文化建设中，公众对社会主义生态文明观的认知、接受和认同度，不仅决定了公众生态意识的水平，同时也会影响生态文化的发展。

这就需要一个完善的反馈机制，动态跟踪，及时反馈、及时调控，最终才能实现生态文化建设与公众生态意识提升互动发展。信息反馈的实现需要不同平台，其中社会媒体平台担当着重要的角色。在新媒体、融媒体时代，媒体的传播效果得到了全面的提升。作为生态文明建设的重要主体之一，对于有价值的反馈信息，媒体有责任及时而全面地转达给政府、环保社会组织等相关责任主体，以便于形成多方联动的信息处理机制。同时，通过信息反馈，媒体也能够及时掌握受众的需求倾向，进而不断完善自身的传播行为，"确保生态文化理念的有效传播"①。二是建设多层次反馈信息的研判机制和科学调控机制。信息的科学研判在生态文化建设与公众生态意识提升互动发展的信息反馈机制中具有关键性意义。政府、企业和社会力量要广泛发动起来，充分运用现代信息技术，建设多层次信息研判机制，提高信息获取和信息分析能力，及时准确地掌握发展动态，及时进行处置。当生态文化建设过程中出现某些不和谐和失衡现象的时候，必须进行及时反馈、及时研判、及时调整，防止失衡状态的进一步恶化，维护系统的稳定和持续发展。关键是要掌握全面的反馈信息，及时进行研判和评估。根据信息研判结果，及时实施政策引导、舆论引导和行政处置等有效调控方式，保证互动发展系统平稳协调合目的、合规律运行。三是建立健全评估监督机制。生态文化建设与公众生态意识提升互动发展运行系统评估监督机制，既要做好事前评估又要完善事后评估，在系统发展活动中在决策之前和落实行动之后，都要进行调研评估，以防止活动中决策失误和执行偏差。评估监督机制专业性非常强，必须"对人员构成、程序设计、作用发挥等事项"从法律"制度层面上予以明确规定"②。今后还需要进一步完善评估监督的法律体系，推动制定不同层级评估监督的规章条例。

---

① 陈雷：《全媒体时代生态文化的理念传播》，《新闻战线》2016 年第 10 期，第 137～138 页。
② 何频：《大学文化生态化建设的运行机制研究》，《南华大学学报》（社会科学版）2010 年第 4 期，第 83～85 页。

参考文献

一　中文部分

1. 著作

《马克思恩格斯文集》（第 1~10 卷），人民出版社，2009。

《习近平关于社会主义生态文明建设论述摘编》，中央文献出版社，2017。

李培超：《自然的伦理尊严》，江西人民出版社，2001。

〔美〕理查德·卡恩：《批判教育学、生态扫盲与全球危机：生态教育学运动》，张亦默、李博译，高等教育出版社，2013。

〔德〕弗里德希·亨特布尔格、弗莱德·路克斯、玛尔库斯·史蒂文：《生态经济政策：在生态专制和环境灾难之间》，葛竟天等译，东北财经大学出版社，2005。

〔澳〕德赖泽克：《地球政治学：环境话语》（第 2 版），蔺雪春、郭晨星译，山东大学出版社，2012。

〔美〕乔尔·科威尔：《自然的敌人：资本主义的终结还是世界的毁灭》，杨燕飞等译，中国人民大学出版社，2015。

李明宇、李丽：《马克思主义生态哲学：理论建构与实践创新》，人民出版社，2015。

〔美〕贾雷德·戴蒙德：《崩溃：社会如何选择成败兴亡》，江滢、叶臻译，上海世纪出版集团，2011。

〔英〕阿诺德·汤因比：《人类与大地母亲》，徐波等译，上海人民出版社，2001。

〔美〕唐纳德·沃斯特：《自然的经济体系——生态思想史》，侯文慧译，商务印书馆，1999。

《联合国教科文组织关于保护世界语言与文化多样性文件汇编》，民族出版社，2006。

王学俭、宫长瑞：《生态文明与公民意识》，人民出版社，2011。

〔美〕卡洛琳·麦茜特：《自然之死——妇女、生态和科学革命》，吴国胜等译，吉林人民出版社，1999。

何怀远：《发展观的价值维度》，社会科学文献出版社，2005。

〔德〕乌尔里希·贝克：《世界风险社会》，吴英姿译，南京大学出版社，2005。

〔美〕约翰·贝拉米·福斯特：《生态危机与资本主义》，耿建新等译，上海译文出版社，2006。

〔美〕约翰·贝拉米·福斯特：《生态革命——与地球和平相处》，刘仁胜等译，人民出版社，2015。

〔英〕B. 马林诺夫斯基：《科学的文化理论》，黄建波等译，中央民族大学出版社，1999。

〔美〕爱德华·C. 斯图尔特、密尔顿·J. 贝内特：《美国文化模式——跨文化视野中的分析》，卫景宜译，百花文艺出版社，2000。

潘家华：《中国的生态治理与生态建设》，中国社会科学出版社，2015。

洪大用等：《生态现代化与文明转型》，中国人民大学出版社，2014。

魏宏森、曾国景：《系统论：系统科学哲学》，中国出版集团，2009。

司马云杰：《文化社会学》，山东人民出版社，2007。

曹荣湘：《生态治理》，中央编译出版社，2015。

黄承梁：《生态文明简明知识读本》，中国环境科学出版社，2010。

王诺：《欧美生态文学》，北京大学出版社，2001。

〔美〕利昂·P. 巴拉达特：《意识形态：起源和影响》，张慧芝、张露璐译，世界图书出版公司，2010。

〔英〕阿雷恩·鲍尔德温、布莱思·朗赫斯特等：《文化研究导论》，陶东风等译，高等教育出版社，2004。

王民：《环境意识及测评方法研究》，中国环境科学出版社，1999。

〔英〕菲利普·史密斯：《文化理论》，张鲲译，商务印书馆，2008。

江泽慧：《生态文明时代的主流文化——中国生态文化体系研究总论》，人民出版社，2013。

余谋昌：《生态文明论》，中央编译出版社，2010。

钱俊生、余谋昌：《生态哲学》，中共中央党校出版社，2004。

张曙光：《价值与秩序的重建》，人民出版社，2016。

卢风等：《生态文明新论》，中国科学技术出版社，2013。

盖光：《生态境域中人的生存问题》，人民出版社，2013。

盖光：《生态批评与中国文学传统：融合与构建》，中国社会科学出版社，2018。

〔印度〕萨拉·萨卡：《生态社会主义还是生态资本主义》，张淑兰译，山东大学出版社，2008。

〔英〕戴维·佩珀：《生态社会主义：从生态学到社会正义》，刘颖译，山东大学出版社，2005。

刘思华：《生态文明与绿色低碳经济发展总论》，中国财政经济出版社，2011。

王雨辰：《走近生态文明》，湖北人民出版社，2011。

王雨辰：《生态学马克思主义与生态文明》，人民出版社，2015。

孙承叔：《真正的马克思——〈资本论〉三大手稿的当代意义》，人民出版社，2009。

陈学明：《生态文明论》，重庆出版社，2008。

董强：《马克思主义生态观研究》，人民出版社，2015。

赖章盛、胡小玉：《中国特色社会主义生态文化建设论》，中国社会科学出版社，2018。

王春益：《生态文明与美丽中国梦》，社会科学文献出版社，2014。

〔德〕恩斯特·卡西尔：《文化哲学·哲学知识》，吉林大学出版社，2004。

陈红兵、唐长华：《生态文化与范式转型》，人民出版社，2013。

〔美〕丹尼尔·贝尔：《资本主义文化矛盾》，赵一凡等译，生活·读书·新知三联书店，1992。

〔加拿大〕D. 保罗·谢弗：《文化引导未来》，许春山、朱邦俊译，社会科学文献出版社，2008。

〔英〕特瑞·伊格尔顿：《文化的观念》，方杰译，南京大学出版社，2006。

李惠斌、薛晓源、王治河：《生态文明与马克思主义》，中央编译出版社，2008。

郇庆治、李宏伟、林震：《生态文明建设十讲》，商务印书馆，2014。

郇庆治：《环境政治学：理论与实践》，山东大学出版社，2007。

宣裕方、王旭烽：《生态文化概论》，江西人民出版社，2012。

万劲波、赖章盛：《生态文明时代的环境法治与伦理》，化学工业出版社，2007。

李静：《中国问题：来自知识界的声音》，中国工人出版社，2002。

魏恩政：《中国特色社会主义文化建设》，中共中央党校出版社，2006。

周玉玲：《生态文化论》，黑龙江人民出版社，2008。

〔美〕E. 拉兹洛：《决定命运的选择：21世纪的生存抉择》，李吟波等译，生活·读书·新知三联书店，1997。

刘铮、艾慧：《生态文明意识培养》，上海交通大学出版社，2012。

姬振海：《生态文明论》，人民出版社，2007。

陈胜云：《中国特色社会主义文化实践论》，上海三联书店，2009。

〔英〕安东尼·吉登斯：《现代性的后果》，田禾译，译林出版社，2011。

〔英〕安东尼·吉登斯：《气候变化的政治》，曹荣湘译，社会科学文献出版社，2009。

环境保护部宣传教育司：《全国公众生态文明意识调查研究报告（2013年）》，中国环境出版社，2015。

高中华：《环境问题抉择论》，社会科学文献出版社，2004。

李世书：《生态学马克思主义的自然观研究》，中央编译出版社，2010。

李世书：《中国工业化进程中的生态风险及其应对》，社会科学文献出版社，2016。

徐梓淇：《生态公民》，江苏人民出版社，2014。

佘正荣：《生态智慧论》，中国社会科学出版社，1996。

曾繁仁：《生态美学导论》，商务印书馆，2010。

曾樊仁、〔美〕大卫·格里芬主编《建设性后现代思想与生态美学》（上卷），山东大学出版社，2013。

〔英〕安德鲁·多布森：《绿色政治思想》，郇庆治译，山东大学出版社，2005。

徐莹：《生态道德教育实现方法研究》，山东人民出版社，2013。

李梁美：《走向社会主义生态文明的新时代》，上海三联书店，2014。

〔美〕丹尼尔·A. 科尔曼：《生态政治——建设一个绿色社会》，梅俊杰译，上海译文出版社，2002。

陈业新：《儒家生态意识与中国古代环境保护研究》，上海交通大学出版社，2012。

〔美〕霍尔姆斯·罗尔斯顿：《环境伦理学》，杨通进译，中国社会科学出版社，2000。

刘湘溶：《人与自然的道德对话——环境伦理学的进展与反思》，湖南师范大学出版社，2004。

〔美〕沃纳·赛佛林、〔美〕小詹姆斯·坦卡德：《传播理论：起源、方法与应用》，韩镇之译，中国传媒大学出版社，2006。

陶传进：《环境治理：以社区为基础》，社会科学文献出版社，2005。

江山：《德国生态意识文明史》，学林出版社，2016。

方世南：《马克思环境思想与环境友好型社会研究》，上海三联书店，2014。

解保军：《生态资本主义批判》，中国环境科学出版社，2015。

罗顺元：《中国传统生态思想史略》，中国社会科学出版社，2015。

付成双：《美国现代化中的环境问题研究》，高等教育出版社，2018。

徐再荣：《20 世纪美国环保运动与环境政策研究》，中国社会科学出版社，2013。

杜昌建、杨彩菊：《中国生态文明教育研究》，中国社会科学出版社，2018。

曾刚：《我国生态文明建设的科学基础与路径选择》，人民出版社，2018。

2. 论文

方克立：《"天人合一"与中国古代的生态智慧》，《当代思潮》2003 年第 4 期。

蒙培元：《中国哲学生态观论纲》，《中国哲学史》2003 年第 1 期。

陈思敏：《论"天人合一"与公民生态文明意识》，《山西师范大学学报》2009 年第 1 期。

宋周尧：《论马克思恩格斯生态文化思想的基本内涵》，《岭南学刊》2006 年第 3 期。

尚丽娟：《如何提升公民生态意识》，《人民论坛》2016 年第 27 期。

王诺：《"生态的"还是"环境的"？——生态文化研究的逻辑起点》，《鄱阳湖学刊》2009 年第 1 期。

种海峰：《生态理性：现代人生存困境的文化澄明》，《河北学刊》2010 年第 6 期。

陶国根：《公民环境道德养成与生态文明建设互动发展研究》，《福建农林大学学报》（哲学社会科学版）2018 年第 6 期。

王虎学：《社会主义核心价值体系的整合力》，《重庆社会科学》2011 年第 22 期。

方世南：《领悟绿色发展理念亟待拓展五大视野》，《学习论坛》2016 年第 4 期。

郇庆治：《绿色变革视角下的生态文化理论及其研究》，《鄱阳湖学刊》2014 年第 1 期。

蒋笃君：《公民生态意识教育的价值诉求及路径探析》，《河南师范大学学报》（哲学社会科学版）2009 年第 5 期。

陈寿朋、杨立新：《论生态文化及其价值观基础》，《道德与文明》2005 年第 2 期。

洪大用：《公共环境意识的成长与局限》，《绿叶》2014 年第 4 期。

洪大用、范叶超：《公众环境知识测量：一个本土量表的提出与检验》，《中国人民大学学报》2016 年第 4 期。

王越芬、孙健：《建设美丽中国视域下生态文化自觉的生成逻辑》，《学习与探索》2018 年第 4 期。

金鸽：《新时期国内外公民生态意识教育研究综述》，《内蒙古民族大学学报》（社会科学版）2013 年第 4 期。

闫国东：《中国公众环境意识的变化趋势》，《中国人口·资源与环境》2010 年第 10 期。

彭远春：《城市居民环境认知对环境行为的影响分析》，《中南大学学报（社会科学版）》2015 年第 3 期。

蔡登谷:《生态文化体系建设的内容》,《中国林业》2007 年第 14 期。

李垣:《"自下而上"还是"自上而下"——建设社会主义生态文明的路径选择》,《学术论坛》2014 年第 8 期。

夏甄陶:《自然与文化》,《中国社会科学》1999 年第 5 期。

赵光辉:《生态文化:人类生存样态的文化自觉》,《鄱阳湖学刊》2017 年第 4 期。

鄢斌:《公民环境意识的变迁与环境法的制度调整》,《法学杂志》2007 年第 3 期。

严耕:《重塑生态价值观促进人与自然和谐》,《中国林业》2007 年第 7 期。

陈幼君:《生态文化的内涵与构建》,《求索》2007 年第 9 期。

尚晨光、赵建军:《生态文化的时代属性及价值取向研究》,《科学技术哲学研究》2019 年第 2 期。

冯永锋:《公众环境意识提升路径:从"政府依赖"走向"民间依赖"》,《绿叶》2014 年第 4 期。

谢中起、刘笑:《论高校在生态文化传播中的地位和作用》,《河北科技大学学报》(社会科学版)2014 年第 2 期。

贾广惠:《生态文明传播:消费观念与绿色素养引导》,《南京林业大学学报》(人文社会科学版)2014 年第 4 期。

李世书:《马克思自然观与生态学》,《国外理论动态》2016 年第 8 期。

李世书:《论当代人的生态幸福观及其实现》,《中州学刊》2016 年第 3 期。

李世书:《人与自然关系的异化与双重解放》,《江西社会科学》2016 年第 6 期。

李娟:《中国生态文明制度建设 40 年的回顾与思考》,《中国高校社会科学》2019 年第 2 期。

赵美玲、滕翠华:《中国特色社会主义生态文化建设的战略选择》,《理论学刊》2017 年第 4 期。

曾繁仁:《弘扬儒家古典生态智慧,建设中国特色生态文化》,《百家评论》2013 年第 1 期。

樊美筠、王治河:《第二次启蒙的当代拓荒者——深切缅怀汤一介先生》,《深圳大学学报》(人文社会科学版) 2015 年第 1 期。

韩民青:《论工业文明的本质》,《山东社会科学》2011 年第 2 期。

蒋国保:《论生态科学意识的历史演变》,《前沿》2016 年第 3 期。

俞可平:《科学发展观与生态文明》,《马克思主义与现实》2005 年第 4 期。

蔡守秋:《析 2014 年〈环境保护法〉的立法目的》,《中国政法大学学报》2014 年第 6 期。

蔡守秋、吴贤静:《论生态人的要点和意义》,《现代法学》2009 年第 4 期。

单培勇:《生态文明与国民素质》,《科学社会主义》2011 年第 3 期。

郭志全:《生态文明建设中公民生态意识培育多元路径探究》,《环境保护》2018 年第 10 期。

周晓燕:《政府在我国生态文明建设中的主导作用探析》,《中国特色社会主义研究》2014 年第 1 期。

阮晓莺、张焕明:《生态文化建设的社会机制探析》,《中共福建省委党校学报》2013 年第 5 期。

魏建克、胡荣涛:《生态文化视域下中国共产党意识形态话语建构》,《学习论坛》2018 年第 12 期。

余谋昌:《生态文化:21 世纪人类的新文化》,《新视野》2004 年第 4 期。

余谋昌:《生态意识及其主要特点》,《生态学杂志》1991 年第 4 期。

韩喜平、李恩:《科学发展观的生态文化渊源及意蕴》,《理论学刊》2012 年第 5 期。

卢风:《生态价值观的中立性和生态文明的制度建设》,《绿叶》2008 年第 11 期。

张保伟、孙兆刚:《生态文化及其当代价值定位》,《理论与改革》2007 年第 6 期。

张保伟:《生态文化建设机制及其优化分析》,《理论与改革》2011 年第 1 期。

但新球、单维宇、张义:《森林生态制度文化:机构·法律·行为准则》,《中南林业调查规划》2010 年第 1 期。

〔苏联〕Э. В. 基鲁索夫：《生态意识是社会和自然最优相互作用的条件》，《哲学译丛》1986 年第 4 期。

胡今：《我国生态文化建设中的问题及解决对策》，《党政干部学刊》2011 年第 12 期。

赖章盛、黄彩霞：《文化自信与中国特色生态文化的构建》，《江西理工大学学报》2018 年第 4 期。

高建明：《论生态文化与文化生态》，《系统辩证学学报》2005 年第 3 期。

王丛霞：《生态文化："两种文化"融合的文化背景》，《科学技术与辩证法》2005 年第 6 期。

秦书生、张泓：《公众参与生态文明建设探析》，《中州学刊》2014 年第 4 期。

张昶等：《西安生态文化建设的社会需求分析（Ⅲ）：公众偏好——生态文化感知体系的调查与分析》，《中国城市林业》2015 年第 1 期。

张昶、王成：《论林业生态文化建设对生态文明社会构建的作用》，《林业经济》2014 年第 1 期。

赵豆：《生态环境思想践行：从生态意识形成到生态位建构》，《南京林业大学学报》（人文社会科学版）2018 年第 2 期。

张春梅：《社会主义核心价值观的文化认同及其构建》，《中学政治教学参考》2019 年第 6 期。

汪希、刘锋：《改革开放以来中国共产党推进生态文明建设的经验》，《毛泽东思想研究》2015 年第 4 期。

李铁英、张政：《试论中国特色生态文化建设的困境与突破口》，《理论探讨》2016 年第 5 期。

包庆德：《起源与变迁：人类的生态和生态意识扫描》，《内蒙古民族师范学院学报》（哲学社会科学版）1998 年第 3 期。

包庆德：《从遮蔽到彰显生态存在：生态意识新进展》，《自然辩证法研究》2011 年第 6 期。

刘湘溶：《论生态意识》，《求索》1994 年第 2 期。

刘湘溶：《论生态意识的构成及特征》，《湖南师范大学社会科学学报》1992 年第 6 期。

刘湘溶：《公众生态意识评估体系初探》，《湖南师范大学社会科学学报》1994 年第 3 期。

姚文放：《文学传统与生态意识》，《社会科学辑刊》2004 年第 3 期。

柴爱仙、赵学慧：《公民生态意识形成的内在机制探讨》，《河南师范大学学报》（哲学社会科学版）2010 年第 1 期。

李艳霞：《公民资格视域中中国公民意识培育基础初探》，《人文杂志》2007 年第 3 期。

何平立：《公民观、公民意识与公众参与》，《探索与争鸣》2013 年第 8 期。

闫喜凤：《论生态文明意识》，《理论探讨》2008 年第 6 期。

张维真：《生态意识及其构成分析》，《求知》2014 年第 11 期。

陈铁民：《论现代生态意识》，《福建论坛》（文史哲版）1992 年第 4 期。

霍艳菊：《伦理认同：基于道德与伦理的差异》，《湖北大学学报》（哲学社会科学版）2019 年第 1 期。

王岳川：《文化强国与文化创新》，《新疆师范大学学报》（哲学社会科学版）2013 年第 2 期。

陈秋云：《生态文明制度：生态意识到生态自觉的助推器》，《福建行政学院学报》2014 年第 1 期。

周志家：《环境意识研究：现状、困境与出路》，《厦门大学学报》（哲学社会科学版）2008 年第 4 期。

李慧芳：《公民生态意识培育应由独白转向对话》，《人民论坛》2019 年第 4 期。

郭兆晖：《构建统一的生态文明建设目标评价考核体系》，《前线》2019 年第 9 期。

陈雷：《全媒体时代生态文化的理念传播》，《新闻战线》2016 年第 10 期。

生态环境部环境与经济政策研究中心课题组：《公民生态环境行为调查报告（2019 年）》，《环境与可持续发展》2019 年第 3 期。

二 英文部分

Foster, J. B.. Toward A Global Dialogue on Ecology and Marxism. *Monthly Review*, 2013, No. 9.

Holmes Rolston. Environmental Ethics: Duties to and Value in the Natural World Temple University Press, 1988: 269.

Michael Slote. From Enlightenment to Receptivity: Rethinking Our Values [M]. Oxford University Press, 2013.

Carolyn Merchant. The Death of Nature: Women, Ecology and the Scientific Revolution [M]. New York: Harper Collins, 1980.

FredKirschenmann. Cultivating An Ecological Conscience: Essays from A Farmer Philosopher [M]. University Press of Kentucky, 2010.

The Wealth of Nature: Environmental History and the Ecological Imagination, Oxford University Press, 1993.

Moran, Emilio F.. People and Nature: An Introduction to Human Ecological Relations [M]. MA: Blackwell Publishing, 2006.

Milton Kay. Environmentalism and Cultural Theory: Exploring the Role of Anthropology in Environmental Discourse [M]. Routledge, 2002.

后　记

　　本书基于国家社科规划基金一般项目"生态文化建设与公众生态意识提升互动机制研究"（15BKS052）的最终成果改写而成。

　　公众生态意识水平是衡量现代社会进步和文明程度的一个重要标志。当前我国公众在对生态文明的知晓度、认同度、践行度等方面存在诸多不足；同时我国生态意识培养的很多机制还不健全，尤其是教育机制不够完备。加强国民生态意识塑造，首先需要生态文化建设的有力支撑。生态文化建设是提升公众生态意识水平最为重要的实践路径。通过生态文化建设，公众的生态意识水平和生态文明行为的自觉性能够有效提升，这对于提高生态文明建设的实效性具有重大理论和现实意义。整体来看，生态文化建设与公众生态意识培养是一个相互作用的过程。目前，通过有效的手段，把生态文化建设与公众生态意识培育两者沟通起来，形成一种良性互动转化机制，全面提升公众的生态意识水平，增强广大民众参与生态文明建设实践的自觉性，这是当前提升生态文明建设实效的关键。

　　正是基于以上的认知，本书从公众心理与社会需求内部要素以及与生态文化建设外部环境两方面的互动，来研究如何建立更有效的公众生态意识养成和发展机制。综合起来看，著者在本书的论证与撰写过程中主要做了以下几个方面的工作：一是紧跟时代和实践前沿，在准确把握绿色发展理念的基础上，较为全面地概括和阐述了中国特色社会主义生态文化的创新与发展；二是坚持和运用马克思主义的科学方法论，对公众生态意识的现状、问题以及与生态文化建设之间的互动发展，做了较为系统的考察和分析，并对相关问题做出了探索与思考；三是在优化生态文化建设与公众生态意识提升互动机制的路径选择方面，提出了几项针对性较强的主要措施，从宏观与微观相结合的维度，进行了较为全面、科学的论述，提供了一个具有可操作性的社会主义生态文明建设实践路径，为推进广大民众完善生态理念、达成生态文化自觉提供精神助力。

本书的写作和出版同时还得到了信阳师范学院学术出版基金的资助。感谢社会科学文献出版社的指导和支持，感谢本书责任编辑的高尚劳动，正是他们的热情、敬业才使得拙作得以出版。

在课题研究过程中和本书的撰写过程中参考、借鉴和引用了许多中外专家学者的相关研究成果和调研统计资料，在此致以我最真挚的谢意和敬意！

李世书

2021 年 2 月

图书在版编目（CIP）数据

生态文化·生态意识与生态文明建设/李世书著
. -- 北京：社会科学文献出版社，2021.4
ISBN 978-7-5201-8091-7

Ⅰ.①生… Ⅱ.①李… Ⅲ.①生态环境建设-研究-中国 Ⅳ.①X321.2

中国版本图书馆 CIP 数据核字（2021）第 047210 号

生态文化·生态意识与生态文明建设

著　　者／李世书

出　版　人／王利民
组稿编辑／任文武
责任编辑／丁　凡

出　　版／社会科学文献出版社·城市和绿色发展分社（010）59367143
　　　　　　地址：北京市北三环中路甲 29 号院华龙大厦　邮编：100029
　　　　　　网址：www.ssap.com.cn
发　　行／市场营销中心（010）59367081　59367083
印　　装／三河市尚艺印装有限公司

规　　格／开　本：787mm×1092mm　1/16
　　　　　　印　张：19.5　字　数：317 千字
版　　次／2021 年 4 月第 1 版　2021 年 4 月第 1 次印刷
书　　号／ISBN 978-7-5201-8091-7
定　　价／88.00 元

本书如有印装质量问题，请与读者服务中心（010-59367028）联系